Ashgate Handbook of
Cardiovascular Agents

Ashgate Handbook of
Cardiovascular Agents

Edited by

G W A Milne

Associate Editor: E J Zeman

Ashgate

© Gower Publishing Limited 2001

All rights reserved. No part of this publication may be reproduced, stored in a retrieval system, or transmitted in any form or by any means, electronic, mechanical, photocopying, recording, or otherwise without the prior permission of Gower Publishing Limited.

Published by
Ashgate Publishing Limited
Gower House
Croft Road
Aldershot
Hampshire GU11 3HR
England

Ashgate Publishing Company
131 Main Street
Burlington, VT 05401-5600 USA

British Library Cataloguing in Publication Data
Ashgate handbook of cardiovascular agents
   1.Cardiovascular system - Diseases - Chemotherapy - Dictionaries 2.Cardiovascular agents - Dictionaries
I.Milne, G.W.A. (George William Anthony), 1937-
II.Cardiovascular agents
615.7'1

ISBN 0 566 08386 8

Library of Congress Cataloging-in-Publication Data
Ashgate handbook of cardiovascular agents / edited by G.W.A. Milne.
    p. ; cm.
  Includes indexes.
  ISBN 0-566-08386-8 (HB)
   1. Cardiovascular agents--Handbooks, manuals, etc. I.Title: Handbook of cardiovascular agents. II.Milne, George W.A., 1937-
   [DNLM: 1.Cardiovascular Agents--Handbooks. QV 39 A825 2000]
  RM345 .A83 2000
  615'.71--dc21

00-039002

Printed in Great Britain by MPG Books Ltd, Bodmin.

CONTENTS

Preface ix

Acknowledgements xi

How to Use This Book xiii

Glossary of Units xvii

Abbreviations and Symbols xix

PART I MAIN ENTRIES

Vasoactive Agents 3
    ACE Inhibitors 3
    Angiotensin II Antagonists 12
    Bradykinin Antagonists 14
    Protease Inhibitors 15
Antihypertensive Agents 16
    ACE Inhibitors 16
    alpha-Adrenergic Blockers 16
    beta-Adrenergic Blockers 24

Antihypertensives	43
Calcium-Channel Blockers	104
Diuretics	119
Ganglionic Blocking Agents	141
Peripheral Vasodilators	144
Antianginal, Antiarrhythmic, and Cardiotonic Agents	158
beta-Adrenergic Blockers	158
Antianginals	158
Antiarrhythmics	181
Bradycardiac Agents	215
Calcium-Channel Blockers	215
Cardiotonics	215
Coronary Vasodilators	235
Antihypercholesterolemic Agents	249
Antihyperlipoproteinemics	249
Cholelitholytic Agents	265
Lipotropics	266
Blood Formation and Coagulation Agents	267
Antifibrotics	267
Antineutropenics	268
Antithrombocythemics	269
Antithrombotics	269
Fibrinogen Receptor Antagonists	281
Hematinics	282
Hematopoietics	287
Hemolytics	288
Hemostatics	288
Thrombolytics	293
Thromboxane Inhibitors	298
Vasoprotectants	296
Water and Electrolyte Balancing Agents	300
Aldosterone Antagonists	300
Antidiarrheals	302
Antidiuretics	306
Antihyperphosphatemics	308
Antihypertensives	308
Antihypotensives	308
Carbonic Anhydrase Inhibitors	312
Diuretics	314
Ion Exchangers	314
Plasma Volume Expanders	314

Replenishers	315
Uricosurics	320
PART II INDEXES	**325**
CAS Registry Number Index	327
EINECS Number Index	347
Name and Synonym Index	357
PART III MANUFACTURERS AND SUPPLIERS DIRECTORY	**453**

PREFACE

The cardiovascular system serves to carry essential compounds to the tissues and to remove metabolic byproducts. It also plays an important role in maintaining homeostasis, and functions directly or indirectly in the regulation of body temperature, oxygen supply, nutrient distribution, water and electrolyte balance, and endocrine activity. Consisting of a pump, connecting tubes, exchange membranes, and blood, this system is governed by a diverse and complex array of regulatory mechanisms, encompassing central neural, autonomic, endocrine, paracrine, and autocrine control.

In the U.S., cardiovascular disease has been the leading cause of death every year since 1900, except for 1918. If all major forms of cardiovascular disease were eliminated, life expectancy could rise by nearly seven years. Drugs used in the treatment of cardiovascular disease are disseminated widely in western industrialized countries. In the U.S. alone, nearly 18 billion dollars was spent on drugs for the treatment of cardiovascular disease and stroke in 1999.

The *Ashgate Handbook of Cardiovascular Agents* contains chemical information on 1,937 drugs that directly affect the cardiovascular system, and which are currently listed in the U.S. Pharmacopeia. All cardiovascular agents contained in *Drugs: Synonyms and Properties* (also published by Ashgate Publishing Limited) are listed in this book. Chemical structures have been added.

ACKNOWLEDGEMENTS

The Editors would like to acknowledge the skilled programming performed by Dr Ju-Yun Li which allowed for accurate formatting and typesetting of this book, and the structure drawing which was performed by Robert Milne.

George W A Milne
Ashgate Publishing Company
131 Main Street
Burlington VT 05401 USA
Telephone: 001-802-865-7641
Fax: 001-802-865-7847
E-mail: gmilne@ashgatechem.com

HOW TO USE THIS BOOK

The *Ashgate Handbook of Cardiovascular Agents* is divided into three parts. A brief description of each part is given below.

PART I

The main entries in this part are divided into six sections based on functional activity within the cardiovascular system:

- Vasoactive Agents
- Antihypertensive Agents
- Antianginal, Antiarrhythmic, and Cardiotonic Agents
- Antihypercholesterolemic Agents
- Blood Formation and Coagulation Agents
- Water and Electrolyte Balancing Agents

Each section is subclassified according to therapeutic class for a total of 46 drug categories. All categories list chemical names in alphabetical order along with synonyms and other important data. Each record is identical in structure, enabling the reader to select specific information efficiently. A unique record number has been assigned to every record. The three indexes in Part II allow quick cross-referencing according to the record number in Part I by CAS Number, EINECS number, or synonym.

Record Structure

A typical record in this book is shown below. The first line contains, in bold face, the record number for the record (983) and the name of the material (Nadolol). The second line gives the Chemical Abstracts Service (CAS) Registry Number for the compound (42200-33-9), the corresponding *Merck Index* number (6431) and the European Inventory of Existing Commercial Chemical Substances (EINECS) number (255-706-3). These numbers always appear in the same position (left, center or right) enabling the reader to determine which source they belong to. Whenever CAS Registry Numbers are used in the text, they are always enclosed in brackets, for example [42200-33-9]. The molecular formula and structure of the compound are provided and the chemical name of the compound begins on the next line. This is followed by as many as 100 synonyms, including proprietary names and other trivial names.

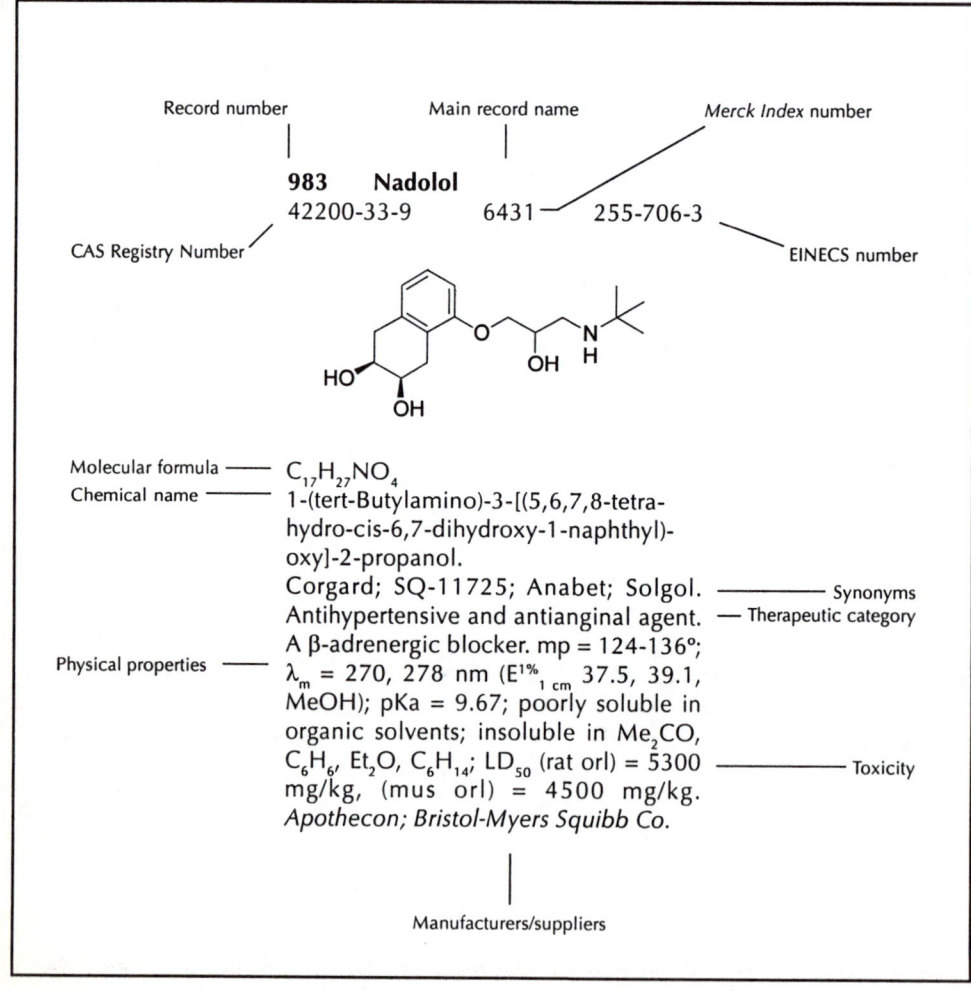

A description of the material and its known uses then follows and, when available, its physical properties are presented. These include melting point, boiling point, density or specific gravity, uv absorption, solubility and acute toxicity, usually limited to oral dosage in rodents. Finally, the companies who supply, or have supplied, the product are given.

PART II

This part contains three indexes. The purpose of each is described below:

- CAS Registry Number Index
  This index enables the reader to locate the record number and thereby find the main entry for a cardiovascular agent based on its CAS Registry Number.

- EINECS Number Index
  This index enables the reader to locate the record number and thereby find the main entry for a cardiovascular agent based on its EINECS number.

- Name and Synonym Index
  This is the master index containing all chemical and proprietary names found in Part I. It is the most convenient place for the reader to start if a name or synonym for a drug is known. This index enables the reader to locate the record number in Part I which relates to the main entry for that chemical.

PART III

This part contains a directory of chemical and pharmaceutical manufacturers and suppliers. Arranged alphabetically by company name, this directory provides information which will help the reader to contact the organization directly.

GLOSSARY OF UNITS

Name	Description
Mass	Unless otherwise specified, mass is expressed in a multiple of grams (g), such as micrograms (μg; 10^{-6} g), milligrams (mg; 10^{-3} g), grams (g; 10^{0} g), kilograms (kg; 10^{+3} g), etc.
Volume	Volume is expressed in liters (l) or milliliters (ml) unless otherwise specified.
Temperature	When no units are cited, the temperature given is in degrees Celsius (°C).
Melting point	Melting points are cited in degrees Celsius (°C) unless otherwise specified.
Boiling point	When measured at atmospheric pressure, boiling points are cited with no pressure, e.g. bp = 167°. At other pressures, the pressure is also cited, i.e. $bp_{0.01}$ = 167°.
Density	The measurement temperature is given as a superscript; thus a density of 1.123 measured at 25° will appear as d^{25} = 1.123. If the measurement was explicitly referenced to the density of water at 4°, the citation will carry both a superscript and a

subscript, as in d_4^{25} = 1.123. Specific gravities are denoted by the abbreviation 'sg'.

Optical rotation   Denoted by the letter n, refractive indexes are usually determined at a temperature which is cited as a superscript, as in n^{25} = 1.5432. The wavelength of the light used in the measurement is cited as a subscript, as in n^{25}_{546} = 1.5432. Most commonly, the sodium D line (wavelength 549 nm) is used and in such cases, the subscript is a D, as in n^{25}_D = 1.5432.

Refractive index   As with refractive indexes, optical rotations (α) are cited with the measurement temperature superscripted, and the measurement wavelength (often the sodium D line) subscripted, as in $[\alpha]^{25}_D$ = 105°. When mutarotation can occur, the rotation given is an equilibrium value, measured after some time interval, which is cited, as in $[\alpha]^{25}_D$ = 105°(14 hr).

UV absorption   The ultraviolet absorption maxima given by the material are cited in nanometers (nm = 10^{-9} m) and the absorptivity (E, A, ε or log ε, all of which are unitless) may also be given.

Acute toxicity   Wherever possible the units of toxicity are LD_{50}, i.e. the dose which is lethal to 50% of the test animals. In most cases, acute toxicity is measured with the rat, orally administered, and the result is reported as LD_{50} (rat orl) = 50 mg/kg. Other species (for example, mus = mouse; rbt = rabbit; pgn = pigeon; gpg = guinea pig; m = male; f = female) are occasionally cited as are other administration routes (sc = subcutaneous; ihl = inhalation; ip = intraperitoneal; iv = intravenous). Chronic toxicity data are not given.

ABBREVIATIONS AND SYMBOLS

abs config	absolute configuration
abs	absolute
Ac –	acetyl (CH_3CO –)
ACE	angiotensin-converting enzyme
ACTH	adrenocorticotrophic hormone
AIDS	acquired immunodeficiency syndrome
alc	alcohol, alcoholic
amp.(s)	ampule(s)
AMP	adenosine 5′-monophosphate
aq	aqueous
atm	atmosphere, atmospheric
bp	boiling point
BPH	benign prostatic hypertrophy
Bu –	butyl (C_2H_5 –)
Bz –	benzoyl (C_6H_5CO –)
c	concentration (g/100 ml), in rotations
C	Celsius (temperature scale)
cAMP	cyclic AMP
CH_3CN	acetonitrile
C_5H_5N	pyridine
C_6H_6	benzene
C_7H_8	toluene
cc	cubic centimeters (milliters)

CCK	cholecystokinin
CCl_4	carbon tetrachloride
CCK	cholecystokinin
CH_2Cl_2	methylene chloride
$CHCl_3$	chloroform
cm	centimeter
CNS	central nervous system
CoA	coenzyme A
COMT	catechol-O-methyltransferase
d	dextro(rotatory)
d	density
dec	decompose, decomposition
dl-	racemic
DL-	racemic
DMA	dimethylacetamide
DMF	dimethylformamide
DMSO	dimethylsulfoxide
DNA	deoxyribonucleic acid
DOPA	dihydroxyphenylalanine
(E)-	(entgegen) opposite
e.g.	for example
ED	effective dose
EDTA	ethylenediamine tetraacetic acid
EINECS	European Inventory of Existing Commercial Chemical Substances
endo-	stereochemical descriptor
Et-	ethyl (C_2H_5-)
Et_2O	diethyl ether
EtOAc	ethyl acetate
EtOH	ethanol
exo-	stereochemical descriptor
F	Fahrenheit (temperature scale)
g	gram(s)
g/l	grams/liter
gal	gallon(s)
GI	gastrointestinal
gpg	guinea pig
H_2O	water
H_2SO_4	sulfuric acid
HCl	hydrochloric acid
HIV	human immunodeficiency virus
HMG-CoA	3-hydroxy-3-methylglutaryl coenzyme A

hmtr	hamster
hr	hour
HT	hydroxytryptamine (serotonin)
ihl	inhalation
inj.	injection
im	intramuscular
ip	intraperitoneal
iPr –	isopropyl $((CH_3)_2CH-)$
IR	infrared
iv	intravenous
kcal	kilocalories
l	liter, levo(rotatory)
λ (lambda)	wavelength
LC	lethal concentration
LC_{50}	median lethal concentration
LD	lethal dose
LD_{50}	median lethal dose
log	common logarithm
MAO	monoamine oxidase
max	maximum, maxima
Me –	methyl (CH_3-)
Me_2CO	acetone
MeOH	methanol
mg	milligram
min	minimum, minima, minute
MLD	minimum lethal dose
MAO	monoamine oxidase
mp	melting point
µg	microgram
mµ	millimicron (nanometer)
mus	mouse
N	normal, normality
nm	nanometer (10^{-9} m)
NMR	nuclear magnetic resonance
NSAID	non-steroidal anti-inflammatory drug
NSC	National Service Center (of the National Cancer Institute)
NTP	normal temperature, pressure
o-	ortho
OD	optical density
orl	oral
p-	para
pgn	pigeon

ABBREVIATIONS AND SYMBOLS

pH	acid-base scale (log of reciprocal hydrogen ion concentration)
pK	log of the reciprocal of the dissociation constant
pOH	acid-base scale (log of reciprocal hydroxyl ion concentration)
ppb	parts-per-billion
ppm	parts-per-million
Pr-	propyl (C_3H_7-)
(R)	rectus (stereochemical descriptor)
rbt	rabbit
RNA	ribonucleic acid
(S)	sinister (stereochemical descriptor)
S-	symmetical
sc	subcutaneous
sec	second
sec-	secondary
SG, sg	specific gravity
spp.	species (plural)
STP	standard temperature, pressure
tabl.	tablet
temp	temperature
tert-	tertiary
THF	tetrahydrofuran
U.K.	United Kingdom
USAN	United States Adopted Names
USP	United States Pharmacopeia
UV	ultraviolet
v/v	volume in volume
VIS	visible
viz.	namely
w/w	weight in weight
w/v	weight in volume
wt	weight
(Z)-	(zusammen) on the same side
>	greater than
>	less that
~	approximately
A	Angstrom units (10^{-8} cm)

PART I

MAIN ENTRIES

Vasoactive Agents

ACE Inhibitors

1   Alacepril
74258-86-9   202

$C_{20}H_{26}N_2O_5S$
N-[1-[(S)-3-Mercapto-2-methyl-propionyl]-L-prolyl]-3-phenyl-L-alanine acetate (ester).
DU-1219; Cetapril. Angiotensin-converting enzyme inhibitor. Used to treat hypertension. mp= 155-156°; $[\alpha]_D^{25}$ = -81.3° (c = 1.02 EtOH); LD_{50} (rat orl) > 5000 mg/kg, (rat sc) > 3000 mg/kg, (rat ip) ≅ 2000 mg/kg, (mus orl) > 5000 mg/kg, (mus sc) > 3000 mg/kg, (mus ip) ≅ 3000 mg/kg. *Dainippon Pharmaceutical Co.*

2   Benazepril
86541-75-5   1058

$C_{24}H_{28}N_2O_5$
(3S)-3-[[(1S)-1-Carboxy-3-phenylpropyl]-amino]-2,3,4,5-tetrahydro-2-oxo-1H-1-benzazepine-1-acetic acid 3-ethyl ester.
CGS-14824A; Briem; Cibacen; Cibacène; Lotensin. Angiotensin-converting enzyme inhibitor. Used to treat hypertension. Orally active peptidyldipeptide hydrolase inhibitor. mp= 148-149°; $[\alpha]_D$ = -159° (c = 1.2 EtOH). *Ciba-Geigy Corp.*

3   Benazepril Hydrochloride
86541-74-4   1058
$C_{24}H_{29}ClN_2O_5$
(3S)-3-[[(1S)-1-Carboxy-3-phenylpropyl]-amino]-2,3,4,5-tetrahydro-2-oxo-1H-1-benzazepine-1-acetic acid 3-ethyl ester hydrochloride.
Lotensin; CGS-14824A HCl; component of: Lotensin-HCT, Lotrel, Lotrel capsules. Angiotensin-converting enzyme inhibitor. Used to treat hypertension. Orally active peptidyldipeptide hydrolase inhibitor. mp = 188-190°; $[\alpha]_D$ = -141° (c = 0.9 EtOH). *Ciba-Geigy Corp.*

4   Benazeprilate
86541-78-8   1058

$C_{22}H_{24}N_2O_5$
(3S)-3-[[(1S)-1-Carboxy-3-phenylpropyl]-amino]-2,3,4,5-tetrahydro-2-oxo-1H-1-benzazepine-1-acetic acid.
CGS-14831. Angiotensin-converting enzyme inhibitor. Used to treat hypertension. mp = 270-272°; $[\alpha]_D$ = -200.5° (c = 1 in 3% aq. NaOH). *Ciba-Geigy Corp.*

5   Captopril
62571-86-2   1817   263-607-1

$C_9H_{15}NO_3S$
1-[(2S)-3-Mercapto-2-methylpropionyl]-L-proline.
Capoten; SQ-14225; Acediur; Acepril; Aceplus; Alopresin; Acepress; Capoten; Captolane; Captoril; Cesplon; Dilabar; Garranil; Hipertil; Lopirin; Lopril; Tensobon; Tensoprel; component of: Capozide, Acezide, Captea, Ecazide. Angiotensin-converting enzyme inhibitor. Used to treat hypertension. Orally

active peptidyldipeptide hydrolase inhibitor. mp = 103-104°, 86°, 87-88°, 104-105°; $[\alpha]_D^{22}$ = -131.0° (c = 1.7 EtOH); freely soluble in H_2O, EtOH, $CHCl_3$, CH_2Cl_2; LD_{50} (mus iv) = 1040 mg/kg, (mus orl) = 6000 mg/kg. Apothecon; Bristol-Myers Squibb Co.

6   Ceronapril
111223-26-8   2038

$C_{21}H_{33}N_2O_6P$
1-[(2S)-6-Amino-2-hydroxyhexanoyl]-L-proline hydrogen (4-phenylbutyl)-phosphonate (ester).
SQ-29852; Ceranapril. Angiotensin-converting enzyme inhibitor. Used to treat hypertension. mp = 190-195°; $[\alpha]_D$ = -47.5° (c = 1 MeOH). Bristol-Myers Squibb Co.

7   Cilazapril
92077-78-6   2332

$C_{22}H_{31}N_3O_5 \cdot H_2O$
(1S,9S)-9-[[(S)-1-Carboxy-3-phenyl-propyl]-amino]-octahydro-10-oxo-6H-pyridazino[1,2-a][1,2]diazepine-1-carboxylic acid 9-ethyl ester monohydrate.
Inhibace; Ro-31/2848/006; Dynorm; Initiss; Justor; Vascase. Angiotensin-converting enzyme inhibitor. Used to treat hypertension. mp = 95-97°; $[\alpha]_D^{20}$ = -62.51° (c = 1 EtOH); [Free acid (cilazaprilat; Ro 31-3113)]: mp = 242°;

$[\alpha]_D^{20}$ = -74.7° (c = 0.5 0.1M NaOH). Hoffmann-LaRoche Inc.

8   Delapril
83435-66-9   2928

$C_{26}H_{32}N_2O_5$
Ethyl (S)-2-[[(S)-1-[(carboxymethyl)-2-indanylcarbamoyl]ethyl]amino]-4-phenylbutyrate.
Alindapril; Indalapril. Angiotensin-converting enzyme inhibitor. Used to treat hypertension. Takeda.

9   Delapril Hydrochloride
83435-67-0   2928
$C_{26}H_{33}ClN_2O_5$
Ethyl (S)-2-[[(S)-1-[(carboxymethyl)-2-indanylcarbamoyl]ethyl]amino]-4-phenylbutyrate monohydrochloride.
REV-6000A; CV-3317; Adecut; Cupressin. Angiotensin-converting enzyme inhibitor. Used to treat hypertension. mp = 166-170°; $[\alpha]_D^{22}$ = 18.5° (c = 1 MeOH). Takeda.

10   Enalapril
75847-73-3   3605

$C_{20}H_{28}N_2O_5$
1-[N-[(S)-1-Carboxy-3-phenylpropyl]-L-alanyl]-L-proline 1'-ethyl ester.
Angiotensin-converting enzyme inhibitor. Used to treat hypertension. Orally active peptidyldipeptide hydrolase inhibitor. Merck & Co., Inc.

11   Enalapril Maleate
76095-16-4   3605   278-375-7
$C_{24}H_{32}N_2O_9$
1-[N-[(S)-1-Carboxy-3-phenylpropyl]-L-alanyl]-L-proline 1'-ethyl ester maleate (1:1).
Enacard; Renitec; Vasotec; MK-421; Amprace; Bitensil; Cardiovet; Enaloc; Enapren; Glioten; Hipoartel; Innovace; Lotrial; Olivin; Pres; Reniten; Renivace; Xanef; component of: Vaseretic, Acesistem, Co-Renitec, Innozide, Renacor, Xynertec. Angiotensin-converting enzyme inhibitor. Used to treat hypertension. mp = 143-144.5°; $[\alpha]_D^{25}$ = -42.2° (c = 1 MeOH); soluble in H_2O (2.5 g/100 ml), EtOH (8 g/100 ml), MeOH (20 g/100 ml). *Merck & Co., Inc.*

12   Enalaprilat
84680-54-6   3606   278-459-3

$C_{18}H_{24}N_2O_5 \cdot 2H_2O$
1-[N-[(S)-1-Carboxy-3-phenylpropyl]-L-alanyl]-L-proline dihydrate.
enalaprilic acid; MK-422; Vasotec Injection; Vasotec IV. Angiotensin-converting enzyme inhibitor. Used to treat hypertension. mp = 148-151°; $[\alpha]_D$ = -67.0° (0.1M HCl). *Merck & Co., Inc.*

13   Fasidotril
135038-57-2

$C_{23}H_{25}NO_6S$
N-[(S)-α-(Mercaptomethyl)-3,4-(methylenedioxy)hydrocinnamoyl]-L-alanine benzyl ester acetate (ester).
An ACE inhibitor.

14   Fosinopril
98048-97-6   4282

$C_{30}H_{46}NO_7P$
(4S)-4-Cyclohexyl-1-[[(R)-[(S)-1-hydroxy-2-methylpropoxy](4-phenylbutyl)-phosphinyl]acetyl-L-proline propionate (ester).
fosenopril. Angiotensin-converting enzyme inhibitor. Used to treat hypertension. [diacid (SQ-27519)]: mp = 149-153°; $[\alpha]_D$ = -24° (c = 1 MeOH). *Squibb, E.R. & Sons.*

15   Fosinopril Sodium
88889-14-9   4282

$C_{30}H_{45}NNaO_7P$
(4S)-4-Cyclohexyl-1-[[(R)-[(S)-1-hydroxy-2-methylpropoxy](4-phenylbutyl)-phosphinyl]acetyl-L-proline propionate (ester) sodium salt.
SQ-28555; Monopril; Acecor; Secorvas; Staril. Angiotensin-converting enzyme inhibitor. Used to treat hypertension. *Mead Johnson Pharmaceuticals.*

16 Goralatide
120081-14-3

$C_{20}H_{33}N_5O_9$
1-[N^2-[N-(N-acetyl-L-seryl)-L-α-aspartyl]-L-lysyl]-L-proline.
ACE inhibitor.

17 Idrapril
127420-24-0

$C_{11}H_{18}N_2O_5$
(1S,2R)-2-[[(Hydroxycarbamoyl)methyl]methylcarbamoyl]cyclohexanecarboxylic acid.
An ACE inhibitor. Used as an antihypertensive agent.

18 Imidapril
89371-37-9   4947

$C_{20}H_{27}N_3O_6$
(S)-3-(N-[(S)-1-Ethoxycarbonyl-3-phenylpropyl]-L-alanyl)-1-methyl-2-oxoimidazoline-4-carboxylic acid.
Angiotensin-converting enzyme inhibitor. Used to treat hypertension. mp = 139-140°; $[α]_D^{20}$ = -71.7° (c = 0.5 EtOH). Tanabe Seiyaku.

19 Imidapril Hydrochloride
89396-94-1   4947
$C_{20}H_{28}ClN_3O_6$
(S)-3-(N-[(S)-1-Ethoxycarbonyl-3-phenylpropyl]-L-alanyl)-1-methyl-2-oxoimidazoline-4-carboxylic acid monohydrochloride.
TA-6366; Novaloc; Tanapril. Angiotensin-converting enzyme inhibitor. Used to treat hypertension. mp = 214-216° (dec); $[α]_D^{20}$ = -64.1° (c = 0.5 EtOH). Tanabe Seiyaku.

20 Imidaprilat
89371-44-8   4947

$C_{18}H_{23}N_3O_6$
(S)-3-(N-[(S)-1-Carboxyl-3-phenylpropyl]-L-alanyl)-1-methyl-2-oxoimidazoline-4-carboxylic acid.
imidaprilate. Angiotensin-converting enzyme inhibitor. Used to treat hypertension. mp = 239-241°; $[α]_D^{19}$ = -88.4° (c = 1 5% $NaHCO_3$). Tanabe Seiyaku.

21 Libenzapril
109214-55-3

$C_{18}H_{25}N_3O_5$
N-[(3S)-1-(Carboxymethyl)-2,3,4,5-tetrahydro-2-oxo-1H-1-benzazepin-3-yl]-L-lysine.
CGS-16617. Angiotensin-converting enzyme inhibitor. Used to treat hypertension. Ciba-Geigy Corp.

22 Lisinopril
83915-83-7 5540

$C_{21}H_{31}N_3O_5 \cdot 2H_2O$
1-[N^2[(S)-1-Carboxy-3-phenylpropyl]-L-lysyl]-L-proline dihydrate.
Prinivil; MK-521; Acerbon; Alapril; Carace; Coric; Novatec; Prinil; Tensopril; Vivatec; Zestril; RS-10029; component of: Prinzide. Angiotensin-converting enzyme inhibitor. Used to treat hypertension. Orally active peptidyldipeptide hydrolase inhibitor. λ_m = 246, 254, 258, 261, 267 nm ($A_{1\,cm}^{1\%}$ 4.0, 4.5, 5.1, 5.1, 3.7 0.1N NaOH), 246 253, 258, 264, 267 nm ($A_{1\,cm}^{1\%}$ 3.2, 3.9, 4.5, 3.0, 2.8 0.1NHCl); $[\alpha]_{405}^{25}$ = -120° (c = 1 0.25M Zn(OAc)$_2$ pH 6.4), $[\alpha]_{436}^{25}$ = -96° (c = 1 0.25M Zn(OAc)$_2$ pH 6.4); soluble in H$_2$O (9.7 g/100 ml), MeOH (1.4 g/100 ml); effectively insoluble (< 10 mg/100 ml) in EtOH, Me$_2$CO, CHCl$_3$, DMF. Merck & Co., Inc.

23 Moexipril
103775-10-6

$C_{27}H_{34}N_2O_7$
(3S)-2-[(2S)-N-[(1S)-1-Carboxy-3-phenylpropyl]-L-alanyl]-1,2,3,4-tetrahydro-6,7-dimethoxy-3-isoquinolinecarboxylic acid 2-ethyl ester.
Angiotensin-converting enzyme inhibitor. Used to treat hypertension. Schwarz Pharma Kremers Urban Co.

24 Moexipril Hydrochloride
82586-52-5
$C_{27}H_{35}ClN_2O_7$
(3S)-2-[(2S)-N-[(1S)-1-Carboxy-3-phenylpropyl]-L-alanyl]-1,2,3,4-tetrahydro-6,7-dimethoxy-3-isoquinolinecarboxylic acid 2-ethyl ester hydrochloride.
Univasc; SPM-925; CI 925; RS-10085-197. Angiotensin-converting enzyme inhibitor. Used to treat hypertension. Schwarz Pharma Kremers Urban Co.

25 Moveltipril
85856-54-8 6368

$C_{19}H_{30}N_2O_5S$
(-)-1-[(2S)-3-Mercapto-2-methylpropionyl]-L-proline ester with N-(cyclohexylcarbonyl)thio-D-alanine. altiopril. Angiotensin-converting enzyme inhibitor. Used to treat hypertension. mp = 113-116°; $[\alpha]_D$ = 14.2° (c = 1.05 MeOH). Chugai Pharmaceutical Co., Ltd.

26 Moveltipril Calcium
85921-53-5 6368

$C_{38}H_{58}CaN_4O_{10}S_2$
(-)-1-[(2S)-3-Mercapto-2-methylpropionyl]-L-proline ester with N-(cyclohexylcarbonyl)thio-D-alanine calcium salt (2:1).
MC-838; Lowpres. Angiotensin-converting enzyme inhibitor. Used to treat hypertension. mp ≅ 190°; $[\alpha]_D^{20}$ = -48° to -52° (c = 1 MeOH); very soluble in

H₂O, MeOH; soluble in EtOH, CHCl₃; insoluble in Me₂CO, EtOAc; LD₅₀ (mmus orl) > 10.0 g/kg, (mmus ip) = 2.1 g/kg, (mmus sc) = 3.0 g/kg, (fmus orl) > 10 g/kg, (fmus ip) = 2.3 g/kg, (fmus sc) = 3.8 g/kg, (mrat orl) > 10.0 g/kg, (mrat ip) = 1.3 g/kg, (mrat sc) = 3.4 g/kg, (frat orl) > 10.0 g/kg, (frat ip) = 1.3 g/kg, (frat sc) = 3.9 g/kg, (mdog orl) > 6.0 g/kg, (fdog orl) > 6.0 g/kg. *Chugai Pharmaceutical Co., Ltd.*

27   Pentopril
82924-03-6

$C_{18}H_{23}NO_5$
Ethyl (αR,σR,2S)-2-carboxy-α,σ-dimethyl-δ-oxo-1-indoline valerate.
CGS-13945. Angiotensin-converting enzyme inhibitor. Used to treat hypertension. Orally active peptidyldipeptide hydrolase inhibitor. *Ciba-Geigy Corp.*

28   Perindopril
82834-16-0   7311

$C_{19}H_{32}N_2O_5$
(2S,3aS,7aS)-1-[(S)-N-[(S)-1-Carboxybutyl]alanyl]hexahydro-2-indolinecarboxylic acid.
S-9490-3; McN-A-2833. Angiotensin-converting enzyme inhibitor. Used to treat hypertension. [diacid form (perindoprilat; S-9780)]. *McNeil Pharmaceutical.*

29   Perindopril tert-Butylamine
107133-36-8   7311
$C_{23}H_{43}N_3O_5$
(2S,3aS,7aS)-1-[(S)-N-[(S)-1-Carboxybutyl]alanyl]hexahydro-2-indolinecarboxylic acid tert-butylamine salt. perindopril erbumine; S-9490-3; McN-A-2833-109; Aceon; Coversum; Coversyl; Procaptan. Angiotensin-converting enzyme inhibitor. Used to treat hypertension. *McNeil Pharmaceutical.*

30   Quinapril
85441-61-8   8233

$C_{25}H_{30}N_2O_5$
(S)-2-[(S)-N-[(S)-1-Carboxy-3-phenylpropyl]alanyl]-1,2,3,4-tetrahydro-3-isoquinolinecarboxylic acid 1-ethyl ester. component of: Accuretic; Acequide; Koretic. Angiotensin-converting enzyme inhibitor. Used to treat hypertension. Orally active peptidyldipeptide hydrolase inhibitor. *Parke-Davis.*

31   Quinapril Hydrochloride
82586-55-8   8233
$C_{25}H_{31}ClN_2O_5$
(S)-2-[(S)-N-[(S)-1-Carboxy-3-phenylpropyl]alanyl]-1,2,3,4-tetrahydro-3-isoquinolinecarboxylic acid 1-ethyl ester monohydrochloride.
CI-906; Accupril; PD-109452-2; Accuprin; Acequin; Acuitel; Korec; Quinazil; component of: Accuretic. Angiotensin-converting enzyme inhibitor. Used to treat hypertension. Orally active peptidyldipeptide hydrolase inhibitor. mp = 120-130°, 119-121.5°; $[\alpha]_D^{23}$ = 14.5° (c = 1.2 EtOH), $[\alpha]_D^{25}$ = 15.4° (c = 2.0 MeOH); LD₅₀ (mmus orl) = 1739 mg/kg, (mmus iv) = 504 mg/kg, (fmus orl) = 1840 mg/kg, (fmus iv) = 523 mg/kg, (mrat orl) = 4280 mg/kg, (mrat iv) = 158 mg/kg, (frat orl) = 3541 mg/kg, (frat iv) = 107 mg/kg. *Parke-Davis.*

32   Quinaprilat
82768-85-2   8233

$C_{23}H_{26}N_2O_5$
(S)-2-[(S)-N-[(S)-1-Carboxy-3-phenyl-propyl]alanyl]-1,2,3,4-tetrahydro-3-isoquinolinecarboxylic acid.
CI-928. Angiotensin-converting enzyme inhibitor. Used to treat hypertension. mp = 166-168°; $[\alpha]_D^{23}$ = 20.9° (c = 1 MeOH). Parke-Davis.

33   Ramipril
87333-19-5   8283

$C_{23}H_{32}N_2O_5$
(2S,3aS,6aS)-1-[(S)-N-[(S)-1-Carboxy-3-phenylpropyl]alanyl]octahydrocyclopenta[b]-pyrrole-2-carboxylic acid.
Altace; HOE-498; Cardace; Delix; Pramace; Quark; Ramace; Triatec; Tritace; Unipril; Vesdil. Angiotensin-converting enzyme inhibitor. Used to treat hypertension. Orally active peptidyldipeptide hydrolase inhibitor. mp = 109°; $[\alpha]_D^{24}$ = 33.2° (c= 1 0.1N ethanolic HCl); LD_{50} (mmus iv) = 1194 mg/kg, (mmus orl) = 10933 mg/kg, (fmus iv) = 1158 mg/kg, (fmus orl) = 10048 mg/kg, (mrat iv) = 687 mg/kg, (mrat orl) > 10000 mg/kg, (frat iv) = 608 mg/kg, (frat orl) > 10000 mg/kg. Hoechst-Roussel Pharmaceuticals Inc.

34   Sampatrilat
129981-36-8

$C_{26}H_{40}N_4O_9S$
N-[[1-[(S)-3-[(S)-6-Amino-2-methane-sulfonamidohexanamido]-2-carboxy-propyl]cyclopentyl]carbonyl]-L-tyrosine.
A novel dual inhibitor of both angiotensin-converting enzyme (ACE) and neutral endopeptidase (NEP). Antihypertensive.

35   Spirapril
83647-97-6   8905

• 1/2 H₂O

$C_{22}H_{30}N_2O_5S_2 \cdot 1/2H_2O$
(8S)-7-[(S)-N-[(S)-1-Carboxy-3-phenyl-propyl]alanyl]-1,4-dithia-7-azaspiro[4.4]-nonane-8-carboxylic acid 1-ethyl ester hemihydrate.
Angiotensin-converting enzyme inhibitor. Used to treat hypertension. $[\alpha]_D^{26}$ = -29.5° (c = 0.2 EtOH). Schering Corp.

36   Spirapril Hydrochloride
94841-17-5   8905
$C_{22}H_{31}ClN_2O_5S_2$
(8S)-7-[(S)-N-[(S)-1-Carboxy-3-phenyl-propyl]alanyl]-1,4-dithia-7-azaspiro[4.4]-nonane-8-carboxylic acid 1-ethyl ester monohydrochloride.

Sch-33844; TI-211-950; Renormax; Renpress; Sandopril. Angiotensin-converting enzyme inhibitor. Used to treat hypertension. mp = 192-194° (dec); $[\alpha]_D^{26}$ = -11.2° (c = 0.4 EtOH). *Schering Corp.*

37   Spiraprilat
83602-05-5   8905

$C_{20}H_{26}N_2O_5S_2$
(8S)-7-[(S)-N-[(S)-1-Carboxy-3-phenyl-propyl]alanyl]-1,4-dithia-7-azaspiro[4.4]-nonane-8-carboxylic acid.
Sch-33861; spiraprilic acid. Angiotensin-converting enzyme inhibitor. Used to treat hypertension. mp = 163-165° (dec); $[\alpha]_D^{26}$ = 4.1° (c = 0.4 EtOH). *Schering Corp.*

38   Temocapril
111902-57-9   9287

$C_{23}H_{28}N_2O_5S_2$
(+)-(2S,6R)-6-[[(1S)-1-Carboxy-3-phenyl-propyl]amino]tetrahydro-5-oxo-2-(2-thienyl)-1,4-thiazepine-4(5H)-acetic acid 6-ethyl ester.
Angiotensin-converting enzyme inhibitor. Used to treat hypertension. mp =168°; $[\alpha]^{23}$ = 40° (c = 1.1 DMF). *Sankyo.*

39   Temocapril Hydrochloride
110221-44-8   9287

$C_{23}H_{29}ClN_2O_5S_2$
(+)-(2S,6R)-6-[[(1S)-1-Carboxy-3-phenyl-propyl]amino]tetrahydro-5-oxo-2-(2-thienyl)-1,4-thiazepine-4(5H)-acetic acid 6-ethyl ester monohydrochloride.
CS-622. Angiotensin-converting enzyme inhibitor. Used to treat hypertension. mp= 187° (dec); $[\alpha]_D^{25}$ = 47.7° (c = 1 DMF); LD_{50} (mus orl) > 5000 mg/kg, (rat orl) > 5000 mg/kg, (dog orl) > 800 mg/kg. *Sankyo.*

40   Temocaprilate
110221-53-9   9287

$C_{21}H_{24}N_2O_5S_2$
(+)-(2S,6R)-6-[[(1S)-1-carboxy-3-phenyl-propyl]amino]tetrahydro-5-oxo-2-(2-thienyl)-1,4-thiazepine-4(5H)-acetic acid. temocaprilat; RS-5139. Angiotensin-converting enzyme inhibitor. Used to treat hypertension. mp = 246° (dec); $[\alpha]_D^{25}$ = 63.4° (c = 1 DMF). *Sankyo.*

41   Teprotide
35115-60-7

5-oxoPro-Trp-Pro-Arg-Pro-Gln-Ile-Pro-Pro

$C_{53}H_{76}N_{14}O_{12}$
5-Oxo-L-prolyl-L-tryptophyl-L-prolyl-L-arginyl-L-prolyl-L-glutaminyl-L-isoleucyl-L-prolyl-L-proline.
SQ-20881. Angiotensin-converting enzyme inhibitor. Used to treat hypertension. *Bristol-Myers Squibb Co.*

Vasoactive Agents

42 Trandolapril
87679-37-6   9703

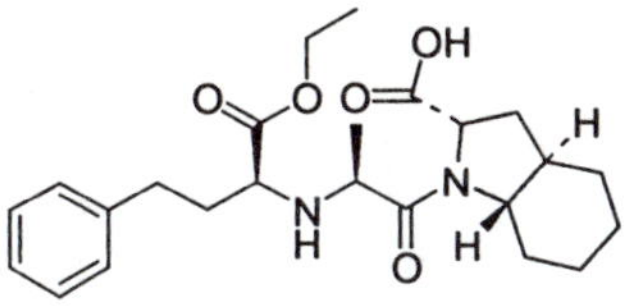

$C_{24}H_{34}N_2O_5$
(2S,3aR,7aS)-1-[(S)-N-[(S)-1-Carboxy-3-phenylpropyl]alanyl]hexahydro-2-indolinecarboxylic acid 1-ethyl ester.
RU-44570; Odrik; Gopten. Angiotensin-converting enzyme inhibitor. Used to treat hypertension. *Roussel-UCLAF*.

43 Trandolaprilate
87679-71-8   9703

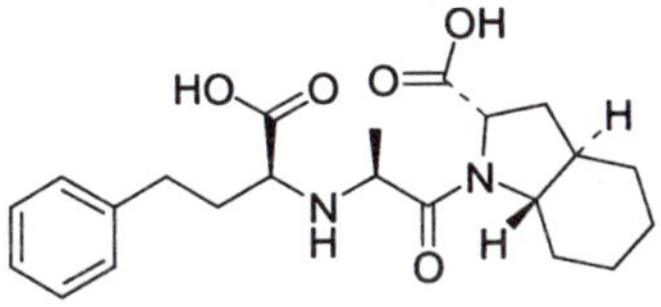

$C_{22}H_{30}N_2O_5$
(2S,3aR,7aS)-1-[(S)-N-[(S)-1-Carboxy-3-phenylpropyl]alanyl]hexahydro-2-indolinecarboxylic acid.
RU-44403; trandolaprilat. Angiotensin-converting enzyme inhibitor. Used to treat hypertension. *Roussel-UCLAF*.

44 Utibapril
109683-61-6

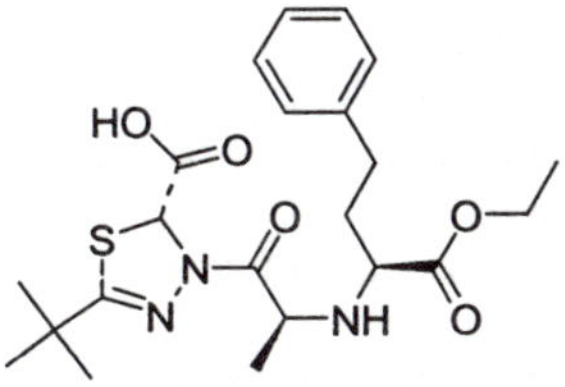

$C_{22}H_{31}N_3O_5S$
(S)-2-tert-Butyl-4-[(S)-N-[(S)-1-Carboxy-3-phenylpropyl]alanyl]-Δ^2-1,3,4-thiadiazoline-5-carboxylic acid 4-ethyl ester.
FPL-63547. Angiotensin-converting enzyme (ACE) inhibitor with a proposed tissue-specific inhibitory profile.

45 Utibaprilat
109683-79-6

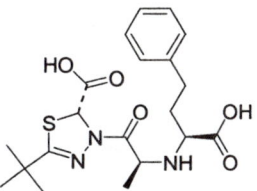

$C_{20}H_{27}N_3O_5S$
(S)-2-tert-Butyl-4-[(S)-N-[(S)-1-carboxy-3-phenylpropyl]alanyl]-Δ^2-1,3,4-thiadiazoline-5-carboxylic acid.
Angiotensin-converting enzyme (ACE) inhibitor with a proposed tissue-specific inhibitory profile.

46 Zabicipril
83059-56-7

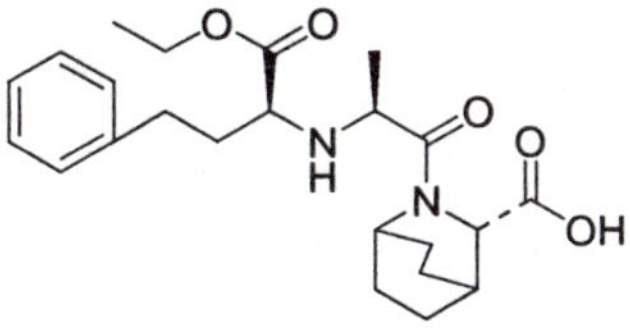

$C_{23}H_{32}N_2O_5$
(3S)-2-[(2S)-N-[(1S)-1-Carboxy-2-phenylpropyl]alanyl]-2-azabicyclo[2.2.2]-octane-3-carboxylic acid 1-ethyl ester.
S-9650. Prodrug of zabiciprilat. Angiotensin I-converting enzyme inhibitor.

47 Zabiciprilat
90103-92-7

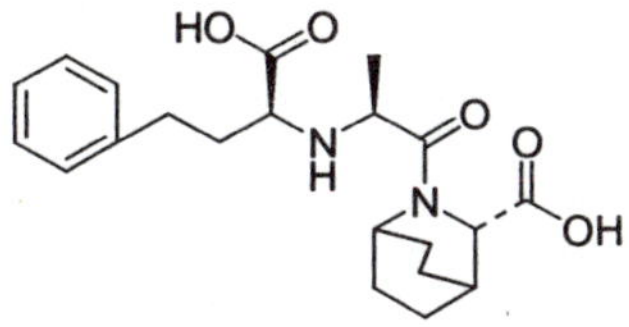

$C_{21}H_{28}N_2O_5$
(S)-2-[(S)-N-[(S)-1-Carboxy-2-phenylpropyl]alanyl]-2-azabicyclo[2.2.2]-octane-3-carboxylic acid.

S-10211. Active metabolite of zabicipril. Angiotensin I-converting enzyme inhibitor.

48   Zofenopril Calcium
81938-43-4

$C_{44}H_{44}CaN_2O_8S_4$
(4S)-N-[(s)-3-Mercapto-2-methyl-propionyl]-4-(phenylthio)-L-proline benzoate (ester) calcium salt.
SQ-26991; Zoprace. Angiotensin-converting enzyme inhibitor. Used to treat hypertension. *Bristol-Myers Squibb Co.*

Angiotensin II Antagonists

49   Candesartan
139481-59-7   1788

$C_{24}H_{20}N_6O_3$
2-Ethoxy-1-[p-(o-1H-tetrazol-5-ylphenyl)-benzyl]-7-benzimidazolecarboxylic acid.
CV-11974. Non-peptidic angiotensin II receptor antagonist. Used as an antihypertensive. mp = 183-185°. *Takeda.*

50   Candesartan Clixetil
145040-37-5   1788

$C_{33}H_{34}N_6O_6$
(±)-1-Hydroxyethyl 2-ethoxy-1-[p-(o-1H-tetrazol-5-ylphenyl)benzyl]-7-benzimidazolecarboxylate cyclohexylcarbonate (ester).
TCY-116. Ester prodrug of candesartan. Non-peptidic angiotensin II receptor antagonist. Used as an antihypertensive. mp = 163° (dec). *Takeda.*

51   Eprosartan
133040-01-4   3669

$C_{23}H_{24}N_2O_4S$
(E)-2-Butyl-1-(p-carboxybenzyl)-α-2-thenylimidazole-5-acrylic acid.
SK&F-108566. Non-peptidic angiotensin II receptor antagonist. Used as an antihypertensive. mp = 260-261°. *SmithKline Beecham Pharmaceuticals.*

52   Eprosartan Methanesulfonate
144143-96-4   3669
$C_{24}H_{28}N_2O_7S_2$
(E)-2-Butyl-1-(p-carboxybenzyl)-α-2-thenylimidazole-5-acrylic acid monomethanesulfonate.
SK&F-108566J; Eprosartan mesylate.

Non-peptidic angiotensin II receptor antagonist. Used as an antihypertensive. *SmithKline Beecham Pharmaceuticals.*

53   Irbesartan
138402-11-6   5097

$C_{25}H_{28}N_6O$
2-Butyl-3-[p-(o-1H-tetrazol-5-ylphenyl)-benzyl]-1,3-diazaspiro[4.4]non-1-en-4-one.
BMS-186295; SR-47436. Non-peptidic angiotensin II receptor antagonist. Used as an antihypertensive. mp = 180-181°. *Bristol-Myers Squibb Pharmaceutical Res. and Dev; Sanofi, Inc.*

54   Losartan
114798-26-4   5613

$C_{22}H_{23}ClN_6O$
2-Butyl-4-chloro-1-[p-(o-1H-tetrazol-5-ylphenyl)benzyl]imidazole-5-methanol.
Non-peptidic angiotensin II receptor antagonist. Used as an antihypertensive. mp = 183.5-184.5°. *DuPont Merck Pharmaceutical Co.; Merck & Co., Inc.*

55   Losartan Potassium Salt
124750-99-8   5613

$C_{22}H_{22}ClKN_6O$
2-Butyl-4-chloro-1-[p-(o-1H-tetrazol-5-ylphenyl)benzyl]imidazole-5-methanol monopotassium salt.
Cozaar; DuP 753; component of: Hyzaar. Non-peptidic angiotensin II receptor antagonist. Used as an antihypertensive. *DuPont Merck Pharmaceutical Co.; Merck & Co., Inc.*

56   Saralasin
34273-10-4   8518
$C_{42}H_{65}N_{13}O_{10}$
N-[1-[N-[N-[N-[N-[N²-(N-Methylglycyl)-L-arginyl]-L-valyl]-L-tyrosyl]-L-valyl]-L-histidyl]-L-prolyl]-L-alanine.
Sar-Arg-Val-Tyr-Val-His-Pro-Ala; 1-sar-8-ala-angiotensin II. Antihypertensive. Peptide angiotensin receptor blocking agent; specific antagonist of angiotensin II. Proposed as a diagnostic aid in identifying angiotensin-dependent hypertension. *Norwich Eaton.*

57   Saralasin Acetate
39698-78-7   8518
$C_{42}H_{65}N_{13}O_{10} \cdot xC_2H_4O_2 \cdot xH_2O$
N-[1-[N-[N-[N-[N-[N²-(N-Methylglycyl)-L-arginyl]-L-valyl]-L-tyrosyl]-L-valyl]-L-histidyl]-L-prolyl]-L-alanine acetate (salt) hydrate.
P-113; Sarenin. Antihypertensive. Peptide angiotensin receptor blocking agent. Proposed as a diagnostic aid in identi-fying angiotensin-dependent hypertension. mp = 256°; soluble in H_2O, 5% aqueous dextrose, 90-95%

alcohol; LD_{50} (mmus iv) = 1171 mg/kg. *Norwich Eaton.*

58 Telmisartan
144701-48-4

$C_{33}H_{30}N_4O_2$
4'-[[4-Methyl-6-(1-methyl-2-benzimidazolyl)-2-propyl-1-benzimidazolyl]-methyl]-2-biphenylcarboxylic acid.
BIBR 277 SE. Non-peptidic angiotensin II receptor antagonist. Used as an antihypertensive. *Boehringer Ingelheim GmbH.*

59 Valsartan
137862-53-4   10051

$C_{24}H_{29}N_5O_3$
N-[p-(o-1H-Tetrazol-5-ylphenyl)benzyl]-N-valeryl-L-valine.
CGP 48933. Non-peptidic angiotensin II receptor antagonist. Used as an antihypertensive. mp = 116-117°. *Ciba-Geigy Corp.*

60 Zolasartan
145781-32-4

$C_{24}H_{20}BrClN_6O_3$
1-[[3-Bromo-2-(o-1H-tetrazol-5-yl-phenyl)-5-benzofuranyl]methyl]-2-butyl-4-chloroimidazole-5-carboxylic acid.
GR-117289. Selective, potent, orally active, long-acting nonpeptide angiotensin II type 1 receptor antagonist. Analog of losartan. Antihypertensive.

Bradykinin Antagonists

61 Bradycor
140661-97-8   1385
$C_{128}H_{194}N_{40}O_{28}S_2$
Dimer of D-Arg^0-[Hyp^3, Cys^6, D-Phe^7, Leu^8]-bradykinin joined by a bisuccinimdohexane linker via the sulfhydryl moieties of the cysteine residues.
Deltibant; CP-0127. A Bradykinin antagonist. Used in the treatment of systemic inflammatory response syndrome. *Cortech, Inc.*

62 Icatibant
130308-48-4
$C_{59}H_{89}N_{19}O_{13}S$
(R)-Arginyl-(S)-arginyl-(S)-prolyl-(2S,4R)-(4-hydroxyprolyl)glycyl-(S)-[3-(2-thienyl)alanyl]-(S)-seryl-(R)-[(1,2,3,4-tetrahydro-acetate (salt).
A Bradykinin antagonist. Used in the treatment of systemic inflammatory response syndrome. *Hoechst-Roussel Pharmaceuticals Inc.*

Vasoactive Agents

63 Icatibant Acetate
138614-30-9
$C_{59}H_{89}N_{19}O_{13}S.xC_2H_4O_2$
(R)-Arginyl-(S)-arginyl-(S)-prolyl-(2S,4R)-(4-hydroxyprolyl)glycyl-(S)-[3-(2-thienyl)-alanyl]-(S)-seryl-(R)-[(1,2,3,4-tetrahydro-3-isoquinolyl)carbonyl]-(2S,3aS,7aS)-[(hexahydro-2-indolinyl)carbonyl]-(S)-arginine acetate (salt).
HOE-140. A Bradykinin antagonist. Used in the treatment of systemic inflammatory response syndrome. *Hoechst-Roussel Pharmaceuticals Inc.*

Protease Inhibitors

64 Aprotinin
9087-70-1   796   232-994-9
$C_{284}H_{432}N_{84}O_{79}S_7$
Pancreatic basic trypsin inhibitor.
pancreatic trypsin inhibitor; Bayer A 128; Kiker 52G; RP-9921; Antagosan; Antikrein; Fosten; Iniprol; Kir Richter; Onquinin; Repulson; Trasuylol; Trazinin; Zymofren. Protease Inhibitor. An inhibitor of kallikrein which also inhibits chymotrypsin, trypsin, plasmin and other intracellular proteases. Prepared from bovine lung. Used mainly as a proteolytic inhibitor in radioimmunoassays of polypeptide hormones. λ_m (pH 5.9) = 280 nm; stable in neutral or acid at high temperature; partially denatured on treatment with 8M urea; LD_{50} (mus iv) = 2.5 x 10^6 kallikrein inhibitor units/kg. *Bayer AG; Miles; Riker Labs.*

65 Camostat
59721-28-7   1775

$C_{20}H_{22}N_4O_5$
N,N-Dimethylcarbamoylmethyl-p-(p-guanidinobenzoyloxy)phenylacetate.
Protease Inhibitor. Orally active, non-peptide proteolytic enzyme inhibitor. Has anti-trypsin and anti-plasmin activities. Related structurally to gabexate. *Ono Pharmaceutical Co., Ltd.*

66 Camostat Monomethanesulfonate
59721-29-8   1775
$C_{20}H_{22}N_4O_5.CH_3SO_3H$
N,N-Dimethylcarbamoylmethyl-p-(p-guanidinobenzoyloxy)phenylacetate monomethanesulfonate.
camostat mesylate; FOY-305; Foipan. Protease Inhibitor. Orally active, non-peptide proteolytic enzyme inhibitor. Has anti-trypsin and anti-plasmin activities. mp = 150-155°; soluble in H_2O. *Ono Pharmaceutical Co., Ltd.*

67 Gabexate
39492-01-8   4344

$C_{16}H_{23}N_3O_4$
p-Hydroxybenzoic acid ethyl ester 6-guanidinohexanoate.
p-carbethoxyphenyl ε-guanidineo-caproate. Protease Inhibitor. Orally active, non-peptide proteolytic enzyme inhibitor. Also inhibits the hydrolytic effects of thrombin, plasmin, kallikrein, and trypsin (but not chymotrypsin). *Ono Pharmaceutical Co., Ltd.*

68 Gabexate Monomethanesulfonate
56974-61-9   4344
$C_{16}H_{23}N_3O_4.CH_3SO_3H$
p-Hydroxybenzoic acid ethyl ester 6-guanidinohexanoate.
gabexate mesylate; FOY; Megacert. Protease Inhibitor. Orally active, non-peptide proteolytic enzyme inhibitor. Also inhibits the hydrolytic effects of thrombin, plasmin, kallikrein, and trypsin

(but not chymotrypsin). Soluble in H_2O, EtOH, $CHCl_3$; slightly soluble in Me_2CO; nearly insoluble in Et_2O; LD_{50} (mus orl) = 8000 mg/kg, (mus sc) = 4700 mg/kg, (mus iv) = 25 mg/kg. Ono Pharmaceutical Co., Ltd.

69   Nafamostat
81525-10-2   6436

$C_{19}H_{17}N_5O_2$
6-Amidino-2-naphthyl-4-guanidinobenzoate.
nafamstat. Protease Inhibitor. Non-peptide enzyme inhibitor with inhibitory effects on trypsin, thrombin, kallikrein, plasmin, and complement-mediated hemolysis. *Torii.*

70   Nafamostat Dimethanesulfonate
82956-11-4   6436
$C_{19}H_{17}N_5O_2 \cdot 2CH_3SO_3H$
6-Amidino-2-naphthyl-4-guanidinobenzoate dimethanesulfonate.
nafamastat mesylate; FUT-175; Futhan. Protease Inhibitor. Non-peptide enzyme inhibitor with inhibitory effects on trypsin, thrombin, kallikrein, plasmin, and complement-mediated hemolysis. mp = 217-220°, 260°. *Torii.*

71   Urinastatin
80449-31-6   10021
Bikunin trypsin inhibitor.
mingin; urinary trypsin inhibitor; UTI; ulinastatin; Miraclid. Protease Inhibitor. Acid-stable glycoprotein. Single polypeptide chain of 147 amino acid residues.

Antihypertensive Agents

ACE Inhibitors

See Page 3, records 1-48.

alpha-Adrenergic Blockers

72   Abanoquil
90402-40-7

$C_{22}H_{25}N_3O_4$
4-Amino-2-(3,4-dihydro-6,7-dimethoxy-2(1H)-isoquinolyl)-6,7-dimethoxy quinoline.
An α-adrenergic blocker and antiarrhythmic.

73   Adimolol
78459-19-5

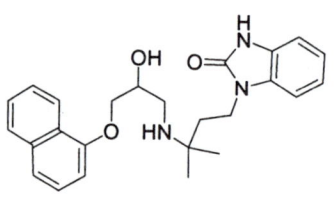

$C_{25}H_{29}N_3O_3$
(±)-1-[3-[[2-Hydroxy-3-(1-naphthyloxy)-propyl]amino]-3-methylbutyl]-2-benzimidazolinone.
A long acting β-adrenoceptor blocker.

74 Amosulalol
85320-68-9   614

$C_{18}H_{24}N_2O_5S$
(±)-5-[1-Hydroxy-2-[[2-(o-methoxyphenoxy)ethyl]amino]ethyl]-o-toluenesulfonamide.
An α_1-adrenergic blocking agent with antihypertensive activity. *Yamanouchi U.S.A. Inc.*

75 Amosulalol Hydrochloride
93633-92-2   614
$C_{18}H_{25}ClN_2O_5S$
(±)-5-[1-Hydroxy-2-[[2-(o-methoxyphenoxy)ethyl]amino]ethyl]-o-toluenesulfonamide hydrochloride.
YM-09538; Lowgan. An α_1-adrenergic blocking agent with antihypertensive activity. mp = 158-160°; [R(-)-form]: mp = 158°; $[\alpha]_D^{20}$ = -30.4° (c = 1 MeOH); [S(+)-form]: mp = 158°; $[\alpha]_D^{20}$ = 30.7° (c = 1 MeOH). *Yamanouchi U.S.A. Inc.*

76 Arotinolol
68377-92-4   827

$C_{15}H_{21}N_3O_2S_3$
(±)-5-[2-[[3-(tert-Butylamino)-2-hydroxypropyl]thio]-4-thiazolyl]-2-thiophenecarboxamide.
An α_1-adrenergic blocking agent with antianginal, antihypertensive and antiarrhythmic activity. Possesses both α- and β-adrenergic blocking activity. A propanolamine derivative. mp = 148-149°. *Sumitomo.*

77 Arotinolol Hydrochloride
68377-91-3   827
$C_{15}H_{22}ClN_3O_2S_3$
(±)-5-[2-[[3-(tert-Butylamino)-2-hydroxypropyl]thio]-4-thiazolyl]-2-thiophenecarboxamide.
S-596; ARL; Almarl. An α_1-adrenergic blocking agent with antianginal activity. Also antihypertensive and antiarrhythmic. Possesses both α- and β-adrenergic blocking activity. A propanolamine derivative. mp = 234-235.5°; LD_{50} (mus iv) = 86 mg/kg, (mus ip) = 360 mg/kg, (mus orl) > 5000 mg/kg. *Sumitomo.*

78 Aspidosperma
1398-11-4
Plant derived substances with adrenergic blocking activities for a variety of urogenital tissues.

79 Dapiprazole
72822-12-9   2884

$C_{19}H_{27}N_5$
5,6,7,8-Tetrahydro-3-[2-(4-o-tolyl-1-piperazinyl)ethyl]-s-triazolo[4,3-a]-pyridine.
An α_1-adrenergic blocking agent with antiglaucoma and miotic activity. mp = 158-160°. *Angelini Francesco.*

80 Dapiprazole Hydrochloride
72822-13-0   2884
$C_{19}H_{28}ClN_5$
5,6,7,8-Tetrahydro-3-[2-(4-o-tolyl-1-piperazinyl)ethyl]-s-triazolo[4,3-a]pyridine hydrochloride.
AF-2139; Glamidolo; Reversil; Rev-Eyes. An α_1-adrenergic blocking agent with

antiglaucoma and miotic activity. mp = 206-207°; LD$_{50}$ (mus ip) = 260 mg/kg. Angelini Francesco.

81 Dexefaroxan
143249-88-1

C$_{13}$H$_{16}$N$_2$O
(+)-(R)-2-(2-Ethyl-2,3-dihydro-2-benzofuranyl)-2-imidazoline.
Selective α$_2$ antagonist.

82 Dibenamine
55-43-6   200-234-5

C$_{16}$H$_{19}$Cl$_2$N
Dibenzyl(2-chloroethyl)ammonium chloride.
An α-adrenergic blocking agent.

83 Doxazosin
74191-85-8   3489

C$_{23}$H$_{25}$N$_5$O$_5$
1-(4-Amino-6,7-dimethoxy-2-quinazolinyl)-4-(1,4-benzodioxan-2-ylcarbonyl)-piperazine.
UK-33274. Selective α-adrenergic blocker related to Prazosin. Antihypertensive. [monohydrochloride]: mp = 289-290°. Roerig Div., Pfizer Pharmaceuticals; Pfizer International.

84 Doxazosin Monomethanesulfonate
77883-43-3   3489
C$_{24}$H$_{29}$N$_5$O$_8$S
1-(4-Amino-6,7-dimethoxy-2-quinazolinyl)-4-(1,4-benzodioxan-2-ylcarbonyl)-piperazine monomethanesulfonate.
Cardura; UK-33274-27; doxazosin mesylate; Alfadil; Cardenalin; Cardular; Cardura; Cardran; Diblocin; Normothen; Supressin. Selective α-adrenergic blocker related to Prazosin. Antihypertensive. Roerig Div., Pfizer Pharmaceuticals; Pfizer International.

85 Efaroxan
89197-32-0

C$_{13}$H$_{16}$N$_2$O
(±)-2-(2-Ethyl-2,3-dihydro-2-benzofuranyl)-2-imidazoline.
An α$_2$-adrenoceptor antagonist.

86 Ergoloid Mesylates
8067-24-1   3692

· CH$_3$SO$_3$H

Dihydroergocomine	R = CH(CH$_3$)$_2$
Dihydroergocristine	R = CH$_2$C$_6$H$_5$
Dihydro-alpha-ergocryptine	R = CH$_2$CH(CH$_3$)$_2$
Dihydro-beta-ergocryptine	R = CH$_2$CH(CH$_3$)$_2$

C$_{36}$H$_{45}$N$_5$O$_8$S
Dihydroergotoxine monomethanesulfonate (salt).
co-dercrine mesylate; CCK-179; Cir-

canol; Coristin; Dacoren; DCCK; Deapril-ST; Decril; Dulcion; Ergodesit; Ergohydrin; Ergoplus; Hydergine; Lysergin; Novofluen; Orphol; Pérénan; Progeril; Redergin; Sponsin; Trigot. A mixture of hydrogenated ergot alkaloids. An α_1-adrenergic blocking agent used for treatment of impaired mental function.

87 Fenspiride
5053-06-5   4041

$C_{15}H_{20}N_2O_2$
8-Phenethyl-1-oxa-3,8-diazaspiro[4.5]-decan-2-one.
decaspiride; DESP. An α_1-adrenergic blocking agent used as a bronchodilator. bp_2 = 126-127°. *Marion Merrell Dow Inc.*

88 Fenspiride Hydrochloride
5053-08-7   4041
$C_{15}H_{21}ClN_2O_2$
8-Phenethyl-1-oxa-3,8-diazaspiro[4.5]-decan-2-one monohydrochloride.
NAT 333; NDR-5998A; Decaspir; Fluiden; Pneumorel; Respiride; Tegencia; Viarespan. An α_1-adrenergic blocking agent used as a bronchodilator. mp = 232-233° (dec); soluble in H_2O; LD_{50} (mus iv) = 106 mg/kg, (rat orl) = 437 mg/kg. *Marion Merrell Dow Inc.*

89 Indoramin
26844-12-2   5000   248-041-5

$C_{22}H_{25}N_3O$
N-[1-(2-Indol-3-ylethyl)-4-piperidyl]-benzamide.
Wy-21901. An α_1-adrenergic blocking agent with antihypertensive and bronchodilating activity. mp = 208-210°. *Wyeth-Ayerst Labs.*

90 Indoramin Hydrochloride
38821-52-2   5000   254-136-2
$C_{22}H_{26}ClN_3O$
N-[1-(2-Indol-3-ylethyl)-4-piperidyl]-benzamide hydrochloride.
Wy-21901 HCl; Baratol; Doralese; Vidora; Wydora; Wypres; Wypresin. An α_1-adrenergic blocking agent with antihypertensive and bronchodilating activity. mp = 230-232°, 258-260°. *Wyeth-Ayerst Labs.*

91 Labetalol
36894-69-6   5341

$C_{19}H_{24}N_2O_3$
5-[1-Hydroxy-2-[(1-methyl-3-phenylpropyl)amino]ethyl]salicylamide.
ibidomide; Dilevalol [as (R,R)-isomer]. An α- and β-adrenergic blocking agent with antihypertensive activity. *Glaxo Wellcome Inc.; Key Pharmaceuticals.*

92 Labetalol Hydrochloride
32780-64-6   5341
$C_{19}H_{25}ClN_2O_3$
5-[1-Hydroxy-2-[(1-methyl-3-phenylpropyl)amino]ethyl]salicylamide monohydrochloride.
Normodyne; Trandate; Sch-15719W; AH-5158A; Amipress; Ipolab; Labelol; Labrocol; Presdate; Pressalolo; Vescal. An α- and β-adrenergic blocking agent with antihypertensive activity. mp = 187-189°; soluble in H_2O, EtOH; insoluble in Et_2O, $CHCl_3$; LD_{50} (mmus ip) = 114 mg/kg, (mmus iv) = 47 mg/kg, (mmus orl) = 1450 mg/kg, (fmus ip) = 120 mg/kg, (fmus iv) = 54 mg/kg, (fmus orl) = 1800 mg/kg, (mrat ip) = 113 mg/kg, (mrat iv) = 60 mg/kg, (mrat orl) = 4550 mg/kg, (frat

Antihypertensive Agents

93 Midaglizole
66529-17-7

$C_{16}H_{17}N_3$
(±)-2-[α-(2-Imidazolin-2-ylmethyl)-benzyl]pyridine.
Selective α2-adrenergic antagonist.

94 Naftopidil
57149-07-2   6443

$C_{24}H_{28}N_2O_3$
4-(o-Methoxyphenyl)-α-[(1-naphthyloxy)-methyl]-1-piperazineethanol.
KT-611; Avishot; Flivas. An α₁ adrenergic blocker and serotonin 5HT$_{1A}$ receptor agonist. Used as an antihypertensive agent. Also used in treatment of BPH. mp = 125-126°, 125-129°; insoluble in H$_2$O; LD$_{50}$ (mus orl) = 1300 mg/kg, (rat orl) = 6400 mg/kg. Boehringer Mannheim GmbH.

95 Naftopidil Dihydrochloride
57149-08-3   6443
$C_{24}H_{30}Cl_2N_2O_3$
4-(o-Methoxyphenyl)-α-[(1-naphthyloxy)-methyl]-1-piperazineethanol dihydrochloride.
An α₁ adrenergic blocker and serotonin 5HT$_{1A}$ receptor agonist. Used as an antihypertensive agent. Also used in treatment of BPH. mp = 212-213°. Boehringer Mannheim GmbH.

ip) = 107 mg/kg, (frat iv) = 53 mg/kg, (frat orl) = 4000 mg/kg. Glaxo Wellcome Inc.; Key Pharmaceuticals.

96 (±)-Naftopidil
132295-16-0   6443
$C_{24}H_{28}N_2O_3$
(±)-4-(o-Methoxyphenyl)-α-[(1-naphthyl-oxy)methyl]-1-piperazineethanol.
KT-611; Avishot; Flivas. An α₁ adrenergic blocker and serotonin 5HT$_{1A}$ receptor agonist. Used as an antihypertensive agent. Also used in treatment of BPH. mp = 125-126°, 125-129°; insoluble in H$_2$O. Boehringer Mannheim GmbH.

97 Nicergoline
27848-84-6   6580

$C_{24}H_{26}BrN_3O_3$
10-Methoxy-1,6-dimethylergoline-8β-methanol 5-bromonicotinate (ester).
nicotergoline; nimergoline; MNE; FI-6714; Cergodum; Circo-Maren; Dilasenil; Duracebrol; Ergotop; Ergobel; Memoq; Nicergolent; Sermion; Vasospan. An α₁-adrenergic blocking agent with vasodilating properties. mp = 136-138°; LD$_{50}$ (mmus orl) = 860 mg/kg, (mmus iv) = 46 mg/kg, (mrat orl) = 2800 mg/kg, (mrat iv) = 43 mg/kg. Farmitalia.

98 Phenoxybenzamine
59-96-1   7409   200-446-8

$C_{18}H_{22}ClNO$
N-(2-Chloroethyl)-N-(1-methyl-2-phen-oxyethyl)benzylamine.
bensylyt; 688-A. Antihypertensive. Antipheochromocytoma. α-Adrenergic

blocker. CAUTION: The hydrochloride may be a carcinogen. mp = 38-40°; soluble in C_6H_6. *SmithKline Beecham Pharmaceuticals.*

99 Phenoxybenzamine Hydrochloride
63-92-3   7409   200-569-7
$C_{18}H_{23}Cl_2NO$
N-(2-Chloroethyl)-N-(1-methyl-2-phenoxyethyl)benzylamine hydrochloride. Dibenzyline; Dibenzylin; Dibenyline; Dibenzyran. Antihypertensive. Antipheochromocytoma. α-Adrenergic blocker. CAUTION: The hydrochloride may be a carcinogen. mp = 137.5-140°; soluble in EtOH, propylene glycol; sparingly soluble in H_2O. *SmithKline Beecham Pharmaceuticals.*

100 Phentolamine
50-60-2   7417   200-053-1

$C_{17}H_{19}N_3O$
m-[N-(2-Imidazolin-2-ylmethyl)-p-toluidino]phenol.
Regitine; C-7337. An α-adrenergic blocker used as an antihypertensive agent. mp = 174-175°. *Ciba-Geigy Corp.*

101 Phentolamine Hydrochloride
73-05-2   7417   200-793-5
$C_{17}H_{20}ClN_3O$
m-[N-(2-Imidazolin-2-ylmethyl)-p-toluidino]phenol hydrochloride.
Regitine hydrochloride. An α-adrenergic blocker used as an antihypertensive agent. mp = 239-240°; soluble in H_2O (2 g/100 ml), EtOH (1.43 g/100 ml); slightly soluble in $CHCl_3$; insoluble in Me_2CO, EtOAc; LD_{50} (rat iv) = 75 mg/kg, (rat sc) = 275 mg/kg, (rat orl) = 1250 mg/kg. *Ciba-Geigy Corp.*

102 Phentolamine Monomethanesulfonate
65-28-1   7417   200-604-6
$C_{18}H_{23}N_3O_4S$
m-[N-(2-Imidazolin-2-ylmethyl)-p-toluidino]phenol monomethanesulfonate.
phentolamine mesylate; Regitine; Rogitine. An α-adrenergic blocker used as an antihypertensive agent. Also used as a diagnostic aid and a treatment for pheochromocytoma. mp = 177-181°; soluble in H_2O (2 g/100 ml), EtOH (4.35 g/100 ml), $CHCl_3$ (0.15 g/100 ml). *Ciba-Geigy Corp.*

103 Prazosin
19216-56-9   7897   242-885-8

$C_{19}H_{21}N_5O_4$
1-(4-Amino-6,7-dimethoxy-2-quinazolinyl)-4-(2-furoyl)piperazine.
furazosin. An $α_1$-adrenergic blocking agent used as an antihypertensive agent and also in treatment of BPH. mp = 278-280°. *Pfizer International.*

104 Prazosin Hydrochloride
19237-84-4   7897   242-903-4
$C_{19}H_{22}ClN_5O_4$
1-(4-Amino-6,7-dimethoxy-2-quinazolinyl)-4-(2-furoyl)piperazine hydrochloride.
Minipress; CP-12299-1; Alpress LP; Duramipress; Eurex; Hypovase; PeripressSinetens. An $α_1$-adrenergic blocking agent used as an antihypertensive agent and also in treatment of BPH. Soluble in Me_2CO (0.72 mg/100 ml), MeOH (640 mg/100 ml), EtOH (84 mg/100 ml), DMF (130 mg/100 ml), dimethylacetamide (120 mg/100 ml), H_2O (140 mg/100 ml at pH 3.5), $CHCl_3$ (4.1 mg/100 ml); $λ_m$ = 246,

329 nm (a_M 137 ± 3, 27.6 ± 0.3 MeOH/1% HCl). *Pfizer International.*

105 Tamsulosin
106133-20-4   9217

$C_{20}H_{28}N_2O_5S$
(-)-(R)-5-[2-[[2-(o-Ethoxyphenoxy)ethyl]-amino]propyl]-2-methoxybenzene-sulfonamide.
An α_1-adrenergic blocking agent used in treatment of BPH. *Boehringer Ingelheim Pharmaceuticals, Inc.; Yamanouchi U.S.A. Inc.*

106 Tamsulosin dl-form Hydrochloride
80223-99-0   9217
$C_{20}H_{29}ClN_2O_5S$
(±)-(R)-5-[2-[[2-(o-Ethoxyphenoxy)ethyl]-amino]propyl]-2-methoxybenzene-sulfonamide hydrochloride.
LY-253351; YM-617; Amsulosin. An α_1-adrenergic blocking agent used in treatment of BPH. mp = 254-256°. *Boehringer Ingelheim Pharmaceuticals, Inc.; Yamanouchi U.S.A. Inc.*

107 Tamsulosin R-form Hydrochloride
106463-17-6   9217
$C_{20}H_{29}ClN_2O_5S$
(-)-(R)-5-[2-[[2-(o-Ethoxyphenoxy)ethyl]-amino]propyl]-2-methoxybenzene-sulfonamide hydrochloride.
R-(-)-YM-12617-1; Harnal. An α_1-adrenergic blocking agent used in treatment of BPH. mp = 228-230°; $[\alpha]_D^{24}$ = -4.0° (c = 0.35 MeOH). *Boehringer Ingelheim Pharmaceuticals, Inc.; Yamanouchi U.S.A. Inc.*

108 Tamsulosin S-form Hydrochloride
106463-19-8   9217

$C_{20}H_{29}ClN_2O_5S$
(-)-(S)-5-[2-[[2-(o-Ethoxyphenoxy)ethyl]-amino]propyl]-2-methoxybenzene-sulfonamide hydrochloride.
YM-12617-2. An α_1-adrenergic blocking agent used in treatment of BPH. mp = 228-230°; $[\alpha]_D^{24}$ = 4.2° (c = 0.36 MeOH). *Boehringer Ingelheim Pharmaceuticals, Inc.; Yamanouchi U.S.A. Inc.*

109 Terazosin (anhydrous)
63074-08-8   9297

$C_{19}H_{25}N_5O_4$
1-(4-Amino-6,7-dimethoxy-2-quinazo-linyl)-4-(tetrahydro-2-furoyl)piperazine.
An α_1-adrenergic blocker related to prazosin. Used as an antihypertensive agent and in treatment of BPH. mp = 272.6-274°; soluble in MeOH (3.37 g/100 ml), H_2O (2.97 g/100 ml), EtOH (0.41 g/100 ml), $CHCl_3$ (0.12 g/100 ml), Me_2CO (.1 mg/100 ml); insoluble in C_6H_{14}; λ_m = 212, 245, 330 nm (a 65.7, 127.5, 24.0 H_2O). *Abbott Labs.*

Antihypertensive Agents

110 Terazosin Hydrochloride Dihydrate
70024-40-7   9297
$C_{19}H_{26}ClN_5O_4 \cdot 2H_2O$
1-(4-Amino-6,7-dimethoxy-2-quinazolinyl)-4-(tetrahydro-2-furoyl)piperazine hydrochloride dihydrate.
Hytrin; Abbott-45975; Heitrin; Hytracin; Hytrinex; Itrin; Urodie; Vasocard; Vasomet; Vicard. An α_1-adrenergic blocker related to prazosin. Used as an antihypertensive agent and in treatment of BPH. mp = 271-274°; soluble in H_2O (2.42 g/100 ml); LD_{50} (mrat iv) = 277 mg/kg, (frat iv) = 293 mg/kg; [hydrochloride anhydrous]: mp = 278-279°; soluble in H_2O (76.12 g/100 ml); LD_{50} (mus iv) = 259.3 mg/kg. *Abbott Labs.*

111 Tibalosin
63996-84-9

$C_{21}H_{27}NOS$
(±)-erythro-2,3-Dihydro-α-[1-[(4-phenylbutyl)amino]ethyl]benzo[b]thiophene-5-methanol.
CP-804-S. Heterocyclic aminoalcohol related to ifenprodil. Antagonist acting at the polyamine site of the N-methyl-D-aspartate (NMDA) subtype of glutamate receptor. Antihypertensive; alpha 1-adrenoceptor antagonist.

112 Tolazoline
59-98-3   9645

$C_{10}H_{12}N_2$
2-Benzyl-2-imidazoline.
phenylmethylimidazoline. An α_1-adrenergic blocking agent with vasodilating properties. *Ciba plc.*

113 Tolazoline Hydrochloride
59-97-2   9645

$C_{10}H_{13}ClN_2$
2-Benzyl-2-imidazoline hydrochloride.
Priscoline hydrochloride; Lambral; Priscol; Priscoline; Vaso-Dilatan. An α_1-adrenergic blocking agent with vasodilating properties. mp = 174°; soluble in H_2O, EtOH, $CHCl_3$; insoluble in Et_2O, EtOAc. *Ciba plc.*

114 Trimazosin
35795-16-5   9828   252-732-7

$C_{20}H_{29}N_5O_6$
2-Hydroxy-2-methylpropyl 4-(4-amino-6,7,8-trimethoxy-2-quinazolinyl)-1-piperazine carboxylate.
An α_1-adrenergic blocking agent with antihypertensive activity. mp = 158-159°. *Pfizer Inc.*

115 Trimazosin Hydrochloride Monohydrate
53746-46-6   9828
$C_{20}H_{30}ClN_5O_6 \cdot H_2O$
2-Hydroxy-2-methylpropyl 4-(4-amino-6,7,8-trimethoxy-2-quinazolinyl)-1-piperazine carboxylate monohydrochloride monohydrate.
CP-19106-1; Cardovar; Supres. An α_1-adrenergic blocking agent with antihypertensive activity. mp = 166-169° (dec). *Pfizer Inc.*

Antihypertensive Agents

116 Tropodifene
15790-02-0

$C_{25}H_{29}NO_4$
Tropine 3-(p-hydroxyphenyl-2-phenyl-propionate (ester) acetate (ester).
An α_1-adrenergic blocker.

117 Yohimbine
146-48-5   10236   205-672-0

$C_{21}H_{26}N_2O_3$
17α-Hydroxyyohimban-16α-carboxylic acid. quebrachine; corynine; aphrodine. Indole alkaloid with α_2-adrenergic blocking activity. Used as a mydriatic. mp = 234°, 235-237°; $[\alpha]_D^{20}$ = 50.9 - 62.2° (EtOH), 108° (C_5H_5N); λ_m = 226, 280, 291 nm (log ε 4.56, 3.88, 3.80 MeOH); sparingly soluble in H_2O; soluble in EtOH, $CHCl_3$, hot C_6H_6; moderately soluble in Et_2O.

beta-Adrenergic Blockers

118 Acebutolol
37517-30-9   16   253-539-0

$C_{18}H_{28}N_2O_4$
(±)-3'-Acetyl-4'-[2-hydroxy-3-(1-methyl-ethylamino)propoxy]butyranilide.
Monitan; Sectral; Prent. Antianginal agent. Class II anti-arrhythmic agent. Cardioselective β-adrenergic blocking agent. Has anti-arrhythmic and antihypertensive properties. mp = 119-123°.

119 Acebutolol Hydrochloride
34381-68-5   16   251-980-3
$C_{18}H_{29}ClN_2O_4$
(±)-3'-Acetyl-4'-[2-hydroxy-3-(1-methyl-ethylamino)propoxy]butyranilide hydrochloride.
IL-17803A; M&B-17803A; Acetanol; Neptall; Sectral. Antianginal agent. Class II anti-arrhythmic agent. Cardioselective β-adrenergic blocking agent. Has anti-arrhythmic and antihypertensive properties. mp = 141-143°; soluble in H_2O (20 g/100 ml), EtOH (7 g/100ml).

120 Alprenolol
13655-52-2   321   237-140-9

$C_{15}H_{23}NO_2$
1-(o-Allylphenoxy)-3-(isopropylamino)-2-propanol.
H 56/28. Antianginal agent. Antiarrhythmic agent. Cardioselective β-adrenergic blocking agent. Has anti-arrhythmic and antihypertensive properties. ICI.

121 Alprenolol Hydrochloride
13707-88-5   321   237-244-4
$C_{15}H_{24}ClNO_2$
1-(o-Allylphenoxy)-3-(isopropylamino)-2-propanol hydrochloride.
Applobal; Aprobal; Aptine; Aptol Duriles; Gubernal; Regletin; Yobir. Antianginal agent. Class II anti-arrhythmic agent. Cardioselective β-adrenergic blocking agent. Has anti-arrhythmic and antihypertensive properties. mp = 107-109°; LD_{50} (mus orl)

= 278.0 mg/kg, (rat orl) = 597.0 mg/kg, (rbt orl) = 337.3 mg/kg. *ICI.*

122   Amosulalol
85320-68-9   614

$C_{18}H_{24}N_2O_5S$
(±)-5-[1-Hydroxy-2-[[2-(o-methoxy-phenoxy)ethyl]amino]ethyl]-o-toluenesulfonamide.
Antihypertensive agent. *Yamanouchi U.S.A. Inc.*

123   Amosulalol Hydrochloride
93633-92-2   614
$C_{18}H_{25}ClN_2O_5S$
(±)-5-[1-Hydroxy-2-[[2-(o-methoxy-phenoxy)ethyl]amino]ethyl]-o-toluenesulfonamide hydrochloride.
YM-09538; Lowgan. Antihypertensive agent. mp = 158-160°; [R(-)-form]: mp = 158°; $[\alpha]_D^{20}$ = -30.4° (c = 1 MeOH); [S(+)-form]: mp = 158°; $[\alpha]_D^{20}$ = 30.7° (c = 1 MeOH). *Yamanouchi U.S.A. Inc.*

124   Arnolol
87129-71-3

$C_{14}H_{23}NO_3$
(±)-3-Amino-1-[p-(2-methoxyethyl)-phenoxy]-3-methyl-2-butanol.
A beta blocker.

125   Arotinolol
68377-92-4   827

$C_{15}H_{21}N_3O_2S_3$
(±)-5-[2-[[3-(tert-Butylamino)-2-hydroxypropyl]thio]-4-thiazolyl]-2-thiophenecarboxamide.
Antianginal agent. Also antihypertensive and antiarrhythmic. Possesses both α- and β-adrenergic blocking activity. A propanolamine derivative. mp = 148-149°. *Sumitomo.*

126   Arotinolol Hydrochloride
68377-91-3   827
$C_{15}H_{22}ClN_3O_2S_3$
(±)-5-[2-[[3-(tert-Butylamino)-2-hydroxypropyl]thio]-4-thiazolyl]-2-thiophenecarboxamide hydrochloride.
S-596; ARL; Almarl. Antianginal agent. Also antihypertensive and anti-arrhythmic. Possesses both α- and β-adrenergic blocking activity. A propanolamine derivative. mp = 234-235.5°; LD_{50} (mus iv) = 86 mg/kg, (mus ip) = 360 mg/kg, (mus orl) > 5000 mg/kg. *Sumitomo.*

127   Atenolol
29122-68-7   892   249-451-7

$C_{14}H_{22}N_2O_3$
2-[p-[2-Hydroxy-3-(isopropylamino)-propoxy]phenyl]acetamide.
ICI-66082; AteHexal; Atenol; Cuxanorm; Ibinolo; Myocord; Prenormine; Seles Beta; Selobloc; Teno-basan; Tenoblock; Tenormin; Uniloc. Antianginal and anti-arrhythmic agent. Cardioselective β-adrenergic blocking agent. Has anti-

arrhythmic and antihypertensive properties. mp = 146-148°, 150-152°; λ_m = 225, 275, 283 nm (MeOH); very soluble in MeOH; soluble in AcOH, DMSO; less soluble in Me_2CO, dioxane; insoluble in CH_3CN, EtOAc, $CHCl_3$; LD_{50} (mus orl) = 2000 mg/kg, (mus iv) = 98.7 mg/kg, (rat orl) = 3000 mg/kg, (rat iv) = 59.24 mg/kg. *ICI; Apothecon; Lemmon Co.; Zeneca Pharmaceuticals; C.M. Industries.*

128 Befunolol
39552-01-7   1050

$C_{16}H_{21}NO_4$
7-[2-Hydroxy-3-(isopropylamino)-propoxy]-2-benzofuranyl methyl ketone.
A β-adrenergic blocker. Used as an anti-glaucoma agent. mp = 115°; LD_{50} (mus iv) = 100-105 mg/kg. *Kakenyaku Kako.*

129 Befunolol Hydrochloride
39543-79-8   1050
$C_{16}H_{22}ClNO_4$
7-[2-Hydroxy-3-(isopropylamino)-propoxy]-2-benzofuranyl methyl ketone hydrochloride.
BFE-60; Benfuran; Bentos; Bentox; Glauconex. A β-adrenergic blocker. Used as an anti-glaucoma agent. mp = 163°. *Kakenyaku Kako.*

130 Befunolol R-(+)-form Hydrochloride
66685-79-8   1050
$C_{16}H_{22}ClNO_4$
(R)-(+)-7-[2-Hydroxy-3-(isopropylamino)-propoxy]-2-benzofuranyl methyl ketone hydrochloride.
A β-adrenergic blocker. Used as an anti-glaucoma agent. mp = 151°; $[\alpha]_D$ = 15.3° (c = 1 MeOH). *Kakenyaku Kako.*

131 Befunolol S-(-)-form Hydrochloride
66717-59-7   1050
$C_{16}H_{22}ClNO_4$
(S)-(-)-7-[2-Hydroxy-3-(isopropylamino)-propoxy]-2-benzofuranyl methyl ketone hydrochloride.
A β-adrenergic blocker. Used as an anti-glaucoma agent. mp = 151-152°; $[\alpha]_D$ = -125.5° (c = 1 MeOH). *Kakenyaku Kako.*

132 Betaxolol
63659-18-7   1229

$C_{18}H_{29}NO_3$
(±)-1-[p-[2-(Cyclopropylmethoxy)ethyl]-phenoxy]-3-(isopropylamino)-2-propanol.
Antianginal agent with antihypertensive and antiglaucoma properties. Cardioselective β_1 adrenergic blocker. mp = 70-72°. *Alcon Labs.; Synthelabo Pharmacie.*

133 Betaxolol Hydrochloride
63659-19-8   1229   264-384-3
$C_{18}H_{30}ClNO_3$
(±)-1-[p-[2-(Cyclopropylmethoxy)ethyl]-phenoxy]-3-(isopropylamino)-2-propanol hydrochloride.
SLD-212; SL-75.212; Betoptic; Betoptima; Kerlone. Antianginal agent with antihypertensive and antiglaucoma properties. Cardioselective β_1 adrenergic blocker. mp = 116°; LD_{50} (mus orl) = 94 mg/kg, (mus iv) = 37 mg/kg. *Alcon Labs.; Synthelabo Pharmacie.*

134 Bevantolol
59170-23-9   1238

$C_{20}H_{27}NO_4$
(±)-1-[(3,4-Dimethoxyphenethyl)amino]-3-(m-toloxy)-2-propanol.
Antianginal agent. Cardioselective β-adrenergic blocking agent. Has antiarrhythmic and antihypertensive properties. *Parke-Davis*.

135 Bevantolol Hydrochloride
42864-78-8   1238
$C_{20}H_{28}ClNO_4$
(±)-1-[(3,4-Dimethoxyphenethyl)amino]-3-(m-toloxy)-2-propanol hydrochloride.
Vantol; Cl-775; Ranestol; Sentiloc. Antianginal agent. Cardioselective β-adrenergic blocking agent. Has antiarrhythmic and antihypertensive properties. mp = 137-138°. *Parke-Davis*.

136 Bisoprolol
66722-44-9   1336

$C_{18}H_{31}NO_4$
(±)-1-[[α(2-Isopropoxyethoxy)-p-tolyl]oxy]-3-(isopropylamino)-2-propanol.
EMD-33512. Antihypertensive. Cardioselective $β_1$-adrenergic blocker. *E. Merck*.

137 Bisoprolol Hemifumarate
104344-23-2   1336
$C_{20}H_{33}NO_6$
(±)-1-[[α(2-Isopropoxyethoxy)-p-tolyl]oxy]-3-(isopropylamino)-2-propanol hemifumarate.
Concor; Detensiel; Emvoncor; Emcor; Eurtadal; Isoten; Monocor; Soprol; Zebeta; component of: Ziac. Antihypertensive. Cardioselective $β_1$-adrenergic blocker. mp = 100°; soluble in EtOH. *E. Merck*.

138 Bopindolol
62658-63-3   1362

$C_{23}H_{28}N_2O_3$
(±)-1-(tert-Butylamino)-3-[(2-methylindol-4-yl)oxy]-2-propanol benzoate (ester).
Antihypertensive. Non-selective β-adrenergic blocker. Soluble in Et_2O, CH_2Cl_2; LD_{50} (mus iv) = 17 mg/kg. *Sandoz Pharmaceuticals Corp*.

139 Bopindolol Maleate
62658-64-4   1362
$C_{27}H_{32}N_2O_7$
(±)-1-(tert-Butylamino)-3-[(2-methylindol-4-yl)oxy]-2-propanol benzoate (ester) maleate.
Sandonorm. Antihypertensive. Non-selective β-adrenergic blocker. *Sandoz Pharmaceuticals Corp*.

140 Bopindolol Malonate
82857-38-3   1362

$C_{26}H_{32}N_2O_7$
(±)-1-(tert-Butylamino)-3-[(2-methylindol-4-yl)oxy]-2-propanol benzoate (ester) malonate.
LT-31-200; Wandonorm. Antihypertensive. Non-selective β-adrenergic blocker. *Sandoz Pharmaceuticals Corp*.

141 Brefonalol
104051-20-9

$C_{22}H_{28}N_2O_2$
(±)-6-[2-[(1,1-Dimethyl-3-phenylpropyl)-amino]-1-hydroxyethyl]-3,4-dihydro-carbostyril.
A beta-adrenergic blocker.

142 Broxaterol
76596-57-1   278-494-4

$C_9H_{15}BrN_2O_2$
(±)-3-Bromo-α-[(tert-butylamino)methyl]-5-isoxazolemethanol.
A beta-adrenergic receptor antagonist.

143 Bucumolol
58409-59-9   1489

$C_{17}H_{23}NO_4$
8-[(3-tert-Butylamino)-2-hydroxy-propoxy]-5-methylcoumarin.
dl-8-(2-hydroxy-3-tert-butylaminopropoxy)coumarin. Antianginal agent. A β-adrenergic blocker with antianginal and anti-arrhythmic properties. *Sankyo.*

144 Bucumolol Hydrochloride
30073-40-6   1489
$C_{17}H_{24}ClNO_4$
8-[(3-tert-Butylamino)-2-hydroxy-propoxy]-5-methylcoumarin hydrochloride.
CS-359; Bucumarol. Antianginal agent. A β-adrenergic blocker with antianginal and antiarrhythmic properties. mp = 226-228°; LD_{50} (mmus orl) = 676 mg/kg, (mmus iv) = 33.1 mg/kg, (fmus orl) = 692 mg/kg, (fmus iv) = 31.6 mg/kg. *Sankyo.*

145 Bufetolol
53684-49-4   1496

$C_{18}H_{29}NO_4$
1-(tert-Butylamino)-3-[o-[(tetrahydro-furfuryl)oxy]phenoxy]-2-propanol.
Antianginal agent. A β-adrenergic blocker with antianginal and anti-arrhythmic properties. $bp_{0.07}$ = 180-186°. *Yoshitomi.*

146 Bufetolol Hydrochloride
35108-88-4   1496   252-369-4
$C_{18}H_{30}ClNO_4$
1-(tert-Butylamino)-3-[o-[(tetrahydro-furfuryl)oxy]phenoxy]-2-propanol hydrochloride.
Y-6124; Adobiol. Antianginal agent. A β-adrenergic blocker with antianginal and antiarrhythmic properties. mp = 153.5-157°, 151-154°; soluble in H_2O, MeOH, AcOH; slightly soluble in C_6H_6; insoluble in Et_2O; LD_{50} (mus orl) = 409 mg/kg, (mus sc) = 507 mg/kg, (rat orl) = 1142 mg/kg, (rat sc) = 1904 mg/kg. *Yoshitomi.*

Antihypertensive Agents

147 Bufuralol
54340-62-4   1504   259-112-5

$C_{16}H_{23}NO_2$
α-[(tert-Butylamino)methyl]-7-ethyl-2-benzofuranmethanol.
A β-adrenergic blocker with peripheral vasodilating activity. Antianginal with antihypertensive properties. *Hoffmann-LaRoche Inc.*

148 Bufuralol Hydrochloride
59652-29-8   1504
$C_{16}H_{24}ClNO_2$
α-[(tert-Butylamino)methyl]-7-ethyl-2-benzofuranmethanol hydrochloride.
Ro-3-4787; Angium. A β-adrenergic blocker with peripheral vasodilating activity. Antianginal with antihypertensive properties. mp = 146°; LD_{50} (mus iv) = 29.7 mg/kg, (mus ip) = 88.0 mg/kg, (mus orl) = 177 mg/kg, (rat sc) = 1400 mg/kg, (rat orl) = 750 mg/kg; [(+)-hydrochloride]: mp = 122-123°; $[\alpha]_{365}^{20}$ = 135.0° (c = 1 EtOH); [(-)-hydrochloride]: mp = 122-123°; $[\alpha]_{365}^{20}$ = -136.0° (c = 1 EtOH). *Hoffmann-LaRoche Inc.*

149 Bunitrolol
34915-68-9   1514

$C_{14}H_{20}N_2O_2$
o-[3-(tert-Butylamino)-2-hydroxypropoxy]benzonitrile.
Ko-1366. Antianginal agent with antiarrhythmic and antihypertensive properties. A β-adrenergic blocker. *Boehringer Ingelheim GmbH.*

150 Bunitrolol Hydrochloride
23093-74-5   1514   245-427-5
$C_{14}H_{21}ClN_2O_2$
o-[3-(tert-Butylamino)-2-hydroxypropoxy]benzonitrile hydrochloride.
Betriol; Stresson. Antianginal; antiarrhythmic and antihypertensive agent. A β-adrenergic blocker. mp = 163-165°; LD_{50} (mus orl) = 1344-1440 mg/kg, (mus ip) = 264-265 mg/kg, (rat orl) = 639-649 mg/kg, (rat ip) = 222-225 mg/kg. *Boehringer Ingelheim GmbH.*

151 Bupranolol
14556-46-8   1521

$C_{14}H_{22}ClNO_2$
1-(tert-Butylamino)-3-[(6-chloro-m-tolyl)oxy]-2-propanol.
bupranol; Ophtorenin. Antianginal; antiarrhythmic and antihypertensive agent. A β-adrenergic blocker.

152 Bupranolol Hydrochloride
15148-80-8   1521   239-208-3
$C_{14}H_{23}Cl_2NO_2$
1-(tert-Butylamino)-3-[(6-chloro-m-tolyl)oxy]-2-propanol hydrochloride.
B-1312; KL-255; Betadran; Betadrenol; Looser; Panimit. Antianginal agent with antiarrhythmic, antihypertensive and antiglaucoma properties. A β-adrenergic blocker. mp = 220-222°.

153 Butidrine
55837-18-8   1558   259-849-2

$C_{16}H_{25}NO$
5,6,7,8-Tetrahydro-α-[[(1-isopropyl)amino]methyl]-2-naphthalenemethanol.
Antiarrhythmic agent. *Holding Ceresia.*

154 Butidrine Hydrochloride
1506-12-3   1558
$C_{16}H_{26}ClNO$
5,6,7,8-Tetrahydro-α-[[(1-isopropyl)-amino]methyl]-2-naphthalenemethanol hydrochloride.
butydrine hydrochloride; Betabloc; Recetan. Antiarrhythmic agent. mp = 129-130°; LD_{50} (mus iv) = 20.2 mg/kg, (mus orl) = 235 mg/kg. *Holding Ceresia.*

155 Butofilolol
64552-17-6   1563

$C_{17}H_{26}FNO_3$
(±)-2'-[3-(tert-Butylamino)-2-hydroxypropoxyl-5'-fluorobutyrophenone.
CM-6805. Antihypertensive. A β-adrenergic blocker. mp = 88-89°. *C.M. Industries.*

156 Butofilolol Maleate
88606-96-6   1563   289-431-5
$C_{21}H_{30}FNO_7$
(±)-2'-[3-(tert-Butylamino)-2-hydroxypropoxyl-5'-fluorobutyrophenone maleate.
Cafide. Antihypertensive. A β-adrenergic blocker. *C.M. Industries.*

157 Carazolol
57775-29-8   1822   260-945-1

$C_{18}H_{22}N_2O_2$
1-(Carbazol-4-yloxy)-3-(isopropylamino)-2-propanol.
BM-51052; Conducton; Suacron. A β-adrenergic blocker with antihypertensive, antianginal and anti-arrhythmic activity. Used for treatment of stress in pigs (veterinary). [hydrochloride]: mp = 234-235°. *Boehringer Mannheim GmbH.*

158 Carteolol
51781-06-7   1917

$C_{16}H_{24}N_2O_3$
5-[3-[(1,1-Dimethylethyl)amino]-2-hydroxypropyl]-3,4-dihydro-2(1H)-quinolinone.
Antianginal, antiarrhythmic, antihypertensive and antiglaucoma agent. A β-adrenergic blocker. *Abbott Labs.*

159 Carteolol Hydrochloride
51781-21-6   1917   257-415-7
$C_{16}H_{25}ClN_2O_3$
5-[3-[(1,1-Dimethylethyl)amino]-2-hydroxypropyl]-3,4-dihydro-2(1H)-quinolinone hydrochloride.
Carteolol hydrochloride, Abbott 43326; OPC-1085; Arteoptic; Caltidren; Carteol; Cartrol; Endak; Mikelan; Optipress; Tenalet; Tenalin; Teoptic. Antianginal agent with antiarrhythmic, antihypertensive and antiglaucoma properties. A β-adrenergic blocker. mp = 278°; LD_{50} (mrat orl) = 1380 mg/kg (mrat iv) = 158 mg/kg, (mrat ip) = 380 mg/kg, (mmus orl) = 810 mg/kg, (mmus iv) = 54.5 mg/kg, (mmus ip) = 380 mg/kg. *Abbott Labs.*

160 Carvediol
72956-09-3   1924

$C_{24}H_{26}N_2O_4$
(±)-1-(Carbazol-4-yloxy)-3-[[2-(o-methoxyphenoxy)ethyl]amino]-2-propanol.

Coreg; BM-14190; DQ-2466; Dilatrend; Dimitone; Eucardic; Kredex; Querto. Antianginal, antihypertensive Non-selective β-adrenergic blocker with vasodilating activity. mp = 114-115°. Boehringer Mannheim GmbH; SmithKline Beecham Pharmaceuticals.

161 Celiprolol
56980-93-9   2007   260-497-7

$C_{20}H_{33}N_3O_4$
3-[3-Acetyl-4-[3-(tert-butylamino)-2-hydroxypropoxy]phenyl]-1,1-diethylurea. ST-1396. Antianginal, antihypertensive agent. Cardioselective $β_1$ adrenergic blocker. mp = 110-112°. Hoechst Marion Roussel Inc.

162 Celiprolol Hydrochloride
57470-78-7   2007   260-752-2
$C_{20}H_{34}ClN_3O_4$
3-[3-Acetyl-4-[3-(tert-butylamino)-2-hydroxypropoxy]phenyl]-1,1-diethylurea monohydrochloride.
Celectol; Corliprol; Selecor; Selectol. Antianginal, antihypertensive agent. Cardioselective $β_1$ adrenergic blocker. mp = 197-200° (dec); soluble in H_2O (15.1 g/100 ml), MeOH (18.2 g/100 ml), EtOH (1.61 g/100 ml), $CHCl_3$ (0.42 g/100 ml); $λ_m$ = 221, 324 nm ($E_{1\%}$ 652, 57 H_2O), 231, 324 nm ($E_{1\%}$ 660, 60 0.01N HCl), 231, 324 nm ($E_{1\%}$ 640, 60 0.01N NaOH), 232, 329 nm ($E_{1\%}$ 775, 58 MeOH); LD_{50} (mmus iv) = 56.2 mg/kg, (mmus orl) = 1834 mg/kg, (mrat iv) = 68.3 mg/kg, (mrat orl) = 3826 mg/kg. Hoechst Marion Roussel Inc.

163 Cetamolol
34919-98-7   2060

$C_{16}H_{26}N_2O_4$
(±)-2-[o-[3-(tert-Butylamino)-2-hydroxypropoxy]phenoxy]-N-methylacetamide. Cardioselective $β_2$-adrenergic blocker. Used as an antihypertensive. mp = 96-97°. ICI.

164 Cetamolol Hydrochloride
77590-95-5   2060   278-729-0
$C_{16}H_{27}ClN_2O_4$
(±)-2-[o-[3-(tert-Butylamino)-2-hydroxypropoxy]phenoxy]-N-methylacetamide hydrochloride.
AI-27303; ICI-72222; Betacor. Cardioselective $β_2$-adrenergic blocker. Used as an antihypertensive. ICI.

165 Cloranolol
39563-28-5   2464

$C_{13}H_{19}Cl_2NO_2$
1-(tert-Butylamino)-3-(2,5-dichlorophenoxy)-2-propanol.
A β-adrenergic blocker used as an antiarrhythmic agent. mp = 82-83°. Res. Inst. Pharm. Chem.

166 Cloranolol Hydrochloride
54247-25-5   2464   259-044-6
$C_{13}H_{20}Cl_3NO_2$
1-(tert-Butylamino)-3-(2,5-dichlorophenoxy)-2-propanol hydrochloride.
GYKI-40199; Tobanum. A β-adrenergic blocker used as an anti-arrhythmic agent. mp = 210-212°. Res. Inst. Pharm. Chem.

Antihypertensive Agents

167 Dilevalol
75659-07-3   3245

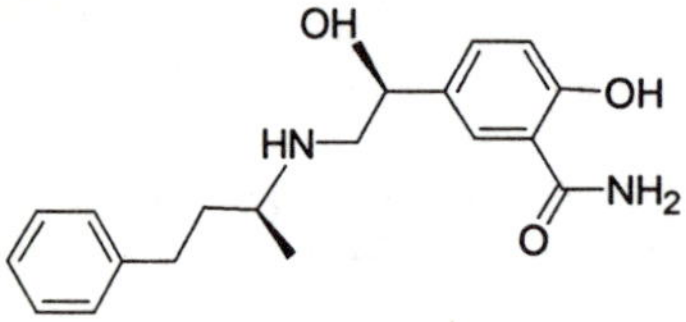

C₁₉H₂₄N₂O₃
(-)-5-[(1R)-1-Hydroxy-2-[[(1R)-1-methyl-3-phenylpropyl]amino]ethyl]-salicylamide.
Sch-19927; Dilevalon; Levadil; Unicard. Non-selective β-adrenergic blocker with vasodilating and antihypertensive properties. Active isomer of labetalol. [α]$_D$ = -21.7°. *Schering Corp.*

168 Dilevalol Hydrochloride
75659-08-4   3245
C₁₉H₂₅ClN₂O₃
(-)-5-[(1R)-1-Hydroxy-2-[[(1R)-1-methyl-3-phenylpropyl]amino]ethyl]salicylamide monohydrochloride.
Sch-19927. Non-selective β-adrenergic blocker with vasodilating and antihypertensive properties. mp = 133-134° (dec), 192-193.5° (dec); [α]$_D^{26}$ = -30.6° (c = 1.0 EtOH). *Schering Corp.*

169 Epanolol
86880-51-5   3641

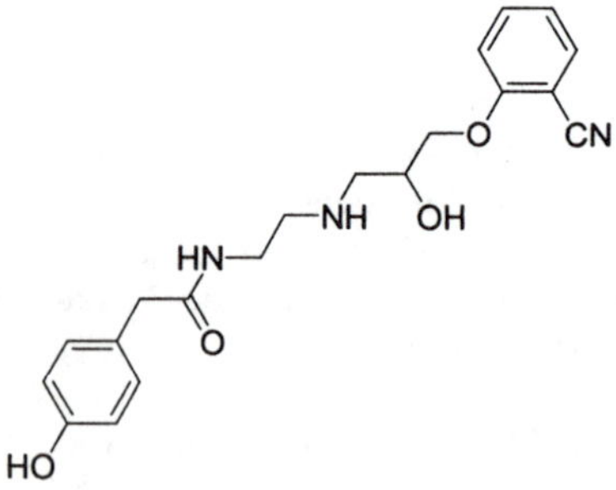

C₂₀H₂₃N₃O₄
(±)-N-[2-[[3-(o-Cyanophenoxy)-2-hydroxypropyl]amino]ethyl]-2-(p-hydroxyphenyl)acetamide.
ICI-141292; Visacor. Antianginal, antihypertensive agent. Cardioselective β₁-adrenergic blocker with sympathomimetic activity. mp = 118-120°. *ICI.*

170 Esmolol
103598-03-4   3741

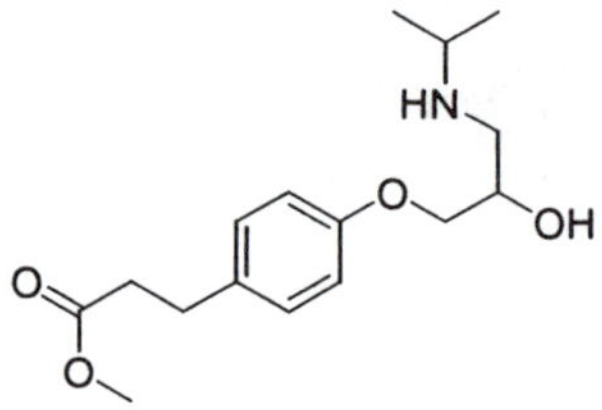

C₁₆H₂₅NO₄
(±)-Methyl p-[2-hydroxy-3-(isopropylamino)propoxy]hydrocinnamate.
Antiarrhythmic. A β-adrenergic blocker mp = 48-50°. *American Hospital Supply.*

171 Esmolol Hydrochloride
81161-17-3   3741
C₁₆H₂₆ClNO₄
(±)-Methyl p-[2-hydroxy-3-(isopropylamino)propoxy]hydrocinnamate hydrochloride.
ASL-8052; Brevibloc. Antiarrhythmic. A β-adrenergic blocker mp = 85-86°. *American Hospital Supply.*

172 Falintolol
90581-63-8

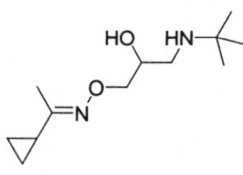

C₁₂H₂₄N₂O₂
Cyclopropyl methyl ketone (±)-(EZ)-O-[3-(tert-butylamino)-2-hydroxypropyl]-oxime.
A beta-adrenergic antagonist used for treatment of glaucoma.

Antihypertensive Agents

173   Idropranolol
27581-02-8

$C_{16}H_{23}NO_2$
1-[(5,6-Dihydro-1-naphthyl)oxy]-3-(isopropylamino)-2-propanol.
A β-adrenergic blocker.

174   Indenolol
60607-68-3   4974   262-323-5

$C_{15}H_{21}NO_2$
1-[Inden-4 (or -7)-yloxy]-3-(isopropylamino)-2-propanol.
Sch-28316Z; YB-2. Anti-arrhythmic, antihypertensive and antianginal agent. Non-selective β-adrenergic blocker. A 1:2 tautomeric mixture of the 4- and 7-indenyloxy isomers. mp = 88-89°.
Yamanouchi U.S.A. Inc.; Schering Corp.

175   Indenolol Hydrochloride
81789-85-7   4974
$C_{15}H_{22}ClNO_2$
1-[Inden-4 (or -7)-yloxy]-3-(isopropylamino)-2-propanol hydrochloride.
Pulsan; Securpres. Anti-arrhythmic, antihypertensive and antianginal agent. Non-selective β-adrenergic blocker. mp = 147-148°; LD_{50} (mus iv) = 26 mg/kg.
Yamanouchi U.S.A. Inc.; Schering Corp.

176   Labetalol
36894-69-6   5341   253-258-3

$C_{19}H_{24}N_2O_3$
5-[1-Hydroxy-2-[(1-methyl-3-phenylpropyl)amino]ethyl]salicylamide

ibidomide. Competitive α- and β-adrenergic receptor antagonist. Used as an antihypertensive. The (R,R) isomer is dilevalol. Key Pharmaceuticals; Glaxo Wellcome Inc.

177   Labetalol Hydrochloride
32780-64-6   5341   251-211-1
$C_{19}H_{25}ClN_2O_3$
5-[1-Hydroxy-2-[(1-methyl-3-phenylpropyl)amino]ethyl]salicylamide hydrochloride.
Normodyne; Trandate; Sch-15719W; AH-5158A; Amipress; Ipolab; Labelol; Labracol; Presdate; Pressalolo; Vescal. Competitive α- and β-adrenergic receptor antagonist. Used as an antihypertensive. mp = 187-189°; soluble in H_2O, EtOH; insoluble in Et_2O, $CHCl_3$; LD_{50} (mmus ip) = 114 mg/kg, (mmus iv) = 47 mg/kg, (mmus orl) = 1450 mg/kg, (fmus ip) = 120 mg/kg, (fmus iv) = 54 mg/kg, (fmus orl) = 1800 mg/kg, (mrat ip) = 113 mg/kg, (mrat iv) = 60 mg/kg, (mrat orl) = 4550 mg/kg, (frat ip) = 107 mg/kg, (frat iv) = 53 mg/kg, (frat ol) = 4000 mg/kg.
Key Pharmaceuticals; Glaxo Wellcome Inc.

178   Landiolol
133242-30-5

$C_{25}H_{39}N_3O_8$
(-)-[(S)-2,2-Dimethyl-1,3-dioxolan-4-yl]methyl p-[(S)-2-hydroxy-3-[[2-(4-morpholinecarboxamido)ethyl]amino]propoxy]hydrocinnamate.
An ultra-short acting, selective beta blocker.

Antihypertensive Agents

179　Levobunolol
47141-42-4　　5488

C$_{17}$H$_{25}$NO$_3$
(-)-5-[3-(tert-Butylamino)-2-hydroxypropoxy]-3,4-dihydro-1(2H)-naphthalenone.
l-bunolol; W-6421A. Adrenergic β-receptor; anti-glaucoma agent. LD$_{50}$ (mrat orl) = 700 mg/kg, (mrativ) = 25 mg/kg, (frat orl) = 800 mg/kg, (frat iv) = 28 mg/kg, (mmus orl) = 1530 mg/kg, (mmus iv) = 78 mg/kg, (fmus orl) = 1220 mg/kg, (fmus iv) = 84 mg/kg, (mhmtr orl) = 435 mg/kg, (fhmtr orl) = 500 mg/kg; (dog orl) = 100 mg/kg. *Allergan, Inc.*

180　Levobunolol Hydrochloride
27912-14-7　　5488　　248-725-3
C$_{17}$H$_{26}$ClNO$_3$
(-)-5-[3-(tert-Butylamino)-2-hydroxypropoxy]-3,4-dihydro-1(2H)-naphthalenone hydrochloride.
Vitagan; Gotensin; Betagan; W-7000A. Adrenergic β-receptor; anti-glaucoma agent. mp = 209-211°; [α]$_{598}^{24}$ = -19.6° ± 0.7° (c = 2.90 MeOH); λ$_m$ = 221. 253. 310 nm (ε 24700, 9000. 2400. NaOH). *Allergan, Inc.*

181　Mepindolol
23694-81-7　　5901　　245-831-1

C$_{15}$H$_{22}$N$_2$O$_2$
1-[Isopropylamino]-3-[(2-methyl-indol-4-yl)oxy]-2-propanol.
SH-E-222 [as sulfate salt]; Betagon [as sulfate salt]; Corindolan [as sulfate salt]; Mepicor [as sulfate salt]. Antianginal, antihypertensive agent. Dihydropyridine calcium channel blocker. Has antihypertensive properties. mp = 100-102°, 95-97°. *Sandoz Pharmaceuticals Corp.*

182　Metipranolol
22664-55-7　　6221　　245-151-5

C$_{17}$H$_{27}$NO$_4$
(±)-1-(4-Hydroxy-2,3,5-trimethylphenoxy)-3-(isopropylamino)-2-propanol 4-acetate.
OptiPranolol; BM01.004; VUFB6453; Betamet; methypranol; trimepranol; Betanol; Disorat; Glauline; Glausyn; Turoptin. A β-adrenergic blocker. Antihypertensive agent also used to treat glaucoma. mp = 105-107°, 108.5-110.5°; λ$_m$ = 278, 274 nm (A$_{1\,cm}^{1\%}$ = 51.3, 50.5 MeOH); freely soluble in EtOH, CHCl$_3$, C$_6$H$_6$, slightly soluble in Et$_2$O, insoluble in H$_2$O; LD$_{50}$ (mus iv) = 31 mg/kg. *Bausch & Lomb Pharmaceuticals, Inc.; SPOFA.*

183　Metipranolol Hydrochloride
36592-77-5　　6221
C$_{17}$H$_{28}$ClNO$_4$
(±)-1-(4-Hydroxy-2,3,5-trimethylphenoxy)-3-(isopropylamino)-2-propanol 4-acetate hydrochloride.
Betamann; Optipranolol. A β-adrenergic blocker. Antihypertensive agent also used to treat glaucoma. Soluble in H$_2$O. *Bausch & Lomb Pharmaceuticals, Inc.; SPOFA.*

184　Metoprolol
37350-58-6　　6235　　253-483-7

C$_{15}$H$_{25}$NO$_3$
1-(Isopropylamino)-3-[p-(2-methoxyethyl)phenoxy]-2-propanol.
H 23/96. Class II anti-arrhythmic agent.

Also has antihypertensive and antianginal activity. A β-adrenergic blocker which lacks intrinsic sympathomimetic activity. *Astra Hässle AB.*

185 Metoprolol Fumarate
119637-66-0   6235
$C_{34}H_{54}N_2O_{10}$
1-(Isopropylamino)-3-[p-(2-methoxyethyl)phenoxy]-2-propanol fumarate (2:1) (salt).
Lopressor OROS; CGP-2175C. Class II anti-arrythmic agent. Also has antihypertensive and antianginal activity. Insoluble in EtOAc, Me_2CO, Et_2O, C_7H_{16}. *Ciba-Geigy Corp.*

186 Metoprolol Succinate
98418-47-4   6235
$C_{34}H_{56}N_2O_{10}$
1-(Isopropylamino)-3-[p-(2-methoxyethyl)phenoxy]-2-propanol succinate (2:1) (salt).
Toprol XL; H 93/26 succinate. Class II anti-arrythmic agent. A beta1-selective (cardioselective) adrenoceptor blocking agent, for oral administration, available as extended release tablets. Also has antihypertensive and antianginal activity. Freely soluble in H_2O; soluble in MeOH; sparingly soluble in EtOH; slightly soluble in CH_2Cl_2, iPrOH; practically insoluble in EtOAc, Me_2CO, Et_2O, and C_7H_{16}. *Astra Sweden.*

187 Metoprolol Tartrate
56392-17-7   6235   260-148-9
$C_{34}H_{56}N_2O_{12}$
1-(Isopropylamino)-3-[p-(2-methoxyethyl)phenoxy]-2-propanol (2:1) dextro-tartrate salt.
CGP-2175E; Beloc; Betaloc; Lopresor; Prelis; Seloken; Selopral; Selo-Zok; component of: Lopressor HCT. Class II anti-arrythmic agent. A β₁-selective (cardioselective) adrenoceptor blocking agent, for oral administration, available as extended release tablets. Also has antihypertensive and antianginal activity. Soluble in MeOH (50 g/100 ml), H_2O (> 100 g/100 ml), $CHCl_3$ (49.6 g/100 ml), Me_2CO (0.11 g/100 ml), CH_3CN (0.089 g/100 ml); insoluble in C_6H_{14}; LD_{50} (fmus iv) = 118 mg/kg, (fmus orl) = 3090 mg/kg, (mrat iv) ≅ 90 mg/kg, (mrat orl) = 3090 mg/kg, (mrat iv) ≅ 90 mg/kg, (mrat orl) = 3090 mg/kg. *Ciba-Geigy Corp.; Apothecon; Lemmon Co.*

188 Moprolol
5741-22-0   6345   227-254-7

$C_{13}H_{21}NO_3$
1-(Isopropylamino)-3-(o-methoxyphenoxy)-2-propanol.
Antihypertensive agent with antianginal properties. mp = 82-83°; [l-form (levomoprolol)]: mp = 78-80°; [α] = -5.5° ± 0.2°. *ICI.*

189 Moprolol Hydrochloride
27058-84-0   6345   248-195-3
$C_{13}H_{22}ClNO_3$
1-(Isopropylamino)-3-(o-methoxyphenoxy)-2-propanol hydrochloride.
SD-1601; Omeral. Antihypertensive agent with antianginal properties. mp = 110-112°; [l-form hydrochloride (Levotensin)]: mp = 121-123°; $[α]_D^{25}$ = -16.3° (c = 5.0 EtOH). *ICI.*

190 Nadolol
42200-33-9   6431   255-706-3

$C_{17}H_{27}NO_4$
1-(tert-Butylamino)-3-[(5,6,7,8-tetrahydro-cis-6,7-dihydroxy-1-naphthyl)-oxy]-2-propanol.
Corgard; SQ-11725; Anabet; Solgol. Antihypertensive and antianginal agent. A β-adrenergic blocker. mp = 124-136°; $λ_m$ = 270, 278 nm ($E_{1\ cm}^{1\%}$ 37.5, 39.1

MeOH); pKa = 9.67; poorly soluble in organic solvents; insoluble in Me_2CO, C_6H_6, Et_2O, C_6H_{14}; LD_{50} (rat orl) = 5300 mg/kg, (mus orl) = 4500 mg/kg. Apothecon; Bristol-Myers Products.

191 Nadoxolol
54063-51-3   6432

$C_{14}H_{16}N_2O_3$
3-Hydroxy-4-(1-naphthyloxy)-butyramidoxime.
Antiarrhythmic agent. Antihypertensive, antianginal. Used for the treatment of cardiovascular disorders. *Orsymonde*.

192 Nadoxolol Hydrochloride
35991-93-6   6432   252-825-2
$C_{14}H_{17}ClN_2O_3$
3-Hydroxy-4-(1-naphthyloxy)-butyramidoxime hydrochloride.
LL-1530; Bradyl. Anti-arrhythmic agent. Antihypertensive, antianginal. Used for the treatment of cardiovascular disorders. mp = 188°; soluble in H_2O, EtOH, MeOH; insoluble in Et_2O; LD_{50} (mus iv) = 180 mg/kg, (mus orl) = 1000 mg/kg. *Orsymonde*.

193 Nebivalol
99200-09-6   6519

$C_{22}H_{25}F_2NO_4$
α,α'-(Iminodimethylene)bis[6-fluoro-2-chromanmethanol].

R-65824; dl-nebivolol; narbivolol; Nebilet. Antihypertensive agent. *Janssen Pharmaceutical Inc.*

194 Nifenalol
7413-36-7   6618   231-023-6

$C_{11}H_{16}N_2O_3$
α-[(Isopropylamino)methyl]-p-nitrobenzyl alcohol.
isophenethanol; INPEA. Anti-arrhythmic agent with antianginal properties. mp = 98°. *Selvi*.

195 Nifenalol Hydrochloride
5704-60-9   6618   227-194-1
$C_{11}H_{17}ClN_2O_3$
α-[(Isopropylamino)methyl]-p-nitrobenzyl alcohol hydrochloride.
Inpea. Anti-arrhythmic agent with antianginal properties. mp = 181°. *Selvi*.

196 Nipradilol
81486-22-8   6655

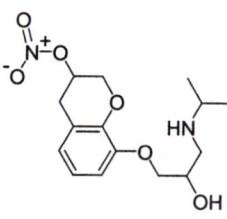

$C_{15}H_{22}N_2O_6$
8-[2-Hydroxy-3-(isopropylamino)-propoxy]-3-chromanol.
Nipradolol; K-351; Hypadil. Antianginal, antihypertensive agent. A β-adrenergic blocker with vasodilating activity. mp = 107-116°, 110-122°; LD_{50} (mus iv) = 74.0 mg/kg, (rat iv) = 73.0 mg/kg, (mus orl) = 540 mg/kg. *Kowa Chemical Industries Co., Ltd.*

197   Oxprenolol
6452-71-7   7086   229-257-9

$C_{15}H_{23}NO_3$
1-(o-Allyloxyphenoxy)-3-isopropyl-amino-2-propanol.
Antianginal, antihypertensive and class IV antiarrhythmic. Calcium channel blocker with coronary vasodilating activity. Class IV antiarrhythmic. mp = 78-80°. *Ciba-Geigy Corp.; Bayer AG.*

198   Oxprenolol Hydrochloride
6452-73-9   7086   229-260-5
$C_{15}H_{24}ClNO_3$
1-(o-Allyloxyphenoxy)-3-isopropyl-amino-2-propanol hydrochloride.
Ba-39089; Coretal; Laracor; Paritane; Slow-Pren; Trasicor; Trasacor.
Antianginal, antihypertensive and class IV antiarrhythmic. Calcium channel blocker with coronary vasodilating activity. Class IV antiarrhythmic. mp = 107-109°. *Ciba-Geigy Corp.; Bayer AG.*

199   Pacrinolol
65655-59-6

$C_{23}H_{28}N_2O_4$
(-)-p-[3-[(3,4-Dimethoxyphenethyl)-amino]-2-hydroxypropoxy]-β-methylcinnamonitrile.
Hoe-224A. A highly cardioselective beta-sympathicolytic with significant and long acting blood pressure lowering properties. A β-adrenergic blocker.

200   Pafenolol
75949-61-0

$C_{18}H_{31}N_3O_3$
(±)-1-[p-[2-Hydroxy-3-(isopropylamino)-propoxy]phenethyl]-3-isopropylurea.
Selective adrenergic beta 1-blocking agent.

201   Pargolol
47082-97-3

$C_{16}H_{23}NO_3$
1-(tert-Butylamino)-3-[o-(2-propynyloxy)-phenoxy]-2-propanol.
beta Adrenergic blocker.

202   Penbutolol
38363-40-5   7209

$C_{18}H_{29}NO_2$
(S)-1-(tert-Butylamino)-3-(o-cyclo-pentyl-phenoxy)-2-propanol.
Antianginal, antihypertensive and antiarrhythmic. A β-adrenergic calcium channel blocker with antiarrhythmic activity. mp = 68-72°; $[\alpha]_D^{20}$ = -11.5° (c = 1 MeOH); soluble in MeOH, EtOH, $CHCl_3$. *Hoechst.*

Antihypertensive Agents

203   Penbutolol Sulfate
38363-32-5   7209   253-906-5
$C_{36}H_{40}N_2O_8S$
(S)-1-(tert-Butylamino)-3-(o-cyclopentyl-phenoxy)-2-propanol sulfate (salt) (2:1).
HOE-893d; HOE-39-893d; Betapressin; Levatol; Paginol. Antianginal, antihypertensive and antiarrhythmic. A β-adrenergic calcium channel blocker with antiarrhythmic activity. mp = 216-218° (dec); $[\alpha]_D^{20}$ = -24.6° (c = 1 MeOH). Hoechst.

204   Penirolol
58503-83-6

$C_{15}H_{22}N_2O_2$
o-[2-Hydroxy-3-(tert-pentylamino)-propoxy]benzonitrile.
beta Adrenergic blocker.

205   Pindolol
13523-86-9   7597   236-867-9

$C_{14}H_{20}N_2O_2$
1-(Indol-4-yloxy)-3-(isopropylamino)-2-propanol.
LB-46; Visken; prinodolol; Betapindol; Blocklin L; Calvisken; Decreten; Durapindol; Glauco-Visken; Pectobloc; Pinbetol; Pynastin. Antianginal agent with antiarrhythmic, antihypertensive and antiglaucoma properties. A β-adrenergic blocker. mp = 171-163°. *Sandoz Pharmaceuticals Corp.*

206   Pirepolol
69479-26-1

$C_{21}H_{32}N_4O_5$
(±)-6-[[2-[[3-(p-Butoxyphenoxy)-2-hydroxypropyl]amino]ethyl]amino]-1,3-dimethyluracil.
beta Adrenergic blocker.

207   Practolol
6673-35-4   7882   229-712-1

$C_{14}H_{22}N_2O_3$
4'-[2-Hydroxy-3-(isopropylamino)-propoxy]acetanilide.
AY-21011; ICI-50172; Dalzic; Eraldin. A β-adrenergic blocker. Antiarrhythmic agent. mp = 134-136°; soluble in i-PrOH; [hydrochloride monhydrate]: mp = 140-142°; [R(+) form]: mp = 130-131.5°; $[\alpha]_{365}^{25}$ = 4.3° (EtOH), $[\alpha]_{578}^{25}$ = 3.5° (EtOH); [R(+) hydrochloride] :$[\alpha]_{436}^{25}$ = 26.0° (EtOH), $[\alpha]_{578}^{25}$ = 14.0° (EtOH). *Wyeth-Ayerst Labs.; ICI.*

Antihypertensive Agents

208   Procinolol
27325-36-6

$C_{15}H_{23}NO_2$
1-(o-Cyclopropylphenoxy)-3-(isopropylamino)-2-propanol.
SD-2124-01. A β-adrenergic blocker.

209   Pronethalol
54-80-8   7974

$C_{15}H_{19}NO$
2-Isopropylamino-1-(naphth-2-yl)ethanol.
pronetalol; nethalide. Antianginal, antiarrhythmic and antihypertensive agent. mp= 108°. Wyeth-Ayerst Labs.

210   Pronethalol Hydrochloride
51-02-5   7974
$C_{15}H_{20}ClNO$
2-Isopropylamino-1-(naphth-2-yl)-ethanol hydrochloride.
ICI-38174; Alderlin. Antianginal, antiarrhythmic and antihypertensive agent. mp = 184°; LD_{50} (mus orl) = 512 mg/kg, (mus iv) = 46 mg/kg. Wyeth-Ayerst Labs.

211   Propranolol
525-66-6   8025   208-378-0

$C_{16}H_{21}NO_2$
1-(Isopropylamino)-3-(1-naphthyloxy)-2-propanol.
Avlocardyl; Euprovasin. Antianginal, antihypertensive, antiarrhythmic (class II). A β-adrenergic blocker. mp = 96°. Wyeth-Ayerst Labs.; Parke-Davis; ICI.

212   Propranolol Hydrochloride
318-98-9   8025   206-268-7
$C_{16}H_{22}ClNO_2$
1-(Isopropylamino)-3-(1-naphthyloxy)-2-propanol hydrochloride.
AY-64043; ICI-45520; NSC-91523; Angilol; Apsolol; Bedranol; Beprane; Berkolol; Beta-Neg; Beta-Tablinen; Beta-Timelets; Cardinol; Caridolol; Deralin; Dociton; Duranol; Efektolol; Elbol; Frekven; Inderal; Indobloc; Intermigran; Kemi S; Oposim; Prano-Puren; Prophylux; Propranur; Pylapron; Rapynogen; Sagittol; Servanolol; Sloprolol; Sumial; Tesnol. Antianginal, antihypertensive, and antiarrhythmic (class II) agent. A β-adrenergic blocker. mp = 163-164°; soluble in H_2O, alcohol; insoluble in Et_2O, C_6H_6, EtOAc; LD_{50} (mus orl) = 565 mg/kg, (mus iv) = 22 mg/kg, (mus ip) = 107 mg/kg. Wyeth-Ayerst Labs.; Parke-Davis; ICI.

213   Ridazolol
83395-21-5

$C_{15}H_{18}Cl_2N_4O_3$
(±)-4-Chloro-5-[[2-[[3-(o-chlorophenoxy)-2-hydroxypropyl]amino]-ethyl]amino]-3(2H)-pyridazinone.
A β-adrenergic blocker.

214   Soquinolol
61563-18-6

$C_{17}H_{26}N_2O_3$
5-[3-(tert-Butylamino)-2-hydroxypropoxy]-3,4-dihydro-2(1H)-isoquinolinecarboxaldehyde.

We-704; Sertum. Highly potent non-subtype-selective β-adrenergic receptor blocker.

215   Sotalol
3930-20-9   8876

$C_{12}H_{20}N_2O_3S$
4'-[1-Hydroxy-2-(isopropylamino)ethyl]-methanesulfonanilide.
A β-adrenergic blocker used as an antihypertensive agent. An antianginal and class II and III antiarrhythmic. λ_m = 242.2, 275.2 nm (CHCl$_3$); pK$_1$ = 8.2, pK$_2$ = 9.8. Berlex Labs., Inc.; Bristol-Myers Squibb Co.

216   Sotalol Hydrochloride
959-24-0   8876   213-496-0

$C_{12}H_{21}ClN_2O_3S$
4'-[1-Hydroxy-2-(isopropylamino)ethyl]-methanesulfonanilide monohydrochloride.
Betapace; MJ-1999; Beta-Cardone; Darob; Sotacor; Sotalex. A β-adrenergic blocker used as an antihypertensive agent. An antianginal and class II and III antiarrhythmic. mp = 206.5-207°, 218-219°; freely soluble in H$_2$O, slightly soluble in CHCl$_3$; LD$_{50}$ (mmus orl) = 2600 mg/kg, (mmus ip) = 670 mg/kg, (mrat orl) = 3450 mg/kg, (mrat ip) = 680 mg/kg, (rbt orl) = 1000 mg/kg, (dog ip) = 330 mg/kg. Berlex Labs., Inc.; Bristol-Myers Squibb Co.

217   Spirendolol
65429-87-0

$C_{21}H_{31}NO_3$
(±)-4'-[3-(tert-Butylamino)-2-hydroxy-propoxy]spiro[cyclohexane-1,2'-indan]-1'-one.
A specific β-2 adrenergic receptor antagonist.

218   Sulfinalol
66264-77-5   9120

$C_{20}H_{27}NO_4S$
4-Hydroxy-α-[[[3-(p-methoxyphenyl)-1-methylpropyl]amino]methyl]-3-(methylsulfinyl)benzyl alcohol.
A β-adrenergic blocker used as an antihypertensive agent. Sterling Winthrop, Inc.

219   Sulfinalol Hydrochloride
63251-39-8   9120   264-046-5
$C_{20}H_{28}ClNO_4S$
4-Hydroxy-α-[[[3-(p-methoxyphenyl)-1-methylpropyl]amino]methyl]-3-(methyl-sulfinyl)benzyl alcohol hydrochloride.
Win-408087; Perifadil. A β-adrenergic blocker used as an antihypertensive agent. mp = 172-175°. Sterling Winthrop, Inc.

220 Talinolol
57460-41-0   9208

$C_{20}H_{33}N_3O_3$
(±)-1-[p-[3-(tert-Butylamino)-2-hydroxypropoxy]phenyl]-3-cyclohexylurea.
Anti-arrhythmic agent with antihypertensive properties. An antacid preparation. mp = 142-144°; LD_{50} (rat orl) = 1180 mg/kg, (rat ip) = 54.3 mg/kg, (rat iv) = 29.7 mg/kg, (mus orl) = 593 mg/kg, (mus ip) = 74.7 mg/kg, (mus iv) = 25.0 mg/kg. *Ciba-Geigy Corp.*

221 Teoprolol
65184-10-3   265-600-9

$C_{23}H_{30}N_6O_4$
3,7-Dihydro-7-[3-[[2-hydroxy-3-[(2-methyl-1H-indol-4-yl)oxy]propyl]amino]butyl]-1,3-dimethyl-1H-purine-2,6-dione.
beta Adrenergic blocker.

222 Tertatolol
34784-64-0   9318

$C_{16}H_{25}NO_2S$
(±)-1-(tert-Butylamino)-3-(thiochroman-8-yloxy)-2-propanol.
A non-selective β-adrenergic blocker. Used as an antihypertensive agent. mp = 70-72°. *Sci. Union et Cie, France.*

223 Tertatolol Hydrochloride
33580-30-2   9318   251-578-8
$C_{16}H_{26}ClNO_2S$
(±)-1-(tert-Butylamino)-3-(thiochroman-8-yloxy)-2-propanol hydrochloride.
S-2395; SE-2395; Artex; Artexal; Prenalex. A non-selective β-adrenergic blocker. Used as an antihypertensive agent. mp = 180-183°; LD_{50} (rat iv) = 40 mg/kg, (rat ip) = 90 mg/kg, (mus iv) = 37 mg/kg, (mus ip)= 120 mg/kg. *Sci. Union et Cie, France.*

224 Tienoxolol
90055-97-3

$C_{21}H_{28}N_2O_5S$
(±)-Ethyl 2-[3-(tert-butylamino)-2-hydroxypropoxy]-5-(2-thienocarboxamido)benzoate.
A diuretic beta-blocking agent.

225 Tilisolol
85136-71-6   9579

$C_{17}H_{24}N_2O_3$
(±)-4-[3-(tert-Butylamino)-2-hydroxypropoxy]-2-methylisocarbostyril.
Antiarrhythmic and antihypertensive. *Nisshin.*

226 Tilisolol Hydrochloride
62774-96-3   9579
$C_{17}H_{25}ClN_2O_3$
(±)-4-[3-(tert-Butylamino)-2-hydroxypropoxy]-2-methylisocarbostyril hydrochloride.
N-696; Selecal. Antiarrhythmic and

antihypertensive. mp = 203-205°; LD_{50} (mmus orl) = 1393 mg/kg, (mmus sc) = 1219 mg/kg, (mmus ip) = 578 mg/kg, (mmus iv) = 74.3 mg/kg, (fmus orl) = 1290 mg/kg, (fmus sc) = 1245 mg/kg, (fmus ip) = 557 mg/kg, (fmus iv) = 104.7 mg/kg, (mrat orl) = 145 mg/kg, (mrat sc) = 176 mg/kg, (mrat ip) = 39.5 mg/kg, (mrat iv) = 75.8 mg/kg, (frat orl) = 188 mg/kg, (frat sc) = 169 mg/kg, (frat ip) = 29.2 mg/kg, (frat iv)= 38.1 mg/kg. Nisshin.

227 Timolol
91524-16-2   9585

$C_{13}H_{24}N_4O_3S \cdot 1/2H_2O$
(S)-1-(tert-Butylamino)-3-[(4-morpholino-1,2,5-thiadiazol-3-yl)oxy]-2-propanol hemihydrate.
Antianginal agent with antiarrhythmic, antihypertensive and antiglaucoma properties. A β-adrenergic blocker. [(±) form]: mp = 71.5-72.5°. Merck & Co., Inc.

228 Timolol Maleate
26921-17-5   9585   248-111-5
$C_{17}H_{28}N_4O_7S$
(S)-1-(tert-Butylamino)-3-[(4-morpholino-1,2,5-thiadiazol-3-yl)oxy]-2-propanol maleate (1:1).
Blocadren; Timoptic; Timoptol; MK-950; Aquanil; Betim; Proflax; Temserin; Tenopt; Timacar; Timacor; component of: Cosopt, Timolide. Antianginal agent with antiarrhythmic, antihypertensive and antiglaucoma properties. A β-adrenergic blocker. mp = 201.5-202.5°; $[\alpha]_{405}^{24}$ = -12.0° (c = 5 1N HCl), $[\alpha]_D^{25}$ = -4.2°; λ_m = 294 nm ($A_{1\,cm}^{1\%}$ 200 0.1N HCl); soluble in EtOH, MeOH; poorly soluble in CHCl$_3$, cyclohexane, insoluble in isooctane, Et$_2$O. Merck & Co., Inc.

229 Toliprolol
2933-94-0   9653   220-905-6

$C_{13}H_{21}NO_2$
1-(Isopropylamino)-3-(m-tolyloxy)-2-propanol.
ICI-45763; MHIP. Antianginal, antihypertensive agent. A β-adrenergic blocker. mp = 75-76°, 79°. ICI; Boehringer Ingelheim GmbH.

230 Toliprolol Hydrochloride
306-11-6   9653   206-177-2
$C_{13}H_{22}ClNO_2$
1-(Isopropylamino)-3-(m-tolyloxy)-2-propanol hydrochloride.
Ko-592; Doberol; Sinorytmal. Antianginal, antihypertensive agent. A β-adrenergic blocker. mp = 120-121°; λ_m = 270 nm ($E_{1\,cm}^{1\%}$ 498 H$_2$O). ICI; Boehringer Ingelheim GmbH.

231 Xibenolol
81584-06-7   10209

$C_{15}H_{25}NO_2$
(±)-1-(tert-Butylamino)-3-(2,3-xylyloxy)-2-propanol.
Antiarrhythmic agent. Non-selective β-adrenergic blocker. mp = 57°; bp$_{0.7}$ = 134-136°; λ_m = 271.2, 274, 279.3 nm (ε = 10800, 10700, 11100 EtOH). Teikoku Hormone.

232 Xibenolol Hydrochloride
59708-57-5   10209
$C_{15}H_{26}ClNO_2$
(±)-1-(tert-Butylamino)-3-(2,3-xylyloxy)-2-propanol hydrochloride.
D-32; Selapin; Rhythminal; Rythminal.

Antihypertensives

233 Acebutolol
37517-30-9   16   253-539-0

$C_{18}H_{28}N_2O_4$
(±)-3'-Acetyl-4'-[2-hydroxy-3-(1-methylethylamino)propoxy]butyranilide.
Monitan; Sectral; Prent. Antianginal agent. Class II anti-arrhythmic agent. Cardioselective β-adrenergic blocking agent. Has anti-arrhythmic and antihypertensive properties. mp = 119-123°.

234 Acebutolol Hydrochloride
34381-68-5   16   251-980-3
$C_{18}H_{29}ClN_2O_4$
(±)-3'-Acetyl-4'-[2-hydroxy-3-(1-methylethylamino)propoxy]butyranilide hydrochloride.
IL-17803A; M&B-17803A; Acetanol; Neptall; Sectral. Antianginal agent. Class II anti-arrhythmic agent. Cardioselective β-adrenergic blocking agent; antiarrhythmic and antihypertensive. mp = 141-143°; soluble in H_2O (200 mg/ml), EtOH (70 mg/ml). C.M. Industries.

235 Ajmaline
4360-12-7   194   224-439-4

$C_{20}H_{26}N_2O_2$
Ajmalan-17,20-diol.
rauwolfine; Gilurytmal; Cardiorythmine; Ritmos; Tachmalin. Antiarrhythmic agent with antihypertensive properties. [MeOH solvate]: mp = 158-160°; $[\alpha]_D^{18}$ = 131° (c = 0.4 $CHCl_3$); [anhydrous form]: mp = 205-207°; $[\alpha]_D^{20}$ = 144° (c = 0.8 $CHCl_3$); λ_m = 247, 295 nm (log ε 3.94, 3.49 EtOH); soluble in EtOH, MeOH, Et_2O, $CHCl_3$; poorly soluble in H_2O.

236 Alacepril
74258-86-9   202

$C_{20}H_{26}N_2O_5S$
N-[1-[(S)-3-Mercapto-2-methylpropionyl]-L-prolyl]-3-phenyl-L-alanine acetate (ester).
DU-1219; Cetapril. Angiotensin-converting enzyme inhibitor. Used to treat hypertension. mp= 155-156°; $[\alpha]_D^{25}$ = -81.3° (c = 1.02 EtOH); LD_{50} (rat orl) > 5000 mg/kg, (rat sc) > 3000 mg/kg, (rat ip) ≅ 2000 mg/kg, (mus orl) > 5000 mg/kg, (mus sc) > 3000 mg/kg, (mus ip) ≅ 3000 mg/kg. Dainippon Pharmaceutical Co.

237 Alfuzosin
81403-80-7   237

$C_{19}H_{27}N_5O_4$
(±)-N-[3-[(4-Amino-6,7-dimethoxy-2-quinazolinyl)methylamino]propyl]tetrahydro-2-furamide.
SL-77499. Antihypertensive agent. An α_1 andrenoreceptor antagonist used in the

Antihypertensive Agents

treatment of benign prostatic hyperplasia. Synthelabo Pharmacie.

238 Alfuzosin Hydrochloride
81403-68-1   237
$C_{19}H_{28}ClN_5O_4$
(±)-N-[3-[(4-Amino-6,7-dimethoxy-2-quinazolinyl)methylamino]propyl]tetrahydro-2-furamide monohydrochloride.
SL-77499-10; Alfoten; Urion; Xatral. Antihypertensive agent. An α_1 andrenoreceptor antagonist used in the treatment of benign prostatic hyperplasia. mp = 225°, 235° (dec). Synthelabo Pharmacie.

239 Alprenolol
13655-52-2   321   237-140-9

$C_{15}H_{23}NO_2$
1-(o-Allylphenoxy)-3-(isopropylamino)-2-propanol.
H 56/28. Antianginal agent. Antiarrhythmic agent. Cardioselective β-adrenergic blocking agent. Has antiarrhythmic and antihypertensive properties. ICI.

240 Alprenolol Hydrochloride
13707-88-5   321   237-244-4
$C_{15}H_{24}ClNO_2$
1-(o-Allylphenoxy)-3-(isopropylamino)-2-propanol hydrochloride.
Applobal; Aprobal; Aptine; Aptol Duriles; Gubernal; Regletin; Yobir. Antianginal agent. Class II antiarrhythmic agent. Cardioselective β-adrenergic blocking agent. Has antiarrhythmic and antihypertensive properties. mp = 107-109°; LD_{50} (mus orl) = 278.0 mg/kg, (rat orl) = 597.0 mg/kg, (rbt orl) = 337.3 mg/kg. ICI; C.M. Industries.

241 Althiazide
5588-16-9   326   226-994-8

$C_{11}H_{14}ClN_3O_4S_3$
3-[(Allylthio)methyl-6-chloro-3,4-dihydro-2H-1,2,4-benzothiadiazine-7-sulfonamide 1,1-dioxide.
P-1779; Altizide; Aldactazine. Antihypertensive and diuretic. mp = 206-207°. Pfizer Inc.

242 Ambuside
3754-19-6   405   223-158-4

$C_{13}H_{16}ClN_3O_5S_2$
N^1-allyl-4-Chloro-6-[(3-hydroxy-2-buten-ylidene)amino]-m-benzenedisulfonamide.
EX-4810; RM-83047; Hydrion; Novohydrin. Antihypertensive and diuretic. mp = 205-207°; λ_m = 343 nm (ε 32900). Marion Merrell Dow Inc.

243 γ-Aminobutryic Acid
56-12-2   450   200-258-6

$C_4H_9NO_2$
4-Aminobutanoic acid.
piperidic acid; GABA; gammalon. Antihypertensive. mp = 202° (dec); freely soluble in H_2O, poorly soluble in organic solvents; [hydrochloride]: mp - 135-136°; [ethyl ester]: bp_{12} = 76°.

244 Amlodipine
88150-42-9   516

$C_{20}H_{25}ClN_2O_5$
3-Ethyl-5-methyl (±)-2-[(2-aminoethoxy)-methyl]-4-(o-chlorophenyl)-1,4-dihydro-6-methyl-3,5-pyridinedicarboxylate. Antianginal agent. Dihydropyridine calcium channel blocker. Has anti-hypertensive properties. *Pfizer Inc.; Ciba-Geigy Corp.*

245 Amlodipine Besylate
111470-99-6   516

$C_{26}H_{31}ClN_2O_8S$
3-Ethyl-5-methyl (±)-2-[(2-aminoethoxy)-methyl]-4-(o-chlorophenyl)-1,4-dihydro-6-methyl-3,5-pyridinedicarboxylate monobenzenesulfonate.
Norvasc; UK-48340-26; Antacal; Istin; Monopina; component of Lotrel. Antianginal agent. Has anti-hypertensive properties. mp = 178-179°. *Pfizer Inc.; Ciba-Geigy Corp.*

246 Amlodipine Maleate
88150-47-4   516
$C_{24}H_{29}ClN_2O_9$
3-Ethyl-5-methyl (±)-2-[(2-aminoethoxy)-methyl]-4-(o-chlorophenyl)-1,4-dihydro-6-methyl-3,5-pyridinedicarboxylate maleate.
UK-48340-11. Antianginal agent. Has anti-hypertensive properties. *Pfizer Inc.*

247 Amosulalol
85320-68-9   614

$C_{18}H_{24}N_2O_5S$
(±)-5-[1-Hydroxy-2-[[2-(o-methoxyphenoxy)ethyl]amino]ethyl]-o-toluenesulfonamide.
Antihypertensive agent. *Yamanouchi U.S.A. Inc.*

248 Amosulalol Hydrochloride
93633-92-2   614
$C_{18}H_{25}ClN_2O_5S$
(±)-5-[1-Hydroxy-2-[[2-(o-methoxyphenoxy)ethyl]amino]ethyl]-o-toluenesulfonamide hydrochloride.
YM-09538; Lowgan. Antihypertensive agent. mp = 158-160°; [R(-)-form]: mp = 158°; $[\alpha]_D^{20}$ = -30.4° (c = 1 MeOH); [S(+)-form]: mp = 158°; $[\alpha]_D^{20}$ = 30.7° (c = 1 MeOH). *Yamanouchi U.S.A. Inc.*

249 Amoxydramine Camsilate
15350-99-9   239-382-0

$C_{27}H_{37}NO_6S$
2-(Diphenylmethoxy)-N,N-dimethylethylamine-N-oxide 2-oxo-10-bornanesulfonate.
Antihypertensive agent.

250 Aranidipine
86780-90-7   806

$C_{19}H_{20}N_2O_7$
(±)-Acetyl methyl 1,4-dihydro-2,6-dimethyl-4-(o-nitrophenyl)-3,5-pyridinedicarboxylate.
MPC-1304. Antihypertensive agent. Calcium channel blocker. *Maruko Seiyaku.*

251 Arfalasin
60173-73-1
$C_{48}H_{67}N_{13}O_{11}$
1-Succinamic acid-5-L-valine-8-(L-2-phenylglycine)angiotensin II.
HOE-409. An antihypertensive agent related to saralasin. Angiotensin II blocker.

252 Arotinolol
68377-92-4   827

$C_{15}H_{21}N_3O_2S_3$
(±)-5-[2-[[3-(tert-Butylamino)-2-hydroxypropyl]thio]-4-thiazolyl]-2-thiophenecarboxamide.
Antianginal agent. Also antihypertensive and antiarrhythmic. Possesses both α- and β-adrenergic blocking activity. A propanolamine derivative. mp = 148-149°. *Sumitomo.*

253 Arotinolol Hydrochloride
68377-91-3   827
$C_{15}H_{22}ClN_3O_2S_3$
(±)-5-[2-[[3-(tert-Butylamino)-2-hydroxypropyl]thio]-4-thiazolyl]-2-thiophenecarboxamide.
S-596; ARL; Almarl. Antianginal agent. Also antihypertensive and antiarrhythmic. Possesses both α- and β-adrenergic blocking activity. A propanolamine derivative. mp = 234-235.5°; LD_{50} (mus iv) = 86 mg/kg, (mus ip) = 360 mg/kg, (mus orl) > 5000 mg/kg. *Sumitomo.*

254 Atenolol
29122-68-7   892   249-451-7

$C_{14}H_{22}N_2O_3$
2-[p-[2-Hydroxy-3-(isopropylamino)propoxy]phenyl]acetamide.
ICI-66082; AteHexal; Atenol; Cuxanorm; Ibinolo; Myocord; Prenormine; Seles Beta; Selobloc; Teno-basan; Tenoblock; Tenormin; Uniloc. Antianginal and antiarrhythmic agent. Cardioselective β-adrenergic blocking agent. Has antiarrhythmic and antihypertensive properties. mp = 146-148°, 150-152°; λ_m = 225, 275, 283 nm (MeOH); very soluble in MeOH; soluble in AcOH, DMSO; less soluble in Me_2CO, dioxane; insoluble in CH_3CN, EtOAc, $CHCl_3$; LD_{50} (mus orl) = 2000 mg/kg, (mus iv) = 98.7 mg/kg, (rat orl) = 3000 mg/kg, (rat iv) = 59.24 mg/kg. *ICI; Apothecon; Lemmon Co.; Zeneca Pharmaceuticals.*

255 Azamethonium Bromide
306-53-6   929   206-186-1

$C_{13}H_{33}Br_2N_3$
[(Methylimino)diethylene]bis(ethyldimethylammonium bromide).
pentamethazine dibromide; Präparat 9295; Ciba 9295; Pendoimid; Azameton; Azamethone; Ganlion; Pentaméthazène. Antihypertensive agent. mp = 212-215°;

freely soluble in H$_2$O; LD$_{50}$ (mus orl) = 2500 mg/kg, (mus iv) = 60 mg/kg, (rbt orl) = 3000 mg/kg, (rbt sc) = 160 mg/kg, (rbt iv) = 75 mg/kg. *Ciba-Geigy Corp.*

256   Azelnidipine
123524-52-7

C$_{33}$H$_{34}$N$_4$O$_6$
3-[1-(Diphenylmethyl)-3-azetidinyl] 5-isopropyl (±)-2-amino-1,4-dihydro-6-methyl-4-(m-nitrophenyl)-3,5-pyridinedicarboxylate.
Calcium channel blocker. Antihypertensive agent.

257   Azepexole
36067-73-9

C$_9$H$_{15}$N$_3$O
2-Amino-6-ethyl-5,6,7,8-tetrahydro-4H-oxazolo[4,5-d]azepine. Antihypertensive agent.

258   Barnidipine
104713-75-9   1031

C$_{27}$H$_{29}$N$_3$O$_6$
(+)-(3'S,4S)-1-Benzyl-3-pyrrolidinyl methyl 1,4-dihydro-2,6-dimethyl-4-(m-nitrophenyl)-3,5-pyridine-dicarboxylate. Mepirodipine. Antianginal agent. Dihydropyridine calcium channel blocker.

Has anti-hypertensive properties. mp = 137-139°; [α]$_D^{20}$ = 64.8 (c = 1 MeOH). *Yamanouchi U.S.A. Inc.*

259   Barnidipine Hydrochloride
1031
C$_{27}$H$_{30}$ClN$_3$O$_6$
(+)-(3'S,4S)-1-Benzyl-3-pyrrolidinyl methyl 1,4-dihydro-2,6-dimethyl-4-(m-nitrophenyl)-3,5-pyridine-dicarboxylate hydrochloride.
YM-09730-5; Hypoca. Antianginal agent. Dihydropyridine calcium channel blocker. Has anti-hypertensive properties. mp = 226-228°; [α]$_D^{20}$ = 116.4° (c = 1 MeOH); insoluble in H$_2$O; LD$_{50}$ (mrat orl) = 105 mg/kg, (frat orl) = 113 mg/kg. *Yamanouchi U.S.A. Inc.*

260   Benazepril
86541-75-5   1058

C$_{24}$H$_{28}$N$_2$O$_5$
(3S)-3-[[(1S)-1-Carboxy-3-phenylpropyl]-amino]-2,3,4,5-tetrahydro-2-oxo-1H-1-benzazepine-1-acetic acid 3-ethyl ester.
CGS-14824A; Briem; Cibacen; Cibacène; Lotensin. Angiotensin-converting enzyme inhibitor. Used to treat hypertension. mp= 148-149°; [α]$_D$ = -159° (c = 1.2 EtOH). *Ciba-Geigy Corp.*

261   Benazepril Hydrochloride
86541-74-4   1058
C$_{24}$H$_{29}$ClN$_2$O$_5$
(3S)-3-[[(1S)-1-Carboxy-3-phenylpropyl]-amino]-2,3,4,5-tetrahydro-2-oxo-1H-1-benzazepine-1-acetic acid 3-ethyl ester hydrochloride.
Lotensin; CGS-14824A HCl; component of Lotensin-HCT, Lotrel, Lotrel capsules. Angiotensin-converting enzyme inhibi-tor. Used to treat hypertension. mp = 188-190°; [α]$_D$ = -141° (c = 0.9 EtOH). *Ciba-Geigy Corp.*

262 Benazeprilate
86541-78-8   1058

$C_{22}H_{24}N_2O_5$
(3S)-3-[[(1S)-1-Carboxy-3-phenylpropyl]-amino]-2,3,4,5-tetrahydro-2-oxo-1H-1-benzazepine-1-acetic acid.
CGS-14831. Angiotensin-converting enzyme (ACE) inhibitor. Used to treat hypertension. Has been investigated for use in treatment of congestive heart failure. mp = 270-272°; $[\alpha]_D$ = -200.5° (c = 1 in 3% aq. NaOH). *Ciba-Geigy Corp.*

263 Bendroflumethazide
73-48-3   1064   200-800-1

$C_{15}H_{14}F_3N_3O_4S_2$
3-Benzyl-3,4-dihydro-6-(trifluoromethyl)-2H-1,2,4-benzothiadiazine-7-sulfonamide 1,1-dioxide.
Naturetin; Corzide; Rautrax N; Rauzide; Aprinox; Benzy-Rodiuran; Berkozide; Bristuric; Bristuron; Centyl; Flumersil; Naturetin; Naturine; Neo-Naclex; Naigaril; Nikion; Orsile; Pluryle; Plusuril; Poliuron; Relan Beta; Salures; Sinesalin; Sodiuretic; Urlea. Diuretic and antihypertensive. mp = 224.5=225.5°, 221-223°; λ_m = 208, 273, 326 nm ($E_{1\ cm}^{1\%}$ 745, 565, 96 MeOH); soluble in Me_2CO, EtOH; insoluble in H_2O, $CHCl_3$, C_6H_6, Et_2O. *Apothecon; Bristol-Myers Squibb Co.*

264 Benidipine
105979-17-7   1071

$C_{28}H_{31}N_3O_6$
(±)-(R*)-3-[(R*)-1-Benzyl-3-piperidyl] methyl 1,4-dihydro-2,6-dimethyl-4-(m-nitrophenyl)-3,5-pyridinedicarboxylate. Antihypertensive. Calcium channel blocker. *Kyowa Hakko Kogyo Co., Ltd.*

265 Benidipine Hydrochloride
91599-74-5   1071

$C_{28}H_{32}ClN_3O_6$
(±)-(R*)-3-[(R*)-1-Benzyl-3-piperidyl] methyl 1,4-dihydro-2,6-dimethyl-4-(m-nitrophenyl)-3,5-pyridinedicarboxylate hydrochloride(α form).
KW-3049; Coniel. Antihypertensive. Calcium channel blocker. mp = 199.4-200.4°; λ_m = 238, 359 nm (ε = 28000, 6680 EtOH); soluble in H_2O (0.19 g/100 ml), MeOH (6.9 g/100 ml), EtOH (2.2 g/100 g); $CHCl_3$ (0.16 g/100 g), Me_2CO (0.13 g/100 g), EtOAc (0.0056 g/100 g), C_7H_8 (.0019 g/100 g), $C_7H_{1.}$ *Kyowa Hakko Kogyo Co., Ltd.*

266 Benzoclidine
16852-81-6

$C_{14}H_{17}NO_2$
3-Quinuclidinol benzoate.
Used as an antihypertensive agent.

267 Benzthiazide
91-33-8   1155   202-061-0

$C_{15}H_{14}ClN_3O_4S_3$
3-[(Benzylthio)methyl]-6-chloro-2H-1,2,4-benzothiadiazine-7-sulfonamide 1,1-dioxide.
Fovane; Exna; Aquatag; Dihydrex; Diucen; Edemex; ExNa; Exosalt; Freeuril; HyDrine; Lemazide; Proaqua; Urese; component of: Dytide. Diuretic. mp = 231-232°, 238-239°; insoluble in H_2O; soluble in alkaline solutions; LD_{50} (rat orl) >10000 mg/kg, (rat iv) = 422 mg/kg, (mus orl) > 5000 mg/kg, (mus iv) = 410 mg/kg. Robins, A.H. Co.

268 Benzylhydrochlorothiazide
1824-50-6   1171
$C_{14}H_{14}ClN_3O_4S_2$
3-Benzyl-3,4-dihydro-6-chloro-2H-1,2,4-thiadiazine-7-sulfonamide 1,1-dioxide. Behyd. Diuretic and antihypertensive. mp = 260-262°, 269°.

269 Betaxolol
63659-18-7   1229

$C_{18}H_{29}NO_3$
(±)-1-[p-[2-(Cyclopropylmethoxy)ethyl]-phenoxy]-3-(isopropylamino)-2-propanol.
Antianginal agent with antihypertensive and antiglaucoma properties. Cardioselective β_1 adrenergic blocker. mp = 70-72°. Alcon Labs.; Synthelabo Pharmacie.

270 Betaxolol Hydrochloride
63659-19-8   1229   264-384-3
$C_{18}H_{30}ClNO_3$
(±)-1-[p-[2-(Cyclopropylmethoxy)ethyl]-phenoxy]-3-(isopropylamino)-2-propanol hydrochloride.
SLD-212; SL-75.212; Betoptic; Betoptima; Kerlone. Antianginal agent with antihypertensive and antiglaucoma properties. Cardioselective β_1 adrenergic blocker. mp = 116°; LD_{50} (mus orl) = 94 mg/kg, (mus iv) = 37 mg/kg. Alcon Labs.; Synthelabo Pharmacie.

271 Bethanidine
55-73-2   1233

$C_{10}H_{15}N_3$
1-Benzyl-2,3-dimethylguanidine.
Antihypertensive. Adrenergic neuron blocking agent. mp = 195-197°. Glaxo Wellcome Inc.

272 Bethanidine Sulfate
114-85-2   1233   204-056-9
$C_{20}H_{32}N_6SO_4$
1-Benzyl-2,3-dimethylguanidine sulfate.
BW-467-C-60; NSC-106563; Benzaidin; Bendogen; Benzoxine; Betaling; Betanidol; Esbatal; Eusmanid; Hypersin; Tenathan. Antihypertensive. Adrenergic neuron blocking agent. LD_{50} (mus iv) = 12 mg/kg, (mus ip) = 150 mg/kg, (mus sc) = 260 mg/kg. Glaxo Wellcome Inc.

273 Bevantolol
59170-23-9   1238

$C_{20}H_{27}NO_4$
(±)-1-[(3,4-Dimethoxyphenethyl)amino]-3-(m-toloxy)-2-propanol.
Antianginal agent. Cardioselective β-

adrenergic blocking agent. Has antiarrhythmic and antihypertensive properties. *Parke-Davis.*

274   Bevantolol Hydrochloride
42864-78-8   1238
$C_{20}H_{28}ClNO_4$
(±)-1-[(3,4-Dimethoxyphenethyl)amino]-3-(m-toloxy)-2-propanol hydrochloride.
Vantol; Cl-775; Ranestol; Sentiloc. Antianginal agent. Cardioselective β-adrenergic blocker. Antiarrhythmic, antihypertensive. mp = 137-138°. *Parke-Davis.*

275   Bietaserpine
53-18-9   1254   200-165-0

$C_{39}H_{53}N_3O_9$
Methyl 1-[2-(diethylamino)ethyl]-18β-hydroxy-11,17α-dimethoxy-3β,20α-yohimban-16β-carboxylate.
DL-152; S-1210; 1-[2-(diethylamino)ethyl]reserpine; diethylaminoreserpine. Antihypertensive. Cyclic AMP phosphodiesterase inhibitor. $[\alpha]_D^{17}$ = -121° (c = 2 $CHCl_3$); soluble in polar organic solvents. *Dautreville & Lebas.*

276   Bietaserpine Bitartrate
1111-44-0   1254   214-180-5
$C_{43}H_{59}N_3O_{15}$
Methyl 1-[2-(diethylamino)ethyl]-18β-hydroxy-11,17α-dimethoxy-3β,20α-yohimban-16β-carboxylate bitartrate (salt).
DL-152; Tensibar. Antihypertensive. Cyclic AMP phosphodiesterase inhibitor. mp = 145-150° (dec); LD_{50} (mus orl) = 620 mg/kg, (mus ip) = 430 mg/kg, (mus iv) = 215 mg/kg. *Dautreville & Lebas.*

277   Bisoprolol
66722-44-9   1336

$C_{18}H_{31}NO_4$
(±)-1-[[α(2-Isopropoxyethoxy)-p-tolyl]oxy]-3-(isopropylamino)-2-propanol.
EMD-33512. Antihypertensive. Cardioselective $β_1$-adrenergic blocker. *E. Merck.*

278   Bisoprolol Hemifumarate
104344-23-2   1336
$C_{20}H_{33}NO_6$
(±)-1-[[α(2-Isopropoxyethoxy)-p-tolyl]oxy]-3-(isopropylamino)-2-propanol hemifumarate.
Concor; Detensiel; Emvoncor; Emcor; Eurtadal; Isoten; Monocor; Soprol; Zebeta; component of: Ziac. Antihypertensive. Cardioselective $β_1$-adrenergic blocker. mp = 100°; soluble in EtOH. *E. Merck.*

279   Bopindolol
62658-63-3   1362

$C_{23}H_{28}N_2O_3$
(±)-1-(tert-Butylamino)-3-[(2-methylindol-4-yl)oxy]-2-propanol benzoate (ester).
Antihypertensive. Non-selective β-adrenergic blocker. Soluble in Et_2O, CH_2Cl_2; LD_{50} (mus iv) = 17 mg/kg. *Sandoz Pharmaceuticals Corp.*

280 Bopindolol Maleate
62658-64-4   1362

$C_{27}H_{32}N_2O_7$
(±)-1-(tert-Butylamino)-3-[(2-methylindol-4-yl)oxy]-2-propanol benzoate (ester) maleate.
Sandonorm. Antihypertensive. Non-selective β-adrenergic blocker. *Sandoz Pharmaceuticals Corp.*

281 Bopindolol Malonate
82857-38-3   1362
$C_{26}H_{32}N_2O_7$
(±)-1-(tert-Butylamino)-3-[(2-methylindol-4-yl)oxy]-2-propanol benzoate (ester) malonate.
LT-31-200; Wandonorm. Antihypertensive. Non-selective β-adrenergic blocker. *Sandoz Pharmaceuticals Corp.*

282 Budralazine
36798-79-5   1492

$C_{14}H_{16}N_4$
4-Methyl-3-penten-2-one (1-phthalazinyl)hydrazone.
DJ-1461; Buterazine. Antihypertensive. Direct-acting vasodilator with central sympathoinhibitory activity. A derivative of hydralazine. mp = 132-133°; λ_m = 208, 240, 289, 357 nm (ε - 27000, 89000, 20000, 15000 MeOH); LD_{50} (mus orl) = 1820 mg/kg, (mus ip) = 4020 mg/kg, (rat orl) = 620 mg/kg, (rat ip) = 3570 mg/kg. *Daiichi Seiyaku.*

283 Bufeniode
22103-14-6   1495   244-781-8

$C_{19}H_{23}I_2NO_2$
4-Hydroxy-3,5-diiodo-α-[1[(1-methyl-3-phenylpropyl)amino]ethyl] benzyl alcohol.
diiodobuphenine; Diastal; Proclival. Peripheral vasodilator, used as an antihypertensive agent. Dec = 185° (slow heating), mp = 212° (fast heating); LD_{50} (mus ip) > 600 mg/kg, (mus orl) > 2000 mg/kg. *Lab. Houdé.*

284 Bufuralol
54340-62-4   1504   259-112-5

$C_{16}H_{23}NO_2$
α-[(tert-Butylamino)methyl]-7-ethyl-2-benzofuranmethanol.
A β-adrenergic blocker with peripheral vasodilating activity. Antianginal with antihypertensive properties. *Hoffmann-LaRoche Inc.*

285 Bufuralol Hydrochloride
59652-29-8   1504
$C_{16}H_{24}ClNO_2$
α-[(tert-Butylamino)methyl]-7-ethyl-2-benzofuranmethanol hydrochloride.
Ro-3-4787; Angium. A β-adrenergic blocker with peripheral vasodilating activity. Antianginal with antihypertensive properties. mp = 146°; LD_{50} (mus iv) = 29.7 mg/kg, (mus ip) = 88.0 mg/kg, (mus orl) = 177 mg/kg, (rat sc) = 1400 mg/kg, (rat orl) = 750 mg/kg; [(+)-hydrochloride]: mp = 122-123°; $[\alpha]_{365}^{20}$ = 135.0° (c = 1 EtOH); [(-)-hydrochloride]: mp = 122-123°; $[\alpha]_{365}^{20}$ = -136.0° (c = 1 EtOH). *Hoffmann-LaRoche Inc.*

Antihypertensive Agents

286 Bunazosin
80755-51-7   1512

$C_{19}H_{27}N_5O_3$
1-(4-Amino-6,7-dimethoxy-2-quinazolinyl)-4-butylhexahydro-1H-1,4-diazepine. Antihypertensive. Adrenergic blocker. *Eisai.*

287 Bunazosin Hydrochloride
52712-76-2   1512
$C_{19}H_{28}ClN_5O_3$
1-(4-Amino-6,7-dimethoxy-2-quinazolinyl)-4-butylhexahydro-1H-1,4-diazepine hydrochloride.
E-643; Detantol. Antihypertensive. Adrenergic blocker. mp = 280-282°. *Eisai.*

288 Bunitrolol
34915-68-9   1514

$C_{14}H_{20}N_2O_2$
o-[3-(tert-Butylamino)-2-hydroxypropoxy]benzonitrile.
Ko-1366. Antianginal agent with antiarrhythmic and antihypertensive properties. A β-adrenergic blocker. *Boehringer Ingelheim GmbH.*

289 Bunitrolol Hydrochloride
23093-74-5   1514   245-427-5
$C_{14}H_{21}ClN_2O_2$
o-[3-(tert-Butylamino)-2-hydroxypropoxy]benzonitrile hydrochloride.
Betriol; Stresson. Antianginal agent with antiarrhythmic and antihypertensive properties. A β-adrenergic blocker. mp = 163-165°; LD_{50} (mus orl) = 1344-1440 mg/kg, (mus ip) = 264-265 mg/kg, (rat orl) = 639-649 mg/kg, (rat ip) = 222-225 mg/kg. *Boehringer Ingelheim GmbH.*

290 Bupranolol
14556-46-8   1521

$C_{14}H_{22}ClNO_2$
1-(tert-Butylamino)-3-[(6-chloro-m-tolyl)oxy]-2-propanol.
bupranol; Ophtorenin. Antianginal agent with antiarrhythmic, antihypertensive and antiglaucoma properties. A β-adrenergic blocker.

291 Bupranolol Hydrochloride
15148-80-8   1521   239-208-3
$C_{14}H_{23}Cl_2NO_2$
1-(tert-Butylamino)-3-[(6-chloro-m-tolyl)oxy]-2-propanol hydrochloride.
B-1312; KL-255; Betadran; Betadrenol; Looser; Panimit. Antianginal agent with antiarrhythmic, antihypertensive and antiglaucoma properties. A β-adrenergic blocker. mp = 220-222°.

292 Butanserin
87051-46-5

$C_{24}H_{26}FN_3O_3$
3-[4-[4-(p-Fluorobenzoyl)piperidino]butyl]-2,4(1H,3H)-quinazolinedione.
R-53393. Antihypertensive. 5-Hydroxytryptamine S2-antagonist. Selective α_1-adrenoceptor antagonist.

293 Buthiazide
2043-38-1   1554   218-048-8

$C_{11}H_{16}ClN_3O_4S_2$
6-Chloro-3,4-dihydro-3-isobutyl-2H-1,2,4-benzothiadiazine-7-sulfonamide 1,1-dioxide.
Su-6187; S-3500; Eunephran; Saltucin; Modenol. Diuretic and antihypertensive. mp= 228°, 241-245°. *Searle, G.D., & Co.*

294 Butofilolol
64552-17-6   1563

$C_{17}H_{26}FNO_3$
(±)-2'-[3-(tert-Butylamino)-2-hydroxypropoxyl-5'-fluorobutyrophenone.
CM-6805. Antihypertensive. β-adrenergic blocker. mp = 88-89°. *C.M. Industries.*

295 Butofilolol Maleate
88606-96-6   1563   289-431-5
$C_{21}H_{30}FNO_7$
(±)-2'-[3-(tert-Butylamino)-2-hydroxypropoxyl-5'-fluorobutyrophenone maleate.
Cafide. Antihypertensive. A β-adrenergic blocker. *C.M. Industries.*

296 Cadralazine
64241-34-5   1669

$C_{12}H_{21}N_5O_3$
Ethyl-6-[ethyl(2-hydroxypropyl)amino]-3-pyridazinecarbazate.
DC-826; ISF-2469; Cadral; Cadraten; Cadrilan; Presmode. Peripheral vasodilator related to hydralazine. Used as an antihypertensive agent. mp = 160-162°; λ_m = 248, 340 nm (ε = 22100, 2250); soluble in H_2O (130 mg/100 ml), HCl (23500 mg/100 ml), DMSO (932300 mg/ml), MeOH (2100 mg/100 ml), dioxane (1860 mg/100 ml), $CHCl_3$ (850 mg/100 ml); insoluble in Et_2O, C_6H_6, C_6H_{12}; LD_{50} (rat iv) = 259 mg/kg, (rat orl) = 2060 mg/kg, (dog iv) ≅ 4000 mg/kg, (dog orl) > 2000 mg/kg, (mus ip) = 700 mg/kg.

297 Candesartan
139481-59-7   1788

$C_{24}H_{20}N_6O_3$
2-Ethoxy-1-[p-(o-1H-tetrazol-5-ylphenyl)-benzyl]-7-benzimidazolecarboxylic acid.
CV-11974. Angiotensin II type 1 receptor antagonist. Used as an antihypertensive. mp = 183-185°. *Takeda.*

298 Candesartan Cilexetil
145040-37-5   1788

$C_{33}H_{34}N_6O_6$
2-Ethoxy-1-[p-(o-1H-tetrazol-5-ylphenyl)-benzyl]-7-benzimidazolecarboxylate cyclohexylcarbonate (ester).
TCV-116. Angiotensin II type 1 receptor antagonist. Used as an antihypertensive. Ester prodrug of Candesartan. mp = 163° (dec). *Takeda.*

Antihypertensive Agents

299 Captopril
62571-86-2 1817 263-607-1

$C_9H_{15}NO_3S$
1-[(2S)-3-Mercapto-2-methylpropionyl]-L-proline.
Capoten; SQ-14,225; Acediur; Acepril; Aceplus; Alopresin; Acepress; Capoten; Captolane; Captoril; Cesplon; Dilabar; Garranil; Hipertil; Lopirin; Lopril; Tensobon; Tensoprel; component of: Capozide, Acezide, Captea, Ecazide. Angiotensin-converting enzyme inhibitor. Used to treat hypertension. Orally active. mp = 103-104°, 86°, 87-88°, 104-105°; $[\alpha]_D^{22}$ = -131.0° (c = 1.7 EtOH); freely soluble in H_2O, EtOH, $CHCl_3$, CH_2Cl_2; LD_{50} (mus iv) = 1040 mg/kg, (mus orl) = 6000 mg/kg. *Apothecon; Squibb, E.R. & Sons.*

300 Carazolol
57775-29-8 1822 260-945-1

$C_{18}H_{22}N_2O_2$
1-(Carbazol-4-yloxy)-3-(isopropylamino)-2-propanol.
1-(9H-carbazol-4-yloxy)-3-[(1-methylethyl)amino]-2-propanol; BM-51052; Conducton; Suacron. A β-adrenergic blocker with antihypertensive, antianginal and anti-arrhythmic activity. Used for treatment of stress in pigs (veterinary). [hydrochloride]: mp = 234-235°. *Boehringer Mannheim GmbH.*

301 Carmoxirole
98323-83-2 1893

$C_{24}H_{26}N_2O_2$
3-[4-(3,6-Dihydro-4-phenyl-1(2H)-pyridyl)butyl]indole-5-carboxylic acid.
Selective dopamine D_2-receptor antagonist. Used as an antihypertensive agent. mp = 284-285°. *E. Merck.*

302 Carmoxirole Hydrochloride
115092-85-8 1893
$C_{24}H_{27}ClN_2O_2$
3-[4-(3,6-Dihydro-4-phenyl-1(2H)-pyridyl)butyl]indole-5-carboxylic acid hydrochloride.
EMD-45609. Selective dopamine D_2-receptor antagonist. Used as an antihypertensive agent. mp = 298-299°; λ_m = 242, 281 nm (MeOH). *E. Merck.*

303 Carteolol
51781-06-7 1917

$C_{16}H_{24}N_2O_3$
5-[3-[(1,1-Dimethylethyl)amino]-2-hydroxypropyl]-3,4-dihydro-2(1H)-quinolinone.
Antianginal agent with antiarrhythmic, antihypertensive and antiglaucoma properties. A β-adrenergic blocker. *Abbott Labs.*

304 Carteolol Hydrochloride
51781-21-6 1917 257-415-7
$C_{16}H_{25}ClN_2O_3$
5-[3-[(1,1-Dimethylethyl)amino]-2-hydroxypropyl]-3,4-dihydro-2(1H)-quinolinone hydrochloride.
Carteolol hydrochloride, Abbott 43326; OPC 1085; Arteoptic; Caltidren; Carteol;

Antihypertensive Agents

Cartrol; Endak; Mikelan; Optipress; Tenalet; Tenalin; Teoptic. Antianginal agent with antiarrhythmic, antihypertensive and antiglaucoma properties. A β-adrenergic blocker. mp = 278°; LD_{50} (mrat orl) = 1380 mg/kg, (mrat iv) = 158 mg/kg, (mrat ip) = 380 mg/kg, (mmus orl) = 810 mg/kg, (mmus iv) = 54.5 mg/kg, (mmus ip) = 380 mg/kg. *Abbott Labs.*

305 Carvediol
72956-09-3   1924

$C_{24}H_{26}N_2O_4$
(±)-1-(Carbazol-4-yloxy)-3-[[2-(o-methoxyphenoxy)ethyl]amino]-2-propanol.
Coreg; BM-14190; DQ-2466; Dilatrend; Dimitone; Eucardic; Kredex; Querto. Antianginal, antihypertensive Nonselective β-adrenergic blocker with vasodilating activity. mp = 114-115°. *Boehringer Mannheim GmbH; SmithKline Beecham Pharmaceuticals.*

306 Celiprolol
56980-93-9   2007   260-497-7

$C_{20}H_{33}N_3O_4$
3-[3-Acetyl-4-[3-(tert-butylamino)-2-hydroxypropoxy]phenyl]-1,1-diethylurea. ST-1396. Antianginal, antihypertensive agent. Cardioselective β₁ adrenergic blocker. mp = 110-112°. *Hoechst Marion Roussel Inc.*

307 Celiprolol Hydrochloride
57470-78-7   2007   260-752-2
$C_{20}H_{34}ClN_3O_4$
3-[3-Acetyl-4-[3-(tert-butylamino)-2-hydroxypropoxy]phenyl]-1,1-diethylurea monohydrochloride.
Celectol; Corliprol; Selecor; Selectol. Antianginal, antihypertensive agent. Cardioselective β₁ adrenergic blocker. mp = 197-200° (dec); soluble in H_2O (15.1 g/100 ml), MeOH (18.2 g/100 ml), EtOH (1.61 g/100 ml), $CHCl_3$ (0.42 g/100 ml); λ_m = 221, 324 nm ($E_{1\%}$ = 652, 57 H_2O), 231, 324 nm [$E_{1\%}$ = 660, 60 0.01N HCl), 231, 324 nm ($E_{1\%}$ = 640, 60 0.01N NaOH), 232, 329 nm ($E_{1\%}$ = 775, 58 MeOH); LD_{50} (mmus iv) = 56.2 mg/kg, (mmus orl) = 1834 mg/kg, (mrat iv) = 68.3 mg/kg, (mrat orl) = 3826 mg/kg. *Hoechst Marion Roussel Inc.*

308 Ceronapril
111223-26-8   2038

$C_{21}H_{33}N_2O_6P$
1-[(2S)-6-Amino-2-hydroxyhexanoyl]-L-proline hydrogen (4-phenylbutyl)-phosphonate (ester).
SQ-29852; Ceranapril. Angiotensin-converting enzyme inhibitor. Used to treat hypertension. mp = 190-195°; $[\alpha]_D$ = -47.5° (c = 1 MeOH). *Bristol-Myers Squibb Co.*

309 Cetamolol
34919-98-7   2060

$C_{16}H_{26}N_2O_4$
(±)-2-[o-[3-(tert-Butylamino)-2-hydroxypropoxy]phenoxy]-N-methylacetamide.

Cardioselective β₂-adrenergic blocker. Used as an antihypertensive. mp = 96-97°. *ICI.*

310 Cetamolol Hydrochloride
77590-95-5   2060   278-729-0
$C_{16}H_{27}ClN_2O_4$
(±)-2-[o-[3-(tert-Butylamino)-2-hydroxypropoxy]phenoxy]-N-methylacetamide hydrochloride.
AI-27303; ICI-72222; Betacor. Cardioselective β₂-adrenergic blocker. Used as an antihypertensive. *ICI.*

311 Chlorisondamine Chloride
69-27-2   2151

$C_{14}H_{20}Cl_6N_2$
4,5,6,7-Tetrachloro-2-(2-dimethylaminoethyl)-2-methylisoindolinium chloride methochloride.
chlorisondamine dimethochloride; Su-3088; Ecolid; Ecolid chloride. Antihypertensive. Ganglion blocker. mp = 258-265°; soluble in H₂O, EtOH, MeOH. *Ciba-Geigy Corp.*

312 Chlorothiazide
58-94-6   2221   200-404-9

$C_7H_6ClN_3O_4S_2$
6-Chloro-2H-1,2,4-benzothiadiazine-7-sulfonamide 1,1-dioxide.
Chlotride; Diuril; Diuril Boluses; Aldoclor; Diupres; Diuril Lyovac [as sodium salt]; Lyovac Diuril [as sodium salt]. Diuretic and antihypertensive. mp = 342.5-343°; soluble in DMSO, DMF; less soluble in MeOH, C₅H₅N; insoluble in Et₂O, CHCl₃, C₆H₆; poorly soluble in H₀. *Merck & Co., Inc.*

313 Chlorthalidone
77-36-1   2246   201-022-5

$C_{14}H_{11}ClN_2O_4S$
2-Chloro-5-(1-hydroxy-3-oxo-1H-isoindolinyl)benzenesulfonamide.
Hygroton; Thalitone; Combipres; Demi-Regroton; Regroton; Tenoretic; G-33182; NSC-69200. Diuretic; antihypertensive. mp= 224-226°; λ_m 220 nm (MeOH); soluble in H₂O (12 mg/ml at 20°, 27 mg/ml at 37°), slightly soluble in EtOH, Et₂O. *Rhône-Poulenc Rorer Pharmaceuticals Inc.; KV Pharmaceutical; Parke-Davis; Boehringer Ingelheim GmbH; Zeneca Pharmaceuticals.*

314 Cianergoline
74627-35-3

$C_{19}H_{22}N_4O$
(α-RS)-α-Cyano-6-methylergoline-8β-propionamide.
Antihypertensive. Dopaminergic agonist.

315 Cicletanine
89943-82-8   2323

$C_{14}H_{12}ClNO_2$
(±)-3-(p-Chlorophenyl)-1,3-dihydro-6-methylfuro[3,4-c]pyridin-7-ol.
(±)-BN-1270; Win-90,000; cicletanide;

cycletanide. Antihypertensive. *Sterling Winthrop, Inc.*

316 Cicletanine Hydrochloride
82747-56-6   2323

$C_{14}H_{13}Cl_2NO_2$
(±)-3-(p-Chlorophenyl)-1,3-dihydro-6-methylfuro[3,4-c]pyridin-7-ol hydrochloride.
BN-1270; Coverine; Justar; Secletan; Tenstaten. Antihypertensive. mp = 219-228°. *Sterling Winthrop, Inc.*

317 Ciclosidomine
66564-16-7   2326

$C_{13}H_{20}N_4O_3$
N-(Cyclohexylcarbonyl)-3-morpholinosydnone imine.
Peripheral vasodilator similar to molsidomine. Used as an anti-hypertensive. *Boehringer Ingelheim GmbH.*

318 Ciclosidomine Hydrochloride
26209-07-4   2326
$C_{13}H_{21}ClN_4O_3$
N-(Cyclohexylcarbonyl)-3-morpholinosydnone imine hydrochloride.
PR-G-138-CL; Neopres. Peripheral vasodilator similar to molsidomine. Used as an antihypertensive. mp = 187°. *Boehringer Ingelheim GmbH.*

319 Cilazapril
92077-78-6   2332

$C_{22}H_{31}N_3O_5 \cdot H_2O$
(1S,9S)-9-[[(S)-1-Carboxy-3-phenylpropyl]amino]-octahydro-10-oxo-6H-pyridazino[1,2-a][1,2]diazepine-1-carboxylic acid 9-ethyl ester monohydrate.
Inhibace; Ro-31/2848/006; Dynorm; Initiss; Justor; Vascase. Angiotensin-converting enzyme (ACE) inhibitor. Its metabolite is the diacid cilazaprilat. Used to treat hypertension. mp = 95-97°; $[\alpha]_D^{20}$ = -62.51° (c = 1 EtOH); [diacid (cilazaprilat; Ro 31-3113)]: mp = 242°; $[\alpha]_D^{20}$ = -74.7° (c = 0.5 0.1M NaOH). *Hoffmann-LaRoche Inc.*

320 Cilnidipine
102106-21-8   2334
$C_{27}H_{28}N_2O_7$
(E)-Cinnamyl 2-methoxyethyl 1,4-dihydro-2,6-dimethyl-4-(m-nitrophenyl)-3,5-pyridinedicarboxylate.
An antihypertensive agent. Dihydropyridine calcium channel blocker. *Fujirebio.*

321 (±)-Cilnidipine
132203-70-4   2334

$C_{27}H_{28}N_2O_7$
(±)-(E)-Cinnamyl 2-methoxyethyl 1,4-dihydro-2,6-dimethyl-4-(m-nitrophenyl)-3,5-pyridinedicarboxylate.
(±)-FRC-8653. An antihypertensive agent.

Dihy-dropyridine calcium channel blocker. mp = 115.5-116.6°; LD_{50} (mmus orl) > 5000 mg/kg, (mmus sc) > 5000 mg/kg, (mmus ip) = 1845 mg/kg, (fmus orl) > 5000 mg/kg, (fmus sc) > 5000 mg/kg, (fmus ip) = 2353 mg/kg, (mrat orl) > 5000 mg/kg, (mrat sc) > 5000 mg/kg, (mrat ip) = 441 mg/kg, (frat orl) = 4412 mg/kg, (frat sc) > 5000 mg/kg, (frat ip) = 426mg/kg. *Fujirebio.*

322   Cilutazoline
104902-08-1

$C_{14}H_{18}N_2O$
2-[[(6-Cyclopropyl-m-tolyl)oxy]methyl]-2-imidazoline.
Thought to be antihypertensive.

323   Clentiazem
96125-53-0   2408

$C_{22}H_{25}ClN_2O_4S$
(+)-(2S,3S)-8-Chloro-5-[2-(dimethyl-amino)ethyl]-2,3-dihydro-3-hydroxy-2-(p-methoxyphenyl)-1,5-benzothiazepin-4(5H)-one acetate (ester).
The 8-chloro derivative of diltiazem. A calcium channel blocker used for its antihypertensive properties. *Tanabe Seiyaku.*

324   Clentiazem Maleate
96128-92-6   2408
$C_{26}H_{29}ClN_2O_8S$
(+)-(2S,3S)-8-Chloro-5-[2-(dimethyl-amino)ethyl]-2,3-dihydro-3-hydroxy-2-(p-methoxyphenyl)-1,5-benzothiazepin-4(5H)-one acetate (ester) maleate (1:1).
TA-3090; Logna. The 8-chloro derivative of diltiazem. A calcium channel blocker used for its antihypertensive properties. mp = 160.5-161.5°; $[\alpha]_D^{20}$ = 76.5° (c = 1 MeOH). *Tanabe Seiyaku.*

325   Clevidipine
166432-28-6

$C_{21}H_{23}Cl_2NO_6$
(±)-Hydroxymethyl methyl 4-(2,3-dichlorophenyl))-1,4-dihydro-2,6-dimethyl-3,5-pyridinedicarboxylate butyrate (ester).
Calcium channel blocker used as an antihypertensive agent.

326   Clonidine
4205-90-7   2450   224-119-4

$C_9H_9Cl_2N_3$
2-[(2-,6-Dichlorophenyl)imino]-imidazolidine.
Catapres TTS; ST-155-BS. A centrally acting α_2-adrenergic agonist used as an antihypertensive. Orally active imidazoline derivative. mp = 130°. *Boehringer Ingelheim GmbH.*

327 Clonidine Hydrochloride
4205-91-8   2450   224-121-5
$C_9H_{10}Cl_3N_3$
2-[(2-,6-Dichlorophenyl)imino]-imidazolidine hydrochloride.
Catapres; ST-155; component of: Combipres. A centrally acting α_2-adrenergic agonist used as an antihypertensive. Orally active imidazoline derivative. mp = 305°; soluble in H_2O (7.7 g/100 ml at 20°, 16.6 g/100 ml at 60°), MeOH (17.25 g/100 ml), EtOH (4 g/100 ml); $CHCl_3$ (0.02 g/100 ml); λ_m = 213, 271, 302 nm (ϵ 8290, 713, 340 H_2O); LD_{50} (mus orl) = 328 mg/kg, (mus iv) = 18 mg/kg, (rat orl) = 270 mg/kg, (rat iv) = 29 mg/kg. *Boehringer Ingelheim GmbH; Parke-Davis.*

328 Clopamide
636-54-4   2454   211-261-7

$C_{14}H_{20}ClN_3O_3S$
4-Chloro-N-(2,6-dimethylpiperidino)-3-sulfamoylbenzamide.
Aquex; DT-327; chlosudimeprimyl; Adurix; Brinaldix. Antihypertensive and diuretic. A thiazide. [hydrazine derivative]: mp = 244-246°. *Sandoz Pharmaceuticals Corp.*

329 Cryptenamine Tannates
2674
Unitensen tannate.
Ester alkaloids from Vreatrum species. Contains proveratrine A and B, germitrine, neogermitrine and germidine. Antihypertensive. Soluble in EtOH, slightly soluble in H_2O; [cryptenamine]: soluble in alcohol, dilute acid; nearly insoluble in H_2O. *Irwin, Neissler.*

330 Cyclopenthiazide
742-20-1   2813   212-012-5

$C_{13}H_{18}ClN_3O_4S_2$
6-Chloro-3-(cyclopentylmethyl)-3,4-dihydro-2H-1,2,4-benzothiadiazine-7-sulfonamide 1,1-dioxide.
Su-8341; NSC-107679; cyclomethiazide; tsiklometiazid; Su-8341; Navidrex; Navidrix; Salimid. Diuretic. mp= 230°; LD_{50} (rat iv) = 142 mg/kg, (mus iv) = 232 mg/kg. *Ciba-Geigy Corp.*

331 Cyclothiazide
2259-96-3   2822   218-859-7

$C_{14}H_{16}ClN_3O_4S_2$
6-Chloro-3,4-dihydro-3-(5-norbornen-2-yl)-2H-1,2,4-benzothiadiazine-7-sulfonamide 1,1-dioxide.
Lilly 35483; Aquirel; Anhydron; Doburil; Fluidil. Diuretic and antihypertensive. mp = 234°. *Eli Lilly & Co.*

332 Debrisoquin
1131-64-2   2901   214-470-1

$C_{10}H_{13}N_3$
3,4-Dihydro-2(1H)-isoquinolinecarboxamidine.
isocaramidine. Antihypertensive. Monoamine oxidase inhibitor. *Hoffmann-LaRoche Inc.*

333 Debrisoquin Sulfate
581-88-4   2901   209-472-4

$C_{20}H_{28}N_6O_4S$
3,4-Dihydro-2(1H)-isoquinoline-carboxamidine sulfate (2:1).
Declinax; Ro-5-3307/1. Antihypertensive. Monoamine oxidase inhibitor. mp = 278-280°, 284-285°, 266-268°; freely soluble in H_2O; LD_{50} (neonate rat orl) = 88 ± 18 mg/kg, (rat orl) = 1580 ± 163 mg/kg. *Hoffmann-LaRoche Inc.*

334 Delapril
83435-66-9   2928

$C_{26}H_{32}N_2O_5$
Ethyl (S)-2-[[(S)-1-[(carboxymethyl)-2-indanylcarbamoyl]ethyl]amino]-4-phenylbutyrate.
Alindapril; Indalapril. Angiotensin-converting enzyme inhibitor. Used to treat hypertension. *Takeda.*

335 Delapril Hydrochloride
83435-67-0   2928
$C_{26}H_{33}ClN_2O_5$
Ethyl (S)-2-[[(S)-1-[(carboxymethyl)-2-indanylcarbamoyl]ethyl]amino]-4-phenylbutyrate monohydrochloride.
REV-6000A; CV-3317; Adecut; Cupressin. Angiotensin-converting enzyme inhibitor. Used to treat hypertension. mp = 166-170°; $[\alpha]_D^{22}$ = 18.5° (c = 1 MeOH). *Takeda.*

336 Deserpidine
131-01-1   2964   205-004-8

$C_{32}H_{38}N_2O_8$
Methyl 18β-hydroxy-17α-methoxy-3β,20α-yohimban-16β-carboxylate 3,4,5-trimethoxybenzoate (ester).
Harmonyl; Raunormine; canescine; recanescine; 11-desmethoxyreserpine; component of: Enduronyl. Antihypertensive. [α form]: mp = 228-232°; [β form]: mp = 230-232°; [σ form]: mp = 138° and 226-232°; $[\alpha]_D^{20}$ = -163° (c = 0.5 C_5H_5N); λ_m = 218, 272, 290 nm (log ε = 4.79, 4.26, 4.07 EtOH); [nitrate]: mp = 254-260°; [oxalate]: mp = 239-243°. *Abbott Labs.; Penick; Ciba-Geigy Corp.; Roussel-UCLAF.*

337 Deserpidine Hydrochloride
6033-69-8   2964
$C_{32}H_{39}ClN_2O_8$
Methyl 18β-hydroxy-17α-methoxy-3β,20α-yohimban-16β-carboxylate 3,4,5-trimethoxybenzoate (ester) hydrochloride (1:1).
Antihypertensive. mp = 253-256°. *Abbott Labs.; Penick; Ciba-Geigy Corp.; Roussel-UCLAF.*

338 Dexlofexidine
81447-79-2

$C_{11}H_{12}Cl_2N_2O$
(+)-(S)-2[1-(2,6-Dichlorophenoxy)ethyl]-2-imidazoline.

An α₂-adrenoceptor agonist. Used as an antihypertensive.

339 Diazoxide
364-98-7   3051   206-668-1

C₈H₇ClN₂O₂S
7-Chloro-3-methyl-2H-1,2,4-benzothiadiazine 1,1-dioxide.
SRG-95213; Sch-6783; NSC-64198; Eudemine injection; Proglicem; Hyperstat; Hypertonalum; Mutabase; Proglycem. Antihypertensive. A potent vasodilator. An ATP-dependent potassium-channel opener. A benzothiadiazine derivative similar in structure to the thiazides. mp = 330-331°; λ$_m$ = 268 nm (ε = 11300 MeOH); soluble in EtOH, insoluble in H₂O. *Schering Corp.*

340 Dihydralazine
484-23-1   3212   207-605-0

C₈H₁₀N₆
1,4-Dihydrazinophthalazine.
Vasodilator with antihypertensive properties. mp = 180° (dec); LD₅₀ (rat ip) = 206 mg/kg. *Ciba-Geigy Corp.*

341 Dihydralazine Sulfate
7327-87-9   3212   230-808-0
C₈H₁₂N₆O₄S·2.5H₂O
1,4-Dihydrazinophthalazine hydrogen sulfate.
dihydralazine sulfate hemipentahydrate; Depressan; Dihyzin; Nepresol; Nepréssol; dihydralazine mesylate [as methanesulfonate]; Nepresol Inject [as methanesulfonate]. Vasodilator with antihypertensive properties. [sulfate]: mp = 233° (dec). *Ciba-Geigy Corp.*

342 Dilevalol
75659-07-3   3245

C₁₉H₂₄N₂O₃
(-)-5-[(1R)-1-Hydroxy-2-[[(1R)-1-methyl-3-phenylpropyl]amino]ethyl]-salicylamide.
Sch-19927; Dilevalon; Levadil; Unicard. Non-selective β-adrenergic blocker with antihypertensive properties. [α]$_D$ = -21.7°. *Schering Corp.*

343 Dilevalol Hydrochloride
75659-08-4   3245
C₁₉H₂₅ClN₂O₃
(-)-5-[(1R)-1-Hydroxy-2-[[(1R)-1-methyl-3-phenylpropyl]amino]ethyl]salicylamide monohydrochloride.
Sch-19927. Non-selective β-adrenergic blocker with antihypertensive properties. mp = 133-134° (dec), 192-193.5° (dec); [α]$_D^{26}$ = -30.6° (c = 1.0 EtOH). *Schering Corp.*

344 Dioxadilol
80743-08-4

C₁₆H₂₅NO₄
(±)-1-(1,4-Benzodioxan-2-ylmethoxy)-3-(tert-butylamino)-2-propanol.
Has beta adrenolytic activity; antihypertensive, antianginal and antiarrhythmic, but less potent than propranolol.

Antihypertensive Agents

345 Doxazosin
74191-85-8   3489

$C_{23}H_{25}N_5O_5$
1-(4-Amino-6,7-dimethoxy-2-quinazolinyl)-4-(1,4-benzodioxan-2-ylcarbonyl)-piperazine.
UK-33274. Selective α-adrenergic blocker related to Prazosin. Antihypertensive. Also used in the treatment of benign prostatic hyperplasia. [monohydrochloride]: mp = 289-290°. *Roerig Div., Pfizer Pharmaceuticals.*

346 Doxazosin Monomethanesulfonate
77883-43-3   3489
$C_{24}H_{29}N_5O_8S$
1-(4-Amino-6,7-dimethoxy-2-quinazolinyl)-4-(1,4-benzodioxan-2-ylcarbonyl)-piperazine monomethanesulfonate.
Cardura; UK-33274-27; doxazosin mesylate; Alfadil; Cardenalin; Cardular; Cardura; Cardran; Diblocin; Normothen; Supressin. Selective α-adrenergic blocker related to Prazosin. Antihypertensive. Also used in the treatment of benign prostatic hyperplasia. *Roerig Div., Pfizer Pharmaceuticals.*

347 Efonidipine
111011-63-3   3566

$C_{34}H_{38}N_3O_7P$
2-(N-Benzylanilino)ethyl (±)-1,4-dihydro-2,6-dimethyl-4-(m-nitrophenyl)-5-phosphononicotinate cyclic 2,2-dimethyltrimethylene ester.
Dihydropyridine calcium channel blocker. Used as an antihypertensive agent. mp = 169-170°, 155-156°. *Nissan.*

348 Efonidipine Hydrochloride
111011-53-1   3566
$C_{34}H_{39}ClN_3O_7P$
2-(N-Benzylanilino)ethyl (±)-1,4-dihydro-2,6-dimethyl-4-(m-nitrophenyl)-5-phosphononicotinate cyclic 2,2-dimethyltrimethylene ester hydrochloride.
Dihydropyridine calcium channel blocker. Used as an antihypertensive agent. Forms an ethanol solvate (NZ-105; Landel), mp = 151° (dec). LD_{50} (mus orl) > 600 mg/kg; [(S) form]: mp = 190-192°; $[\alpha]_D^{25}$ = 7.0° (c = 0.50 $CHCl_3$); [(R) form]: mp = 190-192°; $[\alpha]_D^{25}$ = -7.0° (c = 0.5 $CHCl_3$). *Nissan.*

349 Enalapril
75847-73-3   3605

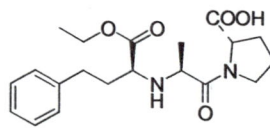

$C_{20}H_{28}N_2O_5$
1-[N-[(S)-1-Carboxy-3-phenylpropyl]-L-alanyl]-L-proline 1'-ethyl ester.
Angiotensin-converting enzyme inhibitor. Used to treat hypertension. *Merck & Co., Inc.*

350 Enalapril Maleate
76095-16-4   3605   278-375-7
$C_{24}H_{32}N_2O_9$
1-[N-[(S)-1-Carboxy-3-phenylpropyl]-L-alanyl]-L-proline 1'-ethyl ester maleate (1:1).
Enacard; Renitec; Vasotec; MK-421; Amprace; Bitensil; Cardiovet; Enaloc; Enapren; Glioten; Hipoartel; Innovace; Lotrial; Olivin; Pres; Reniten; Renivace; Xanef; component of: Vaseretic, Acesistem, Co-Renitec, Innozide, Renacor, Xynertec. Angiotensin-converting enzyme inhibitor. Used to treat hypertension. mp = 143-144.5°; $[\alpha]_D^{25}$ = -42.2° (c = 1 MeOH); soluble in H_2O (2.5

Antihypertensive Agents

351 Enalaprilat
84680-54-6   3606   278-459-3

$C_{18}H_{24}N_2O_5 \cdot 2H_2O$
1-[N-[(S)-1-Carboxy-3-phenylpropyl]-L-alanyl]-L-proline dihydrate.
enalaprilic acid; MK-422; Vasotec Injection; Vasotec IV. Angiotensin-converting enzyme inhibitor. Used to treat hypertension. mp = 148-151°; $[\alpha]_D$ = -67.0° (0.1M HCl). *Merck & Co., Inc.*

352 Endralazine
39715-02-1   3617

$C_{14}H_{15}N_5O$
6-Benzoyl-5,6,7,8-tetrahydropyrido-[4,3-c]pyridazin-3(2H)-one hydrazone. Antihypertensive agent with peripheral vasodilating properties. mp = 220-223° (dec). *Sandoz Pharmaceuticals Corp.*

353 Endralazine Monomethanesulfonate
65322-72-7   3617
$C_{15}H_{19}N_5O_4S$
6-Benzoyl-5,6,7,8-tetrahydropyrido[4,3-c]pyridazin-3(2H)-one hydrazone monomethanesulfonate.
Migranal; endralazine mesylate; BQ-22-708; Miretilan. Antihypertensive agent with peripheral vasodilating properties. mp = 185-188° (dec). *Sandoz Pharmaceuticals Corp.*

354 Epanolol
86880-51-5   3641

$C_{20}H_{23}N_3O_4$
(±)-N-[2-[[3-(o-Cyanophenoxy)-2-hydroxypropyl]amino]ethyl]-2-(p-hydroxyphenyl)acetamide.
ICI-141292; Visacor. Antianginal, antihypertensive agent. Cardioselective β_1-adrenergic blocker with sympathomimetic activity. mp = 118-120°. *ICI.*

355 Epithiazide
1764-85-8   3661   217-181-9

$C_{10}H_{11}ClF_3N_3O_4S_2$
6-Chloro-3,4-dihydro-3[[(2,2,2-trifluoroethyl)thio]methyl]-2H-1,2,4-benzothiadiazine-7-sulfonamide 1,1-dioxide.
P-2105; NSC-108164; Thiaver. Diuretic and antihypertensive. mp = 206-207°. *Pfizer Inc.*

356 Eprosartan
133040-01-4   3669

$C_{23}H_{24}N_2O_4S$
(E)-2-Butyl-1-(p-carboxybenzyl)-α-2-thenylimidazole-5-acrylic acid.
SK&F-108566. An angiotensin II receptor antagonist. An imidazole-acrylic acid

Antihypertensive Agents

derivative. Used as an antihypertensive agent. mp = 260-261°. *SmithKline Beecham Pharmaceuticals*.

357 Eprosartan Mesylate
144143-96-4   3669
$C_{24}H_{28}N_2O_7S_2$
(E)-2-Butyl-1-(p-carboxybenzyl)-α-2-thenylimidazole-5-acrylic acid monomethanesulfonate.
SK&F-108566-J. An angiotensin II receptor antagonist. Used as an antihypertensive agent. *SmithKline Beecham Pharmaceuticals*.

358 Ethiazide
1824-58-4   3778   217-358-0

$C_9H_{12}ClN_3O_4S_2$
6-Chloro-3-ethyl-3,4-dihydro-2H-1,2,4-benzothiadiazine-7-sulfonamide 1,1-dioxide.
acthiazidum; Hypertane. Diuretic. mp = 269-270°. *Ciba-Geigy Corp.; Merck & Co., Inc.; Solvay Duphar B.V.; Abbott Labs.; Parke-Davis; ; Searle, G.D., & Co.; Wallace Labs.; Squibb, E.R. & Sons; Solvay Pharmaceuticals; Lederle Labs*.

359 Ethomoxane
16509-23-2

$C_{15}H_{23}NO_3$
(±)-2-(Butylaminomethyl)-8-ethoxy-1,4-benzodioxan.
An α-adrenoceptor antagonist used as an antihypertensive.

360 Ethomoxane Hydrochloride
6038-784
$C_{15}H_{24}ClNO_3$
(±)-2-(Butylaminomethyl)-8-ethoxy-1,4-benzodioxan hydrochloride.
An α-adrenoceptor antagonist used as an antihypertensive.

361 Eticlopride
84226-12-0

$C_{17}H_{25}ClN_2O_3$
(-)-(S)-5-Chloro-3-ethyl-N-[(1-ethyl-2-pyrrolidinyl)methyl]-6-methoxysalicylamide. Dopamine receptor antagonist used as an antihypertensive.

362 Fantofarone
114432-13-2   3975

$C_{13}H_{38}N_2O_5S$
1-[[p-[3-[(3,4-Dimethoxyphenethyl)-methylamino]propoxy]phenyl]sulfonyl]-2-isopropylindolizine.
SR-33557. A calcium channel blocker used as an antihypertensive agent. mp = 82-83°; d = 1.21 g/ml; soluble in H_2O (0.06 g/100 ml), soluble in all organic solvents. *Sanofi, Inc*.

363 Felodipine
86189-69-7   3991

$C_{18}H_{19}Cl_2NO_4$
Ethyl methyl 4-(2,3-dichlorophenyl)-1,4-dihydro-2,6-dimethyl-3,5-pyridinedicarboxylate.
Plendil; H 154/82; Agon; Feloday; Flodil; Hydac; Munobal; Prevex; Splendil. Antianginal, antihypertensive agent. Dihydropyridine calcium channel blocker marketed as the racemate. mp= 145°. Astra Chemicals Ltd.; Merck & Co., Inc.

364 Felodipine dl form
72509-76-3   3991
$C_{18}H_{19}Cl_2NO_4$
(±) Ethyl methyl 4-(2,3-dichlorophenyl)-1,4-dihydro-2,6-dimethyl-3,5-pyridinedicarboxylate.
Plendil; H 154/82; Agon; Feloday; Flodil; Hydac; Munobal; Prevex; Splendil. Antianginal, antihypertensive agent. Dihydropyridine calcium channel blocker marketed as the racemate. mp= 145°. Astra Chemicals Ltd.; Merck & Co., Inc.

365 Fenoldopam
67227-56-9   4020

$C_{16}H_{16}ClNO_3$
6-Chloro-2,3,4,5-tetrahydro-1-(p-hydroxyphenyl)-1H-3-benzazepine-7,8-diol.
SK&F-82526. Dopamine D_2 receptor agonist. Used as an antihypertensive agent. [hydrobromide]: mp = 277° (dec). SmithKline Beecham Pharmaceuticals.

366 Fenoldopam Monomethanesulfonate
67227-57-0   4020   266-612-7
$C_{17}H_{20}ClNO_6S$
6-Chloro-2,3,4,5-tetrahydro-1-(p-hydroxyphenyl)-1H-3-benzazepine-7,8-diol monomethanesulfonate (salt).
Corlopam; SK&F-82526-J; fenoldopam mesylate. Dopamine D_2 receptor agonist. Used as an antihypertensive agent. mp = 274° (dec). SmithKline Beecham Pharmaceuticals.

367 Fenquizone
20287-37-0   4039   243-689-5

$C_{14}H_{12}ClN_3O_3S$
(±)-7-Chloro-1,2,3,4-tetrahydro-4-oxo-2-phenyl-6-quinazolinesulfonamide.
M.G. 13054. Diuretic. mp > 310°; insoluble in H_2O. Maggioni Farmaceutici S.p.A.

368 Fenquizone Monopotassium
52246-40-9   4039
$C_{14}H_{11}ClKN_3O_3S$
(±)-7-Chloro-1,2,3,4-tetrahydro-4-oxo-2-phenyl-6-quinazolinesulfonamide monopotassium salt.
Idrolone. Diuretic. Soluble in H_2O. Maggioni Farmaceutici S.p.A.

369 Flosequinan
76568-02-0   4146

$C_{11}H_{10}FNO_2S$
7-Fluoro-1-methyl-3-(methylsulfinyl)-4(1H)-quinolone.
BTS 49 465; flosequinon; Manoplax. Acts as an arterial and venous vasodilator. Used as an antihypertensive

agent. Also used as a cardiotonic. mp = 226-228°. *The Boots Co. plc.*

370   Flufylline
82190-91-8

$C_{21}H_{24}FN_5O_3$
7-[2-[4-(p-Fluorobenzoyl)piperidino]-ethyl]theophylline.
Antihypertensive.

371   Flusoxolol
84057-96-5

$C_{22}H_{30}FNO_4$
(S)-1-[p-[2-[(p-Fluorophenethyl)oxy]-ethoxy]phenoxy]-3-(isopropylamino)-2-propanol.
A selective β_1-adrenoceptor agonist. Antihypertensive, antianginal and antiarrhythmic.

372   Flutonidine
28125-87-3

$C_{10}H_{12}FN_3$
2-(5-Fluoro-o-toluidino)-2-imidazoline. ST-600. An α_2-adrenergic agonist used as an antihypertensive.

373   Fosinopril
98048-97-6   4282

$C_{30}H_{46}NO_7P$
(4S)-4-Cyclohexyl-1-[[(R)-[(S)-1-hydroxy-2-methylpropoxy](4-phenylbutyl)-phosphinyl]acetyl-L-proline propionate (ester). fosenopril. Angiotensin-converting enzyme inhibitor. Used to treat hypertension. [diacid (SQ-27519)]: mp = 149-153°; $[\alpha]_D$= -24° (c = 1 MeOH). *Squibb, E.R. & Sons.*

374   Fosinopril Sodium
88889-14-9   4282
$C_{30}H_{45}NNaO_7P$
(4S)-4-Cyclohexyl-1-[[(R)-[(S)-1-hydroxy-2-methylpropoxy](4-phenylbutyl)-phosphinyl]acetyl-L-proline propionate (ester) sodium salt.
SQ-28555; Monopril; Acecor; Secorvas; Staril. Angiotensin-converting enzyme inhibitor. Used to treat hypertension. *Mead Johnson Labs.*

375   Furnidipine
138661-03-7

and enantiomer

$C_{21}H_{24}N_2O_7$
($\pm$)-Methyl tetrahydrofurfuryl-1,4-dihydro-2,6-dimethyl-4-(o-nitrophenyl)-3,5-pyridinedicarboxylate.
A calcium channel blocker. Antihypertensive.

Antihypertensive Agents

376 Furosemide
54-31-9   4331   204-822-2

$C_{12}H_{11}ClN_2O_5S$
4-Chloro-N-furfuryl-5-sulfamoylanthranlic acid.
Diuretic salt; Disal; Lasix; Frumil; LB-502; Aisemide; Beronald; Desdemin; Discoid; Diural; Dryptal; Durafurid; Errolon; Eutensin; Frusetic; Frusid; Fulsix; Fuluvamide; Furesis; Furo-Puren; Furosedon; Hydro-rapid; Impugan; Katlex; Lasilix; Lowpston; Macasirool; Mirfat; Nicorol; Odemase; Oedemex; Profemin; Rosemide; Rusyde; Trofurit; Urex. Diuretic. Furosemide used with controlled release potassium chloride to control edema. mp = 206°; λ_m = 288, 276, 336 nm ($E_{1\,cm}^{1\%}$ 945, 588, 144 95% EtOH); soluble in Me_2CO, MeOH, DMF; less soluble in EtOH, H_2O, $CHCl_3$, Et_2O; LD_{50} (frat orl) = 2600 mg/kg, (mrat orl) = 2820 mg/kg. *Astra USA, Inc.; Fermenta Animal Health Co.; Elkins-Sinn; Hoechst-Roussel Pharmaceuticals Inc.; Parke-Davis; Rhône-Poulenc Rorer Pharmaceuticals Inc.*

377 Guabenxan
19889-45-3

$C_{10}H_{13}N_3O_2$
(1,4-Benzodioxan-6-ylmethyl)guanidine.
Antihypertensive.

378 Guanabenz
5051-62-7   4585   225-750-8

$C_8H_8Cl_2N_4$
[(2,6-Dichlorobenzylidene)amino]guanidine.
Wy-8678; NSC-68982. A centrally acting α_2-adrenergic agonist used as an antihypertensive agent. mp = 227-229° (dec). *Sandoz Pharmaceuticals Corp.; Wyeth Labs.*

379 Guanabenz Monoacetate
23256-50-0   4585   245-534-7
$C_{10}H_{12}Cl_2N_4O_2$
[(2,6-Dichlorobenzylidene)amino]guanidine monoacetate.
Wytensin; Wy-8678 acetate; Rexitene; Tenelid. A centrally acting α_2-adrenergic agonist used as an antihypertensive agent. mp = 192.5° (dec); soluble in H_2O (1100 mg/100 ml), EtOH (5000 mg/ml), propylene glycol (10000 mg/100 ml), $CHCl_3$ (60 mg/100 ml), EtOAc (100 mg/100 ml). *Sandoz Pharmaceuticals Corp.; Wyeth Labs.*

380 Guanacline
1463-28-1   4586

$C_9H_{18}N_4$
[2-(3,6-Dihydro-4-methyl-1(2H)-pyridyl)ethyl]guanidine.
cyclazenin; FBA-1464. Antihypertensive. Administration can cause a marked loss of neurons in the ganglia of the peripheral sympathetic nervous system. *Bayer AG.*

Antihypertensive Agents

381 Guanacline Monosulfate
1562-71-6   4586   216-344-1
$C_9H_{20}N_4O_4S$
[2-(3,6-Dihydro-4-methyl-1(2H)-pyridyl)ethyl]guanidine sulfate.
B-1464; Leron. Antihypertensive. Administration can cause a marked loss of neurons in the ganglia of the peripheral sympathetic nervous system. mp = 185-186° (dec). *Bayer AG.*

382 Guanadrel
40580-59-4   4587

$C_{10}H_{19}N_3O_2$
(1,4-Dioxaspiro[4.5]dec-2-ylmethyl)-guanidine.
Orally active postganglionic sympathetic inhibitor. Used as an antihypertensive agent. *Fisons Corp.; Cutter Labs.*

383 Guanadrel Sulfate
22195-34-2   4587
$C_{20}H_{40}N_6O_8S$
(1,4-Dioxaspiro[4.5]dec-2-ylmethyl)-guanidine sulfate.
Hylorel; CL-1388R; U-28288D; Anarel. Orally active postganglionic sympathetic inhibitor. Used as an antihypertensive agent. mp = 213.5-215°. *Fisons Corp.; Cutter Labs.*

384 Guanazodine
32059-15-7   4588

$C_9H_{20}N_4$
[(Octahydro-2-azocinyl)methyl]-guanidine.
Antihypertensive agent. A hypotensive agent. Structurally related to guanethidine. *EGYT.*

385 Guanazodine Sulfate Monohydrate
4588
$C_9H_{24}N_4O_5S$
[(Octahydro-2-azocinyl)methyl]-guanidine sulfate monohydrate.
EGYT-739; Calnegyt; Sanegyt. Antihypertensive agent. A hypotensive agent. Structurally related to guanethidine. mp = 239-241°; LD_{50} (mus orl) = 2450 mg/kg, (mus iv) = 165 mg/kg, (mus sc) = 700 mg/kg. *EGYT.*

386 Guanclofine
55926-23-3

$C_9H_{12}Cl_2N_4$
[2-(2,6-Dichloroanilino)ethyl]guanidine.
Adrenergic neurone-blocking agent with antihypertensive properties.

387 Guanethidine
55-65-2   4589   200-241-3

$C_{10}H_{22}N_4$
[2-(Hexahydro-1(2H)-azocinyl)ethyl]-guanidine.
Su-5864; Eutensol; Dopom; Octatensine; oktadin; oktatenzin; Oktatensin; Sanotensin; Abapresin. Antihypertensive agent. Adrenergic neurone-blocking agent with antihypertensive properties. *Ciba-Geigy Corp.*

388 Guanethidine Monosulfate
645-43-2   4589   211-442-0
$C_{10}H_{24}N_4O_4$
[2-(Hexahydro-1(2H)-azocinyl)ethyl]-guanidine sulfate (1:1).
Ismelin sulfate; component of: Esimil. Antihypertensive agent. Adrenergic neurone-blocking agent with antihyper-

tensive properties. mp = 276-281°. Ciba-Geigy Corp.

389   Guanethidine Sulfate
60-02-6   4589   200-452-0
$C_{20}H_{46}N_8O_4$
[2-(Hexahydro-1(2H)-azocinyl)ethyl]-guanidine sulfate (2:1).
Su-5864; NSC-29863; Guethine; Iporal; Isobarin; Ismelin. Adrenergic neurone-blocking agent with antihypertensive properties. Ciba-Geigy Corp.

390   Guanfacine
29110-47-2   4590   249-442-8

$C_9H_9Cl_2N_3O$
N-Amidino-2-(2,6-dichlorophenyl)-acetamide.
Centrally active α_2-adrenergic agonist used as an antihypertensive. mp = 225-227°. Sandoz Pharmaceuticals Corp.; Robins, A.H. Co.

391   Guanfacine Hydrochloride
29110-48-3   4590   249-443-3
$C_9H_{10}Cl_3N_3O$
N-Amidino-2-(2,6-dichlorophenyl)-acetamide hydrochloride.
BS 100-141; LON-798; Estulic; Tenex. Centrally active α_2-adrenergic agonist; antihypertensive. mp= 213-216°; LD_{50} (mus orl) = 165 mg/kg. Sandoz Pharmaceuticals Corp.; Robins, A.H. Co.

392   Guanochlor
5001-32-1   4595   225-667-7

$C_9H_{12}Cl_2N_4O$
[[2-(2,6-Dichlorophenoxy)ethyl]amino]-guanidine.
Antihypertensive agent. Pfizer Inc.

393   Guanochlor Sulfate
551-48-4   4595   208-996-0
$C_{18}H_{26}Cl_4N_8O_6S$
[[2-(2,6-Dichlorophenoxy)ethyl]amino]-guanidine sulfate(2:1).
Vatensol; NSC-108163. Antihypertensive agent. mp = 214°. Pfizer Inc.

394   Guanoxabenz
24047-25-4   4597

$C_8H_8Cl_2N_4O$
1-[(2,6-Dichlorobenzylidene)amino]-3-hydroxyguanidine.
43-663. Antihypertensive agent. Sandoz Pharmaceuticals Corp.

395   Guanoxabenz Hydrochloride
23256-40-8   4597   245-532-6
$C_8H_9Cl_3N_4O$
1-[(2,6-Dichlorobenzylidene)amino]-3-hydroxyguanidine hydrochloride.
Benzerial. Antihypertensive agent. mp = 173-175°. Sandoz Pharmaceuticals Corp.

396   Guanoxan
2165-19-7   4598

$C_{10}H_{13}N_3O_2$
(1,4-Benzodioxan-2-ylmethyl)guanidine.
2-guanidinomethyl-1,4-benzodioxan. Antihypertensive agent. mp = 164-165°. Pfizer Inc.

397   Guanoxan Sulfate
5714-04-5   4598
$C_{20}H_{28}N_6O_8$
(1,4-Benzodioxan-2-ylmethyl)guanidine sulfate (2:1).
Envacar; 3-01003. Antihypertensive agent. Pfizer Inc.

Antihypertensive Agents

398 Hexamethonium
60-26-4   4724

$[C_{12}H_{30}N_2]^{\cdot}$
N,N,N,N',N',N'-Hexamethyl-1,6-hexanediaminium.
hexathonide; hexamethone; Hexathide [as iodide]; Vegolysen-T [as tartrate]. Ganglion blocker used as an antihypertensive agent. *May & Baker Ltd.*

399 Hexamethonium Bromide
55-97-0   4724   200-249-7

$C_{12}H_{30}Br_2N_2$
N,N,N,N',N',N'-Hexamethyl-1,6-hexanediaminium bromide.
Bistrium bromide; Esametina; Gangliostat; Hexameton bromide; Hexanium bromide; Simpatoblock; Vegolysen; Vegolysin. Ganglion blocker used as an antihypertensive agent. mp = 274-276°; soluble in H_2O, EtOH; insoluble in Me_2CO, $CHCl_3$, Et_2O. *May & Baker Ltd.*

400 Hexamethonium Chloride
60-25-3   4724   200-465-1

$C_{12}H_{30}Cl_2N_2$
N,N,N,N',N',N'-Hexamethyl-1,6-hexanediaminium chloride.
Bistrium chloride; Chloor-Hexaviet; Esomid chloride; Hestrium chloride; Hexameton chloride; Hexone chloride; Hiohex chloride; Methium chloride; Meton. Ganglion blocker used as an antihypertensive agent. mp = 289-292° (dec); soluble in H_2O, EtOH; insoluble in $CHCl_3$, Et_2O. *May & Baker Ltd.*

401 Hydracarbazine
3614-47-9   4798   222-788-7

$C_5H_7N_5O$
6-Hydrazino-6-pyridazinecarboxamide.
Normatensyl. Diuretic and antihypertensive. mp = 249-250° (dec). *Chimie et Atomistique.*

402 Hydralazine
86-54-4   4800   201-680-3

$C_8H_8N_4$
1-Hydrazinophthalazine.
Apresoline; Hypophthalin; Hipoftalin; C-5968; Präparat 5968; Ciba-5968; 1-hydrazinophthalazine. Antihypertensive agent. mp= 172-173°; soluble in 2N AcOH (33.3 g/100 ml), warm MeOH (8.4 g/100 ml); LD_{50} (mus orl) = 122 mg/kg, (mus ip) = 101 mg/kg, (rat orl) = 90 mg/kg, (rat ip) = 40 mg/kg. *Ciba-Geigy Corp.; Medco Research, Inc.; Solvay Pharmaceuticals.*

403 Hydralazine Hydrochloride
304-20-1   4800   206-151-0
$C_8H_9ClN_4$
1-Hydrazinophthalazine hydrochloride.
Apresoline hydrochloride; Lopres; component of: Apresazide, BiDil, H.H. 25/25, H.H. 50/50, Ser-Ap-Es, Unipres. Antihypertensive agent. mp = 273° (dec); soluble in H_2O (3.01 g/100 ml at 15°, 4.42 g/100 ml at 25°), EtOH (0.2 g/100 ml); slightly soluble in Et_2O; λ_m = 211, 240, 260, 304, 315 nm. *Ciba-Geigy Corp.; Medco Research, Inc.; Solvay Pharmaceuticals.*

404 Hydralazine Polystirex
Sulfonated diethenylbenzene-ethenylbenzene copolymer complex with 1-hydrazinophthalazine.
Antihypertensive agent. *Fisons Corp.*

405 Hydrochlorothiazide
58-93-5   4822   200-403-3

$C_7H_8ClN_3O_4S_2$
6-Chloro-3,4-dihydro-2H-1,2,4-benzothiadiazine-7-sulfonamide 1,1-dioxide.
Esidrex; Dichlotride; HydroDIURIL; Hydrozide; Oretic; Thiuretic; Acuretic; Aldactazide; Aldoril; Apresazide; Caplaril; Capozide; Dyazide; Esimil; H.H. 25/25; H.H. 50/50; Hydropres; Hyzaar; Inderide; Lopressor HCT; Lotensin HCT; Maxzide; Moduretic; Prinzide; Ser-Ap-Es; Timolide; Unipres; Vaseretic; Ziac. Diuretic. mp= 273-275°; λ_m = 317, 271, 226 nm ($A^{1\%}_{1\,cm}$ 130, 654, 1280 MeOH/HCl); soluble in MeOH, EtOH, Me$_2$CO; insoluble in H$_2$O; LD$_{50}$ (mus iv) = 590 mg/kg, (mus orl) > 8000 mg/kg. *Ciba-Geigy Corp.; Merck & Co., Inc.; Lemmon Co.; Abbott Labs.; Parke-Davis; ; Searle, G.D., & Co.; Wallace Labs.; Squibb, E.R. & Sons; Solvay Pharmaceuticals; Lederle Labs.*

406 Hydroflumethiazide
135-09-1   4830   200-203-6

$C_8H_8F_3N_3O_4S_2$
3,4-Dihydro-6-(trifluoromethyl)-2H-1,2,4-benzothiadiazine-7-sulfonamide 1,1-dioxide.
Diumide-K; Diucardin; Saluron; Salutensin; dihydroflumethiazide; methforylthiazidine; metflorylthiazidine; Bristab; Bristurin; Di-Ademil; Diucardin; Elodrine; Finuret; Hydol; Hydrenox; Leodrine; NaClex; Olmagran; Rodiuran; Rontyl; Sisuril; Vergonil. Diuretic with antihypertensive properties. mp = 272-273°; λ_m = 272.5 nm (log ε 4.286 MeOH); soluble in Me$_2$CO (> 100 mg/ml), MeOH (58 mg/ml), CH$_3$CN (43 mg/ml), H$_2$O (0.3 mg/ml), Et$_2$O (0.2 mg/ml), C$_6$H$_6$ (< 0.1 mg/ml); pK$_1$ = 8.9, pK$_2$ = 10.7; forms water soluble salts with bases; LD$_{50}$ (mus orl) > 8000 mg/kg, (mus iv) = 750 mg/kg, (mus ip) = 6280 mg/kg. *Wyeth-Ayerst Labs.; Apothecon; Roberts Pharmaceutical Corp.*

407 Idazoxan
79944-58-4

$C_{11}H_{12}N_2O_2$
(±)-2-(1,4-Benzodioxan-2-yl)-2-imidazoline.
An alpha(2)-adrenoceptor antagonist with antihypertensive properties.

408 Idrapril
127420-24-0

$C_{11}H_{18}N_2O_5$
(1S,2R)-2-[[(Hydroxycarbamoyl)methyl]-methylcarbamoyl]cyclohexanecarboxylic acid.
An angiotensin-converting enzyme (ACE) inhibitor. Used as an antihypertensive agent.

409 Iganidipine
119687-33-1

$C_{28}H_{38}N_4O_6$
(±)-3-(4-Allyl-1-piperazinyl)-2,2-dimethylpropyl methyl 1,4-dihydro-2,6-di-methyl-4-(m-nitrophenyl)-3,5-pyridinedicarboxylate.
A calcium antagonist with antihypertensive properties.

410 Imidapril
89371-37-9   4947

$C_{20}H_{27}N_3O_6$
(S)-3-(N-[(S)-1-Ethoxycarbonyl-3-phenylpropyl]-L-alanyl)-1-methyl-2-oxoimidazoline-4-carboxylic acid.
Angiotensin-converting enzyme inhibitor. Used to treat hypertension. mp = 139-140°; $[\alpha]_D^{20}$ = -71.7° (c = 0.5 EtOH). Tanabe Seiyaku.

411 Imidapril Hydrochloride
89396-94-1   4947
$C_{20}H_{28}ClN_3O_6$
(S)-3-(N-[(S)-1-Ethoxycarbonyl-3-phenylpropyl]-L-alanyl)-1-methyl-2-oxoimidazoline-4-carboxylic acid monohydrochloride.
TA-6366; Novaloc; Tanapril. Angiotensin-converting enzyme inhibitor. Used to treat hypertension. mp = 214-216° (dec); $[\alpha]_D^{20}$ = -64.1° (c = 0.5 EtOH). Tanabe Seiyaku.

412 Imidaprilat
89371-44-8   4947

$C_{18}H_{23}N_3O_6$
(S)-3-(N-[(S)-1-Carboxyl-3-phenylpropyl]-L-alanyl)-1-methyl-2-oxoimidazoline-4-carboxylic acid.
imidaprilate; imidapril diacid. Angiotensin-converting enzyme inhibitor. Used to treat hypertension. mp = 239-241°; $[\alpha]_D^{19}$ = -88.4° (c = 1.5% $NaHCO_3$). Tanabe Seiyaku.

413 Indapamide
26807-65-8   4969   248-012-7

$C_{16}H_{16}ClN_3O_3S$
4-Chloro-N-(2-methyl-1-indolinyl)-3-sulfamoylbenzamide.
N-(3-sulfamyl-4-chlorobenzamido)-2-methylindoline; Lozol; S-1520; SE-1520; Bajaten; Damide; Fludex; Indaflex; Indamol; Ipamix; Natrilix; Noranat; Tandix; Veroxil; Pressural [as hemihydrate]. Diuretic and antihypertensive. mp = 160-162°; LD_{50} (rat ip) = 393-421 mg/kg; (rat iv) = 394-440 mg/kg; (rat orl) > 3000 mg/kg; (mus ip) = 410-564 mg/kg; (mus iv) = 577-635 mg/kg; (mus orl) > 3000 mg/kg; (gpg ip) = 347-416 mg/kg; (gpg iv) = 272-358 mg/kg; (gpg orl) > 3000 mg/kg. Apothecon; Rhône-Poulenc Rorer Pharmaceuticals Inc.

414 Indenolol
60607-68-3   4974   262-323-5

$C_{15}H_{21}NO_2$
1-[Inden-4 (or -7)-yloxy]-3-(isopropylamino)-2-propanol.
Sch-28316Z; YB-2. Anti-arrhythmic, antihypertensive and antianginal agent. Non-selective β-adrenergic blocker. A 1:2 tautomeric mixture of the 4- and 7-indenyloxy isomers. mp = 88-89°. Yamanouchi U.S.A. Inc.; Schering Corp.

415 Indenolol Hydrochloride
81789-85-7   4974
$C_{15}H_{22}ClNO_2$
1-[Inden-4 (or -7)-yloxy]-3-(isopropylamino)-2-propanol hydrochloride.
Pulsan; Securpres. Anti-arrhythmic, antihypertensive and antianginal agent. Non-selective β-adrenergic blocker. mp = 147-148°; LD_{50} (mus iv) = 26 mg/kg. Yamanouchi U.S.A. Inc.; Schering Corp.

416 Indoramin
26844-12-2   5000   248-041-5

$C_{22}H_{25}N_3O$
N-[1-(2-Indol-3-ylethyl)-4-piperidyl]-benzamide.
Wy-21901. An $α_1$-adrenergic blocking agent with antihypertensive and bronchodilating activity. mp = 208-210°. Wyeth-Ayerst Labs.

417 Indoramin Hydrochloride
38821-52-2   5000   254-136-2
$C_{22}H_{26}ClN_3O$
N-[1-(2-Indol-3-ylethyl)-4-piperidyl]-benzamide hydrochloride.
Wy-21901 HCl; Baratol; Doralese; Vidora; Wydora; Wypres; Wypresin. An $α_1$-adrenergic blocking agent with antihypertensive and bronchodilating activity. mp = 230-232°, 258-260°. Wyeth-Ayerst Labs.

418 Irbesartan
138402-11-6   5097

$C_{25}H_{28}N_6O$
2-Butyl-3-[p-(o-1H-tetrazol-5-ylphenyl)-benzyl]-1,3-diazaspiro[4.4]non-1-en-4-one.
BMS-186295; SR-47436. Angiotensin II type 1 receptor antagonist. Used as an antihypertensive. mp = 180-181°. Bristol-Myers Squibb Co.; Sanofi, Inc.

419 Irindalone
96478-43-2

$C_{24}H_{29}FN_4O$
(+)-(1R,3S)-1-[2-[4-[3-(p-Fluorophenyl)-1-indanyl]-1-piperazinyl]ethyl]-2-imidazolidinone.
A new S2-serotonergic antagonist with antihypertensive activity.

420 Isradipine
75695-93-1   5260

$C_{19}H_{21}N_3O_5$
Isopropyl methyl (±)-4-(4-benzo-furazanyl)-1,4-dihydro-2,6-dimethyl-3,5-pyridinedicarboxylate.
DynaCirc; PN-200-110; Clivoten; Dynacrine; Esradin; Lomir; Prescal; Rebriden. Antihypertensive and antianginal. A dihydropyridine calcium channel blocker. mp = 168-170°; [(S)-(+)-form (PN-205-033)]: mp = 142°; $[\alpha]_D^{20}$ = 6.7° (c = 1.5 EtOH); [(R)-(-)-form (PN-205-034)]: mp = 140°; $[\alpha]_D^{20}$ = 6.7° (c = 1.5 EtOH). *Sandoz Pharmaceuticals Corp.*

421 Ketanserin
74050-98-9   5307   277-680-2

$C_{22}H_{22}FN_3O_3$
3-[2-[4-(p-Fluorobenzoyl)piperidino]-ethyl]-2,4-(1H,3H)-quinazolinedione.
R-41468. Specific serotonin 5HT$_2$-receptor antagonist used as an antihypertensive agent. mp = 227-235°; soluble in H$_2$O (0.001 g/100 ml), EtOH (0.038 g/100 ml), DMF (2.34 g/100 ml). *Janssen Pharmaceutical Inc.*

422 Ketanserin Tartrate
83846-83-7   5307   281-062-8
$C_{26}H_{28}FN_3O_9$
3-[2-[4-(p-Fluorobenzoyl)piperidino]-ethyl]-2,4-(1H,3H)-quinazolinedione tartrate.
R-49945; Ket; Perketan; Serepress; Sufrexal. Specific serotonin 5HT$_2$-receptor antagonist used as an antihypertensive agent. *Janssen Pharmaceutical Inc.*

423 Labetalol
36894-69-6   5341   253-258-3

$C_{19}H_{24}N_2O_3$
5-[1-Hydroxy-2-[(1-methyl-3-phenyl-propyl)amino]ethyl]salicylamide.
ibidomide. Competitive α- and β-adrenergic receptor antagonist. Used as an antihypertensive. The (R,R) isomer is dilevalol. *Key Pharmaceuticals; Glaxo Wellcome Inc.*

424 Labetalol Hydrochloride
32780-64-6   5341   251-211-1
$C_{19}H_{25}ClN_2O_3$
5-[1-Hydroxy-2-[(1-methyl-3-phenyl-propyl)amino]ethyl]salicylamide hydrochloride.
Normodyne; Trandate; Sch-15719W; AH-5158A; Amipress; Ipolab; Labelol; Labracol; Presdate; Pressalolo; Vescal. Competitive α- and β-adrenergic receptor antagonist. Used as an antihypertensive. mp = 187-189°; soluble in H$_2$O, EtOH; insoluble in Et$_2$O, CHCl$_3$; LD$_{50}$ (mmus ip) = 114 mg/kg, (mmus iv) = 47 mg/kg, (mmus orl) = 1450 mg/kg, (fmus ip) = 120 mg/kg, (fmus iv) = 54 mg/kg, (fmus orl) = 1800 mg/kg, (mrat ip) = 113 mg/kg, (mrat iv) = 60 mg/kg, (mrat orl) = 4550 mg/kg, (frat ip) = 107 mg/kg, (frat iv) = 53 mg/kg, (frat ol) = 4000 mg/kg. *Key Pharmaceuticals; Glaxo Wellcome Inc.; C.M. Industries.*

425 Lacidipine
103890-78-4   5344

$C_{26}H_{33}NO_6$
4-[o-[(E)-2-Carboxyvinyl]phenyl]-1,4-dihydro-2,6-dimethyl-3,5-pyridine-dicarboxylic acid 4-tert-butyldiethyl ester.
GR-43659X; GX-1048; Caldine; Lacipil; Lacirex; Motens. Dihydropyridine calcium channel blocker used as an antihypertensive agent. mp = 174-175°. *Glaxo Wellcome Inc.*

426 Lercanidipine
100427-26-7   5469

$C_{36}H_{41}N_3O_6$
(±)-2-[(3,3-Diphenylpropyl)methyl-amino]-1,1-dimethylethyl methyl 1,4-dihydro-2,6-dimethyl-4-(m-nitro-phenyl)-3,5-pyridinedicarboxylate. masnidipine. Dihydropyridine calcium channel blocker used as an antihypertensive agent. *Recordati Industria Chimica.*

427 Lercanidipine Hydrochloride
132866-11-6   5469
$C_{36}H_{42}ClN_3O_6$
(±)-2-[(3,3-Diphenylpropyl)methyl-amino]-1,1-dimethylethyl methyl 1,4-dihydro-2,6-dimethyl-4-(m-nitrophenyl)-3,5-pyridinedicarboxylate hydrochloride.

Rec-15-2375; R-75. Dihydropyridine calcium channel blocker used as an antihypertensive agent. [hemihydrate]: mp = 119-123°; LD_{50} (mus ip) = 83 mg/kg, (mus orl) = 657 mg/kg. *Recordati Industria Chimica.*

428 Levkromakalim
94535-50-9   5487

$C_{16}H_{18}N_2O_3$
(3S,4R)-3-Hydroxy-2,2-dimethyl-4-(2-oxo-1-pyrrolidinyl)-6-chroman-carbonitrile.
(-)-6-cyano-3,4-dihydro-2,2-dimethyl-trans-4-(2-oxo-1-pyrrolidinyl)-2H-benzo[b]-pyroan-3-ol; BRL-38227; (-)-cromakalim; lemakalim; [(±)-form]: cromakalim; BRL-34915. Potassium channel opener, used as an antihypertensive agent. [(-)-form]: mp = 242-244°; $[\alpha]_D^{26}$ = -52.2° (c = 1 $CHCl_3$); [(+)-form]: mp = 243-245°; $[\alpha]_D^{26}$= 53.5 (c = 1 $CHCl_3$); [(±)-form]: mp = 230-231°. *SmithKline Beecham.*

429 Libenzapril
109214-55-3

$C_{18}H_{25}N_3O_5$
N-[(3S)-1-(Carboxymethyl)-2,3,4,5-tetra-hydro-2-oxo-1H-1-benzazepin-3-yl]-L-lysine.
CGS-16617. Angiotensin-converting enzyme inhibitor. Used to treat hypertension. *Ciba-Geigy Corp.*

430 Lisinopril
83915-83-7   5540

$C_{21}H_{31}N_3O_5 \cdot 2H_2O$
1-[N²[(S)-1-Carboxy-3-phenylpropyl]-L-lysyl]-L-proline dihydrate.
Prinivil; MK-521; Acerbon; Alapril; Carace; Coric; Novatec; Prinil; Tensopril; Vivatec; Zestril; component of: Prinzide. Angiotensin-converting enzyme inhibitor. Used to treat hypertension. λ_m = 246, 254, 258, 261, 267 nm ($A_{1\,cm}^{1\%}$ 4.0, 4.5, 5.1, 5.1, 3.7 0.1N NaOH), 246 253, 258, 264, 267 nm ($A_{1\,cm}^{1\%}$ 3.2, 3.9, 4.5, 3.0, 2.8 0.1NHCl); $[\alpha]_{405}^{25}$ = -120° (c = 1 in 0.25M Zn(OAc)₂ pH 6.4), [α]. Merck & Co., Inc.

431 Lofexidine
31036-80-3   5588

$C_{11}H_{12}Cl_2N_2O$
2-[1-(2,6-Dichlorophenoxy)ethyl]-2-imidazoline.
Vasoactive agent used as an antihypertensive drug. An alpha 2-adrenoreceptor agonist. mp = 126-128°. Marion Merrell Dow Inc.

432 Lofexidine Hydrochloride
21498-08-8   5588
$C_{11}H_{13}Cl_3N_2O$
2-[1-(2,6-Dichlorophenoxy)ethyl]-2-imidazoline hydrochloride.
MDL-14042; Baq-168; Britlofex; Lofe-tensin; Loxacor. Vasoactive agent used as an antihypertensive drug. Structurally related to clonidine. An alpha 2-adrenoreceptor agonist. mp = 221-223°, 230-232°; very soluble in H₂O, EtOH; slightly soluble in iPrOH; insoluble in Et₂O; LD_{50} (mus orl) = 74-147 mg/kg, (mus iv) = 8-18 mg/kg, (rat orl) = 74-147 mg/kg, (rat iv) = 8-18 mg/kg, (dog orl) = 74-147 mg/kg, (dog iv) = 8-818. Marion Merrell Dow Inc.

433 Losartan
114798-26-4   5613

$C_{22}H_{23}ClN_6O$
2-Butyl-4-chloro-1-[p-(o-1H-tetrazol-5-ylphenyl)benzyl]imidazole-5-methanol.
Hyzaar [as monopotassium salt mixture with hydrochlorthiazide]. A non-peptide angiotensin II receptor antagonist used as an antihypertensive agent. mp = 183.5-184.5°; pKa = 5-6. Merck & Co., Inc.; DuPont Merck Pharmaceutical Co.

434 Losartan Monopotassium Salt
124750-99-8   5613
$C_{22}H_{22}ClKN_6O$
2-Butyl-4-chloro-1-[p-(o-1H-tetrazol-5-ylphenyl)benzyl]imidazole-5-methanol monopotassium salt.
Cozaar; DuP-753; Du Pont 753; DUP-753; MK-954 component of: Hyzaar. Angiotensin II receptor antagonist used as an antihypertensive agent. Merck & Co., Inc.; DuPont Merck Pharmaceutical Co.

435 Manidipine
120092-68-4   5786

$C_{35}H_{38}N_4O_6$
2-[4-(Diphenylmethyl)-1-piperazinyl]ethyl methyl (±)-1,4-dihydro-2,6-dimethyl-4-(m-nitrophenyl)-3,5-pyridinecarboxylate. franipidine; manidipine 6300. Dihydropyridine calcium channel blocker used as an antihypertensive agent. Vasodilator; antihypertensive. mp = 125-128°. *Takeda*.

436 Manidipine Dihydrochloride
89226-75-5   5786
$C_{35}H_{40}Cl_2N_4O_6$
2-[4-(Diphenylmethyl)-1-piperazinyl]-ethyl methyl (±)-1,4-dihydro-2,6-dimethyl-4-(m-nitrophenyl)-3,5-pyridinecarboxylate dihydrochloride.
CV-4093; Calslot. Dihydropyridine calcium channel blocker used as an antihypertensive agent. Vasodilator; antihypertensive. mp [α form]: = 157-163°; mp [β form]: = 174-180°; mp [monohydrate]: = 167-170°; LD_{50} (mmus sc) = 387 mg/kg, (mmus ip) = 62.2 mg/kg, (mmus orl) = 190 mg/kg, (fmus sc) = 340 mg/kg), (fmus ip) = 68.0 mg/kg, (fmus orl) = 171 mg/kg, (mrat sc) = 2.

437 Mebutamate
64-55-1   5813   200-587-5

$C_{10}H_{20}N_2O_4$
2-sec-Butyl-2-methyl-1,3-propanediol dicarbamate.
Capla; Dormate; dicamoylmethane; W-583; Butatensin; Carbuten; Mebutina; Prean; Sigmafon; Vallene; Mega; No-Press; Axiten; Ipotensivo; component of: Caplaril. Antihypertensive agent. mp = 77-79°; soluble in organic solvents, slightly soluble in H_2O (0.1 g/100 ml). *Wallace Labs*.

438 Mecamylamine
60-40-2   5814   200-476-1

$C_{11}H_{21}N$
N,2,3,3-Tetramethyl-2-norbornamine. mecamine. Antihypertensive agent. Ganglionic blocker. Oily liquid; $bp_{4.0}$ = 72°; slightly soluble in H_2O. *Merck & Co., Inc*.

439 Mecamylamine Hydrochloride
826-39-1   5814   212-555-8
$C_{11}H_{22}ClN$
N,2,3,3-Tetramethyl-2-norbornamine hydrochloride.
Inversine; Mevasine. Antihypertensive agent. Ganglionic blocker. mp - 245.5-246.5°; soluble in H_2O (21.2 g/100 ml), EtOH (8.2 g/100 ml), glycerol (10.4 g/100 ml), iPrOH (2.1 g/100 ml). *Merck & Co., Inc*.

440 Mepindolol
23694-81-7   5901   245-831-1

$C_{15}H_{22}N_2O_2$
1-[Isopropylamino]-3-[(2-methyl-indol-4-yl)oxy]-2-propanol.
SH-E-222 [as sulfate salt]; Betagon; Corindolan; Mepicor. Antianginal, antihypertensive agent. A β-adrenergic blocker. The 2-methyl analog of pindolol. mp = 100-102°, 95-97°. *Sandoz Pharmaceuticals Corp*.

Antihypertensive Agents

441 Methyclothiazide
135-07-9   6086   205-172-2

$C_9H_{11}Cl_2N_3O_4S_2$
6-Chloro-3-(chloromethyl)-3,4-dihydro-2-methyl-2H-1,2,4-benzothiadiazine-7-sulfonamide 1,1-dioxide.
Enduron; Aquatensen; Enduronyl; Eutron; NSC-110431; Duretic; Naturon. Diuretic and antihypertensive. mp= 225°; λ_m = 226, 267, 311 nm (ε 39300, 21250, 3300 MeOH); pKa = 9.4; very soluble in Me_2CO, C_5H_5N; less soluble in MeOH, EOH; nearly insoluble in H_2O, $CHCl_3$, C_6H_6. *Wallace Labs.; Carter-Wallace; Abbott Labs.*

442 Methyl 4-Pyridyl Ketone Thiosemicarbazone
3115-21-7   6196

$C_8H_{10}N_4S$
2-[1-(4-Pyridinyl)ethylidene]hydrazinecarbothioamide.
Antihypertensive agent. mp = 229-231° (dec). *Schenley.*

443 Methyl 4-Pyridyl Ketone Thiosemicarbazone Hydrochloride
2260-13-1   6196
$C_8H_{11}ClN_4S$
2-[1-(4-Pyridinyl)ethylidene]hydrazinecarbothioamide hydrochloride.
Depreton. Antihypertensive agent. *Schenley.*

444 Methyldopa
555-30-6   6132   209-089-2

$C_{10}H_{13}NO_4$
3-Hydroxy-α-methyl-L-tyrosine.
AMD; α-methyldopa; MK-351; Aldomet; Aldometil; Aldomine; Dopamet; Dopegyt; Elanpres; Equibar; Lederdopa; Medomet; Medopa; Medopren; Methoplain; Sembrina; Presinol. Antihypertensive. Activates central $α_2$-adrenergic receptors. [L form sesquihydrate]: mp = 300° (dec); $[α]_D^{23}$ = -4.0° ± 0.5° (c = 1 0.1N HCl); λ_m = 281 nm (ε 2780); soluble in H_2O (1 g/100 ml at 25°), insoluble in common organic solvents; [D-form]: soluble in H_2O (1.8 g/100 ml). *Merck & Co., Inc.*

445 Methyldopa Ethyl Ester Hydrochloride
2508-79-4   6132   219-720-3

$C_{12}H_{18}ClNO_4$
3-Hydroxy-α-methyl-L-tyrosine ethyl ester hydrochloride.
methyldopate hydrochloride. Antihypertensive agent. Activates central $α_2$-adrenergic receptors. Soluble in H_2O (1-30 g/100 ml at 25°). *Merck & Co., Inc.*

446 Meticrane
1084-65-7   6220   214-112-4

$C_{10}H_{13}NO_4S_2$
7-Methylthiochroman-7-sulfonamide 1,1-dioxide.
6-ethyl-7-sulfamoylthiochroman 1,1-di-

oxide; SD-17102; Arresten; Fontilix. Diuretic. mp= 236-237°. *Soc. Ind. Fabric. Antiboit.*

447 Metipranolol
22664-55-7   6221   245-151-5

$C_{17}H_{27}NO_4$
(±)-1-(4-Hydroxy-2,3,5-trimethylphenoxy)-3-(isopropylamino)-2-propanol 4-acetate.
OptiPranolol; BM01.004; VUFB6453; Betamet; methypranol; trimepranol; Betanol; Disorat; Glauline; Glausyn; Turoptin. A β-adrenergic blocker. Antihypertensive agent also used to treat glaucoma. mp = 105-107°, 108.5-110.5°; λ_m = 278, 274 nm ($A_1^{1\%}{}_{cm}$ 51.3, 50.5 MeOH); freely soluble in EtOH, $CHCl_3$, C_6H_6; slightly soluble in Et_2O; insoluble in H_2O; LD_{50} (mus iv) = 31 mg/kg. *Bausch & Lomb Pharmaceuticals, Inc.; SPOFA.*

448 Metipranolol Hydrochloride
36592-77-5   6221
$C_{17}H_{28}ClNO_4$
(±)-1-(4-Hydroxy-2,3,5-trimethylphenoxy)-3-(isopropylamino)-2-propanol 4-acetate hydrochloride.
Betamann; Optipranolol. Antihypertensive agent also used to treat glaucoma. β-adrenergic blocker. Soluble in H_2O. *Bausch & Lomb Pharmaceuticals, Inc.; SPOFA.*

449 Metolazone
17560-51-9   6231   241-539-3

$C_{16}H_{16}ClN_3O_3S$
7-Chloro-1,2,3,4-tetrahydro-2-methyl-4-oxo-3-o-tolyl-6-quinazolinesulfonamide. Mykrox; Zaroxolyn; SR-720-22; Diulo; Metenix;Oldren; Xuret. Diuretic and antihypertensive. mp= 252-254°; LD_{50} (mus orl) > 5000 mg/kg, (mus ip) > 1500 mg/kg. *Fisons Corp.*

450 Metoprolol
37350-58-6   6235   253-483-7

$C_{15}H_{25}NO_3$
1-(Isopropylamino)-3-[p-(2-methoxyethyl)phenoxy]-2-propanol.
H 23/96. Class II anti-arrhythmic agent. Also has antihypertensive and antianginal activity. A β-adrenergic blocker which lacks intrinsic sympathomimetic activity. *Astra Hässle AB.*

451 Metoprolol Fumarate
119637-66-0   6235
$C_{34}H_{54}N_2O_{10}$
1-(Isopropylamino)-3-[p-(2-methoxyethyl)phenoxy]-2-propanol fumarate (2:1) (salt).
Lopressor OROS; CGP 2175C. Class II anti-arrhythmic agent. Also has antihypertensive and antianginal activity. Insoluble in EtOAC, Me_2CO, diethylether and heptane. *Ciba-Geigy Corp.*

452 Metoprolol Succinate
98418-47-4   6235
$C_{34}H_{56}N_2O_{10}$
1-(Isopropylamino)-3-[p-(2-methoxyethyl)phenoxy]-2-propanol succinate (2:1) salt.
Toprol XL; H 93/26 succinate. Class II anti-arrhythmic agent. A beta1-selective (cardioselective) adrenoceptor blocking agent, for oral administration, available as extended release tablets. Also has antihypertensive and antianginal activity. Freely soluble in H_2O; soluble in MeOH; sparingly soluble in EtOH; slightly soluble in CH_2Cl_2, iPrOH; practically insoluble in EtOAc, Me_2CO, Et_2O, and C_7H_{16}. *Astra USA, Inc.*

Antihypertensive Agents

453   Metoprolol Tartrate
56392-17-7   6235   260-148-9
$C_{34}H_{56}N_2O_{12}$
1-(Isopropylamino)-3-[p-(2-methoxyethyl)phenoxy]-2-propanol (2:1) dextro-tartrate salt.
HCTCGP 2175E; Beloc; Betaloc; Lopresor; Prelis; Seloken; Selopral; Selo-Zok; component of: Lopressor. Class II antiarrhythmic agent. A β_1-selective (cardioselective) adrenoceptor blocking agent, for oral administration, available as extended release tablets. Also has antihypertensive and antianginal activity. Soluble in H_2O (> 100 g/100 ml), MeOH (>50 g /100 ml), $CHCl_3$ (49.6 g/100 ml), Me_2CO (0.11 g/100 ml), CH_3CN (0.089 g/100 ml); insoluble in C_6H_{14}; LD_{50} ((fmus iv) = 118 mg/kg, (fmus orl) = 2090 mg/kg, (mrat iv) ≅ 90 mg/kg, (mrat orl) = 3090 mg/kg. Ciba-Geigy Corp.; Apothecon; Lemmon Co.; C.M. Industries.

454   Metyrosine
672-87-7   6248   211-599-5

$C_{10}H_{13}NO_3$
(-)-α-Methyl-L-tyrosine.
Demser; L-α-MT; MK-781. Antipheochromocytoma. A tyrosine hydroxylase inihibitor used as an antihypertensive in pheochromocytoma. mp = 310-315°. Merck & Co., Inc.

455   dl-Metyrosine
620-30-4   6248   210-635-7
$C_{10}H_{13}NO_3$
(±)-α-Methyl-L-tyrosine.
Demser. Antipheochromocytoma. A tyrosine hydroxylase inihibitor used as an antihypertensive in pheochromocytoma. Dec 320°, 330-332°; soluble in H_2O (0.057 g/100 ml at 25°). Merck & Co., Inc.

456   Mibefradil
116644-53-2   6261

$C_{29}H_{38}FN_3O_3$
(1S,2S)-[2-[[3-(2-Benzimidazolyl)propyl]methylamino]ethyl-6-fluoro-1,2,3,4-tetrahydro-1-isopropyl-2-naphthyl methoxyacetate.
Calcium channel blocker with antihypertensive activity. Hoffmann-LaRoche Inc.

457   Mibefradil Dihydrochloride
116666-63-8   6261
$C_{29}H_{40}Cl_2FN_3O_3$
(1S,2S)-[2-[[3-(2-Benzimidazolyl)propyl]methylamino]ethyl]-6-fluoro-1,2,3,4-tetrahydro-1-isopropyl-2-naphthyl methoxyacetate dihydrochloride.
Posicor; Ro-40-5967/001. Calcium channel blocker with antihypertensive activity. mp = 128°; soluble in H_2O. Hoffmann-LaRoche Inc.

458   Minoxidil
38304-91-5   6290   253-874-2

$C_9H_{15}N_5O$
2,4-Diamino-6-piperidinopyrimidine 3-oxide.
Loniten; U-10858; PDP; Alopexil; Alostil; Lonolox; Minoximen; Normoxidil; Pierminox; Prexidil; Regaine; Rogaine; Trocoxidil. Antihypertensive agent, also used in treatment of alopecia. Orally active. A piperidinopyrimidine derivative

that activates potassium channels, producing vascular smooth muscle hyperpolarization and relaxation. mp = 248°, 259-261° (dec); λ_m = 230, 261, 285 nm (ϵ = 35210, 11210, 11790 EtOH), 232, 280 (ϵ = 26350, 23850 0.01N H_2SO_4), 231, 261.5, 285 nm (ϵ = 36100, 11400, 12040 0.01N KOH); soluble in propylene glycol (7.5 g/100 ml), MeOH (4.4 g/100 ml), EtOH (2.9 g/100 ml), iPrOH (0.67 g/100 ml), DMSO (0.65 g/100 ml), H_2O (0.22 g/100 ml), $CHCl_3$ (0.5 g/100 ml), Me_2CO, EtOAc, Et_2O, C_6H_6, CH_3CN (< 0.5 g/100 ml); LD_{50} (rat iv) = 49 mg/kg, (mus iv) = 51 mg/kg. *Pharmacia & Upjohn, Inc.*

459 Moexipril
103775-14-0

$C_{25}H_{30}N_2O_7$
(3S)-2-[(2s)-N-[(1S)-1-Carboxy-3-phenyl-propyl]alanyl]-1,2,3,4-tetrahydro-6,7-dimethoxy-3-isoquinolinecarboxylic acid 2 ethyl ester.
RS-10029; 342. Angiotensin converting enzyme inhibitor. Used to treat hypertension. *Schwarz Pharma Kremers Urban Co.*

460 Moexipril Hydrochloride
82586-52-5
$C_{27}H_{35}ClN_2O_7$
(3S)-2-[(2S)-N-[(1S)-1-Carboxy-3-phenyl-propyl]-L-alanyl]-1,2,3,4-tetrahydro-6,7-dimethoxy-3-isoquinolinecarboxylic acid 2-ethyl ester hydrochloride.
Univasc; SPM-925; CI-925; RS-10085-197. Angiotensin-converting enzyme inhibitor. Used to treat hypertension. *Schwarz Pharma Kremers Urban Co.*

461 Mopidralazine
75841-82-6

$C_{14}H_{19}N_5O$
4-[6-(2,5-Dimethylpyrrol-1-yl)amino]-3-pyrazinyl]morpholine.
MDL-899 [as hydrochloride]. A pyrrolylpyridazinamine antihypertensive.

462 Moprolol
5741-22-0   6345   227-254-7

$C_{13}H_{21}NO_3$
1-(Isopropylamino)-3-(o-methoxy-phenoxy)-2-propanol.
1-(2-methyoxyphenoxy)-3-[(1-methyleth-yl)amino]-2-propanol. Antihypertensive agent with antianginal and hemodynamic properties. mp = 82-83°; [l-form (levo-moprolol)]: mp = 78-80°; [α] = -5.5° ± 0.2°. *ICI.*

463 Moprolol Hydrochloride
27058-84-0   6345   248-195-3
$C_{13}H_{22}ClNO_3$
1-(Isopropylamino)-3-(o-methoxy-phenoxy)-2-propanol hydrochloride.
SD-1601; Omeral. Antihypertensive agent with antianginal and hemodynamic properties. mp = 110-112°; [l-form hydrochloride (Levotensin)]: mp = 121-123°; $[\alpha]_D^{25}$ = -16.3° (c = 5.0 EtOH). *ICI.*

464 Moveltipril
85856-54-8   6368

$C_{19}H_{30}N_2O_5S$
(-)-1-[(2S)-3-Mercapto-2-methylpropionyl]-L-proline ester with N-(cyclohexylcarbonyl)thio-D-alanine. altiopril. Angiotensin-converting enzyme inhibitor. Used to treat hypertension. mp = 113-116°; $[\alpha]_D$ = 14.2° (c = 1.05 MeOH). *Chugai Pharmaceutical Co., Ltd.*

465 Moveltipril Calcium
85921-53-5   6368
$C_{38}H_{58}CaN_4O_{10}S_2$
(-)-1-[(2S)-3-Mercapto-2-methylpropionyl]-L-proline ester with N-(cyclohexylcarbonyl)thio-D-alanine calcium salt (2:1). MC-838; Lowpres. Angiotensin-converting enzyme inhibitor. Used to treat hypertension. mp ≅ 190°; $[\alpha]_D^{20}$ = -48° to -52° (c = 1 MeOH); very soluble in H_2O, MeOH; soluble in EtOH, $CHCl_3$; insoluble in Me_2CO, EtOAc; LD_{50} (mmus orl) > 10.0 g/kg, (mmus ip) = 2.1 g/kg, (mmus sc) = 3.0 g/kg, (fmus orl) > 10 g/kg, (fmus ip) = 2.3 g/kg, (fmus sc) = 3.8 g/kg, (mrat orl) > 10.0 g/kg, (mrat ip) = 1.3 g/kg, (mrat sc) = 3.4 g/kg, (frat orl) > 10.0 g/kg, (frat ip) = 1.3 g/kg, (frat sc) = 3.9 g/kg, (mdog orl) > 6.0 g/kg, (fdog orl) > 6.0 g/kg. *Chugai Pharmaceutical Co., Ltd.*

466 Moxonidine
75438-57-2   6375

$C_9H_{12}ClN_5O$
4-Chloro-5-(2-imidazolin-2-ylamino)-6-methoxy-2-methylpyrimidine. BDF-5895; Cynt; Physiotens. An α_2-adrenoceptor agonist and antihypertensive agent. mp = 217-219° (dec). *Beiersdorf, P., AG.*

467 Moxonidine Hydrochloride
75438-58-3   6375
$C_9H_{13}Cl_2N_5O$
4-Chloro-5-(2-imidazolin-2-ylamino)-6-methoxy-2-methylpyrimidine hydrochloride.
An α_2-adrenoceptor agonist and antihypertensive agent. mp = 189°. *Beiersdorf, P., AG.*

468 Muzolimine
55294-15-0   6397   259-573-2

$C_{11}H_{11}Cl_2N_3O$
3-Amino-1-(3,4-dichloro-α-methyl)-benzyl-2-pyrazolin-3-one.
Edrul®; BAY g 2821. Diuretic. mp = 127-129°; LD_{50} (mus orl) = 1794 mg/kg, (dog orl) = 2000 mg/kg, (rbt orl) = 1250 mg/kg, (rat orl) = 1559 mg/kg. *Bayer AG.*

469 Nadolol
42200-33-9   6431   255-706-3

$C_{17}H_{27}NO_4$
1-(tert-Butylamino)-3-[(5,6,7,8-tetrahydro-cis-6,7-dihydroxy-1-naphthyl)oxy]-2-propanol.
Corgard; SQ-11725; Anabet; Solgol. Antihypertensive and antianginal agent. Class II antiarrhythmic. A β-adrenergic blocker. mp = 124-136°; λ_m = 270, 278 nm ($E_{1\ cm}^{1\%}$ 37.5, 39.1, MeOH); pKa = 9.67; poorly soluble in organic solvents;

470 Naftopidil
57149-07-2   6443

$C_{24}H_{28}N_2O_3$
4-(o-Methoxyphenyl)-α-[(1-naphthyloxy)-methyl]-1-piperazineethanol.
KT-611; Avishot; Flivas. An $α_1$ adrenergic blocker and serotonin $5HT_{1A}$ receptor agonist. Used as an antihypertensive agent. Also used in treatment of BPH. mp = 125-126°, 125-129°; insoluble in H_2O; LD_{50} (mus orl) = 1300 mg/kg, (rat orl) = 6400 mg/kg. *Boehringer Mannheim GmbH; C.M. Industries.*

471 Naftopidil Dihydrochloride
57149-08-3   6443
$C_{24}H_{30}Cl_2N_2O_3$
4-(o-Methoxyphenyl)-α-[(1-naphthyloxy)-methyl]-1-piperazineethanol dihydrochloride.
An $α_1$ adrenergic blocker and serotonin $5HT_{1A}$ receptor agonist. Used as an antihypertensive agent. Also used in treatment of BPH. mp = 212-213°. *Boehringer Mannheim GmbH.*

472 (±)-Naftopidil
132295-16-0   6443
$C_{24}H_{28}N_2O_3$
(±)-4-(o-Methoxyphenyl)-α-[(1-naphthyloxy)-methyl]-1-piperazineethanol.
An $α_1$ adrenergic blocker and serotonin $5HT_{1A}$ receptor agonist. Used as an antihypertensive agent. Also used in treatment of BPH. *Boehringer Mannheim GmbH.*

insoluble in Me_2CO, C_6H_6, Et_2O, C_6H_{14}; LD_{50} (rat orl) = 5300 mg/kg, (mus orl) = 4500 mg/kg. *Apothecon; Bristol-Myers Products.*

473 Nebivalol
99200-09-6   6519

$C_{22}H_{25}F_2NO_4$
α,α'-(Iminodimethylene)bis[6-fluoro-2-chromanmethanol].
R-65824; dl-nebivolol; narbivolol; Nebilet. Antihypertensive agent. A β-adrenergic blocker. *Janssen Pharmaceutical Inc.*

474 Nicardipine
55985-32-5   6579   259-932-3

$C_{26}H_{29}N_3O_6$
2-(Benzylmethylamino) ethyl methyl 1,4-dihydro-2,6-dimethyl-4-(m-nitrophenyl)-3,5-pyridine-dicarboxylate.
Antianginal, antihypertensive agent. Dihydropyridine calcium channel blocker. Has anti-hypertensive properties. *Yamanouchi U.S.A. Inc.; Syntex Labs. Inc.*

475 Nicardipine Hydrochloride
54527-84-3   6579   259-198-4
$C_{26}H_{30}Cl9N_3O_6$
2-(Benzylmethylamino) ethyl methyl 1,4-dihydro-2,6-dimethyl-4-(m-nitrophenyl)-3,5-pyridinedicarboxylate monohydrochloride.
Cardene; YC-93; RS-69216; RS-69216-XX-07-0; Barizin; Bionicard; Dacarel;

Lecibral; Lescodil; Loxen; Nerdipina; Nicant; Nicardal; Nicarpin; Nicapress; Nicodel; Nimicor; Perdipina; Perdipine; Ranvil; Ridene; Rycarden; Rydene; Vasodin; Vasonase. Antianginal, antihypertensive agent. Dihydropyridine calcium channel blocker. Has antihypertensive properties. [α form]: mp = 179-181°; [β form]: mp = 168-170°; LD_{50} (mrat orl) = 634 mg/kg, (mrat iv) = 18.1 mg/kg, (frat orl) = 557 mg/kg, (frat iv) = 25.0 mg/kg, (mmus orl) = 634 mg/kg, (mmus iv) = 20.7 mg/kg, (fmus orl) = 650 mg/kg, (fmus iv) = 19.9 mg/kg. *Yamanouchi U.S.A. Inc.; Syntex Labs. Inc.*

476 Nifedipine
21829-25-4   6617   244-598-3

$C_{17}H_{18}N_2O_6$
Dimethyl 1,4-dihydro-2,6-dimethyl-4-(o-nitrophenyl)-3,5-pyridinedicarboxylate.
Adalat; Adalat CC; Procardia; Procardia XL; Bay a 1040; Hexadilat; Introcar; Kordafen; Nifedicor; Nifedin; Nifelan; Nifelat; Nifensar XL; Orix; Oxcord; Pidilat; Procardia; Sepamit; Tibricol; Zenusin. Coronary vasodilator used as an antianginal agent. mp = 172-174°; λ_m = 340, 235 nm (ε 5010, 21590 MeOH), 338, 238 nm (ε 5740 20600 0.1N HCl), 340, 238 nm (5740, 20510 0.1N NaOH); soluble in Me_2CO (250 g/l), CH_2Cl_2 (160 g/l), $CHCl_3$ (140 g/l), EtOAc (50 g/l), MeOH (26 g/l), EtOH (17 g/l); LD_{50} (mus orl) = 494 mg/kg, (mus iv) = 4.2 mg/kg), (rat orl) = 1022 mg/kg, (rat iv) = 15.5 mg/kg. *Bayer AG; Pratt Pharmaceuticals.*

477 Nilvadipine
75530-68-6   6637

$C_{19}H_{19}N_3O_6$
5-Isopropyl 3-methyl 2-cyano-1,4-dihydro-6-methyl-4-(m-nitrophenyl)-3,5-pyridinedicarboxylate.
CL-287,389; FR-34235; FK-235; SK&F-102362; Escor; Nivadil. Antianginal, antiarrhythmic agent. Dihydropyridine calcium channel blocker. Has antihypertensive properties. mp = 148-150°; [(+) form]; $[\alpha]_D^{20}$ = 222.42° (c = 1 MeOH); [(-) form]: $[\alpha]_D^{20}$ = -219.62° (c= 1 MeOH). *Fujisawa USA, Inc.; SmithKline Beecham Pharmaceuticals.*

478 Nipradilol
81486-22-8   6655

$C_{15}H_{22}N_2O_6$
8-[2-Hydroxy-3-(isopropylamino)-propoxy]-3-chromanol.
3,4-dihydro-8-(2-hydroxy-3-isopropylamino)propoxy]-3-chromanol; Nipradolol; K-351; Hypadil. Antianginal, antihypertensive agent. A β-adrenergic blocker with vasodilating and hemodynamic activity. mp = 107-116°, 110-122°; LD_{50} (mus iv) = 74.0 mg/kg, (rat iv) = 73.0 mg/kg, (mus orl) = 540 mg/kg. *Kowa Chemical Industries Co., Ltd.*

479 Nisoldipine
63675-72-9   6658   264-407-7

$C_{20}H_{24}N_2O_6$
1,4-Dihydro-2,6-dimethyl-4-(2-nitrophenyl)-3,5-pyridinedicarboxylic acid methyl 2-methylpropyl ester.
Bay k 5552; Baymycard; Norvasc; Syscor; Zadipina; Nisocor; Sular. Antianginal, antihypertensive agent. Calcium channel blocker. Used as an antihypertensive and anti-anginal. mp = 151-152°. *Bayer AG; Zeneca Pharmaceuticals.*

480 Nitrendipine
39562-70-4   6669   254-513-1

$C_{18}H_{20}N_2O_6$
(±)-Ethyl methyl-1,4-dihydro-2,6-dimethyl-4-(m-nitrophenyl)-3,5-pyridinedicarboxylate.
Baypress; Bay e 5009; Bayotensin; Bylotensin; Deiten; Nidrel. Dihydropyridine calcium channel blocker used as an antihypertensive agent. mp = 158°; insoluble in H_2O; LD_{50} (mus iv) = 39 mg/kg, (mus orl) = 2540 mg/kg, (rat iv) = 12.6 mg/kg, (rat orl) > 10000 mg/kg. *Bayer AG.*

481 Olmidine
22693-65-8

$C_9H_{10}N_2O_3$
3,4-(Methylenedioxy)mandelamidine. dl-mandelamidine. Antihypertensive. Inhibits adrenergic transmission.

482 Oxprenolol
6452-71-7   7086   229-257-9

$C_{15}H_{23}NO_3$
1-(o-Allyloxyphenoxy)-3-isopropylamino-2-propanol.
1-(isopropylamino)-2-hydroxy-3-[o-(allyloxy)phenoxy]propane. Antianginal, antihypertensive and class IV antiarrhythmic. Calcium channel blocker with coronary vasodilating activity. Class IV antiarrhythmic. Studied for use in long-term prevention of coronary heart disease. mp = 78-80°. *Ciba-Geigy Corp.; Bayer AG.*

483 Oxprenolol Hydrochloride
6452-73-9   7086   229-260-5
$C_{15}H_{24}ClNO_3$
1-(o-Allyloxyphenoxy)-3-isopropylamino-2-propanol hydrochloride.
Ba-39089; Coretal; Laracor; Paritane; Slow-Pren; Trasicor; Trasacor. Antianginal, antihypertensive and class IV antiarrhythmic. Calcium channel blocker with coronary vasodilating activity. Class IV antiarrhythmic. mp = 107-109°. *Ciba-Geigy Corp.; Bayer AG.*

484 Paraflutizide
1580-83-2   7157   216-426-7

$C_{14}H_{13}ClFN_3O_4S_2$
6-Chloro-3,4-dihydro-3-(p-fluorobenzyl)-2H-1,2,4-benzothiadiazine-7-sulfonamide 1,1-dioxide.
LD-3612. Diuretic. mp= 238-240°.

485 Pargyline
555-57-7   7172   209-101-6

$C_{11}H_{13}N$
N-Methyl-N,2-propynylbenzylamine.
MO-911; A-19120; Eudatin; Supirdyl. Monoamine oxidase inhibitor with antihypertensive properties. bp_{11} = 96-97°. Abbott Labs.

486 Pargyline Hydrochloride
306-07-0   7172   206-175-1
$C_{11}H_{14}ClN$
N-Methyl-N,2-propynylbenzylamine hydrochloride.
Eutonyl; A-19120; MO-911; NSC-43798; component of: Eutron. Monoamine oxidase inhibitor; antihypertensive. mp = 154-155°, soluble in H_2O. Abbott Labs.

487 Pempidine
79-55-0   7207   201-211-2

$C_{10}H_{21}N$
1,2,2,6,6-Pentamethylpiperidine.
Ganglion blocking agent. The tartrate has antihypertensive properties. bp = 147°; [p-toluenesulfonate]: mp = 162-163°; [hydrochloride]: soluble in H_2O. May & Baker Ltd.

488 Pempidine Tartrate
546-48-5   7207   208-902-8
$C_{14}H_{27}NO_6$
1,2,2,6,6-Pentamethylpiperidine tartrate.
M&B-4486; Pempidil; Pempiten; Perolysen; Tenormal; Tensinol; Tensoral. Ganglion blocking agent with antihypertensive properties. mp = 160°; soluble in EtOH, moderately soluble in H_2O. May & Baker Ltd.

489 Penbutolol
38363-40-5   7209

$C_{18}H_{29}NO_2$
(S)-1-(tert-Butylamino)-3-(o-cyclopentylphenoxy)-2-propanol.
(-)-1-tert-butylamino-2-hydroxy-3-(2'-cyclopentylphenoxy)propane. Antianginal, antihypertensive and antiarrhythmic. A β-adrenergic calcium channel blocker with antiarrhythmic activity. mp = 68-72°; $[\alpha]_D^{20}$ = -11.5° (c = 1 MeOH); pKa = 9.3; soluble in MeOH, EtOH, $CHCl_3$. Hoechst.

490 Penbutolol Sulfate
38363-32-5   7209   253-906-5
$C_{36}H_{40}N_2O_8S$
(S)-1-(tert-Butylamino)-3-(o-cyclopentylphenoxy)-2-propanol sulfate (salt) (2:1).
HOE-893d; HOE-39-893d; Betapressin; Levatol; Paginol. Antianginal, antihypertensive and antiarrhythmic. A β-adrenergic calcium channel blocker with antiarrhythmic activity. mp = 216-218° (dec); $[\alpha]_D^{20}$ = -24.6° (c = 1 MeOH). Hoechst.

491 Pentacynium Bis(methyl sulfate)
3810-83-1   7243

$C_{29}H_{45}N_3O_9S_2$
4-[2-[(5-Cyano-5,5-diphenylpentyl)-methylamino]ethyl]-4-methyl-morpholinium bis(methylsulfate).
pentacyone mesylate; Presidal. Ganglion blocking agent with antihypertensive properties. mp = 173-175°; soluble in H_2O. Glaxo Wellcome Inc.

492 Pentamethonium Bromide
541-20-8   7253   208-771-7

$C_{11}H_{28}Br_2N_2$
N,N,N,N',N',N'-Hexamethyl-1,5-pentanediaminium bromide.
C-5; Penthonium; Lytensium. Ganglion blocking agent with antihypertensive properties.

493 Pentolinium Tartrate
52-62-0   7274   200-146-7

$C_{23}H_{42}N_2O_{12}$
1,1'-(1,5-Pentanediyl)bis[1-methylpyrrolidinium] salt with [R-(R*, R*)]-2,3-dihydroxybutanedioic acid.
pentapyrrolidinium bitartrate; M&B-2050A; Ansolysen tartrate; Ansolysen bitartrate; Pentilium. Ganglion blocking agent with antihypertensive properties. mp = 203° (dec); freely soluble in H_2O (250 g/100 ml); soluble in EtOH (0.12 g/100 ml); insoluble in Et_2O, $CHCl_3$. May & Baker Ltd.

494 Pentopril
82924-03-6

$C_{18}H_{23}NO_5$
Ethyl (αR,σR,2S)-2-carboxy-α,σ-dimethyl-δ-oxo-1-indoline valerate.
CGS-13945. Angiotensin-converting enzyme inhibitor. Used to treat hypertension. Ciba-Geigy Corp.

495 Perindopril
82834-16-0   7311

$C_{19}H_{32}N_2O_5$
(2S,3aS,7aS)-1-[(S)-N-[(S)-1-Carboxybutyl]alanyl]hexahydro-2-indolinecarboxylic acid.
S-9490-3; McN-A-2833; perindoprilat [diacid form]; S-9780 [diacid form]. Angiotensin-converting enzyme inhibitor. Used to treat hypertension. McNeil Pharmaceutical.

496 Perindopril tert-Butylamine
107133-36-8   7311
$C_{23}H_{43}N_3O_5$
(2S,3aS,7aS)-1-[(S)-N-[(S)-1-Carboxybutyl]alanyl]hexahydro-2-indolinecarboxylic acid tert-butylamine salt.
perindopril erbumine; S-9490-3; McN-A-2833-109; Aceon; Coversum; Coversyl; Procaptan. Angiotensin-converting en-

Antihypertensive Agents

zyme inhibitor. Used to treat hypertension. *McNeil Pharmaceutical.*

497 Phenactropinium Bromide
3784-89-2   7346

$C_{24}H_{28}ClNO_4$
3-[(Hydroxyphenylacetyl)oxy]-8-methyl-8-(2-oxo-2-phenylethyl)-8-azoniabicyclo[3.2.1]octane chloride.
N-phenacylhomatropinium chloride; Trophenium. Ganglion blocking agent with antihypertensive properties. mp = 195-197°. *Smith, T&H.*

498 Pheniprazine
55-52-7   7382   200-236-6

$C_9H_{14}N_2$
(1-Methyl-2-phenylethyl)hydrazine.
PIH. Antihypertensive agent. [D-form]: bp_{10} = 135-138°; $[\alpha]_D^{25}$ = 4.5° (c = 5 MeOH); [L-form]: bp_{10} = 135-138°; $[\alpha]_D^{25}$ = -4.5° (c = 5 MeOH). *Lakeside Biotechnology.*

499 (±)-Pheniprazine
52031-11-5   7382
$C_9H_{14}N_2$
(±)-(1-Methyl-2-phenylethyl)hydrazine.
Antihypertensive agent. $bp_{0.5}$ = 82-86°. *Lakeside Biotechnology.*

500 (±)-Pheniprazine Hydrochloride
54779-57-6   7382
$C_9H_{15}ClN_2$
(±)-(1-Methyl-2-phenylethyl)hydrazine hydrochloride.
JB-516; Catral; Catron; Catroniazid;

Cavodil. Antihypertensive agent. mp = 124-125°; [D-form]: mp = 152-154°, 148-149°; $[\alpha]_D^{25}$ = 12.8° (c = 5 H_2O), 13.8° (c = 1 H_2O); [L form]: mp = 152-154°, 148-149°; $[\alpha]_D^{25}$ = -12.5° (c = 5 H_2O), -14.0° (c = 1 H_2O). *Lakeside Biotechnology.*

501 Phentolamine
50-60-2   7417   200-053-1

$C_{17}H_{19}N_3O$
m-[N-(2-Imidazolin-2-ylmethyl)-p-toluidino]phenol.
Regitine; C-7337. An α-adrenergic blocker used as an antihypertensive agent. mp = 174-175°. *Ciba-Geigy Corp.*

502 Phentolamine Hydrochloride
73-05-2   7417   200-793-5
$C_{17}H_{20}ClN_3O$
m-[N-(2-Imidazolin-2-ylmethyl)-p-toluidino]phenol hydrochloride.
Regitine hydrochloride. An α-adrenergic blocker used as an antihypertensive agent. mp = 239-240°; soluble in H_2O (2 g/100 ml), EtOH (1.43 g/100 ml); slightly soluble in $CHCl_3$; insoluble in Me_2CO, EtOAc; LD_{50} (rat iv) = 75 mg/kg, (rat sc) = 275 mg/kg, (rat orl) = 1250 mg/kg. *Ciba-Geigy Corp.*

503 Phentolamine Monomethanesulfonate
65-28-1   7417   200-604-6
$C_{18}H_{23}N_3O_4S$
m-[N-(2-Imidazolin-2-ylmethyl)-p-toluidino]phenol monomethanesulfonate.
phentolamine mesylate; Regitine; Rogitine. An α-adrenergic blocker used as an antihypertensive agent. Also used as a diagnostic aid and a treatment for pheochromocytoma. mp = 177-181°;

soluble in H$_2$O (2 g/100 ml), EtOH (4.35 g/100 ml), CHCl$_3$ (0.15 g/100 ml). *Ciba-Geigy Corp.*

504   Piclonidine
72467-44-8   276-672-6

C$_{14}$H$_{17}$Cl$_2$N$_3$O
N-(2,6-Dichlorophenyl)-4,5-dihydro-N-(tetrahydro-2H-pyran-2-yl)-1H-Imidazol-2-amine.
LR-99853. Clonidine analog. Antihypertensive.

505   Pildralazine
64000-73-3   7577

C$_8$H$_{15}$N$_5$O
(±)-1-[(6-Hydrazino-3-pyridazinyl)-methylamino]-2-propanol.
propyldazine; propildazine. Peripheral vasodilator with antihypertensive activity. *I.S.F.*

506   Pildralazine Dihydrochloride
56393-22-7   7577
C$_8$H$_{17}$Cl$_2$N$_5$O
(±)-1-[(6-Hydrazino-3-pyridazinyl)-methylamino]-2-propanol dihydrochloride.
ISF-2123; Atensil. Peripheral vasodilator with antihypertensive activity. mp = 206-209° (dec); LD$_{50}$ (mus ip) = 357 mg/kg, (mus orl) = 1170 mg/kg, (rat ip) = 355 mg/kg, (rat orl) = 1230 mg/kg. *I.S.F.*

507   Pinacidil
85371-64-8   7592

C$_{18}$H$_{19}$N$_5$·H$_2$O
(±)-2-Cyano-1-(4-pyridyl)-3-(1,2,2-tri-methylpropyl)guanidine monohydrate.
Pindac; P-1134; [anhydrous form] CAS 60560-33-0. Potassium channel opening vasodilator used as an antihypertensive. mp= 164-165°; LD$_{50}$ (mus orl) = 600 mg/kg, (rat orl) = 570 mg/kg. *Eli Lilly & Co.*

508   Pindolol
13523-86-9   7597   236-867-9

C$_{14}$H$_{20}$N$_2$O$_2$
1-(Indol-4-yloxy)-3-(isopropylamino)-2-propanol.
LB-46; Visken; prinodolol; Betapindol; Blocklin L; Calvisken; Decreten; Durapindol; Glauco-Visken; Pectobloc; Pinbetol; Pynastin. Antianginal agent with antiarrhythmic, antihypertensive and antiglaucoma properties. A β-adrenergic blocker. mp = 171-163°. *Sandoz Pharmaceuticals Corp.*

509   Piperoxan
59-39-2   7631

C$_{14}$H$_{19}$NO$_2$
2-Piperidinomethyl-1,4-benzodioxan.
benzodioxane; Benodaine. An α-adrenergic blocker used as an

antihypertensive agent. Also used as a diagnostic aid and a treatment for pheochromocytoma. bp_{17} = 193°. *Rhône-Poulenc Rorer Pharmaceuticals Inc.*

510   Piperoxan Hydrochloride
135-87-5   7631   205-222-3
$C_{14}H_{20}ClNO_2$
2-Piperidinomethyl-1,4-benzodioxan hydrochloride.
compd. 933F; Fourneau 933. An α-adrenergic blocker used as an antihypertensive agent. Also used as a diagnostic aid and a treatment for pheochromocytoma. [dl form]: mp = 232-234°; λ_m = 275 nm ($E_{1\ cm}^{1\%}$ 82); freely soluble in H_2O, iPrOH (10.8 mg/g). *Rhône-Poulenc Rorer Pharmaceuticals Inc.*

511   Polythiazide
346-18-9   7744   206-468-4

$C_{11}H_{13}ClF_3N_3O_4S_3$
6-Chloro-3,4-dihydro-2-methyl-3-[[(2,2,2-trifluoromethyl)thio]methyl]-2H-1,2,4-benzothiadiazine-7-sulfonamide 1,1-dioxide.
Renese; P-2525; NSC-108161; Drenusil; Nephril. Diuretic and antihypertensive. mp= 202.5°; soluble in MeOH, Me_2CO; insoluble in H_2O, $CHCl_3$. *Pfizer Inc.*

512   Prazosin
19216-56-9   7897   242-885-8

$C_{19}H_{21}N_5O_4$
1-(4-Amino-6,7-dimethoxy-2-quinazolinyl)-4-(2-furoyl)piperazine.
furazosin. An α_1-adrenergic blocking agent used as an antihypertensive agent and also in treatment of BPH. mp = 278-280°. *Pfizer Inc.*

513   Prazosin Hydrochloride
19237-84-4   7897   242-903-4
$C_{19}H_{22}ClN_5O_4$
1-(4-Amino-6,7-dimethoxy-2-quinazolinyl)-4-(2-furoyl)piperazine hydrochloride.
Minipress; CP-12299-1; Alpress LP; Duramipress; Eurex; Hypovase; PeripressSinetens. An α_1-adrenergic blocking agent used as an antihypertensive agent and also in treatment of BPH. Soluble in Me_2CO (0.72 mg/100 ml), MeOH (640 mg/100 ml), EtOH (84 mg/100 ml), DMF (130 mg/100 ml), dimethylacetamide (120 mg/100 ml), H_2O (140 mg/100 ml at pH 3.5), $CHCl_3$ (4.1 mg/100 ml); λ_m = 246, 329 nm (a_M = 137 ± 3, 27.6 ± 0.3 MeOH/1% HCl). *Pfizer Inc.*

514   Pronethalol
54-80-8   7974

$C_{15}H_{19}NO$
2-Isopropylamino-1-(naphth-2-yl)-ethanol.
pronetalol; nethalide. Antianginal, antiarrhythmic and antihypertensive agent. A β-adrenergic blocker. mp= 108°. *Wyeth-Ayerst Labs.*

515   Pronethalol Hydrochloride
51-02-5   7974
$C_{15}H_{20}ClNO$
2-Isopropylamino-1-(naphth-2-yl)ethanol hydrochloride.
ICI-38174; Alderlin. Antianginal, antiarrhythmic and antihypertensive agent. A β-adrenergic blocker. mp = 184°; LD_{50} (mus orl) = 512 mg/kg, (mus iv) = 46 mg/kg. *Wyeth-Ayerst Labs.*

Antihypertensive Agents

516   Propranolol
525-66-6   8025   208-378-0

$C_{16}H_{21}NO_2$
1-(Isopropylamino)-3-(1-naphthyloxy)-2-propanol.
1-[(-methylethyl)amino]-3-(1-naphthalenyloxy)-2-propanol; Avlocardyl; Euprovasin. Antianginal and antiarrhythmic agent. A β-adrenergic blocker. mp = 96°. *Wyeth-Ayerst Labs.; Parke-Davis; ICI.*

517   Propranolol Hydrochloride
318-98-9   8025   206-268-7

$C_{16}H_{22}ClNO_2$
1-(Isopropylamino)-3-(1-naphthyloxy)-2-propanol hydrochloride.
1-[(-methylethyl)amino]-3-(1-naphthalenyloxy)-2-propanol hydrochloride; AY-64043; ICI-45520; NSC-91523; Angilol; Apsolol; Bedranol; Beprane; Berkolol; Beta-Neg; Beta-Tablinen; Beta-Timelets; Cardinol; Caridolol; Deralin; Dociton; Duranol; Efektolol; Elbol; Frekven; Inderal; Indobloc; Intermigran; Kemi S; Oposim; Prano-Puren; Pro-phylux; Propranur; Pylapron; Rapynogen; Sagittol; Servanolol; Sloprolol; Sumial; Tesnol. Antianginal; antiarrhythmic. A β-adrenergic blocker. mp = 163-164°; soluble in H_2O, alcohol; insoluble in Et_2O, C_6H_6, EtOAc; LD_{50} (mus orl) = 565 mg/kg, (mus iv) = 22 mg/kg, (mus ip) = 107 mg/kg. *Wyeth-Ayerst Labs.; Parke-Davis; ICI.*

518   Protoveratrines
8086

Protoveratrine A R = H
Protoveratrine B R = OH

Provell [mixture of protoveratines A and B]; Tensatrin [mixture of protoveratines A and B]; Veralba [mixture of protoveratines A and B]; Protalba [protoveratine A]; veratetrine [protoveratine B]; neoprotoveratrine [protoveratine B]. Antihypertensive agent. Extract from the rhizome of *Veratrum album L., Liliaceae*, consists primarily of protoveratrine A and protoveratrine B. A group II sodium channel toxin. May enhance release of acetylcholine from nerve terminals. mp = 266-267° (dec); $[\alpha]_D^{25}$ = -8.5° (c= 1.99 $CHCl_3$); insoluble in H_2O, soluble in polar organic solvents; LD_{50} (mus iv) = 0.048 mg/kg.

519   Quinapril
85441-61-8   8233

$C_{25}H_{30}N_2O_5$
(S)-2-[(S)-N-[(S)-1-Carboxy-3-phenylpropyl]alanyl]-1,2,3,4-tetrahydro-3-isoquinolinecarboxylic acid 1-ethyl ester. Angiotensin-converting enzyme inhibitor. Used to treat hypertension. *Parke-Davis.*

520 Quinapril Hydrochloride
82586-55-8   8233
$C_{25}H_{31}ClN_2O_5$
(S)-2-[(S)-N-[(S)-1-Carboxy-3-phenyl-propyl]alanyl]-1,2,3,4-tetrahydro-3-isoquinolinecarboxylic acid 1-ethyl ester monohydrochloride.
CI-906; PD-109452-2; Accupril; Accu-prin; Accupro; Acequin; Acuitel; Korec; Quinazil; component of: Accuretic; Acequide; Korectic. Angiotensin-converting enzyme inhibitor. antihypertensive. mp = 120-130°, 119-121.5°; $[\alpha]_D^{23}$ = 14.5° (c = 1.2 EtOH), $[\alpha]_D^{25}$ = 15.4° (c = 2.0 MeOH); LD_{50} (mmus orl) = 1739 mg/kg, (mmus iv) = 504 mg/kg, (fmus orl) = 1840 mg/kg, (fmus iv) = 523 mg/kg, (mrat orl) = 4280 mg/kg, (mrat iv) = 158 mg/kg, (frat orl) = 3541 mg/kg, (frat iv) = 107 mg/kg. *Parke-Davis.*

521 Quinaprilat
82768-85-2   8233

$C_{23}H_{26}N_2O_5$
(S)-2-[(S)-N-[(S)-1-Carboxy-3-phenyl-propyl]alanyl]-1,2,3,4-tetrahydro-3-isoquinolinecarboxylic acid.
CI-928. Angiotensin-converting enzyme inhibitor; antihypertensive. mp = 166-168°; $[\alpha]_D^{23}$ = 20.9° (c = 1 MeOH). *Parke-Davis.*

522 Quinazosin
15793-38-1

$C_{17}H_{23}N_5O_2$
2-(Allyl-1-piperazinyl)-4-amino-6,7-dimethyoxyquinazoline.
Antihypertensive. Quinazoline derivative. *Pfizer Inc.*

523 Quinazosin Hydrochloride
7262-00-2
$C_{17}H_{25}Cl_2N_5O_2$
2-(Allyl-1-piperazinyl)-4-amino-6,7-dimethyoxyquinazoline dihydrochloride.
CP-11332-1. Antihypertensive. Quinazoline derivative. *Pfizer Inc.*

524 Quinethazone
73-49-4   8240   200-801-7

$C_{10}H_{12}ClN_3O_3S$
7-Chloro-2-ethyl-1,2,3,4-tetrahydro-4-oxo-6-quinzaolinesulfonamide.
CL-36010; Hydromox; Aquamox. Diuretic and antihypertensive. mp= 250-252°; soluble in EtOH, Me_2CO. *American Cyanamid.*

525 Ramipril
87333-19-5   8283

$C_{23}H_{32}N_2O_5$
(2S,3aS,6aS)-1-[(S)-N-[(S)-1-Carboxy-3-phenylpropyl]alanyl]octahydrocyclopenta[b]-pyrrole-2-carboxylic acid.
Altace; HOE-498; Cardace; Delix; Pramace; Quark; Ramace; Triatec; Tritace; Unipril; Vesdil. Angiotensin-converting enzyme inhibitor. Used to treat hypertension. mp = 109°; $[\alpha]_D^{24}$ = 33.2° (c= 1 0.1N ethanolic HCl); LD_{50} (mmus iv) = 1194 mg/kg, (mmus orl) = 10933 mg/kg, (fmus iv) = 1158 mg/kg, (fmus orl) = 10048 mg/kg, (mrat iv) = 687 mg/kg, (mrat orl) > 10000 mg/kg, (frat iv) = 608 mg/kg, (frat orl) > 10000 mg/kg. *Hoechst-Roussel Pharmaceuticals Inc.*

526 Raubasine
483-04-5   8291   207-589-5

$C_{21}H_{24}N_2O_3$
16,17-Didehydro-19α-methyloxayohimban-16-carboxylic acid methyl ester.
tetrahydroserpentine; ajmalicine; Circolene; Hydrosarpan; Isoarteril; Lamuran. An $α_1$-adrenergic blocker isolated from the bark of Corynanthe johimbe K. Sachum., Rubiaceae. Used as an antihypertensive agent. Used as an antihypertensive agent and also as a cerebral and peripheral vasodilator with anti-ischemic properties. mp = 257° (dec); $[α]_D^{20}$ = -60° (c = 0.5 $CHCl_3$); $[α]_D^{20}$ = -39° (c = 0.25 MeOH)$λ_m$ = 227, 292 nm (log ε = 4.62 3.79 EtOH); [hydrochloride]: mp = 290° (dec); sparingly soluble in H_2O; $[α]_D^{20}$ = -17° (c = 0.5 MeOH); [hydrobromide]: mp = 295-296°.

527 Remikiren
126222-34-2

$C_{33}H_{50}N_4O_6S$
(αS)-α-[(αS)-α-[(tert-Butylsulfonyl)-methyl]cinnamamido]-N-[(1S,2R,3S)-1-(cyclohexylnethyl)-3-cyclopropyl-2,3-dihydroxypropyl]imidazole-4-propionamide.
Ro-42-5892. Renin inhibitor. Antihypertensive.

528 Rescimetol
73573-42-9   8310

$C_{33}H_{38}N_2O_8$
(3β,16β,17α,18β(E),20α)-18-[[3-(4-Hydroxy-3-methoxyphenyl)-1-oxo-2-propenyl]oxy]-11,17-dimethoxy-yohimban-1-6carboxylic acid methyl ester.
CD-3400; WHO-4939; Toscarna. Antihypertensive agent. Analog of rescinnamine. mp = 259-260°. *Nippon Chemiphar.*

529 Rescinnamine
24815-24-5   8311   246-471-8

$C_{35}H_{42}N_2O_9$
(3β,16β,17α,18β,20α)-11,17-Dimethoxy-18-[[1-oxo-3-(3,4,5-trimethoxyphenyl)-2-propenyl]oxy-3,20-yohimban-16-carboxylic acid methyl ester.
reserpinine; Anaprel; Apoterin S; Cartric; Cinnaloid; Moderil. Antihypertensive agent. Found in *Rauwolfia serpentina* Beth., Apocynaceae. Related to

reserpine. mp = 238-239° (in vacuo); $[\alpha]_D^{24}$ = -97° (c = 1 CHCl$_3$); λ_m = 228, 302 nm (log ε 4.79, 4.48 MeOH); insoluble in H$_2$O; moderately soluble in C$_6$H$_6$, MeOH, CHCl$_3$, other organic solvents. Pfizer Inc.

530 Reserpine
50-55-5   8314   200-047-9

$C_{33}H_{40}N_2O_9$
Methyl 18β-hydroxy-11,17α-dimethoxy-3β,20α-yohimban-16β-carboxylate 3,4,5-trimethoxybenzoate (ester).
Crystoserpine; Eskaserp; Rau-Sed; Reserpoid; Rivasin; Sandril; Sedaraupin; Serpasil Serpasol; Serpine; Serpiloid; component of: Demi-Regroton, Diupres, Diutensen-R, Hydropres, Metatensin, Naquival, Regroton, Renese R, Salutensin, Ser-Ap-Es, Unipres. Antihypertensive agent. Found in *Rauwolfia serpentina* spp (snakeroot). Interferes with norepinephrine storage, thereby reducing vascular smooth muscle tone as well as venous tone. mp = 264-265°, 277-277.5° (dec); $[\alpha]_D^{23}$ = -118° (CHCl$_3$); $[\alpha]_D^{26}$ = -164° (c = 0.96 C$_5$H$_5$N); $[\alpha]_D^{26}$ = -168° (c = 0.624 DMF); λ_m = 216, 267, 295 nm (ε 61700, 17000, 10200, CHCl$_3$); sparingly soluble in H$_2$O; freely soluble in CHCl$_3$, CH$_2$Cl$_2$, AcOH; soluble in C$_6$H$_6$, EtOAc, EtOH (0.55 g/100 ml), Et$_2$O; [hydrochloride hydrate]: mp = 224° (dec). Bristol-Myers Squibb Co.; Eli Lilly & Co.; Ciba-Geigy Corp.; 3M Pharmaceuticals; Rhône-Poulenc Rorer Pharmaceuticals Inc.; Merck & Co., Inc.; Wallace Labs.; Marion Merrell Dow Inc.; Schering Corp.; Pfizer Inc.; Roberts Pharmaceutical Corp.; Solvay Pharmaceuticals.

531 Rilmenidene
54187-04-1   8388   259-021-0

$C_{10}H_{16}N_2O$
2-[(Dicyclopropylmethyl)amino]-2-oxazoline.
oxaminozoline; S-3341; [phosphate]: Hyperium; S-3341-3. An α_2-adrenoceptor agonist used as an antihypertensive agent. mp= 106-107°; [phosphate]: soluble in H$_2$O (19 g/100 ml), MeOH (7 g/100 ml), CHCl$_3$, EtOH (0.7 g/100 ml); LD$_{50}$ (mus orl) = 375 mg/kg, (rat orl) = 295 mg/kg; [fumarate]: mp = 170°. Sci. Union et Cie, France.

532 Sampatrilat
129981-36-8

$C_{26}H_{40}N_4O_9S$
N-[[1-[(S)-3-[(S)-6-Amino-2-methanesulfonamidohexanamido]-2-carboxypropyl]cyclopentyl]carbonyl]-L-tyrosine.
A novel dual inhibitor of both angiotensin-converting enzyme (ACE) and neutral endopeptidase (NEP). Antihypertensive.

533 Saralasin
34273-10-4   8518
$C_{42}H_{65}N_{13}O_{10}$
N-[1-[N-[N-[N-[N-[N^2(N-Methylglycyl-L-arginyl]-L-valyl]-L-tyrosyl]-L-valyl]-L-histidyl]-L-prolyl]-L-alanine.
1-sar-8-ala-angiotensin II. A specific antagonist of angiotensin II. Used as an antihypertensive agent. Also used for diagnosis of renin-dependent hypertension. *Norwich*.

534 Saralasin Hydrated Acetate
39698-78-7   8518
$C_{42}H_{65}N_{13}O_{10} \cdot xC_2H_4O_2 \cdot xH_2O$
N-[1-[N-[N-[N-[N-[N^2(N-Methylglycyl-L-arginyl]-L-valyl]-L-tyrosyl]-L-valyl]-L-histidyl]-L-prolyl]-L-alanine acetate (salt) hydrate.
P-113; Sarenin; Sar-Arg-Val-Tyr-Val-His-Pro-Ala. A specific antagonist of angiotensin II. Used as an antihypertensive agent. Also used for diagnosis of renin-dependent hypertension. mp = 256°; soluble in H_2O; LD_{50} (mmus iv) = 1171 mg/kg. *Norwich*.

535 Semotiadil
116476-13-2   8590

$C_{29}H_{32}N_2O_6S$
(+)-(R)-2-[5-Methoxy-2-[3-[methyl[2-[3,4-(methylenedioxy)phenoxy]ethyl]amino]propoxy]phenyl]-4-methyl-2H-1,4-benzothiazin-3(4H)-one.
sesamodil; DS-4823. A calcium antagonist used for control of hypertension. *Santen*.

536 Semotiadil Fumarate
116476-14-3   8590
$C_{33}H_{36}N_2O_{10}S$
(+)-(R)-2-[5-Methoxy-2-[3-[methyl[2-[3,4-(methylenedioxy)phenoxy]ethyl]amino]propoxy]phenyl]-4-methyl-2H-1,4-benzothiazin-3(4H)-one fumarate.
SD-3211. A calcium antagonist used for control of hypertension. mp = 134-135°; $[\alpha]_D^{25}$= 195° (DMSO). *Santen*.

537 Sodium Nitroprusside
14402-89-2   8794   238-373-9

$C_5FeN_6Na_2O$
Disodium pentacyanonitrosylferrate(2-).
sodium nitroprussiate; Nipruss. Antihypertensive agent. A potent, directly acting vasodilator used intravenously for treatment of hypertensive emergencies. *Elkins-Sinn; Hoffmann-LaRoche Inc.; Abbott Labs*.

538 Sodium Nitroprusside Dihydrate
13755-38-9   8794
$C_5FeN_6Na_2O \cdot 2H_2O$
Disodium pentacyanonitrosylferrate(2-) dihydrate.
Nipride; Nitropress. Antihypertensive agent. Soluble in H_2O (43 g/100 ml), slightly soluble in EtOH. *Elkins-Sinn; Hoffmann-LaRoche Inc.; Abbott Labs*.

539 Sotalol
3930-20-9   8876

$C_{12}H_{20}N_2O_3S$
4'-[1-Hydroxy-2-(isopropylamino)ethyl]methanesulfonanilide.
A β-adrenergic blocker used as an antihypertensive agent. An antianginal

540 Sotalol Hydrochloride
959-24-0   8876   213-496-0
$C_{12}H_{21}ClN_2O_3S$
4'-[1-Hydroxy-2-(isopropylamino)ethyl]-methanesulfonanilide monohydrochloride. Betapace; MJ-1999; Beta-Cardone; Darob; Sotacor; Sotalex. A β-adrenergic blocker used as an antihypertensive agent. An antianginal and class II and III antiarrhythmic. mp = 206.5-207°, 218-219°; freely soluble in H_2O, slightly soluble in $CHCl_3$; LD_{50} (mmus orl) = 2600 mg/kg, (mmus ip) = 670 mg/kg, (mrat orl) = 3450 mg/kg, (mrat ip) = 680 mg/kg, (rbt orl) = 1000 mg/kg, (dog ip) = 330 mg/kg. Berlex Labs., Inc.; Bristol-Myers Squibb Co.

541 Spirapril
83647-97-6   8905

$C_{22}H_{30}N_2O_5S_2 \cdot 1/2H_2O$
(8S)-7-[(S)-N-[(S)-1-Carboxy-3-phenyl-propyl]alanyl]-1,4-dithia-7-azaspiro[4.4]-nonane-8-carboxylic acid 1-ethyl ester. Angiotensin-converting enzyme inhibitor. Used to treat hypertension. $[\alpha]_D^{26}$ = -29.5° (c = 0.2 EtOH). Schering Corp.

542 Spirapril Hydrochloride
94841-17-5   8905
$C_{22}H_{31}ClN_2O_5S_2$
(8S)-7-[(S)-N-[(S)-1-Carboxy-3-phenyl-propyl]alanyl]-1,4-dithia-7-azaspiro[4.4]-nonane-8-carboxylic acid 1-ethyl ester monohydrochloride. Sch-33844; TI-211-950; Renormax; Renpress; Sandopril. Angiotensin-converting enzyme inhibitor. Used to treat hypertension. mp = 192-194° (dec); $[\alpha]_D^{26}$ = -11.2° (c = 0.4 EtOH). Schering Corp.

543 Spiraprilat
83602-05-5   8905

$C_{20}H_{26}N_2O_5S_2$
(8S)-7-[(S)-N-[(S)-1-Carboxy-3-phenyl-propyl]alanyl]-1,4-dithia-7-azaspiro[4.4]-nonane-8-carboxylic acid. Sch-33861; spiraprilic acid. Angiotensin-converting enzyme inhibitor. Used to treat hypertension. mp = 163-165° (dec); $[\alpha]_D^{26}$ = 4.1° (c = 0.4 EtOH). Schering Corp.

544 Sulfinalol
66264-77-5   9120

$C_{20}H_{27}NO_4S$
4-Hydroxy-α-[[[3-(p-methoxyphenyl)-1-methylpropyl]amino]methyl]-3-(methyl-sulfinyl)benzyl alcohol. A β-adrenergic blocker used as an antihypertensive agent. Sterling Winthrop, Inc.

545 Sulfinalol Hydrochloride
63251-39-8   9120   264-046-5
$C_{20}H_{28}ClNO_4S$
4-Hydroxy-α-[[[3-(p-methoxyphenyl)-1-methylpropyl]amino]methyl]-3-(methyl-sulfinyl)benzyl alcohol hydrochloride. Win-408087; Perifadil. A β-adrenergic blocker used as an antihypertensive agent. mp = 172-175°. Sterling Winthrop, Inc.

546 Syrosingopine
84-36-6   9193   201-527-0

$C_{35}H_{42}N_2O_{11}$
18-[[4-[(Ethoxycarbonyl)oxy]-3,5-dimethoxybenzoyl]oxy]-11,17-dimethoxyyohimban-16-carboxylic acid methyl ester.
syringopine; Su-3118; Isotense; Londomin; Raunova; Seniramin; Singoserp; Siringina. Antihypertensive agent. mp = 175-179°. *Ciba-Geigy Corp.*

547 Talinolol
57460-41-0   9208

$C_{20}H_{33}N_3O_3$
(±)-1-[p-[3-(tert-Butylamino)-2-hydroxypropoxy]phenyl]-3-cyclohexylurea.
02-115; Cordanum. Anti-arrhythmic agent with antihypertensive properties. A β-adrenergic blocker related to practolol. mp = 142-144°; LD_{50} (rat orl) = 1180 mg/kg, (rat ip) = 54.3 mg/kg, (rat iv) = 29.7 mg/kg, (mus orl) = 593 mg/kg, (mus ip) = 74.7 mg/kg, (mus iv) = 25.0 mg/kg. *Ciba-Geigy Corp.*

548 Teclothiazide
4267-05-4   9261   224-253-3

$C_8H_7Cl_4N_3O_4S_2$
6-Chloro-3,4-dihydro-3-(trichloromethyl)-2H-1,2,4-benzothiadiazine-7-sulfonamide 1,1-dioxide.
Diuretic. mp = 300-303°, 287°.

549 Teclothiazide Potassium
5306-80-9   9261   226-157-7
$C_8H+67Cl_4KN_3O_4S_2$
6-Chloro-3,4-dihydro-3-(trichloromethyl)-2H-1,2,4-benzothiadiazine-7-sulfonamide 1,1-dioxide potassium salt.
PS-207; K-33; Depleil. Diuretic. LD_{50} (mus ip) = 4.75 g/kg.

550 Temocapril
111902-57-9   9287

$C_{23}H_{28}N_2O_5S_2$
(+)-(2S,6R)-6-[[(1S)-1-Carboxy-3-phenylpropyl]amino]tetrahydro-5-oxo-2-(2-thienyl)-1,4-thiazepine-4(5H)-acetic acid 6-ethyl ester.
Angiotensin-converting enzyme inhibitor. Used to treat hypertension. mp =168°; $[\alpha]^{23}$ = 40° (c = 1.1 DMF). *Sankyo.*

551 Temocapril Hydrochloride
110221-44-8   9287
$C_{23}H_{29}ClN_2O_5S_2$
(+)-(2S,6R)-6-[[(1S)-1-Carboxy-3-phenylpropyl]amino]tetrahydro-5-oxo-2-(2-thienyl)-1,4-thiazepine-4(5H)-acetic acid 6-ethyl ester monohydrochloride.
CS-622. Angiotensin-converting enzyme inhibitor. Used to treat hypertension. mp

= 187° (dec); $[\alpha]_D^{25}$ = 47.7° (c = 1 DMF); LD_{50} (mus orl) > 5000 mg/kg, (rat orl) > 5000 mg/kg, (dog orl) > 800 mg/kg. *Sankyo*.

552 Temocaprilate
110221-53-9   9287

$C_{21}H_{24}N_2O_5S_2$
(+)-(2S,6R)-6-[[(1S)-1-Carboxy-3-phenyl-propyl]amino]tetrahydro-5-oxo-2-(2-thienyl)-1,4-thiazepine-4(5H)-acetic acid. temocaprilat; RS-5139. Angiotensin-converting enzyme inhibitor. Used to treat hypertension. mp = 246° (dec); $[\alpha]_D^{25}$ = 63.4° (c = 1 DMF). *Sankyo*.

553 Teprotide
35115-60-7
$C_{53}H_{76}N_{14}O_{12}$
5-Oxo-L-prolyl-L-tryptophyl-L-prolyl-L-arginyl-L-prolyl-L-glutaminyl-L-isoleucyl-L-prolyl-L-proline.
SQ-20881. Angiotensin-converting enzyme inhibitor. Used to treat hypertension. *Bristol-Myers Squibb Co.*

554 Terazosin (anhydrous)
63074-08-8   9297

$C_{19}H_{25}N_5O_4$
1-(4-Amino-6,7-dimethoxy-2-quinazolinyl)-4-(tetrahydro-2-furoyl)piperazine. An α_1-adrenergic blocker related to prazosin. Used as an antihypertensive agent and in treatment of BPH. mp = 272.6-274°; λ_m = 212, 245, 330 nm (a 65.7, 127.5, 24.0 H_2O); soluble in MeOH (3.37 g/100 ml), H_2O (2.97 g/100 ml), EtOH (0.41 g/100 ml), $CHCl_3$ (0.12 g/100 ml), Me_2CO (.1 mg/100 ml), insoluble in C_6H_{14}. *Abbott Labs*.

555 Terazosin Hydrochloride Dihydrate
70024-40-7   9297

$C_{19}H_{26}ClN_5O_4.2H_2O$
1-(4-Amino-6,7-dimethoxy-2-quinazolinyl)-4-(tetrahydro-2-furoyl)piperazine hydrochloride dihydrate.
Hytrin; Abbott-45975; Heitrin; Hytracin; Hytrinex; Itrin; Urodie; Vasocard; Vasomet; Vicard. An α_1-adrenergic blocker related to prazosin. Used as an antihypertensive agent and in treatment of BPH. mp = 271-274°; soluble in H_2O (2.42 g/100 ml); LD_{50} (mrat iv) = 277 mg/kg, (frat iv) = 293 mg/kg; [hydrochloride anhydrous]: mp = 278-279°; soluble in H_2O (76.12 g/100 ml); LD_{50} (mus iv) = 259.3 mg/kg. *Abbott Labs*.

556 Tertatolol
34784-64-0   9318

$C_{16}H_{25}NO_2S$
(±)-1-(tert-Butylamino)-3-(thiochroman-8-yloxy)-2-propanol.
A non-selective β-adrenergic blocker. Used as an antihypertensive agent. mp = 70-72°. *Sci. Union et Cie, France*.

557 Tertatolol Hydrochloride
33580-30-2   9318   251-578-8

$C_{16}H_{26}ClNO_2S$
(±)-1-(tert-Butylamino)-3-(thiochroman-8-yloxy)-2-propanol hydrochloride.
S-2395; SE-2395; Artex; Artexal; Prenalex. A non-selective β-adrenergic blocker. Used as an antihypertensive agent. mp = 180-183°; LD_{50} (rat iv) = 40 mg/kg, (rat ip) = 90 mg/kg, (mus iv) = 37 mg/kg, (mus ip) = 120 mg/kg. *Sci. Union et Cie, France.*

558 Tiamenidine
31428-61-2   9558

$C_8H_{10}ClN_3S$
2-[(2-Chloro-4-methyl-3-thienyl)amino]-2-imidazoline.
HOE-440; Symcor Base TTS; Thiamendidine. An α-adrenoceptor agonist related to clonidine and used as an antihypertensive agent. mp = 152°. *Hoechst-Roussel Pharmaceuticals Inc.*

559 Tiamenidine Hydrochloride
51274-83-0   9558   257-100-4
$C_8H_{11}Cl_2N_3S$
2-[(2-Chloro-4-methyl-3-thienyl)amino]-2-imidazoline hydrochloride.
HOE-42-440; Sundralen; Symcor; component of: Symcorad. An α-adrenoceptor agonist related to clonidine and used as an antihypertensive agent. mp = 228-229°; LD_{50} (rat iv) = 40 mg/kg, (mus iv) = 45 mg/kg, (mus sc) = 170 mg/kg, (mus orl) = 400 mg/kg. *Hoechst-Roussel Pharmaceuticals Inc.*

560 Tibalosin
63996-84-9

$C_{21}H_{27}NOS$
(±)-Erythro-2,3-dihydro-α-[1-[(4-phenylbutyl)amino]ethyl]benzo[b]thiophene-5-methanol.
CP-804-S. Heterocyclic aminoalcohol related to ifenprodil. Antagonist acting at the polyamine site of the N-methyl-D-aspartate (NMDA) subtype of glutamate receptor. Antihypertensive; alpha 1-adrenoceptor antagonist.

561 Tilisolol
85136-71-6   9579

$C_{17}H_{24}N_2O_3$
(±)-4-[3-(tert-Butylamino)-2-hydroxypropoxy]-2-methylisocarbostyril.
Antiarrhythmic; antihypertensive. *Nisshin.*

562 Tilisolol Hydrochloride
62774-96-3   9579
$C_{17}H_{25}ClN_2O_3$
(±)-4-[3-(tert-Butylamino)-2-hydroxypropoxy]-2-methylisocarbostyril hydrochloride.
N-696; Selecal. Antiarrhythmic; antihypertensive. mp = 203-205°; LD_{50} (mmus orl) = 1393 mg/kg, (mmus sc) = 1219 mg/kg, (mmus ip) = 578 mg/kg, (mmus iv) = 74.3 mg/kg, (fmus orl) = 1290 mg/kg, (fmus sc) = 1245 mg/kg, (fmus ip) = 557 mg/kg, (fmus iv) = 104.7 mg/kg, (mrat orl) = 145 mg/kg, (mrat sc) = 176 mg/kg, (mrat ip) = 39.5 mg/kg, (mrat iv) = 75.8 mg/kg, (frat orl) = 188 mg/kg, (frat sc) = 169 mg/kg, (frat ip) = 29.2 mg/kg, (frat iv) = 38.1 mg/kg. *Nisshin.*

563 Timolol
91524-16-2   9585

$C_{13}H_{24}N_4O_3S \cdot 1/2H_2O$
(S)-1-(tert-Butylamino)-3-[(4-morpholino-1,2,5-thiadiazol-3-yl)oxy]-2-propanol hemihydrate.
Antianginal agent with antiarrhythmic, antihypertensive and antiglaucoma properties. A β-adrenergic blocker. [(±) form]: mp = 71.5-72.5°. *Merck & Co., Inc.*

564 Timolol Maleate
26921-17-5   9585   248-111-5
$C_{17}H_{28}N_4O_7S$
(S)-1-(tert-Butylamino)-3-[(4-morpholino-1,2,5-thiadiazol-3-yl)oxy]-2-propanol maleate (1:1).
Blocadren; Timoptic; Timoptol; MK-950; Aquanil; Betim; Proflax; Temserin; Tenopt; Timacar; Timacor; component of: Cosopt, Timolide. Antianginal agent with antiarrhythmic, antihypertensive and antiglaucoma properties. A β-adrenergic blocker. mp = 201.5-202.5°; $[\alpha]_{405}^{24}$ = -12.0° (c = 5 1N HCl), $[\alpha]_D^{25}$ = -4.2°; λ_m = 294 nm ($A_{1\ cm}^{1\%}$ 200 0.1N HCl); soluble in EtOH, MeOH; poorly soluble in CHCl$_3$, cyclohexane; insoluble in isooctane, Et$_2$O. *Merck & Co., Inc.*

565 Todralazine
14679-73-3   9640

$C_{11}H_{12}N_4O_2$
Ethyl 3-(1-phthalazinyl)carbazate.
ecarazine; carboethoxyphthalazinohydrazine. Antihypertensive agent. *Polfa.*

566 Todralazine Hydrochloride
3778-76-5   9640
$C_{11}H_{13}ClN_4O_2$
Ethyl 3-(1-phthalazinyl)carbazate hydrochloride.
CEPH; BT-621; Apiracohl; Apredor; Apride; Atapren; Binazin; Illcut; Propat. Antihypertensive agent. LD$_{50}$ (mus ip) = 500 mg/kg. *Polfa.*

567 Toliprolol
2933-94-0   9653   220-905-6

$C_{13}H_{21}NO_2$
1-(Isopropylamino)-3-(m-tolyloxy)-2-propanol.
ICI-45763; MHIP. Antianginal, antihypertensive agent. A β-adrenergic blocker. mp = 75-76°, 79°. *ICI; Boehringer Ingelheim GmbH.*

568 Toliprolol Hydrochloride
306-11-6   9653   206-177-2
$C_{13}H_{22}ClNO_2$
1-(Isopropylamino)-3-(m-tolyloxy)-2-propanol hydrochloride.
Ko-592; Doberol; Sinorytmal. Antianginal, antihypertensive agent. A β-adrenergic blocker. mp = 120-121°; λ_m = 270 nm ($E_{1\ cm}^{1\%}$ 498. H$_2$O). *ICI; Boehringer Ingelheim GmbH.*

569 Tolonidine
4201-22-3   9657

$C_{10}H_{12}ClN_3$
2-(2-Chloro-p-toluidino)-2-imidazoline.
ST-375. Antihypertensive agent with direct α-sympatheticomimetic properties. Structurally related to clonidine. Orally

active. mp = 148-150°. *Boehringer Ingelheim GmbH.*

570 Tolonidine Nitrate
57524-15-9   9657   260-785-2
$C_{10}H_{13}ClN_4O_3$
2-(2-Chloro-p-toluidino)-2-imidazoline nitrate (salt).
CERM-10137; Euctan. Antihypertensive agent with direct α-sympatheticomimetic properties. Structurally related to clonidine. Orally active. mp = 162-164°; LD_{50} (mmus orl) = 160 mg/kg, (mmus iv) = 21.25 mg/kg, (mrat orl) = 420 mg/kg, (mrat iv) = 42 mg/kg. *Boehringer Ingelheim GmbH.*

571 Trandolapril
87679-37-6   9703

$C_{24}H_{34}N_2O_5$
(2S,3aR,7aS)-1-[(S)-N-[(S)-1-Carboxy-3-phenylpropyl]alanyl]hexahydro-2-indolinecarboxylic acid 1-ethyl ester.
RU-44570; Odrik; Gopten. Angiotensin-converting enzyme inhibitor. Used to treat hypertension. *Roussel-UCLAF.*

572 Trandolaprilate
87679-71-8   9703

$C_{22}H_{30}N_2O_5$
(2S,3aR,7aS)-1-[(S)-N-[(S)-1-Carboxy-3-phenylpropyl]alanyl]hexahydro-2-indolinecarboxylic acid.
RU-44403; trandolaprilat. Angiotensin-converting enzyme inhibitor. Used to treat hypertension. *Roussel-UCLAF.*

573 Trequinsin
79855-88-2

$C_{24}H_{27}N_3O_3$
2,3,6,7-Tetrahydro-2-(mesitylimino)-9,10-dimethoxy-3-methyl-4H-pyrimido[6,1-a]isoquinoline-4-one.
HL-725 [as hydrochloride]. Selective phosphodiesterase 3 inhibitor. Antihypertensive vasodilator; antithromotic.

574 Trichlormethiazide
133-67-5   9754   205-118-8

$C_8H_8Cl_3N_3O_4S_2$
6-Chloro-3-(dichloromethyl)-3,4-dihydro-2H-1,2,4-thiadiazine-7-sulfonamide 1,1-dioxide.
3-dichloromethyl-6-chloro-7-sulfamyl-3,4-dihydro-1,2,4-benzothiadiazine 1,1-dioxide; 3-dichloromethylhydrochlorothiazide; hydrochlorothiazide; trichloromethiazide; Metahydrin; Naqua; Metatensin; Naquasone; Naquival. Diuretic and antihypertensive. mp= 248-250°, 266-273°; soluble in H_2O (0.8 mg/ml), EtOH (21 mg/ml), MeOH (60 mg/ml); LD_{50} (rat orl) > 20000 mg/kg. *Merrell Pharmaceuticals Inc.; Schering Corp.; Marion Merrell Dow Inc.; Schering-Plough HealthCare Products.*

Antihypertensive Agents

575 Trimazosin
35795-16-5   9828   252-732-7

$C_{20}H_{29}N_5O_6$
2-Hydroxy-2-methylpropyl 4-(4-amino-6,7,8-trimethoxy-2-quinazolinyl)-1-piperazine carboxylate.
Antihypertensive agent. An α_1-adrenergic receptor antagonist. mp = 158-159°. *Pfizer Inc.*

576 Trimazosin Hydrochloride Monohydrate
53746-46-6   9828
$C_{20}H_{30}ClN_5O_6 \cdot H_2O$
2-Hydroxy-2-methylpropyl 4-(4-amino-6,7,8-trimethoxy-2-quinazolinyl)-1-piperazine carboxylate monohydrochloride monohydrate.
CP-19106-1; Cardovar; Supres. Antihypertensive agent. An α_1-adrenergic receptor antagonist. mp= 166-169° (dec). *Pfizer Inc.*

577 Trimethaphan Camsylate
68-91-7   9837   200-696-8

$C_{32}H_{40}N_2O_5S_2$
(+)-1,3-Dibenzyldecahydro-2-oxo-imidazo[4,5-c]thieno[1,2-a]thiolium 2-oxo-10-bornanesulfonate (1:1).
Arfonad; Nu-2222. Antihypertensive agent. Ganglionic blocker. mp = 245° (dec); $[\alpha]_D^{20} = 22.0°$ (c = 4 H_2O); soluble in H_2O (20 g/100 ml), EtOH (50 g/100ml); slightly soluble in Me_2CO, Et_2O. *Hoffmann-LaRoche Inc.*

578 Trimethidinium Methosulfate
14149-43-0   9838   237-994-2

· 2 $CH_3SO_4^-$

$C_{19}H_{42}N_2O_8S_2$
1,3,8,8-Tetramethyl-3-[3-(trimethyl-ammonio)propyl]-3-azoniabicyclo-[3.2.1]octane bis(methyl sulfate).
Ganglion blocking agent with antihypertensive properties. mp = 192-193°. *Boehringer Ingelheim GmbH.*

579 Tripamide
73803-48-2   9866

$C_{16}H_{20}ClN_3O_3S$
4-Chloro-N-(endo-hexahydro-4,7-methanoisoindolin-2-yl)-3-sulfamoylbenzamide.
ADR-033; E-614; toripamide; Normonal. Antihypertensive with diuretic and peripheral vasodilator activity. Colorless needles. *Eisai.*

580 Tyrosinase
9002-10-2   9969   232-653-4
A copper-containing enzyme with antihypertensive properties.

581 Urapidil
34661-75-1   10003   252-130-4

$C_{20}H_{29}N_5O_3$
6-[[3-[4-(o-Methoxyphenyl)-1-piperazinyl]propyl]amino]-1,3-dimethyluracil.
B-66256; Ebrantil; Eupressyl; Mediatensyl; Uraprene. An α_1-adrenergic antagonist used as an antihypertensive agent. Derivative of uracil. mp = 156-158°; λ_m = 237, 268 nm (ϵ = 11000, 26700 MeOH); LD_{50} (mmus orl) = 750 mg/kg, (mmus iv) = 260 mg/kg, (mrat orl) = 550 mg/kg, (mrat iv) = 145 mg/kg. *Byk Gulden.*

582 Valsartan
137862-53-4   10051

$C_{24}H_{29}N_5O_3$
N-[p-(o-1H-Tetrazol-5-ylphenyl)benzyl]-N-valeryl-L-valine.
CGP-48933. A non-peptide angiotensin II AT_1-receptor antagonist. Used as an antihypertensive agent. mp = 116-117°. *Ciba-Geigy Corp.*

583 Xipamide
14293-44-8   10212   238-216-4

$C_{15}H_{15}ClN_2O_4S$
4-Chloro-5-sulfamoyl-2',6'-salicyloxilidide.
MJF-10938; Be-1293; Bei-1293; Aquaphor; Chronexan; Diurexan; Lumitens. Diuretic and antihypertensive. mp = 256°. *Beiersdorf, P., AG.*

584 Zofenopril Calcium
81938-43-4

$C_{44}H_{44}CaN_2O_8S_4$
(4S)-N-[(s)-3-Mercapto-2-methyl-propionyl]-4-(phenylthio)-L-proline benzoate (ester) calcium salt.
SQ-26991; Zoprace. Angiotensin-converting enzyme inhibitor. Used to treat hypertension. *Bristol-Myers Squibb Co.*

585 Zolasartan
145781-32-4

$C_{20}H_{24}BrClN_6O_3$
1-[[3-Bromo-2-(o-1H-tetrazol-5-yl-phenyl)-5-benzofuranyl]methyl]-2-butyl-4-chloroimidazole-5-carboxylic acid.

GR-117289. Selective, potent, orally active, long-acting nonpeptide angiotensin II type 1 receptor antagonist. Analog of losartan. Antihypertensive.

Calcium-Channel Blockers

586   Amlodipine
88150-42-9   516

$C_{20}H_{25}ClN_2O_5$
3-Ethyl-5-methyl (±)-2-[(2-aminoethoxy)-methyl]-4-(o-chlorophenyl)-1,4-dihydro-6-methyl-3,5-pyridinedicarboxylate.
Antianginal agent. Dihydropyridine calcium channel blocker. Has antihypertensive properties. *Pfizer Inc.; Ciba-Geigy Corp.*

587   Amlodipine Besylate
111470-99-6   516
$C_{26}H_{31}ClN_2O_8S$
3-Ethyl-5-methyl (±)-2-[(2-aminoethoxy)-methyl]-4-(o-chlorophenyl)-1,4-dihydro-6-methyl-3,5-pyridinedicarboxylate monobenzenesulfonate.
Norvasc; UK-48,340-26; Antacal; Istin; Monopina; component of: Lotrel. Antianginal agent. Has anti-hypertensive properties. mp = 178-179°. *Pfizer Inc.; Ciba-Geigy Corp.*

588   Amlodipine Maleate
88150-47-4   516
$C_{24}H_{29}ClN_2O_9$
3-Ethyl-5-methyl (±)-2-[(2-aminoethoxy)-methyl]-4-(o-chlorophenyl)-1,4-dihydro-6-methyl-3,5-pyridinedicarboxylate maleate.
UK-48340-11. Antianginal agent. Has anti-hypertensive properties. *Pfizer Inc.*

589   Aranidipine
86780-90-7   806

$C_{19}H_{20}N_2O_7$
(±)-Acetyl methyl 1,4-dihydro-2,6-dimethyl-4-(o-nitrophenyl)-3,5-pyridinedicarboxylate.
MPC-1304. Antihypertensive agent. *Maruko Seiyaku.*

590   Azelnidipine
123524-52-7

$C_{33}H_{34}N_4O_6$
3-[1-(Diphenylmethyl)-3-azetidinyl] 5-isopropyl (±)-2-amino-1,4-dihydro-6-methyl-4-(m-nitrophenyl)-3,5-pyridinedicarboxylate.
Calcium channel blocker. Antihypertensive.

591   Barnidipine
104713-75-9   1031

$C_{27}H_{29}N_3O_6$
(+)-(3'S,4S)-1-Benzyl-3-pyrrolidinyl methyl 1,4-dihydro-2,6-dimethyl-4-(m-nitrophenyl)-3,5-pyridinedicarboxylate.
Mepirodipine. Antianginal agent.

Dihydropyridine calcium channel blocker. Has anti-hypertensive properties. mp = 137-139°; $[\alpha]_D^{20}$ = 64.8 (c = 1 MeOH). Yamanouchi U.S.A. Inc.

592 Barnidipine Hydrochloride
1031
$C_{27}H_{30}ClN_3O_6$
(+)-(3'S,4S)-1-Benzyl-3-pyrrolidinyl methyl 1,4-dihydro-2,6-dimethyl-4-(m-nitrophenyl)-3,5-pyridinedicarboxylate hydrochloride.
YM-09730-5; Hypoca. Antianginal agent. Dihydropyridine calcium channel blocker. Has anti-hypertensive properties. mp = 226-228°; $[\alpha]_D^{20}$ = 116.4° (c = 1 MeOH); insoluble in H_2O; LD_{50} (mrat orl) = 105 mg/kg, (frat orl) = 113 mg/kg. Yamanouchi U.S.A. Inc.

593 Bencyclane
2179-37-5   1060   218-547-0

$C_{19}H_{31}NO$
3-[(1-Benzylcycloheptyl)oxy]-N,N-dimethylpropylamine.
benzcyclan. Vasodilator (peripheral, cerebral). bp_3 = 146-156°.

594 Bencyclane Fumarate
14286-84-1   1060   238-204-9
$C_{23}H_{35}NO_5$
3-[(1-Benzylcycloheptyl)oxy]-N,N-dimethylpropylamine fumarate.
EGYT-201; Angiociclan; Dantrium; Dilangio; Fludilat; Fluxema; Halidor; Vasorelax. Vasodilator (peripheral, cerebral). mp = 131-133°; soluble in H_2O (1 g/100 ml at 25°); readily soluble in EtOH; slightly soluble in Me_2CO; λ_m (pH 3.4-6.6) = 207 nm; LD_{50} (mus orl) = 445.6 mg/kg, (mus iv) = 49.9 mg/kg, (mus ip) = 132 mg/kg, (mus sc) = 203 mg/kg.

595 Benidipine
105979-17-7   1071

$C_{28}H_{31}N_3O_6$
(±)-(R*)-3-[(R*)-1-Benzyl-3-piperidyl]-methyl 1,4-dihydro-2,6-dimethyl-4-(m-nitrophenyl)-3,5-pyridinedicarboxylate.
Antihypertensive. Kyowa Hakko Kogyo.

596 Benidipine Hydrochloride
91599-74-5   1071
$C_{28}H_{32}ClN_3O_6$
(±)-(R*)-3-[(R*)-1-Benzyl-3-piperidyl]-methyl 1,4-dihydro-2,6-dimethyl-4-(m-nitrophenyl)-3,5-pyridinedicarboxylate hydrochloride (α form).
KW-3049; Coniel. Antihypertensive. mp = 199.4-200.4°; λ_m = 238, 359 nm (ε = 28000, 6680 EtOH); soluble in H_2O (0.19 g/100 ml); MeOH (6.9 g/100 ml), EtOH (2.2 g/100 g); $CHCl_3$ (0.16 g/100 g), Me_2CO (0.13 g/100 g), EtOAc (0.0056 g/100 g); C_7H_8 (0.0019 g/100 g), C_7H_{14} (0.00009 g/100 g); LD_{50} (mus orl) = 218 mg/kg. Kyowa Hakko Kogyo Co., Ltd.

597 Bepridil
64706-54-3   1188

$C_{24}H_{34}N_2O$
1-[2-(N-Benzylanilino)-1-(isobutoxymethyl)ethyl]pyrrolidine.
Calcium channel blocker with antianginal and antiarrhythmic (class IV) properties. $bp_{0.1}$ = 184°, $bp_{0.5}$ = 192°. Wallace Labs.; McNeil Pharmaceutical.

Antihypertensive Agents

598 Bepridil Hydrochloride
74764-40-2   1188
$C_{24}H_{35}ClN_2O \cdot H_2O$
1-[2-(N-Benzylanilino)-1-(isobutoxymethyl)ethyl]pyrrolidine monohydrochloride monohydrate.
Bepadin; Bepridil; Angopril; Corduim; Vascor; CERM 1978. Antianginal agent. Calcium channel blocker with antianginal and antiarrhythmic (class IV) properties. mp = 91 ± 2°; LD_{50} (mus orl) = 1955 mg/kg, (mus iv) = 23.5 mg/kg. Wallace Labs.; McNeil Pharmaceutical; C.M. Industries.

599 Bometolol
65008-93-7

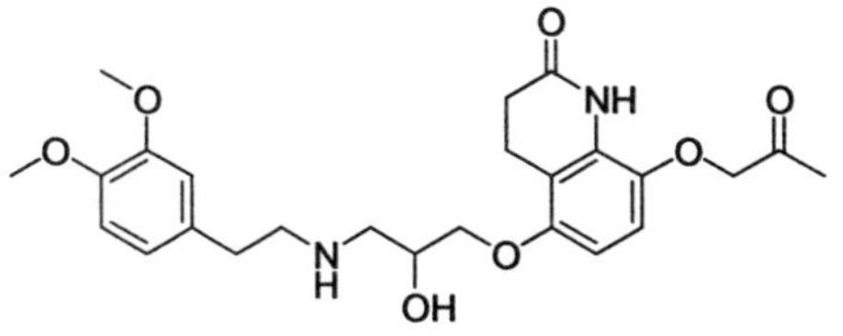

$C_{25}H_{32}N_2O_7$
(±)-8-(Acetonyloxy)-5-[3-[(3,4-dimethoxyphenethyl)amino]-2-hydroxypropoxy]-3,4-dihydrocarbostyril.
A calcium channel blocker with antiarrhythmic properties.

600 Brinazarone
89622-90-2

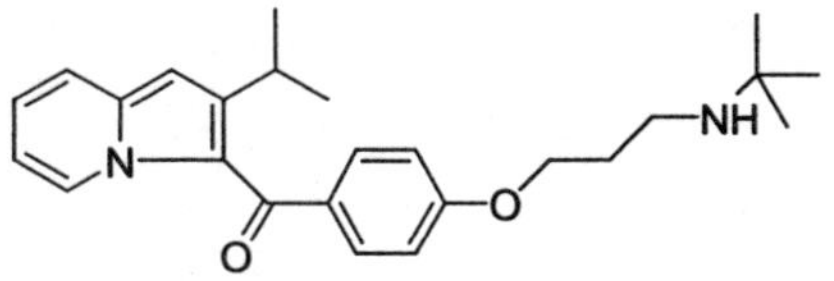

$C_{25}H_{32}N_2O_2$
p-[3-(tert-Butylamino)propoxy]phenyl 2-isopropyl-3-indolizinyl ketone.
A calcium channel blocker and potential anti-arrhythmic agent.

601 Cilnidipine
102106-21-8   2334
$C_{27}H_{28}N_2O_7$
(E)-Cinnamyl 2-methoxythyl 1,4-dihydro-2,6-dimethyl-4-(m-nitrophenyl)-3,5-pyridinedicarboxylate.
Antihypertensive. Fujirebio.

602 (±)-Cilnidipine
132203-70-4   2334

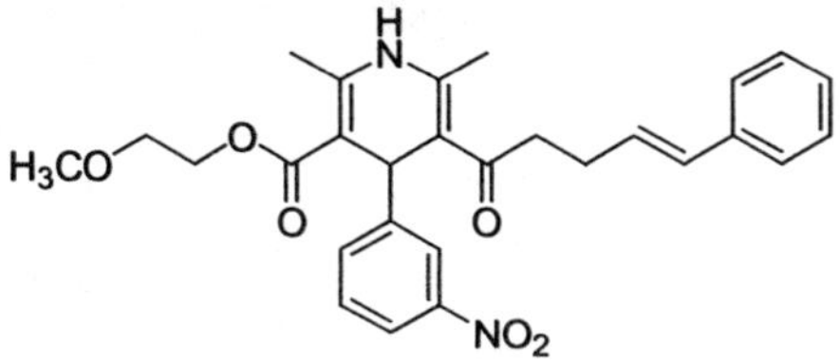

$C_{27}H_{28}N_2O_7$
(±)-(E)-Cinnamyl 2-methoxythyl 1,4-dihydro-2,6-dimethyl-4-(m-nitrophenyl)-3,5-pyridinedicarboxylate.
(±)-FRC-8653. Antihypertensive. Dihydropyridine. mp = 115.5-116.6°; LD_{50} (mmus orl) > 5000 mg/kg, (mmus sc) > 5000 mg/kg, (mmus ip) = 1845 mg/kg, (fmus orl) > 5000 mg/kg, (fmus sc) > 5000 mg/kg, (fmus ip) = 2353 mg/kg, (mrat orl) > 5000 mg/kg, (mrat sc) > 5000 mg/kg, (mrat ip) = 441 mg/kg, (frat orl) = 4412 mg/kg, (frat sc) > 5000 mg/kg, (frat ip) = 426mg/kg. Fujirebio.

603 Cinnarizine
298-57-7   2365   206-064-8

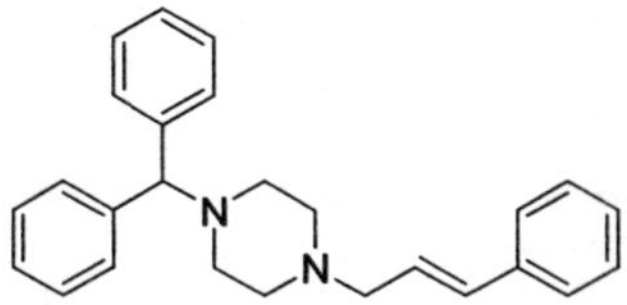

$C_{26}H_{28}N_2$
1-Cinnamyl-4-(diphenylmethyl)-piperazine.
Aplactan; Aplexal; Apotomin; Artate; Carecin; Cerebolan; Cerepar; Cinaper-

azine; Cinazyn; Cinnacet; Cinnageron; Corathiem; Denapol; Dimitron; Eglen; Folcodal; Giganten; Glanil; Hilactan; Ixertol; Katoseran; Labyrin; Midronal; Olamin; Processine; Sedatromin; Sepan; Siptazin; Spaderizine; Stugeron; Stutgeron; Stutgin; R-516; R-1575; 516-MD; Toliman. Antihistaminic. Also behaves as a peripheral vasodilator. A calcium channel blocker with anti-allergic and vasodilating properties. [hydrochloride]: mp = 192° (dec); soluble in H_2O (2.0 g/100 ml). *Janssen Pharmaceutical, Belgium.*

604   Clentiazem
96125-53-0   2408

$C_{26}H_{29}ClN_2O_8S$
(+)-(2S,3S)-8-Chloro-5-[2-(dimethyl-amino)ethyl]-2,3-dihydro-3-hydroxy-2-(p-methoxyphenyl)-1,5-benzothiazepin-4(5H)-one acetate (ester).
The 8-chloro derivative of diltiazem. A calcium channel blocker used for its antihypertensive properties. *Tanabe Seiyaku.*

605   Clentiazem Maleate
96128-92-6   2408
$C_{22}H_{26}Cl_2N_2O_4S$
(+)-(2S,3S)-8-Chloro-5-[2-(dimethyl-amino)ethyl]-2,3-dihydro-3-hydroxy-2-(p-methoxyphenyl)-1,5-benzothiazepin-4(5H)-one acetate (ester) maleate (1:1).
TA-3090; Logna. The 8-chloro derivative of diltiazem. A calcium channel blocker used for its antihypertensive properties. mp = 160.5-161.5°; $[\alpha]_D^{20}$ = 76.5° (c = 1 MeOH). *Tanabe Seiyaku.*

606   d-Gallopamil Hydrochloride
38176-09-9   4369

$C_{28}H_{40}N_2O_5$
d-5-[(3,4-Dimethoxyphenethyl)methyl-amino]-2-isopropyl-2-(3,4,5-trimethoxy-phenyl)valeronitrile hydrochloride.
Algoclor; Procorum. Antianginal agent. Calcium channel blocking agent, related to verapamil. mp = 160.5=161.5°; $[\alpha]_D^{25}$ = 11.7° (c = 5.02 EtOH). *Knoll Pharmaceutical Co.*

607   Diltiazem
42399-41-7   3247   255-796-4

$C_{22}H_{26}N_2O_4S$
(+)-5-[2-(Dimethylamino)ethyl]-cis-2,3-dihydro-3-hydroxy-2-(p-methoxyphenyl)-1,5-benzothiazepin-4(5H)-one acetate (ester).
Antianginal, antihypertensive and class IV antiarrhythmic. Calcium channel blocker with coronary vasodilating activity. Class IV antiarrhythmic. *Bristol Myers Squibb Pharmaceuticals Ltd.; Hoechst Marion Roussel Inc.; Rhône-Poulenc Rorer Pharmaceuticals Inc.; Lemmon Co.; Forest Pharmaceuticals Inc.*

608   Diltiazem Hydrochloride
33286-22-5   3247   251-443-3
$C_{22}H_{27}ClN_2O_4S$
(+)-5-[2-(Dimethylamino)ethyl]-cis-2,3-dihydro-3-hydroxy-2-(p-methoxyphenyl)-1,5-benzothiazepin-4(5H)-one acetate (ester) monohydrochloride.
Cardizem; Dilacor XR; Tiazac; RG-83606. Antianginal, antihypertensive and class IV antiarrhythmic. Calcium channel blocker with coronary vasodilating

activity. Class IV antiarrhythmic. [d cis form]: mp = 207.5-212°; $[\alpha]_D^{24}$ = 98.3 ± 1.4° (c = 1.002 MeOH); soluble in H_2O, MeOH, $CHCl_3$: moderately soluble in EtOH: insoluble in C_6H_6; LD_{50} (mmus iv) = 61 mg/kg, (mmus sc) = 260 mg/kg, (mmus orl) = 740 mg/kg, (fmus iv) = 58 mg/kg, (fmus sc) = 280 mg/kg, (fmus orl) = 640 mg/kg, (mrat iv) = 38 mg/kg, (mrat sc) = 520 mg/kg, (mrat orl) = 560 mg/kg, (frat iv) = 39 mg/kg, (frat sc) = 550 mg/kg, (frat orl) = 610 mg/kg. *Bristol Myers Squibb Pharmaceuticals Ltd.; Hoechst Marion Roussel Inc.; Rhône-Poulenc Rorer Pharmaceuticals Inc.; Lemmon Co.; Forest Pharmaceuticals Inc.*

609 Diltiazem Malate
144604-00-2   3247
$C_{26}H_{32}N_2O_9S$
(+)-5-[2-(Dimethylamino)ethyl]-cis-2,3-dihydro-3-hydroxy-2-(p-methoxyphenyl)-1,5-benzothiazepin-4(5H)-one acetate (ester) (S)-malate (1:1) monohydrochloride.
MK-793. Antianginal, antihypertensive and class IV antiarrhythmic. Calcium channel blocker with coronary vasodilating activity. Class IV antiarrhythmic. *Bristol Myers Squibb Pharmaceuticals Ltd.; Hoechst Marion Roussel Inc.; Rhône-Poulenc Rorer Pharmaceuticals Inc.; Lemmon Co.; Forest Pharmaceuticals Inc.*

610 Efonidipine
111011-63-3   3566

$C_{34}H_{38}N_3O_7P$
2-(N-Benzylanilino)ethyl (±)-1,4-dihydro-2,6-dimethyl-4-(m-nitrophenyl)-5-phosphononicotinate cyclic 2,2-dimethyltrimethylene ester.
Dihydropyridine calcium channel blocker. Used as an antihypertensive agent. mp = 169-170°, 155-156°. *Nissan.*

611 Efonidipine Hydrochloride
111011-53-1   3566
$C_{34}H_{39}ClN_3O_7P$
2-(N-Benzylanilino)ethyl (±)-1,4-dihydro-2,6-dimethyl-4-(m-nitrophenyl)-5-phosphononicotinate cyclic 2,2-dimethyltrimethylene ester hydrochloride.
Dihydropyridine calcium channel blocker. Used as an antihypertensive agent. Forms an ethanol solvate (NZ-105; Landel), mp = 151° (dec). LD_{50} (mus orl) > 600 mg/kg; [(S) form]: mp = 190-192°; $[\alpha]_D^{25}$ = 7.0° (c = 0.50 $CHCl_3$); [(R) form]: mp = 190-192°; $[\alpha]_D^{25}$ = -7.0° (c = 0.5 $CHCl_3$). *Nissan.*

612 Elgodipine
119413-55-7   3587

$C_{29}H_{33}FN_2O_6$
2-[(p-Fluorobenzyl)methylamino]ethyl isopropyl (±)-1,4-dihydro-2,6-dimethyl-4-[2,3-(methylenedioxy)phenyl]-3,5-pyridinedicarboxylate.
Antianginal agent. A dihydropyridine calcium channel blocker. *Inst. Invest. Desarr.; Quimicobiol.*

613 Elgodipine Hydrochloride
121489-04-1   3587
$C_{29}H_{34}ClFN_2O_6$
2-[(p-Fluorobenzyl)methylamino]ethyl isopropyl (±)-1,4-dihydro-2,6-dimethyl-4-[2,3-(methylenedioxy)phenyl]-3,5-pyridinedicarboxylate hydrochloride.
IQB-875. Antianginal; dihydropyridine calcium channel blocker. mp = 194-195°; LD_{50} (mus ip) = 30-40 mg/kg. *Inst. Invest. Desarr.; Quimicobiol.*

614 Etafenone
90-54-0   3753   202-002-9

$C_{21}H_{27}NO_2$
2'-[2-(Diethylamino)ethoxy]-3-phenyl]-propylphenone.
LG-11457. Vasodilator (coronary). bp_{30} = 264-268°.

615 Etafenone Hydrochloride
3753
$C_{21}H_{28}ClNO_2$
2'-[2-(Diethylamino)ethoxy]-3-phenyl]-propylphenone monohydrochloride.
heptaphenone; Asmedol; Baxacor; Corodilan; Dialicor; Pagano-Cor; Relicor. Vasodilator (coronary). mp = 129-130°; LD_{50} (rat orl) = 716 mg/kg, (rat iv) = 20.8 mg/kg.

616 Fantofarone
114432-13-2   3975

$C_{13}H_{38}N_2O_5S$
1-[[p-[3-[(3,4-Dimethoxyphenethyl)-methylamino]propoxy]phenyl]sulfonyl]-2-isopropylindolizine.
SR-33557. A calcium channel blocker used as an antihypertensive agent. mp = 82-83°; d = 1.21 g/ml; soluble in H_2O (0.06 g/100 ml), organic solvents. *Sanofi, Inc.*

617 Felodipine
86189-69-7   3991

$C_{18}H_{19}Cl_2NO_4$
Ethyl methyl 4-(2,3-dichlorophenyl)-1,4-dihydro-2,6-dimethyl-3,5-pyridine-dicarboxylate.
Plendil; H 154/82; Agon; Feloday; Flodil; Hydac; Munobal; Prevex; Splendil. Antianginal, antihypertensive agent. Dihydropyridine calcium channel blocker marketed as the racemate. mp= 145°. *Astra USA, Inc.; Merck & Co., Inc.*

618 Felodipine (dl form)
72509-76-3   3991
$C_{18}H_{19}Cl_2NO_4$
(±) Ethyl methyl 4-(2,3-dichlorophenyl)-1,4-dihydro-2,6-dimethyl-3,5-pyridine-dicarboxylate.
Plendil; H 154/82; Agon; Feloday; Flodil; Hydac; Munobal; Prevex; Splendil. Antianginal, antihypertensive agent. Dihydropyridine calcium channel blocker marketed as the racemate. mp= 145°. *Astra USA, Inc.; Merck & Co., Inc.*

619 Fendiline
13042-18-7   4011   235-915-6

$C_{23}H_{25}N$
N-(3,3-Diphenylpropyl)-α-methyl-benzylamine.
Vasodilator (coronary). Calcium blocking agent. bp_1 = 183-187°.

620　Fendiline Hydrochloride
13636-18-5　4011

$C_{23}H_{25}N$
N-(3,3-Diphenylpropyl)-α-methyl-benzylamine hydrochloride.
HK-137; Cordan; Fendilar; Sensit. Vasodilator (coronary). mp = 204-205°; slightly soluble in H_2O; soluble in MeOH, EtOH, $CHCl_3$; LD_{50} (mus iv) = 14.5 mg/kg, (mus orl) = 950 mg/kg.

621　Flunarizine
52468-60-7　4179　257-937-5

$C_{26}H_{26}F_2N_2$
(E)-1-[Bis-(p-fluorophenyl)methyl]-4-cinnamylpiperazine.
Vasodilator (peripheral, cerebral). Calcium channel blocker. Fluoronated derivative of cinnarizine.

622　Flunarizine Hydrochloride
30484-77-6　4179　250-216-6
$C_{26}H_{28}Cl_2F_2N_2$
(E)-1-[Bis-(p-fluorophenyl)methyl]-4-cinnamylpiperazine dihydrochloride.
R-14950; Dinaplex; Flugeral; Flunagen; Flunarl; Fluxarten; Gradient; Issium; Mondus; Sibelium. Vasodilator (peripheral, cerebral). Calcium challel blocker. mp = 251.5°.

623　Furnidipine
138661-03-7

$C_{21}H_{24}N_2O_7$
(±)-Methyl tetrahydrofurfuryl-1,4-dihydro-2,6-dimethyl-4-(o-nitrophenyl)-3,5-pyridinedicarboxylate.
A calcium channel blocker. Antihypertensive.

624　Gallopamil
16662-47-8　4369

$C_{28}H_{40}N_2O_5$
5-[(3,4-Dimethoxyphenethyl)-methyl-amino]-2-isopropyl-2-(3,4,5-trimethoxyphenyl)valeronitrile.
methoxyverapamil; D-600. Antianginal agent. Calcium channel blocking agent, related to verapamil. Pale yellow viscous oil. Knoll Pharmaceutical Co.

625　Gallopamil Hydrochloride
16662-46-7　4369　240-704-7
$C_{28}H_{40}N_2O_5$
5-[(3,4-Dimethoxyphenethyl)-methylamino]-2-isopropyl-2-(3,4,5-trimethoxyphenyl)valeronitrile hydrochloride.
Algoclor; Procorum. Antianginal agent. Calcium channel blocking agent, related to verapamil. mp = 145-148°. Knoll Pharmaceutical Co.

626 Isradipine
75695-93-1   5260

$C_{19}H_{21}N_3O_5$
Isopropyl methyl (±)-4-(4-benzofurazanyl)-1,4-dihydro-2,6-dimethyl-3,5-pyridinedicarboxylate.
DynaCirc; PN 200-110; Clivoten; Dynacrine; Esradin; Lomir; Prescal; Rebriden. Antihypertensive and antianginal. mp = 168-170°; [(S)-(+)-form (PN-205-033)]: mp = 142°; $[\alpha]_D^{20}$ = 6.7° (c = 1.5 EtOH); [(R)-(-)-form (PN-205-034)]: mp = 140°; $[\alpha]_D^{20}$ = 6.7° (c = 1.5 EtOH). Sandoz Pharmaceuticals Corp.

627 Lacidipine
103890-78-4   5344

$C_{26}H_{33}NO_6$
4-[o-[(E)-2-Carboxyvinyl]phenyl]-1,4-dihydro-2,6-dimethyl-3,5-pyridinedicarboxylic acid 4-tert-butyldiethyl ester.
GR-43659X; GX-1048; Caldine; Lacipil; Lacirex; Motens. Dihydropyridine calcium channel blocker used as an antihypertensive agent. mp = 174-175°. Glaxo Wellcome, UK.

628 Lemildipine
125729-29-5

$C_{20}H_{22}Cl_2N_2O_6$
3-Isopropyl 5-methyl (±)-4-(2,3-dichlorophenyl)-1,4-dihydro-2-(hydroxymethyl)-6-methyl-3,5-pyridinedicarboxylate carbamate (ester).
Dihydropyridine calcium channel blocker.

629 Lercanidipine
100427-26-7   5469

$C_{36}H_{41}N_3O_6$
(±)-2-[(3,3-Diphenylpropyl)methylamino]-1,1-dimethylethyl methyl 1,4-dihydro-2,6-dimethyl-4-(m-nitrophenyl)-3,5-pyridinedicarboxylate. masnidipine. Dihydropyridine calcium channel blocker used as an antihypertensive agent. Recordati Industria Chimica.

630 Lercanidipine Hydrochloride
132866-11-6   5469
$C_{36}H_{42}ClN_3O_6$
(±)-2-[(3,3-Diphenylpropyl)methylamino]-1,1-dimethylethyl methyl 1,4-dihydro-2,6-dimethyl-4-(m-nitrophenyl)-3,5-pyridinedicarboxylate hydrochloride.
Rec-15-2375; R-75. Dihydropyridine

calcium channel blocker used as an antihypertensive agent. [hemihydrate]: mp = 119-123°; LD_{50} (mus ip) = 83 mg/kg, (mus orl) = 657 mg/kg. Recordati Industria Chimica.

631 Levemopamil
101238-51-1

$C_{23}H_{30}N_2$
(-)-S-2-Isopropyl-5-(methylphenylamino)-2-phenylvaleronitrile.
(S)-emopamil. A phenylalkylamine calcium channel blocker with antagonistic action on serotonin 5-HT2 receptors.

632 Levosemotiadil
116476-16-5

$C_{29}H_{32}N_2O_6S$
(-)-(S)-2-[5-Methoxy-2-[3-[methyl[2-[3,4-(methylenedioxy)phenoxy]ethyl]amino]propoxy]phenyl]-4-methyl-2H-1,4-benzothiazin-3(4H)-one.
SD-3212 [as fumarate]. A benzothiazine calcium channel antagonist.

633 l-Gallopamil Hydrochloride
36222-39-6   4369
$C_{28}H_{40}N_2O_5$
l-5-[(3,4-Dimethoxyphenethyl)methylamino]-2-isopropyl-2-(3,4,5-trimethoxyphenyl)valeronitrile hydrochloride.
Algoclor; Procorum. Antianginal agent. Calcium channel blocking agent, related to verapamil. mp = 160.5-161.5°; $[\alpha]_D^{25}$ = -11.7° (c = 5.04 EtOH). Knoll Pharmaceutical Co.

634 Lidoflazine
3416-26-0   5507   222-312-8

$C_{30}H_{35}F_2N_3O$
4-[4,4-bis(p-Fluorophenyl)butyl]-1-piperazineaceto-2',6'-xylidide.
Clinium; McN-JR-7094; R-7904; Angex; Klinium; Ordiflazine; Corflazine. Coronary vasodilator and antianginal agent. Used for treatment of angina pectoris. mp = 159-161°; soluble in $CHCl_3$, less soluble in other organic solvents, insoluble in H_2O. Janssen Pharmaceutical, Belgium; McNeil Pharmaceutical.

635 Lomerizine
101477-55-8   5593

$C_{27}H_{30}F_2N_2O_3$
1-[Bis(4-Fluorophenyl)methyl]-4-[(2,3,4-trimethyoxyphenyl)methyl]methyl]piperazine.
Antimigrane; vasodilator (cerebral). Diphenylpiperazine calcium channel blocker; selective cerebral vasodilator.

Antihypertensive Agents

636   Lomerizine Hydrochloride
101477-54-7   5593
$C_{27}H_{32}Cl_2F_2N_2O_3$
1-[Bis(4-Fluorophenyl)methyl]-4-[(2,3,4-trimethoxyphenyl)methyl]methyl]piperazine dihydrochloride.
KB-2796. Antimigrane; vasodilator (cerebral). Calcium channel blocker. mp = 214-218° (dec), 204-207°; LD_{50} (mus orl) = 300 mg/kg.

637   Manidipine
89226-50-6   5786

$C_{35}H_{38}N_4O_6$
2-[4-(Diphenylmethyl)-1-piperazinyl]ethyl methyl (±)-1,4-dihydro-2,6-dimethyl-4-(m-nitrophenyl)-3,5-pyridinedicarboxylate.
franidipine. Dihydropyridine calcium channel blocker used as an antihypertensive agent. mp= 125-128°. *Takeda.*

638   Manidipine 6300
120092-68-4   5786
$C_{35}H_{38}N_4O_6$
2-[4-(Diphenylmethyl)-1-piperazinyl]ethyl methyl (±)-1,4-dihydro-2,6-dimethyl-4-(m-nitrophenyl)-3,5-pyridinecarboxylate.
Calcium channel blocker. Vasodilator; antihypertensive. mp = 125-128°. *Takeda.*

639   Manidipine Dihydrochloride
89226-75-5   5786
$C_{35}H_{39}ClN_4O_6$
2-[4-(Diphenylmethyl)-1-piperazinyl]ethyl methyl (±)-1,4-dihydro-2,6-dimethyl-4-(m-nitrophenyl)-3,5-pyridinedicarboxylate hydrochloride.
CV-4093; Calslot. Calcium channel blocker; antihypertensive. LD_{50} (mmus sc) = 387 mg/kg, (mmus ip) = 62.2 mg/kg, (mmus orl) = 190 mg/kg, (fmus sc) = 340 mg/kg), (fmus ip) = 68.0 mg/kg, (fmus orl) = 171 mg/kg, (mrat sc) = 222 mg/kg, (mrat ip) = 66.5 mg/kg, (mrat orl) = 247 mg/kg, (frat sc) = 199 mg/kg, (frat ip) = 48.8 mg/kg, (frat orl) = 156 mg/kg); [α form]: mp = 157-163°; [β-form]: mp = 174-180°. *Takeda.*

640   Manidipine Dihydrochloride Monohydrate
5786
$C_{35}H_{40}Cl_2N_4O_6$
2-[4-(Diphenylmethyl)-1-piperazinyl]ethyl methyl (±)-1,4-dihydro-2,6-dimethyl-4-(m-nitrophenyl)-3,5-pyridine carboxylate dihydrochloride monohydrate.
Calcium channel blocker. Vasodilator; antihypertensive. mp = 167-170. *Takeda.*

641   Mesudipine
62658-88-2

$C_{19}H_{24}N_2O_4S$
Diethyl 1',4'-dihydro-2',6'-dimethyl-2-(methylthio)[3,4'-bipyridine]-3',5'-dicarboxylate.
Calcium channel blocker.

642   Mibefradil
116644-53-2   6261

$C_{29}H_{38}FN_3O_3$
(1S,2S)-[2-[[3-(2-Benzimidazolyl)propyl]methylamino]ethyl-6-fluoro-1,2,3,4-tetrahydro-1-isopropyl-2-naphthyl methoxyacetate.
Calcium channel blocker with antihypertensive activity. *Hoffmann-LaRoche Inc.*

Antihypertensive Agents

643 Mibefradil Dihydrochloride
116666-63-8   6261
$C_{29}H_{40}Cl_2FN_3O_3$
(1S,2S)-[2-[[3-(2-Benzimidazolyl)propyl]-methylamino]ethyl]-6-fluoro-1,2,3,4-tetrahydro-1-isopropyl-2-naphthyl methoxyacetate dihydrochloride.
Posicor; Ro-40-5967/001. Calcium channel blocker with antihypertensive activity. Blocks both L- and T-type calcium channels with a more selective blockade of T-type channels. mp = 128°; soluble in H_2O. Hoffmann-LaRoche Inc.

644 Nexopamil
136033-49-3

$C_{24}H_{40}N_2O_3$
(2S)-5-(Hexylmethylamino)-2-isopropyl-2-(3,4,5-trimethoxyphenyl)valeronitrile. LU-49938. Serotonin 5-HT2 receptor and calcium channel antagonist. A verapamil derivative.

645 Nicardipine
55985-32-5   6579   259-932-3

$C_{26}H_{29}N_3O_6$
2-(Benzylmethylamino) ethyl methyl 1,4-dihydro-2,6-dimethyl-4-(m-nitrophenyl)-3,5-pyridinedicarboxylate.
Antianginal, antihypertensive agent. Dihydropyridine calcium channel blocker. Has anti-hypertensive properties. Yamanouchi U.S.A. Inc.; Syntex Labs. Inc.

646 Nicardipine Hydrochloride
54527-84-3   6579   259-198-4
$C_{26}H_{30}Cl9N_3O_6$
2-(Benzylmethylamino) ethyl methyl 1,4-dihydro-2,6-dimethyl-4-(m-nitrophenyl)-3,5-pyridinedicarboxylate monohydrochloride.
Cardene; YC-93; RS-69216; RS-69216-XX-07-0; Barizin; Bionicard; Dacarel; Lecibral; Lescodil; Loxen; Nerdipina; Nicant; Nicardal; Nicarpin; Nicapress; Nicodel; Nimicor; Perdipina; Perdipine; Ranvil; Ridene; Rycarden; Rydene; Vasodin; Vasonase. Antianginal, antihypertensive agent. Dihydropyridine calcium channel blocker. Has antihypertensive properties. [α form]: mp = 179-181°; [β form]: mp = 168-170°; LD_{50} (mrat orl) = 634 mg/kg, (mrat iv) = 18.1 mg/kg, (frat orl) = 557 mg/kg, (frat iv) = 25.0 mg/kg, (mmus orl) = 634 mg/kg, (mmus iv) = 20.7 mg/kg, (fmus orl) = 650 mg/kg, (fmus iv) = 19.9 mg/kg. Yamanouchi U.S.A. Inc.; Syntex Labs. Inc.

647 Nifedipine
21829-25-4   6617   244-598-3

$C_{17}H_{18}N_2O_6$
Dimethyl 1,4-dihydro-2,6-dimethyl-4-(o-nitrophenyl)-3,5-pyridinedicarboxylate.
Adalat; Adalat CC; Procardia; Procardia XL; Bay a 1040; Hexadilat; Introcar; Kordafen; Nifedicor; Nifedin; Nifelan; Nifelat; Nifensar XL; Orix; Oxcord; Pidilat; Procardia; Sepamit; Tibricol; Zenusin. Coronary vasodilator used as an antianginal agent. mp = 172-174°; λ_m = 340, 235 nm (ε 5010, 21590 MeOH), 338, 238 nm (ε 5740 20600 0.1N HCl), 340, 238 nm (5740, 20510 0.1N NaOH); soluble in Me_2CO (25.0 g/100 ml), CH_2Cl_2 (16 g/100ml), $CHCl_3$ (14 g/100

ml), EtOAc (5 g/100 ml), MeOH (2.6 g/100 ml), EtOH (1.7 g/100 ml); LD_{50} (mus orl) = 494 mg/kg, (mus iv) = 4.2 mg/kg, (rat orl) = 1022 mg/kg, (rat iv) = 15.5 mg/kg. *Bayer AG; Pratt Pharmaceuticals.*

648 Niludipine
22609-73-0   245-120-6

$C_{25}H_{34}N_2O_8$
Bis(2-propoxyethyl) 1,4-dihydro-2,6-dimethyl-4-(3-nitrophenyl)-,3,5-Pyridinedicarboxylate.
Bay a 7168. Voltage-sensitive calcium channel blocker with antianginal activity.

649 Nilvadipine
75530-68-6   6637

$C_{19}H_{19}N_3O_6$
5-Isopropyl 3-methyl 2-cyano-1,4-dihydro-6-methyl-4-(m-nitrophenyl)-3,5-pyridinedicarboxylate.
CL-287389; FK-235; SK&F-102362; Escor; Nivadil. Antianginal, antiarrhythmic agent. A β-adrenergic blocker. mp = 148-150°; [(+) form]: $[\alpha]_D^{20}$ = 222.42° (c = 1 MeOH); [(-) form]: $[\alpha]_D^{20}$ = -219.62° (c= 1 MeOH). *Fujisawa USA, Inc.; SmithKline Beecham Pharmaceuticals.*

650 Nimodipine
66085-59-4   6643   266-127-0

$C_{21}H_{26}N_2O_7$
Isopropyl 2-methoxyethyl 1,4-dihydro-2,6-dimethyl-4-(m-nitrophenyl)-3,5-pyridinedicarboxylate.
BAY e 9736; Admon; Nimotop; Periplum. Vasodilator (cerebral). A dihydropyridine calcium channel blocker. mp = 125°; $[\alpha]_D^{20}$((-)-form) = -7.93° (c = 0.374 in dioxane); LD_{50} (mus orl) = 3562, (rat orl) = 6599, (mus iv) = 33 mg/kg, (rat iv) = 16 mg/kg; [(+)-form]: $[\alpha]_D^{20}$ = +7.9° (c = 0.439 in dioxane).

651 Nisoldipine
63675-72-9   6658   264-407-7

$C_{20}H_{24}N_2O_6$
1,4-Dihydro-2,6-dimethyl-4-(2-nitrophenyl)-3,5-pyridinedicarboxylic acid methyl 2-methylpropyl ester.
Bay k 5552; Baymycard; Norvasc; Syscor; Zadipina; Nisocor; Sular. Antianginal, antihypertensive agent. Calcium channel blocker. Used as an antihypertensive and anti-anginal. mp = 151-152°. *Bayer AG; Zeneca Pharmaceuticals.*

Antihypertensive Agents

652 Nitrendipine
39562-70-4   6669   254-513-1

$C_{18}H_{20}N_2O_6$
(±)-Ethyl methyl-1,4-dihydro-2,6-dimethyl-4-(m-nitrophenyl)-3,5-pyridinedicarboxylate.
Baypress; Bay e 5009; Bayotensin; Bylotensin; Deiten; Nidrel. Dihydropyridine calcium channel blocker used as an antihypertensive agent. mp = 158°; insoluble in H_2O; LD_{50} (mus iv)= 39 mg/kg, (mus orl) = 2540 mg/kg, (rat iv) = 12.6 mg/kg, (rat orl) > 10000 mg/kg. Bayer AG.

653 Otilonium Bromide
26095-59-0   247-457-4

$C_{29}H_{43}BrN_2O_4$
Diethyl(2-hydroxyethyl)methylammonium bromide p-[o-(oxtyloxy)-benzamido]benzoate.
SP-63; Spasmomen. A muscarinic and tachykinin NK2 receptor antagonist and calcium channel blocker. Used for the symptomatic treatment of irritable bowel syndrome. Anticholinergic; spasmolytic agent.

654 Oxodipine
90729-41-2

$C_{19}H_{21}NO_6$
Ethyl methyl 1,4-dihydro-2,6-dimethyl-4-[2,3-(methylenedioxy)phenyl]-3,5-pyridinedicarboxylate.
Calcium channel blocker.

655 Palonidipine
96515-73-0

$C_{29}H_{34}FN_3O_6$
(±)-3-(Benzylmethylamino)-2,2-dimethylpropyl methyl 4-(2-fluoro-5-nitrophenyl)-1,4-dihydro-2,6-dimethyl-3,5-pyridinedicarboxylate.
TC-81 [as hydrochloride]. Calcium channel blocker.

656 Perhexiline
6621-47-2   7305   229-569-5

$C_{19}H_{35}N$
2-(2,2-Dicyclohexylethyl)piperidine.
perhexilene. Vasodilator (coronary); diuretic. Calcium blocking agent.

657 Perhexiline Maleate
6724-53-4   7305   229-775-5
$C_{23}H_{39}NO_4$
2-(2,2-Dicyclohexylethyl)piperidine maleate (1:1).
perhexilene maleate; Pexid. Vasodilator (coronary); diuretic. Calcium blocking agent. mp = 188.5-191°; LD_{50} (rat orl) > 7000 mg/kg, (mus orl) = 4370 mg/kg.

658 Piprofurol
40680-87-3   255-035-6

$C_{26}H_{33}NO_6$
α-[2-(4-Hydroxyphenyl)ethyl]-4,7-dimethoxy-6-[2-(1-piperidinyl)ethoxy]-5-benzofuranmethanol.
A benzofuran chalcon derivative. Calcium channel blocker.

659 Pranidipine
99522-79-9

$C_{25}H_{24}N_2O_6$
(E)-Cinnamyl methyl (±)-1,4-dihydro-2,6-dimethyl-4-(m-nitrophenyl)-3,5-pyridinedicarboxylate.
OPC-13340. A dihydropyridine. Calcium channel blocker.

660 Prenylamine
390-64-7   7919   206-869-4

$C_{24}H_{27}N$
N-(3,3-Diphenylpropyl)-α-methylphenethylamine.
B-436; Elecor. Vasodilator (coronary). mp = 36.5-37.5°.

661 Prenylamine Lactate
69-43-2   7919   200-705-5
$C_{27}H_{33}NO_3$
N-(3,3-Diphenylpropyl)-α-methylphenethylamine lactate.
Angormin; Bismetin; Carditin-Same; Coredamin; Corontin; Crepasin; Daxauten; Hostaginan; Incoran; Irrorin; Lactamin; Plactamin; Reocorin; Roinin; Seccidin; Sedolaton; Segontin; Synadrin. Vasodilator (coronary). mp = 140-142°; λ_m = 260 nm ($E^{1\%}_{1cm}$ 170 in $CHCl_3$); sparingly soluble in H_2O (0.5%); soluble in organic solvents.

662 Riodipine
71653-63-9

$C_{18}H_{19}F_2NO_5$
Dimethyl 4-[o-(difluoromethoxy)phenyl]-1,4-dihydro-2,6-dimethyl-3,5-pyridinedicarboxylate.
ryodipine. Derivative of phenylpyridine. Calcium channel blocker.

Antihypertensive Agents

663   Ronipamil
85247-77-4

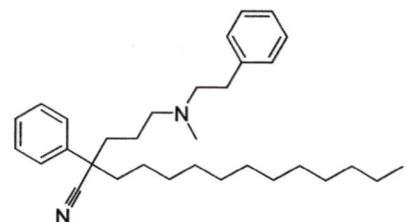

$C_{32}H_{48}N_2$
(±)-2-[3-(Methylphenethylamino)propyl]-2-phenyltetradecanenitrile.
A long acting phenylalkylamine derivative. Vasodilator (coronary); calcium antagonist.

664   Semotiadil
116476-13-2   8590

$C_{29}H_{32}N_2O_6S$
(R)-2-[2-[3-[[2-(1,3-Benzodioxol-5-yloxy)ethyl]methylamino]propoxy]-5-methoxyphenyl]-4-methyl-2H-1,4-benzothiazin-3(4H)-one.
sesamodil;   DS-4823.   Antianginal, antiarrhythmic agent. A β-adrenergic blocker. *Santen.*

665   Semotiadil Fumarate
116476-14-3   8590
$C_{33}H_{36}N_2O_{10}S$
(R)-2-[2-[3-[[2-(1,3-Benzodioxol-5-yloxy)ethyl]methylamino]propoxy]-5-methoxyphenyl]-4-methyl-2H-1,4-benzothiazin-3(4H)-one fumarate.
SD-3211. Antianginal, antiarrhythmic agent. A β-adrenergic blocker. mp = 134-135°; $[\alpha]_D^{25}$= 195° (DMSO). *Santen.*

666   Teludipine
108687-08-7

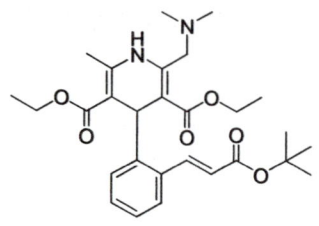

$C_{28}H_{38}N_2O_6$
4-[o-[(E)-2-Carboxyvinyl]phenyl]-2-[(dimethylamino)methyl]-1,4-dihydro-6-methyl-3,5-pyridinecarboxylic acid 4-tert-butyl diethyl ester.
Calcium channel blocker. Antihypertensive. *Glaxo Wellcome Inc.*

667   Teludipine Hydrochloride
108700-03-4
$C_{28}H_{39}ClN_2O_6$
4-[o-[(E)-2-Carboxyvinyl]phenyl]-2-[(dimethylamino)methyl]-1,4-dihydro-6-methyl-3,5-pyridinecarboxylic acid 4-tert-butyl diethyl ester monohydrochloride.
GR-53992B(GX-1296b). A dihydropyridine calcium channel blocker. Antihypertensive. *Glaxo Wellcome Inc.*

668   Terodiline
15793-40-5   9311

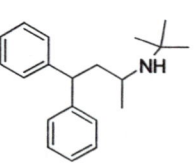

$C_{20}H_{27}N$
N-tert-Butyl-1-methyl-3,3-diphenyl-propylamine.
Coronary vasodilator used as an antianginal agent. bp_1= 130-132°. *Marion Merrell Dow Inc.*

669 Terodiline Hydrochloride
7082-21-5   9311
$C_{20}H_{28}ClN$
N-tert-Butyl-1-methyl-3,3-diphenyl-propylamine hydrochloride.
Bicor; Mictrol; Micturin; Micturol. Coronary vasodilator used as an antianginal agent. mp = 178-180°; soluble in EtOH, slightly soluble in Et_2O. Marion Merrell Dow Inc.

670 Valperinol
64860-67-9

$C_{16}H_{27}NO_4$
(2R*,4R*,4aS*,5R*,7S*,7aR*,8R*)-Hexahydro-4-methoxy-8-methyl-7a(piperidinomethyl)-2,5-methanocyclopenta-m-dioxin-7-ol.
Calcium antagonist.

671 Verapamil
52-53-9   10083   200-145-1

$C_{27}H_{38}N_2O_4$
5-[(3,4-Dimethoxyphenethyl)methylamino]-2-(3,4-dimethoxyphenyl)-2-isopropylvaleronitrile.
D-365; CP-16533-1; iproveratril. Antianginal and Class IV antiarrhythmic agent. Coronary vasodilator with calcium channel blocking activity. $bp_{0.001}$ = 243-246°; insoluble in H_2O; slightly soluble in C_6H_6, C_6H_{16}, Et_2O; soluble in EtOH, MeOH, Me_2CO, EtOAc, $CHCl_3$. Bristol-Myers Squibb Co.

672 Verapamil Hydrochloride
152-11-4   10083   205-800-5
$C_{27}H_{39}ClN_2O_4$
5-[(3,4-Dimethoxyphenethyl)methylamino]-2-(3,4-dimethoxyphenyl)-2-isopropylvaleronitrile hydrochloride.
Calan; isoptin; Verelan. Antianginal and Class IV antiarrhythmic agent. Coronary vasodilator with calcium channel blocking activity. mp = 138.5-140.5°; soluble in H_2O (7 g/100 g, 83 mg/ml), EtOH (26 mg/ml), propylene glycol (93 mg/ml), MeOH (> 100 mg/ml), iPrOH (4.6 mg/ml), EtOAc (1.0 mg/ml), DMF (> 100 mg/ml), CH_2Cl_2 (> 100 mg/ml), C_6H_{14} (0.001 mg/ml); LD_{50} (rat iv) = 16 mg/kg, (mus iv) = 8 mg/kg. Searle, G.D., & Co.; Knoll Pharmaceutical Co.; Parke-Davis; Lederle Labs.

Diuretics

673 Acefylline
652-37-9   22   211-490-2

$C_9H_{10}N_4O_4$
1,2,3,6-Tetrahydro-1,3-dimethyl-2,6-dioxopurine-7-acetic acid.
carboxymethyltheophylline; 7-theophyllineacetic acid; Aminodal [as sodium salt]. Diuretic, cardiotonic and bronchodilator. mp = 271°; [sodium salt]: mp > 300°. E. Merck.

674 Acetazolamide
59-66-5   50   200-440-5

$C_4H_6N_4O_3S_2$
N-(5-Sulfamoyl-1,3,4-thiadiazol-2-yl)-acetamide.
acetazoleamide; carbonic anhydrase inhibitor 6063; acetamox; atenezol;

cidamex; defiltran; diacarb; diamox; didoc; diluran; diureticum-Holzinger; diuriwas; diutazol; donmox; edemox; fonurit; glaupax; glupax; natrionex; nephramid; vetamox (sodium salt). Diuretic. Carbonic anhydrase inhibitor, used as diuretic, in treatment of glaucoma. mp = 258-259°; sparingly soluble in H$_2$O; pKa = 7.2. *Lederle Labs.*

675 Acetazolamide Sodium
1424-27-7   50
C$_4$H$_6$N$_4$NaO$_3$S$_2$
N-(5-Sulfamoyl-1,3,4-thiadiazol-2-yl)acetamide monosodium salt.
Diamox Parenteral; Vetamox. Diuretic. Carbonic anhydrase inhibitor, used as diuretic, in treatment of glaucoma. *Lederle Labs.*

676 Alipamide
3184-59-6

C$_9$H$_{12}$ClN$_3$O$_3$S
4-Chloro-3-sulfamoylbenzoic acid 2,2-dimethylhydrazide.
Cl-546; CN-38474; D-1721. Diuretic and antihypertensive. *Parke-Davis.*

677 Althazide
5588-16-9   326   226-994-8

C$_{11}$H$_{14}$ClN$_3$O$_4$S$_3$
3-[(Allylthio)methyl-6-chloro-3,4-dihydro-2H-1,2,4-benzothiadiazine-7-sulfonamide 1,1-dioxide.
P-1779; Altizide; Aldactazine. Diuretic and antihypertensive. mp = 206-207°. *Pfizer Inc.*

678 Amanozine
537-17-7   388

C$_9$H$_9$N$_5$
N-Phenyl-1,3,5-triazine-2,4-diamine.
N-phenylformoguanamine; W-1191-2; Urofort. Diuretic. mp= 235-236°; [hydrochloride]: mp = 258-260°. *Richter.*

679 Ambuphylline
5634-34-4   404   227-077-5

C$_{11}$H$_{19}$N$_5$O$_3$
2-Amino-2-methyl-1-propanol compound with theophylline.
Butaphyllamine; Nethaphyl; Bufylline; Buthoid. Diuretic and smooth muscle relaxant which serves as a bronchodilator. mp = 254-256°; soluble in H$_2$O (55 g/100 ml); LD$_{50}$ (rbt iv) = 163 mg/kg, (mus orl) = 600 mg/kg. *Marion Merrell Dow Inc.*

680 Ambuside
3754-19-6   405   223-158-4

C$_{13}$H$_{16}$ClN$_3$O$_5$S$_2$
N^1-Allyl-4-chloro-6-[(3-hydroxy-2-butenylidene)amino]-m-benzenedisulfonamide.
EX-4810; RMI-83047; Hydrion; Novohydrin. Diuretic and antihypertensive. mp = 205-207°; λ$_m$ = 343 nm (ε 32900). *Marion Merrell Dow Inc.*

Antihypertensive Agents

681 Amiloride
2609-46-3   426   220-024-7

$C_6H_8ClN_7O$
N-Amidino-3,5-diamino-6-chloro-pyrazinecarboxamide.
guanamprazine; amipramidin; amipramizide. Diuretic. Aldosterone antagonist. Potassium conserving agent. mp = 240.5-241.5°. *Merck & Co., Inc.*

682 Amiloride Hydrochloride
17440-83-4   426
$C_6H_9Cl_2N_7O \cdot 2H_2O$
N-Amidino-3,5-diamino-6-chloro-pyrazinecarboxamide monohydrochloride dihydrate.
Amilorin; Frumil; Midamide; Midamor; Moduretic; N-Amidino-3,5-diamino-6-chloropyrazinecarboxamide monohydrochloride dihydrate; Amikal; Colectril; Modamide. Diuretic. Aldosterone antagonist. Potassium conserving agent. mp = 285-288°; λ_m = 212, 285, 362 nm ($E_{1\ cm}^{1\%}$ 642, 555, 617 H_2O); slightly soluble in H_2O, EtOH; insoluble in organic solvents; freely soluble in DMSO. *Merck & Co., Inc.*

683 Aminometradine
642-44-4   471   211-384-6

$C_9H_{13}N_3O_2$
1-Allyl-6-amino-3-ethyluracil.
Mictine; Katapyrin; Mincard; Catapyrin. Diuretic. mp = 75-115°, [anhydrous]: mp = 143-144°. *Searle, G.D., & Co.*

684 Amisometradine
550-28-7   507   208-980-3

$C_9H_{13}N_3O_2$
6-Amino-3-1-(2-methylallyl)-2,4(1H,3H)-pyrimidinedione.
aminoisometradine; Rolicton. Diuretic. mp = 175°; soluble in H_2O (2 g/100 ml), EtOH, Me_2CO; insoluble in Et_2O; LD_{50} (mus orl) = 610 mg/kg, (mus ip) = 415 mg/kg. *Searle, G.D., & Co.*

685 Ammonium Acetate
631-61-8   520   211-162-9

$C_2H_7NO_2$
Acetic acid ammonium salt.
Mindererus's spirit. Diuretic. mp = 114°; d = 1.07; soluble in H_2O, EtOH; less soluble in Me_2CO.

686 Anaritide
95896-08-5
$C_{112}H_{175}N_{39}O_{35}S_3$
H-Arg-Ser-Ser-Cys-Phe-Gly-Glt-Arg-Met-Asp-Arg-Ile-Gly-Ala-Gln-Ser-Gly-Leu-Gly-Cys-Asn-Ser-Phe-Arg-Tyr-OH.
atriopeptid-21 (rat), N-L-arginyl-8-L-methionine-21a-L-phenylalanine-21b-L-arginine-21c-L-tyrosine; Wyeth 47,663. Diuretic and antihypertensive. *Wyeth Labs.*

687 Anaritide Acetate
104595-79-1
$C_{112}H_{175}N_{39}O_{35}S_3 \cdot xC_2H_4O_2$
H-Arg-Ser-Ser-Cys-Phe-Gly-Glt-Arg-Met-Asp-Arg-Ile-Gly-Ala-Gln-Ser-Gly-Leu-Gly-Cys-Asn-Ser-Phe-Arg-Tyr-OH.xCH$_3$COOH.
atriopeptid-21 (rat), N-L-arginyl-8-L-methionine-21a-L-phenylalanine-21b-L-

Antihypertensive Agents

arginine-21c-L-tyrosine acetate (salt); acetate. Diuretic and antihypertensive. Wyeth Labs.

688   Arbutin
497-76-7   812   207-850-3

$C_{12}H_{16}O_7$
4-Hydroxyphenyl-β-D-glucopyranoside. hydroquinone glucose; arbutoside; ursin; Uvasol. Diuretic and urinary anti-infective. mp = 165°, 199.5-200°; $[\alpha]_D^{25}$ = -64° (c = 3); soluble in H_2O, EtOH.

689   Azolimine
40828-45-3

$C_{10}H_{11}N_3O$
2-Imino-3-methyl-1-phenyl-4-imidazolidinone.
CL-90748. Diuretic.

690   Azosemide
27589-33-9   953   248-549-7

$C_{12}H_{11}ClN_6O_2S_2$
2-Chloro-5-(1H-tetrazol-5-yl)-N^4-2-thenylsulfanilamide.
Ple-1053; Diart; Diurapid; Luret. Diuretic. mp = 218-221°. Boehringer Mannheim GmbH.

691   Bemitradine
88133-11-3

$C_{15}H_{17}N_5O$
5-Amino-8-(2-ethoxyethyl)-7-phenyl-s-triazolo[1,5-c]pyrimidine.
SC-33643. Diuretic and antihypertensive. Searle, G.D., & Co.

692   Bendroflumethazide
73-48-3   1064   200-800-1

$C_{15}H_{14}F_3N_3O_4S_2$
3-Benzyl-3,4-dihydro-6-(trifluoromethyl)-2H-1,2,4-benzothiadiazine-7-sulfonamide 1,1-dioxide.
benzylhydroflumethiazide; benzydroflumethiazide; bendrofluazide; Naturetin; Corzide; Rautrax N; Rauzide; Aprinox; Benzy-Rodiuran; Berkozide; Bristuric; Bristuron; Centyl; Flumersil; Naturetin; Naturine; Neo-Naclex; Naigaril; Nikion; Orsile; Pluryle; Plusuril; Poliuron; Relan Beta; Salures; Sinesalin; Sodiuretic; Urlea. Diuretic and antihypertensive. A thiazide. mp = 224.5=225.5°, 221-223°; λ_m = 208, 273, 326 nm ($E_{1\ cm}^{1\%}$ 745, 565, 96 MeOH); soluble in Me_2CO, EtOH; insoluble in H_2O, $CHCl_3$, C_6H_6, Et_2O. Apothecon; Bristol-Myers Squibb Co.

693 Benzthiazide
91-33-8　　　1155　　　202-061-0

$C_{15}H_{14}ClN_3O_4S_3$
3-[(Benzylthio)methyl]-6-chloro-2H-1,2,4-benzothiadiazine-7-sulfonamide 1,1-dioxide.
Fovane; Exna; Aquatag; Dihydrex; Diucen; Edemex; ExNa; Exosalt; Freeuril; HyDrine; Lemazide; Proaqua; Urese. Diuretic. A thiazide. mp = 231-232°, 238-239°; insoluble in H_2O; soluble in alkaline solutions; LD_{50} (rat orl) >10000 mg/kg, (rat iv) = 422 mg/kg, (mus orl) > 5000 mg/kg, (mus iv) = 410 mg/kg. Robins, A.H. Co.

694 Benzylhydrochlorothiazide
1824-50-6　　　1171

$C_{14}H_{14}ClN_3O_4S_2$
3-Benzyl-3,4-dihydro-6-chloro-2H-1,2,4-thiadiazine-7-sulfonamide 1,1-dioxide. Behyd. Diuretic and antihypertensive. mp = 260-262°, 269°.

695 Besulpamide
90992-25-9

$C_{15}H_{16}ClN_3O_3S$
1-(4-Chloro-3-sulfamoylbenzamido)-2,4,6-trimethylpyridinium hydroxide inner salt.
Has diuretic properties.

696 Brocrinat
72481-99-3

$C_{15}H_9BrFNO_4$
[[7-Bromo-3-(o-fluorophenyl)-1,2-benzisoxazol-6-yl]oxy]acetic acid.
HP-522; HP-3522; P-78-3522. Diuretic. Hoechst-Roussel Pharmaceuticals Inc.

697 Bumetanide
28395-03-1　　　1508　　　249-004-6

$C_{17}H_{20}N_2O_5S$
3-(Butylamino)-4-phenoxy-5-sulfamoyl-benzoic acid.
Bumex; PF-1593; Ro-10-6338; Burinex; Fontego; Fordiuran; Lixil; Lunetoron. A high-ceiling, or loop diuretic. mp = 230-231°; LD_{50} (mus iv) = 330 mg/kg. Hoffmann-LaRoche Inc.

698 Butazolamide
16790-49-1　　　1545

$C_6H_{10}N_4O_3S_2$
N-[5-(Aminosulfonyl)-1,3,4-thiadiazol-2-yl]butanamide.
SKF-4965; Butamide. Diuretic. mp = 260-262° (dec). American Cyanamid.

Antihypertensive Agents

699 Buthiazide
2043-38-1   1554   218-048-8

$C_{11}H_{16}ClN_3O_4S_2$
6-Chloro-3,4-dihydro-3-isobutyl-2H-1,2,4-benzothiadiazine-7-sulfonamide 1,1-dioxide.
Su-6187; S-3500; Eunephran; Saltucin; Modenol. Diuretic and antihypertensive. A thiazide. mp= 228°, 241-245°. *Searle, G.D., & Co.*

700 Canrenoate Potassium
2181-04-6   1795   218-554-9

$C_{22}H_{29}KO_4$
Potassium 17-hydroxy-3-oxo-17α-pregna-4,6-diene-21-carboxylate.
SC-14266; Kanrenol; Soldactone; Venactone. Diuretic. *Searle, G.D., & Co.*

701 Canrenoic Acid
4138-96-9   223-963-0

$C_{22}H_{30}O_4$
17-Hydroxy-3-oxo-17α-pregna-4,6-diene-21-carboxylic acid.
Diuretic. *Searle, G.D., & Co.*

702 Canrenone
976-71-6   1795   213-554-5

$C_{22}H_{28}O_3$
17-Hydroxy-3-oxo-17α-pregna-4,6-diene-21-carboxylic acid σ lactone.
SC-9376; Phanurane. Diuretic. mp = 149-151°; $[\alpha]_D$ = 24.5° (CHCl$_3$); λ_m = 283 nm (ε 26700). *Searle, G.D., & Co.*

703 Chloraminophenamide
121-30-2   2119   204-463-1

$C_6H_8ClN_3O_4S_2$
4-Amino-6-chloro-1,3-benzenedisulfonamide.
Idorese. Diuretic. mp = 251-252°; λ_m = 223.5-224.5, 265-266, 312-314 nm (ε 41776, 18633, 3874); slightly soluble in H$_2$O. *Merck & Co., Inc.*

704 Chlorazanil
500-42-5   2123   207-904-6

$C_9H_8ClN_5$
2-Amino-4-p-chloroanilino-s-triazine.
chlorazinil; ASA-226; Diurazine; Triazurol; Orpizin; Daquin; Neo-Urofort; Neurofort. Diuretic. mp = 233-234°, 256-258°. *3M Pharmaceuticals.*

Antihypertensive Agents

705 Chlorazanil Hydrochloride
2019-25-2   2123   217-962-4
C₉H₉Cl₂N₅
2-Amino-4-p-chloroanilino-s-triazine hydrochloride.
Daquin; Doclizid T; Orpidan. Diuretic. mp = 227-228°. *3M Pharmaceuticals.*

706 Chlormerodrin
62-37-3   2154   200-530-4

C₅H₁₁ClHgN₂O₂
[3-(Chloromercuri)-2-methoxypropyl)]urea.
chlormeroprin; Mercloran; Neohydrin; Katonil; Mer-coral; Diurone; Percapyl; Merilid; Oricur. Diuretic. mp = 152-153°; soluble in H₂O (1.1 g/100 ml), EtOH (1.1 g/100 ml); poorly soluble in CHCl₃; pH (0.5% aqueous solution) = 4.3-5.0; LD₅₀ (rat orl) = 82 mg/kg. *Parke-Davis; Marion Merrell Dow Inc.*

707 Chlorothiazide
58-94-6   2221   200-404-9

C₇H₆ClN₃O₄S₂
6-Chloro-2H-1,2,4-benzothiadiazine-7-sulfonamide 1,1-dioxide.
Chlotride; Diuril; Diuril Boluses; Aldoclor; Diupres; Diuril Lyovac [as sodium salt]; Lyovac Diuril [as sodium salt]. Diuretic and antihypertensive. A thiazide. mp = 342.5-343°; soluble in DMSO, DMF; less soluble in MeOH, C₅H₅N; insoluble in Et₂O, CHCl₃, C₆H₆; poorly soluble in H₀. *Merck & Co., Inc.*

708 Chlorthalidone
77-36-1   2246   201-022-5

C₁₄H₁₁ClN₂O₄S
2-Chloro-5-(1-hydroxy-3-oxo-1H-isoindolinyl)benzenesulfonamide.
Hygroton; Thalitone; Combipres; Demi-Regroton; Regroton; Tenoretic; G-33182; NSC-69200. Diuretic and antihypertensive. Nonthiazide compound with a similar mechanism of action to the thiazide diuretics. mp= 224-226°; λ_m, 220 nm (MeOH); soluble in H₂O (12 mg/ml at 20°, 27 mg/ml at 37°); slightly soluble in EtOH, Et₂O. *Rhône-Poulenc Rorer Pharmaceuticals Inc.*

709 Clazolimine
40828-44-2

C₁₀H₁₀ClN₃O
1-(p-Chlorophenyl)-2-imino-3-methyl-4-imidazolidinone.
CL-88893. Diuretic.

710 Clofenamide
671-95-4   2434   211-588-5

C₆H₇ClN₂O₄S₂
4-Chloro-m-benzenedisulfonamide.
chlorphenamide; Salco; Saltron; Soluran;

Antihypertensive Agents

Aquedux; Haflutan. Diuretic. mp = 206-207°; soluble in hot H_2O, EtOH; less soluble in cold solvents.

711 Clopamide
636-54-4   2454   211-261-7

$C_{14}H_{20}ClN_3O_3S$
4-Chloro-N-(2,6-dimethylpiperidino)-3-sulfamoylbenzamide.
Aquex; DT-327; Adurix; Brinaldix; chlorsudimeprimyl. Diuretic and antihypertensive. *Sandoz Pharmaceuticals Corp.*

712 Clorexolone
2127-01-7   2466   218-342-6

$C_{14}H_{17}ClN_2O_3S$
6-Chloro-2-cyclohexyl-3-oxo-5-isoindolinesulfonamide.
M&B-8430; RP-12833; Flonatril; Nefrolan. Diuretic. mp = 266-268°; poorly soluble in H_2O (1.6 mg/100 ml). *Marion Merrell Dow Inc.*

713 Cyclopenthiazide
742-20-1   2813   212-012-5

$C_{13}H_{18}ClN_3O_4S_2$
6-Chloro-3-(cyclopentylmethyl)-3,4-dihydro-2H-1,2,4-benzothiadiazine-7-sulfonamide 1,1-dioxide.
Su-8341; NSC-107679; cyclomethiazide; tsiklometiazid; Su-8341; Navidrex;

Navidrix; Salimid. Diuretic. mp= 230°; LD_{50} (rat iv) = 142 mg/kg, (mus iv) = 232 mg/kg. *Ciba-Geigy Corp.*

714 Diapamide
3688-85-5

$C_9H_{11}ClN_2O_3S$
4-Chloro-N-methyl-3-(metylsulfamoyl)benzamide.
CI-456; CN-36,337; D-1593. Diuretic and antihypertensive. *Parke-Davis.*

715 Disulfamide
671-88-5   3427   211-585-9

$C_7H_9ClN_2O_4S_2$
5-Chlorotoluene-2,4-disulfonamide.
disulphamide; Disamide; Natirene 25. Diuretic. mp = 260°; λ_m = 285 nm (ϵ 805 EtOH); insoluble in H_2O; soluble in EtOH (1.89 - 2.23 g/100 ml), iPrOH (0.35 g/100 ml), $CHCl_3$ (0.001 g/100 ml). *BDH Laboratory Supplies.*

716 Epithiazide
1764-85-8   3661   217-181-9

$C_{10}H_{11}ClF_3N_3O_4S_2$
6-Chloro-3,4-dihydro-3[[(2,2,2-trifluoroethyl)thio]methyl]-2H-1,2,4-benzothiadiazine-7-sulfonamide 1,1-dioxide.
P-2105; NSC-108164; Thiaver. Diuretic and antihypertensive. mp = 206-207°. *Pfizer Inc.*

Antihypertensive Agents

717 Ethacrynate Sodium
6500-81-8   3761

$C_{13}H_{11}Cl_2NaO_4$
Sodium [2,3-dichloro-4-(2-methylene-butyryl)phenoxy]acetate.
Edecrin sodium; Lyovac Sodium Edecrin. Diuretic. λ_m = 225 nm (ε 15287 H_2O); soluble in H_2O (< 9 g/100 ml). Merck & Co., Inc.

718 Ethacrynic Acid
58-54-8   3761   200-384-1

$C_{13}H_{12}Cl_2O_4$
[2,3-Dichloro-4-(2-methylenebutyryl)-phenoxy]acetic acid.
Edecril; Edecrin; MK-595; Crinuril; Endecril; Hydromedin; Reomax; Taladren; Uregit. A high-ceiling, or loop diuretic. mp = 121-122°; sparingly soluble in H_2O, soluble in $CHCl_3$; LD_{50} (mus iv) = 176 mg/kg, (mus orl) = 627 mg/kg. Merck & Co., Inc.

719 Ethiazide
1824-58-4   3778   217-358-0

$C_9H_{12}ClN_3O_4S_2$
6-Chloro-3-ethyl-3,4-dihydro-2H-1,2,4-benzothiadiazine-7-sulfonamide 1,1-dioxide.
acthiazidum; Hypertane. Diuretic. mp = 269-270°. Ciba-Geigy Corp.; Merck & Co., Inc.; Lemmon Co.; Abbott Labs.; Parke-Davis; Searle, G.D., & Co.;

Wallace Labs.; Squibb, E.R. & Sons; Solvay Pharmaceuticals; Lederle Labs.

720 Ethoxzolamide
452-35-7   3801   207-199-5

$C_9H_{10}N_2O_3S_2$
6-Ethoxy-2-benzothiazolesulfonamide.
ethoxyzolamide; Cardrase; Ethamide; Glaucotensil; Redupresin. Diuretic. Carbonic anhydrase inhibitor, used as diuretic, in treatment of glaucoma. mp = 188-190.5°. Upjohn Ltd.

721 Etozolin
73-09-6   3934   200-794-0

$C_{13}H_{20}N_2O_3S$
[3-Methyl-4-oxo-5-(1-piperidinyl)-2-thiazolidinylidene]acetic acid ethyl ester.
Go-787; W-2900A; Elkapin. Diuretic. mp = 140°; λ_m = 283, 243 nm (log ε 4.32, 4.0 MeOH); LD_{50} (mus ip) = 1.210 g/kg, (rat ip) = 1.575 g/kg; [hydrochloride]: mp = 158-159°. Warner Lambert.

722 Famotidine
76824-35-6   3972

$C_8H_{15}N_7O_2S_3$
N'-(Aminosulfonyl)-3-(((2-((diamino-methylene)amino)-4-thiazolyl)methyl)-thio)propanimidamide.
Pepcid; Pepcid PM; Amfamox; Pepcidine; Pepcid AC; MK-208. Histamine H_2-receptor Antagonist. Used for short term treatment of active duodenal ulcers. mp = 163-164°; poorly soluble in H_2O

(1 g/l); more soluble in DMF (800 g/l), AcOH (500 g/l), MeOH (3 g/l); insoluble in EtOH, EtOAc, CHCl$_3$; LD$_{50}$ (mus iv) = 244,4 mg/kg. *Johnson & Johnson-Merck Consumer Pharmaceuticals ; Merck & Co., Inc.*

723 Fenquizone
20287-37-0   4039   243-689-5

C$_{14}$H$_{12}$ClN$_3$O$_3$S
(±)-7-Chloro-1,2,3,4-tetrahydro-4-oxo-2-phenyl-6-quinazolinesulfonamide.
M.G. 13054. Diuretic. mp > 310°; insoluble in H$_2$O. *Maggioni Farmaceutici S.p.A.*

724 Fenquizone Monopotassium
52246-40-9   4039
C$_{14}$H$_{11}$ClKN$_3$O$_3$S
(±)-7-Chloro-1,2,3,4-tetrahydro-4-oxo-2-phenyl-6-quinazolinesulfonamide monopotassium salt.
Idrolone. Diuretic. Soluble in H$_2$O. *Maggioni Farmaceutici S.p.A.*

725 Furosemide
54-31-9   4331   204-822-2

C$_{12}$H$_{11}$ClN$_2$O$_5$S
4-Chloro-N-furfuryl-5-sulfamoyl-anthranlic acid.
Diuretic salt; Disal; Lasix; Frumil; LB-502; Aisemide; Beronald; Desdemin; Discoid; Diural; Dryptal; Durafurid; Errolon; Eutensin; Frusetic; Frusid; Fulsix; Fuluvamide; Furesis; Furo-Puren; Furosedon; Hydro-rapid; Impugan; Katlex; Lasilix; Lowpston; Macasirool; Mirfat; Nicorol; Odemase; Oedemex; Profemin; Rosemide; Rusyde; Trofurit; Urex. Diuretic. Furosemide used with controlled release potassium chloride to control edema. A high-ceiling, or loop diuretic. mp = 206°; λ_m = 288, 276, 336 nm (E$_{1\ cm}^{1\%}$ 945, 588, 144 95% EtOH); soluble in Me$_2$CO, MeOH, DMF; less soluble in EtOH, H$_2$O, CHCl$_3$, Et$_2$O; LD$_{50}$ (frat orl) = 2600 mg/kg, (mrat orl) = 2820 mg/kg. *Astra Sweden; Fermenta Animal Health Co.; Elkins-Sinn; Hoechst-Roussel Pharmaceuticals Inc.; Parke-Davis; Rhône-Poulenc Rorer Pharmaceuticals Inc.*

726 Furterene
7761-75-3

C$_{10}$H$_9$N$_7$O
2,4,7-Triamino-6-(2-furyl)-pteridine.
Diuretic.

727 Glycerol
56-81-5   4493

C$_3$H$_8$O$_3$
1,3,5-Propanetriol.
glycerine; glycerin; tryhydroxypropane; incorporation factor; IFP; Bulbold; Cristal; Glyceol Opthalgan; Osmoglyn. Osmotic diuretic. Diagnostic aid (opthalmic). Used to reduced intraocular pressure and vitreous volume for ocular surgery. Syrupy liquid; mp = 178°; bp1.0:sk = 125.5; n$_D^{25}$ = 1.4730; d$_{25}^{25}$ = 1.24910; miscible with H$_2$O, alcohol; insoluble in C$_6$H$_6$, CHCl$_3$, CCl$_4$, petroleum ether, oils; LS$_{50}$ (rat orl) > 20 ml/kg, (rat iv) = 4.4 ml/kg.

728 Hydracarbazine
3614-47-9   4798   222-788-7

$C_5H_7N_5O$
6-Hydrazino-6-pyridazinecarboxamide. 3-hydrazinopyridazine-6-carboxamide; 3-hydrazino-6-carbamoylpyridazine; Normatensyl. Diuretic and antihypertensive. mp = 249-250° (dec). *Chimie et Atomistique.*

729 Hydrochlorothiazide
58-93-5   4822   200-403-3

$C_7H_{8Cl}N_3O_4S_2$
6-Chloro-3,4-dihydro-2H-1,2,4-benzothiadiazine-7-sulfonamide 1,1-dioxide.
chlorsulthiadil; Esidrex; Dichlotride; HydroDIURIL; Hydrozide; Oretic; Thiuretic; Acuretic; Aldactazide; Aldoril; Apresazide; Capla-ril; Capozide; Dyazide; Esimil; H.H. 25/25; H.H. 50/50; Hydropres; Hyzaar; Inderide; Lopressor HCT; Lotensin HCT; Maxzide; Moduretic; Prinzide; Ser-Ap-Es; Timolide; Unipres; Vaseretic; Ziac. Diuretic. A thiazide. mp= 273-275°; λ_m = 317, 271, 226 nm ($A^{1\%}_{1cm}$ 130, 654, 1280 MeOH/HCl); soluble in MeOH, EtOH, Me_2CO; insoluble in H_2O; LD_{50} (mus iv) = 590 mg/kg, (mus orl) > 8000 mg/kg. *Ciba-Geigy Corp.; Merck & Co., Inc.; Lemmon Co.; Abbott Labs.; Parke-Davis; Searle, G.D., & Co.; Wallace Labs.; Squibb, E.R. & Sons; Solvay Pharmaceuticals; Lederle Labs.; Wyeth Labs.*

730 Hydroflumethiazide
135-09-1   4830   200-203-6

$C_8H_8F_3N_3O_4S_2$
3,4-Dihydro-6-(trifluoromethyl)-2H-1,2,4-benzothiadiazine-7-sulfonamide 1,1-dioxide. 6-trifluoromethyl-3,4-dihydro-7-dulfmoyl-2H-1,2,4-benzothidiazine 1,1 dioxide; Diumide-K; Diucardin; Saluron; Salutensin; dihydroflumethiazide; methforylthiazidine; metflorylthiazidine; Bristab; Bristurin; Di-Ademil; Diucardin; Elodrine; Finuret; Hydol; Hydrenox; Leodrine; NaClex; Olmagran; Rodiuran; Rontyl; Sisuril; Vergonil. Diuretic with antihypertensive properties. A thiazide. mp = 272-273°; λ_m = 272.5 nm (log ε 4.286 MeOH); soluble in Me_2CO (> 100 mg/ml), MeOH (58 mg/ml), CH_3CN (43 mg/ml), H_2O (0.3 mg/ml), Et_2O (0.2 mg/ml), C_6H_6 (< 0.1 mg/ml); pK_1 = 8.9, pK_2 = 10.7; forms water soluble salts with bases; LD_{50} (mus orl) > 8000 mg/kg, (mus iv) = 750 mg/kg, (mus ip) = 6280 mg/kg. *Wyeth-Ayerst Labs.; Apothecon; Roberts Pharma-ceutical Corp.*

731 Indacrinone
57296-63-6

$C_{18}H_{14}Cl_2O_4$
(±)-[(6,7-Dichloro-2-methyl-1-oxo-2-phenyl-5-indanyl)oxy]acetic acid. MK-196. Diuretic and antihypertensive. *Merck & Co., Inc.*

732   Indapamide
26807-65-8   4969   248-012-7

$C_{16}H_{16}ClN_3O_3S$
4-Chloro-N-(2-methyl-1-indolinyl)-3-sulfamoylbenzamide.
3-(Aminosulfonly)-4-chloro-N-(2,3-dihydro-2-methyl-1H-indol-1-yl)benzamide; N-(3-sulfamyl-4-chlorobenzamido)-2-methylindoline; Lozol; S-1520; SE-1520; Bajaten; Damide; Fludex; Indaflex; Indamol; Ipamix; Natrilix; Noranat; Tandix; Veroxil; [hemihydrate] Pressural. Diuretic and antihypertensive. Non-thiazide compound with a similar mechanism of action to the thiazide diuretics. mp = 160-162°; LD_{50} (rat ip)= 393-421 mg/kg; (rat iv)= 394-440 mg/kg, (rat orl) > 3000 mg/kg, (mus ip) = 410-564 mg/kg, (mus iv) = 577-635 mg/kg, (mus orl) > 3000 mg/kg, (gpg ip) = 347-416 mg/kg, (gpg iv) = 272-358 mg/kg, (gpg orl) > 3000 mg/kg. *Apothecon; Rhône-Poulenc Rorer Pharmaceuticals Inc.*

733   Isosorbide
652-67-5   5244   211-492-3

$C_6H_{10}O_4$
1,4:3,6-Dianhydro-D-glucitol.
1,4:3,6-dianhydrosorbitol; Ismotic; AT-101; NSC-40725; Hydronol; Isobide. Osmotic diuretic. mp = 61-64°; $[\alpha]_D$ = + 44°. *Alcon Labs.*

734   Mannitol
69-65-8   5788   200-711-8

$C_6H_{14}O_6$
D-Mannitol.
mannite; manna sugar, cordycepic acid; SDM-25; Diosmol; Manicol; Mannidex; Osmitrol; Osmosal; Resectisol. Osmotic diuretic; also used as a renal function diagnostic aid. Used as a pharmaceutical excipient and flavoring agent. Found in plants; obtained from manna and seaweed. Produced by hydrogenation of invert sugar, monosaccharides, sucrose. mp= 166-168°; $bp_{3.5}$ = 290-295°; d^{20} = 1.52; $[\alpha]_D^{20}$= 23° (borax solution); soluble in H_2O (182 g/l), EtOH (12 g/l). *Astra Sweden; ICI Americas Inc.; Baxter Healthcare Corp.; Kendall McGaw Inc.; Zeneca Pharmaceuticals.*

735   Mefruside
7195-27-9   5847   230-562-4

$C_{13}H_{19}ClN_2O_5S_2$
4-Chloro-N^1-methyl-N^1-(tetrahydro-2-methylfurfuryl)-m-benzene-disulfonamide.
BAY-1500; Baycaron. Diuretic. The l form is the more active diuretic. [dl form]: mp= 149-150°; [d form]: mp = 146°; $[\alpha]_{578}^{20}$ = +5.4° (c = 2.026 MeOH); [l form]: mp = 146°; $[\alpha]_{578}^{20}$= -5.5° (c = 2.100 MeOH). *Bayer Corp.*

Antihypertensive Agents

736 Meralluride
8069-64-5   5913

$C_{16}H_{24}HgN_6O_8$
N-[[3-(Hydroxymercuri)-2-methoxypropyl]carbamoyl]succinamic acid compound with theophylline.
Mercuhydrin; Dilurgen; Mercardan; Mercuretin. Diuretic. Soluble in hot H_2O, AcOH; insoluble in EtOH, $CHCl_3$, Et_2O; LD_{50} (rat sc) = 28 ± 7 mg/kg. Marion Merrell Dow Inc.

737 Mercamphamide
127-50-4   5915

$C_{14}H_{25}HgNO_5$
3-[[3-(Hydroxymercuri)-2-methoxypropyl]carbamoyl]-1,2,2-trimethylcyclopentanecarboxylic acid.
Diuretic. Soluble in EtOH, slightly soluble in H_2O.

738 Mercaptomerin
20223-84-1   5918

$C_{16}H_{27}HgNO_6S$
[3-(3-Carboxy-2,2,3-trimethylcyclopentanecarboxamido)-2-methoxypropyl]-(hydrogen mercaptoacetato)mercury. Diuretic. American Home Products.

739 Mercaptomerin Sodium
21259-76-7   5918   244-298-2

$C_{16}H_{25}HgNNa_2O_6S$
[3-(3-Carboxy-2,2,3-trimethylcyclopentanecarboxamido)-2-methoxypropyl]-(hydrogen mercaptoacetato)mercury disodium salt.
Diucardyn sodium; Thiomerin sodium. Diuretic. mp = 150-155° (dec); soluble in H_2O, EtOH; insoluble in Et_2O, C_6H_6, $CHCl_3$. American Home Products.

740 Mercumallylic Acid-Theophylline Sodium
8018-15-3   5921

$C_{21}H_{21}HgN_4NaO_8$
[3-(3-Carboxy-2-oxo-2H-1-benzopyran-8-yl)-2-methoxypropyl]hydroxymercurate(1-) sodium with theophylline.
mercumatilin sodium; Cumertilin sodi-um. Diuretic. Soluble in H_2O; LD_{50} (rat iv) = 9.8 mg Hg/kg, (rat orl) = 238 mg Hg/kg. Endo.

741 Mercumatilin
86-36-2   5921

$C_{14}H_{14}HgO_6$
[3-(3-Carboxy-2-oxo-2H-1-benzopyran-8-yl)-2-methoxypropyl]hydroxymercurate(1-) hydrogen.
mercumallylic acid. Diuretic. mp = 155-

160°, 197°; slightly soluble in H₂O, EtOH, CHCl₃; insoluble in Et₂O. *Endo.*

742 Mercurophylline
8012-34-8   5915

$C_{21}H_{32}HgN_5NaO_7$
Sodium 3-[3-(hydroxymercuri)-2-methoxypropyl]camphoramate compound with theophylline.
Mercamphamide-theophylline; Novurit. Diuretic.

743 Mersalyl
492-18-2   5962   207-748-9

$C_{13}H_{16}HgNNaO_6$
Sodium o-[(3-hydroxymercuri-2-methoxypropyl)carbamoyl]phenoxyacetate.
Salyrgan; mercuramide; Mercusal; Mersalin. Diuretic. Soluble in H₂O (1 g/ml), less soluble in organic solvents; LD₅₀ (rat iv) = 17.7 mg/kg, (mus iv) = 72.6 mg/kg. *Hoechst; Ciba-Geigy Corp.*

744 Methalthiazide
5611-64-3

$C_{12}H_{16}ClN_3O_4S_3$
3-[(Allylthio)methyl]-6-chloro-3,4-dihydro-2-methyl-2H-1,2,4-benzothiadiazine-7-sulfonamide 1,1-dioxide.

P-2530. Diuretic and antihypertensive. A thiazide. *Pfizer Inc.*

745 Methazolamide
554-57-4   6031   209-066-7

$C_5H_8N_4O_3S_2$
N-(4-Methyl-2-sulfamoyl-Δ²-1,3,4-thiadiazolin-5-ylidene)acetamide.
Neptazane. Carbonic anhydrase inhibitor, used as diuretic, in treatment of glaucoma. mp = 213-214°; λ_m = 254 nm (log ε 3.66 95% EtOH), 247 nm (log ε3.61 0.1N NaOH). *Lederle Labs.*

746 Methyclothiazide
135-07-9   6086   205-172-2

$C_9H_{11}Cl_2N_3O_4S_2$
6-Chloro-3-(chloromethyl)-3,4-dihydro-2-methyl-2H-1,2,4-benzothiadiazine-7-sulfonamide 1,1-dioxide.
Enduron; Aquatensen; Enduronyl; Eutron; NSC-110431; Duretic; Naturon. Diuretic. A thiazide. mp= 225°; λ_m = 226, 267, 311 nm (ε 39300, 21250, 3300 MeOH); very soluble in Me₂CO, C₅H₅N; less soluble in MeOH, EOH; insoluble in H₂O, CHCl₃, C₆H₆. *Wallace Labs.; Carter-Wallace; Abbott Labs.*

747 Metiamide
34839-70-8

$C_9H_{16}N_4S_2$
1-Methyl-3-[2-[[(5-methylimidazol-4-yl)methyl]thio]ethyl]-2-thiourea.

SK&F-92058. Histamine H_2-receptor Antagonist. Used as an anti-ulcerative. *SmithKline Beecham Pharmaceuticals.*

748 Meticrane
1084-65-7   6220   214-112-4

$C_{10}H_{13}NO_4S_2$
7-Methylthiochroman-7-sulfonamide 1,1-dioxide.
SD-17102; Arresten; Fontilix. Diuretic. mp= 236-237°. *Soc. Ind. Fabric. Antiboit.*

749 Metochalcone
18493-30-6   6225   242-377-6

$C_{18}H_{18}O_4$
1-(2,4-Dimethoxyphenyl)-3-(4-methoxyphenyl)-2-propen-1-one.
CB-1314; Lesidrin; Vesidril; Vesidryl. Diuretic and choleretic. mp = 97°.

750 Metolazone
17560-51-9   6231   241-539-3

$C_{16}H_{16}ClN_3O_3S$
7-Chloro-1,2,3,4-tetrahydro-2-methyl-4-oxo-3-o-tolyl-6-quinazolinesulfonamide.
Mykrox; Zaroxolyn; SR-720-22; Diulo; Metenix;Oldren; Xuret. Diuretic and antihypertensive. Nonthiazide compound with a similar mechanism of action to the thiazide diuretics. mp= 252-254°; LD_{50} (mus orl) > 5000 mg/kg, (mus ip) > 1500 mg/kg. *Fisons Corp.*

751 7-Morpholinomethyltheophylline
5089-89-4   6363   225-808-2

$C_{12}H_{17}N_5O_3$
3,7-Dihydro-1,3-dimethyl-7-(4-morpholinylmethyl)-1H-purine-2,6-dione.
Xanturil. Diuretic. mp = 177°.

752 Muzolimine
55294-15-0   6397   259-573-2

$C_{11}H_{11}Cl_2N_3O$
3-Amino-1-(3,4-dichloro-α-methyl)-benzyl-2-pyrazolin-3-one.
Edrul®; BAY g 2821. Diuretic. mp = 127-129°; LD_{50} (mus orl) = 1794 mg/kg, (dog orl) = 2000 mg/kg, (rbt orl) = 1250 mg/kg, (rat orl) = 1559 mg/kg. *Bayer Corp.*

753 Niravoline
130610-93-4

$C_{22}H_{25}N_3O_3$
N-Methyl-2-(m-nitrophenyl)-N-[(1S,2S)-2-(1-pyrrolidinyl)-1-indanyl]acetamide.
RU-51599. A +lk-opioid receptor agonist. Diuretic; aquaretic. *Roussel-UCLAF.*

Antihypertensive Agents

754 Oleandrin
465-16-7   6963   207-361-5

$C_{32}H_{48}O_9$
16β-(Acetyloxy)-3β-[(2,6-dideoxy-3-O-methyl-α-L-arabino-hexopyranosyl)oxy]-14-hydroxy-5β-card-20(22)-enolide.
neriolin; Corrigen; Folinerin. Diuretic and cardiotonic. mp =250°; $[α]_D^{25}$= -48.0° (c = 1.3 MeOH); $λ_m$ = 220 nm (log ε 4.20); insoluble in H_2O; soluble in EtOH, $CHCl_3$.

755 Oxmetidine
72830-39-8

$C_{19}H_{21}N_5O_3S$
2-[[2-[[(5-Methylimidazol-4-yl)methyl]thio]ethyl]amino]-5-piperonyl-4-(1H)-pyrimidinone.
Histamine H_2-receptor Antagonist. Used as an anti-ulcerative. *SmithKline Beecham Pharmaceuticals.*

756 Oxmetidine Hydrochloride
63204-23-9
$C_{19}H_{23}Cl_2N_5O_3S$
2-[[2-[[(5-Methylimidazol-4-yl)methyl]thio]ethyl]amino]-5-piperonyl-4-(1H)-pyrimidinone dihydrochloride.
SK&F-92994-A_2. Histamine H_2-receptor Antagonist. Used as an anti-ulcerative. *SmithKline Beecham Pharmaceuticals.*

757 Oxmetidine Mesylate
84455-52-7
$C_{21}H_{29}N_5O_9S_3$
2-[[2-[[(5-methylimidazol-4-yl)methyl]thio]ethyl]amino]-5-piperonyl-4-(1H)-pyrimidinone dimethanesulfonate.
SK&F-92994-J_2. Histamine H_2-receptor antagonist. Used as an anti-ulcerative. Diuretic *SmithKline Beecham Pharmaceuticals.*

758 Oxycinchophen
485-89-2   7091   207-624-4

$C_{16}H_{11}NO_3$
3-Hydroxy-2-phenyl-4-quinolinecarboxylic acid.
3-hydroxy-2-phenylcinchoninic acid; 3-hydroxychinchophen; HCP; Fenidrone; Magnofenyl; Magnophenyl; Oxinofen; Reumalon. Antidiuretic; uricosuric. mp = 206-207°; slightly soluble in H_2O, Et_2O; more soluble in organic solvents; forms an alkaline, water-soluble sodium salt. *Chemo Puro.*

759 Ozolinone
56784-39-5   260-383-7

$C_{11}H_{16}N_2O_3S$
(Z)-3-Methyl-4-oxo-5-piperidino-$Δ^{2,α}$-thiazolidineacetic acid.
Goedecke 382. Diuretic. *Parke-Davis; Goedecke.*

760 Pamabrom
606-04-2   7133   210-103-4

$C_{11}H_{18}BrN_5O_3$
8-Bromotheophylline compound with 2-amino-2-methyl-1-propanol.
Midol; Premsyn PMS; Sunril. Diuretic. Formulated with acetaminophen and pyrilamine maleate. mp= 300° (dec); soluble in H_2O (> 30 g/100 ml). Sterling Health U.S.A.

761 Paraflutizide
1580-83-2   7157   216-426-7

$C_{14}H_{13}ClFN_3O_4S_2$
6-Chloro-3,4-dihydro-3-(p-fluorobenzyl)-2H-1,2,4-benzothiadiazine-7-sulfonamide 1,1-dioxide.
LD-3612. Diuretic. mp= 238-240°.

762 Penflutizide
1766-91-2   217-186-6

$C_{13}H_{18}F_3N_3O_4S_2$
3,4-Dihydro-3-pentyl-6-trifluoromethyl)-2H-1,2,4-benzothiadiazine-7-sulfonamide 1,1-dioxide.
A photosensitive compound. A thiazide diuretic.

763 Perhexiline
6621-47-2   7305   229-569-5

$C_{19}H_{35}N$
2-(2,2-Dicyclohexylethyl)piperidine.
perhexeline; Diuretic. Also behaves as a coronary vasodilator. [hydrochloride]: mp= 243-245.5°. Marion Merrell Dow Inc.

764 Perhexiline Maleate
6724-53-4   7305   229-775-5
$C_{23}H_{39}NO_4$
2-(2,2-Dicyclohexylethyl)piperidine maleate.
perhexelene maleate; Pexid. Diuretic. Also behaves as a coronary vasodilator. mp = 188-191°; LD_{50} (rat orl) > 7 g/kg, (mus orl) = 4.37 g/kg. Marion Merrell Dow Inc.

765 Piretanide
55837-27-9   7647   259-852-9

$C_{17}H_{18}N_2O_5S$
4-Phenoxy-3-(1-pyrrolidinyl))-5-sulfamoylbenzoic acid.
Arlix; HOE-118; S-73-4118; Arelix; Diumax; Eurelix; Tauliz. High-ceileing loop diuretic. Related to bumetanide. mp = 225-227°; fluoresces at 366 nm; LD_{50} (rat orl) = 5601 mg/kg, (mus orl) = 3672 mg/kg. Hoechst-Roussel Pharmaceuticals Inc.

766 Polythiazide
346-18-9   7744   206-468-4

$C_{11}H_{13}ClF_3N_3O_4S_3$
6-Chloro-3,4-dihydro-2-methyl-3-
[[(2,2,2-trifluoromethyl)thio]methyl]-2H-
1,2,4-benzothiadiazine-7-sulfonamide
1,1-dioxide.
Renese; P-2525; NSC-108161; Drenusil;
Nephril. Diuretic and antihypertensive. A
thiazide. mp= 202.5°; soluble in MeOH,
Me_2CO; insoluble in H_2O, $CHCl_3$. Pfizer
Inc.

767 Potassium Bitartrate
868-14-4   7776   212-769-1

$C_4H_5KO_6$
[R-(R*,R*)]-2,3-Dihydroxybutanedioic
acid monopotassium salt.
argol; potassium hydrogen tartrate;
cream of tartar; cremor tartari; faecula;
faecla. Diuretic, laxative and cathartic. A
crystalline crust deposited on the sides of
the vat in which grape juice has been
fermented; it contains 40-70% tartaric
acid, principally as potassium hydrogen
tartrate. Used as a laxative, cathartic and
diuretic. Soluble in H_2O (6.2 g/l at 25°,
61 g/l at 100°), less soluble in EtOH (1
g/l).

768 Potassium Carbonate
584-08-7   7781   209-529-3

CK_2O_3
Carbonic acid potassium salt.
salt of tartar; pearl ash. Diuretic. d =
2.29; mp= 891°; soluble in H_2O (1 g/ml);
insoluble in EtOH, organic solvents.

769 Potassium nitrate
7757-79-1   7815   231-818-8

KNO_3
Nitric acid potassium salt.
saltpeter, niter. Diuretic. mp = 333°; d =
2.11; soluble in H_2O (350 mg/ml),
insoluble in organic solvents; LD_{50} (rbt
orl) = 1.17 g/kg.

770 Protheobromine
50-39-5   8072   200-034-8

$C_{10}H_{14}N_4O_3$
1-(2-Hydroxypropyl)-3,7-dihydro-3,7-
dimethyl-1H-purine-2,6-dione.
Tebe; Bonicor. Diuretic. mp= 140-142°;
soluble in H_2O, $CHCl_3$, EtOH; insoluble
in Et_2O; LD_{50} (mus sc) = 580 mg/kg.

771 Quinethazone
73-49-4   8240   200-801-7

$C_{10}H_{12}ClN_3O_3S$
7-Chloro-2-ethyl-1,2,3,4-tetrahydro-4-
oxo-6-quinazolinesulfonamide.
CL-36010; Hydromox; Aquamox.
Diuretic and antihypertensive.
Nonthiazide compound with a similar
mechanism of action to the thiazide
diuretics. mp = 250-252°; soluble in
Me_2CO, EtOH. American Cyanamid.

Antihypertensive Agents

772   Ranitidine
66357-35-5   8286

$C_{13}H_{22}N_4O_3S$
N-[2-[[5-[(Dimethylamino)methyl]-furfuryl]thio]ethyl]-N'-methyl-2-nitro-1,1-ethylenediamine.
Histamine H_2-receptor Antagonist. Used as an anti-ulcerative. mp = 69-70°. *Glaxo Wellcome, UK.*

773   Ranitidine Bismuth Citrate
128345-62-0   8286

$C_{19}H_{27}BiN_4O_{10}S$
N-[2-[[5-[(Dimethylamino)methyl]-furfuryl]thio]ethyl]-N'-methyl-2-nitro-1,1-ethylenediamine compound with bismuth (3+) citrate (1:1).
Ranitidine bismutrex; GR-122311X; Pylorid. Histamine H_2-receptor Antagonist. Used as an anti-ulcerative. *Glaxo Wellcome, UK.*

774   Ranitidine Hydrochloride
66357-59-3   8286
$C_{13}H_{23}ClN_4O_3S$
N-[2-[[5-[(Dimethylamino)methyl]-furfuryl]thio]ethyl]-N'-methyl-2-nitro-1,1-ethylenediamine hydrochloride.
AH-19065; Azantac; Melfax; Noctone; Raniben; Ranidil; Raniplex; Zantac; Sostril; Taural; Terposen; Trigger; Ulcex; Ultidine; Zantic. Histamine H_2-receptor Antagonist. Anti-ulcerative. mp = 133-134°; soluble in H_2O, AcOH; less soluble in EtOH, MeOH; insoluble in organic solvents. *Glaxo Wellcome, UK.*

775   Sodium Citrate
68-04-2   8746   200-675-3

$C_6H_5Na_3O_7$
Trisodium citrate.
Cystemme; Citrosodine; Citnatin; Urisal. Diuretic. Used as a systemic alkalizer, diuretic, expectorant and sudorific. Soluble in H_2O (0.625 g/ml at 25°, 1.67 g/ml at 100°), insoluble in EtOH; LD_{50} (rat ip) = 1548 mg/kg.

776   Spironolactone
52-01-7   8917   200-133-6

$C_{24}H_{32}O_4S$
17-Hydroxy-7α-mercapto-3-oxo-17α-pregn-4-ene-21-carboxylic acid σ-lactone acetate.
Abbolactone; Aldactone; Aldactazide; SC-9420; Aldace; Aldopur; Almatol; Altex; Aquareduct; Deverol; Diatensec; Dira; Duraspiron; Euteberol; Lacalmin; Lacdene; Laractone; Nefurofan; Osiren; Osyrol; Sagisal; Sincomen; Spiretic; Spiroctan; Spiroderm; Spirolone; Spiro-Tablinen; Supra-Puren; Suracton; Urusonin; Verospiron; Xenalon. Diuretic. Aldosterone antagonist. Potassium sparing. Used for edema in cirrhosis of the liver, nephrotic syndrome, congestive heart failure, potentiation of thiazide and loop diuretics, hypertension and Conn's syndrome. mp = 134-135°, 201-202°; $[α]_D^{20}$ = -33.5° ($CHCl_3$); $λ_m$ = 238 nm (ε

20200); insoluble in H₂O, soluble in organic solvents. *Abbott Labs.; Searle, G.D., & Co.; Parke-Davis.*

777   Spiroxasone
6673-97-8

$C_{24}H_{34}O_3S$
4',5'-Dihydro-7α-mercaptospiro[androst-4-ene-17,2'-(3'H)-furan]-3-one acetate. Diuretic. *Merck & Co., Inc.*

778   Sufotidine
80343-63-1

$C_{20}H_{31}N_5O_3S$
1-[m-[3-[[1-Methyl-3-[(methylsulfonyl)-methyl]-1H-1,2,4-triazol-5-yl]amino]-propoxy]benzyl]piperidine.
AH-25352X. Histamine H₂-receptor Antagonist. Used as an anti-ulcerative. *Glaxo Wellcome, UK.*

779   Teclothiazide
4267-05-4   9261   224-253-3

$C_8H_7Cl_4N_3O_4S_2$
6-Chloro-3,4-dihydro-3-(trichloro-methyl)-2H-1,2,4-benzothiadiazine-7-sulfonamide 1,1-dioxide.
Diuretic. A thiazide. mp = 300-303°.

780   Teclothiazide Potassium
5306-80-9   9261   226-157-7

$C_8H+67Cl_4KN_3O_4S_2$
6-Chloro-3,4-dihydro-3-(trichloro-methyl)-2H-1,2,4-benzothiadiazine-7-sulfonamide 1,1-dioxide potassium salt.
PS-207; K-33; Depleil. Diuretic. A thiazide. LD_{50} (mus ip) = 4.75 g/kg.

781   Theobromine
83-67-0   9418   201-494-2

$C_7H_8N_4O_2$
3,7-Dihydro-3,7-dimethyl-1H-purine-2,6-dione.
3,7-dimethylxanthine. Diuretic, cardiotonic and bronchodilator. mp= 357°; soluble in H₂O (0.5 g/l), EtOH; insoluble in C_6H_6, Et_2O, $CHCl_3$, CCl_4.

782   Theocalcin
8065-51-8   9418

$C_{21}H_{18}CaN_4O_8$
Theobromine compound with calcium salicylate.
Calcium Diuretin. Diuretic. Amorphous powder, partially soluble in H₂O. *Knoll Pharmaceutical Co.*

Antihypertensive Agents

783 Ticrynafen
40180-04-9   9570   254-826-3

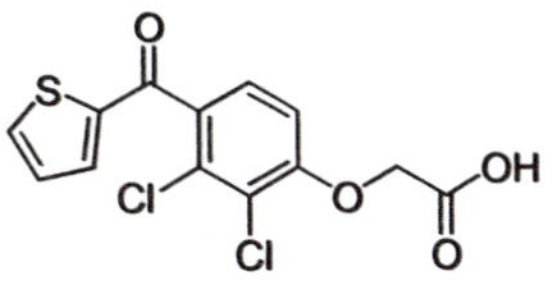

$C_{13}H_8Cl_2O_4S$
[2,3-Dichloro-4-(2-thienylcarbonyl)-phenoxy]acetic acid.
tienylic acid; thienylic acid; ANP-3624; CE-3624; SKF-62698; Difluorex; Selacryn. Diuretic, uricosuric, antihypertensive. mp = 148-149°, 157°; LD_{50} (mus iv) = 225 mg/kg, (mus orl) = 1275 mg/kg. *SmithKline Beecham Pharmaceuticals.*

784 Tienoxolol
90055-97-3

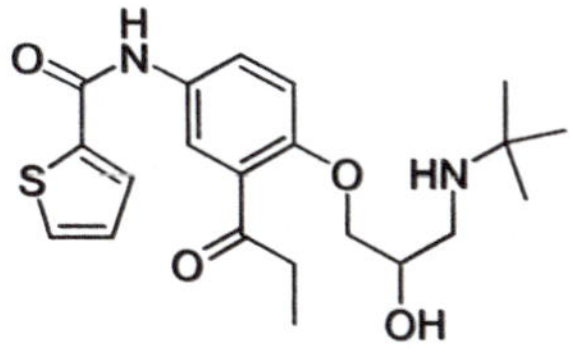

$C_{21}H_{28}N_2O_5S$
(±)-Ethyl 2-[3-(tert-butylamino)-2-hydroxy-propoxy]-5-(2-thienocarboxamido)-benzoate.
A diuretic beta-blocking agent.

785 Tifluadom
81656-30-6

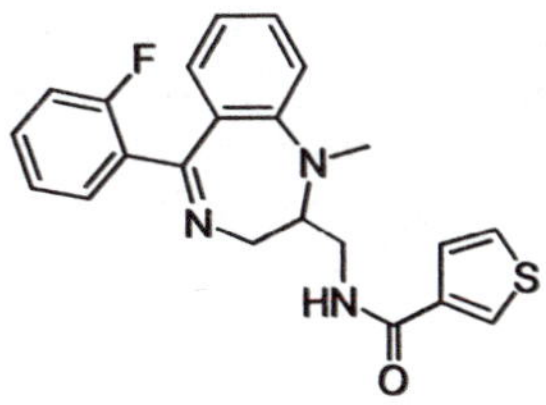

$C_{22}H_{20}FN_3OS$
(±)-N-[[5-(o-Fluorophenyl)-2,3-dihydro-1-methyl-1H-1,4-benzodiazepin-2-yl]-methyl]-3-thiophenecarboxamide.
KC-5103. Benzodiazepine. kappa opioid receptor agonist. Analgesic; diuretic.

786 Tiotidine
69014-14-8

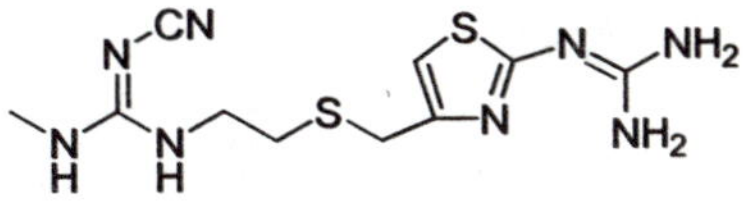

$C_{10}H_{16}N_8S_2$
2-Cyano-1-[2-[[[2-[(diaminomethylene)-amino]-4-thiazolyl]methyl]thio]ethyl]-3-methylguanidine.
ICI-125211. Histamine H_2-receptor Antagonist. Used as an anti-ulcerative. *ICI.*

787 Tizolemide
56488-58-5

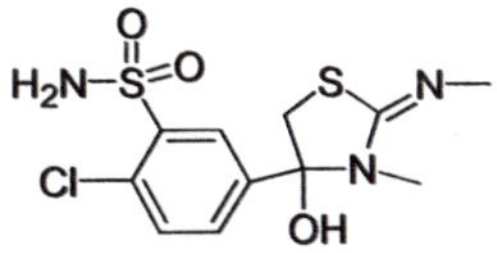

$C_{11}H_{14}ClN_3O_3S_2$
2-Chloro-5-[4-hydroxy-3-methyl-2-(methylimino)-4-thiazolidinyl]-benzenesulfonamide.
HOE-740. A sulphonamide. Diuretic. *Hoechst-Roussel Pharmaceuticals Inc.*

788 Torsemide
56211-40-6   9690

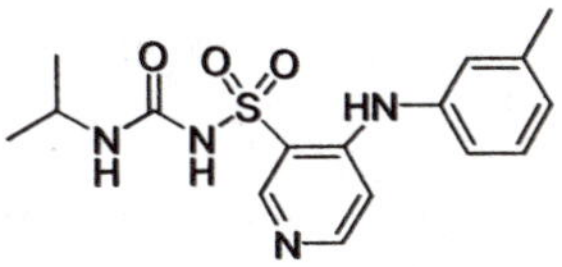

$C_{16}H_{20}N_4O_3S$
1-Isopropyl-3-[(4-m-toluidino-3-pyridyl)-sulfonyl]urea.
BM02.015; AC-4464; JDL-464; Demadex; Toradiur; Torem; Unat. Diuretic. mp = 163-164°. *Christiaens S.A.; Boehringer Mannheim GmbH.*

Antihypertensive Agents

789   Triamterene
396-01-0   9731   206-904-3

$C_{12}H_{11}N_7$
2,4,7-Triamino-6-phenylpteridine.
6-phenyl-2,4,7-pteridinetriamine; 6-phenyl-2,4,7-triaminopteridine; Dyrenium; Dyazide; SK&F-8542; NSC-77625; Ademin; Ademine; pterophene; pterofen; Jatropur; Teriam; Triteren; Urocaudal. Diuretic. Aldosterone antagonist. Potassium sparing. mp= 316°, 327°; λ_m = 356 nm (ε 21000 4.5% HCOOH). SmithKline Beecham Pharmaceuticals.

790   Trichlormethiazide
133-67-5   9754   205-118-8

$C_8H_8Cl_3N_3O_4S_2$
6-Chloro-3-(dichloromethyl)-3,4-dihydro-2H-1,2,4-thiadiazine-7-sulfonamide 1,1-dioxide.
hydrochlorothiazide; trichloromethiazide; Achletin; Anatran; Anistadin; Aponorin; Carvacron; Diurese; Esmarin; Fluitran; Fluitran; Flutra; Intromene; Kubacron; Metahydrin; Metatensin; Naqua; Naquasone; Naquival; Salirom; Tachionin; Tolcasone; Triflumen. Diuretic; antihypertensive. thiazide. mp= 248-250°, 266-273°; soluble in H_2O (0.8 mg/ml), EtOH (21 mg/ml), MeOH (60 mg/ml); LD_{50} (rat orl) > 20000 mg/kg. Merrell Pharmaceuticals Inc.; Schering Corp.; Marion Merrell Dow Inc.; Schering-Plough HealthCare Products.

791   Triflocin
13422-16-7

$C_{13}H_9F_3N_2O_2$
4-(α,α,α-Trifluoro-m-toluidino)-nicotinic acid.
C-65562. Diuretic.

792   Tripamide
73803-48-2   9866

$C_{16}H_{20}ClN_3O_3S$
4-Chloro-N-(endo-hexahydro-4,7-methanoisoindolin-2-yl)-3-sulfamoylbenzamide.
ADR-033; E-614; toripamide; E-614; Normonal. Diuretic and antihypertensive.

793   Ularitide
118812-69-4
$C_{145}H_{234}N_{52}O_{44}S_3$
L-Threonyl-L-alanyl-L-prolyl-L-arginyl-L-seryl-L-leucyl-L-arginyl-L-arginyl-L-seryl-L-seryl-L-cysteinyl-L-phenylalanylglycyl-glycyl-L-arginyl-L-methionyl-L-aspartyl-L-arginyl-L-isoleucylglycyl-L-alanyl-L-glutaminyl-L-serylglycyl-L-leucylglycyl-L-cysteinyl-L-asparaginyl-L-seryl-L-phenylalanyl-L-arginyl-L-tyrosine cyclic-(11→27)-disulfide.
urodilatin; CDD-95-126; ANP-95-126; H-Thr-Ala-Pro-Arg-Ser-Leu-Arg-Arg-Ser-Ser-Cys(11)-Phe-Gly-Gly-Arg-Met-Asp-Arg-Ile-Gly-Ala-Gln-Ser-Gly-Leu-Gly-Cys(27)-Asn-Ser-Phe-Arg-Tyr-OH cyclic-(11→27)-disulfide. A natriuretic peptide that exerts strong diuretic and natriuretic effects when infused intravenously. Used in the treatment of acute renal failure.

Antihypertensive Agents

794 Urea
57-13-6   10005   200-315-5

CH_4N_2O
Carbamide.
Elaqua XX; Nutraplus; Ureaphil; Aquacare; Panafil; Aquadrate; Basodexan; Hyanit; Keratinamin; Onychomal; Pastaron; Ureophil; Urepearl. Osmotic diuretic. mp = 132.7°; soluble in H_2O (1 g/ml), EtOH (5 g/100 ml), MeOH (16 g/100 ml); insoluble in $CHCl_3$, Et_2O. Galderma Labs., Inc.; Pfanstiehl Labs.; Abbott Labs.; Menley & James Labs., Inc.; Rystan Co., Inc.

795 Xipamide
14293-44-8   10212   238-216-4

$C_{15}H_{15}ClN_2O_4S$
4-Chloro-5-sulfamoyl-2',6'-salicyloxilidide.
MJF-10938; Be-1293; Bei-1293; Aquaphor; Chronexan; Diurexan; Lumitens. Diuretic and antihypertensive. mp = 256°. Beiersdorf, P., AG.

796 Zaltidine Hydrochloride
90274-23-0

• 2 HCl

$C_8H_{12}Cl_2N_6S$
[4-(2-Methylimidazol-5-yl)-2-thiazolyl]-guanidine dihydrochloride.
CP-57361-01. Histamine H_2-receptor Antagonist. Used as an anti-ulcerative. Pfizer Inc.

Ganglionic Blocking Agents

797 Azamethonium Bromide
306-53-6   929   206-186-1

$C_{13}H_{33}Br_2N_3$
[(Methylimino)diethylene]bis(ethyldimethylammonium bromide).
pentamethazine dibromide; Präparat 9295; Ciba 9295; Pendoimid; Azameton; Azamethone; Ganlion; Pentaméthazène. Antihypertensive. Ganglion blocker. mp = 212-215°; soluble in H_2O; LD_{50} (mus orl) = 2500 mg/kg, (mus iv) = 60 mg/kg, (rbt orl) = 3000 mg/kg, (rbt sc) = 160 mg/kg, (rbt iv) = 75 mg/kg. Ciba-Geigy Corp.

798 Chlorisondamine Chloride
69-27-2   2151

$C_{14}H_{20}Cl_6N_2$
4,5,6,7-Tetrachloro-2-(2-dimethylaminoethyl)-2-methylisoindolinium chloride methochloride.
chlorisondamine dimethochloride; Su-3088; Ecolid; Ecolid chloride. Antihyper-tensive. Ganglion blocker. mp = 258-265°; soluble in H_2O, EtOH, MeOH. Ciba-Geigy Corp.

799 Guanadrel
40580-59-4   4587

$C_{10}H_{19}N_3O_2$
(1,4-Dioxaspiro[4.5]dec-2-ylmethyl)-guanidine.
Orally active postganglionic sympathetic inhibitor. Antihypertensive. Fisons Corp.; Cutter Labs.

Antihypertensive Agents

800   Guanadrel Sulfate
22195-34-2   4587
$C_{20}H_{40}N_6O_8S$
(1,4-Dioxaspiro[4.5]dec-2-ylmethyl)-guanidine sulfate.
Hylorel; CL-1388R; U-28288D; Anarel. Orally active postganglionic sympathetic inhibitor. Used as an antihypertensive agent. mp = 213.5-215°. *Fisons Corp.; Cutter Labs.*

801   Hexamethonium
60-26-4   4724

[$C_{12}H_{30}N_2$]⁺
N,N,N,N',N',N'-Hexamethyl-1,6-hexanediaminium.
hexathonide; hexamethone; Hexathide [as iodide]; Vegolysen-T [as tartrate]. Ganglion blocker used as an antihypertensive agent. *May & Baker Ltd.*

802   Hexamethonium Bromide
55-97-0   4724   200-249-7
$C_{12}H_{30}Br_2N_2$
N,N,N,N',N',N'-Hexamethyl-1,6-hexanediaminium bromide.
Bistrium bromide; Esametina; Gangliostat; Hexameton bromide; Hexanium bromide; Simpatoblock; Vegolysen; Vegolysin. Ganglion blocker used as an antihypertensive agent. mp = 274-276°; soluble in H₂O, EtOH; insoluble in Me₂CO, CHCl₃, Et₂O. *May & Baker Ltd.*

803   Hexamethonium Chloride
60-25-3   4724   200-465-1
$C_{12}H_{30}Cl_2N_2$
N,N,N,N',N',N'-Hexamethyl-1,6-hexanediaminium chloride.
Bistrium chloride; Chloor-Hexaviet; Esomid chloride; Hestrium chloride; Hexameton chloride; Hexone chloride; Hiohex chloride; Methium chloride; Meton. Ganglion blocker used as an antihypertensive agent. mp = 289-292° (dec); soluble in H₂O, EtOH; insoluble in CHCl₃, Et₂O. *May & Baker Ltd.*

804   Mecamylamine
60-40-2   5814   200-476-1

$C_{11}H_{21}N$
N,2,3,3-Tetramethyl-2-norbornamine. mecamine. Ganglion blocking agent with antihypertensive properties. Oily liquid; bp₄₀ = 72°; slightly soluble in H₂O. *Merck & Co., Inc.*

805   Mecamylamine Hydrochloride
826-39-1   5814   212-555-8
$C_{11}H_{22}ClN$
N,2,3,3-Tetramethyl-2-norbornamine hydrochloride.
Inversine; Mevasine. Ganglion blocking agent with antihypertensive properties. mp - 245.5-246.5°; soluble in H₂O (21.2 g/100 ml), EtOH (8.2 g/100 ml), glycerol (10.4 g/100 ml), iPrOH (2.1 g/100 ml). *Merck & Co., Inc.*

806   Pempidine
79-55-0   7207   201-211-2

$C_{10}H_{21}N$
1,2,2,6,6-Pentamethylpiperidine.
Ganglion blocking agent with antihypertensive properties. bp = 147°; [p-toluenesulfonate]: mp = 162-163°. *May & Baker Ltd.*

807   Pempidine Tartrate
546-48-5   7207   208-902-8
$C_{14}H_{27}NO_6$
1,2,2,6,6-Pentamethylpiperidine tartrate.
M&B-4486; Pempidil; Pempiten; Perolysen; Tenormal; Tensinol; Tensoral. Ganglion blocking agent with

antihypertensive properties. mp = 160°; soluble in EtOH, moderately soluble in H_2O. *May & Baker Ltd.*

808   Pentacynium Bis(methyl sulfate)
3810-83-1   7243

$C_{29}H_{45}N_3O_9S_2$
4-[2-[(5-Cyano-5,5-diphenylpentyl)-methylamino]ethyl]-4-methyl-morpholinium bis(methylsulfate). pentacyone mesylate; Presidal. Ganglion blocking agent with antihypertensive properties. mp = 173-175°; soluble in H_2O. *Glaxo Wellcome Inc.*

809   Pentamethonium Bromide
541-20-8   7253   208-771-7

$C_{11}H_{28}Br_2N_2$
N,N,N,N',N',N'-Hexamethyl-1,5-pentanediaminium bromide.
C-5; Penthonium; Lytensium. Ganglion blocking agent with antihypertensive properties.

810   Pentolinium Tartrate
52-62-0   7274   200-146-7
$C_{23}H_{42}N_2O_{12}$
1,1'-(1,5-Pentanediyl)bis[1-methyl-pyrrolidinium] salt with [R-(R*, R*)]-2,3-dihydroxybutanedioic acid.
pentapyrrolidinium bitartrate; M&B-2050A; Ansolysen tartrate; Ansolysen bitartrate; Pentilium. Ganglion blocking agent with antihypertensive properties. mp = 203° (dec); freely soluble in H_2O (250 g/100 ml); soluble in EtOH (0.12 g/100 ml); insoluble in Et_2O, $CHCl_3$. *May & Baker Ltd.*

811   Phenactropinium Bromide
3784-89-2   7346

$C_{24}H_{28}ClNO_4$
3-[(Hydroxyphenylacetyl)oxy]-8-methyl-8-(2-oxo-2-phenylethyl)-8-azoniabicyclo[3.2.1]octane chloride.
N-phenacylhomatropinium chloride; Trophenium. Ganglion blocking agent with antihypertensive properties. mp = 195-197°. *Smith, T&H.*

812   Tetramethylammonium
51-92-3

$C_4H_{12}N^+$
Tetramethylammonium.
TMA. Ganglion blocker.

813   Trimethaphan Camsylate
68-91-7   9837   200-696-8

$C_{32}H_{40}N_2O_5S_2$
(+)-1,3-Dibenzyldecahydro-2-oxo-imidazo[4,5-c]thieno[1,2-a]thiolium 2-oxo-10-bornanesulfonate (1:1).
Arfonad; Nu-2222. Ganglion blocking agent with antihypertensive properties. mp = 245° (dec); $[\alpha]_D^{20}$ = 22.0° (c = 4 H_2O); soluble in H_2O (20 g/100 ml), EtOH (50 g/100ml); slightly soluble in Me_2CO, Et_2O. *Hoffmann-LaRoche Inc.*

Antihypertensive Agents

814 Trimethidinium Methosulfate
14149-43-0   9838   237-994-2

$C_{19}H_{42}N_2O_8S_2$
1,3,8,8-Tetramethyl-3-[3-(trimethylammonio)propyl]-3-azoniabicyclo-[3.2.1]octane bis(methyl sulfate).
Ganglion blocking agent; antihypertensive. mp = 192-193°. *Boehringer Ingelheim GmbH*.

Peripheral Vasodilators

815 Acetylcholine Chloride
60-31-1   88   200-468-8

$C_7H_{16}ClNO_2$
2-(Acetyloxy)-N,N,N-trimethylethanaminium chloride.
Miochol. Cholinergic; cardiac depressant; miotic; vasodilator (peripheral). mp = 149-152°; soluble in cold H_2O, EtOH; decomposed by hot H_2O, alkalies; practically insoluble in Et_2O. *Iolab*.

816 Alprostadil
745-65-3   8063   212-017-2

$C_{20}H_{34}O_5$
(1R,2R,3R)-3-Hydroxy-2-[(E)-(3S)-3-hydroxy-1-octenyl]-5-oxocyclopentaneheptanoic acid.
prostaglandin E_1; PGE_1; U-10136; Caverject; Liple; Minprog; Palux; Prostandin; Prostine VR; Prostin VR Pediatric; Prostivas. Vasodilator (peripheral). Primary prostaglandin isolated from purified biological extracts. mp = 115-116°; $[\alpha]_{578}$ = -61.6° (c = 0.56 in THF). *Upjohn Ltd*.

817 Aluminum Nicotinate
1976-28-9   364   217-832-7

$C_{18}H_{12}AlN_3O_6$
3-Pyridinecarboxylic acid aluminum salt. nicotinic acid aluminum salt; Alunitine Nicolex. Vasodilator (peripheral); antihyperlipoproteinemic. *Walker Labs*.

818 Amyl Nitrite
110-46-3   5137   203-770-8

$C_5H_{11}NO_2$
Isopentyl nitrite.
isoamyl nitrite; pentyl nitrite; Amyl Nitrite, Vaporole. Vasodilator; antianginal. Unstable, flammable liquid; dec on exposure to air, light; bp = 97-99° (volatilizes at lower temps); d_{25}^{25} = 0.875; n_D^{21} = 1.3781; slightly soluble in H_2O; miscible with EtOH, $CHCl_3$, Et_2O; incompatible with alcohol, antipyrine, caustic alkalies, alkaline carbonates, potassium iodide, bromides, ferrous salts. *Burroughs Wellcome*.

819 Bamethan
3703-79-5   981   223-043-9

$C_{12}H_{19}NO_2$
α-[(Butylamino)methyl]-p-hydroxybenzyl alcohol.
Butyl-Nor-Sympatol. Vasodilator (peripheral). mp = 123.5-125°.

Antihypertensive Agents

820 Bamethan Sulfate
5716-20-1   981   227-214-9
$C_{24}H_{40}N_2O_8S$
α-[(Butylamino)methyl]-p-hydroxybenzyl alcohol sulfate (2:1) (salt).
Bupatol; Butedrin; Garmian; Rotesar; Vasculat; Vasculit; Vascunicol. Vasodilator (peripheral).

821 Bencyclane
2179-37-5   1060   218-547-0

$C_{19}H_{31}NO$
3-[(1-Benzylcycloheptyl)oxy]-N,N-dimethylpropylamine.
benzcyclan. Vasodilator (peripheral, cerebral). bp_3 = 146-156°. EGYT.

822 Bencyclane Fumarate
14286-84-1   1060   238-204-9
$C_{23}H_{35}NO_5$
3-[(1-Benzylcycloheptyl)oxy]-N,N-dimethylpropylamine fumarate.
EGYT-201; Angiociclan; Dantrium; Dilangio; Fludilat; Fluxema; Halidor; Vasorelax. Vasodilator (peripheral, cerebral). mp = 131-133°; soluble in H_2O (1 g/100 ml at 25°); readily soluble in EtOH; slightly soluble in Me_2CO; λ_m (pH 3.4-6.6) = 207 nm; LD_{50} (mus orl) = 445.6 mg/kg, (mus iv) = 49.9 mg/kg, (mus ip) = 132 mg/kg, (mus sc) = 203 mg/kg. EGYT.

823 Betahistine
5638-76-6   1224   227-086-4

$C_8H_{12}N_2$
2-[2-(Methylamino)ethyl]pyridine.
Vasodilator (peripheral). Liquid; bp_{30} = 113-114°; soluble in H_2O, EtOH, Et_2O, $CHCl_3$.

824 Betahistine Hydrochloride
5579-84-0   1224   226-966-5
$C_8H_{14}Cl_2N_2$
2-[2-(Methylamino)ethyl]pyridine dihydrochloride.
Betaserc; Serc; Vasomotal. Vasodilator (peripheral). mp = 148-149°. Unimed, Inc.

825 Betahistine Maleate
    1224
$C_{12}H_{16}N_2O_4$
2-[2-(Methylamino)ethyl]pyridine maleate (1:1).
Suzutolon. Vasodilator (peripheral).

826 Biclodil
85125-49-1

$C_8H_8Cl_2N_4O$
[(2,6-Dichlorophenyl)amidino]urea.
Antihypertensive (vasodilator).

827 Biclodil Hydrochloride
75564-40-8
$C_8H_9Cl_3N_4O$
[(2,6-Dichlorophenyl)amidino]urea monohydrochloride.
WHR-1051B. Antihypertensive (vasodilator).

828 Bradykinin
58-82-2   1386   200-398-8

Arg-Pro-Pro-Gly-Phe-Ser-Pro-Phe-Arg

$C_{50}H_{73}N_{15}O_{11}$
Kallidin I.
callidin I; kallidin-9; BRS-640. Vasodilator. A tissue hormone; a member of the plasma kinin family, a group of hypotensive peptides. Acts on smooth muscle, dilates peripheral vessels, increases capillary permeability. A potent pain-producing agent. Amorphous precipitate; $[\alpha]_D^{25}$ = -76.5° (c = 1.37 in 1N AcOH); soluble in glacial AcOH, 10% trichloroacetic acid, 70% EtOH; less

soluble in 90% EtOH, cold MeOH; nearly insoluble in nonpolor organic solvents. *Squibb, E.R. & Sons.*

829   Brovincamine
57475-17-9   1473

$C_{21}H_{25}BrN_2O_3$
(3α,14β,16α)-11-Bromo-14,15-dihydro-14-hydroxyeburamenine-14-carboxylic acid methyl ester.
11-brovincamine. Vasodilator (peripheral). A vincamine derivative. mp = 214° (dec); $[α]_D^{20}$ = +8.7° (1% in $CHCl_3$). *Sandoz Pharmaceuticals Corp.*

830   Brovincamine Hydrogen Fumarate
84964-12-5   1473
$C_{25}H_{29}BrN_2O_7$
(3α,14β,16α)-11-Bromo-14,15-dihydro-14-hydroxyeburamenine-14-carboxylic acid methyl ester hydrogen fumarate.
BV-26-723; Sabromin; Zabromin. Vasodilator (peripherial). A vincamine derivative. mp = 144°; $[α]_D^{20}$ = +4.7° (0.388% in H_2O). *Sandoz Pharmaceuticals Corp.*

831   Budralazine
36798-79-5   1492

$C_{14}H_{16}N_4$
4-Methyl-3-penten-2-one (1-phthalazinyl)hydrazone.
DJ-1461; Buterazine. Antihypertensive. Direct-acting vasodilator with central sympathoinhibitory activity. A derivative of hydralazine. mp = 132-133°; $λ_m$ = 208, 240, 289, 357 nm (ε - 27000, 89000, 20000, 15000 MeOH); LD_{50} (mus orl) = 1820 mg/kg, (mus ip) = 4020 mg/kg, (rat orl) = 620 mg/kg, (rat ip) = 3570 mg/kg. *Daiichi Seiyaku.*

832   Bufeniode
22103-14-6   1495   244-781-8

$C_{18}H_{23}I_2NO_2$
4-Hydroxy-3,5-diiodo-α-[1[(1-methyl-3-phenylpropyl)amino]ethyl] benzyl alcohol.
HF-241; diiodobuphenine; Diastal; Proclival. Antihypertensive; Vasodilator (peripheral). mp (slow heating) = 185° (some decomposition); mp (fast heating) = 212°; LD_{50} (mus ip) > 600 mg/kg, (mus orl) > 2000 mg/kg. *Lab. Houdé.*

833   Buflomedil
55837-25-7   1498   259-851-3

$C_{17}H_{25}NO_4$
2',4',6'-Trimethoxy-4-(1-pyrrolidinyl)-butyrophenone.
Vasodilator (peripheral). A competitive, nonselective inhibitor of α-adrenergic receptors and a weak calcium antagonist. *Orsymonde.*

834   Buflomedil Hydrochloride
35543-24-9   1498   252-611-9
$C_{17}H_{26}ClNO_4$
2',4',6'-Trimethoxy-4-(1-pyrrolidinyl)-butyrophenone monohydrochloride.
LL-1656; Bufedil; Buflan; Buflocit; Buflonat; Fonzylane; Irrodan; Lofton;

Antihypertensive Agents

Loftyl; Provas. Vasodilator (peripheral). A competitive, nonselective inhibitor of α-adrenergic receptors and a weak calcium antagonist. mp = 192-193°; LD_{50} (mus iv) ≅ 80 mg/kg. Orsymonde; C.M. Industries.

835 Butalamine
22131-35-7   1535   244-794-9

$C_{18}H_{28}N_4O$
N,N-Dibutyl-N'-(3-phenyl-1,2,4-oxadiazol-5-yl)-1,2-ethanediamine.
Vasodilator (peripheral).

836 Butalamine Hydrochloride
56974-46-0   1535
$C_{18}H_{29}ClN_4O$
N,N-Dibutyl-N'-(3-phenyl-1,2,4-oxadiazol-5-yl)-1,2-ethanediamine hydrochloride.
LA-1221; Adrevil; Adrevil forte; Hemotrope; Surem; Surheme. Vasodilator (peripheral). mp = 145°; LD_{50} (mus iv) = 43 mg/kg, (mus sc) = 2500 mg/kg, (mus orl) = 625 mg/kg, (rat sc) > 4000 mg/kg, (rat orl) = 1600 mg/kg.

837 Buterizine
68741-18-4

$C_{31}H_{38}N_4$
2-Butyl-5-[[4-(diphenylmethyl)-1-piperazinyl]methyl]-1-ethylbenzimidazole.
R-38198. Vasodilator (peripheral). Janssen Pharmaceutical, Belgium.

838 Cetiedil
14176-10-4   2062   238-028-2

$C_{20}H_{31}NO_2S$
2-(Hexahydro-1H-azepin-1-yl)ethyl α-cyclohexyl-3-thiopheneacetate.
Vasodilator (peripheral). Inhibits vesicular loading of acetylcholine. Innothera.

839 Cetiedil Citrate
16286-69-4   2062   240-381-2
$C_{26}H_{39}NO_9S$
2-(Hexahydro-1H-azepin-1-yl)ethyl α-cyclohexyl-3-thiopheneacetate citrate (1:1).
Celsis; Stratene; Vasocet. Vasodilator (peripheral). Inhibits vesicular loading of acetylcholine. mp = 115°. Innothera; McNeil Pharmaceutical.

840 Ciclonicate
53449-58-4   2324   258-561-4

$C_{15}H_{21}NO_2$
trans-3,3,5-Trimethylcyclohexyl nicotinate.
cyclonicate; P-350; Bled. Vasodilator (peripheral). $bp_{0.6}$ = 127-128°. Takeda.

841 Cinepazide
23887-46-9   2350   245-928-9

$C_{22}H_{31}N_3O_5$
1-[2-Oxo-2-(1-pyrrolidinyl)ethyl]-4-[1-oxo-3-(3,4,5-trimethoxyphenyl)-2-propenyl]piperazine.
Vasodilator (peripheral). Delandale Labs.

842 Cinepazide Maleate
26328-04-1   2350   247-613-1
$C_{26}H_{35}N_3O_9$
1-[2-Oxo-2-(1-pyrrolidinyl)ethyl]-4-[1-oxo-3-(3,4,5-trimethoxyphenyl)-2-propenyl]piperazine maleate (1:1).
MD-67350; Brendil; Vasodistal. Vasodilator (peripheral). mp = 135°; LD_{50} (mus orl) = 1000 mg/kg, (mus iv) = 617 mg/kg. *Delandale Labs., Ltd.*

843 Cinnarizine
298-57-7   2365   206-064-8

$C_{26}H_{28}N_2$
1-Cinnamyl-4-(diphenylmethyl)-piperazine.
cinnipirine; R-516; R-1575; 516-MD; Aplactan; Aplexal; Apotomin; Artate; Carecin; Cerebolan; Cerepar; Cinaperazine; Cinazyn; Cinnacet; Cinnageron; Corathiem; Denapol; Dimitron; Eglen; Folcodal; Giganten; Glanil; Hilactan; Ixterol; Katoseran; Labyrin; Midronal; Mitronal; Olamin; Processine; Sedatromin; Sepan; Siptazin; Spaderizine; Stugeron; Stutgeron; Stutgin; Toliman; component of: Emesazine. Antihistaminic; vasodilator (peripheral, cerebral). Calcium channel blocker with anti-allergic and anti-vasoconstricting activity. *Janssen Pharmaceutical, Belgium.*

844 Diisopropylamine Dichloroacetate
660-27-5   3241   211-538-2

$C_8H_{17}Cl_2NO_2$
Dichloroacetic acid compound with N-(1-methylethyl)-2-propanamine (1:1).
dichloroacetic acid diisopropylammonium salt; diisopropylammonium dichloroacetate; diisopropylamine dichloroethanoate; DADA; DIPA-DCA; IS-401; Dapocel; Dedyl; DIEDI; Disotat; Kalodil; Oxypangam; Tensicor; component of: pangamic acid. Vasodilator (peripheral). mp = 119-121°; soluble in H_2O (>50%); LD_{50} (mus orl) = 1700 mg/kg.

845 Dimoxyline
147-27-3   3318

$C_{22}H_{25}NO_4$
1-(4-Ethoxy-3-methoxybenzyl)-6,7-dimethoxy-3-methylisoquinoline.
dioxyline; Paveril. Vasodilator (peripheral). mp = 124-125°; [hydrochloride]: dec 196-208°; [phosphate]: dec 197-199°; more soluble than the hydrochloride; LD_{50} (mus iv) = 112.7 mg/kg. *Eli Lilly & Co.*

846 Eledoisin
69-25-0   3579
$C_{54}H_{85}N_{13}O_{15}S$
5-Oxo-L-propyl-L-seryl-L-lysyl-L-aspartyl-L-alanyl-L-phenylalanyl-L-isoeucylglycyl-L-leucyl-L-methioninamide.
ELD-950. Hypotensive; stimulator of lacrimal secretion; vasodilator. A hendecapeptide from the posterior salivary glands of eledone spp (a small octopus). Possesses physiological action similar to other tachykinins: stimulates extravascular smooth muscle, acts as a potent vasodilator and hypotensive agent. Sesquihydrate powder dec at 230°; $[\alpha]_D^{22}$ = -44° (c = 1 in 95% AcOH); slowly loses activity when incubated in blood. *Farmitalia.*

Antihypertensive Agents

847 Endralazine
39715-02-1   3617

$C_{14}H_{15}N_5O$
6-Benzoyl-5,6,7,8-tetrahydropyrido-[4,3-c]pyridazin-3(2H)-one hydrazone. Antihypertensive agent with peripheral vasodilating properties. mp = 220-223° (dec). *Sandoz Pharmaceuticals Corp.*

848 Endralazine Monomethanesulfonate
65322-72-7   3617
$C_{15}H_{19}N_5O_4S$
6-Benzoyl-5,6,7,8-tetrahydropyrido-[4,3-c]pyridazin-3(2H)-one hydrazone monomethanesulfonate. Migranal; endralazine mesylate; BQ-22-708; Miretilan. Antihypertensive agent with peripheral vasodilating properties. mp = 185-188° (dec). *Sandoz Pharmaceuticals Corp.*

849 Felodipine
72509-76-3   3991

$C_{18}H_{19}Cl_2NO_4$
4-(2,3-Dichlorophenyl)-1,4-dihydro-2,6-dimethyl-3,5-pyridinecarboxylic acid ethyl methyl ester. H-154/82; Agon; Feloday; Flodil; Hydac; Munobal; Plandil; Prevex; Splendil. Antihypertensive; antianginal; vasodilator. Dihydropyridine calcium channel blocker marketed as the racemate. mp = 145°. *Astra Hässle AB; Astra Sweden; Merck & Co., Inc.*

850 Fenoxedil
54063-40-0   4026

$C_{28}H_{42}N_2O_5$
2-(p-Butoxyphenoxy)-N-(2,5-diethoxyphenyl)-N-[2-(diethylamino)ethyl]-acetamide. Vasodilator (cerebral).

851 Fenoxedil Hydrochloride
27471-60-9   4026   248-478-1
$C_{28}H_{43}ClN_2O_5$
2-(p-Butoxyphenoxy)-N-(2,5-diethoxyphenyl)-N-[2-(diethylamino)ethyl]-acetamide monohydrochloride. Suplexedil. Vasodilator (cerebral). mp = 140°; LD_{50} (mus orl) = 750°, (mus iv) = 17 mg/kg.

852 Flunarizine
52468-60-7   4179   257-937-5

$C_{26}H_{26}F_2N_2$
(E)-1-[Bis-(p-fluorophenyl)methyl]-4-cinnamylpiperazine. Vasodilator (peripheral, cerebral). Calcium channel blocker. Fluoronated derivative of cinnarizine. Also binds to α-adrenoceptors. *Janssen Pharmaceutical Inc.*

Antihypertensive Agents

853 Flunarizine Hydrochloride
30484-77-6   4179   250-216-6
$C_{26}H_{28}Cl_2F_2N_2$
(E)-1-[Bis-(p-fluorophenyl)methyl]-4-cinnamylpiperazine dihydrochloride.
R-14950; Dinaplex; Flugeral; Flunagen; Flunarl; Fluxarten; Gradient; Issium; Mondus; Sibelium. Vasodilator (peripheral, cerebral). Calcium channel blocker. Derivative of cinnarizine. Studied for use in retinal vasculopathy. mp = 251.5°. *Janssen Pharmaceutical Inc.*

854 Fostedil
75889-62-2

$C_{18}H_{20}NO_3PS$
Diethyl (p-2-benzothiazolylbenzyl)-phosphonate.
A-53986; KB-944. Vasodilator (peripheral). Calcium channel blocker. *Abbott Labs.; Kanebo.*

855 Hepronicate
7237-81-2   4688

$C_{28}H_{31}N_3O_6$
2-Hexyl-2(hydroxymethyl)-1,3-propanediol trinicotinate.
Megrin. Vasodilator (peripheral). mp = 94-96°. *Yoshitomi.*

856 Histamine Phosphate
51-74-1   4756   200-118-4

$C_5H_{15}N_3O_8P_2$
1H-Imidazole-4-ethanamine phosphate (1:2).
Histapon. Gastric secretion stimulant; antiallergic (hyposensitization therapy); vasodilator. A potent vasodilator found in normal tissues and blood; stimulates secretion of pepsin and acid by stomach. mp = 140°; soluble in H_2O; [free base]: mp = 83-84°; bp_{18} = 209-210°; LD_{50} (mus ip) = 2020 mg/kg.

857 Ifenprodil
23210-56-2   4936   245-491-4

$C_{21}H_{27}NO_2$
4-Benzyl-α-(p-hydroxyphenyl)-β-methyl-1-piperidineethanol.
RC-61-91. Vasodilator (cerebral, peripheral). mp = 114°. *Robert et Carriere.*

858 Ifenprodil Tartrate
4936

$C_{46}H_{40}N_2O_{10}$
4-Benzyl-α-(p-hydroxyphenyl)-β-methyl-1-piperidineethanol tartrate (2:1).
Cerocral; Dilvax; Vadilex. Vasodilator (cerebral, peripheral). mp = 178-180°; soluble in EtOH, H_2O; slightly soluble in Me_2CO $CHCl_3$; nearly insoluble in Et_2O; LD_{50} (mmus iv = 17 mg/kg, (mmus ip) = 120 mg/kg, (mmus orl) = 275 mg/kg. *Robert et Carriere.*

Antihypertensive Agents

859   Iloprost
73873-87-7   4940

$C_{22}H_{32}O_4$
5-[Hexahydro-5-hydroxy-4-(3-hydroxy-4-methyl-1-octen-6-ynyl)-2(1H)-pentalenylidene]pentanoic acid.
ciloprost; ZK-36374. Antithrombotic; vasodilator (peripheral). Prostacyclin analog; 1:1 mixture of 16α- and 16β-methyl diastereomers. Colorless oil. *Schering AG.*

860   Iloprost Tromethamine
4940

$C_{26}H_{43}NO_7$
5-[Hexahydro-5-hydroxy-4-(3-hydroxy-4-methyl-1-octen-6-ynyl)-2(1H)-pentalenylidene]pentanoic acid tromethamine.
Endoprost; Ilomedin. Antithrombotic; vasodilator (peripheral). *Schering AG.*

861   Inositol Niacinate
6556-11-2   5009   229-485-9

$C_{42}H_{30}N_6O_{12}$
myo-Inositol hexa-3-pyridinecarboxylate.
inositol nicotinate; hexanicotinoyl inositol; inositol hexanicotinate; meso-inositol hexanicotinate; Dilcit; Dilexpal; Esantene; Hämovannid; Hexanicit; Hexopal; Linodil; Mesonex; Mesotal;

Palohex. Vasodilator (peripheral). mp = 254.3-254.9°; nearly insoluble in H_2O; soluble in dilute acids.

862   Iproxamine
52403-19-7

$C_{18}H_{29}NO_4$
5-[2-(Dimethylamino)ethoxy]carvacryl isopropyl carbonate.
Vasodilator.

863   Iproxamine Hydrochloride
51222-37-8
$C_{18}H_{30}ClNO_4$
5-[2-(Dimethylamino)ethoxy]carvacryl isopropyl carbonate hydrochloride.
Go-2782; W-42782. Vasodilator. *Parke-Davis.*

864   Isoxsuprine
395-28-8   5259   206-898-2

$C_{18}H_{23}NO_3$
4-Hydroxy-α-[1-[(1-methyl-2-phenoxyethyl)amino]ethyl]benzyl alcohol.
Vasodilator (peripheral). mp = 102.5-103.5°. *N. Am. Philips.*

865   Isoxsuprine Hydrochloride
579-56-6   5259   209-443-6
$C_{18}H_{24}ClNO_3$
4-Hydroxy-α-[1-[(1-methyl-2-phenoxyethyl)amino]ethyl]benzyl alcohol hydrochloride.
Dilavase; Divadilan; Duviculine; Isolait; Navilox; Suprilent; Vadosilan; Vasodilan; Vasoplex; Vasotran. Vasodilator (peripheral). mp = 203-204°; slightly

soluble in H$_2$O (2% at 25°); soluble in EtOH; LD$_{50}$ (rat orl) = 1750 mg/kg, (rat ip) = 164 mg/kg. *Lemmon Co.; Mead Johnson Labs.; N. Am. Philips.*

866 Isoxsuprine Resinate
5259
Defencin. Vasodilator (peripheral). *N. Am. Philips.*

867 Kallidin
342-10-9   5290   206-438-0

Lys-Arg-Pro-Pro-Gly-Phe-Ser-Pro-Phe-Arg

C$_{56}$H$_{85}$N$_{17}$O$_{12}$
N^2-L-Lysylbradykinin.
kallidin-10; kallidin-II. Vasodilator. Hypotensive and smooth muscle-stimulating principle. Decapeptide with structure homologous to bradykinin. Amorphous precipitate; $[\alpha]_D^{25}$ = -57° (c = 1 in 1N AcOH).

868 Kallikrein
9001-01-8   5291   232-574-5
Kallidinogenase.
Callicrein; Padreatin; Padukrein; Glumorin; Depot-Glumorin; Circuletin; Kalirechin; Onokrein P; Padutin; Prokrein; Promotin. Vasodilator. Hypotensive enzyme that releases kinins from plasma proteins. Found mainly in blood plasma, glandular tissues, and urine. *Bayer AG.*

869 Mesuprine
7541-30-2

C$_{19}$H$_{26}$N$_2$O$_5$S
2'-Hydroxy-5'-[1-hydroxy-2-[p-methoxyphenethyl)amino]propyl]methanesulfonanilide.
Vasodilator and smooth muscle relaxant.

870 Mesuprine Hydrochloride
7660-71-1
C$_{19}$H$_{27}$ClN$_2$O$_5$S
2'-Hydroxy-5'-[1-hydroxy-2-[p-methoxyphenethyl)amino]propyl]methanesulfonanilide monohydrochloride.
MJ-1987. Vasodilator; muscle relaxant.

871 Moxisylyte
54-32-0   6374   200-204-1

C$_{16}$H$_{25}$NO$_3$
[2-(4-Acetoxy-2-isopropyl-5-methylphenoxy)ethyl]dimethylamine.
thymoxamine. Vasodilator (peripheral). A selective α_{1A}-adrenergic blocker. *C.M. Industries.*

872 Moxisylyte Hydrochloride
964-52-3   6374   213-519-4
C$_{16}$H$_{26}$ClNO$_3$
[2-(4-Acetoxy-2-isopropyl-5-methylphenoxy)ethyl]dimethylamine monohydrochloride.
Arlitine; Moxyl; Opilon; Uroalpha; Vasoklin. Vasodilator (peripheral). A selective α_{1A}-adrenergic blocker. mp = 208-210°; LD$_{50}$ (mus orl) ≅ 265, (rat orl) ≅ 740 mg/kg, (mus sc) ≅ 200 mg/kg, (rat sc) ≅ 190 mg/kg. *C.M. Industries.*

873 Nafronyl
31329-57-4   6440   250-572-2

C$_{24}$H$_{33}$NO$_3$
2-(Diethylamino)ethyl ester tetrahydro-α-(1-naphthalenylmethyl)-2-furanpropanic acid.
naftidrofuryl; Dubimax; Gevatran; Tridus.

Vasodilator. $bp_{0.5} = 190°$; $D_4^{31} = 1.0465$; $n_D^{20} = 1.5513$; LD_{50} (mus orl) = 365 mg/kg. Lipha.

874 Nafronyl Oxalate
3200-06-4   6440   221-703-0
$C_{26}H_{35}NO_7$
2-(Diethylamino)ethyl ester tetrahydro-α-(1-naphthalenylmethyl)-2-furanpropionate oxalate (1:1).
nafronyl acid oxalate; EU-1806; LS-121; Citoxid; Di-Actane; Dusodril; Praxilene. Vasodilator. mp = 110-111°; soluble in H_2O Lipha

875 Nicametate
3099-52-3   6577   221-452-7

$C_{12}H_{18}N_2O_2$
2-(Diethylamino)ethyl nicotinate.
Eucast. Vasodilator (peripheral, cerebral). Liquid; $bp_{10} = 155-157°$; $bp_2 = 120-125°$.

876 Nicametate Citrate Monohydrate
1641-74-3   6577
$C_{18}H_{28}N_2O_{10}$
2-(Diethylamino)ethyl nicotinate citrate monohydrate.
Euclidan; Nutrin; Soclidan. Vasodilator (peripheral, cerebral). Studied for use in cardiovascular surgery.

877 Nicardipine
55985-32-5   6579   259-932-3

$C_{26}H_{29}N_3O_6$
2-(Benzylmethylamino)ethyl methyl 1,4-dihydro-2,6-dimethyl-4-(m-nitrophenyl)-3,5-pyridinedicarboxylate.
Antianginal; antihypertensive; vasodilator. Dihydropyridine calcium channel blocker. Yamanouchi U.S.A. Inc.

878 Nicardipine Hydrochloride
54527-84-3   6579   259-198-4
$C_{26}H_{30}ClN_3O_6$
2-(Benzylmethylamino)ethyl methyl 1,4-dihydro-2,6-dimethyl-4-(m-nitrophenyl)-3,5-pyridinedicarboxylate monohydrochloride.
RS-69216; YC-93; Barizin; Bioncard; Cardene; Dacarel; Lecibral; Lescodil; Loxen; Nerdipina; Nicant; Nicardal; Nicarpin; Nicapress; Nicodel; Nimicor; Perdipina; Perdipine; Ranvil; Ridene; Rycarden; Rydene; Vasodin; Vasonase. Antianginal; antihypertensive; vasodilator. Dihydropyridine calcium channel blocker. The α and β forms have different IR and x-ray diffraction patterns. LD_{50} (mrat orl) = 634 mg/kg, (mrat iv) = 18.1 mg/kg; [α form]: mp = 179-181°; [β form]: mp = 168-170°. Yamanouchi U.S.A. Inc.; Syntex Labs. Inc.

879 Nicergoline
27848-84-6   6580   248-694-6

$C_{24}H_{26}BrN_3O_3$
10-Methoxy-1,6-dimethylergoline-8β-methanol 5-bromonicotinate (ester). 8β-[(5-bromonicotinoyloxy)methyl]-1,6-dimethyl-10α-methoxyergoline; nicotergoline; nimergoline, MNE; FI-6714; Cergodum; Circo-Maren; Dilas-enil; Duracebrol; Ergotop; Ergobel; Memoq; Nicergolent; Sermion; Vaso-span. Vasodilator (peripheral, cerebral). Studied for use in acute myocardial infarction with diastolic hypertension. mp = 136-138°; LD_{50} (mmus orl) = 860, (mrat orl) = 2800, (mmus iv) = 46 mg/kg. Farmitalia.

880 Nicofuranose
15351-13-0   6605   239-385-7

$C_{30}H_{24}N_4O_{10}$
D-Fructofuranose 1,3,4,6-tetranicotinate
Vasperdil, Bradilan Vasodilator (peripheral) mp = 140-142°, $[\alpha]_D^{18}$ = -8.5° (in $CHCl_3$) Pluriquimica

881 Nicotinyl Alcohol
100-55-0   6614   202-864-6

C_6H_7NO
3-Pyridinemethanol
nicotinic alcohol, Nu-2121, Roniacol, Ronicol Vasodilator (peripheral) May bind to adrenoceptors Liquid, bp_{28} = 154°, bp_{16} = 144-145°, bp_{12} = 114°, bp0.1 Is = 110°, soluble in H_2O, Et_2O, sparingly soluble in petroleum ether Hoffmann-LaRoche Inc

882 Nicotinyl Tartrate
6164-87-0   6614   228-199-1

$C_{10}H_{13}NO_7$
3-Pyridinemethanol D-tartrate
Roniacol Tartrate, Radecol, Niltuvin Vasodilator (peripheral) mp = 147-148°, soluble in H_2O, EtOH Hoffmann-LaRoche Inc

883 Nitro-erythrite
7297-25-8

$C_4H_6N_4O_{12}$
Erythrityl tetranitrate
meso-Erythritol tetranitrate, Cardilate, Cardiloid, Cardivell, Cardiwell, Erythritetranitrat, Erythritol tetranitrate,, Erythrol tetranitrate, Nitroerythrite, Nitroerythrol, Tetranitrin, Tetranitrol, 1,2,3,4-Butanetetrayl tetranitrate

884 Nylidrin
447-41-6   6830   207-182-2

$C_{19}H_{25}NO_2$
p-Hydroxy-α-[1-[(methyl-3-phenyl-propyl)amino]ethyl]benzyl alcohol
phenyl-sec-butyl norsuprifen Vasodilator (peripheral) mp = 111-112° Troponwerke Dinklage

885 Nylidrin Hydrochloride
849-55-8   6830   212-701-0
$C_{19}H_{26}ClNO_2$
p-Hydroxy-α-[1-[(methyl-3-phenyl-propyl)amino]ethyl]benzyl alcohol hydrochloride
SKF-1700-A, Arlidin, Bufedon, Buphedrin, Dilatal, Dilatol, Dilatropon, Dilydrin, Opino, Penitardon, Perdilatal, Rudilin, Rydrin, Tocodilydrin, Tocodrin Vasodilator (peripheral) Sparingly soluble in H_2O, slightly soluble in EtOH,

nearly insoluble in Et_2O, $CHCl_3$, C_6H_6.
Troponwerke Dinklage.

886 Pentifylline
1028-33-7   7269   213-842-0

$C_{13}H_{20}N_4O_2$
1-Hexyl-3,7-dihydro-3,7-dimethyl-1H-purine-2,6-dione.
SK-7; component of: Cosaldon. Vasodilator (cerebral). Also used as a stabilizer of vitamin preparations. mp = 82-83°. Chem. Werke Albert.

887 Pentoxifylline
6493-05-6   7278   229-374-5

$C_{13}H_{18}N_4O_3$
3,7-Dihydro-3,7-dimethyl-1-(5-oxohexyl)-1H-purine-2,6-dione.
oxpentifylline; vazofirin; BL-191; Azupentat; Durapental; Rentylin; Torental; Trental. Vasodilator. mp = 105°; λ_m = 273, 208 nm ($E_{1\,cm}^{1\%}$ 365, 935); soluble in H_2O (0.0077 g/100 l), more soluble in organic solvents; LD_{50} (mus orl) = 1385 mg/kg. Chem. Werke Albert.

888 Pindolol
13523-86-9   7597   236-867-9

$C_{14}H_{20}N_2O_2$
1-(1H-Indol-4-yloxy)-3-[(1-methylethyl)amino]-2-propanol.
prinodolol; LB-46; Betapindol; Blockin L; Calvisken; Decreten; Durapindol; Glauco-Visken; Pectobloc; Pinbetol; Pynastin; Visken. Antianginal; antihypertensive; antiarrhythmic; antiglaucoma; vasodilator. β-Adrenergic blocker with partial agonist activity. mp = 171-173°. Sandoz Pharmaceuticals Corp.

889 Piribedil
3605-01-4   7648   222-764-6

$C_{16}H_{18}N_4O_2$
2-[4-(1,3-Benzodioxol-5-ylmethyl)-1-piperazinyl]pyrimidine.
EU-4200; ET-495; Trivastal. Vasodilator (peripheral). Central dopanimergic agonist. mp = 98°; LD_{50} (mus ip) = 690.3 mg/kg. Sci. Union et Cie, France.

890 Pirsidomine
132722-74-8

$C_{17}H_{22}N_4O_3$
N-p-Anisoyl-3-(cis-2,6-dimethylpiperidino)sydnone imine.
CAS 936. Vasodilator. Hoechst Roussel.

891 Prazosin
19216-56-9   7897   242-885-8

$C_{19}H_{21}N_5O_4$
1-(4-Amino-6,7-dimethoxy-2-quinazolinyl)-4-(2-furanylcarbonyl)piperazine.
furazosin. Antihypertensive. α-Adren-

892 Prazosin Hydrochloride
19237-84-4   7897   242-903-4
$C_{19}H_{22}ClN_5O_4$
1-(4-Amino-6,7-dimethoxy-2-quinazolinyl)-4-(2-furanylcarbonyl)piperazine monohydrochloride.
CP-12299-1; Alpress LP; Duramipress; Eurex; Hypovase; Minipress; Peripress; Sinetens. Antihypertensive. α-Adrenergic blocker. λ_m = 246, 329 nm (a_M 137, 27 in MeOHic 0.01N HCl); slightly soluble in Me_2CO (0.0072 mg/ml), $CHCl_3$ (0.041 mg/ml). Brocades-Stheeman & Pharmacia; Pfizer Inc.

ergic blocker. mp = 278-280°. Brocades-Stheeman & Pharmacia; Pfizer Inc.

893 Sodium Nitrite
7632-00-0   8793   231-555-9

$NNaO_2$
Nitrous acid sodium salt.
erinitrit. Antidote (cyanide poisoning); vasodilator. Also used as a reagent in manufacture of inorganic and organic compounds, as well as in textile dyeing and printing, photography, meat curing and preserving. mp = 217°; dec above 320°; d = 2.17; soluble in H_2O; slightly soluble in EtOH; aqueous solution is alkaline; oxidizes to nitrate in air; LD_{50} (rat orl) = 180 mg/kg.

894 Sodium Nitroprusside
14402-89-2   8794   238-373-9

$C_5FeN_6Na_2O$
Disodium pentacyanonitrosyl ferrate(2-) dihydrate.
sodium nitroferricyanide; sodium nitroprussiate; Nipruss; Nipride [dihydrate]; Nitropress [dihydrate]. Antihypertensive. Also used as a reagent in the detection of many organic compounds and alkali sulfides. Soluble in H_2O; slightly soluble in EtOH. Abbott Labs.; Hoffmann-LaRoche Inc.

895 Suloctidil
54063-56-8   9160   258-957-7

$C_{20}H_{35}NOS$
erythro-p-(Isopropylthio)α-[1-(octylamino)ethyl]benzyl alcohol.
MJF-12637; CP-556S; Bemperil; Cerebro; Circleton; Dulasi; Dulcotil; Euvasal; Fluversin; Fluvisco; Hemoantin; langene; Loctidon; Locton; Octamet; Polivasal; Sudil; Sulocton; Sulodene. Vasodilator (peripheral). mp = 62-63°; LD_{50} (mus orl) = 3700 mg/kg. Continental Pharma.

896 Tipropidil
70895-45-3

$C_{20}H_{35}NO_2S$
1-[p-(Isopropylthio)phenoxy]-3-(octylamino)-2-propanol.
Vasodilator. Bristol-Myers Squibb Co.

897 Tipropidil Hydrochloride
70895-39-5
$C_{20}H_{36}ClNO_2S$
1-[p-(Isopropylthio)phenoxy]-3-(octylamino)-2-propanol hydrochloride.
MJ-12880-1. Vasodilator. Bristol-Myers Squibb Co.

Antihypertensive Agents

898 Tolazoline
59-98-3   9645   200-448-9

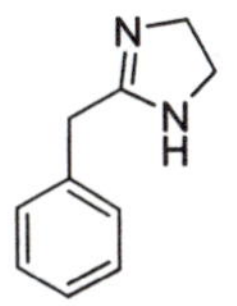

C₁₀H₁₂N₂
2-Benzyl-2-imidazoline.
benzazoline; 2-benzyl-2-iminazoline; 2-benzyl-4,5-imidazoline; phenylmethylimidazoline. Vasodilator (peripheral). An imidazoline α-adrenergic blocker. *Ciba plc.*

899 Tolazoline Hydrochloride
59-97-2   9645   200-447-3
C₁₀H₁₃ClN₂
2-Benzyl-2-imidazoline monohydrochloride.
benzazoline hydrochloride; phenylmethylimidazoline hydrochloride; Lambral; Priscol; Priscoline; Vaso-Dilatan. Vasodilator (peripheral). An imidazoline α-adrenergic blocker. mp = 174°; soluble in H₂O, EtOH, CHCl₃; slightly soluble in Et₂O, EtOAc; pH (2.5%) = 4.9-5.3. *Ciba plc.*

900 Viprostol
73647-73-1

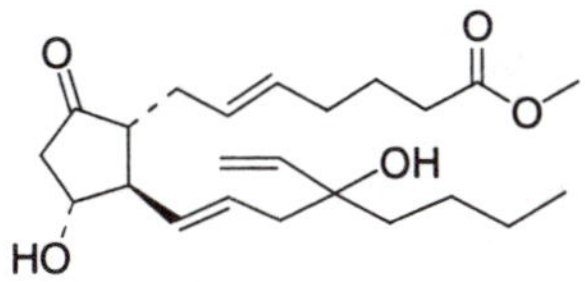

C₂₃H₃₆O₅
(±)-Methyl (Z)-7-[(1R,2R,3R)-2-[(E)-(4RS)-4-butyl-4-hydroxy-1,5-hexadienyl]-3-hydroxy-5-oxocyclopentyl]-5-heptenoate.
CL-115347. Hypotensive; vasodilator. *Lederle Labs.*

901 Xanthinol Niacinate
437-74-1   10194   207-115-7

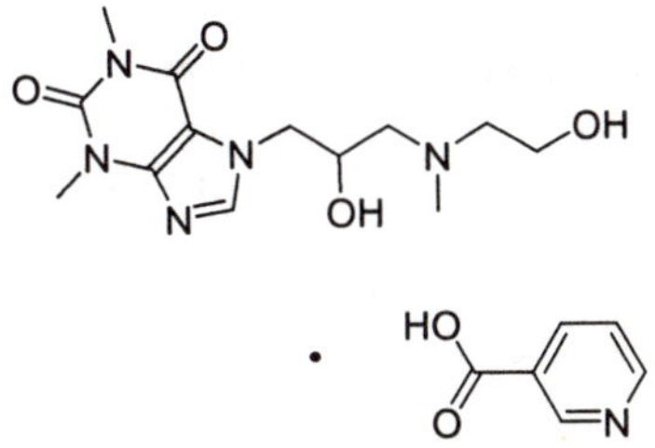

C₁₉H₂₆N₆O₈
7-[2-Hydroxy-3-[(2-hydroxyethyl)methylamino]propyl]theophylline nicotinate.
7-[3-[N-(2-hydroxyethylamino]-2-hydroxypropyl]theophylline nicotinate; xanthinol nicotinate; SK-331-A; Angiomin; Complamin; Sadamin; Xavin. Vasodilator (peripheral). mp = 180°; soluble in H₂O. *Roerig Div., Pfizer Pharmaceuticals.*

902 Zolertine
4004-94-8

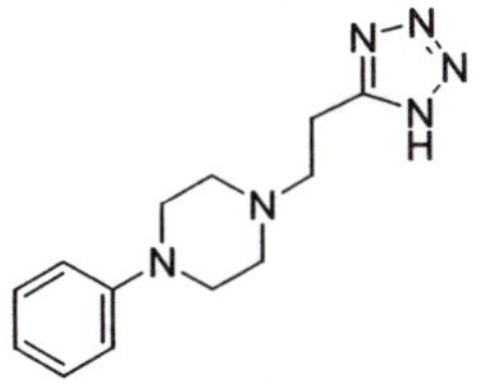

C₁₃H₁₈N₆
1-Phenyl-4-[2-(1H-tetrazol-5-yl)ethyl]-piperazine.
Antiadrenergic; vasodilator.

903 Zolertine Hydrochloride
7241-94-3
C₁₃H₁₉ClN₆
1-Phenyl-4-[2-(1H-tetrazol-5-yl)ethyl]-piperazine monohydrochloride.
MA-1277. Antiadrenergic; vasodilator. *Miles.*

Antianginal, Antiarrhythmic, and Cardiotonic Agents

beta-Adrenergic Blockers

See Page 24, records 118-232.

Antianginals

904　Abanoquil
90402-40-7

$C_{22}H_{25}N_3O_4$
4-Amino-2-(3,4-dihydro-6,7-dimethoxy-2(1H)-isoquinolyl)-6,7-dimethoxy quinoline.
An alpha-adrenergic blocker and antiarrhythmic.

905　Acebutolol
37517-30-9　　16　　　　253-539-0

$C_{18}H_{28}N_2O_4$
(±)-3'-Acetyl-4'-[2-hydroxy-3-(1-methylethylamino)propoxy]butyranilide.
Monitan; Sectral; Prent. Antianginal agent. Class II anti-arrhythmic agent. Cardioselective β-adrenergic blocking agent. Has anti-arrhythmic and antihypertensive properties. mp = 119-123°. Wyeth Labs.

906　Acebutolol Hydrochloride
34381-68-5　　16　　　　251-980-3
$C_{18}H_{29}ClN_2O_4$
(±)-3'-Acetyl-4'-[2-hydroxy-3-(1-methylethylamino)propoxy]butyranilide hydrochloride.
IL-17803A; M&B-17803A; Acetanol; Neptall; Sectral. Antianginal agent. Class II anti-arrhythmic agent. Cardioselective β-adrenergic blocking agent. Has anti-arrhythmic and antihypertensive properties. mp = 141-143°; soluble in H_2O (200 mg/ml), EtOH (70 mg/ml). Wyeth Labs.

907　Alprenolol
13655-52-2　　321　　　　237-140-9

$C_{15}H_{23}NO_2$
1-(o-Allylphenoxy)-3-(isopropylamino)-2-propanol.
1-[(1-Methylethyl)amino]-3-[2-(2-propenyl)phenoxy]-2-propanol; H 56/28. An Antianginal agent. Antiarrhythmic agent. Cardioselective β-adrenergic blocking agent. Has antiarrhythmic as well as antihypertensive properties. ICI.

908　Alprenolol Hydrochloride
13707-88-5　　321　　　　237-244-4
$C_{15}H_{24}ClNO_2$
1-(o-Allylphenoxy)-3-(isopropylamino)-2-propanol hydrochloride.
Applobal; Aprobal; Aptine; Aptol Duriles; Gubernal; Regletin; Yobir. Antianginal agent. Class II anti-arrhythmic agent. Cardioselective β-adrenergic blocking agent. Has anti-arrhythmic and antihypertensive properties. mp = 107-109°; LD_{50} (mus orl) = 278.0 mg/kg, (rat orl) = 597.0 mg/kg, (rbt orl) = 337.3 mg/kg. ICI.

909 Amiodarone
1951-25-3   504   217-772-1

$C_{25}H_{29}I_2NO_3$
2-Butyl-3-benzofuranyl 4-[2-(diethylamino)ethoxy]-3,5-diiodophenyl ketone. 2-butyl-3-[3,5-diiodo-4-(β-diethylaminoethoxy)benzoyl]benzofuran; Cordarone; L-3428; SKF-33134-A. Antianginal and Class III anti-arrhythmic. Blocks both α- and β-receptors. A benzofuran derivative. *Wyeth-Ayerst Labs.*

910 Amiodarone Hydrochloride
19774-82-4   504   243-293-2
$C_{25}H_{30}ClI_2NO_3$
2-Butyl-3-benzofuranyl 4-[2-(diethylamino)ethoxy]-3,5-diiodophenyl ketone hydrochloride.
L-3428; Amiodar; Ancoron; Angiodarona; Atlansil; Cordarex; Cordarone; Cordarone X; Miocard; Miodaron; Ortacrone; Ritmocardyl; Rythmarone; Trangorex. Antianginal and Class III anti-arrhythmic. Blocks both α- and β-receptors. A benzofuran derivative. mp = 156°, 159 ± 2°; λ_m = 208, 242 nm ($E^{1\%}_{1cm}$ 662 ± 8, 623 ± 10 MeOH); soluble in EtOH (1.28 g/100 ml), MeOH (9.98 g/100 ml), CHCl$_3$ (44.51 g/100 ml), n-PrOH (0.13 g/100 ml), Et$_2$O (0.17 g/100 ml), THF (0.60 g/100 ml), C$_6$H$_6$ (0.65 g/100 ml), CH$_2$Cl$_2$ (19.20 g/100 ml), CH$_3$CN (0.32 g/100 ml), 1-octanol (0.30 g/100 ml), H$_2$O (0.07 g/100 ml), C$_6$H$_{14}$ (0.03 g/100 ml), petroleum ether (0.001 g/100 ml); pH (5% solution) = 3.4-3.9; pKa (25 °C) 6.56 ±0.06. *Wyeth-Ayerst Labs.*

911 Amlodipine
88150-42-9   516

$C_{20}H_{25}ClN_2O_5$
3-Ethyl-5-methyl (±)-2-[(2-aminoethoxy)methyl]-4-(o-chlorophenyl)-1,4-dihydro-6-methyl-3,5-pyridinedicarboxylate. Antianginal agent. Dihydropyridine calcium channel blocker. Has antihypertensive properties. *Pfizer Inc.; Ciba-Geigy Corp.*

912 Amlodipine Besylate
111470-99-6   516
$C_{26}H_{31}ClN_2O_8S$
3-Ethyl-5-methyl (±)-2-[(2-aminoethoxy)methyl]-4-(o-chlorophenyl)-1,4-dihydro-6-methyl-3,5-pyridinedicarboxylate monobenzenesulfonate.
Norvasc; UK-48340-26; Antacal; Istin; Monopina; component of: Lotrel. Antianginal agent. Has antihypertensive properties. mp = 178-179°. *Pfizer Inc.; Ciba-Geigy Corp.*

913 Amlodipine Maleate
88150-47-4   516
$C_{24}H_{29}ClN_2O_9$
3-Ethyl-5-methyl (±)-2-[(2-aminoethoxy)methyl]-4-(o-chlorophenyl)-1,4-dihydro-6-methyl-3,5-pyridinedicarboxylate maleate.
UK-48340-11. Antianginal agent. Has antihypertensive properties. *Pfizer Inc.*

914 Amyl Nitrite
110-46-3   5137   203-770-8

$C_5H_{11}NO_2$
Isopentyl nitrite.
isoamyl nitrite; pentyl nitrite; Amyl Nitrite, Vaporole. Vasodilator;

antianginal. Organic nitrate. Unstable, flammable liquid; decomposes on exposure to air, light; bp = 97-99° (volatilizes at lower temperatures); d_{25}^{25} = 0.875; n_D^{21} = 1.3781; slightly soluble in H_2O; miscible with EtOH, $CHCl_3$, Et_2O; incompatible with alcohol, antipyrine, caustic alkalies, alkaline carbonates, potassium iodide, bromides, ferrous salts. *Burroughs Wellcome.*

915 Anipamil
83200-10-6   280-213-5

$C_{34}H_{52}N_2O_2$
2-[3-[(m-Methoxyphenethyl)methylamino]propyl]-2-(m-methoxyphenyl)tetradecanenitrile.
Antianginal and class IV anti-arrhythmic agent. Analog of verapamil.

916 Arotinolol
68377-92-4   827

$C_{15}H_{21}N_3O_2S_3$
(±)-5-[2-[[3-(tert-Butylamino)-2-hydroxypropyl]thio]-4-thiazolyl]-2-thiophenecarboxamide.
Antianginal agent. Also antihypertensive and antiarrhythmic. Possesses both α- and β-adrenergic blocking activity. A propanolamine derivative. mp = 148-149°. *Sumitomo.*

917 Arotinolol Hydrochloride
68377-91-3   827
$C_{15}H_{22}ClN_3O_2S_3$
(±)-5-[2-[[3-(tert-Butylamino)-2-hydroxypropyl]thio]-4-thiazolyl]-2-thiophenecarboxamide hydrochloride.
2-(3'-tert-butylamino-2'-hydroxypropylthio)-4-(5'-carbamoyl-2'-thienyl)thiazole; S-596; ARL; Almarl. Antianginal agent. Also posesses antihypertensive and antiarrhythmic properties. Possesses both α- and β-adrenergic blocking activity. A propanolamine derivative. mp = 234-235.5°; LD_{50} (mus iv) = 86 mg/kg, (mus ip) = 360 mg/kg, (mus orl) > 5000 mg/kg. *Sumitomo.*

918 Atenolol
29122-68-7   892   249-451-7

$C_{14}H_{22}N_2O_3$
2-[p-[2-Hydroxy-3-(isopropylamino)propoxy]phenyl]acetamide.
1-p-carbamoylmethylphenoxy-3-isopropylamino-2-propanol; ICI-66082; AteHexal; Atenol; Cuxanorm; Ibinolo; Myocord; Prenormine; Seles Beta; Selobloc; Teno-basan; Tenoblock; Tenormin; Uniloc. Antianginal agent. Cardioselective β-adrenergic blocking agent. Has anti-arrhythmic and antihypertensive properties. mp = 146-148°, 150-152°; λ_m = 225, 275, 283 nm (MeOH); very soluble in MeOH; soluble in AcOH, DMSO; less soluble in Me_2CO, dioxane; insoluble in CH_3CN, EtOAc, $CHCl_3$; pKa = 9.6; dipole moment = 5.71 ±0.20 D at 20° (propionic acid); LD_{50} (mus orl) = 2000 mg/kg, (mus iv) = 98.7 mg/kg, (rat orl) = 3000 mg/kg, (rat iv) = 59.24 mg/kg. *ICI; Apothecon; Lemmon Co.; Zeneca Pharmaceuticals; C.M. Industries.*

919 Barnidipine
104713-75-9   1031

$C_{27}H_{29}N_3O_6$
(+)-(3'S,4S)-1-Benzyl-3-pyrrolidinyl methyl 1,4-dihydro-2,6-dimethyl-4-(m-nitrophenyl)-3,5-pyridinedicarboxylate. Mepirodipine. Antianginal agent. Dihydropyridine calcium channel blocker. Has antihypertensive properties. mp = 137-139°; $[\alpha]_D^{20}$ = 64.8 (c = 1 MeOH). Yamanouchi U.S.A. Inc.

920 Barnidipine Hydrochloride
1031

$C_{27}H_{30}ClN_3O_6$
(+)-(3'S,4S)-1-Benzyl-3-pyrrolidinyl methyl 1,4-dihydro-2,6-dimethyl-4-(m-nitrophenyl)-3,5-pyridinedicarboxylate hydrochloride.
YM-09730-5; Hypoca. Antianginal agent. Dihydropyridine calcium channel blocker. Has antihypertensive properties. mp = 226-228°; $[\alpha]_D^{20}$ = 116.4° (c = 1 MeOH); insoluble in H_2O; LD_{50} (mrat orl) = 105 mg/kg, (frat orl) = 113 mg/kg. Yamanouchi U.S.A. Inc.

921 Bepridil
64706-54-3   1188

$C_{24}H_{34}N_2O$
1-[2-(N-Benzylanilino)-1-(isobutoxymethyl)ethyl]pyrrolidine. Antianginal agent. Calcium channel blocker with antianginal and antiarrhythmic properties. $bp_{0.1}$ = 184°, $bp_{0.5}$ = 192°. Wallace Labs.; McNeil Pharmaceutical.

922 Bepridil Hydrochloride
74764-40-2   1188
$C_{24}H_{35}ClN_2O \cdot H_2O$
1-[2-(N-Benzylanilino)-1-(isobutoxymethyl)ethyl]pyrrolidine monohydrochloride monohydrate.
3-butoxy-2-pyrrolidino-N-phenyl-N-benzylpropylamine; Bepadin; Bepridil; Angopril; Corduim; Vascor; CERM-1978. Antianginal agent. Calcium channel blocker with antianginal and antiarrhythmic properties. mp = 91 ± 2°; LD_{50} (mus orl) = 1955 mg/kg, (mus iv) = 23.5 mg/kg. Wallace Labs.; McNeil Pharmaceutical.

923 Betaxolol
63659-18-7   1229

$C_{18}H_{29}NO_3$
(±)-1-[p-[2-(Cyclopropylmethoxy)ethyl]phenoxy]-3-(isopropylamino)-2-propanol.
1-[4-[2-(Cyclopropylmethoxy)ethyl]phenoxy-3-[(1-methylethyl)amino]-2-propanol; Antianginal agent with antihypertensive and antiglaucoma properties. Cardioselective β_1 adrenergic blocker. mp = 70-72°. Alcon Labs.; Synthelabo Pharmacie.

924 Betaxolol Hydrochloride
63659-19-8   1229   264-384-3
$C_{18}H_{30}ClNO_3$
(±)-1-[p-[2-(Cyclopropylmethoxy)ethyl]phenoxy]-3-(isopropylamino)-2-propanol hydrochloride.
SLD-212; SL-75212; Betoptic; Betoptima; Kerlone. Antianginal agent with antihypertensive and antiglaucoma properties. Cardioselective β_1 adrenergic blocker. mp = 116°; LD_{50} (mus orl) = 94 mg/kg, (mus iv) = 37 mg/kg. Alcon Labs.; Synthelabo Pharmacie.

925 Bevantolol
59170-23-9   1238

$C_{20}H_{27}NO_4$
(±)-1-[(3,4-Dimethoxyphenethyl)amino]-3-(m-toloxy)-2-propanol.
Antianginal agent. Cardioselective β-adrenergic blocking agent. Has antiarrhythmic and antihypertensive properties. *Parke-Davis*.

926 Bevantolol Hydrochloride
42864-78-8   1238
$C_{20}H_{28}ClNO_4$
(±)-1-[(3,4-Dimethoxyphenethyl)amino]-3-(m-toloxy)-2-propanol hydrochloride.
Vantol; Cl-775; Ranestol; Sentiloc. Antianginal agent. Cardioselective β-adrenergic blocking agent. Has antiarrhythmic and antihypertensive properties. mp = 137-138°. *Parke-Davis*.

927 Bucumolol
58409-59-9   1489

$C_{17}H_{23}NO_4$
8-[(3-tert-Butylamino)-2-hydroxypropoxy]-5-methylcoumarin.
Antianginal agent. A β-adrenergic blocker with antianginal and antiarrhythmic properties. *Sankyo*.

928 Bucumolol Hydrochloride
30073-40-6   1489
$C_{17}H_{24}ClNO_4$
8-[(3-tert-Butylamino)-2-hydroxypropoxy]-5-methylcoumarin hydrochloride.
CS-359; Bucumarol. Antianginal agent. A β-adrenergic blocker with antianginal

and antiarrhythmic properties. mp = 226-228°; LD_{50} (mmus orl) = 676 mg/kg, (mmus iv) = 33.1 mg/kg, (fmus orl) = 692 mg/kg, (fmus iv) = 31.6 mg/kg. *Sankyo*.

929 Bufetolol
53684-49-4   1496

$C_{18}H_{29}NO_4$
1-(tert-Butylamino)-3-[o-[(tetrahydrofurfuryl)oxy]phenoxy]-2-propanol.
Antianginal agent. β-adrenergic blocker with antianginal and antiarrhythmic properties. $bp_{0.07}$ = 180-186°. *Yoshitomi*.

930 Bufetolol Hydrochloride
35108-88-4   1496   252-369-4
$C_{18}H_{30}ClNO_4$
1-(tert-Butylamino)-3-[o-[(tetrahydrofurfuryl)oxy]phenoxy]-2-propanol hydrochloride.
Y-6124; Adobiol. Antianginal agent. A β-adrenergic blocker with antianginal and antiarrhythmic properties. mp = 153.5-157°, 151-154°; soluble in H_2O, MeOH, AcOH; slightly soluble in C_6H_6; insoluble in Et_2O; LD_{50} (mus orl) = 409 mg/kg, (mus sc) = 507 mg/kg, (rat orl) = 1142 mg/kg, (rat sc) = 1904 mg/kg. *Yoshitomi*.

931 Bufuralol
54340-62-4   1504   259-112-5

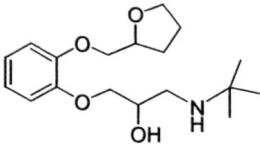

$C_{16}H_{23}NO_2$
α-[(tert-Butylamino)methyl]-7-ethyl-2-benzofuranmethanol.
Antianginal, antihypertensive agent. A β-adrenergic blocker with peripheral vasodilating properties. *Hoffmann-LaRoche Inc*.

932   Bufuralol Hydrochloride
59652-29-8   1504
$C_{16}H_{24}ClNO_2$
α-[(tert-Butylamino)methyl]-7-ethyl-2-benzofuranmethanol hydrochloride.
Ro-3-4787; Angium. An antianginal and antihypertensive agent. A β-adrenergic blocker that posesses peripheral vasodilating properties. mp = 146°; LD_{50} (mus iv) = 29.7 mg/kg, (mus ip) = 88.0 mg/kg, (mus orl) = 177 mg/kg, (rat sc) = 1400 mg/kg, (rat orl) = 750 mg/kg; [(+) form]: mp = 122-123°; $[\alpha]_{365}^{20}$ = 135.0° (c = 1.0 EtOH); [(-) form]: mp = 122-123°; $[\alpha]^{20}$ = -136.0 (c = 1.0 EtOH). *Hoffmann-LaRoche Inc.*

933   Bunitrolol
34915-68-9   1514

$C_{14}H_{20}N_2O_2$
o-[3-(tert-Butylamino)-2-hydroxypropoxy]benzonitrile.
1-(2-cyanophenoxy)-2-hydroxypropoxy]-benzonitrile; 2-[3[(1,1-Dimethylethyl)-amino]-2-hydroxypropoxy] benzonitrile; Ko-1366. Antianginal agent with antiarrhythmic and antihypertensive properties. A β-adrenergic blocker. *Boehringer Ingelheim GmbH.*

934   Bunitrolol Hydrochloride
23093-74-5   1514   245-427-5
$C_{14}H_{21}ClN_2O_2$
o-[3-(tert-Butylamino)-2-hydroxypropoxy]benzonitrile hydrochloride.
Betriol; Stresson. Antianginal agent with antiarrhythmic and antihypertensive properties. A β-adrenergic blocker. mp = 163-165°; LD_{50} (mus orl) = 1344-1440 mg/kg, (mus ip) = 264-265 mg/kg, (rat orl) = 639-649 mg/kg, (rat ip) = 222-225 mg/kg. *Boehringer Ingelheim GmbH.*

935   Bupranolol
14556-46-8   1521

$C_{14}H_{22}ClNO_2$
1-(tert-Butylamino)-3-[(6-chloro-m-tolyl)-oxy]-2-propanol.
bupranol; Ophtorenin. Antianginal agent with antiarrhythmic, antihypertensive and antiglaucoma properties. A β-adrenergic blocker.

936   Bupranolol Hydrochloride
15148-80-8   1521   239-208-3
$C_{14}H_{23}Cl_2NO_2$
1-(tert-Butylamino)-3-[(6-chloro-m-tolyl)-oxy]-2-propanol hydrochloride.
B-1312; KL-255; Betadran; Betadrenol; Looser; Panimit. Antianginal agent with antiarrhythmic, antihypertensive and antiglaucoma properties. A β-adrenergic blocker. mp = 220-222°.

937   Butoprozine
62228-20-0

$C_{18}H_{38}N_2O_2$
p-[3-(Dibutylamino)propoxy]phenyl 2-ethyl-3-indolizinyl ketone.
Antiarrhythmic and antianginal agent. *Labaz S.A.*

938   Butoprozine Hydrochloride
62134-34-3   263-427-3
$C_{18}H_{39}ClN_2O_2$
p-[3-(Dibutylamino)propoxy]phenyl 2-ethyl-3-indolizinyl ketone monohydrochloride.
L-9394. Antiarrhythmic and antianginal agent. *Labaz S.A.*

939 Carazolol
57775-29-8   1822   260-945-1

$C_{18}H_{22}N_2O_2$
1-(Carbazol-4-yloxy)-3-isopropylamino)-2-propanol.
BM-51052; Conducton; Suacron. Antianginal agent with antiarrhythmic and antihypertensive properties. Used for treatment of stress in pigs (veterinary). A β-adrenergic blocker. [hydrochloride]: mp = 234-235°. *Boehringer Mannheim GmbH.*

940 Carteolol
51781-06-7   1917

$C_{16}H_{24}N_2O_3$
5-[3-[(1,1-Dimethylethyl)amino]-2-hydroxypropyl]-3,4-dihydro-2(1H)-quinolinone.
Antianginal agent with antiarrhythmic, antihypertensive and antiglaucoma properties. A β-adrenergic blocker. *Abbott Labs.*

941 Carteolol Hydrochloride
51781-21-6   1917   257-415-7
$C_{16}H_{25}ClN_2O_3$
5-[3-[(1,1-Dimethylethyl)amino]-2-hydroxypropyl]-3,4-dihydro-2(1H)-quinolinone hydrochloride.
Carteolol hydrochloride, Abbott 43326; OPC-1085; Arteoptic; Caltidren; Carteol; Cartrol; Endak; Mikelan; Optipress; Tenalet; Tenalin; Teoptic. Antianginal agent with antiarrhythmic, antihypertensive and antiglaucoma properties. A β-adrenergic blocker. mp = 278°; LD_{50} (mrat orl) = 1380 mg/kg (mrat iv) = 158 mg/kg, (mrat ip) = 380 mg/kg, (mmus orl) = 810 mg/kg, (mmus iv) = 54.5 mg/kg, (mmus ip) = 380 mg/kg. *Abbott Labs.*

942 Carvediol
72956-09-3   1924

$C_{24}H_{26}N_2O_4$
(±)-1-(Carbazol-4-yloxy)-3-[[2-(o-methoxyphenoxy)ethyl]amino]-2-propanol.
BM-14.190; Coreg; BM-14190; DQ-2466; Dilatrend; Dimitone; Eucardic; Kredex; Querto. Antianginal, antihypertensive Non-selective β-adrenergic blocker with vasodilating activity. mp = 114-115°. *Boehringer Mannheim GmbH; SmithKline Beecham Pharmaceuticals.*

943 Celiprolol
56980-93-9   2007   260-497-7

$C_{20}H_{33}N_3O_4$
3-[3-Acetyl-4-[3-(tert-butylamino)-2-hydroxypropoxy]phenyl]-1,1-diethylurea.
ST-1396. Antianginal, antihypertensive agent. Cardioselective $β_1$ adrenergic blocker. mp = 110-112°. *Hoechst Marion Roussel Inc.*

944 Celiprolol Hydrochloride
57470-78-7   2007   260-752-2
$C_{20}H_{34}ClN_3O_4$
3-[3-Acetyl-4-[3-(tert-butylamino)-2-hydroxypropoxy]phenyl]-1,1-diethylurea monohydrochloride.
Celectol; Corliprol; Selecor; Selectol. Antianginal, antihypertensive agent.

Cardioselective β_1 adrenergic blocker. mp = 197-200° (dec); soluble in H_2O (15.1 g/100 ml), MeOH (18.2 g/100 ml), EtOH (1.61 g/100 ml), $CHCl_3$ (0.42 g/100 ml); λ_m = 221, 324 nm ($E_{1\%}$ 652, 57 H_2O), 231, 324 nm ($E_{1\%}$ 660, 60 0.01N HCl), 231, 324 nm ($E_{1\%}$ 640, 60 0.01N NaOH), 232, 329 nm ($E_{1\%}$ 775, 58 MeOH); LD_{50} (mmus iv) = 56.2 mg/kg, (mmus orl) = 1834 mg/kg, (mrat iv) = 68.3 mg/kg, (mrat orl) = 3826 mg/kg. *Hoechst Marion Roussel Inc.*

945   Cinepazet
23887-41-4   2349   245-927-3

$C_{20}H_{28}N_2O_6$
Ethyl-4-(3,4,5-trimethoxycinnamoyl)-1-piperazineacetate.
ethyl cinepazate. Antianginal agent. mp = 130°. *Delandale Labs., Ltd.*

946   Cinepazet Maleate
50679-07-7   2349   256-709-2
$C_{24}H_{32}N_2O_{10}$
Ethyl-4-(3,4,5-trimethoxycinnamoyl)-1-piperazineacetate maleate.
MD-6753; Vascoril. Antianginal agent. mp = 96°; [hydrochloride]: mp = 200° (dec); LD_{50} (mus iv) = 300 mg/kg, (mus orl) = 1300 mg/kg. *Delandale Labs., Ltd.*

947   Desrazoxane
24584-09-6   8295

$C_{11}H_{16}N_4O_4$
(+)-(S)-4,4'-Propylenedi-2,6-piperazinedione.
(+)-4,4'-propylenedi-2,6-piperazinedi-one; (+)-(3,5,3',5'-tetraoxo)-1,2-dipiperazinopropane; dexrazoxane; ICI-59118; ICRF-159; NSC-129943; ADR-529; ICRF-187; NSC-169780; Zinecard; (+)-razoxane; Cardioxane [hydrochloride]; Eucardion [hydrochloride]. Antianginal agent. The racemate is used as an antineoplastic. mp = 193°; $[\alpha]_D$ = 11.35° (c = 5, DMF); soluble in H_2O (10 mg/ml), 0.1N HCl (35-43 mg/ml), NaOH (6.7-10 mg/ml), EtOH (1 mg/ml), MeOH (7.1-10 mg/ml). *Pharmacia & Upjohn, Inc.*

948   Devapamil
92302-55-1

$C_{26}H_{36}N_2O_3$
2-(3,4-Dimethoxyphenyl)-2-isopropyl-5-[(m-methoxyphenethyl)methylamino]-valeronitrile.
Antianginal, anti-arrhythmic.

949   Diltiazem
42399-41-7   3247   255-796-4

$C_{22}H_{26}N_2O_4S$
(+)-5-[2-(Dimethylamino)ethyl]-cis-2,3-dihydro-3-hydroxy-2-(p-methoxyphenyl)-1,5-benzothiazepin-4(5H)-one acetate (ester).
Antianginal, antihypertensive and class IV antiarrhythmic. Calcium channel blocker with coronary vasodilating activity. Class IV antiarrhythmic. Vasodilating activity is stereospecific for the d-cis-isomer. *Bristol Myers Squibb*

Pharmaceuticals Ltd.; Hoechst Marion Roussel Inc.; Rhône-Poulenc Rorer Pharmaceuticals Inc.; Lemmon Co.; Forest Pharmaceuticals Inc.

950   Diltiazem Hydrochloride
33286-22-5   3247   251-443-3
$C_{22}H_{27}ClN_2O_4S$
(+)-5-[2-(Dimethylamino)ethyl]-cis-2,3-dihydro-3-hydroxy-2-(p-methoxyphenyl)-1,5-benzothiazepin-4(5H)-one acetate (ester) monohydrochloride.
Cardizem; Dilacor XR; Tiazac; RG-83606. Antianginal, antihypertensive and class IV antiarrhythmic. Calcium channel blocker with coronary vasodilating activity. Class IV antiarrhythmic. Vasodilating activity is stereospecific for the d cis form. [d cis form]: mp = 207.5-212°; $[\alpha]_D^{24}$ = 98.3 ± 1.4° (c = 1.002 MeOH); soluble in H_2O, MeOH, $CHCl_3$; moderately soluble in EtOH; insoluble in C_6H_6; LD_{50} (mmus iv) = 61 mg/kg, (mmus sc) = 260 mg/kg, (mmus orl) = 740 mg/kg, (fmus iv) = 58 mg/kg, (fmus sc) = 280 mg/kg, (fmus orl) = 640 mg/kg, (mrat iv) = 38 mg/kg, (mrat sc) = 520 mg/kg, (mrat orl) = 560 mg/kg, (frat iv) = 39 mg/kg, (frat sc) = 550 mg/kg, (frat orl) = 610 mg/kg. Bristol Myers Squibb Pharmaceuticals Ltd.; Hoechst Marion Roussel Inc.; Rhône-Poulenc Rorer Pharmaceuticals Inc.; Lemmon Co.; Forest Pharmaceuticals Inc.

951   Diltiazem Malate
144604-00-2   3247
$C_{26}H_{32}N_2O_9S$
(+)-5-[2-(Dimethylamino)ethyl]-cis-2,3-dihydro-3-hydroxy-2-(p-methoxyphenyl)-1,5-benzothiazepin-4(5H)-one acetate (ester) (S)-malate (1:1) monohydrochloride.
MK-793. Antianginal, antihypertensive and class IV antiarrhythmic. Calcium channel blocker with coronary vasodilating activity. Class IV antiarrhythmic. Bristol Myers Squibb Pharmaceuticals Ltd.; Hoechst Marion Roussel Inc.; Rhône-Poulenc Rorer Pharmaceuticals Inc.; Lemmon Co.; Forest Pharmaceuticals Inc.

952   Dioxadilol
80743-08-4

$C_{16}H_{25}NO_4$
(±)-1-(1,4-Benzodioxan-2-ylmethoxy)-3-(tert-butylamino)-2-propanol.
Has beta adrenolytic activity; antihypertensive, antianginal and antiarrhythmic, but less potent than propranolol.

953   Dopropidil
79700-61-1

$C_{20}H_{35}NO_2$
1-[1-(Isobutoxymethyl)-2-[[1-(1-propynyl)cyclohexyl]oxy]ethyl]pyrrolidine.
ORG-30701. Antianginal. Organon Inc.

954   Elgodipine
119413-55-7   3587

$C_{29}H_{33}FN_2O_6$
2-[(p-Fluorobenzyl)methylamino]ethyl isopropyl (±)-1,4-dihydro-2,6-dimethyl-4-[2,3-(methylenedioxy)phenyl]-3,5-pyridinedicarboxylate.
Antianginal agent. A dihydropyridine calcium channel blocker. Inst. Invest. Desarr.; Quimicobiol.

955 Elgodipine Hydrochloride
121489-04-1   3587
$C_{29}H_{34}ClFN_2O_6$
2-[(p-Fluorobenzyl)methylamino]ethyl isopropyl (±)-1,4-dihydro-2,6-dimethyl-4-[2,3-(methylenedioxy)phenyl]-3,5-pyridinedicarboxylate hydrochloride.
IQB-875. Antianginal agent. A dihydropyridine calcium channel blocker. mp = 194-195°; LD_{50} (mus ip) = 30-40 mg/kg. *Inst. Invest. Desarr.; Quimicobiol.*

956 Epanolol
86880-51-5   3641

$C_{20}H_{23}N_3O_4$
(±)-N-[2-[[3-(o-Cyanophenoxy)-2-hydroxypropyl]amino]ethyl]-2-(p-hydroxyphenyl)acetamide.
ICI-141292; Visacor. Antianginal, antihypertensive agent. Cardioselective β_1-adrenergic blocker with sympathomimetic activity. mp = 118-120°. *ICI.*

957 Erythrityl Tetranitrate
7297-25-8   3716   230-734-9

$C_4H_6N_4O_{12}$
(R*,S*)-1,2,3,4-Butane tetrol tetranitrate.
Cardilate; NSC-106566. Coronary vasodilator. Oral/sublingual/buccal tablets; for treat-ment of angina pectoris. An organic nitrate. mp = 61°; soluble in EtOH, Et_2O, glycerol, insoluble in H_2O. *Glaxo Wellcome, UK.*

958 Felodipine
86189-69-7   3991

$C_{18}H_{19}Cl_2NO_4$
Ethyl methyl 4-(2,3-dichlorophenyl)-1,4-dihydro-2,6-dimethyl-3,5-pyridine-dicarboxylate.
Plendil; H-154/82; Agon; Feloday; Flodil; Hydac; Munobal; Prevex; Splendil. Antianginal, antihypertensive agent. Dihydropyridine calcium channel blocker marketed as the racemate. mp= 145°. *Astra USA, Inc.; Merck & Co., Inc.*

959 Felodipine (dl form)
72509-76-3   3991
$C_{18}H_{19}Cl_2NO_4$
(±) Ethyl methyl 4-(2,3-dichlorophenyl)-1,4-dihydro-2,6-dimethyl-3,5-pyridine-dicarboxylate.
Plendil; H-154/82; Agon; Feloday; Flodil; Hydac; Munobal; Prevex; Splendil. Antianginal, antihypertensive. Dihydropyridine calcium channel blocker. mp= 145°. *Astra USA, Inc.; Merck & Co., Inc.*

960 Flusoxolol
84057-96-5

$C_{22}H_{30}FNO_4$
(S)-1-[p-[2-[(p-Fluorophenethyl)oxy]-ethoxy]phenoxy]-3-(isopropylamino)-2-propanol.
Antihypertensive, antianginal and antiarrhythmic. A selective β_1-adrenoceptor agonist.

Antianginals, Antiarrhythmics, Cardiotonics

961 Gallopamil
16662-47-8   4369

$C_{28}H_{40}N_2O_5$
5-[(3,4-Dimethoxyphenethyl)methyl-amino]-2-isopropyl-2-(3,4,5-trimethoxy-phenyl)valeronitrile.
methoxyverapamil; D-600. Antianginal agent. Calcium channel blocking agent, related to verapamil. Pale yellow viscous oil. *Knoll Pharmaceutical Co.*

962 Gallopamil Hydrochloride
16662-46-7   4369   240-704-7
$C_{28}H_{40}N_2O_5$
5-[(3,4-Dimethoxyphenethyl)methyl-amino]-2-isopropyl-2-(3,4,5-trimethoxy-phenyl)valeronitrile hydrochloride.
Algoclor; Procorum. Antianginal agent. Calcium channel blocking agent, related to verapamil. mp = 145-148°. *Knoll Pharmaceutical Co.*

963 d-Gallopamil Hydrochloride
38176-09-9   4369
$C_{28}H_{40}N_2O_5$
d-5-[(3,4-Dimethoxyphenethyl)methyl-amino]-2-isopropyl-2-(3,4,5-trimethoxy-phenyl)valeronitrile hydrochloride.
Algoclor; Procorum. Antianginal agent. Calcium channel blocker, related to verapamil. mp = 160.5=161.5°; $[\alpha]_D^{25}$ = 11.7° (c = 5.02 EtOH). *Knoll Pharmaceutical Co.*

964 l-Gallopamil Hydrochloride
36222-39-6   4369
$C_{28}H_{40}N_2O_5$
l-5-[(3,4-Dimethoxyphenethyl)methyl-amino]-2-isopropyl-2-(3,4,5-trimethoxy-phenyl)valeronitrile hydrochloride.
Algoclor; Procorum. Antianginal agent. Calcium channel blocker, related to verapamil. mp = 160.5-161.5°; $[\alpha]_D^{25}$ = -11.7° (c = 5.04 EtOH). *Knoll Pharmaceutical Co.*

965 Imolamine
318-23-0   4959   206-267-1

$C_{14}H_{20}N_4O$
4-[2-(Diethylamino)ethyl]-5-imino-3-phenyl-Δ^2-1,2,4-oxadiazoline.
Antianginal agent. bp_{02} = 165°.

966 Imolamine Hydrochloride
15823-89-9   4959   239-920-4
$C_{14}H_{21}ClN_4O$
4-[2-(Diethylamino)ethyl]-5-imino-3-phenyl-Δ^2-1,2,4-oxadiazoline hydrochloride.
LA-1211; Angolon; Irrigor. Antianginal agent. mp = 154-155°.

967 Indenolol
60607-68-3   4974   262-323-5

$C_{15}H_{21}NO_2$
1-[1H-Inden-4 (or -7)-yloxy]-3-[(1-methylethyl)amino]-2-propanol.
YB-2; Sch-28316Z. Antihypertensive, antiarrhythmic, antianginal. β-adrenergic blocker. 1:2 tautomeric mixture of the 4- and 7- indenyloxy isomers. mp = 88-89°. *Schering AG; Yamanouchi U.S.A. Inc.*

968 Indenolol Hydrochloride
81789-85-7   4974
$C_{15}H_{22}ClNO_2$
1-[1H-Inden-4 (or -7)-yloxy]-3-[(1-methylethyl)amino]-2-propanol hydrochloride.
Pulsan; Securpres. Antihypertensive, antiarrhythmic, antianginal. β-adrenergic blocker. mp = 147-148°; LD_{50} (mus iv) = 26 mg/kg. *Schering AG; Yamanouchi U.S.A. Inc.*

Antianginals, Antiarrhythmics, Cardiotonics

969   Isosorbide Dinitrate
87-33-2   5245   201-740-9

$C_6H_8N_2O_8$
1,4:3,6-Dianhydro-D-glucitol dinitrate.
Astridine; Cardio 10; Cardis; Carvanil; Carvasin; Cedocard; Corovliss; Dignionitrat; Dilatrate; Diniket; Disorlon; Duranitrat; EureCor; Flindix; Frandol; Glentonin; IBD; Imtack; Isdin; Iso-Bid; Isocard; Isoket; Iso-Mack; Iso-Puren; Isorbid; Isordil; Isordil Tembids; Isostenase; Isotrate; Langoran; Laserdil; Maycor; Myorexon; Nitorol; Nitrol; Nitrosorbonl Nosim; Rifloc Retard; Rigedal; Risordan; Soni-Slo; Sorbangil; Sorbichew; Sorbid SA; Sorbitrate; Sorquad; Vascardin; Vasorbate; Vasotrate; SDM-25; SDM-40; component of: BiDil, Dilatrate-SR. Coronary vasodilator used as an antianginal agent. An organic nitrate used to treat angina pectoris. mp = 70°; $[\alpha]_D^{20}$ = 135° (EtOH); soluble in H_2O (1.1 mg/ml), more soluble in organic solvents. *Tillots Labs.; Wyeth Labs.; Wyeth-Ayerst Labs.; Zeneca Pharmaceuticals; Medco Research, Inc.; Schwarz Pharma Kremers Urban Co.*

970   Isosorbide Mononitrate
16051-77-7   5245   240-197-2
$C_6H_9NO_6$
1,4:3,6-Dianhydro-D-glucitol-5-mononitrate.
isosorbide-5-mononitrate; Corangin; Elan; Elantan; Imdur; ISMO; Isomonat; Monicor; Monit; Mono-Cedocard; Monoclair; Monoket; Momo Mack; Monosorb; Olicard; Pentacard; BM-22.145; IS 5-MN; AHR-4698. Coronary vasodilator used as an antianginal agent. An organic nitrate used to treat angina pectoris. A metabolite of isosorbide dinitrate. mp = 88-91°. *Boehringer Mannheim GmbH; Key Pharmaceuticals; Wyeth-Ayerst Labs.; Schwarz Pharma Kremers Urban Co.*

971   Isradipine
75695-93-1   5260

$C_{19}H_{21}N_3O_5$
Isopropyl methyl (±)-4-(4-benzoxofurazanyl)-1,4-dihydro-2,6-dimethyl-3,5-pyridinedicarboxylate.
isopropyl 4-(2,1,3-benzoxadiazol-4-yl)-1,4-dihydro-5-methoxycarbonyl-2,6-dimethyl-3-pyridinecarboxylate; isrodipine; DynaCirc; PN-200-110; Clivoten; Dynacrine; Esradin; Lomir; Prescal; Rebriden. Antianginal, antihypertensive agent. Dihydropyridine calcium channel blocker. Has antihypertensive properties. mp = 168-170°; [S(+) form (PN-205-033)]: mp = 142°; $[\alpha]_D^{2°}$ = 6.7° (c = 1.5 EtOH); [R(-) form (PN-205-034)]: mp = 140°; $[\alpha]_D^{2°}$ = -6.7° (c = 1.67 EtOH). *Sandoz Pharmaceuticals Corp.*

972   Lemildipine
125729-29-5

$C_{20}H_{22}Cl_2N_2O_6$
3-Isopropyl 5-methyl (±)-4-(2,3-dichlorophenyl)-1,4-dihydro-2-(hydroxymethyl)-6-methyl-3,5-pyridinedicarboxylate carbamate (ester).
Dihydropyridine calcium channel blocker.

Antianginals, Antiarrhythmics, Cardiotonics

973   Lidoflazine
3416-26-0   5507   222-312-8

$C_{30}H_{35}F_2N_3O$
4-[4,4-Bis(p-fluorophenyl)butyl]-1-piperazineaceto-2',6'-xylidide.
1-[4,4-di((4-dluorophenyl)butyl]-1-piperazineaceto-2',6'-xylidide; Clinium; McN-JR-7094; R-7904; Angex; Klinium; Ordiflazine; Corflazine. Coronary vasodilator and antianginal agent. A proprietary preparation of lidoflazine; used for angina pectoris. mp = 159-161°; soluble in $CHCl_3$, less soluble in other organic solvents, insoluble in H_2O. *Janssen Pharmaceutical, Belgium; McNeil Pharmaceutical.*

974   Limaprost
88852-12-4   5514

$C_{22}H_{36}O_5$
(E)-7-[(1R,2R,3R)-3-Hydroxy-2-2[(E)-(3S,5S)-3-hydroxy-5-methyl-1-nonenyl]-5-oxocyclopentyl]-2-heptenoic acid.
limaprost α-cyclodextrin clathrate; ONO-1206; OP-1206; Opalmon; Prorenal. Antianginal agent. Derivative of Prostaglandin E_1. mp = 97-100°. *Ono Pharmaceutical Co., Ltd.; Warner Lambert.*

975   Linsidomine
33876-97-0

$C_6H_{10}N_4O_2$
3-Morpholinosydnone imine.
SIN-1; 3-morpholinosydnonimine. A spontaneous donor of nitric oxide and active metabolite of the antianginal drug molsidomine. Nitric oxide donor.

976   Mepindolol
23694-81-7   5901   245-831-1

$C_{15}H_{22}N_2O_2$
1-[Isopropylamino]-3-[(2-methyl-indol-4-yl)oxy]-2-propanol.
SH-E-222 [as sulfate salt]; Betagon; Corindolan; Mepicor. Antianginal, antihypertensive agent. A β-adrenergic blocker. mp = 100-102°, 95-97°. *Sandoz Pharmaceuticals Corp.*

977   Metoprolol
37350-58-6   6235   253-483-7

$C_{15}H_{25}NO_3$
1-(Isopropylamino)-3-[p-(2-methoxyethyl)phenoxy]-2-propanol.
CGP-2175; H-93/26. Antianginal, antihypertensive agent. A β-adrenergic blocker. A β-adrenergic blocker which lacks intrinsic sympathomimetic activity. *Ciba-Geigy Corp.; Astra Chemicals Ltd.; Apothecon; Lemmon Co.*

978   Metoprolol Succinate
98418-47-4   6235
$C_{34}H_{56}N_2O_{10}$
1-(Isopropylamino)-3-[p-(2-methoxy-ethyl)phenoxy]-2-propanol succinate (2:1) (salt).
Toprol-XL. Antianginal, antiarrhythmic and antihypertensive agent. A β-adrenergic blocker. Ciba-Geigy Corp.; Astra Chemicals Ltd.; Apothecon; Lemmon Co.

979   Metoprolol Tartrate
56392-17-7   6235   260-148-9
$C_{34}H_{56}N_2O_{12}$
1-(Isopropylamino)-3-[p-(2-methoxy-ethyl)phenoxy]-2-propanol (2:1) dextro-tartrate salt.
Beloc; Betaloc; Lopressor; Lopresor; Prelis; Seloken; Selopral; Selo-Zok. Antianginal, antiarrhythmic and antihypertensive agent. A β-adrenergic blocker. Soluble in H_2O (> 100 g/100 ml), MeOH (> 50 g/100 ml), $CHCl_3$ (49.6 g/100 ml), Me_2CO (0.11 g/100 ml), CH_3CN (0.089 g/100 ml), C_6H_{14} (0.0001 g/100 ml); LD_{50} (fmus iv) = 118 mg/kg, (fmus orl) = 2090 mg/kg, (mrat iv) = 90 mg/kg, (mrat orl) = 3090 mg/kg. Ciba-Geigy Corp.; Astra Chemicals Ltd.; Apothecon; Lemmon Co.

980   Molsidomine
25717-80-0   6316   247-207-4

$C_9H_{14}N_4O_4$
N-Carboxy-3-morpholinosynonimine ethyl ester.
Corvaton; CAS-276; Corvasal; Molsidolat; Morial; Motazomin. Coronary vasodilator and antianginal agent. mp = 140-141°; poorly soluble in H_2O, more soluble in polar organic solvents; λ_m = 326 nm; LD_{50} (mmus sc) = 780 mg/kg, (mmus iv) = 860 mg/kg, (mmus ip) = 700 mg/kg, (mmus orl) = 830 mg/kg, (fmus sc) = 750 mg/kg, (fmus iv) = 800 mg/kg, (fmus ip) = 760 mg/kg, (fmus orl) = 840 mg/kg, (mrat sc) = 1380 mg/kg, (mrat iv) = 830 mg/kg, (mrat ip) = 1250 mg/kg, (mrat orl) = 1050 mg/kg, (frat sc) = 1350 mg/kg, (frat iv) = 760 mg/kg, (frat ip) = 1250 mg/kg, (frat orl) = 1200 mg/kg. Hoechst-Roussel Pharmaceuticals Inc.

981   Monatepil
132019-54-6

$C_{28}H_{30}FN_3OS$
(±)-N-(6,11-Dihydrodibenzo[b,e]-thiepin-11-yl)-4-(p-fluorophenyl)-1-piperazinebutyramide.
Antianginal agent. Dainippon Pharmaceutical Co.

982   Monatepil Maleate
132046-06-1
$C_{32}H_{34}FN_3O_5S$
(±)-N-(6,11-Dihydrodibenzo[b,e]thiepin-11-yl)-4-(p-fluorophenyl)-1-piperazinebutyramide maleate (1:1).
AJ-2615. Antianginal agent. Dainippon Pharmaceutical Co.

983   Nadolol
42200-33-9   6431   255-706-3

$C_{17}H_{27}NO_4$
1-(tert-Butylamino)-3-[(5,6,7,8-tetra-hydro-cis-6,7-dihydroxy-1-naphthyl)-oxy]-2-propanol.
Corgard; SQ-11725; Anabet; Solgol. Antihypertensive and antianginal agent. A β-adrenergic blocker. mp = 124-136°; λ_m = 270, 278 nm ($E_{1\,cm}^{1\%}$ 37.5, 39.1, MeOH); pKa = 9.67; poorly soluble in

organic solvents; insoluble in Me$_2$CO, C$_6$H$_6$, Et$_2$O, C$_6$H$_{14}$; LD$_{50}$ (rat orl) = 5300 mg/kg, (mus orl) = 4500 mg/kg. *Apothecon; Bristol-Myers Squibb Co.*

984   Nicardipine
55985-32-5   6579   259-932-3

C$_{26}$H$_{29}$N$_3$O$_6$
2-(Benzylmethylamino) ethyl methyl 1,4-dihydro-2,6-dimethyl-4-(m-nitrophenyl)-3,5-pyridinedicarboxylate.
Antianginal, antihypertensive agent. Dihydropyridine calcium channel blocker. Has antihypertensive properties. *Yamanouchi U.S.A. Inc.; Syntex Labs. Inc.*

985   Nicardipine Hydrochloride
54527-84-3   6579   259-198-4
C$_{26}$H$_{30}$Cl9N$_3$O$_6$
2-(Benzylmethylamino) ethyl methyl 1,4-dihydro-2,6-dimethyl-4-(m-nitrophenyl)-3,5-pyridinedicarboxylate monohydrochloride.
Cardene; YC-93; RS-69216; RS-69216-XX-07-0; Barizin; Bionicard; Dacarel; Lecibral; Lescodil; Loxen; Nerdipina; Nicant; Nicardal; Nicarpin; Nicapress; Nicodel; Nimicor; Perdipina; Perdipine; Ranvil; Ridene; Rycarden; Rydene; Vasodin; Vasonase. Antianginal, antihypertensive agent. Dihydropyridine calcium channel blocker. Has antihypertensive properties. [α form]: mp = 179-181°; [β form]: mp = 168-170°; LD$_{50}$ (mrat orl) = 634 mg/kg), (mrat iv) = 18.1 mg/kg, (frat orl) = 557 mg/kg, (frat iv) = 25.0 mg/kg, (mmus orl) = 634 mg/kg, (mmus iv) = 20.7 mg/kg, (fmus orl) = 650 mg/kg, (fmus iv) = 19.9 mg. *Yamanouchi U.S.A. Inc.; Syntex Labs. Inc.*

986   Nicorandil
65141-46-0   6608   265-514-1

C$_8$H$_9$N$_3$O$_4$
N-(2-Hydroxyethyl)nicotinamide nitrate (ester).
SG-75; Ikorel; Perisalol; Sigmart. Coronary vasodilator used as an antianginal agent. mp = 92-93°; LD$_{50}$ (rat orl) = 1200-1300 mg/kg, (rat iv) = 800-1000 mg/kg. *Chugai Pharmaceutical Co., Ltd.*

987   Nifedipine
21829-25-4   6617   244-598-3

C$_{17}$H$_{18}$N$_2$O$_6$
Dimethyl 1,4-dihydro-2,6-dimethyl-4-(o-nitrophenyl)-3,5-pyridinedicarboxylate.
Adalat; Adalat CC; Procardia; Procardia XL; Bay a 1040; Hexadilat; Introcar; Kordafen; Nifedicor; Nifedin; Nifelan; Nifelat; Nifensar XL; Orix; Oxcord; Pidilat; Procardia; Sepamit; Tibricol; Zenusin. Coronary vasodilator used as an antianginal agent. mp = 172-174°; λ$_m$ = 340, 235 nm (ε 5010, 21590 MeOH), 338, 238 nm (ε 5740, 20600 0.1N HCl), 340, 238 nm (5740, 20510 0.1N NaOH); soluble in Me$_2$CO (250 g/l), CH$_2$Cl$_2$ (160 g/l), CHCl$_3$ (140 g/l), EtOAc (50 g/l), MeOH (26 g/l), EtOH (17 g/l); LD$_{50}$ (mus orl) = 494 mg/kg, (mus iv) = 4.2 mg/kg), (rat orl) = 1022 mg/kg, (rat iv) = 15.5 mg/kg. *Bayer AG; Pratt Pharmaceuticals.*

988 Nifenalol
7413-36-7   6618   231-023-6

$C_{11}H_{16}N_2O_3$
(±)-α-[[(1-Methylethyl)amino]methyl]-4-nitrobenzenemethanol.
isophenethanol. Antianginal, antiarrhythmic agent. A β-adrenergic blocker. mp = 98°. *Selvi.*

989 Nifenalol Hydrochloride
5704-60-9   6618   227-194-1
$C_{11}H_{17}ClN_2O_3$
(±)-α-[[(1-Methylethyl)amino]methyl]-4-nitrobenzenemethanol hydrochloride.
Inpea. Antianginal, antiarrhythmic agent. A β-adrenergic blocker. mp = 181°. *Selvi.*

990 Niguldipine
113165-32-5

$C_{36}H_{39}N_3O_6$
(+)-(S)-3-(4,4-Diphenylpiperidino)propyl methyl 1,4-dihydro-2,6-dimethyl-4-(n-nitrophenyl)-3,5-pyridinecarboxylate.
B-844-39 [as hydrochloride]. Selective T-type calcium channel blocker. A dihydropyridine derivative.

991 Nilvadipine
75530-68-6   6637

$C_{19}H_{19}N_3O_6$
5-Isopropyl 3-methyl 2-cyano-1,4-dihydro-6-methyl-4-(m-nitrophenyl)-3,5-pyridinedicarboxylate.
nivadipine; nivaldipine; CL-287,389; FK-235; SK&F-102,362; Escor; Nivadil. Antianginal, anti-arrhythmic agent. Dihydropyridine calcium channel blocker. Yellow crystals; mp = 148-150°; [(+) form]: $[\alpha]_D^{20}$ = 222.42° (c = 1 MeOH); [(-) form]: $[\alpha]_D^{20}$ = -219.62° (c= 1 MeOH). *Fujisawa USA, Inc.; SmithKline Beecham Pharmaceuticals.*

992 Nipradilol
81486-22-8   6655

$C_{15}H_{22}N_2O_6$
8-[2-Hydroxy-3-(isopropylamino)-propoxy]-3-chromanol 3-nitrate.
3,4-dihydro-8-(2-hydroxy-3-isopropylamino)propoxy-3-nitroxy-2H-1-benzopyran; Nipradolol; K-351; Hypadil. Antianginal, antihypertensive agent. A β-adrenergic blocker. Has vasodilating activity. mp = 107-116°, 110-122°; LD_{50} (mus iv) = 74.0 mg/kg, (rat iv) = 73.0 mg/kg, (mus orl) = 540 mg/kg. *Kowa Chemical Industries Co., Ltd.*

993 Nisoldipine
63675-72-9   6658   264-407-7

$C_{20}H_{24}N_2O_6$

1,4-Dihydro-2,6-dimethyl-4-(2-nitrophenyl)-3,5-pyridinedicarboxylic acid methyl 2-methylpropyl ester.
Bay k 5552; Baymycard; Norvasc; Syscor; Zadipina; Nisocor; Sular. Antianginal, antihypertensive agent. Calcium channel blocker. Used as an antihypertensive and anti-anginal. mp = 151-152°. *Bayer AG; Zeneca Pharmaceuticals.*

994 Nitroglycerine
55-63-0   6704   200-240-8

$C_3H_5N_3O_9$

1,2,3-Propanetriol trinitrate.
Angised; S.N.G.; Adesitrin; Angibid; Angiolingual; Anginine; Angorin; Aquo-Trinitrosan; Cardamist; Cordipatch; Corangil; Coro-Nitro; Corditrine; glyceryl trinitrate; Deponit; Diafusor; Discotrine; Gilucor; GTN; Klavikordal; Lenitral; Lentonitrina; Millisrol; Minitran; Myoglycerin; Nitradisc; Nitran; Nitriderm-TTS; Nitro-Bid; Nitrocine; Nitrocontin; Nitroderm-TTS; Nitrodisc; Nitrodur; Nitrofortin; Nitrolan; Nitrolande; Nitrolar; Nitrolent; Nitrolingual; Nitro Mack; Nitromex; Nitronal; Nitrong; Nitro-PRN; Nitrorectal; Nitroretard; Nitrosigma; Nitrostat; Nitrozell-Retard; Nysconitrine; Percutol; Perlinganit;

Reminitrol; Suscard; Sustac; Sustonit; Transderm-Nitro; Transiderm-Nitro; Tridil; Trinalgon; Trinitrosan; Vasoglyn. Antianginal agent. A vasodilator used in the treatment of angina pectoris. mp = 2.8°, 13.5°; d_{15}^{15} = 1.599; d_4^4 = 1.6144; d_4^{15}= 1.6009; d_4^{25} = 1.5918; explodes at 218°; soluble in H_2O (1.25 g/l), EtOH (197.6 g/l), MeOH (43.7 g/l), CS_2 (10.40 g/l); soluble in Et_2O, Me_2CO, EtOAc, AcOH, C_6H_6, $C_6H_5NO_2$, C_5H_5N, $CHCl_3$, methylene bromide, dichloroethylene; less soluble in petroleum ether; glycerol. *Schwarz Pharma Kremers Urban Co.; U.S. Ethicals, Inc.; KV Pharmaceutical; 3M Pharmaceuticals; Hoechst Marion Roussel Inc.; Roberts Pharmaceutical Corp.; Key Pharmaceuticals; Savage Labs.; Rhône-Poulenc Rorer Pharmaceuticals Inc.; Parke-Davis; Zeneca Pharmaceuticals; Ciba-Geigy Corp.*

995 Oxprenolol
6452-71-7   7086   229-257-9

$C_{15}H_{23}NO_3$

1-(o-Allyloxyphenoxy)-3-isopropylamino-2-propanol.
Antianginal, antihypertensive and class IV antiarrhythmic. A β-adrenergic blocker. mp = 78-80°. *Ciba-Geigy Corp.; Bayer AG.*

996 Oxprenolol Hydrochloride
6452-73-9   7086   229-260-5

$C_{15}H_{24}ClNO_3$

1-(o-Allyloxyphenoxy)-3-isopropylamino-2-propanol hydrochloride.
Ba-39089; Coretal; Laracor; Paritane; Slow-Pren; Trasicor; Trasacor. Antianginal, antihypertensive and class IV antiarrhythmic. A β-adrenergic blocker. mp = 107-109°. *Ciba-Geigy Corp.; Bayer AG.*

997 Oxyfedrine
15687-41-9   7096

$C_{19}H_{23}NO_3$
3-[[(αS,βR)-β-Hydroxy-α-methylphenethyl]amino]-3'-methoxypropiophenone. oxyphedrine. Antianginal agent. Used in treatment of coronary insufficiency. *Degussa AG.*

998 Oxyfedrine Hydrochloride
16777-42-7   7096   240-828-1
$C_{19}H_{24}ClNO_3$
3-[[(αS,βR)-β-Hydroxy-α-methylphenethyl]amino]-3'-methoxypropiophenone hydrochloride.
Ildamen; Modacor. Antianginal agent. Used in treatment of coronary insufficiency. [l form]: mp = 192-194°; LD_{50} (mus iv) = 29 mg/kg; [dl form]: mp = 173-175°; LD_{50} (mus iv) = 34 mg/kg. *Degussa AG.*

999 Ozagrel
82571-53-7   7115

$C_{13}H_{12}N_2O_2$
(E)-3-[4-(1H-Imidazol-1-ylmethyl)-cinnamic acid.
OKY-046. Antianginal and antithrombotic. mp = 223-224°. *Ono Pharmaceutical Co., Ltd.; Kissei.*

1000 Ozagrel Hydrochloride
78712-43-3   7115
$C_{13}H_{13}ClN_2O_2$
(E)-3-[4-(1H-Imidazol-1-ylmethyl)-cinnamic acid hydrochloride.
Antianginal and antithrombotic. mp = 214-217°. *Ono Pharmaceutical Co., Ltd.; Kissei.*

1001 Ozagrel Sodium
7115

$C_{13}H_{11}N_2NaO_2$
Sodium (E)-3-[4-(1H-imidazol-1-ylmethyl)-cinnamate.
Cataclot; Xanbon. Antianginal and antithrombotic. LD_{50} (mmus iv) = 1940 mg/kg, (mmus orl) = 3800 mg/kg, (mmus sc) = 2450 mg/kg, (fmus iv) = 1580 mg/kg, (fmus orl) = 3600 mg/kg, (fmus sc) = 2100 mg/kg, (mrat iv) = 1150 mg/kg, (mrat orl) = 5900 mg/kg, (mrat sc) = 2300 mg/kg, (frat iv) = 1300 mg/kg, (frat orl) = 5700 mg/kg, (frat sc) = 2250 mg/kg. *Ono Pharmaceutical Co., Ltd.; Kissei.*

1002 Penbutolol
38363-40-5   7209

$C_{18}H_{29}NO_2$
(S)-1-(tert-Butylamino)-3-(o-cyclopentylphenoxy)-2-propanol.
Antianginal, antihypertensive and antiarrhythmic. A β-adrenergic calcium channel blocker with antiarrhythmic activity. mp = 68-72°; $[\alpha]_D^{20}$ = -11.5° (c = 1 MeOH); soluble in MeOH, EtOH, $CHCl_3$. *Hoechst.*

1003 Penbutolol Sulfate
38363-32-5   7209   253-906-5
$C_{36}H_{40}N_2O_8S$
(S)-1-(tert-Butylamino)-3-(o-cyclopentylphenoxy)-2-propanol sulfate (salt) (2:1).
HOE-893d; HOE-39-893d; Betapressin; Levatol; Paginol. Antianginal, antihypertensive, antiarrhythmic. β-adrenergic calcium channel blocker with antiarrhythmic activity. mp = 216-218° (dec); $[\alpha]_D^{20}$ = -24.6° (c = 1 MeOH). *Hoechst.*

1004 Pentaerythritol Tetranitrate
78-11-5 7249 201-084-3

$C_5H_8N_4O_{12}$
2,2-Bis(hydroxymethyl)-1,3-propanediol tetranitrate.
2,2-bisdihydroxymethyl-1,3-propanediol tetranitrate; Cardiacap; Pentritol Tempules; Peritrate; PETN; nitropentaerythritol; Penthrit; Niperyt; Lentrat; Hasethrol; Mycardol; Nitropenton; Pentral 80; Dilcoran 80; Terpate; Pentrite; Perityl; Pentritol; Pentanitrine; Prevangor; Subicard; Pentryate; Vasodiatol; Neo-Corovas; Pentafilin; Quintrate; Pergitral; Pentitrate; Metranil; Angitet; Nitropenta; component of: Miltrate. Coronary vasodilator. Used as an antianginal. A vasodilator used for angina pectoris. An organic nitrate. mp = 140°; soluble in Me_2CO; sparingly soluble in EtOH, Et_2O; insoluble in H_2O. Rhône-Poulenc Rorer Pharmaceuticals Inc.; Parke-Davis; Wallace Labs.

1005 Pindolol
13523-86-9 7597 236-867-9

$C_{14}H_{20}N_2O_2$
1-(Indol-4-yloxy)-3-(isopropylamino)-2-propanol.
4-[2-hydroxy-3-(isopropylamino)propoxy]indole; LB-46; Visken; prinodolol; Betapindol; Blocklin L; Calvisken; Decreten; Durapindol; Glauco-Visken; Pectobloc; Pinbetol; Pynastin. Antianginal agent with antiarrhythmic, antihypertensive and antiglaucoma properties. A β-adrenergic blocker. mp = 171-163°. Sandoz Pharmaceuticals Corp.

1006 Primidolol
67227-55-8

$C_{17}H_{23}N_3O_4$
1-[2-[[2-Hydroxy-3-(o-toloxy)propyl]-amino]ethyl]thymine.
UK-11443. Antihypertensive, antianginal, anti-arrhythmic (cardiac depressant). Pfizer International.

1007 Pronetalol
54-80-8 7974

$C_{15}H_{19}NO$
2-Isopropyl-1-(naphth-2-yl)ethanol.
Pronethalol; nethalide. Antianginal, antihypertensive and antiarrhythmic. A β-adrenergic blocker. mp = 108°. ICI.

1008 Pronetalol Hydrochloride
51-02-5 7974
$C_{15}H_{20}ClNO$
2-Isopropyl-1-(naphth-2-yl)ethanol hydrochloride.
Pronethalol hydrochloride; ICI-38174; AY-6204; Alderlin. Antianginal, antihypertensive and antiarrhythmic. A β-adrenergic blocker. mp = 184°; LD_{50} (mus orl) = 512 mg/kg, (mus iv) = 46 mg/kg. ICI.

1009 Propranolol
525-66-6   8025   208-378-0

$C_{16}H_{21}NO_2$
1-(Isopropylamino)-3-(1-naphthyloxy)-2-propanol.
Avlocardyl; Euprovasin. Antianginal and antiarrhythmic (class II) agent. A β-adrenergic blocker. mp = 96°. *Wyeth-Ayerst Labs.; Parke-Davis; ICI.*

1010 Propranolol Hydrochloride
318-98-9   8025   206-268-7
$C_{16}H_{22}ClNO_2$
1-(Isopropylamino)-3-(1-naphthyloxy)-2-propanol hydrochloride.
AY-64043; ICI-45520; NSC-91523; Angilol; Apsolol; Bedranol; Beprane; Berkolol; Beta-Neg; Beta-Tablinen; Beta-Timelets; Cardinol; Caridolol; Deralin; Dociton; Duranol; Efektolol; Elbol; Frekven; Inderal; Indobloc; Intermigran; Kemi S; Oposim; Prano-Puren; Prophylux; Propranur; Pylapron; Rapy-nogen; Sagittol; Servanolol; Sloprolol; Sumial; Tesnol. Antianginal and antiarrhythmic (class II) agent. A β-adrenergic blocker. mp = 163-164°; soluble in H_2O, alcohol; insoluble in Et_2O, C_6H_6, EtOAc; LD_{50} (mus orl) = 565 mg/kg, (mus iv) = 22 mg/kg, (mus ip) = 107 mg/kg. *Wyeth-Ayerst Labs.; Parke-Davis; ICI.*

1011 Ranolazine
95635-55-5   8287

$C_{24}H_{33}N_3O_4$
(±)-4-[2-Hydroxy-3-(o-methoxyphenoxy)-propyl]-1-piperazineaceto-2',6'-xylidide. Antianginal agent. Anti-ischemic agent which modulates myocardial metabolism. *Syntex Labs. Inc.*

1012 Ranolazine Hydrochloride
95635-56-6   8287
$C_{24}H_{35}Cl_2N_3O_4$
(±)-4-[2-Hydroxy-3-(o-methoxyphenoxy)-propyl]-1-piperazineaceto-2',6'-xylidide dihydrochloride.
RS-43285. Antianginal agent. Anti-ischemic agent which modulates myocardial metabolism. mp = 164-166°; soluble in H_2O. *Syntex Labs. Inc.*

1013 Semotiadil
116476-13-2   8590

$C_{29}H_{32}N_2O_6S$
(R)-2-[2-[3-[[2-(1,3-Benzodioxol-5-yl-oxy)ethyl]methylamino]propoxy]-5-methoxyphenyl]-4-methyl-2H-1,4-benzothiazin-3(4H)-one.
sesamodil; DS-4823. Antianginal, antiarrhythmic agent. Benzothiazine calcium antagonist. *Santen.*

1014 Semotiadil Fumarate
116476-14-3   8590
$C_{33}H_{36}N_2O_{10}S$
(R)-2-[2-[3-[[2-(1,3-Benzodioxol-5-yloxy)ethyl]methylamino]propoxy]-5-methoxyphenyl]-4-methyl-2H-1,4-benzothiazin-3(4H)-one fumarate.
SD-3211. Antianginal, antiarrhythmic. Benzothiazine calcium antagonist. mp = 134-135°; $[\alpha]_D^{25}$ = 195° (DMSO). *Santen.*

1015 Sotalol
3930-20-9   8876

$C_{12}H_{20}N_2O_3S$
4'-[1-Hydroxy-2-(isopropylamino)-ethyl]methanesulfonanilide.
Antianginal, class II and III antiarrhythmic agent. A β-adrenergic blocker. λ_m = 242.2, 275.2 nm (CHCl$_3$). Bristol-Myers Squibb Co.; Berlex Labs., Inc.

1016 Sotalol Hydrochloride
959-24-0   8876   213-496-0
$C_{12}H_{21}ClN_2O_3S$
4'-[1-Hydroxy-2-(isopropylamino)-ethyl]methanesulfonanilide monohydrochloride.
Betapace; MJ-1999; Beta-Cardone; Darob; Sotacor; Sotalex. Antianginal, class II and III antiarrhythmic agent. β-adrenergic blocker. mp = 206.5-207°, 218-219°; soluble in H$_2$O, less soluble in CHCl$_3$; LD$_{50}$ (mmus orl) = 2600 mg/kg, (mmus ip) = 670 mg/kg, (mrat orl) = 3450 mg/kg, (mrat ip) = 680 mg/kg, (rbt orl) = 1000 mg/kg, (dog ip) = 330 mg/kg. Bristol-Myers Squibb Co.; Berlex Labs., Inc.

1017 Terodiline
15793-40-5   9311

$C_{20}H_{27}N$
N-tert-Butyl-1-methyl-3,3-diphenylpropylamine.
Coronary vasodilator; antianginal agent. Calcium antagonist with anticholinergic and vasodilatory activity. bp$_1$= 130-132°. Marion Merrell Dow Inc.

1018 Terodiline Hydrochloride
7082-21-5   9311
$C_{20}H_{28}ClN$
N-tert-Butyl-1-methyl-3,3-diphenylpropylamine hydrochloride.
Bicor; Mictrol; Micturin; Micturol. Coronary vasodilator used as an antianginal agent. Calcium antagonist with anticholinergic and vasodilatory activity. mp = 178-180°; soluble in EtOH, slightly soluble in Et$_2$O. Marion Merrell Dow Inc.

1019 Timolol
91524-16-2   9585

$C_{13}H_{24}N_4O_3S·1/2H_2O$
(S)-1-(tert-Butylamino)-3-[(4-morpholino-1,2,5-thiadiazol-3-yl)oxy]-2-propanol hemihydrate.
Antianginal agent with antiarrhythmic, antihypertensive and antiglaucoma properties. A β-adrenergic blocker. [(±) form]: mp = 71.5-72.5°. Merck & Co., Inc.

1020 Timolol Maleate
26921-17-5   9585   248-111-5
$C_{17}H_{28}N_4O_7S$
(S)-1-(tert-Butylamino)-3-[(4-morpholino-1,2,5-thiadiazol-3-yl)oxy]-2-propanol maleate (1:1).
Blocadren; Timoptic; Timoptol; MK-950; Aquanil; Betim; Proflax; Temserin; Tenopt; Timacar; Timacor; component of: Cosopt, Timolide. Antianginal agent with antiarrhythmic, antihypertensive and antiglaucoma properties. A β-adrenergic blocker. mp = 201.5-202.5°; $[\alpha]_{405}^{24}$ = -12.0° (c = 5 1N HCl), $[\alpha]_D^{25}$ = -4.2°; λ_m = 294 nm ($A_{1\,cm}^{1\%}$ 200 0.1N HCl); soluble in EtOH, MeOH; poorly soluble in CHCl$_3$, cyclohexane; insoluble in isooctane, Et$_2$O. Merck & Co., Inc.

Antianginals, Antiarrhythmics, Cardiotonics

1021 Tolamolol
38103-61-6   253-783-8

$C_{19}H_{24}N_2O_4$
4-[2-[[2-Hydroxy-3-(2-methylphenoxy)-propyl]amino]ethoxy]benzamide.
Vasodilator (coronary); cardiac depressant (antiarrhythmic); antiadrenergic (β-receptor blocker). *Pfizer International*.

1022 Toliprolol
2933-94-0   9653   220-905-6

$C_{13}H_{21}NO_2$
1-(Isopropylamino)-3-(m-tolyloxy)-2-propanol.
1-(3-methylphenoxy)-2-hydroxy-3-isopropylaminoproane; 1-(isopropylamino)-3-(m-tolyloxy)-2-propanol; MHIP. Has antianginal and antihypertensive properties. A β-adrenergic blocker. (The (-)-isomer is the more potent antagonist) mp = 75-76°, 79°. *ICI; Boehringer Ingelheim GmbH*.

1023 Toliprolol Hydrochloride
306-11-6   9653   206-177-2
$C_{13}H_{22}ClNO_2$
1-(Isopropylamino)-3-(m-tolyloxy)-2-propanol hydrochloride.
ICI-45763; Ko-592; Doberol; Sinorytmal. Anti-anginal, antihypertensive agent. A β-adrenergic blocker. mp = 120-121°; λ_m = 270 nm ($E_{1\,cm}^{1\%}$ 498 H_2O). *ICI; Boehringer Ingelheim GmbH*.

1024 Tosifen
32295-18-4   250-983-7

$C_{17}H_{20}N_2O_3S$
(S)-1-(α-Methylphenethyl)-3-(p-tolylsulfonyl)urea.
4-methI-N-[[(1-methyl-2-phenylethyl)-amino]carbamoyl] benzenesulfonamide; Sch-11973. Antianginal agent. *Schering AG*.

1025 Trimetazidine
5011-34-7   9835   225-690-2

$C_{14}H_{22}N_2O_3$
1-(2,3,4-Trimethoxybenzyl)piperazine.
40045. Antianginal agent. Coronary vasodilator. bp_{20} = 200-205°. *Sci. Union et Cie, France*.

1026 Trimetazidine Dihydrochloride
13171-25-0   9835   236-117-0
$C_{14}H_{24}Cl_2N_2O_3$
1-(2,3,4-Trimethoxybenzyl)piperazine dihydrochloride.
Kyurinett; Vastarel F; Yoshimilon. Antianginal agent. Has coronary vasodilating properties. mp = 225-228°; LD_{50} (mmus iv = 91 mg/kg, (mmus ip) = 264 mg/kg, (mmusorl) = 528 mg/kg, (fmus iv) = 107 mg/kg, (fmus ip) = 245 mg/kg, (fmus orl) = 608 mg/kg, (mrat iv) = 124 mg/kg, (mrat ip) = 327 mg/kg, (mrat orl) = 1147 mg/kg, (frat iv) = 124 mg/kg, (frat ip) = 288 mg/kg, (frat orl) = 987 mg/kg. *Sci. Union et Cie, France*.

1027 Trolnitrate
7077-34-1   9900   230-376-3

$C_6H_{12}N_4O_9$
2,2',2''-Nitrilotrisethanol trinitrate (ester). Antianginal agent. *Schering Corp.; Bristol-Myers Squibb Co.*

1028 Trolnitrate Phosphate
588-42-1   9900   209-617-1

$C_6H_{18}N_4O_{17}P_2$
2,2',2''-Nitrilotrisethanol trinitrate (ester) phosphate (1:2) (salt).
Angitrit; Bentonyl; Duronitrin; Metamine; Nitretamin; Nitroduran; Ortin; Praenitron; Vasomed. Antianginal agent. mp = 107-109°. *Schering Corp.; Bristol-Myers Squibb Co.*

1029 Verapamil
52-53-9   10083   200-145-1

$C_{27}H_{38}N_2O_4$
5-[(3,4-Dimethoxyphenethyl)methyl-amino]-2-(3,4-dimethoxyphenyl)-2-isopropylvaleronitrile.
D-365; CP-16533-1; iproveratril. Antianginal and Class IV antiarrhythmic agent. Coronary vasodilator with calcium channel blocking activity. $bp_{0.001}$ = 243-246°; insoluble in H_2O; slightly soluble in C_6H_6, C_6H_{16}, Et_2O; soluble in EtOH, MeOH, Me_2CO, EtOAc, $CHCl_3$. *Bristol-Myers Squibb Co.*

1030 Verapamil Hydrochloride
152-11-4   10083   205-800-5
$C_{27}H_{39}ClN_2O_4$
5-[(3,4-Dimethoxyphenethyl)methyl-amino]-2-(3,4-dimethoxyphenyl)-2-isopropylvaleronitrile hydrochloride.
Arpamyl; Berkatens; Calan; Cardiagutt; Cardibeltin; Cordilox; Dignover; Drosteakard; Geangin; Isoptin; Quasar; Securon; Univer; Vasolon; Verelan; Verexamil. Antianginal and Class IV antiarrhythmic agent. Coronary vasodilator with calcium channel blocking activity. mp = 138.5-140.5°; soluble in H_2O (7 g/100 g, 83 mg/ml), EtOH (26 mg/ml), propylene glycol (93 mg/ml), MeOH (> 100 mg/ml), iPrOH (4.6 mg/ml), EtOAc (1.0 mg/ml), DMF (> 100 mg/ml), CH_2Cl_2 (> 100 mg/ml), C_6H_{14} (0.001 mg/ml); LD_{50} (rat iv) = 16 mg/kg, (mus iv) = 8 mg/kg. *Searle, G.D., & Co.; Knoll Pharmaceutical Co.; Parke-Davis; Lederle Labs.*

1031 Xemilofiban
149820-74-6

$C_{18}H_{22}N_4O_4$
Ethyl (3S)-3-[3-[(p-amidinophenyl)-carbamoyl]propionamido]-4-pentynoate. Used in treatment of unstable angina. Prevents post-recanalization reocclusion of coronary vessels. *Searle, G.D., & Co.*

1032 Xemilofiban Hydrochloride
156586-91-3
$C_{18}H_{23}ClN_4O_4$
Ethyl (3S)-3-[3-[(p-amidinophenyl)-carbamoyl]propionamido]-4-pentynoate hydrochloride.
SC-54684A. Used in treatment of unstable angina. Prevents post-recanalization reocclusion of coronary vessels. *Searle, G.D., & Co.*

Antianginals, Antiarrhythmics, Cardiotonics

1033 Zatebradine
85175-67-3   10245

$C_{26}H_{36}N_2O_5$
3-[3-[(3,4-Dimethoxyphenethyl)methylamino]propyl]-1,3,4,5-tetrahydro-7,8-dimethoxy-2H-3-benzazepin-2-one.
Antianginal agent. Specific bradycardic agent; sinus node inhibitor. *Boehringer Ingelheim GmbH*.

1034 Zatebradine Hydrochloride
91940-87-3   10245
$C_{26}H_{37}ClN_2O_5$
3-[3-[(3,4-Dimethoxyphenethyl)methylamino]propyl]-1,3,4,5-tetrahydro-7,8-dimethoxy-2H-3-benzazepin-2-one hydrochloride.
UL-FS-49. Antianginal agent. Specific bradycardic agent; sinus node inhibitor. mp = 168° or 188°; soluble in H_2O. *Boehringer Ingelheim GmbH*.

Antiarrhythmics

1035 Abanoquil
90402-40-7

$C_{22}H_{25}N_3O_4$
4-Amino-2-(3,4-dihydro-6,7-dimethoxy-2(1H)-isoquinolyl)-6,7-dimethoxyquinoline.
α-adrenergic blocker, antiarrhythmic.

1036 Acebutolol
37517-30-9   16   253-539-0

$C_{18}H_{28}N_2O_4$
(±)-3'-Acetyl-4'-[2-hydroxy-3-(1-methylethylamino)propoxy]butyranilide.
Monitan; Sectral; Prent. Antianginal agent. Class II antiarrhythmic agent. Cardioselective β-adrenergic blocking agent. Has antiarrhythmic and antihypertensive properties. mp = 119-123°.

1037 Acebutolol Hydrochloride
34381-68-5   16   251-980-3
$C_{18}H_{29}ClN_2O_4$
(±)-3'-Acetyl-4'-[2-hydroxy-3-(1-methylethylamino)propoxy]butyranilide hydrochloride.
IL-17803A; M&B-17803A; Acetanol; Neptall; Sectral. Antianginal agent. Class II antiarrhythmic agent. Cardioselective β-adrenergic blocking agent. Has antiarrhythmic and antihypertensive properties. mp = 141-143°; soluble in H_2O (2 g/100 ml), EtOH (7.0 g/100 ml).

1038 Acecainide
32795-44-1   17

$C_{15}H_{23}N_3O_2$
4'-[[2-(Diethylamino)ethyl]carbamoyl]-acetanilide.
N-acetylprocainamide. Antiarrhythmic. Cardiac depressant. *Bristol-Myers Squibb Co*.

1039 Acecainide Hydrochloride
34118-92-8 17 251-831-2
$C_{15}H_{24}ClN_3O_2$
4'-[[2-(Diethylamino)ethyl]carbamoyl]-acetanilide monohydrochloride.
N-acetylprocainamide hydrochloride; ASL-601; NAPA. Antiarrhythmic. Cardiac depressant. mp = 190-193°. *Bristol-Myers Squibb Co.; C.M. Industries.*

1040 Actisomide
96914-39-5

$C_{23}H_{35}N_3O$
(±)-cis-4-[2-(Diisopropylamino)ethyl]-4,4a,5,6,7,8-hexahydro-1-methyl-4-phenyl-3H-pyrido[1,2-c]pyrimidin-3-one.
SC-36602. Antiarrhythmic. Cardiac depressant. *Searle, G.D., & Co.*

1041 Adenosine
58-61-7 152 200-389-9

$C_{10}H_{13}N_5O_4$
9-β-D-Ribofuranosyl-9H-purin-6-amine.
6-amino-9-β-D-ribofuranosyl-9H-purine; adenine riboside; Adenocard; Adenocor; Adenoscan. Antiarrhythmic. A nucleoside found widely in natural sources. mp = 234-235°; $[\alpha]_D^{11}$ = -61.7° (c = 0.706 H_2O); λ_m = 260 nm (ε 15100); insoluble in EtOH.

1042 Ajmaline
4360-12-7 194 224-439-4

$C_{20}H_{26}N_2O_2$
Ajmalan-17,20-diol.
rauwolfine; Gilurytmal; Cardiorythmine; Ritmos; Tachmalin. Antiarrhythmic; antihypertensive. [MeOH solvate]: mp = 158-160°; $[\alpha]_D^{18}$ = 131° (c = 0.4 $CHCl_3$); [anhydrous form]: mp = 205-207°; $[\alpha]_D^{20}$ = 144° (c = 0.8 $CHCl_3$); λ_m = 247, 295 nm (log ε 3.94, 3.49 EtOH); soluble in EtOH, MeOH, Et_2O, $CHCl_3$; poorly soluble in H_2O.

1043 Alinidine
33178-86-8 244

$C_{12}H_{13}Cl_2N_3$
2-(N-Allyl-2,6-dichloroanilino)-2-imidazoline.
ST-567. Antiarrhythmic. Specific bradycardiac agent. Analog of clonidine. mp = 127-129°, 130-131°; [hydrobromide ($C_{12}H_{14}BrCl_2N_3$)]: mp = 193-194°. *Boehringer Ingelheim Pharmaceuticals, Inc.*

1044 Almokalant
123955-10-2

$C_{18}H_{28}N_2O_3S$
(±)-p-[3-[Ethyl[3-(propylsulfinyl)propyl]-amino]-2-hydroxypropoxy]benzonitrile.
A class III antiarrhythmic drug.

1045 Alprafenone
124316-02-5

$C_{25}H_{35}NO_4$
(±)-3[3-[2-Hydroxy-3-(tert-pentylamino)-propoxy]-4-methoxyphenyl]-4'-methylpropiophenone.
A new class I antiarrhythmic agent.

1046 Alprenolol
13655-52-2   321   237-140-9

$C_{15}H_{23}NO_2$
1-(o-Allylphenoxy)-3-(isopropylamino)-2-propanol.
H-56/28. Antianginal agent. antiarrhythmic agent. Cardioselective β-adrenergic blocking agent. Has antiarrhythmic and antihypertensive properties. *ICI.*

1047 Alprenolol Hydrochloride
13707-88-5   321   237-244-4
$C_{15}H_{24}ClNO_2$
1-(o-Allylphenoxy)-3-(isopropylamino)-2-propanol hydrochloride.
Applobal; Aprobal; Aptine; Aptol Duriles; Gubernal; Regletin; Yobir. Antianginal agent. Class II antiarrhythmic agent. Cardioselective β-adrenergic blocking agent. Has antiarrhythmic and antihypertensive properties. mp = 107-109°; LD_{50} (mus orl) = 278.0 mg/kg, (rat orl) = 597.0 mg/kg, (rbt orl) = 337.3 mg/kg. *ICI.*

1048 Amafolone
50588-47-1

$C_{19}H_{31}NO_2$
3α-Amino-2β-hydroxy-5α-androstan-17-one.
SC-35135. A new aminosteroidal antiarrhythmic agent.

1049 Ambasilide
83991-25-7

$C_{21}H_{25}N_3O$
3-(p-Aminobenzoyl)-7-benzyl-3,7-diazabicyclo[3.3.1]nonane.
A new class III antiarrhythmic.

1050 Amiodarone
1951-25-3   504   217-772-1

$C_{25}H_{29}I_2NO_3$
2-Butyl-3-benzofuranyl 4-[2-(diethylamino)ethoxy]-3,5-diiodophenyl ketone.
Cordarone; L-3428; SKF-33134-A. Antianginal and Class III antiarrhythmic. Blocks both α- and β-receptors. Ventricular antiarrhythmic agent. A benzofuran derivative. *Wyeth-Ayerst Labs.*

1051 Amiodarone Hydrochloride
19774-82-4   504   243-293-2
$C_{25}H_{30}ClI_2NO_3$
2-Butyl-3-benzofuranyl 4-[2-(diethyl-amino)ethoxy]-3,5-diiodophenyl ketone hydrochloride.
L-3428; Amiodar; Ancoron; Angiodarona; Atlansil; Cordarex; Cordarone; Cordarone X; Miocard; Miodaron; Ortacrone; Ritmocardyl; Rythmarone; Trangorex. Antianginal and class III antiarrhythmic. Blocks both α- and β-receptors. A benzofuran derivative. mp = 156°, 159 ± 2°; λ_m = 208, 242 nm ($E_{1\ cm}^{1\%}$ 662 ± 8, 623 ± 10 MeOH); soluble in EtOH (1.28 g/100 ml), MeOH (9.98 g/100 ml), $CHCl_3$ (44.51 g/100 ml), n-PrOH (0.13 g/100 ml), Et_2O (0.17 g/100 ml), THF (0.60 g/100 ml), C_6H_6 (0.65 g/100 ml), CH_2Cl_2 (19.20 g/100 ml), CH_3CN (0.32 g/100 ml), 1-octanol (0.30 g/100 ml), H_2O (0.07 g/100 ml), C_6H_{14} (0.03 g/100 ml), petroleum ether (0.001 g/100 ml). Wyeth-Ayerst Labs.

1052 Amoproxan
22661-76-3   611

$C_{22}H_{35}NO_7$
3,4,5-Trimethoxybenzoic acid 1-[(isopentyloxy)methyl]-2-morpholino ethyl ester.
Antiarrhythmic agent. C.E.R.M.

1053 Amoproxan Hydrochloride
22661-96-7   611
$C_{22}H_{36}ClNO_7$
3,4,5-Trimethoxybenzoic acid 1-[(iso-pentyloxy)methyl]-2-morpholino ethyl ester hydrochloride.
CERM-730; Mederel. Antiarrhythmic agent. mp = 145°; soluble in H_2O, EtOH; slightly soluble in EtOAc. C.E.R.M.

1054 Anipamil
83200-10-6   280-213-5

$C_{34}H_{52}N_2O_2$
2-[3-[(m-Methoxyphenethyl)methyl-amino]propyl]-2-(m-methoxyphenyl)-tetradecanenitrile.
Antianginal and class IV antiarrhythmic agent. Analog of verapamil.

1055 Aprindine
37640-71-4   793

$C_{22}H_{30}N_2$
N-(2,3-Dihydro-1H-inden-2-yl)-N',N'-diethyl-N-phenyl-1,3-propanediamine.
compd 99170; AC-1802; Lilly 99170. Class I antiarrhythmic agent. Membrane stabilizing agent. Eli Lilly & Co.; Christiaens S.A.

1056 Aprindine Hydrochloride
33237-74-0   793   251-418-7
$C_{22}H_{31}ClN_2$
N-(2,3-Dihydro-1H-inden-2-yl)-N',N'-diethyl-N-phenyl-1,3-propanediamine hydrochloride.
compd 83846; Amidonal; Aspenon; Fibocil; Fiboran; Ritmusin. Class I antiarrhythmic agent. mp = 120-121°. Eli Lilly & Co.; Christiaens S.A.

1057 Arotinolol
68377-92-4   827

$C_{15}H_{21}N_3O_2S_3$
(±)-5-[2-[[3-(tert-Butylamino)-2-hydroxypropyl]thio]-4-thiazolyl]-2-thiophenecarboxamide.
Antianginal, antihypertensive and antiarrhythmic. Has both α- and β-adrenergic blocking activity. A propanolamine derivative. mp = 148-149°. *Sumitomo.*

1058 Arotinolol Hydrochloride
68377-91-3   827
$C_{15}H_{22}ClN_3O_2S_3$
(±)-5-[2-[[3-(tert-Butylamino)-2-hydroxypropyl]thio]-4-thiazolyl]-2-thiophenecarboxamide.
S-596; ARL; Almarl. Antianginal, antihypertensive and antiarrhythmic. α- and β-adrenergic blocker. A propanolamine. mp = 234-235.5°; LD_{50} (mus iv) = 86 mg/kg, (mus ip) = 360 mg/kg, (mus orl) > 5000 mg/kg. *Sumitomo.*

1059 Artilide
133267-19-3

$C_{19}H_{34}N_2O_3S$
(+)-4'-[(R)-4-(Dibutylamino)-1-hydroxybutyl]methanesulfonanilide.
Antiarrhythmic. Cardiac depressant. *Pharmacia & Upjohn, Inc.*

1060 Artilide Fumarate
133267-20-6
$C_{42}H_{72}N_4O_{10}S_2$
(+)-4'-[(R)-4-(Dibutylamino)-1-hydroxybutyl]methanesulfonanilide fumarate.
U-88943E. Antiarrhythmic. Cardiac depressant. *Pharmacia & Upjohn, Inc.*

1061 Asocainol
77400-65-8

$C_{27}H_{31}NO_3$
(±)-6,7,8,9-Tetrahydro-2,12-dimethoxy-7-methyl-6-phenethyl-5H-dibenz[d,f]azonin-1-ol.
A class I antiarrhythmic agent.

1062 Atenolol
29122-68-7   892   249-451-7

$C_{14}H_{22}N_2O_3$
2-[p-[2-Hydroxy-3-(isopropylamino)-propoxy]phenyl]acetamide.
ICI-66082; AteHexal; Atenol; Cuxanorm; Ibinolo; Myocord; Prenormine; Seles Beta; Selobloc; Teno-basan; Tenoblock; Tenormin; Uniloc. Antianginal and class II antiarrhythmic agent. Cardioselective β-adrenergic blocking agent. Has antiarrhythmic and antihypertensive properties. mp = 146-148°, 150-152°; λ_m = 225, 275, 283 nm (MeOH); very soluble in MeOH; soluble in AcOH, DMSO; less soluble in Me_2CO, dioxane; insoluble in CH_3CN, EtOAc, $CHCl_3$; pKa = 9.6; dipole moment = 5.71 ±0.20 D at 20° in propionic acid; LD_{50} (mus orl) = 2000 mg/kg, (mus iv) = 98.7 mg/kg, (rat orl) = 3000 mg/kg, (rat iv) = 59.24 mg/kg. *ICI; Apothecon; Lemmon Co.; Zeneca Pharmaceuticals.*

1063 Azimilide
149908-53-2   943

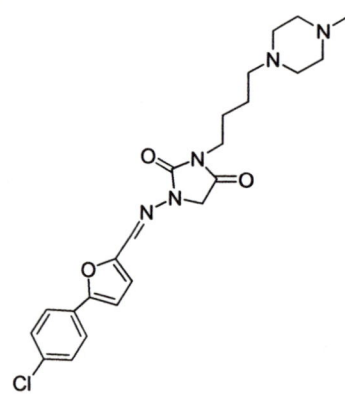

$C_{23}H_{28}ClN_5O_3$
1-[[5-(p-Chlorophenyl)furfurylidene]-amino]-3-[4-(4-methyl-1-piperazinyl)-butyl]hydantoin.
Class III antiarrhythmic agent. Potassium channel blocker. *Procter & Gamble Pharmaceuticals, Inc.*

1064 Azimilide Dihydrochloride
149888-94-8   943
$C_{23}H_{30}Cl_3N_5O_3$
1-[[5-(p-Chlorophenyl)furfurylidene]-amino]-3-[4-(4-methyl-1-piperazinyl)-butyl]hydantoin dihydrochloride.
NE-10064. Class III antiarrhythmic agent. Potassium channel blocker. *Procter & Gamble Pharmaceuticals, Inc.*

1065 Barucainide
79784-22-8

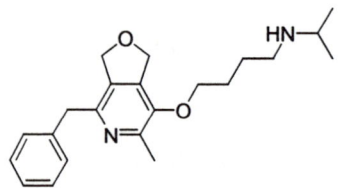

$C_{22}H_{30}N_2O_2$
4-Benzyl-1,3-dihydro-7-[4-isopropyl-amino)butoxy]-6-methylfuro[3,4-c]-pyridine.
A class IB antiarrhythmic agent.

1066 Bepridil
64706-54-3   1188

$C_{24}H_{34}N_2O$
1-[2-(N-Benzylanilino)-1-(isobutoxy-methyl)ethyl]pyrrolidine.
Antianginal agent. Calcium channel blocker with antianginal and antiarrhythmic (class IV) properties. bp_{01} = 184°, bp_{05} = 192°. *Wallace Labs.; McNeil Pharmaceutical.*

1067 Bepridil Hydrochloride
74764-40-2   1188
$C_{24}H_{35}ClN_2O \cdot H_2O$
1-[2-(N-Benzylanilino)-1-(isobutoxy-methyl)ethyl]pyrrolidine monohydrochloride monohydrate.
Bepadin; Bepridil; Angopril; Corduim; Vascor; CERM 1978. Antianginal agent. Calcium channel blocker with antianginal and antiarrhythmic (class IV) properties. mp = 91 ± 2°; LD_{50} (mus orl) = 1955 mg/kg, (mus iv) = 23.5 mg/kg. *Wallace Labs.; McNeil Pharmaceutical; C.M. Industries.*

1068 Berlafenone
18965-97-4

$C_{19}H_{25}NO_2$
(±)-1-(2-Biphenylyloxy)-3-(tert-butyl-amino)-2-propanol.
A class I antiarrhythmic agent.

Antianginals, Antiarrhythmics, Cardiotonics

1069   Bertosamil
126825-36-3

$C_{19}H_{36}N_2$
3'-Isobutyl-7'-isopropylspiro[cyclohexane-1,9'-[3,7]diazabicyclo[3.3.1]nonane].
An antiarrhythmic agent. Potassium channel blocker.

1070   Bevantolol
59170-23-9   1238

$C_{20}H_{27}NO_4$
(±)-1-[(3,4-Dimethoxyphenethyl)amino]-3-(m-toloxy)-2-propanol.
Antianginal agent. Cardioselective β-adrenergic blocking agent. Has antiarrhythmic and antihypertensive properties. *Parke-Davis.*

1071   Bevantolol Hydrochloride
42864-78-8   1238
$C_{20}H_{28}ClNO_4$
(±)-1-[(3,4-Dimethoxyphenethyl)amino]-3-(m-toloxy)-2-propanol hydrochloride.
Vantol; Cl-775; Ranestol; Sentiloc. Antianginal agent. Cardioselective β-adrenergic blocking agent. Has antiarrhythmic and antihypertensive properties. mp = 137-138°. *Parke-Davis.*

1072   Bidisomide
103810-45-3   1251

$C_{22}H_{34}ClN_3O_2$
(±)-α-(o-Chlorophenyl)-α-[2-(N-isopropylacetamido)ethyl]-1-piperidinebutyramide.
SC-40230. Class I antiarrhythmic agent. Sodium channel blocker. mp = 140-141°. *Searle, G.D., & Co.*

1073   Bometolol
65008-93-7

$C_{25}H_{32}N_2O_7$
(±)-8-(Acetonyloxy)-5-[3-[[(3,4-dimethoxyphenethyl)amino]-2-hydroxypropoxy]-3,4-dihydrocarbostyril.
A calcium channel blocker with antiarrhythmic properties.

1074   Bretylium
59-41-6   1395

$C_{11}H_{17}BrN^+$
(o-Bromobenzyl)ethyldimethylammonium.
Adrenergic, class III antiarrhythmic agent. *Burroughs Wellcome; Elkins-Sinn; Astra Chemicals Ltd.*

1075 Bretylium Tosylate
61-75-6   1395   200-516-8
$C_{18}H_{24}BrNO_3S$
(o-Bromobenzyl)ethyldimethyl-
ammonium p-toluenesulfonate.
Bretylate; Bretylan; Bretylol; Darenthin; Ornid; ASL-603. Adrenergic, class III antiarrhythmic agent. Used in the treatment of cardiac arrhythmias. mp = 97-99°; λ_m = 278, 271, 264 nm; soluble in H_2O, organic solvents; LD_{50} (mus orl) = 400 mg/kg, (mus im) = 250 mg/kg. *Burroughs Wellcome; Elkins-Sinn; Astra Chemicals Ltd.*

1076 Brinazarone
89622-90-2

$C_{25}H_{32}N_2O_2$
p-[3-(tert-Butylamino)propoxy]phenyl 2-isopropyl-3-indolizinyl ketone.
A calcium channel blocker and potential antiarrhythmic agent.

1077 Bucainide
51481-62-0

$C_{21}H_{35}N_3$
1-Hexyl-4-(N-isobutylbenzimidoyl)-piperazine.
Cardiac depressant; antiarrhythmic.

1078 Bucainide Maleate
51481-63-1
$C_{29}H_{43}N_3O_8$
1-Hexyl-4-(N-isobutylbenzimidoyl)-piperazine maleate.
Cardiac depressant; antiarrhythmic.

1079 Bucromarone
78371-66-1

$C_{29}H_{37}NO_4$
2-[4-[3-(Dibutylamino)propoxyl]-3,5-dimethylbenzoyl]chromone.
Cardiac depressant and antiarrhythmic agent. *Bristol-Myers Squibb Co.*

1080 Bucumolol
58409-59-9   1489

$C_{17}H_{23}NO_4$
8-[(3-tert-Butylamino)-2-hydroxypropoxy]-5-methylcoumarin.
Antianginal agent. A β-adrenergic blocker with antianginal and antiarrhythmic properties. *Sankyo.*

1081 Bucumolol Hydrochloride
30073-40-6   1489
$C_{17}H_{24}ClNO_4$
8-[(3-tert-Butylamino)-2-hydroxypropoxy]-5-methylcoumarin hydrochloride.
CS-359; Bucumarol. Antianginal agent. A β-adrenergic blocker with antianginal and antiarrhythmic properties. mp = 226-228°; LD_{50} (mmus orl) = 676 mg/kg, (mmus iv) = 33.1 mg/kg, (fmus orl) = 692 mg/kg, (fmus iv) = 31.6 mg/kg. *Sankyo.*

1082 Bufetolol
53684-49-4   1496

$C_{18}H_{29}NO_4$
1-(tert-Butylamino)-3-[o-[(tetrahydrofurfuryl)oxy]phenoxy]-2-propanol.
Antianginal agent. A β-adrenergic blocker with antianginal and antiarrhythmic properties. $bp_{0.07}$ = 180-186°. *Yoshitomi.*

1083 Bufetolol Hydrochloride
35108-88-4   1496   252-369-4
$C_{18}H_{30}ClNO_4$
1-(tert-Butylamino)-3-[o-[(tetrahydrofurfuryl)oxy]phenoxy]-2-propanol hydrochloride.
Y-6124; Adobiol. Antianginal agent. A β-adrenergic blocker with antianginal and antiarrhythmic properties. mp = 153.5-157°, 151-154°; soluble in H_2O, MeOH, AcOH; slightly soluble in C_6H_6; insoluble in Et_2O; LD_{50} (mus orl) = 409 mg/kg, (mus sc) = 507 mg/kg, (rat orl) = 1142 mg/kg, (rat sc) = 1904 mg/kg. *Yoshitomi.*

1084 Bunaftine
32421-46-8   1509   251-027-1

$C_{21}H_{30}N_2O$
N-Butyl-N-[2-(diethylamino)ethyl]-1-naphthamide.
bunaphtide; bunaphtine; Meregon [as citrate]. Class III antiarrhythmic agent. $bp_{0.1}$ = 178°; LD_{50} (mus ip) = 122°.

1085 Bunitrolol
34915-68-9   1514

$C_{14}H_{20}N_2O_2$
o-[3-(tert-Butylamino)-2-hydroxypropoxy]benzonitrile.
Ko-1366. Antianginal agent with antiarrhythmic and antihypertensive properties. A β-adrenergic blocker. *Boehringer Ingelheim GmbH.*

1086 Bunitrolol Hydrochloride
23093-74-5   1514   245-427-5
$C_{14}H_{21}ClN_2O_2$
o-[3-(tert-Butylamino)-2-hydroxypropoxy]benzonitrile hydrochloride.
Betriol; Stresson. Antianginal agent with antiarrhythmic and antihypertensive properties. A β-adrenergic blocker. mp = 163-165°; LD_{50} (mus orl) = 1344-1440 mg/kg, (mus ip) = 264-265 mg/kg, (rat orl) = 639-649 mg/kg, (rat ip) = 222-225 mg/kg. *Boehringer Ingelheim GmbH.*

1087 Bupranolol
14556-46-8   1521

$C_{14}H_{22}ClNO_2$
1-(tert-Butylamino)-3-[(6-chloro-m-tolyl)oxy]-2-propanol.
bupranol; Ophtorenin. Antianginal agent with antiarrhythmic, antihypertensive and antiglaucoma properties. A β-adrenergic blocker.

1088 Bupranolol Hydrochloride
15148-80-8   1521   239-208-3
$C_{14}H_{23}Cl_2NO_2$
1-(tert-Butylamino)-3-[(6-chloro-m-tolyl)oxy]-2-propanol hydrochloride.
B-1312; KL-255; Betadran; Betadrenol; Looser; Panimit. Antianginal agent with

antiarrhythmic, antihypertensive and antiglaucoma properties. A β-adrenergic blocker. mp = 220-222°.

1089 Butidrine
55837-18-8   1558   259-849-2

$C_{16}H_{25}NO$
5,6,7,8-Tetrahydro-α-[[(1-isopropyl)-amino]methyl]-2-naphthalenemethanol. Antiarrhythmic agent. A β-adrenergic blocker. *Holding Ceresia.*

1090 Butidrine Hydrochloride
1506-12-3   1558
$C_{16}H_{26}ClNO$
5,6,7,8-Tetrahydro-α-[[(1-isopropyl)-amino]methyl]-2-naphthalenemethanol hydrochloride.
butydrine hydrochloride; Betabloc; Recetan. Antiarrhythmic agent. A β-adrenergic blocker. mp = 129-130°; LD_{50} (mus iv) = 20.2 mg/kg, (mus orl) = 235 mg/kg. *Holding Ceresia.*

1091 Butobendine
55769-65-8   1560

$C_{32}H_{48}N_2O_{10}$
(+)-(S,S)-Ethylenebis[(methylimino)-(2-ethylethylene)]bis(3,4,5-trimethoxy-benzoate).
Antiarrhythmic. Increases cardiac blood flow. mp = 60-62°, 64-65°; $[\alpha]_D^{20} = 2.4°$ (c = 5 EtOH). *Polfa.*

1092 Butobendine Dihydrochloride
55769-64-7   1560
$C_{32}H_{50}Cl_2N_2O_{10}$
(+)-(S,S)-Ethylenebis[(methylimino)-(2-ethylethylene)]bis(3,4,5-trimethoxy-benzoate) dihydrochloride.
M-71; Craviten. Antiarrhythmic. Increases cardiac blood flow. mp = 83-113°, 81-83°; $[\alpha]_D^{20} = -6.4°$ (c = 2.5 etOH), -7.5° (c = 5 H_2O), -5.5° (c = 5 C_5H_5N); soluble in H_2O, $CHCl_3$, EtOH; slightly soluble in MeOH; insoluble in C_6H_6, Et_2O, CCl_4; LD_{50} (rat ip)= 142 mg/kg, (rat iv) = 15.8 mg/kg, (mus ip) = 550 mg/kg, (rbt iv) = 5.1 mg/kg. *Polfa.*

1093 Butoprozine
62228-20-0

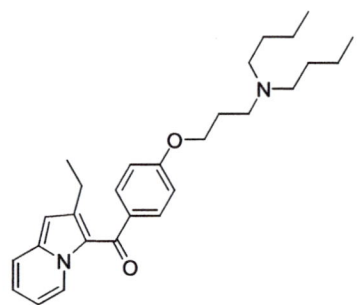

$C_{18}H_{38}N_2O_2$
p-[3-(Dibutylamino)propoxy]phenyl 2-ethyl-3-indolizinyl ketone.
Antiarrhythmic and antianginal agent. Calcium channel blocker. *Labaz S.A.*

1094 Butoprozine Hydrochloride
62134-34-3   263-427-3
$C_{18}H_{39}ClN_2O_2$
p-[3-(Dibutylamino)propoxy]phenyl 2-ethyl-3-indolizinyl ketone monohydrochloride.
L-9394. Antiarrhythmic and antianginal agent. Calcium channel blocker. *Labaz S.A.*

1095 Capobenate Sodium
27276-25-1   1799   248-381-4

$C_{16}H_{22}NNaO_6$
Sodium 6-(3,4,5-trimethoxybenzamido)-hexanoate.
C-3; sodium capobenate; Capben. Cardiac depressant and antiarrhythmic agent. Inst. Chemioter.

1096 Capobenic Acid
21434-91-3   1799   244-387-6

$C_{16}H_{23}NO_6$
6-(3,4,5-Trimethoxybenzamido)-hexanoic acid.
C-3; ATBAC; TB-ACA. Cardiac depressant and antiarrhythmic agent. mp = 121-123°; λ_m = 214, 259 nm (EtOH); soluble in EtOH, Me$_2$CO, CHCl$_3$, alkaline solutions; insoluble in H$_2$O, Et$_2$O, Cl$_4$; LD$_{50}$ (rat ip) = 2500 mg/kg. Inst. Chemioter.

1097 Carazolol
57775-29-8   1822   260-945-1

$C_{18}H_{22}N_2O_2$
1-(Carbazol-4-yloxy)-3-isopropylamino)-2-propanol.
BM-51052; Conducton; Suacron. Antianginal agent with antiarrhythmic and antihypertensive properties. Used for treatment of stress in pigs (veterinary). A β-adrenergic blocker. [hydrochloride]: mp = 234-235°. Boehringer Mannheim GmbH.

1098 Carocainide
66203-00-7   266-233-7

$C_{18}H_{25}N_3O_5$
1-[4,7-Dimethoxy-6-[2-(1-pyrrolidinyl)-ethoxy]-5-benzofuranyl]-3-methylurea.
An antiarrhythmic agent. A benzofuran derivative with sodium channel blocking activity.

1099 Carteolol
51781-06-7   1917

$C_{16}H_{24}N_2O_3$
5-[3-[(1,1-Dimethylethyl)amino]-2-hydroxypropyl]-3,4-dihydro-2(1H)-quinolinone.
Antianginal agent with antiarrhythmic, antihypertensive and antiglaucoma properties. A β-adrenergic blocker. Abbott Labs.

1100 Carteolol Hydrochloride
51781-21-6   1917   257-415-7
$C_{16}H_{25}ClN_2O_3$
5-[3-[(1,1-Dimethylethyl)amino]-2-hydroxypropyl]-3,4-dihydro-2(1H)-quinolinone hydrochloride.
Carteolol hydrochloride, Abbott 43326; OPC-1085; Arteoptic; Caltidren; Carteol; Cartrol; Endak; Mikelan; Optipress; Tenalet; Tenalin; Teoptic. Antianginal agent with antiarrhythmic, antihypertensive and antiglaucoma properties. A

1101 Cifenline
53267-01-9   2330   258-453-7

$C_{18}H_{18}N_2$
(±)-2-(2,2-Diphenylcyclopropyl)-4,5-dihydro-1H-imidazole.
Cibenzoline; (±)-2-(2,2-diphenylcyclopropyl)-2-imidazoline; 1-(2-Δ²-imidazolinyl)-2,2-diphenylcyclopropane; cibenzoline; Ro-22-7796; UP-33-901. Antiarrhythmic agent. Posesses potent sodium channel blocking action and moderate calcium channel blocking action. mp = 103-104°; LD_{100} (rat iv) = 64 mg/kg. Hexachemie; Hoffmann-LaRoche Inc.

1102 Cifenline Succinate
100678-32-8   2330

$C_{22}H_{24}N_2O_4$
(±)-2-(2,2-Diphenylcyclopropyl)-4,5-dihydro-1H-imidazole succinate.
Ro-22-7796/001; Cibenol; Cipralan; Exacor. Antiarrhythmic agent. Posesses potent sodium channel blocking action and moderate calcium channel blocking action. mp = 165°. Hexachemie; Hoffmann-LaRoche Inc.

1103 Clofilium Phosphate
68379-03-3

$C_{21}H_{39}ClNO_4P$
[4-(p-Chlorophenyl)butyl]diethylheptylammonium phosphate.
LY-150378. Antiarrhythmic agent and cardiac depressant. A potassium channel blocker. Eli Lilly & Co.

1104 Cloranolol
39563-28-5   2464

$C_{13}H_{19}Cl_2NO_2$
1-(tert-Butylamino)-3-(2,5-dichlorophenoxy)-2-propanol.
1-(2,5-Dichlorophenoxy)-3-[(1,1-dimethylethyl)amino]-2-propanol. A β-adrenergic blocker used as an antiarrhythmic agent. mp = 82-83°. Res. Inst. Pharm. Chem.

1105 Cloranolol Hydrochloride
54247-25-5   2464   259-044-6
$C_{13}H_{20}Cl_3NO_2$
1-(tert-Butylamino)-3-(2,5-dichlorophenoxy)-2-propanol hydrochloride.
GYKI-40199; Tobanum. A β-adrenergic blocker used as an antiarrhythmic agent. mp = 210-212°. Res. Inst. Pharm. Chem.

1106 Dazolicine
61477-97-2

$C_{17}H_{24}ClN_3S$
8-Chloro-3,4,5,6-tetrahydro-6-[(1-isopropyl-2-imidazolin-2-yl)methyl]-2H-1,6-benzothaizocine.
dazolicin; ucb B 192. Antiarrhythmic with direct membrane action.

1107 Devapamil
92302-55-1

$C_{26}H_{36}N_2O_3$
2-(3,4-Dimethoxyphenyl)-2-isopropyl-5-[(m-methoxyphenethyl)methylamino]-valeronitrile.
Antianginal, antiarrhythmic. Calcium channel blocker.

1108 Dexpropranolol
5051-22-9   225-749-2

$C_{16}H_{21}NO_2$
(+)-1-(Isopropylamino)-3-(1-naphthyloxy)-2-propanol.
A β-adrenergic blocker used as an antiarrhythmic agent. *ICI; Wyeth-Ayerst Labs.*

1109 Dexpropranolol Hydrochloride
13071-11-9   235-961-7
$C_{16}H_{22}ClNO_2$
(+)-1-(Isopropylamino)-3-(1-naphthyloxy)-2-propanol hydrochloride.
AY-20,694; ICI-47319. A β-adrenergic blocker used as an antiarrhythmic agent. *ICI; Wyeth-Ayerst Labs.*

1110 Dexsotalol
30236-32-9

$C_{12}H_{20}N_2O_3S$
(+)-(S)-4'-[1-hydroxy-2-(isopropylamino)-ethyl]methanesulfonanilide.
Antiarrhythmic agent and cardiac depressant. *Bristol-Myers Squibb Co.*

1111 Dexsotalol Hydrochloride
4549-94-4
$C_{12}H_{21}ClN_2O_3S$
(+)-(S)-4'-[1-Hydroxy-2-(isopropylamino)-ethyl]methanesulfonanilide monohydrochloride.
BMY-05763-1-D. Antiarrhythmic agent and cardiac depressant. *Bristol-Myers Squibb Co.*

1112 Diltiazem
42399-41-7   3247   255-796-4

$C_{22}H_{26}N_2O_4S$
(+)-5-[2-(Dimethylamino)ethyl]-cis-2,3-dihydro-3-hydroxy-2-(p-methoxyphenyl)-1,5-benzothiazepin-4(5H)-one acetate (ester).
Antianginal, antihypertensive and class IV antiarrhythmic. Calcium channel blocker with coronary vasodilating activity. Class IV antiarrhythmic. *Bristol Myers Squibb Pharmaceuticals Ltd.; Hoechst Marion Roussel Inc.; Rhône-Poulenc Rorer Pharmaceuticals Inc.; Lemmon Co.; Forest Pharmaceuticals Inc.*

1113 Diltiazem Hydrochloride
33286-22-5   3247   251-443-3
$C_{22}H_{27}ClN_2O_4S$
(+)-5-[2-(Dimethylamino)ethyl]-cis-2,3-dihydro-3-hydroxy-2-(p-methoxyphenyl)-1,5-benzothiazepin-4(5H)-one acetate (ester) monohydrochloride.
CRD-401; Adiazem; Altiazem; Anginyl; Angizem; Britiazim; Bruzem; Calcicard; Cardizem; Citizem; Cormax; Deltazen; Diladel; Dilacor XR; Dilpral; Dilrene; Dilzem; Dilzene; Herbesser; Masdil; Tiazac; Tildiem; RG-83606. Antianginal, antihypertensive and class IV antiarrhythmic. Calcium channel blocker with coronary vasodilating activity. Class

IV antianginal. [d cis form]: mp = 207.5-212°; $[\alpha]_D^{24}$ = 98.3 ± 1.4° (c = 1.002 MeOH); soluble in H_2O, MeOH, $CHCl_3$; moderately soluble in EtOH; insoluble in C_6H_6; LD_{50} (mmus iv) = 61 mg/kg, (mmus sc) = 260 mg/kg, (mmus orl) = 740 mg/kg, (fmus iv) = 58 mg/kg, (fmus sc) = 280 mg/kg, (fmus orl) = 640 mg/kg, (mrat iv) = 38 mg/kg, (mrat sc) = 520 mg/kg, (mrat orl) = 560 mg/kg, (frat iv) = 39 mg/kg, (frat sc) = 550 mg/kg, (frat orl) = 610 mg/kg. *Bristol Myers Squibb Pharmaceuticals Ltd.; Hoechst Marion Roussel Inc.; Rhône-Poulenc Rorer Pharmaceuticals Inc.; Lemmon Co.; Forest Pharmaceuticals Inc.*

1114 Diltiazem Malate
144604-00-2   3247
$C_{26}H_{32}N_2O_9S$
(+)-5-[2-(Dimethylamino)ethyl]-cis-2,3-dihydro-3-hydroxy-2-(p-methoxyphenyl)-1,5-benzothiazepin-4(5H)-one acetate (ester) (S)-malate (1:1) monohydrochloride.
MK-793. Antianginal, antihypertensive and class IV antiarrhythmic. Calcium channel blocker with coronary vasodilating activity. Class IV antiarrhythmic. *Bristol Myers Squibb Pharmaceuticals Ltd.; Hoechst Marion Roussel Inc.; Rhône-Poulenc Rorer Pharmaceuticals Inc.; Lemmon Co.; Forest Pharmaceuticals Inc.*

1115 Dioxadilol
80743-08-4

$C_{16}H_{25}NO_4$
(±)-1-(1,4-Benzodioxan-2-ylmethoxy)-3-(tert-butylamino)-2-propanol.
Has beta adrenolytic activity; antihypertensive, antianginal and antiarrhythmic, but less potent than propranolol.

1116 Diprafenone
81447-80-5

$C_{23}H_{31}NO_3$
(±)-2'-[2-Hydroxy-3-(tert-pentylamino)-propoxy]-3-phenylpropiophenone.
Class I antiarrhythmic.

1117 Disobutamide
68284-69-5

$C_{23}H_{38}ClN_3O$
α-(o-Chlorophenyl)-α-[2-(diisopropylamino)ethyl]-1-piperidinebutyramide.
SC-31828. Antiarrhythmic agent and cardiac depressant. *Searle, G.D., & Co.*

1118 Disopyramide
3737-09-5   3424   223-110-2

$C_{21}H_{29}N_3O$
α-[2-(Diisopropylamino)ethyl]-α-phenyl-2-pyridineacetamide.
SC-7031; H-3292; Dicorantil; Isorythm; Lispine; Ritmodan; Rythmodan. Class IA antiarrhythmic agent and cardiac depressant. mp = 94.5-95°; LD_{50} (mus ip) = 175 mg/kg. *Searle, G.D., & Co.*

1119 Disopyramide Phosphate
22059-60-5   3424   244-756-1
$C_{21}H_{32}N_3O_5P$
α-[2-(Diisopropylamino)ethyl]-α-phenyl-2-pyridineacetamide phosphate.
SC-13957; Norpace; Dirythmin SA; Diso-Duriles; Rythmodul. Class IA antiarrhythmic agent and cardiac depressant. *KV Pharmaceutical; Searle, G.D., & Co.*

1120 Dofetilide
115256-11-6   3469

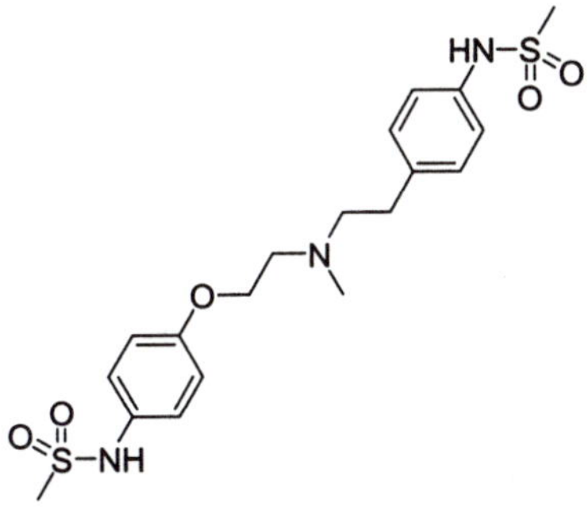

$C_{19}H_{27}N_3O_5S_2$
β-[(p-Methanesulfonamidophenethyl)-methylamino]methanesulfono-p-phenetidide.
UK-68798. Class III antiarrhythmic agent. Potassium channel blocker. mp = 147-149°, 151-152°, 161°. *Pfizer Inc.*

1121 Drobuline
58473-73-7

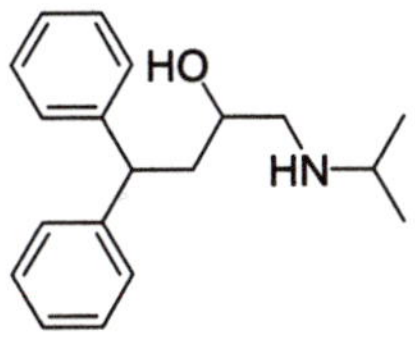

$C_{19}H_{25}NO$
(±)-1-(Isopropylamino)-4,4-diphenyl-2-butanol.
Compd. 122587. Antiarrhythmic agent and cardiac depressant. *Eli Lilly & Co.*

1122 Dronedarone
141626-36-0

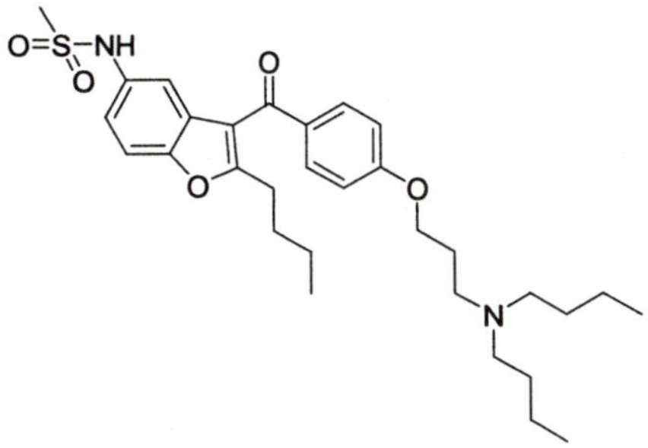

$C_{31}H_{44}N_2O_5S$
N-[2-Butyl-3-[p-[3-[(dibutylamino)-propoxy]benzoyl]-5-benzofuranyl]-methanesulfonamide.
SR-33589. Class III antiarrhythmic. A noniodinated benzofuran derivative.

1123 Droxicainide
78421-12-2

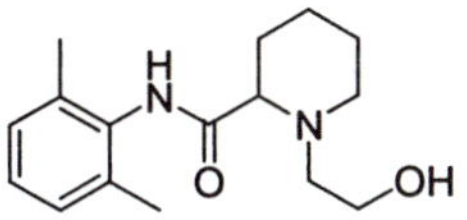

$C_{16}H_{24}N_2O_2$
(±)-1-(2-Hydroxyethyl)-2',6'-pipecoloxylidide.
AL-S-1249. Class I antiarrhythmic.

1124 Edifolone
90733-40-7

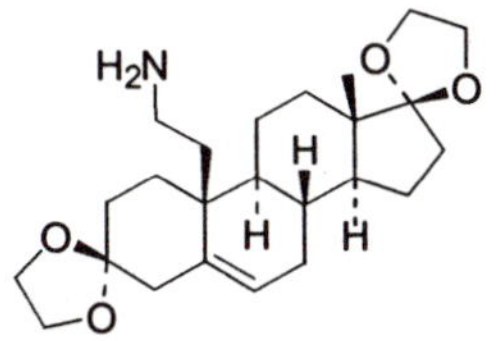

$C_{24}H_{37}NO_4$
10-(2-Aminoethyl)estr-5-ene-3,17-dione cyclic bis(ethylene acetal).
Antiarrhythmic agent and cardiac depressant. *Searle, G.D., & Co.*

1125 Edifolone Acetate
90733-42-9
$C_{26}H_{41}NO_6$
10-(2-Aminoethyl)estr-5-ene-3,17-dione cyclic bis(ethylene acetal) acetate.
SC-35135. Antiarrhythmic agent and cardiac depressant. *Searle, G.D., & Co.*

1126 Emilium Tosylate
30716-01-9

$C_{19}H_{27}NO_4S$
Ethyl (m-methoxybenzyl)dimethyl-ammonium p-toluenesulfonate.
emilium tosilate. Antiarrhythmic agent and cardiac depressant.

1127 Encainide
37612-13-8   3609

$C_{22}H_{28}N_2O_2$
(±)-4-Methoxy-N-[2-[2-(1-methyl-2-piperidinyl)ethyl]phenyl]benzamide.
Class IC antiarrhythmic agent and cardiac depressant. *Bristol Labs.*

1128 Encainide Hydrochloride
66794-74-9   3609
$C_{22}H_{29}ClN_2O_2$
(±)-4-Methoxy-N-[2-[2-(1-methyl-2-piperidinyl)ethyl]phenyl]benzamide hydrochloride.
Enkade; Enkaid; Encainide hydrochloride; MJ-9067. Class IC antiarrhythmic agent and cardiac depressant. mp = 131.5-132.5°; freely soluble in H_2O, EtOH; insoluble in heptane; LD_{50} (mus orl) = 86 mg/kg, (mus iv) = 16 mg/kg, (dog orl) = 43 mg/kg, (dog iv) = 17 mg/kg. *Bristol Labs.*

1129 Epicainide
66304-03-8

$C_{21}H_{26}N_2O_2$
N-[(1-Ethyl-2-pyrrolidinyl)methyl]-benzilamide.
Antiarrhythmic.

1130 Eproxindine
83200-08-2

$C_{23}H_{29}N_3O_3$
(±)-N-[3-(Diethylamino)-2-hydroxypropyl]-3-methoxy-1-phenylindole-2-carboxamide.
Antiarrhythmic.

1131 Ersentilide
125279-79-0

$C_{21}H_{26}N_4O_5S$
4'-[(2S)-2-Hydroxy-3-[[2-(p-imidazol-1-yl)phenoxy)ethyl]amino]propoxy]methanesulfonanilide.
Antiarrhythmic.

1132 Esmolol
103598-03-4   3741

$C_{16}H_{25}NO_4$
(±)-Methyl p-[2-hydroxy-3-(isopropyl-amino)propoxy]hydrocinnamate.
methyl p-[2-hydroxy-3-(idopropylamino)-propoxy]phenyl]propionate; Class II antiarrhythmic. Ultra-short-acting Cardioselective β-adrenergic blocker. mp = 48-50°. American Hospital Supply.

1133 Esmolol Hydrochloride
81161-17-3   3741
$C_{16}H_{26}ClNO_4$
(±)-Methyl p-[2-hydroxy-3-(isopropyl-amino)propoxy]hydrocinnamate hydrochloride.
ASL-8052; Brevibloc. Class II antiarrhythmic. Ultra-short-acting cardioselective β-adrenergic blocker. mp = 85-86°. American Hospital Supply.

1134 Falipamil
77862-92-1

$C_{24}H_{32}N_2O_5$
2-[3-(3,4-Dimethoxyphenethyl)methyl-amino]propyl]-5,6-dimethoxy-phthalimidine.
Calcium channel blocker used as an antiarrhythmic agent.

1135 Flecainide
54143-55-4   4136

$C_{17}H_{20}F_6N_2O_3$
N-(2-Piperidylmethyl)-2,5-bis(2,2,2-trifluoroethoxy)benzamide.
Class IC antiarrhythmic agent and cardiac depressant. λ_m = 205, 230, 300 nm ($E_{1\ cm}^{1\%}$ 521, 219, 59 EtOH). 3M Pharmaceuticals.

1136 Flecainide Acetate
54143-56-5   4136   258-997-5
$C_{19}H_{24}F_6N_2O_5$
N-(2-Piperidylmethyl)-2,5-bis(2,2,2-trifluoroethoxy)benzamide monoacetate.
Tambocor; R-818; Almarytm; Apocard; Ecrinal. Class IC antiarrhythmic agent and cardiac depressant. mp = 145-147°; soluble in H_2O (4.8 g/100 ml), EtOH (30.0 g/100 ml). 3M Pharmaceuticals.

1137 Flusoxolol
84057-96-5

$C_{22}H_{30}FNO_4$
(S)-1-[p-[2-[(p-Fluorophenethyl)oxy]-ethoxy]phenoxy]-3-(isopropylamino)-2-propanol.
Antihypertensive, antianginal and antiarrhythmic. A selective $β_1$-adrenoceptor agonist.

1138 Hydroquinidine
1435-55-8   4851   215-862-5

$C_{20}H_{26}N_2O_2$
(9S)-10,11-Dihydro-6'-methoxycinchonan-9-ol.
hydroconchinine. Class 1A antiarrhythmic agent. mp = 169°; $[\alpha]_D^{20}$ = 231° (c = 2.02 EtOH), 299° (c = 0.82 0.1N HCl); soluble in EtOH; less soluble in H_2O, Et_2O. Hoffmann-LaRoche Inc.

1139 Hydroquinidine Hydrochloride
1476-98-8   4851   216-024-1
$C_{20}H_{27}ClN_2O_2$
(9S)-10,11-Dihydro-6'-methoxycinchonan-9-ol hydrochloride.
Serecor. Class 1A antiarrhythmic agent. mp = 273-274°; $[\alpha]_D^{26}$ = 184° (c = 1.3); freely soluble in MeOH, $CHCl_3$; less soluble in H_2O; insoluble in Me_2CO. Hoffmann-LaRoche Inc.

1140 Ibutilide
122647-31-8   4927

$C_{20}H_{36}N_2O_3S$
(±)-4'-[4-(Ethylheptylamino)-1-hydroxybutyl]methanesulfonanilide. Class III antiarrhythmic agent. Pharmacia & Upjohn, Inc.

1141 Ibutilide Fumarate
122647-32-9   4927
$C_{44}H_{76}N_4O_{10}S_2$
(±)-4'-[4-(Ethylheptylamino)-1-hydroxybutyl]methanesulfonanilide fumarate (2:1) (salt).
U-70226-E. Class III antiarhythmic agent. mp = 117-119°; λ_m = 228, 267 nm (ϵ 16670, 894 EtOH). Pharmacia & Upjohn, Inc.

1142 Indecainide
74517-78-5   4971

$C_{20}H_{24}N_2O$
9-[3-(Isopropylamino)propyl]fluorene-9-carboxamide.
ricainide. Antiarrhythmic agent and cardiac depressant. mp = 94-95°. Eli Lilly & Co.

1143 Indecainide Hydrochloride
73681-12-6   4971
$C_{20}H_{25}ClN_2O$
9-[3-(Isopropylamino)propyl]fluorene-9-carboxamide monohydrochloride.
Decabid; LY-135837. Antiarrhythmic agent and cardiac depressant. mp = 216.5-217°, 203-204°; LD_{50} (mmus orl) = 100 mg/kg, (fmus orl) = 96 mg/kg, (mrat orl) = 103 mg/kg, (frat orl) = 82 mg/kg. Eli Lilly & Co.

1144 Indenolol
60607-68-3   4974   262-323-5

$C_{15}H_{21}NO_2$
1-[Inden-4 (or -7)-yloxy]-3-(isopropylamino)-2-propanol.
Sch-28316Z; YB-2. Antiarrhythmic,

antihypertensive and antianginal agent. Non-selective β-adrenergic blocker. A 1:2 tautomeric mixture of the 4- and 7-indenyloxy isomers. mp = 88-89°. *Yamanouchi U.S.A. Inc.; Schering Corp.*

1145   Indenolol Hydrochloride
81789-85-7   4974

• HCl

$C_{15}H_{22}ClNO_2$
1-[Inden-4 (or -7)-yloxy]-3-(isopropyl-amino)-2-propanol hydrochloride. Pulsan; Securpres. Antiarrhythmic, antihypertensive and antianginal agent. Non-selective β-adrenergic blocker. mp = 147-148°; LD_{50} (mus iv) = 26 mg/kg. *Yamanouchi U.S.A. Inc.; Schering Corp.*

1146   Ipazilide
115436-73-2

$C_{24}H_{30}N_4O$
N-[3-(Diethylamino)propyl]-4,5-diphenylpyrazole-1-acetamide. Antiarrhythmic agent and cardiac depressant. Has class I and class III actions. *Sterling Winthrop, Inc.*

1147   Ipazilide Fumarate
115436-74-3
$C_{28}H_{34}N_4O_5$
N-[3-(Diethylamino)propyl]-4,5-diphenylpyrazole-1-acetamide fumarate. Antiarrhythmic agent and cardiac depressant. Has class I and class III actions. *Sterling Winthrop, Inc.*

1148   Ipratropium Bromide
66985-17-9   5089   244-873-8

• H_2O

$C_{20}H_{30}BrNO_3 \cdot H_2O$
(8r)-3α-Hydroxy-8-isopropyl-1αH,5αH-tropanium bromide monohydrate. Atrovent; Sch-1000; Atem; Bitrop; Itrop; Narilet; Rinatec; component of: Combivent. An anticholinergic bronchodilator and antiarrhythmic. mp = 230-232°; soluble in H_2O, MeOH, EtOH; insoluble in most other organic solvents; LD_{50} (mmus orl) = 1001 mg/kg, (mmus iv) = 12.29 mg/kg, (mmus sc) = 300 mg/kg, (fmus orl) = 1083 mg/kg, (fmus iv) = 14.97 mg/kg, (fmus sc) = 340 mg/kg, (mrat orl) = 1663 mg/kg, (mrat iv) = 15.89 mg/kg, (frat orl) = 1779 mg/kg, (frat iv) = 15.70 mg/kg. *Boehringer Ingelheim Ltd.*

1149   Lidocaine
137-58-6   5505   205-302-8

$C_{14}H_{22}N_2O$
2-(Diethylamino)-2',6'-acetoxylidide. Dalcaine; Solarcaine; Xylocaine; lignocaine; Cuivasil; Duncaine; Leostesin; Lidothesin; Rucaina; Xylocaine; Xylocitin; Xylotox. Class IB antiarrhythmic agent. mp = 68-69°; bp_4 = 180-182°, bp_2 = 159-160°; soluble in organic solvents, insoluble in H_2O. *Bayer Corp.; Schering-Plough Animal Health; Astra USA, Inc.; Glaxo Wellcome Inc.*

1150 Lidocaine Hydrochloride
6108-05-0   5505   200-803-8
$C_{14}H_{23}ClN_2O \cdot H_2O$
2-(Diethylamino)-2',6'-acetoxylidide hydrochloride monohydrate.
Lidesthesin; Lignavet; Odontalg; Sedagul; Xylocard; Xyloneural. Class IB antiarrhythmic agent. mp = 77-78°; [anhydrous form]: mp = 127-129°; very soluble in H_2O, EtOH; less soluble in $CHCl_3$; insoluble in Et_2O; LD_{50} (mus orl) = 292 mg/kg, (mus ip) = 105 mg/kg, (mus iv) = 19.5 mg/kg. Bayer Corp.; Schering-Plough HealthCare Products; Astra Chemicals Ltd.; Glaxo Wellcome, UK.

1151 Lorajmine
47562-08-3   5607   256-322-9

$C_{22}H_{27}ClN_2O_3$
Ajmaline 17-(chloroacetate).
MCAA; 17-chloroacetylajmaline. Antiarrhythmic agent and cardiac depressant. mp = 232-238°; $[\alpha]_D^{20}$ = 27.5° (c = 1 $CHCl_3$). Sterling Winthrop, Inc.

1152 Lorajmine Hydrochloride
40819-93-0   5607
$C_{22}H_{28}Cl_2N_2O_3$
Ajmaline 17-(chloroacetate) monohydrochloride.
Win-11831; Nevergor; Ritmos Elle. Antiarrhythmic agent and cardiac depressant. mp = 243-246°; $[\alpha]_D^{20}$ = 29° (c = 1 EtOH); LD_{50} (mus ip) = 176 mg/kg, (mus orl) = 370 mg/kg, (rat ip) = 139 mg/kg, (rat orl) = 480 mg/kg. Sterling Winthrop, Inc.

1153 Lorcainide
59729-31-6   5610

$C_{22}H_{27}ClN_2O$
4'-Chloro-N-(1-isopropyl-4-piperidinyl)-2-phenylacetanilide.
Class IC antiarrhythmic; cardiac depressant. LD_{50} (mmus iv) = 18.8 mg/kg, (mmus orl) = 483 mg/kg, (mrat iv) = 19.3 mg/kg, (mrat orl) = 395 mg/kg, (frat iv) = 18.6 mg/kg, (frat orl) = 435 mg/kg. Janssen Pharmaceutical, Belgium.

1154 Lorcainide Hydrochloride
58934-46-6   5610   261-504-6
$C_{22}H_{28}Cl_2N_2O$
4'-Chloro-N-(1-isopropyl-4-piperidinyl)-2-phenylacetanilide monohydrochloride.
R-15889; Ro-13-1042; Lopantrol; Lorivox; Remivox. Class IC antiarrhythmic; cardiac depressant. mp = 263°. Janssen Pharmaceutical, Belgium.

1155 Magnesium Sulfate
7487-88-9   5731   231-298-2

MgO_4S
Magnesium sulfate.
Kieserite [as monohydrate]; [as heptahydrate]: Epsom salts, bitter salts, epsomite. The heptahydrate is an anticonvulsant and cathartic. Can terminate refractory ventricular tachyarrhythmia. Loss of deep tendon reflex is sign of overdose. d = 1.67; soluble in H_2O (71 g/100 ml at 20°, 91 g/100 ml at 40°), slightly soluble in EtOH. Dow.

1156 Meobentine
46464-11-3   5889

$C_{11}H_{17}N_3O$
1-(p-Methoxybenzyl)-2,3-dimethyl-guanidine.
Class III antiarrhythmic agent. *Burroughs Wellcome*.

1157 Meobentine Sulfate
58503-79-0   5889
$C_{22}H_{36}N_6O_6S$
1-(p-Methoxybenzyl)-2,3-dimethyl-guanidine sulfate.
Rythmatine. Class III antiarrhythmic. mp = 273-274°. *Burroughs Wellcome*.

1158 Metoprolol
37350-58-6   6235   253-483-7

$C_{15}H_{25}NO_3$
1-(Isopropylamino)-3-[p-(2-methoxy-ethyl)phenoxy]-2-propanol.
H-23/96. Class II antiarrhythmic agent. Also has antihypertensive and antianginal activity. A β-adrenergic blocker which lacks intrinsic sympathomimetic activity. *Astra Hässle AB*.

1159 Metoprolol Fumarate
119637-66-0   6235
$C_{34}H_{54}N_2O_{10}$
1-(Isopropylamino)-3-[p-(2-methoxy-ethyl)phenoxy]-2-propanol fumarate (2:1) (salt).
Lopressor OROS; CGP-2175C. Class II antiarrhythmic agent. Also has antihypertensive and antianginal activity. Insoluble in EtOAc, Me_2CO, Et_2O, heptane. *Ciba-Geigy Corp*.

1160 Metoprolol Succinate
98418-47-4   6235
$C_{34}H_{56}N_2O_{10}$
1-(Isopropylamino)-3-[p-(2-methoxy-ethyl)phenoxy]-2-propanol succinate (2:1) salt.Toprol XL; H 93/26 succinate. Class II anti-arrhythmic; β1-selective (cardioselective) adrenoceptor blocking agent, for oral administration, available as extended release tablets. Also has antihypertensive and antianginal activity. Freely soluble in H_2O; soluble in MeOH; sparingly soluble in EtOH; slightly soluble in CH_2Cl_2, iPrOH; practically insoluble in EtOAc, Me_2CO, Et_2O, and C_7H_{16}. *Astra USA, Inc*.

1161 Metoprolol Tartrate
56392-17-7   6235   260-148-9
$C_{34}H_{56}N_2O_{12}$
1-(Isopropylamino)-3-[p-(2-methoxy-ethyl)phenoxy]-2-propanol (2:1) dextro-tartrate salt.HCTCGP 2175E; Beloc; Betaloc; Lopresor; Prelis; Seloken; Selopral; Selo-Zok; component of: Lopressor. Class II antiarrhythmic agent. A β1-selective (cardioselective) adreno-ceptor blocking agent, for oral administration, available as extended release tablets. Also has antihypertensive and antianginal activity. Soluble in H_2O (> 100 g/100 ml), MeOH (>50 g /100 ml), $CHCl_3$ (49.6 g/100 ml), Me_2CO (0.11 g/100 ml), CH_3CN (0.089 g/100 ml); insoluble in C_6H_{14}; LD_{50} ((fmus iv) = 118 mg/kg, (fmus orl) = 2090 mg/kg, (mrat iv) ≅ 90 mg/kg, (mrat orl) = 3090 mg/kg. *Ciba-Geigy Corp.; Apothecon; Lemmon Co.; C.M. Industries*.

1162 Mexiletine
31828-71-4   6257   250-825-7

$C_{11}H_{17}NO$
1-Methyl-2-(2,6-xylyloxy)ethylamine.
Class IB antiarrhythmic agent. *Boehringer Ingelheim GmbH*.

1163 Mexiletine Hydrochloride
5370-01-4   6257   226-362-1
$C_{11}H_{18}ClNO$
1-Methyl-2-(2,6-xylyloxy)ethylamine hydrochloride.
Mexitil; Ko-1173Cl; Katen; ritalmex. Class IB antiarrhythmic agent. mp = 203-205°; LD_{50} (mrat orl) = 350 mg/kg, (mrat iv) = 27 mg/kg, (frat orl) = 400 mg/kg, (frat iv) = 30 mg/kg, (mmus orl) = 310 mg/kg, (mmus iv) = 43 mg/kg), (fmus orl) = 400 mg/kg, (fmus iv) = 50 mg/kg, (mrbt orl) = 180 mg/kg, (frbt orl) = 160 mg/kg. *Boehringer Ingelheim GmbH.*

1164 Modecainide
82522-70-1

$C_{22}H_{28}N_2O_3$
(±)-2'-[2-(1-Methyl-2-piperidyl)ethyl]-vanillanilide.
BMY-40327. Antiarrhythmic agent and cardiac depressant. *Bristol-Myers Squibb Co.*

1165 Monatepil
132019-54-6

$C_{28}H_{30}FN_3OS$
(±)-N-(6,11-Dihydrodibenzo[b,e]-thiepin-11-yl)-4-(p-fluorophenyl)-1-piperazinebutyramide.
Antiarrhythmic agent with antianginal and antihypertensive properties. *Dainippon Pharmaceutical Co.*

1166 Monatepil Maleate
132046-06-1
$C_{32}H_{34}FN_3O_5S$
(±)-N-(6,11-Dihydrodibenzo[b,e]-thiepin-11-yl)-4-(p-fluorophenyl)-1-piperazinebutyramide maleate (1:1).
AJ-2615. Antiarrhythmic, antianginal, antihypertensive properties. *Dainippon Pharmaceutical Co.*

1167 Moricizine
31883-05-3   6351   250-854-5

$C_{22}H_{25}N_3O_4S$
Ethyl 10-(3-morpholinopropionyl)-phenothiazine-2-carbamate.
Ethmozine; EN-313; ethmosine; moracizine. Class IB antiarrhythmic. mp = 156-157°. *Roberts Pharmaceutical Corp.*

1168 Moricizine Hydrochloride
29560-58-8   6351
$C_{22}H_{26}ClN_3O_4S$
Ethyl 10-(3-morpholinopropionyl)-phenothiazine-2-carbamate hydrochloride.
Ethmozine. Class IB antiarrhythmic. mp = 189° (dec); soluble in H_2O, EtOH; LD_{50} (mus iv) = 36 mg/kg, (mus ip) = 131 mg/kg, (rat iv) = 12 mg/kg. *Roberts Pharmaceutical Corp.*

1169 Moxaprindine
53076-26-9   258-347-0

$C_{21}H_{32}N_2O$
N,N-Diethyl-N''-(1-methyoxy-2-indanyl)-n''-phenyl-1,3-propanediamine.
Derivative of aprindine. Antiarrhythmic.

Antianginals, Antiarrhythmics, Cardiotonics

1170 Nadolol
42200-33-9   6431   255-706-3

$C_{17}H_{27}NO_4$
1-(tert-Butylamino)-3-[(5,6,7,8-tetrahydro-cis-6,7-dihydroxy-1-naphthyl)oxy]-2-propanol.
2,3-cis-1,2,3,4-tetrahydro-5-[2-hydroxy-3-(tert-butylamino)propoxy]-2,3-naphthalenediol; Corgard; SQ-11725; Anabet; Solgol. Antihypertensive; antianginal. Class II antiarrhythmic. A β-adrenergic blocker. mp = 124-136°; λ_m = 270, 278 nm ($E_{1\,cm}^{1\%}$ 37.5, 39.1, MeOH); pKa = 9.67; poorly soluble in organic solvents; insoluble in Me_2CO, C_6H_6, Et_2O, C_6H_{14}; LD_{50} (rat orl) = 5300 mg/kg, (mus orl) = 4500 mg/kg. Apothecon; Bristol-Myers Products.

1171 Nadoxolol
54063-51-3   6432

$C_{14}H_{16}N_2O_3$
3-Hydroxy-4-(1-naphthyloxy)-butyramidoxime.
Antiarrhythmic, antihypertensive, antianginal. For treatment of cardiovascular disorders. β-adrenergic blocker. Orsymonde.

1172 Nadoxolol Hydrochloride
35991-93-6   6432   252-825-2
$C_{14}H_{17}ClN_2O_3$
3-Hydroxy-4-(1-naphthyloxy)-butyramidoxime hydrochloride.
LL-1530; Bradyl. Antiarrhythmic, antihypertensive, antianginal. For treatment of cardiovascular disorders. β-adrenergic blocker. mp = 188°; soluble in H_2O, EtOH, MeOH; insoluble in Et_2O; LD_{50} (mus iv) = 180 mg/kg, (mus orl) = 1000 mg/kg. Orsymonde.

1173 Nicainoprol
76252-06-7   278-403-8

$C_{21}H_{27}N_3O_3$
(±)-1,2,3,4-Tetrahydro-8-[2-hydroxy-3-(isopropylamino)propoxy]-1-nicotinoylquinoline.
Antiarrhythmic. A β-adrenergic blocker.

1174 Nifenalol
7413-36-7   6618   231-023-6

$C_{11}H_{16}N_2O_3$
α-[(Isopropylamino)methyl]-p-nitrobenzyl alcohol.
isophenethanol; INPEA. Antiarrhythmic agent with antianginal properties. A β-adrenergic blocker. mp = 98°. Selvi.

1175 Nifenalol Hydrochloride
5704-60-9   6618   227-194-1
$C_{11}H_{17}ClN_2O_3$
α-[(Isopropylamino)methyl]-p-nitrobenzyl alcohol hydrochloride.
Inpea. Antiarrhythmic agent with antianginal properties. A β-adrenergic blocker. mp = 181°. Selvi.

1176 Oxiramide
13958-40-2

$C_{25}H_{34}N_2O_2$
N-[4-(2,6-Dimethylpiperidino)butyl]-2-phenoxy-2-phenylacetamide.
Cl-661. Antiarrhythmic agent and cardiac depressant. *Parke-Davis*.

1177 Oxprenolol
6452-71-7   7086   229-257-9

$C_{15}H_{23}NO_3$
1-(o-Allyloxyphenoxy)-3-isopropylamino-2-propanol.
1-(isopropylamino)-2-hydroxy-3-[o-(allyloxy)phenoxy]propane; Antianginal, antihypertensive and class IV antiarrhythmic. A β-adrenergic blocker. mp = 78-80°. *Ciba-Geigy Corp.; Bayer AG*.

1178 Oxprenolol Hydrochloride
6452-73-9   7086   229-260-5
$C_{15}H_{24}ClNO_3$
1-(o-Allyloxyphenoxy)-3-isopropylamino-2-propanol hydrochloride.
Ba-39089; Coretal; Laracor; Paritane; Slow-Pren; Trasicor; Trasacor. Antianginal, antihypertensive and class IV antiarrhythmic. A β-adrenergic blocker. mp = 107-109°. *Ciba-Geigy Corp.; Bayer AG*.

1179 Penbutolol
38363-40-5   7209

$C_{18}H_{29}NO_2$
(S)-1-(tert-Butylamino)-3-(o-cyclopentylphenoxy)-2-propanol.
Antianginal, antihypertensive and antiarrhythmic. A β-adrenergic calcium channel blocker with antiarrhythmic activity. mp = 68-72°; $[\alpha]_D^{20}$ = -11.5° (c = 1 MeOH); soluble in MeOH, EtOH, $CHCl_3$. *Hoechst*.

1180 Penbutolol Sulfate
38363-32-5   7209   253-906-5
$C_{36}H_{40}N_2O_8S$
(S)-1-(tert-Butylamino)-3-(o-cyclopentylphenoxy)-2-propanol sulfate (salt) (2:1).
HOE-893d; HOE-39-893d; Betapressin; Levatol; Paginol. Antianginal, antihypertensive and antiarrhythmic. A β-adrenergic calcium channel blocker with antiarrhythmic activity. mp = 216-218° (dec); $[\alpha]_D^{20}$ = -24.6° (c = 1 MeOH). *Hoechst*.

1181 Pentisomide
96513-83-6   7271

$C_{19}H_{33}N_3O$
(±)-α-[2-(Diisopropylamino)ethyl]-α-isobutyl-2-pyridineacetamide.
CM-7857; ME-3202; penticainide; propisomide. Class I antiarrhythmic agent. mp = 108-109°; soluble in H_2O. *C.M. Industries*.

Antianginals, Antiarrhythmics, Cardiotonics

1182 Phenytoin
57-41-0   7475   200-328-6

$C_{15}H_{12}N_2O_2$
5,5-Diphenylhydantoin.
Dilantin; Difhydan; Dihycon; Di-Hydan; Ekko; Hydantin; Hydantol; Lehydan; Lepitoin; Phenhydan; Zentropil; component of: Mebroin. Anticonvulsant, class IB antiarrhythmic. mp = 295-298°; insoluble in H_2O; soluble in EtOH (1.67 g/100 ml), Me_2CO (3.32 g/100 ml); LD_{50} (mus iv) = 92 mg/kg, (mus sc) = 110 mg/kg. *Parke-Davis; Sterling Winthrop, Inc.*

1183 Phenytoin Sodium
630-93-3   7475   211-148-2

$C_{15}H_{11}N_2NaO_2$
5,5-Diphenylhydantoin sodium salt.
phenytoin soluble; Antisacer; Danten; Diphantoine; Diphenin; Diphenylan sodium; Epanutin; Minetoin; Tacosal; Solantyl; component of: Beuthanasia-D. Anticonvulsant, class IB antiarrhythmic. Soluble in EtOH (9.5 g/100 ml), H_2O (1.5 g/100 ml); insoluble in Et_2O, $CHCl_3$; LD_{50} (mus orl) = 490 mg/kg. *Elkins-Sinn; Schering-Plough Animal Health.*

1184 Pilsicainide
88069-67-4   7581

$C_{17}H_{24}N_2O$
Tetrahydro-1H-pyrrolizine-7a(5H)-aceto-2',6'-xylidide.
Antiarrhythmic agent and cardiac depressant. Structural analog of lidocaine. *Suntory.*

1185 Pilsicainide Hydrochloride
88069-49-2   7581
$C_{17}H_{25}ClN_2O.1/2H_2O$
Tetrahydro-1H-pyrrolizine-7a(5H)-aceto-2',6'-xylidide hydrochloride.
SUN-1165; Sunrythm. Antiarrhythmic agent and cardiac depressant. Structural analog of lidocaine. mp = 212-214°; LD_{50} (mus sc) = 410 mg/kg. *Suntory.*

1186 Pincainide
83471-41-4

$C_{16}H_{24}N_2O$
2,3,4,5,6,7-Hexahydro-1H-azepine-1-aceto-2',6'-xylidide.
IQB-M-81. A β-amino anilide. Antiarrhythmic.

1187 Pindolol
13523-86-9   7597   236-867-9

$C_{14}H_{20}N_2O_2$
1-(Indol-4-yloxy)-3-(isopropylamino)-2-propanol.
LB-46; Visken; prinodolol; Betapindol; Blocklin L; Calvisken; Decreten; Durapindol; Glauco-Visken; Pectobloc; Pinbetol; Pynastin. Antianginal agent with antiarrhythmic (class II), antihypertensive and antiglaucoma properties. A β-adrenergic blocker. mp = 171-163°. *Sandoz Pharmaceuticals Corp.*

1188 Pirmenol
68252-19-7   7656

C$_{22}$H$_{30}$N$_2$O
(±)-cis-2,6-Dimethyl-α-phenyl-α-2-pyridyl-1-piperidinebutanol.
cis-(±)-α-[3-(2,6-dimethyl-1-piperidinyl)propyl]-α-phenyl-2-pyridinemethanol; Class IA antiarrhythmic agent. mp = 70-71°. *Parke-Davis*.

1189 Pirmenol Hydrochloride
61477-94-9   7656
C$_{22}$H$_{31}$ClN$_2$O
(±)-cis-2,6-Dimethyl-α-phenyl-α-2-pyridyl-1-piperidinebutanol monohydrochloride.
Pirmavar; Cl-845. Class IA antiarrhythmic agent. mp = 171-172°; LD$_{50}$ (mus iv) = 20.8 mg/kg, (mus orl) = 215.5 mg/kg, (rat iv) = 23.6 mg/kg, (rat orl) = 359.9 mg/kg, (dog iv) > 7.0 mg/kg, (dog orl) > 40.0 mg/kg. *Parke-Davis*.

1190 Pirolazamide
39186-49-7

C$_{23}$H$_{29}$N$_3$O
Hexahydro-α,α-diphenylpyrolo[1,2-a]pyrazine-2(1H)-butyramide.
SC-26438. Antiarrhythmic and cardiac depressant. *Searle, G.D., & Co.*

1191 Practolol
6673-35-4   7882   229-712-1

C$_{14}$H$_{22}$N$_2$O$_3$
4'-[2-Hydroxy-3-(isopropylamino)propoxy]acetanilide.
AY-21011; ICI-50172; Dalzic; Eraldin. A β-adrenergic blocker. Antiarrhythmic. mp = 134-136°; soluble in i-PrOH; [hydrochloride monhydrate]: mp = 140-142°; [R(+) form]: mp = 130-131.5°; [α]$_{365}^{25}$ = 4.3° (EtOH), [α]$_{578}^{25}$ = 3.5° (EtOH); [R(+) hydrochloride]: [α]$_{436}^{25}$ = 26.0° (EtOH), [α]$_{578}^{25}$ = 14.0° (EtOH). *Wyeth-Ayerst Labs.; ICI*.

1192 Prajmaline
35080-11-6   7883

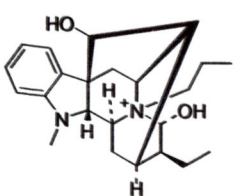

[C$_{23}$H$_{33}$2O$_2$]⁺
N-Propylajmaline.
N⁴-propylajalmalinium; prajmalium. Antiarrhythmic agent. *Boehringer Ingelheim GmbH*.

1193 Prajmaline Bitartrate
2589-47-1   7883   219-975-0
C$_{27}$H$_{38}$N$_2$O$_8$
N-Propylajmalinium tartrate.
NPAB; GT-1012; Neo-Gilurytmal. Antiarrhythmic agent. mp = 149-152°; LD$_{50}$ (mus orl) = 43 mg/kg, (mus iv) = 1.7 mg/kg. *Boehringer Ingelheim GmbH*.

1194 Pranolium Chloride
42879-47-0

$C_{18}H_{26}ClNO_2$
[2-Hydroxy-3-(1-naphthyloxy)propyl]-isopropyldimethylammonium chloride.
SC-27761; dimethylpropranolol [pranolium]; UM-272 [pranolium]. Antiarrhythmic agent. A quaternary analog of propranolol. *Searle, G.D., & Co.*

1195 Prifuroline
70833-07-7

$C_{14}H_{16}N_2O$
4-(2-Benzofuranyl)-2-(dimethylamino)-1-pyrroline.
Antiarrhythmic.

1196 Primidolol
67227-55-8

$C_{17}H_{23}N_3O_4$
1-[2-[[2-Hydroxy-3-(o-toloxy)propyl]-amino]ethyl]thymine.
UK-11443. Antihypertensive, antianginal, antiarrhythmic (cardiac depressant). *Pfizer International.*

1197 Procainamide
51-06-9   7936   200-078-8

$C_{13}H_{21}N_3O$
p-Amino-N-[2-(diethylamino)ethyl]-benzamide.
Class IA antiarrhythmic agent. *Parke-Davis; Elkins-Sinn; Apothecon.*

1198 Procainamide Hydrochloride
614-39-1   7936   210-381-7
$C_{13}H_{22}ClN_3O$
p-Amino-N-[2-(diethylamino)ethyl]-benzamide monohydrochloride.
Procanbid; Pronestyl; Amisalin; Novocamid; Procamide; Procan-SR; Procapan; Pronestyl. Class IA antiarrhythmic agent. mp = 165-169°; λ_m = 278 nm; freely soluble in H_2O, less soluble in organic solvents; LD_{50} (rat orl) > 2 g/kg. *Parke-Davis; Elkins-Sinn; Apothecon.*

1199 Pronetalol
54-80-8   7974

$C_{15}H_{19}NO$
2-Isopropyl-1-(naphth-2-yl)ethanol.
Pronethalol; nethalide. Antianginal, antihypertensive and antiarrhythmic. A β-adrenergic blocker. mp = 108°. *ICI.*

1200 Pronetalol Hydrochloride
51-02-5   7974
$C_{15}H_{20}ClNO$
2-Isopropyl-1-(naphth-2-yl)ethanol hydrochloride.
Pronethalol hydrochloride; ICI-38174; AY-6204; Alderlin. Antianginal, antihypertensive and antiarrhythmic. A β-adrenergic blocker. mp = 184°; LD_{50} (mus orl) = 512 mg/kg, (mus iv) = 46 mg/kg. *ICI.*

1201 Propafenone
54063-53-5   7978   258-955-6

$C_{21}H_{27}NO_3$
2'-[2-Hydroxy-3-(propylamino)propoxy]-3-phenylpropiophenone.
SA-79. Class IC antiarrhythmic agent.
Helopharm; Knoll Pharmaceutical Co.

Angilol; Apsolol; Bedranol; Beprane; Berkolol; Beta-Neg; Beta-Tablinen; Beta-Timelets; Cardinol; Caridolol; Deralin; Dociton; Duranol; Efektolol; Elbol; Frekven; Inderal; Indobloc; Intermigran; Kemi S; Oposim; Prano-Puren; Prophylux; Propranur; Pylapron; Rapynogen; Sagittol; Servanolol; Sloprolol; Sumial; Tesnol. Antianginal and class II antiarrhythmic agent. A β-adrenergic blocker. mp = 163-164°; soluble in H_2O, EtOH; insoluble in Et_2O, C_6H_6, EtOAc; LD_{50} (mus orl) = 565 mg/kg, (mus iv) = 22 mg/kg, (mus ip) = 107 mg/kg. Quimicobiol; Parke-Davis; ICI; Wyeth Labs.

1202 Propafenone Hydrochloride
34183-22-7   7978   251-867-9
$C_{21}H_{28}ClNO_3$
2'-[2-Hydroxy-3-(propylamino)propoxy]-3-phenylpropiophenone hydrochloride.
Rythmol; Arythmol; Pronon; Rytmonorm. Class IC antiarrhythmic agent. Soluble in EtOH, CCl_4, hot H_2O; less soluble in cold H_2O; insoluble in Et_2O; LD_{50} (rat iv) = 18.8 mg/kg, (rat orl) = 700 mg/kg. Helopharm; Knoll Pharmaceutical Co.; C.M. Industries.

1203 Propranolol
525-66-6   8025   208-378-0

$C_{16}H_{21}NO_2$
1-(Isopropylamino)-3-(1-naphthyloxy)-2-propanol.
Avlocardyl; Euprovasin. Antianginal and class II antiarrhythmic agent. A β-adrenergic blocker. mp = 96°. Quimicobiol; Parke-Davis; ICI; Wyeth Labs.

1204 Propranolol Hydrochloride
318-98-9   8025   206-268-7
$C_{16}H_{22}ClNO_2$
1-(Isopropylamino)-3-(1-naphthyloxy)-2-propanol hydrochloride.
AY-64043;   ICI-45520;   NSC-91523;

1205 Pyrinoline
1740-22-3   8173

$C_{27}H_{20}N_4O$
3-(Di-2-pyridylmethylene)-α,α-di-2-pyridyl-1,4-cyclopentadiene-1-methanol.
McN-1210; Surexin. Antiarrhythmic agent and cardiac depressant. mp = 146-148°. McNeil Pharmaceutical.

1206 Quinacainol
86024-64-8

$C_{21}H_{30}N_2O$
(±)-2-tert-Butyl-α-[2-(4-piperidyl)ethyl]-4-quinolinemethanol.
PK-10139. Class IA antiarrhythmic.

Antianginals, Antiarrhythmics, Cardiotonics 1211

1207 Quindonium Bromide
130-81-4

$C_{16}H_{20}BrNO$
2,3,3a,5,6,11,12,12a-Octahydro-8-hydroxy-1H-benzo[a]cyclopenta[f]-quinolizinium bromide.
W3366A. Antiarrhythmic agent and cardiac depressant. *Parke-Davis*.

1208 Quinidine
56-54-2 8244 200-279-0

$C_{20}H_{24}N_2O_2$
(9S)-6'-Methoxycinchonan-9-ol.
α-(6-methyoxy-4-quinolyl)-5-vinyl-2-quinuclidinemethanol; Pitayin; conquinine; β-quinine; Coccinine; Conchinine; Cinquin; Quinicardine; Quinidex; Cardioquin; Quindine; Quinaglute; conquinine; pitayine; (+)-quinidine; β-quinidine; Kinidin; (+)-Quindine. Class 1A antiarrhythmic agent. A dextrorotatory stereoisomer of quinine mp = 174-175°; $[\alpha]_D^{15} = 230°$ (c = 1.8 $CHCl_3$), $[\alpha]_D^{17} = 258°$ (EtOH), $[\alpha]_D^{17} = 322°$ (c = 1.6 2M HCl); soluble in H_2O (0.05 g/100 ml at 25°, 0.125 g/100 ml at 100°), EtOH (2.78 g/100 ml), Et_2O (1.78 g/100 ml), $CHCl_3$ (62.5 g/100 ml); very soluble in MeOH; practically insoluble in petroleum ether; LD_{50} (rat iv) = 30 mg/kg, (rat orl) = 263 mg/kg; [hemipentahydrate]: mp ≅ 168°.

1209 Quinidine Gluconate
7054-25-3 8244 230-333-9

$C_{26}H_{36}N_2O_9$
Gluconic acid quinidine salt.
Duraquin; Quinaglute. Class IA antiarhythmic agent. mp = 175-176.5°; soluble in H_2O (11.1 g/100 ml), EtOH (1.67 g/100 ml).

1210 Quinidine Sulfate
6591-63-5 8244 200-046-3
$C_{40}H_{50}N_4O_8 \cdot 2H_2O$
6'-Methoxy-(9S)-cinchonan-9-ol sulfate (2:1) (salt).
Cin-Quin; Quinidex; Quinora; Quinicardine; Extentabs. Class IA antiarrhythmic and antimalarial. Cardiac depressant. $[\alpha]_D^{25} = 212°$ (EtOH); soluble in H_2O (1.1 g/100 ml at 25°, 66.6 g/100 at 100°), EtOH (10 g/100ml), MeOH (33.3 g/100 ml), $CHCl_3$ (8.3 g/100 ml); insoluble in Et_2O, C_6H_6; LD_{50} (mus orl) = 700 mg/kg, (mus iv) = 83 mg/kg, (rat orl) = 455.8 mg/kg, (rat iv) = 56 mg/kg. *Solvay Pharmaceuticals; Parke-Davis; Whitehall-Robins; Key Pharmaceuticals*.

1211 Recainam
74738-24-2

$C_{15}H_{25}N_3O$
1-[3-(Isopropylamino)propyl]-3-(2,6-xylyl)urea.
Wy-42362. Class IC antiarrhythmic agent. *Wyeth-Ayerst Labs*.

1212 Recainam Hydrochloride
74752-07-1
$C_{15}H_{26}ClN_3O$
1-[3-(Isopropylamino)propyl]-3-
(2,6-xylyl)urea hydrochloride.
Vanorm; WY-42362 HCl. Class IC antiarrhythmic agent. *Wyeth-Ayerst Labs.*

1213 Recainam Tosylate
74752-08-2

$C_{22}H_{33}N_3O_4S$
1-[3-(Isopropylamino)propyl]-3-(2,6-xylyl) urea mono-p-toluenesulfonate.
Wy-42362 tosylate. Class IC antiarrhythmic agent. *Wyeth-Ayerst Labs.*

1214 Risotilide
120688-08-6

$C_{15}H_{27}N_3O_4S_2$
4'-[Isopropyl[2-(isopropylamino)ethyl]-sulfamoyl]methanesulfanilamide.
Antiarrhythmic agent. Potassium channel blocker. *Wyeth-Ayerst Labs.*

1215 Risotilide Hydrochloride
116907-13-2
$C_{15}H_{28}ClN_3O_4S_2$
4'-[Isopropyl[2-(isopropylamino)ethyl]-sulfamoyl]methanesulfanilamide hydrochloride.
Wy-48986. Antiarrhythmic. Potassium channel blocker. *Wyeth-Ayerst Labs.*

1216 Ropitoin
56079-81-3

$C_{30}H_{33}N_3O_3$
5-(p-Methoxyphenyl)-5-phenyl-3-[3-(4-phenylpiperidino)propyl]hydantoin.
Antiarrhythmic agent and cardiac depressant. *Bayer AG.*

1217 Ropitoin Hydrochloride
56079-80-2
$C_{30}H_{34}ClN_3O_3$
5-(p-Methoxyphenyl)-5-phenyl-3-[3-(4-phenylpiperidino)propyl]hydantoin hydrochloride.
TR-2985. Antiarrhythmic agent and cardiac depressant. *Bayer AG.*

1218 Sematilide
101526-83-4   8586

$C_{14}H_{23}N_3O_3S$
N-[2-(Diethylamino)ethyl]-p-menthane-sulfonamidobenzenesulfonamide.
CK-1752. Class III antiarrhythmic agent. *Schering AG.*

1219 Sematilide Hydrochloride
101526-62-9   8586
$C_{14}H_{24}ClN_3O_3S$
N-[2-(Diethylamino)ethyl]-p-menthane-sulfonamidobenzenesulfonamide monohydrochloride.
CK-1752A. Class III antiarrhythmic agent.
mp = 141-142°, 137°, 142°; λ_m = 289 nm (ϵ 19100 0.1N NaOH), 254 nm (ϵ 17800 0.1N HCl); LD_{50} (mus ip) = 250-300 mg/kg, (mus iv) = 96 mg/kg, (mus orl) = 1800 mg/kg, (rat iv) = 92 mg/kg, (rat orl)

= 3200 mg/kg, (dog iv) = 143-175 mg/kg, (dog orl) = 500-1000 mg/kg. *Schering AG.*

1220 Sotalol
3930-20-9   8876

$C_{12}H_{20}N_2O_3S$
4'-[1-Hydroxy-2-(isopropylamino)ethyl]-methanesulfonanilide.
Class II & III antiarrhythmic agent. A β-adrenergic blocker. Has antihypertensive and antianginal properties. λ:sm = 242.2, 275.2 nm (CHCl$_3$). *Berlex Labs., Inc.; Bristol-Myers Squibb Co.*

1221 Sotalol Hydrochloride
959-24-0   8876   213-496-0
$C_{12}H_{21}ClN_2O_3S$
4'-[1-Hydroxy-2-(isopropylamino)ethyl]-methanesulfonanilide hydrochloride.
Betapace; MJ-1999; Beta-cardone; Betapace; Darob; Sotacor; Sotalex. Class II & III antiarrhythmic agent. A β-adrenergic blocker. Has antihypertensive and antianginal properties. mp = 206.5-207°, 218-219°; freely soluble in H$_2$O, slightly soluble in CHCl$_3$; LD$_{50}$ (mmus orl) = 2600 mg/kg, (mmus ip) = 670 mg/kg, (mrat orl) = 3450 mg/kg, (mrat ip) = 680 mg/kg, (rbt orl) = 1000 mg/kg, (dog ip) = 330 mg/kg. *Berlex Labs., Inc.; Bristol-Myers Squibb Co.*

1222 Stirocainide
78372-27-7

$C_{22}H_{34}N_2O$
(E)-2-Benzylidenecycloheptanone(E)-O-[2-(diisopropylamino)ethyl]oxime.
Th-494. Antiarrhythmic.

1223 Suricainide
85053-46-9

$C_{18}H_{31}N_3O_3S$
3-[2-(Diethylamino)ethyl]-1-isopropyl-1-[2-(phenylsulfonyl)ethyl]urea.
Antiarrhythmic agent with cardiodepressant properties. *Whitehall-Robins.*

1224 Suricainide Maleate
85053-47-0
$C_{22}H_{35}N_3O_7S$
3-[2-(Diethylamino)ethyl]-1-isopropyl-1-[2-(phenylsulfonyl)ethyl]urea maleate (1:1).
AHR-10718. Antiarrhythmic agent with cardiodepressant properties. *Whitehall-Robins.*

1225 Talinolol
57460-41-0   9208

$C_{20}H_{33}N_3O_3$
(±)-1-[p-[3-(tert-Butylamino)-2-hydroxypropoxy]phenyl]-3-cyclohexylurea.
02-115; Cordanum. Antiarrhythmic agent with antihypertensive properties. Related to practolol. mp = 142-144°; LD$_{50}$ (rat orl) = 1180 mg/kg, (rat ip) = 54.3 mg/kg, (rat iv) = 29.7 mg/kg, (mus orl) = 593 mg/kg, (mus ip) = 74.7 mg/kg, (mus iv) = 25.0 mg/kg. *Ciba-Geigy Corp.*

1226 Tedisamil
90961-53-8

$C_{19}H_{32}N_2$
3',7'-Bis(cyclopropylmethyl)spiro-
[cyclopentane-1,9'-[3,7]diaza-
bicyclo[3.3.1]nonane].
KC-8857. Sinus node inhibitor. Antiarrhythmic (class III).

1227 Terikalant
121277-96-1

$C_{24}H_{31}NO_3$
(-)-(S)-1-[2-(4-Chromanyl)ethyl]-4-(3,4-dimethoxyphenyl)piperidine.
RP-62719. Blocker of inwardly rectifying K+ currents. Antiarrhythmic (class III).

1228 Tilisolol
85136-71-6   9579

$C_{17}H_{24}N_2O_3$
(±)-4-[3-(tert-Butylamino)-2-hydroxy-propoxy]-2-methylisocarbostyril.
Antiarrhythmic and antihypertensive. β-adrenergic blocker. Nisshin.

1229 Tilisolol Hydrochloride
62774-96-3   9579
$C_{17}H_{25}ClN_2O_3$
(±)-4-[3-(tert-Butylamino)-2-hydroxy-propoxy]-2-methylisocarbostyril hydrochloride.
N-696; Selecal. Antiarrhythmic and antihypertensive. A β-adrenergic blocker. mp = 203-205°; LD_{50} (mmus orl) = 1393 mg/kg, (mmus sc) = 1219 mg/kg, (mmus ip) = 578 mg/kg, (mmus iv) = 74.3 mg/kg, (fmus orl) = 1290 mg/kg, (fmus sc) = 1245 mg/kg, (fmus ip) = 557 mg/kg, (fmus iv) = 104.7 mg/kg, (mrat orl) = 145 mg/kg, (mrat sc) = 176 mg/kg, (mrat ip) = 39.5 mg/kg, (mrat iv) = 75.8 mg/kg, (frat orl) = 188 mg/kg, (frat sc) = 169 mg/kg, (frat ip) = 29.2 mg/kg, (frat iv)= 38.1 mg/kg. Nisshin.

1230 Timolol
91524-16-2   9585

$C_{13}H_{24}N_4O_3S \cdot 1/2H_2O$
(S)-1-(tert-Butylamino)-3-[(4-morpholino-1,2,5-thiadiazol-3-yl)oxy]-2-propanol hemihydrate.
Antianginal agent with antiarrhythmic (class II), antihypertensive and antiglaucoma properties. A β-adrenergic blocker. [(±) form]: mp = 71.5-72.5°. Merck & Co., Inc.

1231 Timolol Maleate
26921-17-5   9585   248-111-5
$C_{17}H_{28}N_4O_7S$
(S)-1-(tert-Butylamino)-3-[(4-morpholino-1,2,5-thiadiazol-3-yl)oxy]-2-propanol maleate (1:1).
Blocadren; Timoptic; Timoptol; MK-950; Aquanil; Betim; Proflax; Temserin; Tenopt; Timacar; Timacor; component of: Cosopt, Timolide. Antianginal agent with antiarrhythmic (class II), antihypertensive and antiglaucoma properties. A β-adrenergic blocker. mp = 201.5-202.5°; $[\alpha]_{405}^{24}$ = -12.0° (c = 5 1N HCl), $[\alpha]_D^{25}$ = -4.2°; λ_m = 294 nm ($A_{1\ cm}^{1\%}$ 200 0.1N HCl); soluble in EtOH, MeOH; poorly soluble in $CHCl_3$, cyclohexane; insoluble in isooctane, Et_2O. Merck & Co., Inc.

1232 Tiracizine
83275-56-3

$C_{21}H_{25}N_3O_3$
Ethyl 5-(N,N-dimethylglycyl)-10,11-dihydro-5H-dibenz[b,f]azepine-3-carbamate.
AWD-19-166 [as hydrochloride]; GS 015 [as hydrochloride]; Bonnecor [as hydrochloride]. Antiarrhythmic (class I).

1233 Tocainide
41708-72-9   9629   255-505-0

$C_{11}H_{16}N_2O$
2-Amino-2',6'-propionoxylidide.
W-36095. Class IB antiarrhythmic agent with cardiodepressant properties. *Merck & Co., Inc.*

1234 Tocainide Hydrochloride
71395-14-7   9629   275-361-2
$C_{11}H_{17}ClN_2O$
2-Amino-2',6'-propionoxylidide hydrochloride.
Tonocard; Taquidil; Xylotocan. Class IB antiarrhythmic agent with cardiodepressant properties. mp = 246-247°. *Merck & Co., Inc.*

1235 Tocainide R-(-) form Hydrochloride
53984-74-0   9629

$C_{11}H_{17}ClN_2O$
(R)-(-)-2-Amino-2',6'-propionoxylidide.
Class IB antiarrhythmic agent with cardiodepressant properties. mp = 265-266°; $[\alpha]_D = -42.16°$ (c = 2.63 MeOH). *Merck & Co., Inc.*

1236 Tocainide S-(+) form Hydrochloride
53984-76-2   9629

$C_{11}H_{17}ClN_2O$
(S)-(+)-2-Amino-2',6'-propionoxylidide.
Class IB antiarrhythmic agent; cardiodepressant. mp = 264.5°; $[\alpha]_D = +42.35°$ (c = 2.63 MeOH). *Merck & Co., Inc.*

1237 Tolamolol
38103-61-6   253-783-8

$C_{19}H_{24}N_2O_4$
p-[2-[[2-Hydroxy-3-(o-tolyloxy)propyl]amino]]ethoxy]benzamide.
Vasodilator (coronary); cardiac depressant (antiarrhythmic); anti-adrenergic (β-receptor). *Ciba plc; Pfizer Inc.*

1238 Transcainide
88296-62-2

$C_{22}H_{35}N_3O_2$
(±)-trans-4-(Dimethylamino)-1-(2-hydroxycyclohexyl)-2',6'-isonipectoxylidide.
R-54718. Antiarrhythmic agent and

cardiac depressant. *Janssen Pharmaceutical, Belgium.*

1239 Verapamil
52-53-9   10083   200-145-1

$C_{27}H_{38}N_2O_4$
5-[(3,4-Dimethoxyphenethyl)methylamino]-2-(3,4-dimethoxyphenyl)-2-isopropylvaleronitrile.
D-365; CP-16533-1; iproveratril. Antianginal and Class IV antiarrhythmic agent. Coronary vasodilator with calcium channel blocking activity. $bp_{0.001}$ = 243-246°; insoluble in H_2O; slightly soluble in C_6H_6, C_6H_{16}, Et_2O; soluble in EtOH, MeOH, Me_2CO, EtOAc, $CHCl_3$. *Bristol-Myers Squibb Co.*

1240 Verapamil Hydrochloride
152-11-4   10083   205-800-5
$C_{27}H_{39}ClN_2O_4$
5-[(3,4-Dimethoxyphenethyl)methylamino]-2-(3,4-dimethoxyphenyl)-2-isopropylvaleronitrile hydrochloride.
Arapamyl; Berkatens; Calan; Cardiagutt; Cardibeltin; Cordilox; Dignover; Drosteakard; Geangin; Isoptin; Quasar; Securon; Univer; Vasolan; Veracim; Veramex; Veraptin; Verelan; Verexamil. Antianginal and Class IV antiarrhythmic agent. Coronary vasodilator with calcium channel blocking activity. mp = 138.5-140.5°; soluble in H_2O (7 g/100 ml), EtOH (2.6 g/100 ml), propylene glycol (9,3 g/100 ml), MeOH (> 10.0 g/100 ml), iPrOH (0.46 g/100 ml), EtOAc (0.1 g/100 ml), DMF (> 10.0 g/100 ml), CH_2Cl_2 (> 10.0 g/100 ml), C_6H_{14} (0.1 g/100 ml); LD_{50} (rat iv) = 16 mg/kg, (mus iv) = 8 mg/kg. *Searle, G.D., & Co.; Knoll Pharmaceutical Co.; Parke-Davis; Lederle Labs.*

1241 Viquidil
84-55-9   10141   201-540-1

$C_{20}H_{24}N_2O_2$
1-(6-Methoxy-4-quinolyl)-3-(3-vinyl-4-piperidyl)-1-propanone.
LM-192; chinicine; mequiverine; quinotoxine; quinotoxol. Vasodilator with antiarrhythmic properties. $[\alpha]_D$ = 43°; yellow oil; slightly soluble in H_2O; freely soluble in EtOH, $CHCl_3$, Et_2O. *Polaroid.*

1242 Viquidil Hydrochloride
52211-63-9   10141   257-739-9
$C_{20}H_{25}ClN_2O_2$
1-(6-Methoxy-4-quinolyl)-3-(3-vinyl-4-piperidyl)-1-propanone hydrochloride.
Desclidium; Permiran. Vasodilator with antiarrhythmic properties. mp = 184 ± 4°; λ_m = 246, 355 nm; soluble in EtOH, poorly soluble in H_2O, insoluble in Me_2CO. *Polaroid.*

1243 Xibenolol
81584-06-7   10209

$C_{15}H_{25}NO_2$
(±)-1-(tert-Butylamino)-3-(2,3-xylyloxy)-2-propanol.
Antiarrhythmic agent. Non-selective β-adrenergic blocker. mp = 57°; $bp_{0.7}$ = 134-136°; λ_m = 271.2, 274, 279.3 nm (ε 10800, 10700, 11100 EtOH). *Teikoku Hormone.*

1244 Xibenolol Hydrochloride
59708-57-5 10209
$C_{15}H_{26}ClNO_2$
(±)-1-(tert-Butylamino)-3-(2,3-xylyloxy)-2-propanol hydrochloride.
D-32; Selapin; Rhythminal; Rythminal. Antiarrhythmic agent. Non-selective β-adrenergic blocker. mp = 135-137°. Teikoku Hormone.

Bradycardiac Agents

1245 Ivabradine
155974-00-8

$C_{27}H_{36}N_2O_5$
3-[3-[[[(7S)-3,4-Dimethoxybicyclo-[4.2.0]octa-1,3,5-trien-7-yl]methyl]-methylamino]propyl]-1,3,4,5-terahydro-7,8-dimethoxy-2H-3-benzazepin-2-one.
S-16257. Bradycardic agent. Direct sinus node inhibitor.

1246 Zatebradine
85175-67-3 10245

$C_{26}H_{36}N_2O_5$
3-[3-(3,4-Dimethoxyphenethyl)methyl-amino]propyl]-1,3,4,5-tetrahydro-7,8-dimethoxy-2H-3-benzazepin-2-one.

Bradycardic agent; antianginal. Sinus node inhibitor. *Boehringer Ingelheim GmbH; Boehringer Ingelheim Pharmaceuticals, Inc.*

1247 Zatebradine Hydrochloride
91940-87-3 10245
$C_{26}H_{37}ClN_2O_5$
3-[3-(3,4-Dimethoxyphenethyl)methyl-amino]propyl]-1,3,4,5-tetrahydro-7,8-dimethoxy-2H-3-benzazepin-2-one hydrochloride.
UL-FS-49. Bradycardic agent; antianginal. Sinus node inhibitor. mp = 168°, 185° (2 crystalline modifications); soluble in H_2O. *Boehringer Ingelheim GmbH; Boehringer Ingelheim Pharmaceuticals, Inc.*

Calcium-Channel Blockers

See Page 104, records 586-672.

Cardiotonics

1248 Acefylline
652-37-9 22 211-490-2

$C_9H_{10}N_4O_4$
1,2,3,6-Tetrahydro-1,3-dimethyl-2,6-dioxopurine-7-acetic acid.
carboxymethyltheophylline; 7-theophylline acetic acid. Diuretic, cardiotonic and bronchodilator. mp = 271°. *E. Merck.*

1249 Acefylline Sodium salt
837-27-4 22 212-652-5
$C_9H_9N_4NaO_4$
Sodium 1,2,3,6-tetrahydro-1,3-dimethyl-2,6-dioxopurine-7-acetate.
Aminodal. Diuretic, cardiotonic and bronchodilator. mp > 300°. *E. Merck.*

1250 Acetyldigitoxin
1111-39-3   90   214-178-4

$C_{43}H_{66}O_{14}$
(3β,5β)-3-[(O-3-O-Acetyl-2,6-dideoxy-β-D-ribohexopyranosyl-(1→4)-2,6-di-deoxy-β-D-ribohexopyranosyl-(1→4)-2,6-di-deoxy-β-D-ribohexo-pyranosyl)oxy]-14-hydroxycard-20(22)-enolide.
Acylanid. Cardiotonic. The α and β forms differ in the position of the acetyl group. [α-form]: mp = 217-221°; $[α]_D^{20}$ = 5° (c = 0.7 C_5H_5N); slightly soluble in $CHCl_3$; [β-form]: dec 225°; $[α]_D^{20}$ = 16.7 (C_5H_5N); soluble in $CHCl_3$ (11-14 g/100 ml), MeOH (0.67 g/100 ml), amyl alcohol (0.45 g/100 ml); insoluble in H_2O (0.0005 g/100 ml), Et_2O. *Sandoz.*

1251 Acrihellin
67696-82-6   266-909-1

$C_{29}H_{38}O_7$
3β,5,14-Trihydroxy-19-oxo-5β-bufa-20,22-dienolide 3-(3-methylcrotonate). Cardiotonic. *Carter-Wallace.*

1252 Actodigin
36983-69-4

$C_{29}H_{44}O_9$
3β-(β-D-Glucopyranosyloxy)-14,23-dihydroxy-24-nor-5β,14β-chol-20(22)-en-21-oic acid σ-lactone.
AY-22241. Cardiotonic. *Wyeth-Ayerst Labs.*

1253 Adibendan
100510-33-6

$C_{16}H_{14}N_4O$
5,7-Dihydro-7,7-dimethyl-2-(4-pyridyl)-pyrrolo[2,3-f]benzimidazol-6(3H)-one.
A cardiotonic agent with highly selective phosphodiesterase III inhibitory properties.

1254 2-Amino-4-picoline
695-34-1   486   211-780-9

$C_6H_8N_2$
4-Methyl-2-pyridamine.
W-45; component of: Ascensil, Askensil. Analgesic and cardiotonic. mp = 100-100.5°; bp_{11} = 115-117°; freely soluble in H_2O, EtOH, DMF; insoluble in petroleum ether. *Raschig GmbH.*

1255 2-Amino-4-picoline Camphorsulfonate
12261-97-1   486

C₁₆H₂₄N₂O₄S
4-Methyl-2-pyridamine camphorsulfonate.
Piricardio; Varunax. Analgesic and cardiotonic. *Raschig GmbH.*

1256 2-Amino-4-picoline Hydrochloride
2403-84-1   486

C₆H₉ClN₂
4-Methyl-2-pyridamine monohydrochloride.
Analgesic and cardiotonic. mp = 176-177°; freely soluble in H₂O, EtOH. *Raschig GmbH.*

1257 Amrinone
60719-84-8   634   262-390-0

C₁₀H₉N₃O
5-Amino[3,4'-bipyridin]-6(1H)-one.
Inocor; Win-40680; Vesistol; Cartonic; Wincoram. Cardiotonic. Phosphodiesterase inhibitor. mp = 294-297° (dec). *Sterling Winthrop, Inc.*

1258 Apovincamine
4880-92-6

C₂₁H₂₄N₂O₂
Methyl(3α,16α)-eburnamenine-14-carboxylate.
Reported to enhance cardiovascular activity. Cardiotonic.

1259 Bemarinone
92210-43-0

C₁₁H₁₂N₂O₃
5,6-Dimethyl-4-methyl-2(1H)-quinazolinone.
Cardiotonic (positive inotropic, vasodilator). A quinazoline.

1260 Bemarinone Hydrochloride
101626-69-1
C₁₁H₁₃ClN₂O₃
5,6-Dimethyl-4-methyl-2(1H)-quinazolinone monohydrochloride.
ORF-16600; RWJ-16600. Cardiotonic (positive inotropic, vasodilator). A quinazoline.

1261 Bemoradan
112018-01-6

C₁₃H₁₃N₃O₃
7-(1,4,5,6-Tetrahydro-4-methyl-6-oxo-3-pyridazinyl)-2H-1,4-benzoxazin-3-(4H)-one.

ORF-22867. Cardiotonic. *Ortho Pharmaceutical Corp.*

1262 Benafentrine
35135-01-4

$C_{23}H_{27}N_3O_3$
cis-4'-(1,2,3,4,4a,10b-Hexahydro-8,9-dimethoxy-2-methylbenzo[c][1,6]-naphthyridin-6-yl)acetanilide. Phosphoroesterase inhibitor. Cardiotonic.

1263 Benofurodil Hemisuccinate
3447-95-8   1070   222-367-8

$C_{19}H_{18}O_7$
Butanedioic acid mono[1-[5-(2,5-dihydro-5-oxo-3-furanyl)-3-methyl-2-benzofuranyl]ethyl] ester.
benzofurodil; Eucilat; Eudilat. Cardiotonic. mp = 144°; LD$_{50}$ (mus orl) = 550 mg/kg. *Clin-Byla.*

1264 Bucladesine
362-74-3   1483

$C_{18}H2_4N_5O_8P$
N-(9-β-D-Ribofuranosyl-9H-(purin-6-yl)-butyramide cyclic 3',5'-(hydrogen phosphate) 2'-butyrate.
N⁶,2'-dibutyryl cAMP; N⁶,2'-dibutyryl-adenosine 3',5'-cyclic monophosphate; DBcAMP. Cardiotonic. Vasodilating cyclic nucleotide that mimics the action of cyclic AMP. Capable of permeating cell membrane. *Daiichi Pharmaceutical Corp.*

1265 Bucladesine Barium Salt
18837-96-2   1483
$C_{36}H_{46}BaN_{10}O_{16}P_2$
N-(9-β-D-Ribofuranosyl-9H-(purin-6-yl)-butyramide cyclic 3',5'-(hydrogen phosphate) 2'-butyrate barium (2:1) (salt). Cardiotonic. Vasodilating cyclic nucleotide that mimics the action of cyclic AMP. *Daiichi Pharmaceutical Corp.*

1266 Bucladesine Sodium Salt
16980-89-5   1483   241-059-4
$C_{18}H2_3N_5NaO_8P$
N-(9-β-D-Ribofuranosyl-9H-(purin-6-yl)-butyramide cyclic 3',5'-(hydrogen phosphate) 2'-butyrate sodium salt.
DC-2797; Actosin. Cardiotonic. Vasodilating cyclic nucleotide that mimics the action of cyclic AMP. λ_m = 270 nm (EtOH/ammonium acetate). *Daiichi Pharmaceutical Corp.*

1267 Buquineran
59184-78-0

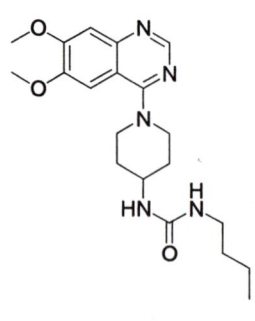

$C_{20}H_{29}N_5O_3$
1-Butyl-3-[1-(6,7-dimethoxy-4-quinazolinyl)-4-piperidyl]urea.
A phosphodiesterase inhibitor, used as a cardiotonic.

1268 Butopamine
66734-12-1

$C_{18}H_{23}NO_3$
(R)-p-Hydroxy-α-[[[(R)-3-(p-hydroxyphenyl)-1-methylpropyl]amino]methyl]benzyl alcohol.
Compound LY-131126. A β-adrenergic agonist with strong positive chronotropic properties. *Eli Lilly & Co.*

1269 Camphotamide
4876-45-3   1782   225-484-2

$C_{21}H_{32}N_2O_5S$
3-Diethylcarbamoyl-1-methylpyridinium camphorsulfonate.
CNS, cardiac stimulant. mp = 174-175°; soluble in H_2O, EtOH, Et_2O; insoluble in C_6H_6, petroleum ether. *Soc. Franc. Recherches Biochim.*

1270 Carbazeran
70724-25-3

$C_{18}H_{24}N_4O_4$
1-(6,7-Dimethoxy-1-phthalazinyl)-4-piperidyl ethylcarbamate.
UK-31557. Cardiotonic. Phosphodiesterase inhibitor. *Pfizer International.*

1271 Cariporide
159138-80-4

$C_{12}H_{17}N_3O_3S$
N-(Diaminomethylene)-4-isopropyl-3-(methylsulfonyl)benzamide.
Inhibits Na^+/H^+ exchange. Cardioprotectant during myocardial ischemia. cardioprotective.

1272 Carsatrin
125363-87-3

$C_{25}H_{26}F_2N_6OS$
(±)-4-[Bis(p-fluorophenyl)methyl]-α-[(9H-purin-6-ylthio)methyl]-1-piperazineethanol.
Cardiotonic. A positive inotropic agent. Probable ion channel modulator. *R. W. Johnson.*

1273 Carsatrin Succinate
132199-13-4
$C_{29}H_{32}F_2N_6O_5S$
(±)-4-[Bis(p-fluorophenyl)methyl]-α-[(9H-purin-6-ylthio)methyl]-1-piperazineethanol succinate (1:1) (salt).
(±)-4-[Bis(p-fluorophenyl)methyl]-α-[(9H-purin-6-ylthio)methyl]-1-piperazinebutanedioate (1:1) (salt); RWJ-24517. Cardiotonic. Positive inotropic agent. Probable ion channel modulator. *R. W. Johnson.*

1274 Cilostamide
68550-75-4

$C_{20}H_{26}N_2O_3$
N-Cyclohexyl-4-[(1,2-dihydroxy-2-oxo-6-quinolyl)oxy]-N-methylbutyramide. Phosphodiesterase III inhibitor.

1275 Convallatoxin
508-75-8   2575   208-086-3

$C_{29}H_{42}O_{10}$
(3β,5β)-3-[(6-Deoxy-α-L-mannopyranosyl)oxy]-5,14-dihydroxy-19-oxocard-20(22)-enolide.
strophanthidin α-L-rhamnoside; Convallaton; Corglykon; Korglykon. Cardiotonic. Found in blossoms of lilly of the valley (*Convallaria majalis* L., Liliaceae). mp = 235-242°; $[\alpha]_D^{22}$ = -1.7° ± 3° (c = 0.65 MeOH), $[\alpha]_D^{25}$ = -9.4° ± 3° (c = 0.72 dioxane); soluble in EtOH, Me$_2$CO; slightly soluble in H$_2$O (0.05 g/100 ml), CHCl$_3$, EtOAc; LD$_{50}$ (mus ip) = 10.0 mg/gk, (rat ip) = 16.0 mg/kg; [tri-O-acetate (C35H48O13)]: mp = 215-238°; $[\alpha]_D^{25}$ = -5.5° ± 2° (c = 0.962 CHCl$_3$). Hoechst.

1276 Cymarin
508-77-0   2830   208-087-9

$C_{30}H_{44}O_9$
3β-[(2,6-Dideoxy-3-O-methyl-β-D-ribopyranosyl)oxy]-5β,14-dihydroxy-19-oxocard-20(22)-enolide.
K-strophanthin-α; Alvonal MR. Cardiotonic. A glycoside of cymarose; stophanthidin is the aglucon. Isolated from *Strophanthus kombé* Oliv., Apocynacea. mp = 148°; $[\alpha]_D^{20}$ = 39.2° (MeOH), $[\alpha]_D^{22}$ = 39.0° (c = 1.7 CHCl$_3$); soluble in MeOH, CHCl$_3$; insoluble in H$_2$O; LD$_{50}$ (rat iv) = 24.8 ± 1.8 mg/kg; [sesquihydrate]: mp = 184-185°; [monoacetylcymarin ($C_{32}H_{46}O_{10}$)]: mp = 175-176°; $[\alpha]_D^{22}$= 45.1° (EtOH), soluble in CHCl$_3$, insoluble in H$_2$O.

1277 Denbufylline
57076-71-8

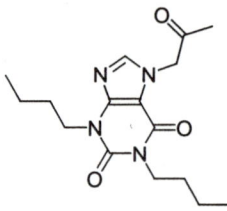

$C_{16}H_{24}N_4O_3$
7-acetonyl-1,3-dibutylxanthine. Phosphodiesterase inhibitor.

1278 Denopamine
71771-90-9   2943

$C_{18}H_{23}NO_4$
(-)-(R)-α-[[(3,4-Dimethoxyphenethyl)-amino]methyl]-p-hydroxybenzyl alcohol. TA-064; Carguto; Kalgut. Cardiotonic. Selective $β_1$-adrenoceptor agonist with positive inotropic activity. [l-form hydrochloride]: mp = 138-139.5°; $[α]_D^{25}$ = -38.0° (c = 1 MeOH); [dl-form hydrochloride]: mp = 164-167°. Tanabe Seiyaku.

1279 Deslanoside
17598-65-1   2967   241-568-1

$C_{47}H_{74}O_{19}$
3-[(O-β-D-Glucopyranosyl-(1→4)-O-3,6-dideoxy-β-D-ribohexopyranosyl-(1→4)-O-2,6-dideoxy-β-D-ribohexopyranosyl-(1→4)-12,14-dihydroxycard-20(22)-enolide.
deacetylanatoside C; Cedilanid D; Desace; Desaci; Lanimerck (ampuls); Purpurea glycoside C. Cardiotonic. From the leaves of Digitalis lanata. dec 265-268°; $[α]_D^{20}$ = 12° (c = 1.084 75% EtOH); soluble in H_2O (0.02 g/100 ml), MeOH (0.5 g/100 ml), EtOH (0.04 g/100 ml); slightly soluble in $CHCl_3$; insoluble in Et_2O. Sandoz Pharmaceuticals Corp.

1280 Digitalin
752-61-4   3200   212-036-6

$C_{36}H_{56}O_{14}$
(3β,5β,16β)-3-[(6-Deoxy-4-O-β-D-glucopyranosyl-3-O-methyl-β-D-galactopyranosyl)oxy]-14,16-dihydroxycard-20(22)-enolide.
digitalinum verum; digitalinum true; Schmiedeberg's digitalin; Diginorgin. Cardiotonic. From the seeds of Digitalis purpurea L. Scrophulariaceae and the roots of Adenium hoghel A. DC., Apocynaceae. mp = 240-243°; $[α]_D^{20}$ = -1.1° (c = 0.894 MeOH); slightly soluble in H_2O, $CHCl_3$, Et_2O; soluble in EtOH; [16-Acetyldigitalinum verum]: soluble in H_2O, alcohol, Me_2Co; nearly insoluble in C_6H_6, Et_2O; $λ_m$ = 217 nm (log ε 4.16); $[α]_D^{26}$ = -21.1° (in methanol).

1281 Digitalis
3201
Digitfortis; Digiglusin; Foxglove; Fairy Gloves; purple foxglove; Digitora; Neodigitalis; Pil-Digis. Cardiotonic. From the leaves of Digitalis purpurea L. Scrophulariaceae. CAUTION: The therapeutic dose is close to the toxic dose. Can cause anorexia, nausea, salivation, vomiting, diarrhea, headache, drowsiness, disorientation, delirium, hallucinations, death. Eli Lilly & Co.; Parke-Davis.

1282 Digitoxin
71-63-6   3206   200-760-5

1283 Digoxin
20830-75-5   3210   244-068-1

$C_{41}H_{64}O_{13}$
3-[(O-2,6-Dideoxy-β-D-ribohexopyranosyl-(1→4)-O-2,6-dideoxy-β-D-ribohexopyranosyl-(1→4)-2,6-dideoxy-β-D-ribohexopyranosyl)oxy]-14-hydroxycard-20(22)-enolide.
digitalin, crystaline; Cardidigin; Crystodigin; Digisidin; Unidigin; digitophyllin; Cardigin; Carditoxin; Coramedan; Cristapurat; Digicor; Digilong; Digimerck; Digimed; Digipural; Ditaven; Digisidin; Digitaline Nativelle; Lanatoxin; Myodigin; Purodigin; Purpurid; Tradigal. Cardiotonic. Secondary glycoside from the dried leaves of *Digitalis purpurea* L. Scrophulariaceae. Can be either pure dititoxin or a mixture of the cardioactive glycosides obtained from *Digitalis purpurea*, consisting mainly of digitoxin. Acetyl derivatives are the acetyldigitoxins. mp = 256-257°; $[\alpha]_D^{20}$ = 4.8° (c = 1.2 dioxane); soluble in $CHCl_3$ (2.5 g/100 ml), EtOH (1.67 g/100 ml), EtOAc (0.25 g/100 ml), Me_2CO, amyl alcohol, C_5H_5N; sparingly soluble in Et_2O, petroleum ether, H_2O 0.001 g/100 ml at 20°; LD_{50} (gpg orl) = 60 mg/kg, (cat orl) = 0.18 mg/kg. *Eli Lilly & Co.; Marion Merrell Dow Inc.; Sterling Winthrop, Inc.*

$C_{41}H_{64}O_{14}$
3-[(O-2,6-Dideoxy-β-D-ribohexopyranosyl-(1→4)-O-2,6-dideoxy-β-D-ribohexopyranosyl-(1→4)-2,6-dideoxy-β-D-ribohexopyranosyl)oxy]-14-hydroxycard-20(22)-enolide.
Lanoxicaps; Lanoxin; Cordioxil; Davoxin; Digacin; Dilanacin; Dixina; Dokim; Dynamos; Eudigox; Lanacordin; Lanicor; Lenoxicaps; Lenoxin; Longdigox; NeoDioxanin; Rougoxin; Stillacor; Vanoxin. Cardiotonic. Secondary glycoside from *Digitalis purpurea* L. Scrophulariaceae. The sugar residue is attached to the hydroxyl group at C3 of the aglucon. Acid hydrolysis produces digoxenin and digitoxose. Dec = 230-265°; $[\alpha]_{Hg}^{25}$ = 13.4 - 13.8° (c = 10 C_5H_5N); λ_m = 220 nm (ε 12800 EtOH); soluble in EtOH, C_5H_5N; insoluble in $CHCl_3$, Me_2CO, EtOAc, H_2O, Et_2O [β-methyldigoxin]: mp = 227-231°; :D50 (rat iv) = 4.8 mg/kg, (rat ip) = 6.2 mg/kg, (rat orl) = 8.3 mg/kg. *Glaxo Wellcome Inc.; Wyeth-Ayerst Labs.*

1284 Dioxyline Phosphate
5667-46-9
Paveril phosphate.
Cardiotonic. *Eli Lilly & Co.*

1285 Dobutamine
34368-04-2   3456

$C_{18}H_{23}NO_3$
(±)-4-[2-[[3-(p-Hydroxyphenyl)-1-methyl-propyl]amino]ethyl]pyrocatechol.
Compound 81929. Cardiotonic. A β_1-adrenoceptor agonist derived from dopamine. *Eli Lilly & Co.*

1286 Dobutamine Hydrochloride
49745-95-1   3456   256-464-1
$C_{18}H_{24}ClNO_3$
(±)-4-[2-[[3-(p-Hydroxyphenyl)-1-methyl-propyl]amino]ethyl]pyrocatechol hydrochloride.
Dobutrex; Inotrex; 46236. Cardiotonic. A β_1-adrenoceptor agonist derived from dopamine. mp = 184-186°; λ_m = 281, 223 nm (ε 4768, 14400, MeOH); LD_{50} (mus iv) = 73 mg/kg. *Astra USA, Inc.; Eli Lilly & Co.*

1287 Dobutamine Lactobionate
104564-71-8

$C_{30}H_{45}NO_{15}$
(±)-4-[2-[[3-(p-Hydroxyphenyl)-1-methyl-propyl]amino]ethyl]pyrocatechol lactobionate (salt).
LY-207506. Cardiotonic. A β_1-adrenoceptor agonist derived from dopamine. *Eli Lilly & Co.*

1288 Docarpamine
74639-40-0   3457

$C_{21}H_{30}N_2O_8S$
(-)-(S)-2-Acetamido-N-(3,4-dihydroxy-phenethyl)-4-(methylthio)butyramide bis(ethyl carbonate) (ester).
TA-870; Tanadopa. Cardiotonic. Dopamine prodrug. mp = 85-90°, 105-108°; $[\alpha]_D^{20}$ = -15.6° (c = 2 MeOH); slightly soluble in H_2O, soluble in EtOH; LD_{50} (mrat sc) = 1000-1400 mg/kg, (frat sc) = 1000 mg/kg, (rat,dog orl) > 2000 mg/kg. *Tanabe Seiyaku.*

1289 Dopamine
51-61-6   3479   200-110-0

$C_8H_{11}NO_2$
4-(2-Aminoethyl)pyrocatechol.
Cardiotonic. Endogenous catecholamine with α- and β-adrenergic activity. *Astra USA, Inc.; Elkins-Sinn; Parke-Davis.*

1290 Dopamine Hydrochloride
62-31-7   3479   200-527-8
$C_8H_{12}ClNO_2$
4-(2Aminoethyl)pyrocatechol hydrochloride.
Dopastat; ASL-279; Cardiosteril; Dynatra; Inovan; Inotropin. Cardiotonic. dec 241°; freely soluble in H_2O; soluble in MeOH, hot EtOH; insoluble in Et_2O, $CHCl_3$, C_6H_6, C_7H_8, petroleum ether; [hydrobromide]: mp = 210-214° (dec). *Astra USA, Inc.; Elkins-Sinn; Parke-Davis.*

1291 Dopexamine
86197-47-9   3482

$C_{22}H_{32}N_2O_2$
4-[2-[[6-(Phenethylamino)hexyl]amino]-ethyl]pyrocatechol.
FPL-60278; Dopacard. Cardiotonic. Has little or no α- or β-adrenoceptor activity [dihydrobromide]: mp = 227-228°. Fisons plc, Pharmaceuticals Div.

1292 Dopexamine Hydrochloride
86484-91-5   3482
$C_{22}H_{33}ClN_2O_2$
4-[2-[[6-(Phenethylamino)hexyl]amino]-ethyl]pyrocatechol hydrochloride.
dopexamine dihydrochloride; FPL-60278AR. Cardiotonic. Has little or no α-aor β-adrenoceptor activity. [hydrobromide]: mp = 227-228°. Fisons plc, Pharmaceuticals Div.

1293 Doxaminol
55286-56-1

$C_{26}H_{29}NO_3$
6,11-Dihydro-N-(2-hydroxy-3-phenoxypropyl)-N-methyldibenz[b,e]oxepin-11-ethylamine.
A β-adrenergic agonist. Has cardiotonic properties.

1294 Enoximone
77671-31-9   3627

$C_{12}H_{12}N_2O_2S$
4-Methyl-5-[p-(methylthio)benzoyl]-4-imidazolin-2-one.
Perfan; MDL-17043; fenoximone; RMI-17043; Perfane. Cardiotonic. Selective phosphodiesterase inhibitor with vasodilating and positive inotropic activity. mp = 255-258° (dec). Marion Merrell Dow Inc.

1295 Erythrophleine
36150-73-9   3728

$C_{24}H_{39}NO_5$
[1S-(1α,4aα,4bβ,7E,8β,8aα,9α,10aβ)]-Tetradecahydro-9-hydroxy-1,4a,8-trimethyl-7-[2-[2-(methylamino)ethoxy]-2-oxoethylidene]-1-phenanthrene-carboxylic acid methyl ester.
norcassamidine. Cardiotonic. From bark of *Erythrophleum guineense G. Don.*, *Leguminossae*. mp = 115°; $[\alpha]_D^{20}$ = -22.5° (c = 0.65 EtOH); soluble in H_2O, EtOH.

1296 Etomoxir
124083-20-1

$C_{17}H_{23}ClO_4$
Ethyl-(+)-(R)-2-[6-(p-chlorophenoxy)-hexyl]glycidate.
Cardiotonic.

Antianginals, Antiarrhythmics, Cardiotonics

1297 Fenalcomine
34616-39-2   3996

$C_{20}H_{27}NO_2$
α-Ethyl-p-[2-[(α-methylphenethyl)-amino]ethoxy]benzyl alcohol.
Cardiotonic. *Laroche-Navarron.*

1298 Fenalcomine Hydrochloride
34535-83-6   3996   252-075-6
$C_{20}H_{28}ClNO_2$
α-Ethyl-p-[2-[(α-methylphenethyl)-amino]ethoxy]benzyl alcohol hydrochloride.
Cordoxene.   Cardiotonic.   *Laroche-Navarron.*

1299 Flosequinan
76568-02-0   4146

$C_{11}H_{10}FNO_2S$
7-Fluoro-1-methyl-3-(methylsulfinyl)-4(1H)-quinolone.
BTS 49 465; flosequinon; Manoplax. Acts as an arterial and venous vasodilator. Used as an antihypertensive agent. Also used as a cardiotonic. mp = 226-228°. *The Boots Co. plc.*

1300 Gitalin
1405-76-1   4437   215-784-1
Cardiotonic. An extract of *Digitalis purpurea L. Sacrophulariaceae.* It is a mixture of digitoxin; gitoxin and gitaloxin (16-formylgitoxin, Cristaloxine). Readily soluble in EtOH, slightly soluble in H_2O.

1301 Gitaloxin
3261-53-8

$C_{42}H_{64}O_{15}$
Gitoxin 16-formate.
Cardiotonic.

1302 Gitoformate
7685-23-6

$C_{46}H_{64}O_{19}$
Gitoxin-3',3,3',4',16-pentaformate.
Cardiotonic.

1303 Gitoxin
4562-36-1   4441   224-934-5

$C_{41}H_{64}O_{14}$
(3β,5β,16β)-3-[(O-2,6-Dideoxy-β-D-ribo-hexopyranosyl-(1→4)-O-2,6-dideoxy-β-D-ribohexopyranosyl-(1→4)-2,6-dideoxy-

β-D-ribohexopyranosyl)oxy]-14,16-dihydroxycard-20(22)-enolide. anhydrogitalin; bigitalin; pseudo-digitoixn. Cardiotonic. Secondary glycoside found mainly in *Digitalis purpurea*. dec 285°; $[\alpha]_{546}^{20}$ = 3.5° (c = 1.02 C_5H_5N); λ_m = 315, 415, 495, 530 nm ($E_{1\ cm}^{1\%}$ 275, 285, 430, 505 98% H_2SO_4); insoluble in $CHCl_3$, EtOAc, Me_2CO; soluble in C_5H_5N, EtOH. *VEB Arzneimittelwerk*.

1304 Glycocyamine
352-97-6   4505   206-529-5

$C_3H_7N_3O_2$
N-(Aminoiminomethyl)glycine.
guanidineacetic acid; guanidoacetic acid. Used in combination with betaine as a cardiotonic. dec 280-284°; soluble in H_2O.

1305 Heptaminol
372-66-7   4691   206-758-0

$C_8H_{19}NO$
6-Amino-2-methyl-2-heptanol.
Cardiotonic. bp_7 = 92-93°. *Bilhuber*.

1306 Heptaminol Hydrochloride
543-15-7   4691   208-837-5
$C_8H_{20}ClNO$
6-Amino-2-methyl-2-heptanol hydrochloride.
RP-2831; Cortensor; Eoden; Hept-a-myl; Heptylon. Cardiotonic. mp = 150°; freely soluble in H_2O; soluble in EtOH; insoluble in Me_2CO, C_6H_6, Et_2O. *Bilhuber*.

1307 Hydrastinine
6592-85-4   4807   229-533-9

$C_{11}H_{13}NO_3$
5,6,7,8-Tetrahydro-6-methyl-1,3-dioxolo[4,5-g]isoquinolin-5-ol.
The hydrochloride salt is used as a cardiotonic and uterine hemostatic. Has dopamine receptor blocking activity. Synthesized by oxidation of hydrastine. mp = 117°; soluble in EtOH, $CHCl_3$, hot H_2O, insoluble in cold H_2O.

1308 Ibopamine
66195-31-1   4921   266-229-5

$C_{17}H_{25}NO_4$
4-[2-(Methylamino)ethyl]-o-phenylene diisobutyrate.
Cardiotonic. Inotropic agent with dopaminergic and adrenergic agonist activities. *SmithKline Beecham Pharmaceuticals; Simes S.p.A.*

1309 Ibopamine Hydrochloride
75011-65-3   4921   278-056-2
$C_{17}H_{26}ClNO_4$
4-[2-(Methylamino)ethyl]-o-phenylene diisobutyrate hydrochloride.
SB-7505; Inopamil; Scandine. Cardiotonic. Inotropic agent with dopaminergic and adrenergic agonist activities. mp = 132°. *SmithKline Beecham Pharmaceuticals; Simes S.p.A.*

1310 Imazodan
84243-58-3

$C_{13}H_{12}N_4O$
4,5-Dihydro-6-(p-imidazol-1-ylphenyl)-3(2H)-pyridazinone.
Cardiotonic. Selective type-III phosphodiesterase inhibitor.

1311 Imazodan Hydrochloride
89198-09-4
$C_{13}H_{13}ClN_4O$
4,5-Dihydro-6-(p-imidazol-1-ylphenyl)-3(2H)-pyridazinone monohydrochloride.
Cardiotonic. Selective type-III phosphodiesterase inhibitor.

1312 Indolidan
100643-96-7

$C_{14}H_{15}N_3O_2$
3,3-Dimethyl-5-(1,4,5,6-tetrahydro-6-oxo-3-pyridazinyl)-2-indolinone.
LY-195115. Cardiotonic. A potent, selective inhibitor of cyclic nucleotide phosphodiesterase. Positive inotropic agent. *Eli Lilly & Co.*

1313 Isomazole
86315-52-8

$C_{14}H_{13}N_3O_2S$
2-[2-Methoxy-4-(methylsulfinyl)phenyl]-1H-imidazo[4,5-c]pyridine.
Cardiotonic. A partial phosphodiesterase inhibitor and calcium sensitizer. Positive inotropic agent. *Eli Lilly & Co.*

1314 Isomazole Hydrochloride
87359-33-9
$C_{14}H_{14}ClN_3O_2S$
2-[2-Methoxy-4-(methylsulfinyl)phenyl]-1H-imidazo[4,5-c]pyridine monohydrochloride.
LY-175326. Cardiotonic. A partial phosphodiesterase inhibitor and calcium sensitizer. Positive inotropic agent. *Eli Lilly & Co.*

1315 Lanatoside A
17575-20-1   5368   241-544-0

$C_{49}H_{76}O_{19}$
(3β,5β)-3-[(O-β-D-Glucopyranosyl-(1→4)-O-3-O-acetyl-2,6-dideoxy-β-D-ribohexopyranosyl-(1→4)-O-2,6-dideoxy-β-D-ribohexopyranosyl-(1→4)-2,6-dideoxy-β-D-ribohexopyranosyl)oxy]-14-hydroxycard-20(22)-enolide.
digilanide A; Adigal. Cardiotonic. One of a family of glycosides from various species of *Digitalis*, including D *lantana* and L. *Scrophulariaceae*. Dec 245-248°; $[\alpha]_D^{20} = 31.6°$ (c = 1.92 95% EtOH), $[\alpha]_D^{20} = 23.2°$ (c = 3.8 dioxane); soluble in MeOH (5 g/100 ml), EtOH (2.5 g/100 ml), $CHCl_3$ (0.44 g/100 ml), H_2O (0.006 g/100 ml).

1316 Lanatoside B
17575-21-2 5368 241-545-6

Lanatoside A R = digitoxigenin
Lanatoside B R = gitoxigenin
Lanatoside C R = dioxigenin
Lanatoside D R = diginatigenin

$C_{49}H_{76}O_{20}$
(3β,5β)-3-[(O-β-D-Glucopyranosyl-(1→4)-O-3-O-acetyl-2,6-dideoxy-β-D-ribohexopyranosyl-(1→4)-O-2,6-dideoxy-β-D-ribohexopyranosyl-(1→4)-2,6-dideoxy-β-D-ribohexopyranosyl)oxy]-14,16-dihydroxycard-20(22)-enolide.
digilanide B. Cardiotonic. One of a family of glycosides from various species of *Digitalis*. dec 245-248°; $[\alpha]_D^{20}$ = 36.7° (c = 1.88 95% EtOH), $[\alpha]_D^{20}$ = 31.8° (c = 1.8 dioxane); soluble in MeOH (5 g/100 ml), EtOH (2.5 g/100 ml), CHCl$_3$ (0.44 g/100 ml); nearly insoluble in H$_2$O.

1317 Lanatoside C
17575-22-3 5368 241-546-1
$C_{49}H_{76}O_{20}$
(3β,5β)-3-[(O-β-D-Glucopyranosyl-(1→4)-O-3-O-acetyl-2,6-dideoxy-β-D-ribohexopyranosyl-(1→4)-O-2,6-dideoxy-β-D-ribohexopyranosyl-(1→4)-2,6-dideoxy-β-D-ribohexopyranosyl)oxy]-12,14-dihydroxycard-20(22)-enolide.
digilanide C; Allocor; Cedilanid; Ceglunat; Celadigal; Cetosanol; Lanimerck (suppositories). Cardiotonic. One of a family of glycosides from various species of *Digitalis*. dec 248-250°; $[\alpha]_D^{20}$ = 33.4 - 33.7° (c = 2 EtOH); soluble in MeOH (0.005 g/100 ml), CHCl$_3$ (0.05 g/100 ml); freely soluble in C$_5$H$_5$N, dioxane; insoluble in Et$_2$O, petroleum ether.

1318 Lanatoside D
17575-31-2 5368
$C_{49}H_{76}O_{21}$
(3β,5β)-3-[(O-β-D-Glucopyranosyl-(1→4)-O-3-O-acetyl-2,6-dideoxy-β-D-ribohexopyranosyl-(1→4)-O-2,6-dideoxy-β-D-ribohexopyranosyl-(1→4)-2,6-dideoxy-β-D-ribohexopyranosyl)oxy]-12,14,16-trihydroxycard-20(22)-enolide.
digilanide D. Cardiotonic. One of a family of glycosides from various species of *Digitalis*. dec 242-250°; $[\alpha]_D^{20}$ = 40.5° c = 5.95 MeOH); λ_m = 220 nm (log ε 4.16).

1319 Levdobutamine
61661-06-1

$C_{18}H_{23}NO_3$
4-[2-[[(S)-3-(p-Hydroxyphenyl)-1-methylpropyl]amino]ethyl]pyrocatechol.
LY-206243. Cardiotonic. β$_1$-adrenoceptor agonist derived from dopamine. *Eli Lilly*.

1320 Levdobutamine Lactobionate
129388-07-4

$C_{30}H_{45}NO_{15}$
4-[2-[[(S)-3-(p-Hydroxyphenyl)-1-methylpropyl]amino]ethyl]pyrocatechol lactiobionate (1:1) (salt).
LY-206243 lactobionate. Cardiotonic.

A β₁-adrenoceptor agonist derived from dopamine. *Eli Lilly.*

1321 Loprinone
106730-54-5   5605

$C_{14}H_{10}N_4O$
1,2-Dihydro-5-imidazo[1,2-a]pyridin-6-yl-6-methyl-2-oxo-3-pyridinecarbonitrile. olprinone. Cardiotonic. Phospho-diesterase inhibitor. Positive inotropic agent. mp > 300°; [hydrochloride monohydrate]: mp > 300°; LD_{50} (mrat orl) = 7804 mg/kg, (mrat iv) = 176 mg/kg, (mrat sc) = 2133 mg/kg, (frat orl) >10000 mg/kg, (frat iv) = 240 mg/kg, (frat sc) = 2890 mg/kg, (mmus orl) > 10000 mg/kg, (mmus iv) = 242 mg/kg, (mmus sc) = 3898 mg/kg, (fmus sc) = 4479 mg/kg. *Eisai.*

1322 Medorinone
88296-61-1

$C_9H_8N_2O$
5-Methyl-1,6-naphthyridin-2(1H)-one. Win-49016. Cardiotonic. Phosphodiesterase inhibitor. Positive inotropic agent. *Sterling Winthrop, Inc.*

1323 Meribendan
119322-27-9

$C_{15}H_{14}N_6O$
4,5-Dihydro-5-methyl-6-(2-pyrazol-3-yl-5-benzimidazolyl)-3(2H)-pyridazinone. PDE-III inhibitor. Cardiotonic.

1324 Milrinone
78415-72-2   6284   278-903-6

$C_{12}H_9N_3O$
1,6-Dihydro-2-methyl-6-oxo[3,4'-bipyridine]-5-carbonitrile.
Win-47203; Corotrope. Cardiotonic. Phosphodiesterase inhibitor. mp > 300°. *Sterling Winthrop, Inc.*

1325 Milrinone Lactate
100286-97-3   6284

$C_{12}H_9N_3O.xC_3H_6O_3$
1,6-Dihydro-2-methyl-6-oxo[3,4'-bipyridine]-5-carbonitrile lactate.
Primacor. Cardiotonic. Phosphodiesterase inhibitor. *Sterling Winthrop, Inc.*

1326 Neriifolin
466-07-9   6559   207-372-5

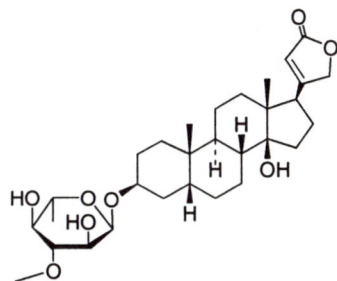

$C_{30}H_{46}O_8$
(3β,5β)-3-[(6-Deoxy-3-O-methyl-α-L-glucopyranosly)oxy]-14-hydroxycard-20(22)-enolide.
Cardiotonic. Cardiac glycoside isolated from *Thevitia neriifolia*. mp = 218-225°, 208°; $[\alpha]_D^{23}$ = -50.2° (MeOH); λ_m = 217 nm (log ε 4,1 MeOH).

1327 Neriifolin 2'-Acetate
6559

$C_{32}H_{48}O_9$
(3β,5β)-3-[(6-Deoxy-3-O-methyl-α-L-glucopyranosly)oxy]-14-hydroxycard-20(22)-enolide 2'-acetate.

cerberin; veneniferin; monoacetyl-neriifolin. Cardiotonic. Cardiac glycoside. mp = 212-215°; $[\alpha]_D^{19}$ = -82° (CHCl$_3$); soluble in EtOH, AcOH, CHCl$_3$, Et$_2$O; insoluble in H$_2$O.

1328 Oleandrin
465-16-7   6963   207-361-5

$C_{32}H_{48}O_9$
(3β,5β,16β)-16-(Acetyloxy)-3-[(2,6-dideoxy-3-O-methyl-α-L-arabinohexopyranosyl)oxy]-14-hydroxycard-20(22)-enolide.
neriolin; Corrigen; Folinerin. Diuretic and cardiotonic. Glycoside. From the leaves of *Nerium oleander L. Apocynaceae* (Laurier rose). mp = 250°; $[\alpha]_D^{25}$ = -48.0° (c = 1.3 MeOH); λ_m = 220 nm (log ε 4.20); insoluble in H$_2$O, soluble in EtOH, CHCl$_3$; [desacetyloleandrin]: mp = 238-240°; $[\alpha]_D^{18}$ = -24.9°.

1329 Ouabain
630-60-4   7031   211-139-3

$C_{29}H_{44}O_{12}$
3-[(6-Deoxy-α-L-mannopyranosyl)oxy]-1,5,11,14,19-pentahydroxycard-20(22)-enolide.
G-strophanthin; Gratus strophanthin; acocantherin. Cardiotonic. Cardiac glycoside. From the seeds of *Strophanthus gratus*. [octahydrate (Purostrophan; Strodival; Strophoperm)]: dec 190°; $[\alpha]_D^{25}$ = -31° to =33.5° (c = 1); soluble in H$_2$O (1.3 g/100 ml at 25°, 20 g/100 ml at 100°), EtOH (1.0 g/100 ml at 25°, 20 g/100 ml at 75°), amyl alcohol, dioxane; slightly soluble in Et$_2$O, CHCl$_3$, EtOAc; LD$_{50}$ (rat iv) = 14 mg/kg.

1330 Oxyfedrine
15687-41-9   7096

$C_{19}H_{23}NO_3$
3-[[(αS,βR)-β-Hydroxy-α-methylphenethyl]amino]-3'-methoxypropiophenone.
oxyphedrine. Cardiotonic and antianginal. Used to treat cardiac insufficiency. Partial β-adrenergic agonist with coronary vasodilating and positive inotropic effects. *Degussa AG*.

1331 Oxyfedrine DL-form Hydrochloride
16648-69-4   7096   240-696-5

$C_{19}H_{24}ClNO_3$
(DL)-3-[[-β-Hydroxy-α-methylphenethyl]amino]-3'-methoxypropiophenone hydrochloride.
Cardiotonic and antianginal. Used to treat cardiac insufficiency. Partial β-adrenergic agonist with coronary vasodilating and positive inotropic effects. mp = 173-175°; LD$_{50}$ (mus iv) = 34 mg/kg. *Degussa AG*.

1332 Oxyfedrine L-form Hydrochloride
16777-42-7 7096 240-828-1
$C_{19}H_{24}ClNO_3$
(L)-3-[[β-Hydroxy-α-methylphenethyl]amino]-3'-methoxypropiophenone hydrochloride.
D-563; Ildamen; Modacor. Cardiotonic and antianginal. Used to treat cardiac insufficiency. Partial β-adrenergic agonist with coronary vasodilating and positive inotropic effects. mp = 192-194°; LD_{50} (mus iv) = 29 mg/kg. *Degussa AG.*

1333 Pelrinone
94386-65-9

$C_{12}H_{11}N_5O$
1,4-Dihydro-2-methyl-4-oxo-6[(3-pyridylmethyl)amino]-5-pyrimidine-carbonitrile. Cardiotonic. Phosphodiesterase III inhibitor. *Wyeth-Ayerst Labs.*

1334 Pelrinone Hydrochloride
89232-84-8
$C_{12}H_{12}ClN_5O$
1,4-Dihydro-2-methyl-4-oxo-6[(3-pyridylmethyl)amino]-5-pyrimidine-carbonitrile monohydrochloride.
Myotrope; AY-28768. Cardiotonic. Phosphodiesterase III inhibitor. *Wyeth-Ayerst Labs.*

1335 Pimobendan
74150-27-9 7588

$C_{19}N_{18}N_4O_2$
(±)-4,5-Dihydro-6-[2-(p-methoxyphenyl)-5-benzimidazolyl]-5-methyl-3(2H)-pyridazinone.
UDCG-115. Cardiotonic. A putative calcium sensitizer and phosphodiesterase inhibitor. *Boehringer Ingelheim Pharmaceuticals, Inc.; Thomae.*

1336 Pimobendan Hydrochloride
77469-98-8 7588
$C_{19}N_{19}ClN_4O_2$
(±)-4,5-Dihydro-6-[2-(p-methoxyphenyl)-5-benzimidazolyl]-5-methyl-3(2H)-pyridazinone hydrochloride.
Cardiotonic. Putative calcium sensitizer and phosphodiesterase inhibitor. mp = 311° (dec); LD_{50} (mus orl) = 600 mg/kg. *Boehringer Ingelheim Pharmaceuticals, Inc.; Thomae.*

1337 Piroximone
84490-12-0

$C_{11}H_{11}N_3O_2$
4-Ethyl-5-isonicotinoyl-4-imidazolin-2-one.
MDL-19205. Cardiotonic. *Marion Merrell Dow Inc.*

1338 Prenalterol
57526-81-5 7917 260-791-5

$C_{12}H_{19}NO_3$
(-)-(S)-1-(p-Hydroxyphenoxy)-3-(isopropylamino)-2-propanol.
A $β_1$-adrenergic agonist used as a cardiotonic. mp = 127-128°; $[α]_D^{20}$ = -1° ± 1°, $[α]_{Hg}^{20}$ = 2° ± 1° (c = 0.940 MeOH). *Ciba-Geigy Corp.*

1339 Prenalterol Hydrochloride
61260-05-7 7917 262-676-5
$C_{12}H_{20}ClNO_3$
(-)-(S)-1-(p-Hydroxyphenoxy)-3-(isopropylamino)-2-propanol hydrochloride.
H133/22; CGP-7760B; Hyprenan;

Varebian. A β₁-adrenergic agonist, used as a cardiotonic. *Ciba-Geigy Corp.*

1340 Prinoxodan
111786-07-3

$C_{13}H_{14}N_4O_2$
3,4-Dihydro-3-methyl-6-(1,4,5,6-tetrahydro-6-oxo-3-pyridazinyl)-2(1H)-quinazolinone.
RGW-2938. Cardiotonic. An orally effective positive inotropic and cardiac vasodilator agent. *Rhône-Poulenc Rorer Pharmaceuticals Inc.*

1341 Proscillaridin
466-06-8   8060   207-370-4

$C_{30}H_{42}O_8$
[(6-Deoxy-α-L-mannopyranosyl)oxy]-14-hydroxybufa-4,20,22-trienolide.
Tradenal; A-32686; 2936; proscillaridin A; desglucotrnasvaaline; Caradrin; Cardion; Carmazon; Proscillan; Prostosin; Proszine; Protasin; Purosin-TC; Sandoscill; Scillacrist; Simeon; Solestril; Stellarid; Talucard; Talusin; Urgilan; Wirnesin. Cardiotonic. A cardiac glycoside. mp = 219-222°; $[α]_D^{20}$ = -91.5° (MeOH); LD₅₀ (mrat orl) = 56 mg/kg, (frat orl) = 76 mg/kg. *Knoll Pharmaceutical Co.*

1342 Proscillaridin 4-Methyl Ether
33396-37-1   8060   251-493-6
$C_{31}H_{44}O_8$
[(6-Deoxy-α-L-mannopyranosyl)oxy]-14-hydroxybufa-4,20,22-trienolide 4-methyl ether.
meproscillarin; Clift. Cardiotonic. A cardiac glycoside. mp = 213-217°; $[α]_D^{20}$ = -94° (MeOH); $λ_m$ = 297 nm (log ε 3.79 (MeOH), 355 nm (log ε 4.65 1N KOH/MeOH); soluble in MeOH, EtOH, THF, dioxane; slightly soluble in CHCl₃, CH₂Cl₂, Me₂CO; insoluble in H₂O, nonpolar organic solvents. *Knoll Pharmaceutical Co.*

1343 Quazinone
70018-51-8

$C_{11}H_{10}ClN_3O$
(R)-6-Chloro-1,5-dihydro-3-methyl-imidazo[2,1-b]quinazolin-2(3H)-one.
Ro-13-6438/006. Cardiotonic. A positive inotropic agent with vasodilating activity. *Hoffmann-LaRoche Inc.*

1344 Quazodine
4015-32-1

$C_{12}H_{14}N_2O_2$
4-Ethyl-6,7-dimethoxyquinazoline.
MJ-1988. Cardiotonic; bronchodilator.

1345 Resibufogenin
465-39-4   8315

$C_{24}H_{32}O_4$
14,15β-Epoxy-3β-hydroxy-5β-bufa-20,22-dienolide.
Respigon. Cardiotonic. Cytotoxic component of toad venom. mp = 113-140°, 155-168°; $[α]_D^{22}$ = -7.1° (c = 1.259 CHCl$_3$); [hydrochloride]: dec 230-232°; $[α]_D^{15}$ = 15.1° (c = 0.530 CHCl$_3$); $λ_m$ = 298 nm (log ε 3.74 EtOH).

1346 Scillaren
11003-70-6   8543
A mixture of the glycosides, Scillaren A and Scillaren B. Used as a cardiotonic. $[α]_D^{20}$ = -25° to -35° (c = 2 75% EtOH); soluble in H$_2$O (0.033 g/100 ml), EtOH, MeOH (20 g/100 ml); insoluble in Et$_2$O, CHCl$_3$; LD$_{50}$ (cat iv) = 0.18 - 0.62 mg/kg; LD (rbt orl) = 0.95 mg/gk, LD (rat sc) = 10 mg/kg.

1347 Scillarenin
465-22-5   8544

$C_{24}H_{32}O_4$
(3β)-3,14-Dihydroxybufa-4,20,22-trienolide.
mp = 232-238°; $[α]_D^{20}$ = -16.8° (c = 0.357 MeOH); $[α]_D^{20}$ = 17.9° (c = 0.39 CHCl$_3$);
$λ_m$ = 300 nm (log ε 3.72); LD (cat iv) = 0.1567 mg/kg; [3-acetate ($C_{26}H_{34}O_5$)]: mp = 240-243°; $[α]_D^{20}$ = -23.4° (c = 1.365 CHCl$_3$).

1348 Strophanthin
11005-63-3   9016   234-239-9
K-strophanthin; K-strophanthoside. A mixture of α-glucose (19%), β-glucose (19%), cymarose (15%) and strophanthidin (47%). Soluble in H$_2$O, dilute EtOH; insoluble in CHCl$_3$, Et$_2$O, C$_6$H$_6$; MLD (cat iv) = 0.11 mg/kg, (rat iv) = 9.4 mg/kg.

1349 Sulmazole
73384-60-8   9159   277-406-1

$C_{14}H_{13}N_3O_2S$
2-[2-Methoxy-4-(methylsulfinyl)phenyl]-3H-imidazo[4,5-b]pyridine.
AR-L; 115BS; Vardax. Cardiotonic. Non-glycoside, non-adrenergic inotropic agent. mp = 203-205°; LD$_{50}$ (mus orl) = 560 mg/kg, (mus iv) = 163 mg/kg. Thomae.

1350 Tazolol
39832-48-9

$C_9H_{16}N_2O_2S$
2-(±)-1-(Isopropylamino)-3-(2-thiazolyloxy)-2-propanol.
Cardiotonic. Syntex International, Ltd.

1351 Tazolol Hydrochloride
38241-39-3
$C_9H_{17}ClN_2O_2S$
2-(±)-1-(Isopropylamino)-3-(2-thiazolyloxy)-2-propanol monohydrochloride.
RS-6245. Cardiotonic. Syntex International, Ltd.

1352 Theobromine
83-67-0 9418 201-494-2

$C_7H_8N_4O_2$
3,7-Dihydro-3,7-dimethyl-1H-purine-2,6-dione.
3,7-dimethylxanthine. Diuretic, bronchodilator and cardiotonic. Principle alkaloid of the cacao bean. mp= 357°; soluble in H_2O (0.5 g/l), EtOH; insoluble in C_6H_6, Et_2O, $CHCl_3$, CCl_4.

1353 Toborinone
143343-83-3

$C_{21}H_{24}N_2O_5$
(±)-6-[3-(3,4-Dimethoxybenzylamino)-2-hydroxypropoxy]-2(1H)-quinolinone.
OPC-18790. A novel cardiotonic, positive inotropic agent with an inhibitory action on phosphodiesterase.

1354 Tolafentrine
139308-65-9

$C_{28}H_{31}N_3O_4S$
(-)-4'-(cis-1,2,3,4,4a,10b-Hexahydro-8,9-dimethoxy-2-methylbenzo[c][1,6]naphthyridin-6-yl)-p-toluenesulfonanilide.
Type III/IV-selective phosphodiesterase inhibitor.

1355 Vesnarinone
81840-15-5 10105

$C_{22}H_{25}N_3O_4$
1-(1,2,3,4-Tetrahydro-2-oxo-6-quinolyl)-4-veratroylpiperazine.
OPC-8212; Arkin; pieranometazine. Cardiotonic. Operates through the sodium and potassium rectifying channels and has limited phosphodiesterase inhibiting activity. mp = 238.1-239.5°, 238.1-239.8°; λ_m = 271 nm (ε 25100 MeOH); soluble in AcOH (18.7 g/100 ml), $CHCl_3$ (14.2 g/100 ml), benzyl alcohol (5.9 g/100 ml), DMSO (2.51 g/100 ml); DMF (1.18 g/100 ml), dioxane (0.17 g/100 ml); MeOH (0.12 g/100 ml), Me_2CO (0.064 g/100 ml), EtOH (0.04 g/100 ml), H_2O (0.002 g/100 ml). *Otsuka America Pharmaceuticals, Inc.*

1356 Xamoterol
81801-12-9 10189

$C_{16}H_{25}N_3O_5$
(±)-N-[2-[[2-Hydroxy-3-(p-hydroxyphenoxy)propyl]amino]ethyl]-4-morpholinecarboxamide.
Cardiotonic. Partial β-adrenergic agonist with positive inotropic activity. *ICI.*

Antianginals, Antiarrhythmics, Cardiotonics

1357 Xamoterol Hemifumarate
73210-73-8   10189   277-319-9
$C_{36}H_{54}N_6O_{14}$
(±)-N-[2-[[2-Hydroxy-3-(p-hydroxyphenoxy)propyl]amino]ethyl]-4-morpholinecarboxamide fumarate (2:1) (salt).
Carwin; Corwin; Xamtol. Cardiotonic. Partial β-adrenergic agonist with positive inotropic activity. mp = 168-169° (dec). ICI.

Coronary Vasodilators

1358 Amotriphene
5585-64-8   615

$C_{26}H_{29}NO_3$
2,3,3-Tris(p-methoxyphenyl)-N,N-dimethylallylamine.
aminoxytryphine; Myordil. Vasodilator (coronary). Sterling Winthrop, Inc.

1359 Azaclorzine
49864-70-2

$C_{22}H_{24}ClN_3OS$
2-Chloro-10-[3-(hexahydropyrrolo-[1,2-a]pyrazin-2(1H)-yl)propionyl]-phenothiazine.
nonachlazine. Vasodilator (coronary).

1360 Azaclorzine Hydrochloride
49780-10-1
$C_{22}H_{26}Cl_3N_3OS$
2-Chloro-10-[3-(hexahydropyrrolo[1,2-a]pyrazin-2(1H)-yl)propionyl]-phenothiazine dihydrochloride.
AY-25329. Vasodilator (coronary).

1361 Bemarinone
92210-43-0

$C_{11}H_{12}N_2O_3$
5,6-Dimethyl-4-methyl-2(1H)-quinazolinone.
Cardiotonic (positive inotropic, vasodilator).

1362 Bemarinone Hydrochloride
101626-69-1
$C_{11}H_{13}ClN_2O_3$
5,6-Dimethyl-4-methyl-2(1H)-quinazolinone monohydrochloride.
ORF-16600; RWJ-16600. Cardiotonic (positive inotropic, vasodilator). *Ortho Pharmaceutical Corp.*

1363 Bendazol
621-72-7   1062   210-703-6

$C_{14}H_{12}N_2$
2-Benzylbenzimidazole.
bendazole. Vasodilator (coronary). mp = 187°; nearly insoluble in H_2O; soluble in glacial AcOH, EtOH, hot C_6H_6, propylene glycol.

1364 Bendazol Hydrochloride
1212-48-2   1062   214-921-2
$C_{14}H_{13}ClN_2$
2-Benzylbenzimidazole hydrochloride.
Dibasol; Dibasole; Tromasedan. Vasodilator (coronary). mp = 175°.

1365 Benfurodil Hemisuccinate
3447-95-8   1070   222-367-8

$C_{19}H_{18}O_7$
2-(1-Hydroxyethyl)-β-(hydroxymethyl)-3-methyl-5-benzofuranacrylic acid γ-lactone hydrogen succinate.
4091-CB; benfurodil; Eucilat; Eudilat. Cardiotonic; vasodilator. mp = 144°; soluble in alkaline solutions; LD_{50} (mus orl) = 550 mg/kg. *Clin-Byla.*

1366 Benziodarone
68-90-6   1113   200-695-2

$C_{17}H_{12}I_2O_3$
2-Ethylbenzofuranyl 4-hydroxy-3,5-diiodophenyl ketone.
L-2329; 2329 Labaz; Amplivix; Cardivix; Dilafurane; Dila-Vasal; Retrangor. Vasodilator (coronary). mp = 167°; slightly soluble in H_2O (0.2% at 25°, 1% at 45°); soluble in $CHCl_3$, Me_2CO. *Labaz S.A.; Soc. Belge Azote Prod. Chim. Marly.*

1367 Bepridil
64706-54-3   1188

$C_{24}H_{34}N_2O$
1-[2-(N-Benzylanilino)-1-(isobutoxymethyl)ethyl]-pyrrolidine. Antianginal. Calcium channel blocker with antianginal and antiarrythmic properties. $bp_{01} = 184°$; $bp_{05} = 192°$; $n_D^{20} = 1.5538$.

1368 Bepridil Hydrochloride Monohydrate
74764-40-2   1188
$C_{24}H_{37}ClN_2O_3$
1-[2-(N-Benzylanilino)-1-(isobutoxymethyl)ethyl]-pyrrolidine monohydrochloride monohydrate.
CERM-1978; Angopril; Bepadin; Cordium; Vascor. Antianginal. mp 91°; LD_{50} (mus orl) = 1955 mg/kg, (mus iv) = 23.5 mg/kg. *McNeil Pharmaceutical; Wallace Labs.*

1369 Chloracyzine
800-22-6   2108

$C_{19}H_{21}ClN_2OS$
2-Chloro-10-(3-diethylaminopropionyl)-phenothiazine.
chloracizine; chloracysin; chlorocizin; khloratsizin; G-020. Vasodilator (coronary). *Rhône-Poulenc.*

1370 Chromonar
804-10-4   2296   212-356-6

$C_{20}H_{27}NO_5$
[[3-[2-(Diethylamino)ethyl]-4-methyl-2-oxo-2H-1-benzopyran-7-yl]oxy]acetic acid ethyl ester.
carbocromen. Vasodilator (coronary). Nearly insoluble in H_2O. *Cassella AG.*

1371 Chromonar Hydrochloride
655-35-6   2296   211-511-5
$C_{20}H_{28}ClNO_5$
[[3-[2-(Diethylamino)ethyl]-4-methyl-2-oxo-2H-1-benzopyran-7-yl]oxy]acetic acid ethyl ester hydrochloride.
AG-3; A-27053; NSC-110430; Antiangor; Cassella 4489; Intensain; Interkordin. Vasodilator (coronary). mp = 159-160°; soluble in H_2O, EtOH, CH_2Cl_2, $CHCl_3$; sparingly soluble in Me_2CO, MEK, C_6H_6, Et_2O; aqueous solutions emit blue fluorescence. LD_{50} (mus orl) = 6300 mg/kg, (mus ip) = 528 mg/kg, (mus iv) = 35.5 mg/kg. *Abbott Labs.; Cassella AG.*

1372 Clobenfurol
3611-72-1   2418   222-780-3

$C_{15}H_{11}ClO_2$
α-(4-Chlorophenyl)-2-benzofuranmethanol.
cloridarol; Menacor. Vasodilator (coronary). mp = 48-49°.

1373 Clonitrate
2612-33-1   2452

$C_3H_5ClN_2O_6$
3-Chloro-1,2-propanediol dinitrate.
dinitrochlorohydrin; Dylate. Vasodilator (coronary). Liquid; bp_{760} = 190-195° (some decomposition); bp_{15} = 121-123°; bp_{10} = 117.5°; d^9 = 1.5112; d^{15} = 1.5408; soluble in EtOH, Me_2CO, $CHCl_3$; nearly insoluble in H_2O, acids.

1374 Cloricromen
68206-94-0   2467

$C_{20}H_{26}ClNO_5$
Ethyl [[8-chloro-3-[2-(diethylamino)ethyl]-4-methyl-2-oxo-2H-1-benzopyran-7-yl]oxy]acetate.
8-chlorocarbochromen. Antithrombotic; vasodilator (coronary). mp = 147-148°. *Fidia Pharmaceuticals.*

1375 Cloricromen Hydrochloride
74697-28-2   2467
$C_{20}H_{27}Cl_2NO_5$
Ethyl [[8-chloro-3-[2-(diethylamino)ethyl]-4-methyl-2-oxo-2H-1-benzopyran-7-yl]oxy]acetate monohydrochloride.
Cromocap; Proendotel. Antithrombotic; vasodilator (coronary). mp = 219-220°. *Fidia Pharmaceuticals.*

1376 Dilazep
35898-87-4   3244

$C_{31}H_{44}N_2O_{10}$
Tetrahydro-1H-1,4-diazepine-1,4-(5H)-dipropanol 3,4,5-trimethoxybenzoate (diester).
Vasodilator (coronary). *Asta-Werke AG.*

1377 Dilazep Dihydrochloride
20153-98-4   3244   243-548-8
$C_{31}H_{46}Cl_2N_2O_{10}$
Tetrahydro-1H-1,4-diazepine-1,4-(5H)-dipropanol 3,4,5-trimethoxybenzoate (diester) dihydrochloride.
Asta C 4898; Comelian; Cormelian; Labitan. Vasodilator (coronary). [monohydrate]: mp = 194-198°; LD_{50} (mmus iv) = 26.6 mg/kg, (mmus ip) = 161 mg/kg, (mmus orl) = 3740 mg/kg. *Asta-Werke AG.*

1378 Diltiazem
42399-41-7   3247   255-796-4

$C_{22}H_{26}N_2O_4S$
(+)-5-[2-(Dimethylamino)ethyl]-cis-2,3-dihydro-3-hydroxy-2-(p-methoxyphenyl)-1,5-benzothiazepin-4(5H)-one acetate (ester).
Antianginal; antihypertensive; antiarrhythmic (class IV). Calcium channel blocker with coronary vasodilating properties. *Tanabe Seiyaku; Shionogi & Co., Ltd.*

1379 Diltiazem Hydrochloride, d-cis form
33286-22-5   3247
$C_{22}H_{27}ClN_2O_4S$
(+)-5-[2-(Dimethylamino)ethyl]-cis-2,3-dihydro-3-hydroxy-2-(p-methoxyphenyl)-1,5-benzothiazepin-4(5H)-one acetate (ester) monohydrochloride.
CRD-401; RG-83606; Adizem; Altiazem; Anginyl; Angizem; Britiazim; Bruzem; Calcicard; Cardizem; Citizem; Cormax; Deltazen; Diladel; Dilpral; Dilrene; Dilzem; Dilzene; Herbesser; Masdil; Tildiem. Antianginal; antihypertensive; antiarrhythmic (class IV). Calcium channel blocker with coronary vasodilating properties. mp = 212°;

$[\alpha]_D^{24}$ = +98.3 ± 1.4° (c = 1.002 in MeOH); soluble in H_2O, MeOH, $CHCl_3$; slightly soluble in absolute EtOH; practically insoluble in C_6H_6; LD_{50} (mmus iv) = 61 mg/kg, (mmus sc) = 260 mg/kg, (mmus orl) = 740 mg/kg. *Marion Merrell Dow Inc.; Rhône-Poulenc Rorer Pharmaceuticals Inc.; Tanabe Seiyaku.*

1380 Dipyridamole
58-32-2   3410   200-374-7

$C_{24}H_{40}N_8O_4$
2,2',2'',2'''-[(4,8-Dipiperidinylpyrimido[5,4-d]pyrimidine-2,6-diyl)-dinitrilo]tetraethanol.
NSC-515776; RA-8; Anginal; Cardoxil; Cleridium; Coridil; Coronarine; Curantyl; Dipyridan; Gulliostin; Natyl; Peridamol; Persantine; Piroan; Prandiol; Protangix. Vasodilator (coronary). Phosphodiesterase inhibitor. Decreases platelet aggregation to damaged endothelium. mp = 163°; slightly soluble in H_2O; soluble in MeOH, EtOH, $CHCl_3$; slightly soluble in Me_2CO, C_6H_6, EtOAc; LD_{50} (rat orl) = 8400 mg/kg, (rat iv) = 208 mg/kg. *Thomae; Boehringer Ingelheim Ltd.*

1381 Droprenilamine
57653-27-7   3506

$C_{24}H_{33}N$
N-(2-Cyclohexyl-1-methylethyl)-γ-phenylbenzenepropanamine.
droprenylamine. Vasodilator (coronary).

Also has antiarrhythmic and antihypotensive activity. *Maggioni Farmaceutici S.p.A.*

1382 Droprenilamine Hydrochloride
59182-63-7   3506
$C_{24}H_{34}ClN$
N-(2-Cyclohexyl-1-methylethyl)-γ-phenylbenzenepropanamine monohydrochloride.
MG-8926; Valcor. Vasodilator (coronary). mp = 175-176°; LD_{50} (mus orl) = 2850 mg/kg, (mus ip) = 68 mg/kg. *Maggioni Farmaceutici S.p.A.*

1383 Efloxate
119-41-5   3565   204-321-9

$C_{19}H_{16}O_5$
Ethyl-[(4-oxo-2-phenyl-4H-1-benzopyran-7-yl)oxy]acetate.
oxyflavil; Re-1-0185; Recordil. Vasodilator (coronary). mp = 123-124°; soluble in common organic solvents; slightly soluble in H_2O; LD_{50} (rat ip) = 3200 mg/kg. *Recordati Industria Chimica.*

1384 Erythrityl Tetranitrate
7297-25-8   3716   230-734-9

$C_4H_6N_4O_{12}$
(R*,S*)-1,2,3,4-Butanetetroltetranitrate.
erythritol tetranitrate; erythrol tetranitrate; eritrityl tetranitrate; tetranitrol; tetranitrin; nitroerythrite; Cardilate; Cardiloid. Vasodilator (coronary). CAUTION: Explosive. Sold in tablet form only; tablets are nonexplosive. mp = 61°; soluble in EtOH, Et_2O, glycerol; insoluble in H_2O; explodes on percussion. *Burroughs Wellcome.*

1385 Etafenone
90-54-0   3753   202-002-9

$C_{21}H_{27}NO_2$
2'-[2-(Diethylamino)ethoxy]-3-phenyl]propylphenone.
LG-11457. Vasodilator (coronary). bp_{30} = 264-268°. *Guidotti.*

1386 Etafenone Hydrochloride
2192-21-4   3753
$C_{21}H_{28}ClNO_2$
2'-[2-(Diethylamino)ethoxy]-3-phenyl]propylphenone monohydrochloride.
heptaphenone; Asmedol; Baxacor; Corodilan; Dialicor; Pagano-Cor; Relicor. Vasodilator (coronary). mp = 129-130°; LD_{50} (rat orl) = 716 mg/kg, (rat iv) = 20.8 mg/kg. *Guidotti.*

1387 Felodipine
72509-76-3   3991

$C_{18}H_{19}Cl_2NO_4$
4-(2,3-Dichlorophenyl)-1,4-dihydro-2,6-dimethyl-3,5-pyridinecarboxylic acid ethyl methyl ester.
H-154/82; Agon; Feloday; Flodil; Hydac; Munobal; Plandil; Prevex; Splendil. Antihypertensive; antianginal; vasodilator. Dihydropyridine calcium

channel blocker marketed as the racemate. mp = 145°. *Astra Hässle AB; Astra Sweden; Merck & Co., Inc.*

1388 Fendiline
13042-18-7   4011   235-915-6

$C_{23}H_{25}N$
N-(3,3-Diphenylpropyl)-α-methylbenzylamine.
Vasodilator (coronary). Calcium blocking agent. bp_1 = 183-187°. *Chinoin.*

1389 Fendiline Hydrochloride
13636-18-5   4011   237-121-5
$C_{23}H_{25}N$
N-(3,3-Diphenylpropyl)-α-methylbenzylaminehydrochloride.
HK-137; Cordan; Fendilar; Sensit. Vasodilator (coronary). mp = 204-205°; slightly soluble in H_2O; soluble in MeOH, EtOH, $CHCl_3$; LD_{50} (mus iv) = 14.5 mg/kg, (mus orl) = 950 mg/kg. *Chinoin.*

1390 Floredil
53731-36-5   4144

$C_{16}H_{25}NO_4$
4-[2-(3,5-Diethoxyphenoxy)ethyl]-morpholine.
Vasodilator (coronary). *Orsymonde.*

1391 Floredil Hydrochloride
30116-80-4   4144
$C_{16}H_{26}ClNO_4$
4-[2-(3,5-Diethoxyphenoxy)ethyl]-morpholine monohydrochloride.
Carfonal. Vasodilator (coronary). *Orsymonde.*

1392 Ganglefene
299-61-6   4375

$C_{20}H_{33}NO_3$
3-Diethylamino-1,2-diemethylprophyl p-isobutoxybenzoate.
Vasodilator (coronary). LD_{50} (mus sc) = 530 mg/kg.

1393 Ganglefene Hydrochloride
4375
$C_{20}H_{34}ClNO_3$
3-Diethylamino-1,2-diemethylprophyl p-isobutoxybenzoate monohydrochloride.
Gangleron. Vasodilator (coronary).

1394 Heart Muscle Extract
4651
Prepared from the hearts of calf embryos. Myocardone; Recosen; Rocosenin; Corhormon; Lysomiol; Hormocardiol; Herzolan; Cordiomon Injection. Vasodilator (coronary). *Upjohn Ltd.*

1395 Hexestrol Bis(β-diethylaminoethyl ester)
2691-45-4   4739   220-261-6

$C_{30}H_{48}N_2O_2$
2,2'-[(1,2-Diethyl-1,2-ethanediyl)bis(4,1-phenyleneoxy)]bis[N,N-diethyl-ethanamine].
Vasodilator (coronary).

1396 Hexestrol Bis(β-diethylaminoethyl ester) Dihydrochloride
69-14-7   4739
$C_{30}H_{50}Cl_2N_2O_2$
2,2'-[(1,2-Diethyl-1,2-ethanediyl)bis(4,1-phenyleneoxy)]bis[N,N-diethyl-ethanamine] dihydrochloride.
Coragil; Coralgina. Vasodilator (coronary). mp = 226-227°; soluble in H_2O, MeOH, $CHCl_3$, hot EtOH.

1397 Hexobendine
54-03-5   4743   200-189-1

$C_{30}H_{44}N_2O_{10}$
3,4,5-Trimethoxybenzoic acid diester with 3,3'-[ethylenebis(methylimino)]di-1-propanol.
N,N'-dimethyl-n,n'-bis[3-(3',4',5'-trimethoxybenzoxy)propyl]ethylenediamine; hexabendin. Vasodilator (coronary). mp = 75-77°. OSSW.

1398 Hexobendine Dihydrochloride
50-62-4   4743   200-054-7
$C_{30}H_{46}Cl_2N_2O_{10}$
3,4,5-Trimethoxybenzoic acid diester dihydrochloride with 3,3'-[ethylenebis-(methylimino)]di-1-propanol.
N,N'-dimethyl-n,n'-bis[3-(3',4',5'-trimethoxybenzoxy)propyl]ethylenediamine dihydrochloride; hexabendin hydrochloride; ST-7090; Andiamine; Reoxyl; Ustimon. Vasodilator (coronary). mp = 170-174°; λ_m = 267 mn; soluble in H_2O; less soluble in EtOH; nearly insoluble in Et_2O. OSSW; Marion Merrell Dow Inc.

1399 Isosorbide
652-67-5   5244   211-492-3

$C_6H_{10}O_4$
1,4:3,6-Dianhydro-D-glucitol.
AT-101; NSC-40725; Ismotic. Diuretic. mp = 61-64°; $[\alpha]_D$ = +44°. Alcon Labs.

1400 Isosorbide Dinitrate
87-33-2   5245   201-740-9
$C_6H_8N_2O_8$
1,4:3,6-Dianhydro-D-glucitol dinitrate.
Astridine; Cardio 10; Cardis; Carvanil; Carvasin; Cedocard; Corovliss; Dignonitrat; Dilatrate; Diniket; Disorlon; Duranitrat; EureCor; Flindix; Frandol; Glentonin; IBD; Imtack; Isdin; ISDN; Iso-Bid; Isocard; Isoket; Iso-Mack; Iso-Puren; Isorbid; Isordil; Isostenase; Isotrate; Langoran; Laserdil; Maycor; Myorexon; Nitorol; Nitrosorbon; Nosim; Rifloc Retard; Rigedal; Risordan; Soni-Slo; Sorbangil; Sorbichew; Sorbidilat; Sorbid SA; Sorbitrate; Sorquad; Vascardin; Vasorbate; Vasotrate ; component of: Dilatrate-SR, SDM No. 40, SDM No. 50. Vasodilator (coronary); antianginal. mp = 70°; $[\alpha]_D^{20}$ = +135° (in EtOH); sparingly soluble in H_2O; freely soluble in organic solvents. ICI; Reed & Carnrick; Wyeth Labs.

1401 Isosorbide Mononitrate
16051-77-7   5245   240-197-2
$C_6H_9NO_6$
1,4:3,6-Dianhydro-D-glucitol 5-nitrate.
isosorbide-5-mononitrate; Corangin; Elan; Elantan; Imdur; Ismo; Isomonat; Monicor; Monit; MonoCedocard; Monoclair; Monoket; Mono Mack; Monosorb; Olicard; Pentacard. Vasodilator (coronary); antianginal. Metabolite of isosorbide dinitrate. Boehringer Mannheim GmbH.

1402 Itramin Tosylate
13445-63-1   5263

$C_9H_{14}N_2O_6S$
2-Aminoethanol nitrate (ester) p-toluenesulfonate.
2-nitratoethylaminotoluene-p-toluene-sulfonate; 2-aminoethanol nitrate mono-p-toluenesulfonate; 2-aminoethanol nitrate mono(4-methylbenzenesulfonate) itramine tosilate; Cardisan; Cardosan; Nilatil; Tostram. Vasodilator (coronary). mp = 132-133°. *California Research Co.*

1403 Khellin
82-02-0   5321   201-392-8

$C_{14}H_{12}NO_5$
4,9-Dimethoxy-7-methyl-5H-furo[3,2-g]-[1]benzopyran-5-one.
visammin; Kellin; Kelamin; Kelicor; Gynokhellan; Kelicorin; Keloid; Norkel; Simeskellina; Vasokellina; Visnagalin; Visnagen; Methafrone; Eskel; Amicardien; Viscardan; Corafurone; Cardio-Khellin; Benecardin; Ammivisnagen; Hkelfren; Lynamine; Coronin; Ammicardine; Ammipuran; Ammivin. Vasodilator (coronary). mp = 154-155°; $bp_{0.05}$ = 180-200°; λ_m = 250, 338 nm ($E_{1cm}^{1\%}$ 1600, 200 EtOH); soluble (25°) in H_2O (2.5 g/ml), Me_2CO (300 g/ml), MeOH (260 g/ml), isopropanol (125 g/ml), Et_2O (50 g/ml); LD_{50} (rat orl) = 80 mg/k. *Hoechst; Key Pharmaceuticals.*

1404 Lidoflazine
3416-26-0   5507   222-312-8

$C_{30}H_{35}F_2N_3O$
4-[4,4-Bis(4-fluorophenyl)butyl]-N-(2,6-dimethylphenyl)-1-piperazineacetamide.
McN-JR-7904; R-7904; Angex; Clinium; Klinium; Ordiflazine; Corflazine. Vasodilator (coronary). Calcium blocking agent. mp = 159-161°; nearly insoluble in H_2O (<0.01%); soluble in $CHCl_3$; less soluble in other common organic solvents. *Janssen Pharmaceutical Inc.; Janssen Pharmaceutical, Belgium; McNeil Pharmaceutical.*

1405 Mannitol Hexanitrate
15825-70-4   5789   239-924-6

$C_6H_8N_6O_{18}$
Hexanitrate of D-mannitol.
mannitol nitrate; nitromannite; nitromannitol; Maxitate; Medemanol; Dilangil; Moloid; Mannitrin; Nitranitol; Manexin. Vasodilator (coronary). Made through nitration of mannitol. CAUTION: Explodes on percussion. Less stable than nitroglycerol at 75°. Nonexplosive at dilutions of 10% or less. mp = 106-108°; soluble in EtOH, Et_2O; insoluble in H_2O. *Madan.*

1406 Medibazine
53-31-6   5831   200-168-7

$C_{25}H_{26}N_2O_2$
1-(1,3-Benzodioxol-5-ylmethyl)-4-(diphenylmethyl)-piperazine.
S-4105. Vasodilator (coronary). Sci. Union et Cie, France.

1407 Medibazine Dihydrochloride
96588-03-3   5831
$C_{25}H_{28}Cl_2N_2O_2$
1-(1,3-Benzodioxol-5-ylmethyl)-4-(diphenylmethyl)-piperazine dihydrochloride.
Vialibran. Vasodilator (coronary). mp = 288°. Sci. Union et Cie, France.

1408 Mioflazine
79467-23-5

$C_{29}H_{30}Cl_2F_2N_4O_2$
4-[4,4-Bis(p-fluorophenyl)butyl]-3-carbamoyl-2,6-dichloro-1-piperazine-acetamide.
Vasodilator (coronary). Janssen Pharmaceutical, Belgium.

1409 Mioflazine Hydrochloride
79467-24-6
$C_{29}H_{34}Cl_4F_2N_4O_3$
4-[4,4-Bis(p-fluorophenyl)butyl]-3-carbamoyl-2,6-dichloro-1-piperazine-acetamide dihydrochloride monohydrate.
R-51469. Vasodilator (coronary). Janssen Pharmaceutical, Belgium.

1410 Mixidine
27737-38-8

$C_{15}H_{22}N_2O_2$
2-[93,4-Dimethoxyphenethyl)imino]-1-methylpyrrolidine.
McN-1589. Vasodilator (coronary). McNeil Consumer Products Co.

1411 Molsidomine
25717-80-0   6316   247-207-4

$C_9H_{14}N_4O_4$
N-Ethoxycarbonyl-3-morpholinylsydnoneimine.
morsydomine; SIN-10; CAS-276; Corvaton; Corvasal; Molsidolat; Morial; Motazomin. Antianginal; vasodilator (coronary). Non-benzene aromatic, heterocyclic and mesoionic compound new to pharmaceutical industry. mp = 140-141°; soluble in $CHCl_3$, dilute HCl, EtOH, EtOAc, MeOH; sparingly soluble in H_2O, Me_2CO, EtOH; slightly soluble in Et_2O, petroleum Et_2O; pK (100°) = 3.0 ± 0.1; λ_m 326 nm (in $CHCl_3$); LD_{50} (mmus sc) = 780 mg/kg, (mmus iv) = 860 mg/kg, (mmus orl) = 830 mg/kg, (mrat orl) = 1050 mg/kg. Hoechst Marion Roussel Inc.; Takeda.

1412 Nicorandil
65141-46-0   6608   265-514-1

$C_8H_9N_3O_4$
N-(2-Hydroxyethyl)nicotinamide nitrate (ester).
n-[2-(nitrooxy)ethyl]-3-pyridinecaroxamide;

SG-75; Ikorel; Perisalol; Sigmart. Antianginal; vasodilator (coronary). Nicotinamide derivative with dual mechanism, acting both as a nitrovasodilator and potassium channel activator. mp = 92-93°; LD_{50} (rat orl) = 1200-1300 mg/kg, (rat iv) = 800-1000 mg/kg. *Chugai Pharmaceutical Co., Ltd.; Upjohn Ltd.*

1413   Nifedipine
21829-25-4   6617   244-598-3

$C_{17}H_{18}N_2O_6$
Dimethyl 1,4-dihydro-2,6-dimethyl-4-(o-nitrophenyl)-3,5-pyridinedicarboxylate.
1,4-dihydro-2,6-dimethyl-4-(2-nitrophenyl)-3,5-pyridinedicarboxylic acid dimethyl ester; 4-(2'-nitrophenyl)-2,6-dimethyl-3,5-dicarbomethoxy-1,4-dihydropyridine; Bay a 1040; Adalat; Adalate; Adapress; Aldipin; Alfadat; Anifed; Aprical; Bonacid; Camont; Chronadalate; Citilat; Coracten; Cordicant; Cordilan; Corotrend; Duranifin; Ecodipi; Hexadilat; Introcar; Kordafen; Nifedicor; Nifedin; Nifelan; Nifelat; Nifensar XL; Orix; Oxcord; Pidilat; Procardia; Sepamit; Tibricol; Zenusin. Antianginal; antihypertensive; vasodilator (coronary). Dihydropyridine calcium channel blocker. Yellow crystals; mp = 172-174°; λ_m = 340, 235 nm (ε 5010, 21590 MeOH); soluble in Me_2CO, CH_2Cl_2, $CHCl_3$; less soluble in EtOAc, MeOH, EtOH; very light sensitive in solution; LD_{50} (mus orl) = 494 mg/kg, (rat orl) = 1022 mg/kg, (mus iv) = 4.2 mg/kg, (rat iv) = 15.5 mg/kg. *Bayer AG; Miles; Pfizer Inc.*

1414   Nisoldipine
63675-72-9   6658   264-407-7

$C_{20}H_{24}N_2O_6$
(±)-Isobutyl methyl 1,4-dihydro-2,6-dimethyl-4-(o-nitrophenyl)-3,5-pyridinedicarboxylate.
Bay k 5552; Baymycard; Norvasc; Syscor; Zadipina. Antianginal; antihypertensive; vasodilator (coronary). Dihydropyridine calcium channel blocker. mp = 151-152°. *Bayer AG; Miles.*

1415   Nitroglycerin
55-63-0   6704   200-240-8

$C_3H_5N_3O_9$
1,2,3-Propanetriol trinitrate.
glyceryl trinitrate; glycerol nitric acid triester; nitroglycerol; trinitroglycerol; glonoin; trinitrin; blasting gelatin; blasting oil; SNG; Adesitrin; Angibid; Angiolingual; Anginine; Angorin; Aquo-Trinitrosan; Cardamist; Cordipatch; Coro-Nitro; Corditrine; Deponit; Diafusor; Discotrine; Gilucor; GTN; Klavikordal; Lenitral; Lentonitrina; Millisrol; Minitran; Myoglycerin; Niong; Nitradisc; Nit; Percutol; Perlinganit; Reminitrol; Susadrin; Suscard; Sustac; Sutonit; Transderm-Nitro; Transiderm-Nitro; Tridil; Trinalgon; Trinitrosan; Vasoglyn; component of: SDM No. 27, No. 37. Antianginal; vasodilator (coronary). Also used in manufacture of dynamite.

CAUTION: Accute poisoning can cause nausea, vomiting abdominal cramps, headache, mental confusion, delirium, bradypnea, bradycardia, paralysis, convulsions, methemoglobinemia, cyanosis, circulatory collapse, death. Chronic poisoning can cause severe headaches, hallucinations, skin rashes. Alcohol aggravates symptoms. Toxic effects may occur by ingestion, inhalation, absorption. [labile form]:mp = 2.8°; [stable form]: mp = 13.5°; begins to decompose at ≅ 50°; d_{15}^{15} = 1.599l; n_D^{15} = 1.474; heat of combustion = 1580 cal/g; slightly soluble in H_2O (0.125 g/100 ml), EtOH (0.5 g/100 ml); more soluble in MeOH (2.25 g/100 ml), CS_2 (15 g/100 ml); miscible with Et_2O, Me_2CO, glacial AcOH, EtOAc, C_6H_6, nitrobenzene, C_5H_5N, $CHCl_3$, ethylene bromide, dichloroethylene; sparingly soluble in petroleum Et_2O, liquid petrolatum, glycerol. 3M Pharmaceuticals; Adria Labs.; Ciba-Geigy Corp.; ICI Americas Inc.; Key Pharmaceuticals; KV Pharmaceutical; Marion Merrell Dow Inc.; Parke-Davis; Rhône-Poulenc Rorer Pharmaceuticals Inc.; Searle, G.D., & Co.; Schwarz Pharma Kremers Urban Co.; U.S. Ethicals, Inc.

1416 Oxprenolol
6452-71-7   7086   229-257-9

$C_{15}H_{23}NO_3$
1-(o-Allyloxyphenoxy)-3-isopropyl-amino-2-propanol.
1-isopropylamino)-2-hydroxy-3-[o-allyloxy)phenoxy]propane; Vasodilator (coronary); antianginal; antihypertensive; antiarrhythmic. β-Adrenergic blocker. mp = 78-80°. Ciba plc.

1417 Oxprenolol Hydrochloride
6452-73-9   7086   229-260-5
$C_{15}H_{24}ClNO_3$
1-(o-Allyloxyphenoxy)-3-isopropyl-amino-2-propanol hydrochloride.
Ba-39089; Coretal; Laracor; Paritane; Slow-Pren; Trasicor; Trasacor. Vasodilator (coronary); antianginal; antihypertensive; antiarrhythmic. A β-Adrenergic blocker. mp = 107-109°. Ciba plc.

1418 Pentaerythritol Tetranitrate
78-11-5   7249   201-084-3

$C_5H_8N_4O_{12}$
2,2-Bis[(nitrooxy)methyl]-1,3-propanediol dinitrate (ester).
2,2-bisdihydroxymethyl-1,3-propanediol; pentaerythritol tetranitrate; PETN; nitropentaerythritol; penthrit; niperyt; Lentrat; Hasethrol; Mycardol, Nitropenton; Pentral 80; Dilcoran-80; Terpate; Pentrite; Perityl; Pentritol; Pentanitrine; Peritrate; Prevangor; Subicard; Pentryate; Vasodiatol; Neo-Corovas; Pentafin; Quintrate; Pergitral; Pentitrate; Metranil; Cardiacap; Angitet; Nitropenta; component of: Miltrate, SDM No. 23, SDM No. 35. Vasodilator (coronary). CAUTION: Explodes on percussion. More sensitive to shock than TNT. Dilution with an inert ingredient helps to prevent accidental explosions. mp = 140°; d_D^{20} = 1.773; soluble in Me_2CO; nearly insoluble in H_2O; sparingly soluble in EtOH, Et_2O; unlike etrythritol tetranitrate, does not reduce Fehling's solution. ICI Americas Inc.; Parke-Davis; Rhône-Poulenc Rorer Pharmaceuticals Inc.; Wallace Labs.

1419 Pentrinitrol
1607-17-6   7280   216-529-7

$C_5H_9N_3O_{10}$
Pentaerythritol trinitrate.
W-2197; Petrin. Vasodilator (coronary). Related to pentaerythritol tetranitrate. CAUTION: Explosive. Dilution with an inert ingredient helps to prevent accidental explosions. Viscous liquid; n_D^{20} = 1.4941; d_D^{20} = 1.554; slightly soluble in H_2O (0.705 g/100 ml); more soluble in C_6H_6 (21.40 g/100 ml); highly soluble in EtOH, Et_2O. *Parke-Davis; Warner Lambert.*

1420 Perhexiline
6621-47-2   7305   229-569-5

$C_{19}H_{35}N$
2-(2,2-Dicyclohexylethyl)piperidine.
perhexilene. Vasodilator (coronary); diuretic. Calcium blocking agent. *Marion Merrell Dow Inc.*

1421 Perhexiline Maleate
6724-53-4   7305   229-775-5
$C_{23}H_{39}NO_4$
2-(2,2-Dicyclohexylethyl)piperidine maleate (1:1).
perhexilene maleate; Pexid. Vasodilator (coronary); diuretic. Calcium blocking agent. mp = 188.5-191°; LD_{50} (rat orl) > 7000 mg/kg, (mus orl) = 4370 mg/kg. *Marion Merrell Dow Inc.*

1422 Pimefylline
10001-43-1   7584

$C_{15}H_{18}N_6O_2$
7-[2-[(3-Pyridylmethyl)amino]ethyl]-theophyilline.
pimephylline; ES-771. Vasodilator (coronary). mp = 111-112°; λ_m = 270 nm (in H_2O); soluble in H_2O, $CHCl_3$, Me_2CO, EtOH; LD_{50} (mus orl) = 1900 mg/kg, (mus iv) = 402 mg/kg. *Pluriquimica.*

1423 Pimefylline Nicotinate
10058-07-8   7584   233-185-3

$C_{21}H_{23}N_7O_4$
7-[2-[(3-Pyridylmethyl)amino]ethyl]-theophyilline nicotinate.
ES-902; Teonicon. Vasodilator (coronary). mp = 159-160°; λ_m = 267 nm (in H_2O); soluble in H_2O; slightly soluble in MeOH; nearly insoluble in Me_2CO, $CHCl_3$; LD_{50} (mus orl) = 2530 mg/kg, (mus iv) = 470 mg/kg. *Pluriquimica.*

1424 Prenylamine
390-64-7   7919   206-869-4

$C_{24}H_{27}N$
N-(3,3-Diphenylpropyl)-α-methyl-phenethylamine.

B-436; Elecor. Vasodilator (coronary). mp = 36.5-37.5°. *Hoechst.*

1425 Prenylamine Lactate
69-43-2   7919   200-705-5
$C_{27}H_{33}NO_3$
N-(3,3-Diphenylpropyl)-α-methylphenethylamine lactate.
Angormin; Bismetin; Carditin-Same; Coredamin; Corontin; Crepasin; Daxauten; Hostaginan; Incoran; Irrorin; Lactamin; Plactamin; Reocorin; Roinin; Seccidin; Sedolaton; Segontin; Synadrin. Vasodilator (coronary). mp = 140-142°; λ_m = 260 nm ($E_{1cm}^{1\%}$ 170 in $CHCl_3$); sparingly soluble in H_2O (0.5%); soluble in organic solvents. *Hoechst.*

1426 Propatyl Nitrate
2921-92-8   7995   220-866-5

$C_6H_{11}N_3O_9$
2-Ethyl-2-(hydroxymethyl)-1,3-prpanediol trinitrate.
ettriol trinitrate; ETTN; Win-9317; Atrilon 5; Etrynit; Gina; Ginapect; Vassangor. Vasodilator (coronary). Explosive, but only slightly sensitive to shock. mp = 51-52°; soluble in Me_2CO, EtOH; nearly insoluble in H_2O; lowest explosive temperature is 220°; heat of combustion = 829.2 kcal/mol. *Sterling Winthrop, Inc.*

1427 Pyridofylline
53403-97-7   8159   258-521-6

$C_{19}H_{23}N_5O_9S$
Pyridoxol salt of 7-(2-hydroxyethyl)-thophylline hydrogen sulfate ester. Atherophylline. Vasodilator (coronary).

mp = 144-146°; LD_{50} (mus iv) = 1000 mg/kg, (mus orl) = 1600 mg/kg.

1428 Terodiline
15793-40-5   9311

$C_{20}H_{27}N$
N-tert-Butyl-1-methyl-3,3-diphenyl-propylamine.
Antianginal; vasodilator (coronary). Calcium antagonist with anticholinergic and vasodilatory activity. Also used in treatment of urinary incontinence. Liquid; bp_{10} = 130-132°. *Marion Merrell Dow Inc.*

1429 Terodiline Hydrochloride
7082-21-5   9311
$C_{20}H_{28}ClN$
N-tert-Butyl-1-methyl-3,3-diphenyl-propylamine hydrochloride.
Bicor; Mictrol; Micturin. Antianginal; vasodilator (coronary). mp = 178-180°; soluble in MeOH; slightly soluble in Et_2O. *Marion Merrell Dow Inc.*

1430 Tolamolol
38103-61-6   253-783-8

$C_{19}H_{24}N_2O_4$
4-[2-[[2-Hydroxy-3-(2-methylphenoxy)-propyl]amino]ethoxy]benzamide.
Vasodilator (coronary); cardiac depressant (antiarrhythmic); antiadrenergic (β-receptor). *Pfizer Inc.*

1431 Trapidil
15421-84-8   9709   239-434-2

$C_{10}H_{15}N_5$
7-(Diethylamino)-5-methyl-2-triazolo[1,5-a]pyrimidine.
N,N-Diethyl-5-methyl-[1,2,4]triazolo-[1,5-a]pyrimidin-7-amine; trapymin; AR-12008; Avantrin; Rocornal. Vasodilator (coronary). May have antiarrhythmic activity. A triazolopyrimidine platelet-derived growth factor antagonist. mp = 98-99.4°, 102-104°; λ_m = 222, 270, 307 nm (log ε 4.28, 3.83, 4.28 MeOH); pK_s = 2.79; soluble in H_2O, 1N sulfuric acid, 10% ammonium hydroxide, MeOH, iPrOH, n-BuOH, $CHCl_3$, C_6H_6, Et_2O; nearly insoluble in C_6H_{14}, C_7H_{16}; very stable except under extremely alkaline conditions; very stable, except under highly alkaline conditions. LD_{50} (mus iv) = 115 mg/kg, (mus orl) = 380 mg/kg, (mus ip) = 155 mg/kg, (mus sc) = 132 mg/kg.

1432 Tricromyl
85-90-5   9791   201-641-0

$C_{10}H_8O_2$
3-Methyl-4(H)-chromen-4-one.
methylchromone; Cromonalgina. Antispasmodic; vasodilator (coronary). Originated from an ancient Egyptian drug now termed *bezr el khelda*. mp = 68°; λ_m = 304 nm (in EtOH).

1433 Trimetazidine
5011-34-7   9835   225-690-2

$C_{14}H_{22}N_2O_3$
1-(2,3,4-Trimethoxybenzyl)piperazine.
40045. Antianginal; vasodilator (coronary). bp_2 = 200-205°. *Sci. Union et Cie, France.*

1434 Trimetazidine Dihydrochloride
13171-25-0   9835   236-117-0
$C_{14}H_{24}Cl_2N_2O_3$
1-(2,3,4-Trimethoxybenzyl)piperazine dihydrochloride.
Kyurinett; Vastarel F; Yoshimilon. Antianginal; vasodilator (coronary). mp = 225-228°; LD_{50} (mmus iv) = 91 mg/kg, (mmus ip) = 264 mg/kg, (mmus orl) = 608 mg/kg, (fmus iv) = 107 mg/kg, (fmus ip) = 245 mg/kg, (fmus orl) = 608 mg/kg, (mrat iv) = 124 mg/kg, (mrat ip) = 327 mg/kg, (mrat orl) = 1147 mg/kg; (frat iv) = 124 mg/kg, (frat ip) = 288 mg/kg, (frat orl) = 987 mg/kg. *Sci. Union et Cie, France.*

1435 Trolnitrate Phosphate
588-42-1   9900   209-617-1

$C_6H_{18}N_4O_{17}P_2$
2,2',2''-Nitrilotrisethanol trinitrate (ester) phosphate (1:2) salt.
triethanolamine trinitrate biphosphate; trinitrotriethanolamine diphosphate; Angitrit; Bentonyl; Duronitrin; Metamed; Nitretamin; Nitroduran; Ortin; Praentiron; Vasomed. Antianginal. mp = 107-109°. *Bristol-Myers Squibb Co.; Schering Corp.*

1436 Visnadine
477-32-7   10147   207-515-1

$C_{21}H_{24}O_7$
3,4,5-Trihydroxy-2,2-dimethyl-6-chromanacrylic acid δ-lactone 4-acetate 3-(2-methylbutyrate).
3-(α-methylbutyryloxy)-4-acetoxy-3,4-dihydoseseline; Cardine; Carduben; Vibeline; Visnamine. Vasodilator (coronary). mp = 85-88°; $[α]_D^{20}$ = +9.2° (EtOH); $[α]_D^{30}$ = +42.5° (c = 2 in dioxane); slightly soluble in H_2O; very soluble in EtOH, MeOH, $CHCl_3$, Me_2CO, Et_2O, C_6H_6, DMF; LD_{50} (mus orl) = 2240 mg/kg, (mus sc) >370 mg/kg; [(±)-form]: mp = 150-152°. *Penick*.

Antihypercholesterolemic Agents

Antihyperlipoproteinemics

1437 Acetiromate
2260-08-4

$C_{15}H_9I_3O_5$
4-(4-Hydroxy-3-iodophenoxy)-3,5-diiodobenzoic acid acetate. Hypolipidemic.

1438 Acifran
72420-38-3   112

$C_{12}H_{10}O_4$
(±)-4,5-Dihydro-5-methyl-4-oxo-5-phenyl-2-furoic acid.
AY-25712; Reductol. Hypolipidemic agent. mp = 176°; $λ_m$ = 281 nm (ε 7960 MeOH); LD_{50} (rat orl) = 3 g/kg; [(-) isomer]: mp = 87-89°; $[α]_D^{25}$ = -144.7° (MeOH, c = 2.0). *Ayerst*.

1439 Acipimox
51037-30-0   113

$C_6H_6N_2O_3$
5-Methylpyrazinecarboxylic acid 4-oxide.
K-9321; Olbemox; Olbetam. Hypolipidemic agent. mp = 177-180°; LD_{50} (mus orl) =3500 mg/kg. *Farmitalia Carlo Erba SpA*.

1440 Aluminum Clofibrate
24818-79-9   2437   246-477-0

$C_{20}H_{21}AlCl_2O_7$
Di-[2-(4-chlorophenoxy)-2-methylpropionato] hydroxyaluminum.
Alufibrate; Atherolip; Atherolipin. Hypolipidemic agent. A pharmaceutical used in the treatment of arteriosclerosis.

Antihypercholesterolemic Agents

1441 Atorvastatin
134523-00-5   897

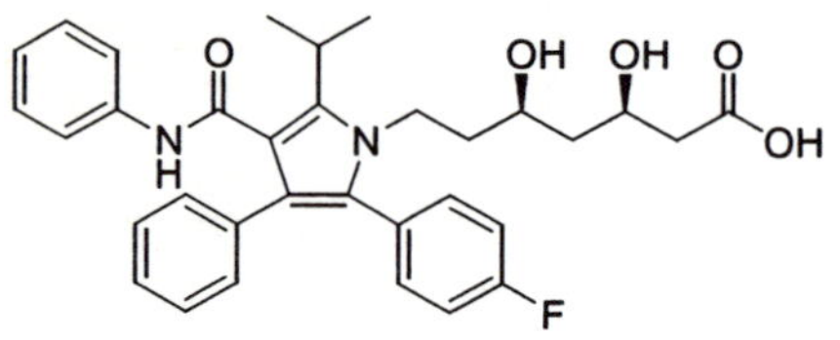

$C_{33}H_{35}FN_2O_5$
(βR,δR)-2-(p-Fluorophenyl)-β,δ-dihydroxy-5-isopropyl-3-phenyl-4-(phenylcarbamoyl)pyrrole-1-heptanoic acid.
CI-981. Hypolipidemic agent. Hydroxymethylglutarate co-enzyme A reductase inhibitor. *Parke-Davis.*

1442 Atorvastatin Calcium
134523-03-8   897
$C_{66}H_{68}CaF_2N_4O_{10}$
Calcium (βR,δR)-2-(p-fluorophenyl)-β,δ-dihydroxy-5-isopropyl-3-phenyl-4-(phenylcarbamoyl)pyrrole-1-heptanoate. probenecid-colchicine. Hypolipidemic agent. Hydroxymethylglutarate co-enzyme A reductase inhibitor. $[α]_D$ = -7.4° (DMSO c = 1). *Parke-Davis.*

1443 Atromid-S
637-07-0   2436   211-277-4

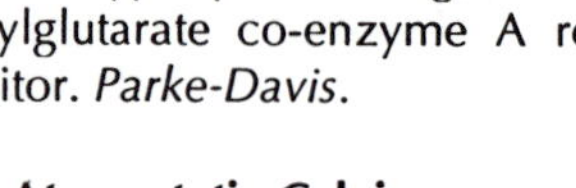

$C_{12}H_{15}ClO_3$
2-(4-Chlorophenoxy)-2-methylpropanoic acid ethyl ester.
Clofibrate; Amotril; Anparton; Apolan; Artevil; Ateculon; Ateriosan; Atheropront; Atromidin; Atromid-S; Bioscleran; Claripex; Clobren-SF; Clofinit; CPIB; Hyclorate; Liprinal; Neo-Atromid; Normet; Normolipol; Recolip; Regelan; Serotinex; Sklerolip; Skleromexe; Sklero-Tablinene; Ticlobran; Xyduril. Hypolipidemic agent. Antihyperlipoproteinemic. bp_{20} - 148-150°; insoluble in H_2O; soluble in EtOH, Me_2CO, $CHCl_3$,
Et_2O; LD_{50} (mus orl) = 1.28 mg/kg, (rat orl) = 1.65 g/kg. *Wyeth-Ayerst Labs.; ICI Chemicals and Polymers Ltd.*

1444 Beclobrate
55937-99-0   1046

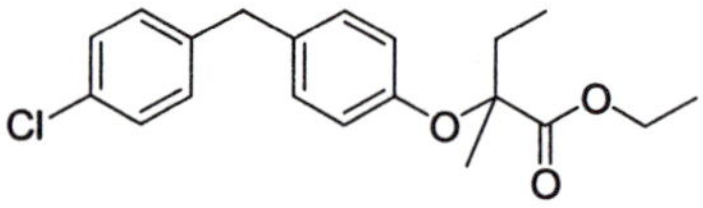

$C_{22}H_{23}ClO_3$
Ethyl (±)-2-[[α-(p-chlorophenyl)-p-tolyl]oxy]-2-methylbutyrate.
Sgd-24774; Beclipur; Turec. Hypolipidemic agent. bp0.01-0.1 = 200-204°; LD_{50} (mus orl) = 8 g/kg.

1445 Beloxamide
15256-58-3

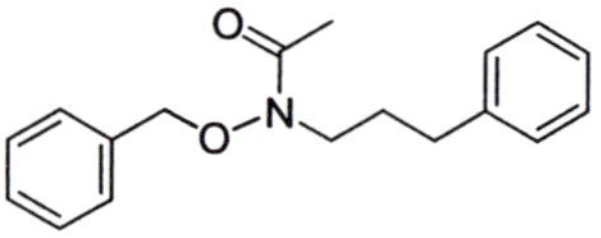

$C_{18}H_{21}NO_2$
N-(Benzyloxy)-N-(3-phenylpropyl)-acetamide.
W-1372. Hypolipidemic agent. *Wallace Labs.*

1446 Benfluorex
23602-78-0   1066

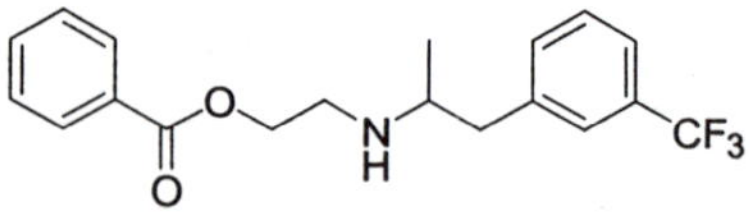

$C_{19}H_{20}F_3NO_2$
2-[[α-Methyl-m-(trifluoromethyl)phenethyl]amino]ethanol benzoate (ester).
S-780; SE-780; Minolip. Hypolipidemic agent. Colorless oil.

Antihypercholesterolemic Agents

1447 Benfluorex Hydrochloride
23642-66-2   1066
$C_{19}H_{21}ClF_3NO_2$
2-[[α-Methyl-m-(trifluoromethyl)phen-ethyl]amino]ethanol benzoate (ester) monohydrochloride (salt).
S-992; JP-992; Mediator; Mediaxal. Hypolipidemic agent. mp = 161-162°. C.M. Industries.

1448 Bezafibrate
41859-67-0   1240   255-567-9

$C_{19}H_{20}ClNO_4$
2-[4-[2-(4-Chlorobenzoyl)amino]-ethyl]-phenoxy]-2-methylpropanoic acid.
BM-15075; Befizal; Bezalip; Bezatol; Cedur; Difaterol. Hypolipidemic agent. A fibric acid; reduces plasma triglycerides by lowering plasma levels of very-low-density lipoprotein. mp = 186°. Boehringer Mannheim GmbH; C.M. Industries.

1449 Binifibrate
69047-39-8   1267

$C_{25}H_{23}ClN_2O_7$
2-(p-Chlorophenoxy) 2-methylpropionic acid ester with 1,3-dinicotinoyloxy-2-propanol.
WAC-104; Biniwas. Hypolipidemic agent. mp = 100°; LD_{50} (mus, rat orl) > 4000 mg/kg.

1450 Boxidine
10355-14-3

$C_{19}H_{20}F_3NO$
1-[2-[[4'-(Trifluoromethyl)[1,1'-biphenyl]-4-yl]oxy]ethyl]pyrrolidine.
CL-65205. Hypolipidemic agent.

1451 Carnitine
461-06-3   1898

$C_7H_{15}NO_3$
L-(3-Carboxy-2-hydroxypropyl)trimethyl-ammonium hydroxide inner salt.
3-Hydroxy-4-trimethylammoniobutanoate; γ-Trimethyl-β-hydroxybutyrobetaine; levocarnitine; vitamin B_7; Cardiogen; Carnitene; Carnicor; Carnum; Carrier; Miocor; Miotonal; Vitacarn. Hypolipidemic agent. mp = 197-198° (dec); $[α]_D^{30}$ = -23.9° (H_2O c = 0.86); soluble in H_2O, hot EtOH; insoluble in Me_2CO, Et_2O, C_6H_6.

1452 Cerivastatin
145599-86-6

$C_{26}H_{34}FNO_5$
(+)-(3R,5S,6E)-7-[4-(p-Fluorophenyl)-2,6-diisopropyl-5-(methoxymethyl)-3-pyridyl]-3,5-dihydroxy-6-heptenoic acid. Hypolipidemic agent. Hydroxymethyl-

Antihypercholesterolemic Agents

glutarate co-enzyme A reductase inhibitor. *Bayer AG.*

1453 Cerivastatin Sodium
143201-11-0

$C_{26}H_{33}FNNaO_5$
(+)-Sodium (3R,5S,6E)-7-[4-(p-fluorophenyl)-2,6-diisopropyl-5-(methoxymethyl)-3-pyridyl]-3,5-dihydroxy-6-heptenoate.
Bay w 6228; Baycol. Hypolipidemic agent. Hydroxymethylglutarate co-enzyme A reductase inhibitor. *Bayer AG.*

1454 Cetaben
55986-43-1

$C_{23}H_{39}NO_2$
p-(Hexadecylamino)benzoic acid. Hypolipidemic agent.

1455 Cetaben Sodium
64059-66-1

$C_{23}H_{38}NNaO_2$
Sodium (p-hexadecylamino)benzoate. CL-203821. Hypolipidemic agent.

1456 Cholestyramine Resin
11041-12-6 2257

Cholestyramine.
colestyramine; Cholybar; Duolite AP-143 Resin; Questran; Questran Light. Hypolipidemic agent. Bile acid sequestrant. Ion exchange resin, insoluble in H_2O, organic solvents. *Parke-Davis; Rohm & Haas; Bristol Labs.*

1457 Choloxin
137-53-1 9555 205-301-2

$C_{15}H_{10}I_4NNaO_4$
Dextrothyroxine sodium.
D-thyroxine sodium; D-thyroxine sodium salt; Biotirmone; Choloxin; Detyroxin; Dethyrona; Dextroid; Dynothel; Eulipos; Sodium D-thyroxine. Hypolipidemic agent. Antihyperlipoproteinemic. The L-form acts as a thyroid hormone. *Boots Pharmaceuticals Inc.; The R.W. Johnson Pharmaceutical Res. Inst.; Knoll Pharmaceutical Co.*

1458 Chondroitin 4-Sulfate
24967-93-9 2270
Chondroitin 4-(sodium sulfate).
ORG-10172. Hypolipidemic agent. Mucopolysaccharide; major constituent of the cartilagenous tissue in the body; Antihyperlipo-proteinemic agent. $[\alpha]^D$ = -28° to -32°. *Diosynth. B.V.*

1459 Chondroitin Sulfate
9007-28-7   2270   232-696-9

Chondroitin sulfate A   R = SO$_3$H   R' = H
Chondroitin sulfate C   R = H   R' = SO$_3$H

Chondroitin sulfuric acid.
Chonsurid; Structum. Hypolipidemic. Mucopolysaccharide; major con-stituent of cartilagenous tissue; Antihyperlipoproteinemic agent. *Diosynth. B.V.*

1460 Ciprofibrate
52214-84-3   2373

C$_{13}$H$_{14}$Cl$_2$O$_3$
2-[4-(2,2-Dichlorocyclopropyl)phenoxy]-2-methylpropionic acid.
Win-35833; Ciprol; Lipanor; Modalim. Hypolipidemic. Reduces plasma triglycerides by lowering plasma levels of very-low-density lipoprotein. Related to clofibrate. mp = 114-116°. *Sterling Winthrop, Inc.*

1461 Clinofibrate
30299-08-2   2415

C$_{28}$H$_{36}$O$_6$
2,2'-(4,4'-Cyclohexylidinediphenoxy)-2,2'-dimethyldibutyric acid.
S-8527; Lipoclin. Hypolipidemic agent. mp = 143-146°; insoluble in H$_2$O, soluble in organic solvents; LD$_{50}$ (mmus orl) = 1800 mg/kg, (mmusip) = 255 mg/kg, (mmus sc) = 410 mg/kg, (mrat orl) > 4000 mg/kg, (mrat ip) = 205 mg/kg, (mrat sc) = 2200 mg/kg.

1462 Clofibrate
637-07-0   2436   211-277-4

C$_{12}$H$_{15}$ClO$_3$
Ethyl 2-(4-chlorophenoxy)-2-methylpropionate.
ethyl p-chlorophenoxyisobutyrate; Clofibric acid; Abitrate; Ethyl-α-p-chlorophenoxyisobutyrate; Atromid S; Amotril; Anparton; Apolan; Artevil; Ateculon; Arteriosan; Atheropront; Atromidin; Bioscleran; Claripex; Clobren-SF; Clofinit; CPIB; Hyclorate; Liprinal; Neo-Atromid; Normet; Normolipol; Recolip; Regelan; Serotinex; Sklerolip; Sklerepmexe; Sklero-Tablinene; Ticlobran; Xyduril. Hypolipidemic agent. A fibric acid; reduces plasma triglycerides by lowering plasma levels of very-low-density lipoprotein. Tested fo use in primary prevention of ischemic heart disease. bp$_{20}$ = 148-150°; insoluble in H$_2$O, soluble in organic solvents; LD$_{50}$ (rat orl) = 1.65 g/kg. *Wyeth-Ayerst Labs.*

1463 Clofibric Acid
882-09-7   2437   212-925-9

C$_{10}$H$_{11}$ClO$_3$
2-(4-Chlorophenoxy)-2-methyl-propanoic acid.
chlorophibrinic acid; 2-(p-chlorophenoxy)isophenoxy)isobu-tyric acid;

Arteriohom; Regulipid. Hypolipidemic agent. Anti-hyperlipoproteinemic. mp = 118-119°; LD_{50} (rat orl) = 897 mg/kg. Wyeth-Ayerst Labs.

1464   Clofibride
26717-47-5

$C_{16}H_{22}ClNO_4$
2-(p-Chlorophenoxy)-2-methylpropionic acid ester with 4-hydroxy-N,N-dimethylbutyramide.
Antihyperlipoproteinemic.

1465   Colestipol
26658-42-4   2538
N-(2-Aminoethyl)-N'-[(2-aminoethyl)-amino]ethyl]-1,2-ethanediamine polymer with (chloromethyl)oxirane.
Hypolipidemic agent. Bile acid sequestrant. *Pharmacia & Upjohn, Inc.*

1466   Colestipol Hydrochloride
37296-80-3   2538
N-(2-Aminoethyl)-N'-[(2-aminoethyl)-amino]ethyl]-1,2-ethanediamine polymer with (chloromethyl)oxirane hydrochloride salt.
U-26597A; Cholestabyl; Lestid; Colestid. Hypolipidemic agent. A basic anion-exchange resin, highly cross-linked and insoluble. Bile acid sequestrant. LD_{50} (rat orl) > 1000 mg/kg. *Pharmacia & Upjohn, Inc.*

1467   Colextran
9015-73-0   2980
Dextran 2-(diethylamino)ethyl ether. diethylaminoethyl dextran; Detaxtran; DEAE-dextran; basic Dextran; Dexide [as hydrochloride]; Pulsar [as hydrochloride]; Lipalt [as hydrochloride]. Hypolipidemic agent. Soluble in H_2O, saline. *Pharmacia & Upjohn, Inc.*

1468   Dulofibrate
61887-16-9

$C_{16}H_{14}Cl_2O_3$
p-Chlorophenyl 2-(p-chlorophenoxy)-2-methylpropionate.
Antihyperlipoproteinemic.

1469   Eniclobrate
60662-18-2

$C_{24}H_{24}ClNO_3$
3-Pyridylmethyl (±)-2-[[α-(p-chlorophenyl)-p-tolyl]oxy]-2-methylbutyrate.
Antihyperlipoproteinemic.

1470   Ethyl Icosapentate
73310-10-8

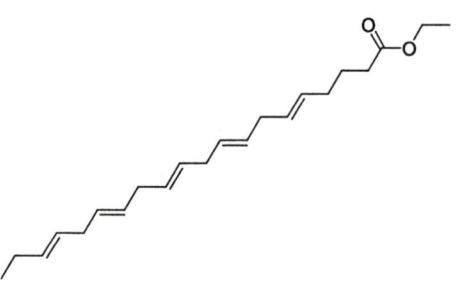

$C_{22}H_{34}O_2$
Ethyl all-cis-5,8,11,14,17-icosapentaenoic acid.
Antihyperlioproteinemic.

1471 Etofibrate
31637-97-5   3923

$C_{18}H_{18}ClNO_5$
2-Hydroxyethyl nicotinate 2-(p-chlorophenoxy)-2-methylpropionate (ester). ethofibrate; Lipo-Merz. Hypolipidemic agent. mp = 100°.

1472 Fenofibrate
49562-28-9   4019

$C_{20}H_{21}ClO_4$
Isopropyl 2-[p-(p-chlorobenzoyl)-phenoxy]-2-methylpropionate.
Procetofen; Procetofene; LF-178; Ankebin; Elasterin; Fenobrate; Fenotard; Lipanthyl; Lipantil; Lipidil; Lipoclar; Lipofene; Liposit; Lipsin; Nolipax; Procetoken; Protolipan; Secalip. Hypolipidemic agent. A fibric acid; reduces plasma triglycerides by lowering plasma levels of very-low-density lipoprotein. mp = 80-81°; insoluble in H_2O; slightly soluble in EtOH, MeOH; more soluble in nonpolar solvents; LD_{50} (mus orl) = 1600 mg/kg.

1473 Fluvastatin
93957-54-1   4250

$C_{24}H_{26}FNO_4$
(±)-(3R*,5S*,6E)-7-(3-p-Fluorophenyl)-1-isopropylindol-2-yl]-3,5-dihydroxy-6-heptenoic acid.

Hypolipidemic agent. Hydroxymethylglutarate co-enzyme A reductase inhibitor. *Sandoz Pharmaceuticals Corp.*

1474 Fluvastatin Sodium
93957-55-2   4250

$C_{24}H_{25}FNNaO_4$
Sodium (±)-(3R*,5S*,6E)-7-(3-p-fluorophenyl)-1-isopropylindol-2-yl]-3,5-dihydroxy-6-heptenoate.
XU-62320; Lescol; fluindostatin. Hypolipidemic agent. Hydroxymethylglutarate co-enzyme A reductase inhibitor. mp = 194-197°. *Sandoz Pharmaceuticals Corp.*

1475 Gamma Oryzanol
11042-64-1   7016

$C_{40}H_{58}O_4$
9,19-Cyclo-9β-lanost-24-en-3β-ol 4-hydroxy-3-methoxy cinnamate.
OZ; γ-OZ; γ-orizanol; Caclate; Gammajust 50; Gamma-OZ; Gammariza; Gammatsul; Guntrin; Hi-Z; Maspiron; Oliver; Oryvita; Oryzaal; Thiaminogen. Hypolipidemic agent with antiulcerative properties. mp = 135-137°;

λ_m = 216, 231, 291, 315 nm (heptane).
Toyo Koatsu Co., Ltd.

1476 Gemcadiol
35449-36-6

$C_{14}H_{30}O_2$
2,2,9,9-Tetramethyl-1,10-decanediol.
CI-720. Hypolipidemic agent. *Parke-Davis.*

1477 Gemfibrozil
25812-30-0   4394   247-280-2

$C_{15}H_{22}O_3$
2,2-Dimethyl-5-(2,5-xylyloxy)valeric acid.
CI-719; Decrelip; Genlip; Gevilon; Lipur; Lopid; Lopizid. Hypolipidemic agent. Serum lipid regulator. A fibric acid; reduces plasma triglycerides by lowering plasma levels of very-low-density lipoprotein. mp = 61-63°; $bp_{0.02}$ = 158-159°; LD_{50} (mus orl) = 3162 mg/kg, (rat orl) = 4786 mg/kg. *Parke-Davis.*

1478 Glunicate
80763-86-6

$C_{36}H_{28}N_6O_{10}$
2-Deoxy-2-nicotinamido-β-D-glucopyranose 1,3,4,6-tetranicotinate.
Has hypolipidemic properties.

1479 Halofenate
26718-25-2

$C_{19}H_{17}ClF_3NO_4$
(p-Chlorophenyl)[(α,α,α-trifluoro-m-tolyl)oxy]acetic acid ester with N-(2-hydroxyethyl)acetamide.
Lipivas. Hypolipidemic agent, also uricosuric.

1480 Icosapent
10417-94-4   3572

$C_{20}H_{30}O_2$
(all Z)-5,8,11,14,17-Eicosapentaenoic acid.
Hypolipidemic agent. Prostaglandin and thromboxane precursor. Colorless oil.

1481 Itanoxone
58182-63-1

$C_{17}H_{13}ClO_3$
2-[p-(o-Chlorophenyl)phenacyl]acrylic acid.
Antihyperlipoproteinemic agent.

1482 Levocarnitine
541-15-1   1898

$C_7H_{15}NO_3$

L-(3-Carboxy-2-hydroxypropyl)trimethylammonium hydroxide inner salt.
3-Hydroxy-4-trimethylammoniobutanoate; γ-Trimethyl-β-hydroxybutyrobetaine; levocarnitine; vitamin B$_T$; Cardiogen; Carnitene; Carnicor; Carnum; Carrier; Miocor; Miotonal; Vitacarn. Hypolipidemic agent. mp = 197-198° (dec); $[\alpha]_D^{30}$ = -23.9° (H$_2$O c = 0.86); soluble in H$_2$O, hot EtOH; insoluble in Me$_2$CO, Et$_2$O, C$_6$H$_6$. *Sigma-Tau Pharmaceuticals, Inc.*

1483 Lifibrate
22204-91-7

$C_{20}H_{21}Cl_2NO_4$
1-Methyl-4-piperidyl glyoxylate 2-[bis(p-chlorophenyl)acetal].
42-348. Hypolipidemic agent. *Sandoz Pharmaceuticals Corp.*

1484 Lovastatin
75330-75-5   5616

$C_{24}H_{36}O_5$
[1S-[1α(R*),3α,7β,8β(2S*,4S*),8aβ]]-2-Methylbutanoic acid 1,2,3,7,8,8a-hexahydro-3,7-dimethyl-8-[2-(tetrahydro-4-hydroxy-6-oxo-2H-pyran-2-yl)ethyl]-1-naphthalenyl ester.
6α-methylcompactin; mevinolin; monacolin K; MK-803; Lovalip; Mevacor; Mevinacor; Mevlor; Sivlor. Antihyperlipoproteinemic. HMG-CoA reductase inhibitor; used as an antihypercholesterolemic agent. A fungal metabolite. mp = 174°; $[\alpha]_D^{25}$ = 323° (c = 0.5 CH$_3$CN); λ_m = 231, 238, 247 nm (A$^{1\%}$ 532, 621, 418); almost insoluble in H$_2$O, soluble in organic solvents; LD$_{50}$ (mus orl) > 1000 mg/kg. *Merck & Co., Inc.*

1485 Magnesium Clofibrate
14613-30-0   2437

$C_{20}H_{20}Cl_2MgO_6$
Bis[2-(p-chlorophenoxy)-2-methylpropionato]magnesium.
UR-112; Clomag. Hypolipidemic agent. mp = 326-328°; soluble in H$_2$O (0.45 g/100 ml), EtOH (7 g/100 ml), CHCl$_3$ (0.02 g/100 ml).

1486 Meglutol
503-49-1   5852

$C_6H_{10}O_5$
3-Hydroxy-3-methylglutaric acid.
3-hydroxy-3-methylpentanedioic acid; CB-337; dicrotalic acid; medroglutaric acid; HMG; HMGA; Lipoglutaren; Mevalon. Hypolipidemic agent. Decreases rate of cholesterol synthesis. mp = 108-109°; soluble in H$_2$O; LD$_{50}$ (mus orl) = 7.33 g/kg, (mus ip) = 3.23 g/kg. *Hoechst-Roussel Pharmaceuticals Inc.*

Antihypercholesterolemic Agents

1487 Melinamide
14417-88-0   5864

$C_{26}H_{41}NO$
N-(α-Methylbenzyl)linoleamide.
MBLA; AC-223; Artes. Hypolipidemic agent. mp < 4°; $bp_{0.03}$ = 200-215°; $bp_{0.07}$ = 200-204°. Sumitomo.

1488 Mevastatin
73573-88-3   6251

$C_{23}H_{34}O_5$
(1S,7S,8S,8aR)-1,2,3,7,8,8a-Hexahydro-7-methyl-8-[2-[(2R,4R)-tetrahydro-4-hydroxy-6-oxo-2H-pyran-2-yl]ethyl]-1-naphthyl (S)-2-methylbutyrate.
Antihyperlipoproteinemic. HMG-CoA reductase inhibitor; used as an antihypercholesterolemic agent. mp = 152°; $[\alpha]_D^{22}$ = 283° (Me_2CO c = 0.48); λ_m = 230, 237, 246 nm (log ε 4.28, 4.30, 4.11). Sankyo.

1489 Mevinacor
75330-75-5   5616
$C_{24}H_{36}O_5$
[1S-[1α(R*),3α,7β,8β(2S*,4S*),8aβ]]-2-Methylbutanoic acid 1,2,3,7,8,8a-hexahydro-3,7-dimethyl-8-[2-(tetrahydro-4-hydroxy-6-oxo-2H-pyran-2-yl)ethyl]-1-naphthalenyl ester.
mevinolin; monacolin K; MK-803; Lovalip; Lovastatin; Mevlor; Sivlor. Antihyperlipoproteinemic. HMG-CoA reductase inhibitor; used as an antihypercholesterolemic agent. mp = 174°; $[\alpha]_D^{25}$ = 323° (c = 0.5 CH_3CN); λ_m = 231, 238, 247 nm ($A^{1\%}$ 532, 621, 418);

almost insoluble in H_2O, soluble in organic solvents; LD_{50} (mus orl) > 1000 mg/kg. Merck & Co., Inc.

1490 Nafenopin
3771-19-5

$C_{20}H_{22}O_3$
2-Methyl-2-[4-(1,2,3,4-tetrahydro-1-naphthyl)phenoxy]propionic acid.
Su-13437; TPIA; ch 13-437; ciba 13437 su; c 13437 su. Hypolipidemic agent. mp = 117-118°. Ciba plc.

1491 Neomycin
1404-04-2   6542   215-766-3

Mycifradin; Fradiomycin; Neomin; Neolate; Neomas; Pimavecort; Vonamycin Powder V. Aminoglycoside antibiotic. Antibiotic produced by *Streptomyces fradiae*. Consists of Neomycins A, B and C. Has a hypolipidemic effect when administered orally, probably through the formation of insoluble complexes with bile acids in the intestine. Insoluble in organic solvents; slightly soluble in H_2O (< 25 g/100 ml). Pharmacia & Upjohn, Inc. ; Merck & Co., Inc.

Antihypercholesterolemic Agents

1492 Niacin
59-67-6   6612   200-441-0

$C_6H_5NO_2$
3-Pyridinecarboxylic acid.
Nicotinic acid; Niac; Nicamin; Nicobid; Nicolar; Wampocap; P.P. Factor; Akotin; Daskil; Niacor; Nicacid; Nicangin; Niconacid; NicoSpan. Vitamin (enzyme cofactor). At high doses, decreases hepatic secretion of very-high-density lipoproteins as a result of reduced triglyceride synthesis. Used in treatment of hypercholesterolemias and hypertriglyceridemias. Precursor of the coenzymes NAD and NADP. Found widely in nature. Dietary deficiency can cause pellagra. mp = 236.6°; λ_m = 263 nm; soluble in H_2O (1.67 g/100 ml); freely soluble in H_2O at 100°, EtOH at 76°; insoluble in Et_2O; non-hygroscopic and stable in air; LD_{50} (raty sc) = 5000 mg/kg. *Abbott Labs.; Apothecon; Forest Pharmaceuticals Inc.; Marion Merrell Dow Inc.; Rhône-Poulenc Rorer Pharmaceuticals Inc.; Wallace Labs.*

1493 Nicanartine
150443-71-3

$C_{23}H_{33}NO_2$
(5-(3,5-Di-tert-butyl)-4-hydroxyphenyl-1-(3-pyridyl)-2-oxapentane.
MRZ-3/124. Antioxidant with atherosclerotic plaque-reducing actiivity.

1494 Niceritrol
5868-05-3   6581

$C_{29}H_{24}N_4O_8$
3-Pyridinecarboxylic acid 2,2-bis[[(3-pyridinylcarbonyl)oxy]methyl]-1,3-propanediyl ester.
pentaerythritol tetranicotinate; 8-AL; Perycit; Bufor. Hypolipidemic agent. mp = 160-162°, 163-164°; LD_{50} (mus orl) > 20 g/kg, (mus sc) > 5 g/kg; (mus ip) > 5 g/kg, (rat orl) >20 g/kg, (rat sc) >5 g/kg, (rat ip) > 5 g/kg, (rbt orl) > 10 g/kg, (rbt ip) > 5 g/kg.

1495 Nicofibrate
31980-29-7   6604

$C_{16}H_{16}ClNO_3$
3-Pyridiylmethyl 2-(p-chlorophenoxy))-2-methylpropionate.
clofenpyride. Hypolipidemic agent. mp = 48-49°; $bp_{0.4}$ = 180°. [hydrochloride salt]: mp = 115.5-118.5°. *Merck & Co., Inc.*

1496 Oxiniacic Acid
2398-81-4   7075

$C_6H_5NO_3$
Nicotinic acid 1-oxide.
3-carboxypyridine N-oxide. Hypolipidemic agent. mp = 244-245°; slightly soluble in H_2O, AcOH; less soluble in

EtOH; insoluble in non-polar organic solvents; λ_m = 220, 260 nm (ϵ 22400, 10200 0.1N H_2SO_4).

1497 Pantethine
16816-67-4   7144
$C_{22}H_{42}N_4O_8S_2$
D-Bis(N-pantothenyl)-2-aminoethyl)-disulfide.
Lipodel; Pantetina; Panthecin; Pantomin; Pantosin. Hypolipidemic agent. $[\alpha]_D^{27}$ = 13.5° (H_2O c= 3.75); soluble in H_2O, EtOH; insoluble in other organic solvents.

1498 Pimetine
3565-03-5

$C_{16}H_{26}N_2$
4-Benzyl-1-[2-(dimethylamino)ethyl]piperidine.
Hypolipidemic agent.

1499 Pimetine Hydrochloride
4991-68-8
$C_{16}H_{28}Cl_2N_2$
4-Benzyl-1-[2-(dimethylamino)ethyl]piperidine dihydrochloride.
Hypolipidemic agent.

1500 Pirifibrate
55285-45-5   7650

$C_{17}H_{18}ClNO_4$
[6-(Hydroxymethyl)-2-pyridyl]methyl 2-(p-chlorophenoxy)-2-methylpropionate.
EL-466; Bratenol. Hypolipidemic agent. mp = 46°; LD_{50} (mus ip) = 915-1098 mg/kg. *Hoechst-Roussel Pharmaceuticals Inc.*

1501 Pirinixic acid
50892-23-4

$C_{14}H_{14}ClN_3O_2S$
[[4-Chloro-6-(2,3-xylidino)-2-pyrimidinyl]thio] acetic acid.
WY-14643. Peroxisome proliferator; produces a significant hepatomegaly and induces the peroxisomal fatty acid beta-oxidation enzyme system together with profound proliferation of peroxisomes in hepatic parenchymal cells. Antihyperlipoproteinemic.

1502 Pirinixil
65089-17-0

$C_{16}H_{19}ClN_4O_2S$
2-[[4-Chloro-6-(2,3-xylidino)-2-pyrimidinyl]thio]-N-(2-hydroxyethyl)acetamide.
BR-931. Peroxisome proliferator. Antihyperlipoproteinemic.

1503 Pirozadil
54110-25-7   7662

$C_{27}H_{29}NO_{10}$
2,6-Pyridinediyldimethylenebis(3,4,5-trimethoxybenzoate).
722-D; Pemix. Hypolipidemic agent. mp

= 119-126°; soluble in CHCl₃, dioxane, CH₃CN; insoluble in Et₂O, H₂O.

1504 Polidexide
56227-39-5
Poly-[2-(diethylamino)ethyl] polyglycerylenedextran.
Secholex. An ion-exchange resin that acts as a bile acid-sequestering agent. Antihyperlipoproteinemic.

1505 Polidexide Sulfate
63494-82-6
Dextran 2-(diethylamino)ethyl 2-[[2-(diethylamino)ethyl]diethylamino]ethyl ester sulfate epichlorohydrin crosslinked. An ion-exchange resin that acts as a bile acid-sequestering agent. Antihyperlipoproteinemic.

1506 Probucol
23288-49-5   7935   245-560-9

$C_{11}H_{48}O_2S_2$
Acetone bis(3,5-di-t-butyl-4-hydroxyphenyl) mercaptole.
DH-581; Lorelco; Lurselle; Sinlestal. Hypolipidemic agent. A synthetic lipophilic antioxidant. For the treatment of hypercholesterolemia. mp = 124.5-126°, 125-126.5°. *Merrell Pharmaceuticals Inc.*

1507 Pravastatin
81093-37-0

$C_{23}H_{36}O_7$
(+)-(3R,5R)-3,5-Dihydroxy-7-[(1S,2S,6R,8S,8aR)-6-hydroxy-2-methyl-8-[(S)-2-methylbutyryloxy]-1,2,6,7,8,8a-hexahydro-1-naphthyl]heptanoic acid.
3β-hydroxycompactin; eptastatin. Antihyperlipoproteinemic. HMG-CoA reductase inhibitor; used as an antihypercholesterolemic agent. Active metabolite of mevastatin. *Sankyo.*

1508 Pravastatin Sodium
81131-70-6   7984

$C_{23}H_{35}NaO_7$
Sodium (+)-(3R,5R)-3,5-dihydroxy-7-[(1S,2S,6R,8S,8aR)-6-hydroxy-2-methyl-8-[(S)-2-methylbutyryloxy]-1,2,6,7,8,8a-hexahydro-1-naphthyl]heptanoate.
3β-hydroxycompactin sodium salt; eptastatin sodium; CS-514; SQ-31000; Elisor; Lipostat; Mevalotin; Oliprevin; Pravachol; Pravaselect; Selectin; Selipran; Vasten. Antihyperlipoproteinemic. HMG-CoA reductase inhibitor; used as an antihypercholesterolemic agent. Active metabolite of mevastatin. λ_m = 230, 237, 245 nm. *Sankyo.*

1509 Questran
11041-12-6

Cholestyramine.
colestyramine; Cholybar; Duolite AP-143 Resin; Questran Light. Hypolipidemic agent. A proprietary preparation of cholestyramine resin; used to treat hypercholesterolemia. Ion exchange resin; insoluble in H₂O, organic solvents. *Bristol-Myers Squibb Co.*

1510 Ronifibrate
42597-57-9   8414

$C_{19}H_{20}ClNO_5$
3-Hydroxypropyl nicotinate 2-(p-chlorophenoxy)-2-methylpropionate (ester).
I-612; Cloprane. Hypolipidemic agent. LD_{50} (mus orl) = 4.08 g/kg. *Yamanouchi U.S.A. Inc.*

1511 Simvastatin
79902-63-9   8686

$C_{25}H_{38}O_5$
2,2-Dimethylbutryic acid 8-ester with (4R,6R)-6-[2-[(1S,2S,6R,8S,8aR)-1,2,6,7,8,8a-hexahydro-8-hydroxy-2,6-dimethyl-1-naphthyl]ethyl]tetrahydro-4-hydroxy-2H-pryan-2-one.
MK-733; synvinolin (formerly); Denan; Liponorm; Lodalès; Simovil; Sivastin; Zocor; Zocord. HMG-CoA reductase inhibitor; used as an antihypercholesterolemic. Synthetic analog of lovastatin. mp = 135-138°. *Merck & Co., Inc.*

1512 β-Sitosterol
83-46-5   8697   201-480-6

$C_{29}H_{50}O$
(3β)-Stigmast-5-en-3-ol.
α-dihydrofucosterol; α-phytosterol; cinchol; cupreol; rhammol; quebrachol; sitosterin; Cytellin; Harzol; Prostasal; Sito-Lande. Anticholesterolemic. Also used in the treatment of prostatic adenoma. A plant sterol with a structure similar to cholesterol; lowers plasma concentrations of low-density-lipoprotein. mp = 140°; $[\alpha]_D^{25}$ = -41° (c = 2 $CHCl_3$). *Eli Lilly & Co.*

1513 Sorbinicate
6184-06-1   228-230-9

$C_{42}H_{32}N_6O_{12}$
D-Glucitol hexanicotinate.
Nicotinic acid derivative. Antilipolytic; antihyperlipoproteinemic; antiarteriosclerotic.

1514 Sultosilic Acid
57775-26-5   9169

$C_{13}H_{12}O_7S_2$
2,5-Dihydroxybenzenesulfonic acid 5-p-toluenesulfonate.
Hypolipidemic agent.

1515 Sultosilic Acid Piperazine Salt
57775-27-6   9169
$C_{17}H_{22}N_2O_7S_2$
2,5-Dihydroxybenzenesulfonic acid 5-p-toluenesulfonate piperazine salt.
diethylenediamine sultosylate; piper-

azine sultosylate; A-585; Mimedran. mp = 74°; LD_{50} (beagle ip) = 605 mg/kg, (mrat ip) = 833.6 mg/kg, (frat ip) = 1272 mg/kg, (rat orl) > 11 g/kg.

1516 Tazasubrate
79071-15-1

$C_{18}H_{17}NO_3S_2$
(±)-α-[(6-Ethoxy-2-benzothiazolyl)thio]-hydratropic acid.
EMD-34853. Lipid lowering agent. Antihyperlipoproteinemic.

1517 Telmesteine
122946-43-4

$C_9H_{11}NO_4S$
(-)-3-Ethyl hydrogen (R)-3,4-thiazolidine-dicarboxylate.
Antihyperlipoproteinemic.

1518 Terbufibrol
56488-59-6

$C_{20}H_{24}O_5$
p-[3-(p-tert-Butylphenoxy)-2-hydroxy-propoxy]benzoic acid.
Antihyperlipoproteinemic.

1519 Theofibrate
54504-70-0   9420

$C_{19}H_{21}ClN_4O_5$
2-(p-Chlorophenoxy) 2-methylpropionic acid ester with 7-(2-hydroxyethyl)-theophylline.
Duolip; ML-1024; etofylline clofibrate. Hypolipidemic agent with antilipemic, antithrombotic and platelet aggregation inhibitory acitvity. mp = 133-135°; insoluble in H_2O, EtOH; soluble in Me_2CO, $CHCl_3$ and hot alcohols; LD_{50} (mus orl) = 11.7 mg/kg, (dog orl) > 10.0 g/kg, (rat orl) = 17.0 g/kg. *L. Merckle*.

1520 D-Thyroxine
51-49-0   9555   200-102-7

$C_{15}H_{11}I_4NO_4$
D-O-(4-Hydroxy-3,5-diiodophenyl)-3,5-diiodotyrosine.
dextrothyroxine; Debetrol. Optical isomer of the endogenous hormone L-thyroxine. Can produce modest lowering of plasma low-density lipoprotein. CAUTION: may cause serious cardiac toxicity. Dec 237°; $[\alpha]_{546}^{21}$ = 2.97° (c = 3.7 NaOH/EtOH).

1521 Tiadenol
6964-20-1   9556

$C_{14}H_{30}O_2S_2$
2,2'-(Decamethylenedithio)diethanol.
LL-1558; Delipid; Eulip; Finlipol; Tiaden;

Tiaterol. Hypolipidemic agent. mp = 69.5; λ_m = 212 nm; insoluble in H_2O; soluble in EtOH, $CHCl_3$. *Eastman Kodak.*

1522 Tibric Acid
37087-94-8

$C_{14}H_{18}ClNO_4S$
2-Chloro-5-[(cis-3,5-dimethylpiperidino)-sulfonyl]benzoic acid.
CP-18524; CAS RN 24358-29-0. Hypolipidemic agent. *Pfizer Inc.*

1523 Tizoprolic Acid
30709-69-4

$C_7H_9NO_2S$
2-Propyl-5-thiazolecarboxylic acid.
Antihyperlipoproteinemic.

1524 Tocofibrate
50465-39-9

$C_{39}H_{59}ClO+4$
2,5,7,8-Tetramethyl-2-(4,8,12-trimethyl-tridecyl)-6-chromanyl 2-(p-chloro-phenoxy)-2-methylpropionate.
Antyhyperlipoproteinemic.

1525 Treloxinate
30910-27-1

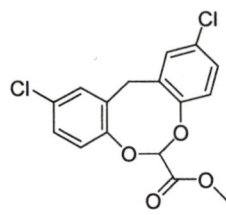

$C_{16}H_{12}Cl_2O_4$
Methyl-2,10-dichloro-12H-dibenzo[d,g]-[1,3]dioxocin-6-carboxylate.
Hypolipidemic. *Marion Merrell Dow Inc.*

1526 Triparanol
78-41-1   9867

$C_{27}H_{32}ClNO_2$
2-p-Chlorophenyl-1-[p-(2-diethylamino-ethoxy)phenyl]-1-p-tolylethanol.
MER-2p; Trianel; Hipocolestina; Triparin; Acosterina; Metasclene; Diticyl; Drena-ren; Clotrox; Tropalin; Trikosterol; Valip; Verdiana; Metasqualene; Sclane. Hypo-lipidemic agent. Antilipemic. mp = 102-104°; insoluble in H_2O, soluble in EtOH.

1527 Xenbucin
959-10-4   10205

$C_{16}H_{16}O_2$
(±)-α-Ethyl-4-biphenylacetic acid.
Liosol; Liposana; MG-1559; Maggioni 1559. Hypolipidemic agent. mp = 123-125°; insoluble in H_2O, soluble in most organic solvents. *Maggioni Farmaceutici S.p.A.*

Cholelitholytic Agents

1528 Chenodiol
474-25-9   2096   207-481-8

$C_{24}H_{40}O_4$
3α,7α-Dihydroxy-5β-cholan-24-oic acid. Chenix; CDC; Chendol; Chenocedon; Chenocol; Chenodex; Chenofalk; Chenossil; Chenosäure; Cholanorm; Fluibil; Hekbilin; Kebilis; Ulmenide. Anticholelithogenic. mp = 119°; $[\alpha]_D^{20}$ = 11.5° (dioxane); soluble in MeOH, EtOH, Me_2CO, AcOH, Et_2O, EtOAc; insoluble in H_2O, C_6H_6, petroleum ether; [diformate ($C_{25}H_{40}O_6$)]: mp = 172°; [methyl ester ($C_{25}H_{42}O_4$)]: mp = 90-91°; $[\alpha]_D^{25}$ = 20°. Solvay Pharmaceuticals; C.M. Industries.

1529 Cicloxilic Acid
57808-63-6

$C_{13}H_{16}O_3$
cis-2-Hydroxy-2-phenylcyclopentane-acetate.
Affects bile flow and lipid composition.

1530 Methyl tert-Butyl Ether
1634-04-4   6111   216-653-1

$C_5H_{12}O$
2-Methoxy-2-methylpropane.
MTBE. Anticholelithogenic. Used therapeutically to dissolve cholesterol calculi. mp = -109°; bp = 55.2°; d_4^{20} = 0.7404; soluble in H_2O (4.8 g/100 ml); LC_{50} (mus 15 min) = 140.8 mg/l of atmosphere. Research Corp.

1531 Monoctanoin
502-54-5   6335

$C_{11}H_{22}O_4$
Glycerol 1-octanoate.
octanoic acid 2,3-dihydroxypropyl ester; caprylic acid α-monoglyceride; α-monocaprylin. Anticholelithogenic. mp = 39.5-40.5°. Stokely-Van Camp.

1532 Ursodiol
128-13-2   10026   204-879-3

$C_{24}H_{40}O_4$
3α,7β-Dihydroxy-5β-cholan-24-oic acid. ursodeoxycholic acid; Actigall; Arsacol; Cholit-Ursan; Delursan; Desol; Destolit; Deursil; Litursol; Lyeton; Paptarom; Solutrat; Urdes; Ursacol; Urso; Ursobilin; Ursochol; Ursodamor; Ursofalk; Ursolvan. Anticholelithogenic. mp = 203°; $[\alpha]_D^{20}$ = 57° (c = 2 EtOH); freely soluble in EtOH, AcOH; soluble in $CHCl_3$, Et_2O; insoluble in H_2O; LD_{50} (mus iv) = 100 mg/kg, 260 mg/kg, (mus sc = 6000 mg/kg, (mus ip) = 1200 mg/kg, (rat sc) = 2000 mg/kg, (rat ip) = 1000 mg/kg, (rat iv) = 310 mg/kg; [Diformate ($C_{26}H_{40}O_6$)]: mp = 170°; [diacetate ($C_{28}H_{44}O_6$)]: mp = 98-102°. Ciba-Geigy Corp.; C.M. Industries.

Antihypercholesterolemic Agents

1533   Ursulcholic Acid
88426-32-8

$C_{24}H_{40}O_{10}S_2$
3α,7β-Dihydroxy-5β-cholan-24-oic acid bis(hydrogen sulfate).
Anticholelithogenic.

Lipotropics

1534   DL-N-Acetylmethionine
65-82-7   97   200-617-7

$C_7H_{13}NO_3S$
N-Acetylmethionine.
Methionamine. The DL-form is a lipotropic. mp = 114-115°; [D-(+)-form)]: mp = 104-105°; $[\alpha]_D^{25}$ = 20.3 (c = 4 H$_2$O); [L-(-)-form]: mp = 104 °; $[\alpha]_D^{25}$ = -20.3°.

1535   Choline Chloride
67-48-1   2261   200-655-4

$C_5H_{14}ClNO$
2-Hydroxy-N,N,N-trimethyl-ethanaminium chloride.
Biocolina; Hepacholine; Lipotril. A lipotropic agent. Used in veterinary medicine as a nutritional factor and a dietary source of choline. Very soluble in H$_2$O, EtOH; LD$_{50}$ (rat ip) = 400 mg/kg, (rat orl) = 6640 mg/kg.

1536   Choline Dehydrocholate
4201-78-9   2262   224-106-3
$C_{29}H_{48}NO_6$
Dehydrocholic acid salt of choline.
Biscolan. A lipotropic agent. mp = 196-198°.

1537   Choline Dihydrogen Citrate
77-91-8   2263   201-068-6

$C_{11}H_{21}NO_8$
(2-Hydroxyethyl)trimethylammonium citrate.
Chothyn; Cirrocolina; Citracholine. A lipotropic agent. Used in veterinary medicine as a nutritional factor and a dietary source of choline. mp = 105-107.5°; freely soluble in H$_2$O; slightly soluble in EtOH; insoluble in C$_6$H$_6$, CHCl$_3$, Et$_2$O.

1538   Inositol
87-89-8   5008   201-781-2

$C_6H_{12}O_6$
Hexahydroxycyclohexane.
meso-inositol; l-inositol; cyclohexane-hexol; cyclohexitol; meat sugar; inosite; mesoinosite; phaseomannite; dambose; nucite; bios I; rat antispectacled eye factor; mouse antialopecia factor. A lipotropic agent. Vitamin, vitamin source. mp = 225-227°; d = 1.752; soluble in H$_2$O (14 g/100 ml at 25°, 28 g/100 ml at 60°, slightly soluble in EtOH, insoluble on other organic solvents.

1539 Lecithin
8002-43-5   5452   232-307-2

Phosphatidylcholine.
Lecithol; Vitellin; Kelecin; Granulestin. A lipotropic agent. Insoluble in H_2O; soluble in EtOH, $CHCl_3$, Et_2O, petroleum ether; sparingly soluble in C_6H_6; insoluble in Me_2CO; d_4^{24} = 1.0305.

1540 Methionine
63-68-3   6053   200-562-9

$C_5H_{11}NO_2S$
L-Methionine.
Met; M; Acimethin. Hepatoprotectant and antidote for acetaminophen poisoning. An essential amino acid. Used as a urine acidifier and nutritional supplement in veterinary medicine. mp = 280-282° (dec); $[\alpha]_D^{25}$ = -8.11° (c = 0.8), $[\alpha]_D^{20}$ = 23.40° (c = 5.0 3N HCl).

1541 Methionine, D-form
348-67-4   6053   206-483-6

$C_5H_{11}NO_2S$
D-Methionine.
Hepatoprotectant and antidote for acetaminophen poisoning. $[\alpha]_d^{25}$= 8.12° (c = 0.8), $[\alpha]_D^{25}$= -21.18° (c = 0.8 0.2N HCl).

1542 Methionine, DL-form
59-51-8   6053   200-432-1
$C_5H_{11}NO_2S$
DL-Methionine.
racemethionine; Amurex; Banthionine; Dyprin; Lobamine; Metione; Pedameth;

Urimeth. Hepatoprotectant and antidote for acetaminophen poisoning. mp = 281° (dec); d = 1.340; soluble in H_2O (1.82 g/100 ml at 0°, 3.38 g/100 ml at 25°, 6.07 g/100 ml at 60°, 10.52 g/100 ml at 75°, 17.60 g/100 ml at 100°); slightly soluble in EtOH; insoluble in Et_2O; pK_1 = 2.28; pK_2 = 9.21; pH (1% aqueous solution) = 5.6-6.1.

Blood Formation and Coagulation Agents

Antifibrotics

1543 Potassium p-Aminobenzoate
138-84-1   7766   205-338-4

$C_7H_6KNO_2$
p-Aminobenzoic acid potassium salt.
potassium para-aminobenzoate; KPABA; Potaba. Used as an antifibrotic in idiopathic pulmonary fibrosis. Also used as a catalyst in the manufacture of condensation polymers of polyglycol ethers. Freely soluble in H_2O, less soluble in EtOH, insoluble in Et_2O.

1544 Safironil
134377-69-8

$C_{15}H_{23}N_3O_4$
N,N'-Bis(3-methoxypropyl)-2,4-pyridine-carboxamide.
Antifibrotic.

Antineutropenics

1545 Daniplestim
161753-30-6
$C_{564}H_{909}N_{161}O_{166}S_5$
14-L-Alanine-18-L-isoleucine-25-L-histidine-29-L-arginine-32-L-asparagine-37-L-proline-42-L-serine-45-L-methionine-51-L-arginine-55-L-threonine-59-L-leucine-62-L-valine-67-L-histidine-69-L-glutamic acid-73-glycine-76-L-alanine-79-L-arginine-82-L-glutamine.
Hematopoietic stimulant, antineutropenic. *Searle, G.D., & Co.*

1546 Filgrastim
121181-53-1   4558
$C_{845}H_{1339}N_{223}O_{243}S_9$
N-L-Methionyl-colony-stimulating factor (human clone 1034).
Neupogen; r-metHuG-CSF. Hematopoietic stimulant, antineutropenic. *Amgen, Inc.*

1547 Granulocyte Colony Stimulating Factor
4558
CSF-β; G-CSF; GM-DF; MGI-2; pluripoietin. Hematopoietic stimulant, antineutropenic. Stimulates development of neutrophils. A glycoprotein.

1548 Granulocyte-Macrophage Colony Stimulating Factor
4559
Colony-stimulating factor 2.
CSF-2; CSFα; GM-CSF; NIF-T. Hematopoietic stimulant, antineutropenic. Stimulates development of neutrophils and macrophages as well as early erythroid, eosinophilic, megakaryocitic progenitor cells. Inhibits neutrophil migration.

1549 Lenograstim
135968-09-1   4558
rG-CSF. Hematopoietic stimulant, antineutropenic. Component 1 [135968-09-1] and component 2 [130120-54-6]. *Chugai Pharmaceutical Co., Ltd.*

1550 Milodistim
137463-76-4
$C_{1336}H_{2116}N_{362}O_{410}S_{13}$
Colony stimulating factor 2 (human clone pHG25 protein moiety reduced).
Pixykine; PIXY321. Hematopoietic stimulant, antineutropenic. *Immunex Corp.*

1551 Molgramostim
99283-10-0   4559
$C_{639}H_{1007}N_{171}O_{196}S_8$
Colony stimulating factor 2 (human clone pHG25 protein moiety reduced).
Sch-39300. Hematopoietic stimulant, antineutropenic. *Schering-Plough HealthCare Products.*

1552 Muplestim
148641-02-5
$C_{670}H_{1074}N_{186}O_{199}S_5$
Human interleukin 3.
SDZ ILE 964. Hematopoietic stimulant, antineutropenic. *Sandoz Pharmaceuticals Corp.*

1553 Regramostim
127757-91-9   4559
$C_{637}H_{1003}N_{171}O_{187}S_8$
Colony stimulating factor 2 (human clone pCSF-1 protein moiety reduced), glycoform GMC 89-107.
GMC-89-107; GM-CSF; rhGm-CSF. Hematopoietic stimulant, antineutropenic. A glycoprotein produced in Chinese hamster ovary cells by recombinant DNA technology. *Sandoz Pharmaceuticals Corp.*

1554 Sargramostim
123774-72-1
$C_{639}H_{1002}N_{168}O_{196}S_8$
Colony stimulating factor 2 (human clone pHG_{25} protein moiety), 23-L-leucine.
Leukine; B161.012; rhu GM-CSF. Hematopoietic stimulant, antineutropenic. A variably glycoprotein produced in yeast by recombinant DNA technology. *Immunex Corp.*

Antithrombocythemics

1555 Anagrelide
68475-42-3   665

$C_{10}H_7Cl_2N_3O$
6,7-Dichloro-1,5-dihydroimidazo[2,1-b]-quinazolin-2(3H)-one.
Antithrombotic, antithrombocythemic. Roberts Pharmaceutical Corp.; Bristol-Myers Squibb Co.

1556 Anagrelide Hydrochloride
58579-51-4   665
$C_{10}H_8Cl_3N_3O$
6,7-Dichloro-1,5-dihydroimidazo[2,1-b]-quinazolin-2(3H)-one hydrochloride.
BL-4162A; BMY-26538-01; Agrelin; Agrylin. Antithrombotic, antithrombocythemic. mp >280°. Roberts Pharmaceutical Corp.; Bristol-Myers Squibb Co.

Antithrombotics

1557 Anagrelide
68475-42-3   665

$C_{10}H_7Cl_2N_3O$
6,7-Dichloro-1,5-dihydroimidazo[2,1-b]-quinazolin-2(3H)-one.
Antithrombotic, antithrombocythemic. Roberts Pharmaceutical Corp.; Bristol-Myers Squibb Co.

1558 Anagrelide Hydrochloride
58579-51-4   665
$C_{10}H_8Cl_3N_3O$
6,7-Dichloro-1,5-dihydroimidazo[2,1-b]-quinazolin-2(3H)-one hydrochloride.
BL-4162A; BMY-26538-01; Agrelin; Agrylin. Antithrombotic, antithrombocythemic. mp >280°. Roberts Pharmaceutical Corp.; Bristol-Myers Squibb Co.

1559 Antithrombin III
52014-67-2
The glycoprotein antithrombin obtained from human plasma.
Kybernin; Thrombate III. Antithrombotic. Bayer Corp., Pharmaceutical Div.; Hoechst-Roussel Pharmaceuticals Inc.

1560 Argatroban
74863-84-6   816

$C_{23}H_{36}N_6O_5S$
(2R,4R)-4-Methyl-1-[N^2-[(1,2,3,4-tetra-hydro-3-methyl-8-quinolyl)sulfonyl]-L-arginyl]pipecolic acid.
Novastan; GN1600; argipidine; MQPA. Antithrombotic. mp = 188-191°. Mitsubishi Chemical Corp.

1561 Argatroban Hydrate
141396-28-3   816
$C_{23}H_{36}N_6O_5S \cdot H_2O$
(2R,4R)-4-Methyl-1-[N^2-[(1,2,3,4-tetra-hydro-3-methyl-8-quinolyl)sulfonyl]-L-arginyl]pipecolic acid monohydrate.
MCI-9038; Slonnon; MD-805; DK-7419; OM-805. Antithrombotic. mp = 176-180°; $[\alpha]_D^{27}$ = 76.1° (c = 1 0.2N HCl). Mitsubishi Chemical Corp.

1562 Aspirin
50-78-2   886   200-064-1

$C_9H_8O_4$
Acetylsalicylic acid.
o-carboxyphenyl acetate; 2-(acetyloxy)-

benzoic acid; acetate salicylic acid; salicylic acid acetate; Acenterline; Aceticyl; Acetosal; Acetosalic Acid; Acetosalin; Acetylin; Acetyl-SAL; Acimetten; Acylpyrin; Arthrisin, A.S.A; Asatard; Aspro; Asteric; Caprin; Claradin; Colfarit; Contrheuma retard; Duramax; ECM; Ecotrin; Empirin; Encaprin; Endydol; Entrophen; Enterosarine; Helicon; Levius; Longasa; Measurin; Neuronika; Platet; Rhodine; Salacetin; Salcetogen; Saletin; Solrin; Solpyron; Xaxa; Alka-seltzer; Anacin; Ascriptin; Bufferin; Coricidin D; Darvon compound; Excedrin; Gelprin; Robaxisal; Vanquish; Ascoden-30; Coricidin; Norgesic; Persistin; Supac; Triaminicin; acetophen; acidum acetylsalicylicum; acetilum acidulatum; Acetonyl; Adiro; acenterine; acetosal; acetosalic acid; acetosalin; acetylin; acetylsal; acylpyrin; asteric; caprin; colfarit; entrophen; enterosarine; rhodine; salacetin; salcetogen; saletin; acesal; acetilsalicilico; acetisal; acetonyl; asagran; asatard; aspalon; aspergum; aspirdrops; AC 5230; benaspir; entericin; extren; bialpirinia; contrheuma retard; Crystar; Delgesic; Dolean ph 8; enterophen; globoid; idragin. Analgesic; antipyretic; anti-inflammatory. Also has platelet aggregation inhibiting, antithrombotic, and antirheumatic properties. Can inhibit the synthesis of platelet thromboxane A_2, thereby inhibiting platelet aggregation. Used in veterinary medicine as an anticoagulant. mp = 135; d = 1.40; λ_m = 229, 277 nm ($E_{1cm}^{1\%}$ 484, 68 0.1N H_2SO_4); pH (25°) = 3.49; slightly soluble in H_2O (1 g/300 ml at 25°, 1 g/100 ml at 37°); soluble in alc (1 g/5 ml), $CHCl_3$ (1 g/17 ml), Et_2O (≅1 g/10 ml); LD_{50} (mus orl) = 1100 mg/kg; inorganic salts are sollluble in H_2O, but decompose quickly. *American Home Products; Boots Pharmaceuticals Inc.; Bristol-Myers Squibb Co.; Eli Lilly & Co.; Parke-Davis; Schering-Plough HealthCare Products; SmithKline Beecham Pharmaceuticals; Sterling Health U.S.A.; Sterling Winthrop, Inc.; Upjohn Ltd.*

1563 Beciparcil
130782-54-6

$C_{12}H_{13}NO_3S_2$
p-[(5-Thio-β-D-xylopyranosyl)thio]-benzonitrile.
Antithrombotic.

1564 Bivalirudin
128270-60-0
$C_{98}H_{138}N_{24}O_{33}$
D-Phenylalanyl-L-prolyl-L-arginyl-L-prolylglycylglycylglycylglycyl-L-asoaraginylglycyl-L-α-aspartyl-L-phenylalanyl-L-α-glutamyl-L-α-glutamyl-L-tyrosyl-L-leucine.
H-D-Phe-Pro-Arg-Pro-Gly-Gly-Gly-Gly-Asn-Gly-Asp-Phe-Glu-Glu-Ile-Pro-Glu-Glu-Tyr-Leu-OH; Hirulog; BG8967. Antithrombotic and anticoagulant. *Biogen, Inc.*

1565 Cilostazol
73963-72-1   2335

$C_{20}H_{27}N_5O_2$
6-[4-(1-Cyclohexyl-1H-tetrazol-5-yl)-butoxy]-3,4-dihydroxycarbostyril.
OPC-13013;   OPC-21;   Pletaal. Antithrombotic, vasodilator and platelet inhibitor. mp = 169.4-170.3°; λ_m = 257 nm (ε 15200 MeOH); freely soluble in AcOH, $CHCl_3$, DMSO; insoluble in Et_2O, H_2O, 0.1N HCl, 0.1N NaOH. *Otsuka America Pharmaceuticals, Inc.*

1566 Clopidogrel
113665-84-2   2457

$C_{16}H_{16}ClN_2OS$
Methyl (+)-(S)-α-(o-chlorophenyl)-6,7-dihydrothieno[3,2-c]pyridine-5(4H)-acetate.
SR-25990. Platelet inihibtor and antithrombotic. $[\alpha]_d^{20}$ = 51.52° (c = 1.61 MeOH). *Sanofi, Inc.*

1567 Clopidogrel Hydrogen Sulfate
135046-48-9   2457
$C_{16}H_{18}ClN_2O_5S_2$
Methyl (+)-(S)-α-(o-chlorophenyl)-6,7-dihydrothieno[3,2-c]pyridine-5(4H)-acetate sulfate (1:1).
SR-25990C; Plavix. Platelet inihibtor and antithrombotic. mp = 184°; $[\alpha]_D^{20}$ = 55.10° (c = 1.891 MeOH). *Sanofi, Inc.*

1568 Cloricromen
68206-94-0   2467

$C_{20}H_{26}ClNO_5$
Ethyl [[8-chloro-3-[2-(diethylamino)ethyl]-4-methyl-2-oxo-2H-1-benzopyran-7-yl]oxy]acetate.
AD_6. Vasodilator and antithrombotic. mp = 147-148°. *Fidia Pharmaceuticals.*

1569 Cloricromen Hydrochloride
74697-28-2   2467
$C_{20}H_{27}Cl_2NO_5$
Ethyl [[8-chloro-3-[2-(diethylamino)ethyl]-4-methyl-2-oxo-2H-1-benzopyran-7-yl]oxy]acetate hydrochloride.
Cromocap; Proendotel. Vasodilator and antithrombotic. mp = 219-220°. *Fidia Pharmaceuticals.*

1570 Dalteparin Sodium
9041-08-1   2870
Sodium salt of heparin depolymerized by nitrous acid degradation.
Antithrombotic. *Kabi.*

1571 Daltroban
79094-20-5   2871

$C_{16}H_{16}ClNO_4S$
[p-[2-(p-Chlorobenzenesulfonamido)ethyl]phenyl]acetic acid.
SK&F-91648; BM-13.505. Antithrombotic and immunosuppressant. *Boehringer Mannheim GmbH; SmithKline Beecham Pharmaceuticals.*

1572 Danaparoid Sodium
Mixture of sodium salts of heparin sulfate and chondroitin sulfate.
ORG-10172. Antithrombotic. *Diosynth. B.V.*

1573 Dazoxiben
78218-09-4

$C_{12}H_{12}N_2O_3$
p-(2-Imidazol-1-ylethoxy)benzoic acid.
Antithrombotic. *Pfizer International.*

1574 Dazoxiben Hydrochloride
74226-22-5
$C_{12}H_{13}ClN_2O_3$
p-(2-Imidazol-1-ylethoxy)benzoic acid hydrochloride.
UK-37248-01. Antithrombotic. *Pfizer International.*

1575 Defibrotide
83712-60-1 2915
Polydeoxyribonucleotides from bovine lung; molecular weihgt between 15000 and 30000.
Fraction P; defibrinotide; Dasovas; Noravid; Prociclide. Antithrombotic. *Crinos.*

1576 Dipyridamole
58-32-2 3410 200-374-7

$C_{24}H_{40}N_8O_4$
2,2',2'',2'''-[(4,8-Dipiperidinylpyrimido-[5,4-d]pyrimidine-2,6-diyl)dinitrilo]-tetraethanol.
NSC-515776; RA-8; Anginal; Cardoxil; Cleridium; Coridil; Coronarine; Curantyl; Dipyridan; Gulliostin; Natyl; Peridamol; Persantine; Piroan; Prandiol; Protangix. Vasodilator (coronary). Phosphodiesterase inhibitor. Decreases platelet aggregation to damaged endothelium. mp = 163°; slightly soluble in H_2O; soluble in MeOH, EtOH, $CHCl_3$; slightly soluble in Me_2CO, C_6H_6, EtOAc; LD_{50} (rat orl) = 8400 mg/kg, (rat iv) = 208 mg/kg. *Thomae; Boehringer Ingelheim Ltd.*

1577 Efegatran
105806-65-3

$C_{21}H_{32}N_6O_3$
N-Methyl-D-phenylalanyl-N-[(1S)-1-formyl-4-guanidinobutyl]-L-prolinamide.
LY-294468. An antithrombotic agent. *Eli Lilly & Co.*

1578 Efegatran Sulfate
126721-07-1
$C_{21}H_{34}N_6O_7$
N-Methyl-D-phenylalanyl-N-[(1S)-1-formyl-4-guanidinobutyl]-L-prolinamide sulfate (1:1).
LY-294468 sulfate. Antithrombotic. *Eli Lilly & Co.*

1579 Enoxaparin Sodium
9041-08-1 3626
Sodium salt of depolymerized heparin.
Clexane; Ultraparin; Lovenox Injection; RP-54563; PK-10169. Antithrombotic; molecular weight between 3500 and 5500 Da. *Rhône-Poulenc Rorer Pharmaceuticals Inc.*

1580 Fluretofen
56917-29-4

$C_{14}H_9F$
4'-Ethynyl-2-fluorobiphenyl.
compound 93819. Antithrombotic. *Eli Lilly & Co.*

1581 Ifetroban Sodium
156715-37-6

$C_{25}H_{31}N_2NaO_5$
Sodium o-[[(1S,2R,3S,4R)-3-[4-(pentylcarbamoyl)-2-oxazolyl]-7-oxabicyclo-[2.2.1]hept-2-yl]methyl]hydrocinnamate.
BMS-180291-02. Antithrombotic. *Bristol-Myers Squibb Pharmaceutical Res. and Dev.*

1582 Iliparcil
137214-72-3

$C_{16}H_{18}O_6S$
4-Ethyl-7-[(5-thio-β-D-xylopyranosyl)-oxy]coumarin.
Antithrombotic.

1583 Iloprost
78919-13-8   4940

$C_{22}H_{32}O_4$
(E)-(3aS,4R,5R,6aS)-Hexahydro-5-hydroxy-4-[(E)-(3S,4RS)-3-hydroxy-4-methyl-1-octen-6-ynyl]-Δ$^{2(1H),δ}$-pentalenevaleric acid.
ciloprost; ZK-36374; [tromethamine salt ($C_{26}H_{43}NO_7$)]: Endoprost; Ilomedin. Antithrombotic and peripheral vasodilator. Colorless oil. Schering AG.

1584 Indobufen
63610-08-2   4991   264-364-4

$C_{18}H_{17}NO_3$
(±)-2-[p-(1-Oxo-2-isoindolinyl)phenyl]-butyric acid.
K-2930; Ibustrin. Antithrombotic. mp = 182-184°. Ciba plc.

1585 Inicarone
39178-37-5

$C_{17}H_{15}NO_2$
2-Isopropyl-3-benzofuranyl 4-pyridyl ketone.
Antithrombotic.

1586 Inogatran
155415-08-0

$C_{21}H_{38}N_6O_4$
N-[(1R)-2-Cyclohexyl-1-[[(2S)-2-[(3-guanidinopropyl)carbamoyl]piperidino]-carbonyl]ethyl]glycine.
Thrombin inihibitor. Antithrombotic.

1587 Integrelin
157630-07-4   5013
A synthetic, disulfide linked heptapeptide based on barbourin.
A fibrinogen receptor antagonist used as an antithrombotic; isolated from venom of the southeastern pigmy rattlesnake.

1588 Isbogrel
89667-40-3   5120

$C_{18}H_{19}NO_2$
(E)-7-Phenyl-7-(3-pyridyl)-6-heptenoic acid.
CV-4151. Antithrombotic. mp = 114-115°. Takeda.

1589 Israpafant
117279-73-9

$C_{28}H_{29}ClN_4S$
(±)-4-(o-Chlorophenyl)-2-(p-isobutyl-phenethyl)-6,9-dimethyl-66H-thieno-[3,2-f]-s-triazolo[4,3-a][1,4]diazepine.
Antithrombotic. Platelet-activating factor (PAF) antagonist.

1590 Lamifiban
144412-49-7   5362

$C_{24}H_{28}N_4O_6$
[[1-[N-(p-Amidinobenzoyl)-L-tyrosyl]-4-piperidyl]oxy]acetic acid.
Ro-44-9883/000. Antithrombotic. Specific nonpeptide platelet fibrinogen receptor (GPIIb/IIIa) antagonist. mp > 200° (dec); $[\alpha]_D^{20}$ = 29.8° (c = 0.86 1N HCl). Hoffmann-LaRoche Inc.

1591 Lamifiban Trifluoracetate Salt
144412-50-0   5362
$C_{26}H_{29}F_3N_4O_8$
[[1-[N-(p-Amidinobenzoyl)-L-tyrosyl]-4-piperidyl]oxy]acetic acid trifluoroacetate salt.
Antithrombotic. Specific nonpeptide platelet fibrinogen receptor (GPIIb/IIIa) antagonist. mp = 125-130° (dec); LD_{50} (mus iv) = 250 mg/kg. Hoffmann-LaRoche Inc.

1592 Lamoparan
5366
Low molecular weight heparinoid. Org-10172. Antithrombotic. Derived from porcine intestinal mucosa. A mixture of sulfated glycosaminoglycans. Mean molecular weight is 6500. Activity similar to that of heparin, but with a lower hemorrhagic effect. $[\alpha]_D^{20}$ = 30° to 70°; slightly hygroscopic.

1593 Lefradafiban
149503-79-7

$C_{23}H_{25}N_3O_6$
(3S,5S)-5-[[[4'-(Carboxyamidino)-4-biphenylyl]oxy]methyl]-2-oxo-3-pyrrolidineacetic acid dimethyl ester.
Prodrug of fradafiban. A specific nonpeptide platelet fibrinogen receptor (GPIIb/IIIa) antagonist.

1594 Lepirudin
138068-37-8
$C_{287}H_{440}N_{80}O_{111}S_6$
1-L-Leucine-2-L-threonine-63-desulfohirudin.
recombinant hirudin; r-hirudin; HBW-023. A recombinant form of hirudin. Produces parenteral anticoagulation for treatment of heparin-induced thrombocytopenia. Antithrombotic; anticoagulant.

1595 Linotroban
120824-08-0

$C_{14}H_{15}NO_5S_2$
5-[2-(Phenylsulfonylamino)ethyl]-thienyloxy-acetic acid.
HN-11500. Thromboxane A2 receptor antagonist. Antithrombotic.

1596 Melagatran
159776-70-2

$C_{22}H_{31}N_5O_4$
N-[(R)-[[(2S)-2-[(p-Amidinobenzyl)-carbamoyl]-1-azetidinyl]carbonyl]-cyclohexylmethyl]glycine.
A synthetic, low molecular-weight thrombin inhibitor. Antithrombotic.

1597 Modipafant
122957-06-6

$C_{34}H_{29}ClN_6O_3$
(+)-(R)-4-(o-Chlorophenyl)-1,4-dihydro-6-methyl-2-[p-(2-methyl-1H-imidazo-[4,5-c]-pyridin-1-yl)phenyl]-5-(2-pyridyl-carbamoyl)nicotinate.
UK-80067. Platelet-activating factor (PAF) antagonist. Antithrombotic.

1598 Nadroparin Calcium
6434
Calcium salt of heparin depolymerized by nitrous acid degradation.
Molecular weight between 4000 and 5000. CY-16. Antithrombotic.

1599 Nafazatrom
59040-30-1   261-571-1

$C_{16}H_{16}N_2O_2$
3-Methyl-1-[2-(2-naphthyloxy)ethyl]-2-pyrazolin-5-one.
Bay g 6575. Synthetic pyrazolinone derivative. Leukotriene synthesis inhibitor and lipoxygenase inhibitor. Has antimetastatic and antithrombotic properties.

1600 Napsagatran
159668-20-9

$C_{26}H_{34}N_6O_6S \cdot H_2O$
N-[N^4-[[(3S-1-Amidino-3-piperidyl]-methyl]-n^2-(2-naphthylsulfonyl)-L-asparaginyl]-N-cyclopropylglycine monohydrate.
N-[N-[[1-(aminoiminomethyl)-3-piperi-dinyl]methyl]-N^2-(2-naphthalenylsulfonyl)-L-asparginyl]-N-cyclopropylglycine monohydrate; Ro-46-6240/010. Antithrombotic. *Hoffmann-LaRoche Inc.*

1601 Naroparcil
120819-70-7

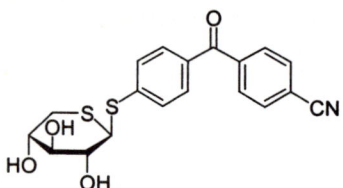

$C_{19}H_{17}NO_4S_2$
p-[p-[(5-Thio-β-D-xylopyranosyl)thio]-benzoyl]benzonitrile.
A β-D-Xyloside analog. Antithrombotic.

1602 Nictindole
36504-64-0   253-070-1

$C_{17}H_{16}N_2O_3$
[2-(1-Methylethyl)-1H-indol-3-yl]-3-pyridinylmethanone.
L-8027. Thromboxane inhibitor. Antithrombotic.

1603 Orbofiban Acetate
165800-05-5

$C_{17}H_{23}N_5O_4 \cdot 1/4H_2O$
N-[[(3S)-1-(p-Amidinophenyl)-2-oxo-3-pyrrolidinyl]carbamoyl]-β-alanine ethyl ester monoacetate quadrantihydrate.
SC-57099B. Antithrombotic and platelt aggregation inhibitor. Searle, G.D., & Co.

1604 Ozagrel
82571-53-7   7115

$C_{13}H_{12}N_2O_2$
(E)-p-(Imidazol-1-ylmethyl)-cinnamic acid.
OKY-046; [ozagrel sodium ($C_{13}H_{11}N_2NaO_2$)]: Cataclot; Xanbon. Antithrombotic. mp = 223-224°; [ozagrel sodium]: LD_{50} (mmus iv) = 1940 mg/kg, (mmus orl) = 3800 mg/kg, (mmus sc) = 2450 mg/kg, (fmus iv) = 1580 mg/kg, (fmus orl) = 3600 mg/kg, (fmus sc) = 2100 mg/kg, (mrat iv) = 1150 mg/kg, (mrat orl) = 5900 mg/kg, (mrat sc) = 2300 mg/kg, (frat iv) = 1300 mg/kg, (frat orl) = 5700 mg/kg, (frat sc) = 2250 mg/kg. *Kissei; Ono Pharmaceutical Co., Ltd.*

1605 Ozagrel Hydrochloride
78712-43-3   7115
$C_{13}H_{13}ClN_2O_2$
(E)-p-(Imidazol-1-ylmethyl)cinnamic acid hydrochloride.
Antithrombotic. mp = 214-217°. *Kissei; Ono Pharmaceutical Co., Ltd.*

1606 Picotamide
32828-81-2   7560   251-245-7

$C_{21}H_{20}N_4O_3$
4-Methoxy-N,N'-bis(3-pyridinylmethyl)-1,3-benzenedicarboxamide.
G-137. Antithrombotic, fibrinolytic and anticoagulant. mp = 124°; LD_{50} (mus ip) = 1205 mg/kg. *Soc. Italo-Brit. L. Manetti-H. Roberts.*

1607 Picotamide Hydrate
80530-63-8   7560
$C_{21}H_{20}N_4O_3 \cdot H_2O$
4-Methoxy-N,N'-bis(3-pyridinylmethyl)-1,3-benzenedicarboxamide monohydrate.
Plactidil. Antithrombotic. *Soc. Italo-Brit. L. Manetti-H. Roberts.*

1608 Plafibride
63394-05-8   7673   264-121-2

$C_{16}H_{22}ClN_3O_4$
1-[2-(p-Chlorophenoxy)-2-methyl-propionyl]-3-(morpholinomethyl)urea.
ITA-104; Idonor; Perifunal. Antithrombotic. mp = 100-102°; soluble in Me_2CO; slightly soluble in EtOH; insoluble in H_2O, petroleum ether; LD_{50} (mus orl) = 3569 mg/kg, (rat orl) > 4000 mg/kg, (gpg orl) = 2168 mg/kg. *Investigacion Tecnica y Aplicada.*

1609 Ramatroban
116649-85-5

$C_{21}H_{21}FN_2O_4S$
(3R)-3-(4-Fluorophenylsulfonamido)-1,2,3,4-tetrahydro-9-carbazolepropanoic acid.
BAY- u3405. A thromboxane A2 receptor antagonist. Antithrombotic antiasthmatic. *Bayer AG.*

1610 Reviparin Sodium
            8336
Sodium salt of heparin depolymerized by nitrous acid degradation.
Antithrombotic; molecular weight between 2000 and 4500.

1611 Ridogrel
110140-89-1   8379

$C_{18}H_{17}F_3N_2O_3$
(E)-5-[[[α-3-Pyridyl-m-(trifluoromethyl)-benzylidene]amino]oxy]valeric acid.
R-68070. Thromboxane synthetase inhibitor. Used as an antithrombotic. mp = 70.3°. *Janssen Pharmaceutical Inc.*

1612 Rolafagrel
89781-55-5

$C_{14}H_{12}N_2O_2$
5,6-Dihydro-7-imidazol-1-yl)-naphthoic acid.
FCE-22178. Thromboxane inhibitor. Used in amelioration of progressive kidney disease. Antithrombotic.

1613 Roxifiban Acetate
176022-59-6

$C_{23}H_{33}N_5O_8$
(2S)-3-[2-[(5R)-3-(p-Amidinophenyl)-2-isoxazolin-5-yl]acetamido]-2-(carboxyamino)propionic acid 2-butylmethyl ester monoacetate.
DMP-754. Fibrinogen receptor antago-

nist; used as an antithrombotic. [CAS RN for Roxifiban is 170802-47-3]. *DuPont Merck Pharmaceutical Co.*

1614   Rupatadine
158876-82-5

$C_{26}H_{26}ClN_3$
8-Chloro-6,11-dihydro-11-[1-[(5-methyl-3-pyridinyl)methyl]-4-piperidinylidene]-5H-benzo[5,6]-cyclohepta[1,2b]-pyridine.
UR-12592. Orally active dual antagonist of histamine and platelet-activating factor.

1615   Sarpogrelate
125926-17-2

$C_{24}H_{31}NO_6$
(±)-2-(Dimethylamino)-1-[[o-(m-methoxyphenethyl)phenoxy]ethyl hydrogen succinate.
MCI-9042 [as hydrochloride]; Anplag [as hydrochloride]. A serotonin 2A (5-HT2A) receptor antagonist. Antiplatelet agent. Antithromobotic.

1616   Satigrel
111753-73-2

$C_{20}H_{19}NO_4$
4-Cyano-5,5-bis(p-methoxyphenyl)-4-pentenoic acid.
E-5510. Antiplatelet aggregation agent. Antithrombotic.

1617   Sibrafiban
172927-65-0

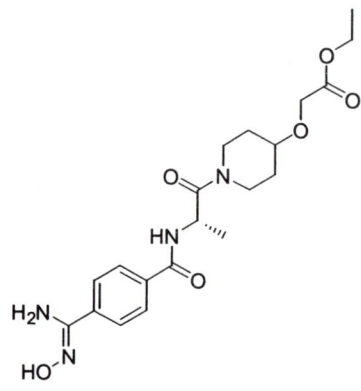

$C_{20}H_{28}N_4O_6$
Ethyl (Z)-[[1-N-[(p-hydroxyamidino)-benzoyl]-L-alanyl]-4-piperidyl]oxy]-acetate.
[[1-[2-[[4-[amino9hydroxyimino)methyl]-benzoyl]amino]-1-oxopropyl]-4-piperidinyl]oxyacetic acid; Ro-48-3657/001. Fibrinogen receptor antagonist and platelet aggregation inhibitor; also used as an antithrombotic. *Hoffmann-LaRoche Inc.*

1618 Sulfinpyrazone
57-96-5   9121   200-357-4

$C_{23}H_{20}N_2O_3S$
1.2-Diphenyl-4-[2-phenylsulfinyl)ethyl]-3,5-pyrazolidinedione.
Anturane; G-28315; Anturane; Anturano; Enturen. Antithrombotic and uricosuric. A nonsteroidal anti-inflammatory agent. Inhibits cyclooxygenase. Prolongs circulating platelet survival. mp = 136-137°; λ_m = 255 nm (1N NaOH); soluble in EtOAc, $CHCl_3$; slightly soluble in H_2O, EtOH, Et_2O, mineral oils; [d-form]: mp = 130-133°; $[\alpha]^2_D$ = 67.1° (c = 2.04 EtOH), $[\alpha]^{25}_D$ = 109.3 (c = 0.5 $CHCl_3$); [l-form]: mp = 130-133°; $[\alpha]^{23}_D$ = -64.2° (c = 2.14 EtOH), $[\alpha]^{26}_D$ = -104.5° (c = 0.5 $CHCl_3$). Ciba-Geigy Corp.

1619 Sulodexide
57821-29-1
Glucorono-2-amino-2-deoxyglucoglucan sulfate.
3GS. A glycosaminoglycan. Antithrombotic; profibrinolytic. A highly purified preparation containing a fast-moving heparin fraction as well as dermatansulfate. Used in treatment of peripheral arterial disease, cardiovascular events, postphlebitic syndrome and albuminuria in nephropathy.

1620 Taprostene
108945-35-3   9227

$C_{24}H_{30}O_5$
α-[(2Z,3aR,4R,5R,6aS)-4-[(1E,3S)-3-Cyclohexyl-3-hydroxypropenyl]hexahydro-5-hydroxy-2H-cyclopenta[b]-furan-2-ylidene]-m-toluic acid.
Antithrombotic; platelet aggregation inhibitor. A prostacyclin analog. Grünenthal.

1621 Taprostene Sodium Salt
87440-45-7   9227

$C_{24}H_{29}NaO_5$
α-[(2Z,3aR,4R,5R,6aS)-4-[(1E,3S)-3-Cyclohexyl-3-hydroxypropenyl]hexahydro-5-hydroxy-2H-cyclopenta[b]furan-2-ylidene]-m-toluic acid sodium salt.
CG-4203; Rheocyclan. Antithrombotic; platelet aggregation inhibitor. A prostacyclin analog. $[\alpha]^{22}_D$ = 249° (c = 0.68 MeOH); LD_{50} (mus iv) = 164 mg/kg, (rat iv) = 20 mg/kg. Grünenthal.

1622 Teopranitol
81792-35-0

$C_{16}H_{22}N_6O_7$
1,4:3,6-Dianhydro-2-deoxy-2-[[3-(1,2,3,6-tetrahydro-1,3-dimethyl-2,6-dioxopurin-7-yl)propyl]amino]-L-iditol 5-nitrate.
An organic nitrate that stimulates the release of a prostacyclin (PGI2)-like antiplatelet activity. Shows vasodilating and antiplatelet activity.

1623 Terbogrel
149979-74-8

$C_{23}H_{27}N_5O_2$
(5E)-6-[m-(3-tert-Butyl-2-cyanoguanidino)phenyl]-6-(3-pyridyl)-5-hexenoic acid.
Omega-disubstituted alkenoic acid derivative derived from samixogrel. Combined thromboxane A2 receptor antagonist-thromboxane A2 synthase inhibitor. Antithrombotic.

1624 Ticlopidine
55142-85-3   9569   259-498-5

$C_{14}H_{14}CINS$
5-(o-Chlorobenzyl)-4,5,6,7-tetrahydrothieno-[3,2-c]pyridine.
Platelet aggregation inihibitor; used as antithrombotic. *Sanofi, Inc.*

1625 Ticlopidine Hydrochloride
53885-35-1   9569   258-837-4
$C_{14}H_{15}Cl_2NS$
5-(o-Chlorobenzyl)-4,5,6,7-tetrahydrothieno-[3,2-c]pyridine hydrochloride.
Anagregal; Caudaline; Panaldine; Ticlid; Ticlodox; Ticlodone; Ticlosin; Tiklid; 53-32C; 4-C-32. Platelet aggregation inihibitor; used as antithrombotic. mp = 190°; λ_m = 214, 268, 295 nm ($A_{1\ cm}^{1\%}$ = 303.8, 1.314 2 H_2O); soluble in H_2O, EtOH, MeOH, $CHCl_3$; insoluble in Et_2O; LD_{50} (mus iv) = 55 mg/kg, (mus orl) > 300 mg/kg. *Sanofi, Inc.; C.M. Industries.*

1626 Tinzaparin Sodium
9592
Sodium salt of heparin depolymerized by heparinase degradation; molecular weight between 1500 and 10000. Antithrombotic. *Novo Nordisk Pharmaceuticals Inc.; Leo AB.*

1627 Tioxaprofen
40198-53-6   254-834-7

$C_{18}H_{13}Cl_2NO_3S$
2-[[4,5-Bis-(p-chlorophenyl)-2-oxazolyl]thio]propionic acid.
EMD-26644. Anti-inflammatory; antithrombotic; antimycotic.

1628 Tirofiban
144494-65-5   9605

$C_{22}H_{36}N_2O_5S$
N-(Butylsulfonyl)-4-[4-(4-piperidyl)-butoxy]-L-phenylalanine.
Used as an antithrombotic and for treatment of unstable angina. mp = 223-225°. *Merck & Co., Inc.*

1629 Tirofiban Hydrochloride
53567-47-8   9605
$C_{22}H_{37}ClN_2O_5S \cdot H_2O$
N-(Butylsulfonyl)-4-[4-(4-piperidyl)-butoxy]-L-phenylalanine hydrochloride.
Aggrastat; MK-383; L-700462. Used as an antithrombotic and for treatment of unstable angina. *Merck & Co., Inc.*

Blood Formation, Coagulation Agents

1630 Tirofiban Hydrochloride Monohydrate
150915-40-5   9605
$C_{22}H_{37}ClN_2O_5S \cdot H_2O$
N-(Butylsulfonyl)-4-[4-(4-piperidyl)-butoxy]-L-phenylalanine hydrochloride monohydrate.
MK-383; Aggrastat. Antithrombotic. mp = 130-132°; $[\alpha]_D^{25}$ = -14.4° (c = 0.92 MeOH). Merck & Co., Inc.

1631 Trequinsin
79855-88-2

$C_{24}H_{27}N_3O_3$
2,3,6,7-Tetrahydro-2-(mesitylimino)-9,10-dimethoxy-3-methyl-4H-pyrimido[6,1-a]isoquinoline-4-one.
HL-725 [as hydrochloride]. Selective phosphodiesterase 3 inhibitor. Antihypertensive vasodilator; antithromotic.

1632 Tretoquinol
30418-38-3   9719

$C_{19}H_{23}NO_5$
(±)-1,2,3,4-Tetrahydro-1-(3,4,5-trimethoxybenzyl)-6,7-isoquinolinediol. trimethoquinol; trimetoquinol; [l-form hydrochloride]: AQ-110; Inolin; Vems. A catecholamine. A highly potent beta 2-adrenoceptor and site-selective thromboxane A2/prosta-glandin H2 receptor ligand. l-Form hydrochloride acts as a bronchodilator. Dec 224.5-226°.

1633 Trifenagrel
84203-09-8

$C_{25}H_{25}N_3O$
2-[o-[2-(Dimethylamino)ethoxy]phenyl]-4,5-diphenylimidazole.
BW-325U. Antithrombotic. Glaxo Wellcome Inc.

1634 Triflusal
322-79-2   9817   206-297-5

$C_{10}H_7F_3O_4$
α,α,α-Trifluoro-2,4-cresotic acid acetate. UR-1501; Disgren. Inhibitor of platelet aggregation; antithrombotic. mp = 110-112°, 120-122°; soluble in EtOH, insoluble in H_2O; LD_{50} (mus orl) = 437 mg/kg, (mus ip) = 380 mg/kg, (rat orl) = 402 mg/kg, (ra ip) = 217 mg/kg. Uriach.

Fibrinogen Receptor Antagonists

1635 Fradafiban
148396-36-5

$C_{20}H_{21}N_3O_4$
(3S,5S)-5-[[(4'-Amidino-4-biphenylyl)oxy]methyl]-2-oxo-3-pyrrolidoneacetic acid.
Fibrinogen receptor antagonist.

Blood Formation, Coagulation Agents

1636 Lamifiban
144412-49-7   5362

$C_{24}H_{28}N_4O_6$
[[1-[N-(p-Amidinobenzoyl)-L-tyrosyl]-4-piperidyl]oxy]acetic acid.
Ro-44-9883/000. Fibrinogen receptor antagonist. Used as an antithrombotic. mp > 200°; $[\alpha]_D^{20}$ = 29.8° (c = 0.86 1N HCl). *Hoffmann-LaRoche Inc.*

1637 Lamifiban Trifluoroacetate
144412-50-0   5362
$C_{26}H_{29}F_3N_4O_8$
[[1-[N-(p-Amidinobenzoyl)-L-tyrosyl]-4-piperidyl]oxy]acetic acid trifluoroacetate. Fibrinogen receptor antagonist. Used as an antithrombotic. mp = 125-130° (dec); LD_{50} (mus iv) = 250 mg/kg. *Hoffmann-LaRoche Inc.*

1638 Tirofiban
144494-65-5   9605

$C_{22}H_{36}N_2O_5S$
N-(Butylsulfonyl)-4-[4-(4-piperidyl)-butoxy]-L-phenylalanine.
Fibrinogen receptor antagonist. Used as an antithrombotic and in the treatment of unstable angina. mp = 223-225°. *Merck & Co., Inc.*

1639 Tirofiban Hydrochloride
142373-60-2   9605
$C_{22}H_{37}ClN_2O_5S$
N-(Butylsulfonyl)-4-[4-(4-piperidyl)-butoxy]-L-phenylalanine hydrochloride. Fibrinogen receptor antagonist. Used as an antithrombotic and in the treatment of unstable angina. *Merck & Co., Inc.*

1640 Tirofiban Hydrochloride Monohydrate
150915-40-5   9605
$C_{22}H_{37}ClN_2O_5S \cdot H_2O$
N-(Butylsulfonyl)-4-[4-(4-piperidyl)-butoxy]-L-phenylalanine hydrochloride monohydrate.
Aggrastat; MK-383; L-700462. Fibrinogen receptor antagonist. Used as an antithrombotic and in the treatment of unstable angina. mp = 131-132°; $[\alpha]_D^{25}$ = -14.4° (c = 0.92 MeOH). *Merck & Co., Inc.*

Hematinics

1641 Ammonium Ferric Citrate
1185-57-5   547
Ferric ammonium citrate.
Iron ammonium citrate; ammonium ferric citrate; ferric ammonium citrate; 2-hydroxy-1,2,3-propanetricarboxylic acid, ammonium iron (3+) salt; FAC; ammonium iron (III) citrate; Soluble Ferric Citrate; prothoate+; iron (III) ammonium citrate; ammonium iron(III) citrate, brown. Hematinic. Very soluble in H_2O, insoluble in EtOH. *Mallinckrodt, Inc.*

1642 Aquacobalamin
13422-52-1   4854   236-534-8
$C_{62}H_{90}CoN_{13}O_{15}P \cdot OH$
Cobinamide hydroxide monohydrate dihydrogen phosphate (ester) inner salt 3'-ester with 5,6-dimethyl-1-α-D-ribofuranoylbenzimidazole.
aquocobalamin; vitamin B_{12b}; vitamin B_{12d}. Vitamin, vitamin source. May be used in management of patients with megaloblastic anemia (early sign of

vitamin B_{12} deficiency). λ_m 274, 317, 351, 499, 527 nm (ε 20600, 6100, 26500, 8100, 8500 H_2O). *Merck & Co., Inc.*

1643 Calcium Ferrous Citrate
53684-61-0   1708
$C_{12}H_{10}Ca_2FeO_{14}$
Ferrous calcium citrate.
Ferrocal; Rarical. Hematinic. Tetrahydrate, tasteless. *Ortho Pharmaceutical Corp.*

1644 Cobaltous Chloride
7646-79-9   2498
Cl_2Co
Cobalt dichloride.
Hematinic. Hexahydrate; mp = 87°; d^{20} = 1.924; MLD (rbt sc) = 200 mg/kg.

1645 Dextran Iron Complex
9004-66-4   2991
A complex of trivalent iron and dextran. Fenate; Imferon; Ironorm. Hematinic. Used in veterinary medicine and an anti-anemic factor. LD_{50} (mus iv) = 2240 mg/kg. *Fermenta Animal Health Co.; Fisons plc, Pharmaceuticals Div.*

1646 Epoetin-α
113427-24-0   3729
$C_{809}H_{1301}N_{229}O_{240}S_5$
1-165 Erythropoietin (human clone λHEPOFL13 protein moiety), glycoform α.
Epogen; Procrit; Epoade; Eprex; Erypo; Espo; A 165-mer glycoprotein. Anti-anemic and hematinic. *Amgen, Inc.; Ortho Biotech Inc.*

1647 Epoetin-β
122312-54-3   3729
$C_{809}H_{1301}N_{229}O_{240}S_5$
1-165 Erythropoietin (human clone λHEPOFL13 protein moiety), glycoform β.
Marogen; EPOCH; BM-06.019; Epogin; Recormon; A 165-mer glycoprotein. Anti-anemic and hematinic. *Chugai Pharmaceutical Co., Ltd.*

1648 Ferric Albuminate
8001-11-4   4058
Albumized iron.
Combination of egg albumin and iron with 17-19% Fe. Hematinic. Freely soluble in H_2O, insoluble in EtOH.

1649 Ferric and Ammonium Acetate Solution
8006-27-7   4059
Basham's mixture. Contains 0.16-0.20% Fe and 3.5 % ammoium acetate. Hematinic.

1650 Ferric Citrate
2338-05-8   4063

Combination of iron and citric acid; indefinite composition.
Hematinic. Poorly soluble in cold H_2O, more soluble in hot H_2O, insoluble in EtOH.

1651 Ferric Fructose
12286-76-9   4295
$(C_6H_{10}FeO_7)_nK_{n/2}$ (n = 2- 100)
D-Fructose iron(3+)-containing complex potassium salt (2:1).
CB-302. Hematinic.

1652 Ferric Oxide, Saccharated
8047-67-4   4073
saccharated iron; iron sugar; Colliron I.V.; Feojectin; Ferrivenin; Ferum Hausmann; Iviron; Neo-Ferrum; Proferrin; Sucrofer. Solution containing about 2% Fe, suitable for iv injection. Hematinic.

1653 Ferric Pyrophosphate
10058-44-3   4075
$Fe_4O_{21}P_6$
Iron(3+) pyrophosphate.
Hematinic. Insoluble in H_2O. *American Oil Co.*

1654 Ferric Sodium Edetate
15708-41-5   4076

$C_{10}H_{12}FeN_2NaO_8$
Sodium [(ethylenedinitrilo)tetraacetato]-ferrate(1-).
Ferrostrane; Ferrostrene; Sybron. Hematinic.

1655 Ferriclate Calcium Sodium
34150-62-4   4070
$C_{12}H_{44}CaFe_6Na_4O_{36}$
Monocalcium tetrasodium bis-[penta-aqua[D-gluconato(4-)]-tetra-μ-hydroxydioxotriferrate-(3-)].
Kelfer. Hematinic. *Lab. Mauricio Villela S.A.*

1656 Ferritin
9007-73-2   4083
Epadora; Ferrofolin; Ferrol; Ferrosprint; Ferrostar; Sanifer; Sideros; Unifer. An iron-storage protein found in many biological systems. Hematinic. Soluble in H_2O.

1657 Ferrocholinate
1336-80-7   4085

$C_{11}H_{20}FeNO_9$
2-Hydroxy-N,N,N-trimethylethanaminium (OC-6-44)-triaqua[2-hydroxy-1,2,3-propanetricarboxylato(4-)]ferrate(1-).
Chelafer; Chel-Iron; Ferrolip. Chelate of ferric hydroxide and choline dihydrogen citrate, used as a hematinic. Freely soluble in H_2O. *Flint-Eaton.*

1658 Ferroglycine Sulfate
17169-60-7   4086
Plesmet; Kelferon; Ferronord; Ferro sanol; Glyferro; Pleniron. Hematinic. *Schwarz Arztnelmittelfabrik.*

1659 Ferrous Carbonate Mass
8030-35-1   4089
Blaud's Mass; Vallet's Mass; Fecarb. Contains 36-41% Fe, the remainder is honey and sugar. Hematinic. Insoluble in H_2O.

1660 Ferrous Carbonate Saccharated
8001-10-3   4090
Freshly precipitated $FeCO_3$, mixed with sugar, contains at least 15% Fe. Hematinic. Partially soluble in H_2O, soluble in mineral acids.

1661 Ferrous Citrate
23383-11-1   4092   245-625-1
Prepared from iron powder and citric acid. Hematinic. Monohydrate or decahydrate; insoluble in H_2O, Me_2CO. *Ortho Pharmaceutical Corp.*

1662 Ferrous Fumarate
141-01-5   4094   205-447-7

$C_4H_2FeO_4$
Iron(2+) fumarate.
Fepstat; Toleron; Cpiron; Erco-Fer; Ferrofume; Ferronat; Ferrone; Ferrotemp; Ferrum; Fresamal; Firon; Fumafer; Fumar F; Fumiron; Galfer; Heferol; Ircon; Meterfer; One-Iron; Tolferain; Tolifer; component of: Chromagen, Ferancee, Stuartinic, Tolfrinic. Hematinic. mp > 280°; d^{25} = 2.435; soluble in H_2O (0.14 g/100 ml), EtOH (< 0.01 g/100 ml); LD_{50} (mus ip) = 480 mg/kg. *Forest Pharmaceuticals Inc.; Johnson & Johnson-Merck Consumer Pharma-*

ceuticals; Mallinckrodt, Inc.; Marion Merrell Dow Inc.; Parke-Davis; Savage Labs.; Ascher, B.F. & Co.

1663 Ferrous Gluconate
299-29-6   4095   206-076-3

$C_{12}H_{22}FeO_{14}$
Iron(2+) gluconate (1:2).
Fergon; Ferlucon; Ferronicum; Iromon; Irox; Nionate. Hematinic. Soluble in H_2O, insoluble in EtOH; LD_{50} (mus iv) = 114 mg/kg, (mus orl) = 3700 mg/kg. *Sterling Health U.S.A.*

1664 Ferrous Lactate
5905-52-2   4098   227-608-0

$C_6H_{10}FeO_6$
Iron(2+) lactate.
Ferro-Drops. Hematinic. Soluble in H_2O, insoluble in EtOH; LD (rbt sc) = 578 mg/kg, (rbt iv) = 287 mg/kg. *Parke-Davis.*

1665 Ferrous Succinate
10030-90-7   4104   233-082-3

$C_4H_4FeO_4$
Iron(2+) succinate.
Cerevon; Ferromyn. Hematinic. Tetrahydrate or dihydrate; sparingly soluble in H_2O.

1666 Ferrous Sulfate, Dried
13463-43-9   4105   231-753-5
$FeSO_4.xH_2O$
Iron(2+) sulfate (1:1) hydrate.
Feromax; Feroritard; Ferro-Gradumet; Fespan; Tetucur; component of: Cytoferin, Mediatric. Anti-anemic and hematinic. Soluble in H_2O. *Wyeth-Ayerst Labs.*

1667 Ferrous Sulfate Heptahydrate
7782-63-0   4105   231-753-5
$FeSO_4.7H_2O$
Iron(2+) sulfate (1:1) heptahydrate.
Feosol; Fero-Gradumet; Mol-Iron; Natabec; Slow-Fe; copperas green; green vitriol; iron vitriol; Feospan; Fesotyme; Fer-in-Sol; Haemofort; Ironate; Presfersul; Sulferrous; component of: Plastulen-N. Anti-anemic and hematinic. d = 1.897; soluble in H_2O, insoluble in EtOH; LD_{50} (mus iv) = 65 mg/kg, (mus orl) = 1520 mg/kg. *Abbott Labs.; Ciba-Geigy Corp.; Lederle Labs.; Parke-Davis; Schering-Plough HealthCare Products; SmithKline Beecham Pharmaceuticals.*

1668 Folic Acid
59-30-3   4253   200-419-0

$C_{19}H_{19}N_7O_6$
N-[p-[[(2-Amino-4-hydroxy-6-pteridinyl)-methyl]amino]benzoyl]-L-glutamic acid.
Folicet; Vitamin M; Cytofol; Folacin; Foldine; Foliamin; Folipac; Folettes; Folsan; Folvite; Incafolic; Millafol; component of: Mission Prenatal, Plastulen-N. Vitamin, vitamin source. Hematopoietic. May be used in management of patients with megaloblastic anemia or with folate deficiency caused by drugs that inhibit dihydrofolate reductase or that interfere

with the absorption and storage of folate. mp > 250°; $[\alpha]_D^{25}$ = 23° (c = 0.5 in 0.1N NaOH); λ_m = 256, 283 368 nm (log ε 4.43, 4.40, 3.96 pH 13); slightly soluble on H_2O (0.00016 g/100 ml at 20°, 1 g/100 ml at 100°), MeOH; less soluble in EtOH, BuOH; insoluble in $CHCl_3$, Me_2CO, Et_2O, C_6H_6. *Bristol-Myers Squibb Pharmaceutical Res. and Dev; Lederle Labs.; Mission Pharmacal Co.*

1669 Glusoferron
56959-18-3
D-Gluconic acid polymer with D-glucitol iron(3+) salt.
Ferastral. Hematinic.

1670 Iron Sorbitex
1338-16-5   5112
A sterile, colloidal solution of a complex of trivalent iron, sorbitol and citric acid, stabilized with dextrin and sorbitol.
Astra 1572. *Astra USA, Inc.*

1671 Liver Extract
5575
An extract from mammalian liver.
component of: Intraheptol, Pernaemon, Desiver, Anahaemin, Campolon, Cromaton, Curethyl, Examen, Ficalon, Hepalon, Hepatopron, Hormantoxone, Hoban, Neo-Heptatex, Pernaemyl, Pernexin, Perniciosan, Plexan, Reticulogen, Ripason, Sykoton, Tenelon, Hepol.

1672 Peptonized Iron
7292
A compound of iron oxide and peptone, mixed with sodium citrate to improve water solubility.
Saferon. Soluble in H_2O, insoluble in EtOH.

1673 Polyferose
9009-29-4   7731
Iron complex with polymer of β-D-fructosanosyl -α-D-glucopyranoside.
Jefron. A chelate complex of iron and a polymerized derivative of sucrose.
Marion Merrell Dow Inc.

1674 Pyridoxine Hydrochloride
58-56-0   8166   200-386-2

$C_8H_{12}ClNO_3$
5-Hydroxy-6-methyl-3,4-pyridine-dimethanol hydrochloride.
Beesix; Hexa-Betalin; Hexavibex; Bonasanit; Hexabione hydrochloride; Pyridipca; Pyridox; Bécilan; Benadon; Hexermin; component of: Bendectin, Spondylonal. Vitamin, vitamin source. Enzyme cofactor. May improve hematopoiesis in patients with sideroblastic anemias. mp = 205-212° (dec); λ_m 290 nm (ε 8400 0.1N HCl), 253, 325 nm (ε 3700, 7100, pH 7); soluble in H_2O (22.2 g/100 ml), EtOH (1.1 g/100 ml), propylene glycol; sparingly soluble in Me_2CO; insoluble in Et_2O, $CHCl_3$. *BASF Corp; Eli Lilly & Co.; Forest Pharmaceuticals Inc.; Lederle Labs.; Marion Merrell Dow Inc.; Merck & Co., Inc.; Parke-Davis; General Aniline.*

1675 Riboflavin Monophosphate
146-17-8   8368   205-664-7

$C_{17}H_{21}N_4O_9P$
7,8-Dimethyl-10-(D-ribo-2,3,4,5-tetra-hydroxypentyl)isoalloxazine 5'-(dihydrogen phosphate).
flavin mononucleotide; FMN; vitamin B_2 phosphate. Vitamin, vitamin source. Enzyme cofactor. May be helpful in management of patients with hypoproliferative anemia. *Hoffmann-LaRoche Inc.; Takeda.*

1676 Riboflavin Monophosphate Monosodium Salt
130-40-5   8368   204-988-6
$C_{17}H_{20}N_4NaO_9P$
7,8-Dimethyl-10-(D-ribo-2,3,4,5-tetrahydroxypentyl)isoalloxazine 5'-(dihydrogen phosphate) monosodium salt.
Hyryl; Ribo. Vitamin, vitamin source. Enzyme cofactor. May be helpful in management of patients with hypoproliferative anemia. [dihydrate]: soluble in H_2O (11.2 g/100 ml at pH 6.9); should be protected from light. Hoffmann-LaRoche Inc.; Takeda.

Hematopoietics

1677 Cilmostim
148637-05-2
Macrophage colony-stimulating factor.
Macstim. Hematopoietic. *Genetics Inst., Inc.*

1678 Erythropoietin
11096-26-7   3729   234-317-2
Glycoprotein hormone that stimulates red blood cell.
erythropoiesis stimulating factor; hempoietine; ESF; Ep; Epo. Found in urine and plasma. Has two components, Epo-α and Epo-β, both produced by recombinant technology. Epo-α (Epoetin alfa; Epoade; Epogen; Eprex; Erypo; Espo; Procrit), has 165 residues, molecular weight 30,400. Epo-β (Epoetin beta; Epogin; Marogen; Recormon), has 165 residues, molecular weight 30,000. They differ only in their carbohydrate moieties. Hematopoietic.

1679 Granulocyte Colony-Stimulating Factor
143011-72-7   4558
Hematopoietic growth factor that enhances the functional activities of the mature end-cell.
CSFβ; G-CSF; GM-DF; MGI-2; pluripoietin. Hematopoietic stimulant, antineutropenic. Stimulates development of neutrophils. A glycoprotein.

1680 Granulocyte-Macrophage Colony Stimulating Factor
83869-56-1   4559
Hematopoietic growth factor that promotes the proliferation and development of early erythroid, megakayocytic and eosinophilic progenitor cells. Hematopoietic.

1681 Interleukin-3
5021
Multipotent colony-stimulating factor.
IL-3; multi-CSF. Hematopoietic. Growth factor that promotes proliferation of multipotent hematopoietic stem cells and progenitor cells of megakariocyte, granulocyte-macrophage, erythroid, eosinophil, basophil, and mast-cell lineages.

1682 Macrophage Colony-Stimulating Factor
81627-83-0   5678
Colony-stimulating factor 1.
M-CSF; CSF-1. Immunomodulator; hematopoietic. Heavily glycosylated homodimer isolated from human urine. Growth factor that stimulates development of progenitor cells to monocytes or macrophages. Potentiates phagocytic activity and moncyte-mediated tumor cell cytotoxicity.

1683 Mirimostim
121547-04-4   5678
$C_{1058}H_{1651}N_{277}O_{341}S_{14}$
1-214-Colony-stimulating factor 1 (human clone p3ACSF-69 protein moiety reduced) homodimer.
Costilate; Leukoprol. Immunomodulator; hematopoietic. Non-glycosylated protein.

1684 Sodium Phenylbutyrate
1716-12-7

$C_{10}H_{11}NaO_2$
Sodium 4-phenylbutyrate.
PBA; Buphenyl; TriButyrate. A short-chain aromatic fatty acid that inhibits cell

proliferation and induces apoptosis. Also used in treatment of ornithine transcarbamylase deficiency as a vehicle for waste nitrogen excretion in patients with inborn errors of urea synthesis. Antineoplastic, hematopoietic and antihyperammonemic. Used to reduce levels of ammonia in the blood.

Hemolytics

1685   Phenylhydrazine
100-63-0   7447   202-873-5

$C_6H_8N_2$
Hydrazinobenzene.
Hemolytic agent. mp = 19.5°; bp = 243.5°, bp_{100} = 173.5°, bp_{40} = 148.2°, bp_{20} = 131.5°, bp_{10} = 115.8°, $bp_{1.0}$ = 71.8°; soluble in EtOH, Et_2O, $CHCl_3$, C_6H_6; sparingly soluble in H_2O, petroleum ether. *Hoechst.*

1686   Phenylhydrazine Hydrochloride
59-88-1   7447
$C_6H_9ClN_2$
Hydrazinobenzene hydrochloride.
Hemolytic agent. mp = 243-246°; freely soluble in H_2O, soluble in EtOH, insoluble in Et_2O. *Hoechst.*

Hemostatics

1687   Adrenalone
99-45-6   170   202-756-9

$C_9H_{11}NO_3$
3',4'-Dihydroxy-2-(methylamino)-acetophenone.
Kephrine; Stryphnone; Stypnone. Adrenergic (ophthalmic). Hemostatic.

mp = 235-236° (dec); sparingly soluble in H_2O, EtOH, Et_2O. *Bayer Corp., Pharmaceutical Div.; Hoechst.*

1688   Adrenalone Hydrochloride
62-13-5   170   200-525-7
$C_9H_{12}ClNO_3$
3',4'-Dihydroxy-2-(methylamino)-acetophenone hydrochloride.
Adrenergic (ophthalmic). Hemostatic. mp = 243°; freely soluble in H_2O, soluble in EtOH, insoluble in Et_2O. *Bayer Corp., Pharmaceutical Div.; Hoechst.*

1689   Adrenochrome
54-06-8   171   200-192-8

$C_9H_9NO_3$
2,3-Dihydro-3-hydroxy-1-methyl-1H-indole-5,6-dione.
Hemostatic. mp = 115-120° (dec); λ_m 220, 300, 485 nm (log ε 4.33, 4.01, 3.64 H_2O); freely soluble in H_2O, fairly soluble in EtOH, insoluble in C_6H_6, Et_2O.

1690   Adrenochrome Monosemicarbazone
69-81-8   171   200-717-0

$C_{10}H_{12}N_4O_3$
2,3-Dihydro-3-hydroxy-1-methyl-1H-indole-5,6-dione-5-semicarbazone.
carbazochrome; Adrenoxyl; Cromadrenal; Cromosil. Hemostatic. *Byk Gulden Lomberg Chemische Fabrik GmbH.*

1691 Adrenochrome Oxime Sesquihydrate
6055-73-8 171
$C_9H_{10}N_2O_3 \cdot 1.5H_2O$
2,3-Dihydro-3-hydroxy-1-methyl-1H-indole-5,6-dione-5-oxime sesquihydrate. Hemostatic. mp = 278°; more stable than adrenochrome.

1692 Adrenochrome Thiosemicarbazone
113185-69-6 171
$C_{10}H_{12}N_4O_2S$
2,3-Dihydro-3-hydroxy-1-methyl-1H-indole-5,6-dione 5-thiosemicarbazone. Hemostatic. mp = 215-220°. *International Hormones.*

1693 Algin
9005-38-3 240
Sodium polymannuronate.
sodium alginate; Alto; Alman; Alloid; Allose; Kelgin; Protanal. A gelling polysaccharide derived from giant brown seaweed. Hemostatic. Soluble in H_2O, insoluble in organic solvents.

1694 Alginic Acid
9005-32-7 241 232-680-1
Polymannuronic acid.
Norgine. Very slightly soluble in H_2O.

1695 Alginic Acid Calcium Salt
9005-35-0 241
Calcium polymannuronate.
Sorbsan. Hemostatic. Forms gelatinous precipitate in H_2O.

1696 Alginic Acid Potassium Salt
9005-36-1 241
Potassium polymannuronate.
Stercofuge.

1697 ε-Aminocaproic Acid
60-32-2 451 200-469-3

$C_6H_{13}NO_2$
6-Aminohexanoic acid.
Amicar; CL-10304; CY-116; EACA; 177 J.D.;NSC-26154; Ipsilon; Hemocaprol; Caprocid; Capramol; Afibrin; Epsikapron; Hepin. Hemostatic. Antifbrinolytic. mp = 204-206°; freely soluble in H_2O, sparingly soluble in MeOH, insoluble in EtOH; LD_{50} (rat ip) → 7000 mg/kg, (rat iv) → 3300 mg/kg; [hydrobromide $(C_6H_{14}BrNO_2)$]: mp = 105°; [hydrochloride $(C_6H_{14}ClNO_2)$]: mp = 128-129°. *Elkins-Sinn; Immunex Corp.*

1698 Aminochromes
456

A family of 2,3-dihydroindole-5,6-quinones.
Hemostatic. May also have hallucinogenic or radioprotective activites.

1699 Batroxobin
9039-61-6 1038 232-918-4
Bothrops atrox serine proteinase.
bothrops venom proteinase; Botropase; Defibrase. A thrombin-like enzyme obtained from the venom of *Bothrops atrox*, a South American pit viper. Hemostatic at low doses, anti-coagulant at high doses. Soluble in saline; nearly insoluble in H_2O. *Pentapharm.*

1700 Carbazochrome Salicylate
13051-01-9 1832 235-927-1

$C_{18}H_{17}N_4NaO_5$
3-Hydroxy-1-methyl-5,6-indolinedione semicarbazone compound with sodium salicylate.
Amicar; CL-10304; CY-116; EACA; 177 J.D.; NSC-26154; Ipsilon; Hemocaprol; Caprocid; Capramol; Afibrin; Epsikapron;

Hepin; Adenogen; Adrenosem; Adrestat-F; Statimo. Hemostatic. mp = 196-197.5° (dec); insoluble in Et_2O, $CHCl_3$, soluble in H_2O (0.061 g/100 ml). *Tanabe Seiyaku*.

1701 Carbazochrome Sodium Sulfonate
51460-26-5   1833   257-217-0

$C_{10}H_{11}N_4NaO_5S$
Sodium 5,6-dihydro-1-methyl-5,6-dioxo-3-indoline-5-semicarbazone sulfonate.
AC-17; Adenaron; Adona; Carbazon; Donaseven; Emex; Odanon; Tazin. Hemostatic. mp = 227-228° (dec); soluble in H_2O; [free acid ($C_{10}H_{12}N_4O_5S$)]: mp = 195°. *Tanabe Seiyaku*.

1702 Cephalins
2022

R and R' are fatty acids

Kephalins; phosphatidylethanolamine; Glycerol with fatty acid esters at C_2 and C_2 and an ethanolamine phosphate at C_1. Hemostatic. A clinical reagent in liver function testing. Insoluble in H_2O, Me_2CO, freely in $CHCl_3$, Et_2O, partially soluble in EtOH. *U.S. Government*.

1703 Cotarnine
82-54-2   2618   201-429-8

$C_{12}H_{15}NO_4$
5,6,7,8-Tetrahydro-4-methoxy-6-methyl-1,3-dioxolo[4,5-g]isoquinolin-5-ol.
Hemostatic. Prepared by the oxidation of narcotine with dilute nitric acid. dec 132-133°; slightly soluble in H_2O, potassium hydroxide solution; soluble in organic solvents, including alcohol, $CHCl_3$, C_6H_6; also soluble in dilute acids, ammonia or sodium carbonate solution; aqueous and alcoholic solutions are yellow.

1704 Cotarnine Chloride
10018-19-6   2618   233-012-1
$C_{12}H_{14}ClNO_3$
7,8-Dihydro-4-methoxy-6-methyl-1,3-dioxolo[4,5-g]isoquinolinium chloride.
cotarninium chloride; Stypticin. Hemostatic. [dihydrate]: Soluble in H_2O (100 g/100 ml), EtOH (25 g/100 ml); needs protection from air to prevent deliquescence.

1705 Cotarnine Hydrochloride
36647-02-6   2618
$C_{12}H_{16}ClNO_4$
5,6,7,8-Tetrahydro-4-methoxy-6-methyl-1,3-dioxolo[4,5-g]isoquinolin-5-ol hydrochloride.
Secalysat. Hemostatic.

1706 Cotarnine Phthalate
6190-36-9   2618   228-234-0
$C_{32}H_{32}N_2O_{10}$
5,6,7,8-Tetrahydro-4-methoxy-6-methyl-1,3-dioxolo[4,5-g]isoquinolin-5-ol phthalate.
Styptol. Hemostatic.

1707 Deferiprone
30652-11-0

$C_7H_9NO_2$
3-Hydroxy-1,2-dimethyl-4(1H)-pyridone.
L1; Chelating agent. A hemostatic that is also used to treat thalassemia.

1708 Ellagic Acid
476-66-4   3588   207-508-3

$C_{14}H_6O_8$
2,3,7,8-Tetrahydroxy[1]benzopyrano-[5,4,3-cde]-[1]benzopyran-5,10-dione. benzoaric acid. Hemostatic. mp > 360°; λ_m 366, 255 nm (log ε 3.93, 4.60, EtOH); soluble in C_5H_5N, slightly soluble in H_2O, EtOH, insoluble in Et_2O; [tetracetate ($C_{22}H_{14}O_{12}$)]: mp = 340°.

1709 Ethamsylate
2624-44-4   3766   220-090-7

$C_{10}H_{17}NO_5S$
2,5-Dihydroxybenzenesulfonic acid compound with diethylamine (1:1).
MD-141; E-141; cyclonamine; etamsylate; Aglumin; Altodor; Biosinon; Dicynene; Dicynone. Hemostatic. mp = 125°; LD_{50} (mus iv) = 800 mg/kg, (rat iv) = 1350 mg/kg. *Esteve Group; Labs. O.M.*

1710 Factor VIII
9001-27-8   3963   232-593-9
Blood coagulation factor VIII
anti-hemophilic globulin; AHG; AHF; Factorate; Hemofil; Humafac; Koate-HP; Monoclate-P; Nordiocto; Profilate. Forms thrombo-plastin by reaction with Factor X. Hemostatic.

1711 Factor IX
9001-28-9   3964   232-594-4
Blood coagulation factor IX
Christmas factor; PTC; plasma thromboplastin component; auto-prothrombin II. A glycoprotein that participates in the middle phases of blood coagulation. Hemostatic.

1712 Factor XIII
9013-56-3   3968
Blood coagulation factor IX
fibrin-stabilizing factor; FSF; fibrinase; Laki-Lorand factor; LLF; Fibrogamin. Plasma enzyme precursor. When activated by thrombin/Ca^{2+}, converts soluble fibrin gel to a tough insoluble clot. Hemostatic. Coagulant (cloting factor). Antihemorrhagic. λ_m = 280 nm (E^1 % 13.8); does not dialyse out of plasma; Molecular weight ≅ 400,000; sparingly soluble in H_2O.

1713 Fibrinogen
9001-32-5   4116   232-598-6
Factor 1; Parenogen. A plasma glycoprotein essential to the clotting of blood. Hemostatic. *Marion Merrell Dow Inc.*

1714 1,2-Naphthoquinone
524-42-5   6481   208-360-2

$C_{10}H_6O_2$
1,2-Naphthalenedione.
β-naphthoquinone. The 2-semicarbazone is used as a hemostatic. Hemostatic. mp = 145-147° (dec); λ_m 250, 340, 405 nm (log ε 4.35, 3.40, 3.40 EtOH); soluble in EtOH, C_6H_6, Et_2O; insoluble in H_2O. *Research Corp.*

1715 1,2-Naphthoquinone-2-semicarbazone
31853-38-0   6481
$C_{11}H_9N_3O_2$
1,2-Naphthalenedione-2-semicarbazone. naftazone; Haemostop Injection; Mediaven; Karbinon. Hemostatic. *Research Corp.*

1716 1-Napthylamine-4-Sulfonic Acid
84-86-6   6490   201-567-9

$C_{10}H_9NO_3S$
4-Amino-1-naphthalenesulfonic acid.
The sodium salt is used as a hemostatic. [sesquihydrate]: d_4^{25} = 1.673; soluble in H_2O (0.029 g/100 ml at 10°, 0.031 g/100 ml at 20°, 0.059 at 50°, 0.23 g/100 ml at 100°); sparingly soluble in EtOH, Et_2O; insoluble in AcOH; [sodium salt tetrahydrate ($C_{10}H_8NNaO_3S.4H_2O$; naphthionine, 101-E)]: freely soluble in H_2O, EtOH; insoluble in Et_2O.

1717 Oxamarin
15301-80-1   7047

$C_{22}H_{34}N_2O_4$
6,7-Bis[2-(diethylamino)ethoxy]-4-methylcoumarin.
Hemostatic. $bp_{0.5}$ = 195°. *Maggioni Farmaceutici S.p.A.*

1718 Oxamarin Dihydrochloride
6830-17-7   7047
$C_{22}H_{36}Cl_2N_2O_3$
6,7-Bis[2-(diethylamino)ethoxy]-4-methylcoumarin dihydrochloride.
Idro-P_3; M.G. 652. Hemostatic. mp = 224-226°,   234-246°. *Maggioni Farmaceutici S.p.A.*

1719 Oxidized Cellulose
7073
Collodion (4 g pyroxylin in 100 ml of Et_2O/EtOH (3:1), mixed with 2% camphor and 3% castor oil and about 18% tannic acid.
Absorbable cellulose; cellulosic acid; polyanhydroglucuronic acid; Oxycel; Hemo-Pak. Hemostatic. Prepared by oxidation of cellulose with N_2O_4.

1720 Styptic Collodion
2547
Mixture of flexible collodion with 18% tannic acid w/w. Hemostatic.

1721 Sulmarin
29334-07-4   9158   249-567-8

$C_{10}H_8O_{10}S_2$
6,7-Dihydroxy-4-methylcoumarin bis(hydrogen sulfate).
Idro P_2; M.G. 143. Hemostatic. [disodium salt trihydrate ($C_{10}H_6Na_2O_{10}S_2.3H_2O$)]: mp = 252-253° (dec); λ_m = 304 nm (pH 11.85). *Maggioni Farmaceutici S.p.A.*

1722 Thrombin
9002-04-4   9525   232-648-7
Blood Coagulation Factor IIa
Thrombostat; fibrinogenase; E.C. 3.4.21.5; [Standardized preparation of bovine thrombin]: topical thrombin; Thrombinar; Throm-bogen; Thrombostat. Key enzyme in the coagulation cascade. Converts fibrinogen to fibrin; activates factor XIII, which cross-links and stabilizes the fibrin polymer. Hemostatic (local). *Parke-Davis.*

1723 Thromboplastin
9035-58-9   9527   232-903-2
Blood Coagulation Factor III
cytozyme; thrombokinase; tissue factor; zymoplastic substance; trombostop; Tachostyptan. A membrane glycoprotein which, in the presence of Ca^{2+}, initiates coagulation by augmenting the proteolytic attack of Factor VII on Factors IX and X. Located on plasma membrane of endothelial cells. Hemostatic.

1724 Tolonium Chloride
92-31-9   9658   202-146-2

$C_{15}H_{16}ClN_3S$
3-Amino-7-dimethylamino-2-methylphenazathionium.
Blutene; C.I. Basic Blue 17; C.I. 52040; Klot; Tolazul. Hemostatic. Soluble in H_2O (3.82 g/100 ml), EtOH (0.57 g/100 ml); λ_m = 640.4 nm (H_2O); LD_{50} (mus iv) = 27.56 mg/kg, (rat iv) = 28.93 mg/kg, (rbt iv) = 13.44 mg/kg. *Abbott Labs.*

1725 Tranexamic Acid
1197-18-8   9704   214-818-2

$C_8H_{15}NO_2$
trans-4-(Aminomethyl)cyclohexanecarboxylic acid.
Cyklokapron; Trans-AMCHA; CL-65336. Hemostatic. Antifibrinolytic. mp = 386-392° (dec); soluble in H_2O (16.6 g/100 ml); slightly soluble in Et_2O, EtOH; insoluble in other organic solvents; LD_{50} (mus iv) = 1500 mg/kg, (rat iv) = 1200 mg/kg. *Pharmacia & Upjohn, Inc.; Daiichi Pharmaceutical Corp.; Mitsubishi Chemical Corp.*

1726 Tranexamic Acid, cis form
1197-17-7   9704
$C_8H_{15}NO_2$
cis-4-(Aminomethyl)cyclohexanecarboxylic acid.
Cis-AMCHA. Hemostatic. Antifibrinolytic. mp = 236=238° (dec). *Pharmacia & Upjohn, Inc.*

1727 Vasopressin, Arginine form
113-79-1   10073   204-035-4

Cys-Tyr-Phe-Gln-Asn-Cys-Pro-Arg-GlyNH$_2$

$C_{46}H_{65}N_{15}O_{12}S_2$
8-L-Arginine-vasopressin.
Antidiuretic hormone; β-hypophamine; Leiormone; Tonephin; Vasophysin. Antidiuretic and vasopressor hormone. Hemostatic. *Parke-Davis.*

1728 Vasopressin, Lysine form
50-57-7   10073   200-050-5
$C_{46}H_{65}N_{13}O_{12}S_2$
8-L-Lysine-vasopressin.
Pitressin. Antidiuretic and vasopressor hormone. Hemostatic. *Parke-Davis.*

Thrombolytics

1729 Anistreplase
81669-57-0   712
p-Anisolyated derivative of the primary (human) lys-plasminogen streptokinase complex (1:1).
BRL-26921; APSAC; Eminase. Fibrinolytic. Thrombolytic enzyme. Streptokinase in a noncovalent 1:1 complex with plasminogen. Complex of streptokinase and plasminogen. The catalytic site is blocked by anisolyation while the fibrin-binding site is unaffected. *SmithKline Beecham Pharmaceuticals.*

1730 Lanoteplase
171870-23-8
$C_{2184}H_{3323}N_{633}O_{666}S_{29}$
N-[N^2-(N-Glycyl-L-alanyl)-L-arginyl]-117-L-glutamine-245-L-methionine-(1-5)-(87-527)-plasminogen activator (human tissue type protein moiety).
BMS-200980; SUN-9216. Fibrinolytic. Thrombolytic enzyme. Tissue plasminogen activator protein derived from human t-PA by deletion of the fibronectin-like and EGF-like domains and mutation of Asn-117 to GFln-117. *Bristol-Myers Squibb Pharmaceutical Res. and Dev.*

1731 Nasaruplase
99821-44-0
$C_{2031}H_{3121}N_{585}O_{601}S_{31}$
Pro-urokinase (enzyme-activating) (human clone pA3/pD2/pF1 protein moiety), glycosylated.
A plasminogen pro-activator. Thrombolytic.

1732 Octimibate
89838-96-0

$C_{29}H_{30}N_2O_3$
8-[(1,4,5-Triphenylimidazol-2-yl)oxy]-octanoic acid.
BMY-22389. Nonprostanoid prostacyclin antagonist that inhibits platelet aggregation. Thrombolytic.

1733 Pamicogrel
101001-34-7

$C_{25}H_{24}N_2O_4S$
Ethyl 2-[4,5-bis(p-methoxyphenyl)-2-thiazolyl]pyrrole-1-acetate.
Platelet antiaggregant.

1734 Plasmin
9001-90-5   7678   232-640-3
Human fibrinolysin.
Actase; serum tryptase; Fibrinolysin; component of: Elase, Elase-Chloromycetin. Fibrinolytic. Thrombolytic enzyme. Enzyme obtained from human plasma by conversion of profibrinolysin to fibrinolysin with streptokinase.

Fujisawa USA, Inc.; Ortho Pharmaceutical Corp.; Parke-Davis; Cutter Labs.

1735 Pro-Urokinase
82657-92-9   8089
Prourokinase (enzyme-activating).
scu-PA; pro-UK; pro u-PA; PUK; Sandolase; Thombolyse; Tomieze. Fibrinolytic. Thrombolytic enzyme. A single-chain proenzyme form of urokinase. *Genentech, Inc.*

1736 Reteplase
133652-38-7
$C_{1736}H_{2653}N_{499}O_{522}S_{22}$
173-L-Serine-174-L-tyrosine-175-L-glutamine-173-527-plasminogen activator (mutant of human tissue-type).
BM-06022. Derived from human tissue plasminogen activator. Thrombolytic. Used in treatment of myocardial infarction. *Boehringer Mannheim GmbH.*

1737 Saruplase
99149-95-8
$C_{2031}H_{3121}N_{585}O_{601}S_{31}$
Prourokinase (enzyme-activating) (human clone pUK4/pUK18).
Sandolase; recombinant single-chain urokinase-type plasminogen activator; rscu-PA; pro-urokinase. Thromolytic. Plasminogen activator. Has a high binding affinity for fibrin.

1738 Silteplase
131081-40-8
$C_{2580}H_{3948}N_{752}O_{784}S_{40}$
N-[N²-(N-glycyl-L-alanyl)-L-arginyl]-plasminogen activator, glycoform.
Reduced human tissue plasminogen activator. Non-glycosylated protein. Thrombolytic.

1739 Streptokinase
9002-01-1   8981   232-647-1
Streptococcal fibrinolysin.
plasminokinase; Kabikinase; Streptase. Fibrinolytic; thrombolytic. Thrombolytic coenzyme obtained from cultures of various strains of *Streptococcus haemolyticus*. Plasminogen activator. Activates plasminogen to produce

plasmin which dissolves fibrin. *American Cyanamid; Pharmacia & Upjohn, Inc. ; Astra Chemicals Ltd.*

1740   Tissue Plasminogen Activator
105857-23-6   9608
$C_{2569}H_{3894}N_{746}O_{781}S_{40}$
Fibrinokinase.
Alteplase; Activase; recombinant human tissue-type plasminogen activator; rt-PA; TPA; A 527-mer serine protease. Fibrinolytic. Thrombolytic enzyme. *Genentech, Inc.*

1741   Tulopafant
116289-53-3

$C_{25}H_{19}N_3O_2S$
(+)-3'-Benzoyl-3-(3-pyridyl)-1H,3H-pyrrolo[1,2-c]thiazole-7-carboxanilide.
RP-59227. Platelet-activating factor antagonist. Thrombolytic.

1742   Urokinase
9039-53-6   10024   232-917-9
Abbokinase; Breokinase; Win-Kinase; Win-22005; Actosolv; Persolv; Purochin; Ukidan; Uronase. Fibrinolytic. Thrombolytic enzyme; a two-peptide chain serine protease that directly activates plasminogen. Isolated from human sources. *Abbott Labs.; Sterling Winthrop, Inc.*

Thromboxane Inhibitors

1743   Camonagrel
105920-77-2

$C_{15}H_{16}N_2O_3$
(±)-5-(2-Imidazol-1-ylethoxy)-1-indancarboxylic acid.

A selective thromboxane synthase inhibitor.

1744   Daltroban
79094-20-5   2871

$C_{16}H_{16}ClNO_4S$
[p-[2-(p-Chlorobenzenesulfonamido)-ethyl]phenyl]acetic acid.
SK&F-96148; BM-13.505. Thromboxane synthetase inhibitor. Immunosuppressant and antithrombotic. *Boehringer Mannheim GmbH; SmithKline Beecham Pharmaceuticals.*

1745   Isbogrel
89667-40-3   5120

$C_{18}H_{19}NO_2$
(E)-7-Phenyl-7-(3-pyridyl)-6-heptenoic acid.
CV-4151. Thromboxane synthetase inhibitor. Antithrombotic. mp = 114-115°. *Takeda.*

1746   Ozagrel
82571-53-7   7115

$C_{13}H_{12}N_2O_2$
(E)-p-(Imidazol-1-ylmethyl)cinnamic acid.
OKY-046; Cataclot [as ozagrel sodium ($C_{13}H_{11}N_2NaO_2$)]; Xanbon [as ozagrel sodium]. Thromboxane synthetase inhibitor. Antithrombotic. mp = 223-224°;

Blood Formation, Coagulation Agents

[ozagrel sodium]: LD_{50} (mmus iv) = 1940 mg/kg, (mmus orl) = 3800 mg/kg, (mmus sc) = 2450 mg/kg, (fmus iv) = 1580 mg/kg, (fmus orl) = 3600 mg/kg, (fmus sc) = 2100 mg/kg, (mrat iv) = 1150 mg/kg, (mrat orl) = 5900 mg/kg, (mrat sc) = 2300. *Kissei; Ono Pharmaceutical Co., Ltd.*

1747 Ozagrel Hydrochloride
78712-43-3   7115
$C_{13}H_{13}ClN_2O_2$
(E)-p-(Imidazol-1-ylmethyl)cinnamic acid hydrochloride.
Thromboxane synthetase inhibitor. Antithrombotic. mp = 214-217°. *Kissei; Ono Pharmaceutical Co., Ltd.*

1748 Ridogrel
110140-89-1   8379

$C_{18}H_{17}F_3N_2O_3$
(E)-5-[[[α-3-Pyridyl-m-(trifluoromethyl)-benzylidene]amino]oxy]valeric acid.
R-68070. Thromboxane synthetase inhibitor. Used as an antithrombotic. mp = 70.3°. *Janssen Pharmaceutical Inc.*

1749 Seratodrast
112665-43-7   8603

$C_{22}H_{26}O_4$
(±)-2,4,5-Trimethyl-3,6-dioxo-ζ-phenyl-1,4-cyclohexadiene-1-heptanoic acid.
AA-2414; A-73001; Abbott-73001; ABT-001. Thromboxane synthetase inhibitor. A thromboxane A_2-receptor antagonist. mp = 128-129°. *Abbott Labs.*

1750 Vapiprost
85505-64-2

$C_{30}H_{39}NO_4$
(+)-(4Z)-7-[(1R,2R,3S,5S)-5-(4-Biphenyl-methoxy)-3-hydroxy-2-piperidino-cyclopentyl]-4-heptenoic acid.
GR-32191. Thromboxane synthetase inhibitor. *Glaxo Wellcome, UK.*

1751 Vapiprost Hydrochloride
87248-13-3
$C_{30}H_{40}ClNO_4$
(+)-(4Z)-7-[(1R,2R,3S,5S)-5-(4-Biphenyl-methoxy)-3-hydroxy-2-piperidinocyclo-pentyl]-4-heptenoic acid hydrochloride.
GR-32191B. Thromboxane synthetase inhibitor. *Glaxo Wellcome, UK.*

Vasoprotectants

1752 Azetirelin
95729-65-0
$C_{15}H_{20}N_6O_4$
(-)-N-[[(2S)-4-Oxo-2-azetidinyl]-carbonyl]-L-histidyl-L-prolinamide.
Thyrotropin-releasing hormone.

1753 Benzarone
1477-19-6   1091   216-026-2

$C_{17}H_{14}O_3$
2-Ethyl-3-benzofuranyl p-hydroxyphenylketone.
L-2197. Vasoprotectant. Capillary pro-

tectant. mp = 170°; soluble in AcOH (0.52 g/100 ml), C_6H_6 (1.61 g/100 ml), chlorobenzene (2.05 g/100 ml); soluble in H_2SO_4; LD_{50} (rbt der) > 3000 mg/kg, (rat ip) = 1500 mg/kg, (mus ip) 290 mg/kg.

1754 Bimoclomol
130493-03-7

$C_{14}H_{20}ClN_3O_2$
(N-[2-Hydroxy-3-(1-piperidinyl) propoxy]-3-pyridine-carboximidoyl-chloride).
Vasoprotectant. Also ameliorates peripheral neuropathy.

1755 Bioflavonoids
1269
Vitamin P complex; citrul flavonoid compounds; Arliflav; Pecitrol Veinogène; CVP
Vasoprotectant. Capillary protectant. *U. S. Vitamin.*

1756 Chromocarb
4940-39-0   2294   225-583-0

$C_{10}H_6O_4$
4-Oxo-4H-1-benzopyran-2-caroxylic acid.
Angiophtal [as diethylamine salt]; Campel; Fludarene. Vasoprotectant. The dimethylamine salt is used as a capillary protectant. mp = 250-251°; 255-256°; λ_m 230 305 nm (ε 20220 8075); soluble in EtOH, NH_3; sparingly soluble in H_2O; [diethylamine salt ($C_{14}H_{17}NO_4$)]: mp = 138°; soluble in H_2O; LD_{50} (mus iv) = 800 mg/kg, (mus orl) > 5000 mg/kg.

1757 Clobenoside
29899-95-4   2419   249-940-5

$C_{25}H_{32}Cl_2O_6$
Ethyl 5,6-bis-O-(p-chlorobenzyl)-3-O-propyl-d-glucofuranoside.
43853; ZY-15028; Arvigol; Floganol. Vasoprotectant. $[\alpha]_D^{20}$ = -17° (c = 1 $CHCl_3$); poorly soluble in H_2O. *Ciba-Geigy Corp.*

1758 Diosmin
520-27-4   3350   208-289-7

$C_{28}H_{32}O_{15}$
7-[[6-O-(6-Deoxy-α-L-mannopyranosyl)-β-D-glucopyranosyl]oxy]-5-hydroxy-2-(3-hydroxy-4-methoxyphenyl)-4H-1-benzopyran-4-one.
barosmin; buchu resin; Diosmil; Diosven; Diovenor; Flebosmil; Flebosten; Hemerven; Insuven; Litosmil; Tovene; Varinon; Ven-Detrex; Venosmine. Vasoprotectant. Capillary protectant. A naturally occuring flavonic glycoside isolated from plant sources. [monohydrate]: mp = 275-277° (dec), 283° (dec); λ_m 255 268 345 nm (log ε 4.28, 4.25, 4.30 EtOH); insoluble in H_2O, EtOH.

1759 Dobesilate Calcium
20123-80-2   3455   243-531-5

$C_{12}H_{10}CaO_{10}S_2$
2,5-Dihydroxybenzenesulfonic acid calcium salt.
hydroquinone calcium sulfate; Dexium; Doxium. Vasoprotectant. Vasotropic. mp > 300° (dec); very soluble in H_2O, EtOH; insoluble in Et_2O, C_6H_6, $CHCl_3$; LD_{50} (mus) = 700 mg/kg. Labs. O.M.

1760 Escin
6805-41-0   3737   229-880-6
Mixture of α-escin and β-escin.
Aescin; Aescusan; Reparil. Vasoprotectant. Saponin isolated from the seed of the horse chestnut tree. Used in treatment of peripheral vascular disorders.

1761 α-Escin
66795-86-6   3737   266-482-1
Vasoprotectant. Used in treatment of peripheral vascular disorders. mp = 225-227°; $[\alpha]_D^{25}$ = -13.5° (c = 5 MeOH); very soluble in H_2O; LD_{50} (mus iv) = 3.2 mg/kg, (mus orl) = 320 mg/kg, (rat iv) = 5.4 mg/kg, (rat orl) = 720 mg/kg, (gpg iv) = 15.2 mg/kg, (gpg orl) =475 mg/kg; [sodium salt]: mp = 251.

1762 β-Escin
11072-93-8   3737
Flogencyl. Vasoprotectant. Used in treatment of peripheral vascular disorders. mp = 222-223°; $[\alpha]_D^{27}$ = -23.7° (c = 5 MeOH); insoluble in H_2O; LD_{50} (mus iv) = 1.4 mg/kg, (mus orl) = 134 mg/kg, (rat iv) = 2.0 mg/kg, (rat orl) = 400 mg/lg, (gpg iv) = 7.2 mg/kg, (gpg orl) = 475 mg/kg.

1763 Folescutol
15687-22-6   4252   239-783-0

$C_{14}H_{15}NO_5$
6,7-Dihydroxy-4-(morpholinomethyl)-coumarin.
4-morpholinomethylescutol; Pholescutol. Vasoprotectant. Capillary protectant. mp = 232°. Lab. Dausse.

1764 Folescutol Hydrochloride
36002-19-4   4252   252-831-5
$C_{14}H_{16}ClNO_5$
6,7-Dihydroxy-4-(morpholinomethyl)-coumarin hydrochloride.
4-morpholinomethylescutol monohydrochloride; LD-2988; Covalan. Vasoprotectant. Capillary protectant. mp = 259-261°. Lab. Dausse.

1765 Leucocyanidin
480-17-1   5477

$C_{15}H_{14}O_7$
3,3',4,4',5,7-Flavanhexol.
3,3',4,4',5,7-hexahydroxyflavane; 2-(3,4-Dihydroxyphenyl)-3,4-dihydro-2H-benzopyran-3,4,5,7-tetrol; leuco-cianidol; Flavan; Hamaméliode P; Résivit. Vasoprotectant. Capillary protectant. [monohydrate]: mp > 355°; λ_m 285 nm (EtOH); soluble in H_2O, EtOH, Me_2CO; insoluble in Et_2O, $CHCl_3$, petroleum ether.

1766 Metescufylline
15518-82-8   6000   239-550-3

$C_{25}H_{31}N_5O_8$

7-[2-(Dimethylamino)ethyl]theophylline [(7-hydroxy-4-methyl-2-oxo-2H-1-benzopyran-6-yl)oxy]acetate.
methesacufylline; Veinartan; Venarterin. Vasoprotectant. Capillary protectant. mp = 124°; slightly soluble in cold H_2O, soluble in hot H_2O, insoluble in Me_2CO; LD_{50} (mus iv) = 260 mg/kg. *Lab. Dausse.*

1767 Naftazone
15687-37-3   239-785-1

$C_{11}H_9N_3O_2$
1,2-Naphthoquinone 2-semicarbazone. Etioven; Mediaven. Vasoprotectant. Insoluble in H_2O.

1768 Quercetin Dihydrate
6151-25-3   8216   204-187-1

$C_{15}H_{10}O_7$
2-(3,4-Dihydroxyphenyl)-3,5,7-trihydroxy-4H-1-benzopyran-4-one.
meletin; sophoretin; cyanidenolon 1522; Natural flavanoid isolated from plant sources such as ragweed pollen or clover blossom. Vasoprotectant. Capillary protectant. Dec 314°; λ_m 258, 375 nm (log ε 2.75, 2.75 EtOH); soluble in abs EtOH (0.34 g/100 ml at 20°, 4.35 g/100 ml at 76°), soluble in AcOH, insoluble in H_2O; LD_{50} (mus orl) = 160 mg/kg.

1769 Quercetin Pentabenzyl Ether
13157-90-9   8216

$C_{50}H_{40}O_7$
2-(3,4-Dihydroxyphenyl)-3,5,7-trihydroxy-4H-1-benzopyran-4-one pentabenzyl ether.
penta-O-benzylquercetin; Parietrope. Vasoprotectant. Capillary protectant. mp = 123-125°; λ_m 249, 343 nm (log ε 4.43, 4.14 $CHCl_3$).

1770 Rutin
153-18-4   8456   205-814-1

$C_{27}H_{30}O_{16} \cdot 3H_2O$
3-[[6-O-(6-Deoxy-α-L-mannopyranosyl)-β-D-glucopyranosyl]oxy]-2-(3,4-dihydroxyphenyl)-5,7-dihydroxy-4H-1-benzopyran-4-one.
rutoside; melin; phytomelin; eldrin; ilixathin; sophorin; globularicitrin;

paliuroside; osyritrin; myrticolorin; violaquercetrin; Birutan; component of: Veliten; Found in many plants, such as the buckwheat plant. Vasoprotectant. Capillary protectant. Dec 214-215°; $[\alpha]_D^{23}$ = 13.82° (EtOH), -39.43° (C_5H_5N); soluble in H_2O (0.01 g/100 ml at 20°, 0.5 g/100 ml at 100°), MeOH (14.3 g/100 ml at 65°), C_5H_5N, formamide and alkaline solutions; slightly soluble in EtOH, Me_2CO, EtOAc; insoluble in $CHCl_3$, CS_2, Et_2O, C_6H_6, petroleum ether; LD_{50} (mus iv) = 950 mg/kg. *Lederle Labs.*

1771   Siagoside
100345-64-0
$C_{73}H_{129}N_3O_{30}$
N-(II³-N-Acetylneuraminosylganglio-tetraosyl)ceramid intramolecular ester. Ganglioside. May attenuate some morphological and functional deficits related to striatal damage after acute cerebral ischemia.

1772   Troxerutin
7085-55-4   9920   230-389-4

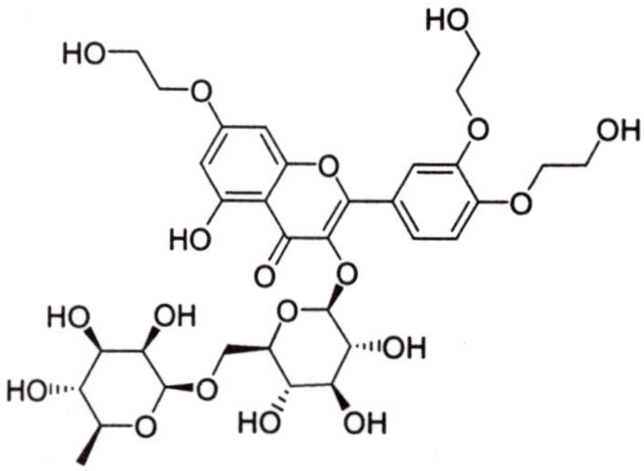

$C_{33}H_{42}O_{19}$
3',4',7-Tris(hydroxyethyl)rutin.
Z 6000; THR; trioxyethylrutin; Posorutin; Ruven; Vastribil; Veinamitol; Veniten. Vasoprotectant. Used in treatment of veinous disorders. mp = 181°; soluble in H_2O, glycerol, propylene glycol; insoluble in MeOH, EtOH, Et_2O, C_6H_6, $CHCl_3$.

Water and Electrolyte Balancing Agents

Aldosterone Antagonists

1773   Canrenoate Potassium
2181-04-6   1795   218-554-9

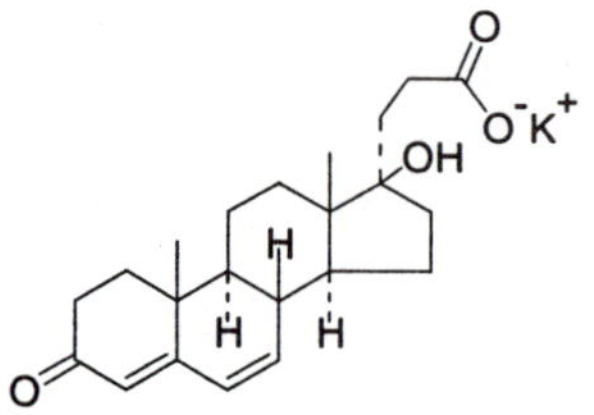

$C_{22}H_{29}KO_4$
Potassium 17-hydroxy-3-oxo-17α-pregna-4,6-diene-21-carboxylate.
canrenone free acid potassium salt; 17-hydroxy-3-oxo-pregna-4,6-diene-21-carboxylic acid monopotassium salt; potassium canrenoate; SC-14266; Kanrenol; Soldactone; Venactone. An aldosterone antagonist. Used as a diuretic. *Searle, G.D., & Co.*

1774   Canrenoic Acid
4138-96-9   223-963-0

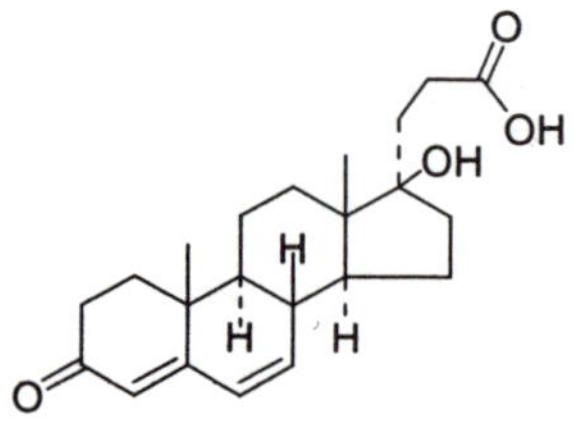

$C_{22}H_{30}O_4$
17-Hydroxy-3-oxo-17α-pregna-4,6-diene-21-carboxylic acid.
An aldosterone antagonist that is used as a diuretic. *Searle, G.D., & Co.*

Water, Electrolyte Balancing Agents

1775 Canrenone
976-71-6   1795   213-554-5

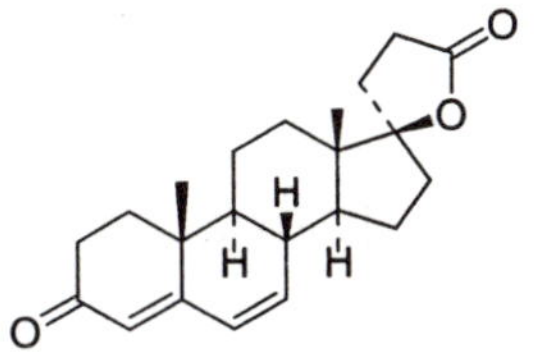

$C_{22}H_{28}O_3$
17-Hydroxy-3-oxo-17α-pregna-4,6-diene-21-carboxylic acid σ lactone.
SC-9376; Phanurane. Aldosterone antagonist. Used as a diuretic. mp = 149-151°; $[\alpha]_D$ = 24.5° (CHCl$_3$); λ_m = 283 nm (ε 26700). *Searle, G.D., & Co.*

1776 Dicirenone
41020-79-5

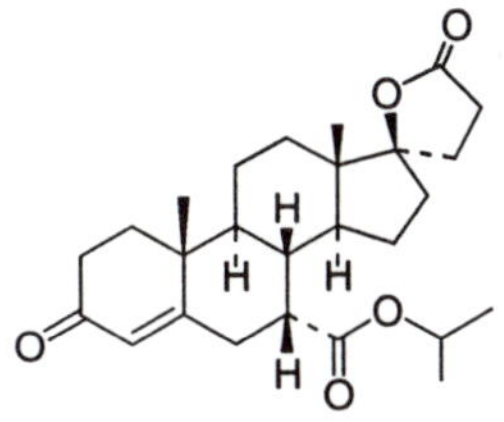

$C_{26}H_{36}O_5$
17-Hydroxy-3-oxo-17α-pregn-4-ene-7,21-dicarboxylic acid σ-lactone isopropyl ester.
SC-26304. Aldosterone antagonist, used as a hypotensive agent. *Searle, G.D., & Co.*

1777 Eplerenone
107724-20-9

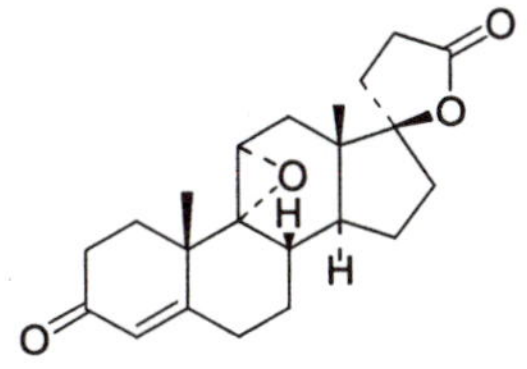

$C_{24}H_{30}O_6$
9,11α-Epoxy-17-hydroxy-3-oxo-17α-pregn-4-ene-7α,21-dicarboxylic acid σ-lactone methyl ester.
SC-66110. Aldosterone antagonist, used as an antihypertensive agent. *Searle, G.D., & Co.*

1778 Mespirenone
87952-98-5

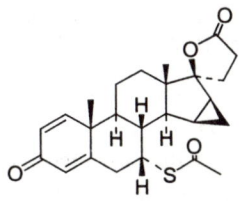

$C_{25}H_{30}O_4S$
15α,16α-Dihydro-17-hydroxy-7α-mercapto-3-oxo-3'H-cyclopropa[15,16]-17α-pregna-1,4,15-triene-21-carboxylic acid γ-lactone acetate.
Mineralocorticoid receptor blocker; specific inhibitor of adrenocortical mineralocorticoid synthesis. Aldosterone antogonist.

1779 Mexrenoate Potassium
43169-54-6

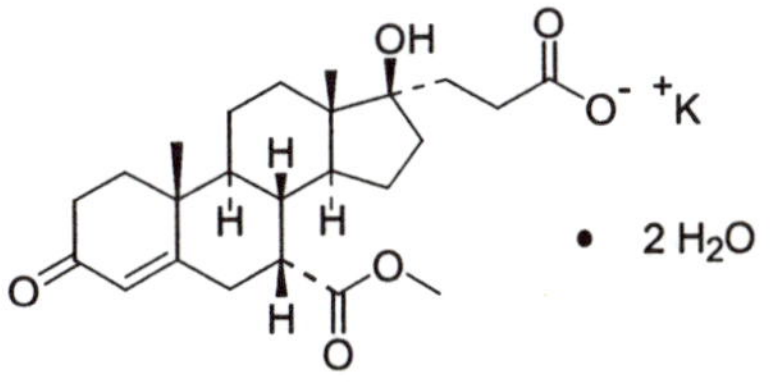

$C_{24}H_{33}KO_6 \cdot 2H_2O$
7-Methyl-21-potassium-17-hydroxy-3-oxo-17α-pregn-4-ene-7α,21-dicarboxylate dihydrate.
SC-26714. Aldosterone antagonist, used as an antihypertensive agent. *Searle, G.D., & Co.*

1780 Mexrenoic Acid
41020-68-2
$C_{24}H_{35}O_6$
7-Methyl-17-hydroxy-3-oxo-17α-pregn-4-ene-7α,21-dicarboxylic acid.
Aldosterone antagonist, used as an antihypertensive agent. *Searle, G.D., & Co.*

1781 Prorenoate Potassium
49847-97-4

$C_{23}H_{31}KO_4$
Potassium 6,7-dihydro-17-hydroxy-3-oxo-3'H-cyclopropa[6,7]-17α-pregna-4,6-diene-21-carboxylate.
SC-23992. Aldosterone antagonist, used as an antihypertensive agent. Searle, G.D., & Co.

1782 Spironolactone
52-01-7   8917   200-133-6

$C_{24}H_{32}O_4S$
17-Hydroxy-7α-mercapto-3-oxo-17α-pregn-4-ene-21-carboxylic acid σ-lactone acetate.
Aldactone; Aldactazide; SC-9420; Aldace; Aldopur; Almatol; Altex; Aquareduct; Deverol; Diatensec; Dira; Duraspiron; Euteberol; Lacalmin; Lacdene; Laractone; Nefurofan; Osiren; Osyrol; Sagisal; Sincomen; Spiretic; Spiroctan; Sprioderm; Spirolone; Spiro-Tablinen; Supra-Puren; Suracton; Urusonin; Verospiron; Xenalon. Aldosterone antagonist. Used as a diuretic. mp = 134-135°, 201-202°; $[α]_D^{20}$ = -33.5° (CHCl$_3$); $λ_m$ = 238 nm (ε 20200); insoluble in H$_2$O, soluble in most organic solvents. Searle, G.D., & Co.; Parke-Davis.

1783 Spirorenone
74220-07-8   277-770-1

$C_{24}H_{28}O_3$
(6R,7R,8R,9S,10R,13S,14R,15S,16S,17S)-3',4',6,7,8,9,11,12,13,14,15,16,20,21-Tetradecahydro-10,13-dimethyl-spiro[17H-dicyclopropa[6,7:15,16]-cyclopenta[a]phenanthrene-17,2'(5'H)-furan]-3(10H),5'-dione.
Shows affinity for mineralocorticoid receptors. Aldosterone antagonist.

Antidiarrheals

1784 Acetorphan
81110-73-8   72

$C_{21}H_{23}NO_4S$
(±)-N-[2-[(Acetylthio)methyl]-1-oxo-3-phenylpropyl]glycine phenylmethyl ester.
Tiorfan; ecadotril [as (S)-form]; sinorphan. Antisecretory enkephalinase inhibitor. The racemate is an antidiarrheal, the (S)-form is an antihypertensive. Antidiarrheal, antihypertensive. mp = 89°; [(S)-form]: mp = 71°; $[α]_D^{25}$ = -24.1° (c = 1.2 MeOH); LD$_{50}$ (mus iv) > 100 mg/kg. Bioprojet.

1785 Acetyltannic Acid
1397-74-6   107   215-741-7
Diacetyltannic acid.
tannyl acetate; Acetannin; Tannigen. Interstinal astringent, used as an

antidiarrheal. Slightly soluble in H_2O, EtOH; soluble in EtOAc; decomposes gradually in solutions of alkali hydroxides and carbonates; incompatible with alkalies, iron salts.

1786 Alkofanone
7527-94-8   254

$C_{21}H_{19}NO_3S$
3-[(4-Aminophenyl)sulfonyl]-1,3-diphenyl-1-propanone.
Nu-404; Ro-2-0404; Alfone. Antidiarrheal. mp = 221-223° (dec); slightly soluble in Me_2CO, dioxane; insoluble in most other organic solvents. Hoffmann-LaRoche Inc.

1787 Almasilate
71205-22-6
$Al_2MgO_8Si_2 \cdot xH_2O$
Magnesium aluminosilicate.
Antidiarrheal.

1788 Aluminum Salicylates, Basic
375
$(C_7H_5O_3)_n \cdot Al(OH)_{3-n} \cdot xH_2O$
Alunozal [as monosalicylate $(C_7H_7AlO_5)$]; Baluvet [as disalicylate $(C_{14}H_{11}AlO_7 \cdot H_2O)$]. Sparingly soluble in H_2O. Soc. Chim. des Usines du Rhône.

1789 Bismuth Subsalicylate
14882-18-9   1327   238-953-1
$C_7H_5BiO_4$
2-Hydroxybenzoic acid bismuth (3+) salt.
basic bismuth salicylate; oxo(salicylato)bismuth; Bismogenol Tosse Inj.; Stabisol. Antidiarrheal, antacid and antiulcerative. Also used as a lupus erythematosus suppressant. Insoluble in H_2O, EtOH. Mobay.

1790 Catechin
154-23-4   1950   205-825-1

$C_{15}H_{14}O_6$
(2R-trans)-2-(3,4-Dihydroxyphenyl)-3,4-dihydro-2H-1-benzopyran-3,5,7-triol.
catechol; 3,3',4',5,7-flavanpentol; catechinic acid; catechuic acid; dexcyanidanol; cyanidol; Catergen. Antidiarrheal. mp = 93-96°, 175-177°; $[\alpha]_D^{18}$ = 16 to 18.4°.

1791 Catechin dl-form
7295-85-4   1950   230-731-2

$C_{15}H_{14}O_6$
dl-catechol.
3,3',4',5,7-flavanpentol; catechinic acid; catechuic acid; cyanidol. Antidiarrheal. mp = 212-216; slightly soluble in cold H_2O, Et_2O; soluble in hot H_2O, EtOH, AcOH, Me_2CO; insoluble in C_6H_6, $CHCl_3$, petroleum ether.

1792 Catechin l-form
18829-70-4   1950   242-611-7
$C_{15}H_{14}O_6$
l-catechol.
3,3',4',5,7-flavanpentol; catechinic acid; catechuic acid; (-)-cyanidanol-3. Antidiarrheal. mp = 93-96°, 175-177°; $[\alpha]_D$ = -16.8°.

1793 Difenoxin
28782-42-5   3183

$C_{28}H_{28}N_2O_2$
1-(3-Cyano-3,3-diphenylpropyl)-4-phenylisonipecotic acid.
McN-JR-15403-11; difenoxilic acid; difenoxylic acid; Lyspafen; R-15403 [as hydrochloride]. Active metabolite of diphenoxylate. Antiperistaltic, antidiarrheal. [hydrochloride]: mp = 290°, slightly soluble in H_2O (0.023 g/100 ml), $CHCl_3$, THF, dimethylacetamide, DMSO; LD_{50} (rat orl) = 149 mg/kg. *Janssen Pharmaceutical, Belgium.*

1794 Diphenoxylate
915-30-0   3371   213-020-1

$C_{30}H_{32}N_2O_2$
Ethyl-1-(3-cyano-3,3-diphenylpropyl)-4-phenylisonipecotate.
R-1132. *Janssen Pharmaceutical, Belgium.*

1795 Diphenoxylate Hydrochloride
3810-80-8   3371   223-287-6
$C_{30}H_{33}ClN_2O_2$
Ethyl-1-(3-cyano-3,3-diphenylpropyl)-4-phenylisonipecotate monohydrochloride.
component of: Lomotil, Diarsed, Reasec. Antiperistaltic, antdiarrheal. mp = 220.5-222°; λ_m = 252, 258, 264 nm; soluble in AcOH (50 g/100 ml), DMF (50 g/100 ml), $CHCl_3$ (36 g/100 ml), MeOH (> 5 g/100 ml), EtOH (0.3 g/100 ml), H_2O (0.08 g/100 ml), C_6H_{14} (0.05 g/100 ml). *Janssen Pharmaceutical, Belgium; Searle, G.D., & Co.*

1796 Igmesine
140850-73-3

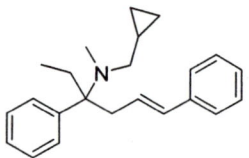

$C_{23}H_{29}N$
(+)-α-[(E)-Cinnamyl]-N-(cyclopropyl-methyl)-α-ethyl-N-methylbenzylamine. Antidiarrheal.

1797 Lidamidine
66871-56-5   5504

$C_{11}H_{16}N_4O$
1-(Methylamidino)-3-(2,6-xylyl)urea.
Has antisecretory and antimotility properties. Antiperistaltic, antdiarrheal. *Rorer.*

1798 Lidamidine Hydrochloride
65009-35-0   5504   265-307-6
$C_{11}H_{17}ClN_4O$
1-(Methylamidino)-3-(2,6-xylyl)urea monohydrochloride.
WHJR-1142A; Lidarral; Smodin. Has antisecretory and antimotility properties. Antiperistaltic, antdiarrheal. mp = 194-197°; λ_m = 262, 271 nm (ε 626, 524 H_2O); soluble in H_2O (15.35 g/100 ml at 25°), MeOH (29.79 g/100 ml), EtOH (8.85 g/100 ml), $CHCl_3$ (0.46 g/100 ml), C_6H_{14} (0.001 g/100 ml); LD_{50} (mmus orl) = 260 mg/kg, (mrat orl) = 267 mg/kg, (frat orl) = 160 mg/kg, (mus iv) = 56 mg/kg. *Rorer.*

Water, Electrolyte Balancing Agents

1799 Loperamide
53179-11-6   5601   258-416-5

$C_{29}H_{33}ClN_2O_2$
4-(p-Chlorophenyl)-4-hydroxy-N,N-dimethyl-α,α-diphenyl-1-piperidine-butyramide.
Antiperistaltic, antidiarrheal. *McNeil Pharmaceutical; Janssen Pharmaceutical Inc.; Lemmon Co.; Rhône-Poulenc Rorer Pharmaceuticals Inc.*

1800 Loperamide Hydrochloride
34552-83-5   5601   252-082-4
$C_{29}H_{34}Cl_2N_2O_2$
4-(p-Chlorophenyl)-4-hydroxy-N,N-dimethyl-α,α-diphenyl-1-piperidine-butyramide monohydrochloride.
Imodium; Imodium A-D; Maalox Antidiarrheal; R-18553; PJ-185; R-18553; Arret; Blox; Brek; Dissenten; Fortasec; Imosec; Imossel; Lopemid; Lopemin; Loperyl; Suprasec; Tebloc. Antiperistaltic, antidiarrheal. mp = 222-223°; λ_m = 253, 259, 265, 273 nm (ε 532, 648, 581, 233, 0.1N HcL/iPrOH 10:90 v/v); soluble in H_2O (0.14 g/100 ml pH 1.7, 0.008 g/100 ml pH 6.1, < 0.001 g/100 ml pH 7.9), MeOH (28.6 g/100 ml), EtOH (5.37 g/100 ml), iPrOH (1.1 g/100 ml), CH_2Cl_2 (35.1 g/100 ml), Me_2CO (0.20 g/100 ml), EtOAc (0.035 g/100 ml), Et_2O (0.001 g/100 ml), C_6H_{14} (0.001 g/100 ml), C_7H_8 (0.001 g/100 ml), DMF (10.3 g/100 ml), THF (0.32 g/100 ml), DMSO (20.5 g/100 ml), propylene glycol (5.64 g/100 ml); LD_{50} (mus sc) = 75 mg/kg, (mus ip) = 28 mg/kg, (mus orl) = 105 mg/kg, (rat orl) = 185 mg/kg. *McNeil Pharmaceutical; Janssen Pharmaceutical Inc.; Lemmon Co.; Rhône-Poulenc Rorer Pharmaceuticals Inc.*

1801 Mebiquine
23910-07-8   5810

$C_{10}H_{10}BiNO_3$
Dihydroxy(6-methyl-8-quinolinolato)-bismuth.
DV-1; Arrétyl. Antidiarrheal. Insoluble in H_2O, soluble in strong acids; LD_{50} (mus orl) > 10000 mg/kg. *Ugine Kuhlmann.*

1802 Rolgamidine
66608-04-6

$C_9H_{16}N_4O$
trans-N-(Diaminomethylene)-2,5-dimethyl-3-pyrroline-1-acetamide.
WY-25021. Antidiarrheal. *Wyeth-Ayerst Labs.*

1803 Trillium
9825
Beth root; Indian Balm.
Dried rhizomet of *Trillium erectum* L. Astringent used to treat diarrhea.

1804 Urarigenin
466-09-1   10035   207-373-0

$C_{23}H_{34}O_4$
(3β,5α)-3,14-Dihydroxycard-20(22)-enolide.
odorigeni. Antidiarrheal. mp = 240-256°;

$[\alpha]_D^{20}$= 10.5° (c = 1.056 EtOH); [3-O-acetate]: mp = 262-266°; $[\alpha]_D^{22}$= 4.6° (c = 1.09 CHCl$_3$).

1805 Uzarin
20231-81-6   10035   243-616-7

$C_{35}H_{54}O_{14}$
(3β,5α)-3-[(6-O-β-D-Glucopyranosyl-β-D-glucopyranosyl)oxy]-14-hydroxycard-20(22)-enolide.
Antidiarrheal. mp = 206-208°, 266-270°; $[\alpha]_D^{20}$= -27° c = 1.075 C_5H_5N), $[\alpha]_D^{19}$= -1.4° (c = 0.85 MeOH); λ_m = 217 nm (log ε 4.23); soluble in C_5H_5N, methyl cellosolve; sparingly soluble in H_2O; insoluble in Et_2O, CHCl$_3$.

1806 Zaldaride
109826-26-8   10243

$C_{26}H_{28}N_4O_2$
(±)-1-[1-[(4-Methyl-4H,6Hpyrrolo[1,2-α][4,1]benzoxazepin-4-ylmethyl]-4-piperidyl]-2-benzimidazolinone.
Ion channel and calmodulin blocker. Antidiarrheal. mp = 173-175°. *Ciba-Geigy Corp.*

1807 Zaldaride Maleate
109826-27-9   10243
$C_{30}H_{32}N_4O_6$
(±)-1-[1-[(4-Methyl-4H,6Hpyrrolo[1,2-α][4,1]benzoxazepin-4-ylmethyl]-4-piperidyl]-2-benzimidazolinone maleate.
CGS-9343B; ZY-17617B. Ion channel and calmodulin blocker. Antidiarrheal. mp = 189-190°. *Ciba-Geigy Corp.*

Antidiuretics

1808 Argipressin Tannate
8-L-Argininevasopressin tannate.
vasopressin tannate; Pitressin Tannate; CI-107. Antidiuretic. *Parke-Davis.*

1809 Desmopressin
16679-58-6   2969   240-726-7

HS-CH$_2$-CH$_2$-C-Tyr-Phe-Gln-Asn-Cys-Pro-Arg-Gly
                  ‖
                  O

$C_{46}H_{66}N_{14}O_{13}S_2$
1-(3-Mercaptopropionic acid)-8-D-arginine-vasopressin.
Adiuretin SD; DAV Ritter; DDAVP; Desmospray; Minirin. Antidiuretic. $[\alpha]_D^{25}$= 85.5° ± 2°. *Rhône-Poulenc Rorer Pharmaceuticals Inc.*

1810 Desmopressin Acetate
62357-86-2   2969
$C_{48}H_{68}N_{14}O_{14}S_2 \cdot 3H_2O$
1-(3-Mercaptopropionic acid)-8-D-arginine-vasopressin monoacetate (salt) trihydrate.
DDAVP; Stimate; Octostim. Antidiuretic. *Rhône-Poulenc Rorer Pharmaceuticals Inc.; Centeon L.L.C.*

1811 Felypressin
56-59-7   3992   200-282-7

Cys-Phe-Phe-Gln-Asn-Cys-Pro-Lys-GlyNH$_2$

$C_{46}H_{65}N_{13}O_{11}S_2$
2-(L-Phenylalanine)-8-L-lysine-vasopressin.
PLV-2; Octapressin. Antidiuretic and vasoconstrictor. *Sandoz Pharmaceuticals Corp.*

1812 Lypressin
50-57-7   5661   200-050-5

$C_{46}H_{65}N_{13}O_{12}S_2$
L-Cysteinyl-L-tyrosyl-L-phenylalanyl-L-glutaminyl-L-asparaginyl-L-cysteinyl-L-prolyl-L-lysylglycinamide cyclic (1→6)-disulfide.
L-8; Diapid; Postacton; Syntopressin. Antidiuretic and vasopressor.

1813 Ornipressin
3397-23-7   7001   222-253-8

Cys-Tyr-Phe-Gln-Asn-Cys-Pro-Orn-GlyNH$_2$

$C_{45}H_{63}N_{13}O_{12}S_2$
8-Ornithine-vasopressin.
POR-8. Antidiuretic. *Sandoz Pharmaceuticals Corp.*

1814 Oxycinchophen
485-89-2   7091   207-624-4

$C_{16}H_{11}NO_3$
3-Hydroxy-2-phenyl-4-quinoline-carboxylic acid.
3-hydroxycinchophen; HPC; Phenidrone; Magnofenyl; Magnophenyl; Oxinofen.

Reumalon. Antidiuretic and uricosuric. mp = 206-207° (dec); soluble in AcOH, EtOH, C_6H_6; sparingly soluble in H_2O, Et_2O. *Chemo Puro.*

1815 Pituitary, Posterior
7666
Pituitary extract (posterior).
Pituitrin; Pituamin; Di-Sipidin. Antidiuretic and oxytocic. Partially soluble in H_2O. *Parke-Davis.*

1816 Terlipressin
14636-12-5   9310   238-680-8
$C_{52}H_{74}N_{16}O_{15}S_2$
N-[N-(N-Glycylglycyl)glycyl]-8-l-lysine-vasopressin.
Glypressin. Analog of lypressin. Antidiuretic and vasopressor. [diacetate pentahydrate (Glycylpressin)]: $[\alpha]_D^{25} = -82°$ (c = 0.2 in 1M AcOH).

1817 Vasopressin
9034-50-8   10073
$C_{46}H_{65}N_{15}O_{12}S_2$
β-Hypophamine.
Pitressin; Antidiuretic hormone; beta-hypophamine; Leiormone; Tonephin; Vasophysin. Antidiuretic and vasopressor hormone. Hemostatic. Obtained from posterior lobe of the pituitary of healthy domestic animals or by synthesis. Two vasopressins, which differ in the amino acid at position 8, have been isolated:arginine vasopressin and lysine vasopressin. *Parke-Davis.*

1818 Vasopressin, Arginine form
113-79-1   10073   204-035-4

Cys-Tyr-Phe-Gln-Asn-Cys-Pro-Arg-GlyNH$_2$

$C_{46}H_{65}N_{15}O_{12}S_2$
8-L-Arginine-vasopressin.
arginine vasopressin; argipressin; rinder-vasopressin. Antidiuretic and vasopressor hormone. Hemostatic. *Parke-Davis.*

1819 Vasopressin, Lysine form
50-57-7   10073   200-050-5
$C_{46}H_{65}N_{13}O_{12}S_2$
8-L-Lysine-vasopressin.
Antidiuretic and vasopressor hormone. Hemostatic. *Parke-Davis*.

1820 Vasopressin Injection
11000-17-2   234-236-2
$C_{46}H_{65}N_{13}O_{12}S_2$
Antidiuretic and vasopressor hormone. Hemostatic. *Parke-Davis*.

Antihyperphosphatemics

1821 Aluminum Hydroxide
21645-51-2   355   244-492-7
H_3AlO_3
Aluminum hydroxide.
Amphojel; Dialume; Simeco; component of: Arthritis Pain Formula Maximum Strength, Calcitrel, Camalox, Gelusil, Kestomatin, Kudrox, Maalox, Maalox HRF, Maalox Plus, Simeco Suspension, Tricreamalate, Trsiogel, Wingel. Antacid with antihyperphosphatemic properties. White bulky amorphous powder; insoluble in H_2O, soluble in alkaline or acid solutions. *Wyeth Labs*.

1822 Aluminum Hydroxychloride
1327-41-9   356   215-477-2
$H3_{y-z}Al_yO_{3y}Cl_z \cdot H_2O$
Aluminum chlorohydrate.
Astringen; Chlorhydrol; Hyperdrol; Locron; Phosphonorm. Anhidrotic. *Elizabeth Arden*.

1823 Sevelamer Hydrochloride
182683-00-7

$(C_3H_7N)_m \cdot (C_3H_5ClO)_n \cdot xHCl$
Allylamine polymer with 1-chloro-2,3-epoxypropane hydrochloride.
RenaGel; GT16-026A. Selvamer, the free base, has CAS RN [52727-95-6].

Used as an antihyperphosphatemic. *Dow Chemical U.S.A.*

Antihypertensives

See Page 43, records 233-585.

Antihypotensives

1824 Amezinium Methyl Sulfate
30578-37-1   412   250-248-0

$C_{12}H_{15}N_3O_5S$
4-Amino-6-methoxy-1-phenyl-pyridazinium methyl sulfate.
LU-1631; Regulton; Risumic; Supratonin. Antihypotensive. Sympathomimetic with vascular and cardiac activity. mp = 1676° (dec); LD_{50} (mus orl) = 1630 mg/kg, (mus iv) = 40.4 mg/kg, (rat orl) = 1410 mg/kg, (rat iv) = 45.5 mg/kg. *BASF Corp*.

1825 Angiotensin Amide
53-73-6   689   200-182-3
$C_{49}H_{70}N_{14}O_{11}$
N-[1-[N-[N-[N-[N-(N^2-L-Asparaginyl-L-arginyl)-L-valyl]-L-tyrosyl]-L-valyl]-L-histidyl]-L-prolyl]-3-phenyl-L-alanine.
NSC-107678; Asn-Arg-Val-Tyr-Val-His-Pro-Phe; 5-valine angiotensin II amide; Hypertensin; Ipertensina. Vasoconstrictor and antihypotensive. *Parke-Davis*.

1826 Ciclafrine
55694-98-9

$C_{15}H_{21}NO_2$
m-1-Oxo-4-azaspiro[4.6]undec-2-yl-phenol.
Antihypotensive. *Parke-Davis*.

1827 Ciclafrine Hydrochloride
51222-36-7
$C_{15}H_{22}ClNO_2$
m-1-Oxo-4-azaspiro[4.6]undec-2-yl-phenol hydrochloride.
W-43026A; Go-3026A. Antihypotensive. *Parke-Davis*.

1828 Dimetofrine
22950-29-4   3314   245-348-6

$C_{11}H_{17}NO_4$
4-Hydroxy-3,5-dimethoxy-α-[(methylamino)methyl]benzyl alcohol.
dimethophrine; dimetrophine. Antihypotensive. mp = 178° (dec). *Zambeletti*.

1829 Dimetofrine Hydrochloride
22775-12-8   3314   245-212-6
$C_{11}H_{18}ClNO_4$
4-Hydroxy-3,5-dimethoxy-α-[(methylamino)methyl]benzyl alcohol hydrochloride.
Pressamina. Antihypotensive. mp = 171-173°. *Zambeletti*.

1830 Dopamine
51-61-6   3479   200-110-0

$C_8H_{11}NO_2$
4-(2-Aminoethyl)pyrocatechol.
3-hydroxytyramine. Adrenergic; used as an antihypotensive agent. *Astra USA, Inc.; Elkins-Sinn; Parke-Davis*.

1831 Dopamine Hydrochloride
62-31-7   3479   200-527-8
$C_8H_{12}ClNO_2$
4-(2-Aminoethyl)pyrocatechol hydrochloride.
Dopastat; ASL-279; Cardiosteril; Dynatra; Inovan; Inotropin. Adrenergic; used as an antihypotensive agent. Dec 241°; freely soluble in H_2O; soluble in EtOH, MeOH; insoluble in Et_2O, $CHCl_3$, C_6H_6, C_7H_8, petroleum ether; [hydrobromide]: mp = 210-214° (dec). *Astra USA, Inc.; Elkins-Sinn; Parke-Davis*.

1832 Etifelmin
341-00-4   3909

$C_{17}H_{19}N$
2-(Diphenylmethylene)butylamine.
EDPA; Na III. CNS stimulant and antihypotensive. *Giulini GmbH*.

1833 Etifelmin Hydrochloride
1146-95-8   3909
$C_{17}H_{20}ClN$
2-(Diphenylmethylene)butylamine hydrochloride.
Tensinase D. CNS stimulant and antihypotensive. mp = 232°; soluble in H_2O. *Giulini GmbH*.

1834 Etilefrin
709-55-7   3911   211-910-4

$C_{10}H_{15}NO_2$
α-[(Ethylamino)methyl]-m-hydroxybenzyl alcohol.
ethylphenylephrine; etiladrianol. Antihypotensive. Adrenomimetic. *Labs. Fher S.A.*

1835 Etilefrin dl-form
10128-36-6   3911   233-359-9
$C_{10}H_{15}NO_2$
(±)-α-[(Ethylamino)methyl]-m-hydroxybenzyl alcohol.
Antihypotensive. Adrenomimetic. mp = 147-148°. *Labs. Fher S.A.*

1836 Etilefrin dl-form Hydrochloride
534-87-2   3911
$C_{10}H_{16}ClNO_2$
(±)-α-[(Ethylamino)methyl]-m-hydroxybenzyl alcohol hydrochloride.
Apocretin; Circupon; Effontil; Effortil; Effortilvet; Efortil; Ethyl Adrianol; Eti-Puren; Kertasin; Pulsamin; Tonus-Forte. Antihypotensive. Adrenomimetic. mp = 121°; freely soluble in H_2O, soluble in EtOH, insoluble in $CHCl_3$. *Labs. Fher S.A.*

1837 Gepefrine
18840-47-6   4409

$C_9H_{13}NO$
(+)-(S)-m-(2-Aminopropyl)phenol.
Sympathomimetic isomer of hydroxyamphetamine. Used as an antihypotensive agent. mp = 155-158°; $[\alpha]_D^{25}$ = 31.8° (c = 2 MeOH). *Helopharm.*

1838 Gepefrine Tartrate
60763-48-6   4409   262-417-6
$C_{13}H_{19}NO_7$
(+)-(S)-m-(2-Aminopropyl)phenol tartrate.
Pressionorm; Wintonin. Sympathomimetic isomer of hydroxyamphetamine. Used as an antihypotensive agent. *Helopharm.*

1839 Metaraminol
54-49-9   5993

$C_9H_{13}NO_2$
(-)-α-(1-Aminoethyl)-m-hydroxybenzyl alcohol.
Pressonex; metadrine. Adrenergic; used as an antihypotensive agent. *Merck & Co., Inc.; Sterling Winthrop, Inc.*

1840 Metaraminol Bitartrate
33402-03-8   5993   251-502-3
$C_{13}H_{19}NO_8$
(-)-α-(1-Aminoethyl)-m-hydroxybenzyl alcohol tartrate (1:1) (salt).
Aramine; Icoral B; Pressorol. Adrenergic; used as an antihypotensive agent. mp = 176-177°; freely soluble in H_2O. *Merck & Co., Inc.; Sterling Winthrop, Inc.*

1841 Metaraminol Hydrochloride
5967-52-2   5993
$C_9H_{14}ClNO_2$
(-)-α-(1-Aminoethyl)-m-hydroxybenzyl alcohol hydrochloride.
Aramine; Pressonex Bitartrate. Adrenergic; used as an antihypotensive agent. $[\alpha]_D^{20}$ = -19.75°; freely soluble in H_2O; LD_{50} (mus ip) = 440 mg/kg. *Merck & Co., Inc.; Sterling Winthrop, Inc.*

1842 Methoxamine
390-28-3   6067   206-867-3

$C_{11}H_{17}NO_3$
(±)-α-(1-Aminoethyl)-2,5-dimethoxybenzyl alcohol.
α-Adrenergic agonist; vasoconstrictor. Used as an antihypotensive. *Glaxo Wellcome Inc.*

1843 Methoxamine Hydrochloride
61-16-5   6067   200-499-7
$C_{11}H_{18}ClNO_3$
(±)-α-(1-Aminoethyl)-2,5-dimethoxybenzyl alcohol hydrochloride.
Vasoxine; Vasoxyl; Vasylox. α-Adrenergic agonist; vasoconstrictor. Used as an antihypotensive. mp = 212-216°; soluble in H_2O (40 g/100 ml), EtOH (8.4 g/100 ml); insoluble in Et_2O, C_6H_6; $CHCl_3$. *Glaxo Wellcome Inc.*

Water, Electrolyte Balancing Agents

1844 Midodrine
42794-76-3   6272   255-945-3

$C_{12}H_{18}N_2O_4$
(±)-2-Amino-N-(β-hydroxy-2,5-dimethoxyphenethyl)acetamide.
St-1085. α-Adrenergic; vasoconstrictor; antihypotensive. *Roberts Pharmaceutical Corp.; OSSW.*

1845 Midodrine Hydrochloride
3092-17-9   6272
$C_{12}H_{19}ClN_2O_4$
(±)-2-Amino-N-(β-hydroxy-2,5-dimethoxyphenethyl)acetamide hydrochloride.
Pro-Amatine; A-4020 Linz; St Peter 224; Alphamine; Amatine; Gutron; Hipertan; Metligine; Midamine. α-Adrenergic; vasoconstrictor; antihypotensive. mp = 192-193°. *Roberts Pharmaceutical Corp.; OSSW.*

1846 Norepinephrine
51-41-2   6788   200-096-6

$C_8H_{11}NO_3$
(-)-α-(Aminomethyl)-3,4-dihydroxybenzyl alcohol.
Noradrenaline; levarterenol; Adrenor; Levophed. An α-adrenergic agonist. Used as a vasopressor and anti-hypotensive agent. mp = 216.5-218° (dec); $[\alpha]_D^{25}$ = -37.3° (c = 5 H$_2$O). *Sterling Winthrop, Inc.*

1847 Norepinephrine d-Bitartrate
69815-49-2   6788
$C_{12}H_{17}NO_9$
(-)-α-(Aminomethyl)-3,4-dihydroxybenzyl alcohol tartrate (1:1) salt monohydrate.
Levophed; Levarterenol bitartrate; Aktamin; Binodrenal. An α-adrenergic agonist. Used as a vasopressor and antihypotensive agent. mp = 102-104°; $[\alpha]_D^{25}$ = -10.7° (c = 1.6 H$_2$O); freely soluble in H$_2$O. *Sterling Winthrop, Inc.*

1848 Norepinephrine Hydrochloride
329-56-6   6788   206-345-5
$C_8H_{12}ClNO_3$
(-)-α-(Aminomethyl)-3,4-dihydroxybenzyl alcohol hydrochloride.
Aterenol. An α-adrenergic agonist. Used as a vasopressor and antihypotensive agent. mp = 145.2=146.4°; $[\alpha]_D^{25}$ = -40° (c = 6); soluble in H$_2$O. *Sterling Winthrop, Inc.*

1849 Pholedrine
370-14-9   7485   206-725-0

$C_{10}H_{15}NO$
4-[2-(Methylamino)propyl]phenol.
Knoll H$_{75}$. An α-adrenergic agonist. Used as a vasopressor and antihypotensive agent. mp = 162-163°; slightly solulbe in H$_2$O; soluble in EtOH, Et$_2$O. *Knoll Pharmaceutical Co.*

1850 Pholedrine Sulfate
6114-26-7   7485   228-083-0
$C_{20}H_{32}N_2O_6S$
4-[2-(Methylamino)propyl]phenol sulfate.
Paredrinol; Pulsotyl; Veritol. An α-adrenergic agonist. Used as a vasopressor and antihypotensive agent. Dec 320-323°; soluble in H$_2$O, LD$_{50}$ (rat sc) = 500 mg/kg. *Knoll Pharmaceutical Co.*

1851 Synephrine
94-07-5   9189   202-300-9

$C_9H_{13}NO_2$
(RS)-1-(4-Hydroxyphenyl)-2-(methylamino)ethanol.
Oxedrine; Analeptin; Ethaphene;

Parasympatol; Simpalon; Synephrin; Synthenate. α-Adrenergic agonist;. Vasopressor; antihypotensive agent. mp = 184-185°. Boehringer Ingelheim GmbH.

1852 Synephrine Hydrochloride
5985-28-4　　9189　　227-804-6
$C_9H_{14}ClNO_2$
(RS)-1-(4-Hydroxyphenyl)-2-(methylamino)ethanol hydrochloride.
Oxedrine hydrochloride. α-Adrenergic agonist; vasopressor; antihypotensive agent. mp = 151-152°; soluble in H_2O. Boehringer Ingelheim GmbH.

1853 Synephrine tartaric Acid Monoester
6414-49-9　　9189
$C_{13}H_{17}NO_7$
(RS)-1-(4-Hydroxyphenyl)-2-(methylamino)ethanol tartrate (1:1) ester.
Neupentedrin; Pentedrin. α-Adrenergic agonist; vasopressor; antihypotensive agent. Boehringer Ingelheim GmbH.

1854 Synephrine Tartrate
16589-24-5　　9189　　240-647-8
$C_{22}H_{32}N_2O_{10}$
(RS)-1-(4-Hydroxyphenyl)-2-(methylamino)ethanol tartrate (2:1) salt.
Corvasymton; Simpadren; Sympathol. An α-adrenergic agonist. Used as a vasopressor and antihypotensive agent. mp = 188-190° (dec); soluble in H_2O, EtOH. Boehringer Ingelheim GmbH.

1855 Theodrenaline
13460-98-5

$C_{17}H_{21}N_5O_5$
7-[2-[2-(3,4-Dihydroxyphenyl)-2-hydroxyethylamino]ethyl]theophylline.
Akrinor. Theophylline derivative. Betamimetic catecholamine. Vasoconstrictor. Used to treat hypotension.

Carbonic Anhydrase Inhibitors

1856 Acetazolamide
59-66-5　　50　　200-440-5

$C_4H_6N_4O_3S_2$
N-(5-Sulfamoyl-1,3,4-thiadiazol-2-yl)-acetamide.
acetazoleamide; carbonic anhydrase inhibitor 6063; acetamox; atenezol; cidamex; defiltran; diacarb; diamox; didoc; diluran; diureticum-Holzinger; diuriwas; diutazol; donmox; edemox; fonurit; glaupax; glupax; natrionex; nephramid; vetamox (sodium salt). Carbonic anhydrase inhibitor, used as diuretic, in treatment of glaucoma Diuretic and antiglaucoma agent. mp = 258-259°; sparingly soluble in H_2O; pKa = 7.2. Lederle Labs.

1857 Acetazolamide Sodium
1424-27-7　　50
$C_4H_5N_4NaO_3S_2$
N-(5-Sulfamoyl-1,3,4-thiadiazol-2-yl)acetamide monosodium salt.
Diamox Parenteral; Vetamox. Carbonic anhydrase inhibitor, used as diuretic, in treatment of glaucoma Diuretic and antiglaucoma agent. Lederle Labs.

1858 Butazolamide
16790-49-1　　1545

$C_6H_{10}N_4O_3S_2$
N-[5-(Aminosulfonyl)-1,3,4-thiadiazol-2-yl]butanamide.
SKF-4965; Butamide. Carbonic anhydrase inhibitor, used as diuretic, in

treatment of glaucoma Diuretic and antiglaucoma agent. mp = 260-262° (dec). *American Cyanamid.*

1859 Dichlorphenamide
120-97-8   3127   204-440-6

$C_6H_6Cl_2N_2O_4S_2$
4,5-Dichloro-m-benzenedisulfonamide.
Daranide; Antidrasi; Oratrol. Carbonic anhydrase inihibitor used to treat glaucoma. mp = 239-241°, 228.5-229°; insoluble in H_2O, soluble in alklaine solutions. *Merck & Co., Inc.*

1860 Dorzolamide
120279-96-1   3484

$C_{10}H_{16}N_2O_4S_3$
(4S,6S)-4-(Ethylamino)-5,6-dihydro-6-methyl-4H-thieno[2,3-b]thiopyran-2-sulfonamide 7,7-dioxide.
Adrenergic (ophthalmic); a carbonic anhydrase inhibitor, used to treat glaucoma. *Merck & Co., Inc.*

1861 Dorzolamide Hydrochloride
130693-82-2   3484
$C_{10}H_{17}ClN_2O_4S_3$
(4S,6S)-4-(Ethylamino)-5,6-dihydro-6-methyl-4H-thieno[2,3-b]thiopyran-2-sulfonamide 7,7-dioxide hydrochloride.
Trusopt; MK-507; component of: Cosopt. Adrenergic (ophthalmic); a carbonic anhydrase inhibitor, used to treat glaucoma. mp = 283-285°; $[\alpha]_D^{24}$ = -8.34°

(c = 1 MeOH); soluble in H_2O. *Merck & Co., Inc.*

1862 Ethoxzolamide
452-35-7   3801   207-199-5

$C_9H_{10}N_2O_3S_2$
6-Ethoxy-2-benzothiazolesulfonamide.
ethoxyzolamide; Cardrase; Ethamide; Glaucotensil; Redupresin. Carbonic anhydrase inhibitor, used as diuretic, in treatment of glaucoma Carbonic anhydrase inhibitor, used as diuretic, in treatment of glaucoma. mp = 188-190.5°. *Upjohn Ltd.*

1863 Flumethiazide
148-56-1   4174   205-717-4

$C_8H_6F_3N_3O_4S_2$
6-(Trifluoromethyl)-2H-1,24-benzo-thiadiazine-7-sulfonamide 1,1-dioxide.
Ademol; Fludemil. Carbonic anhydrase inihibitor. mp = 305.4-307.8° (dec); λ_m = 278 nm ($E_{1cm}^{1\%}$ 335); sparingly soluble in H_2O (5 g/100 ml at 100° with dec); soluble in MeOH, EtOH, DMF; insoluble in EtOAc, MEK, C_6H_6, C_7H_8. *Olin Research Ctr.*

1864 Methazolamide
554-57-4   6031   209-066-7

$C_5H_8N_4O_3S_2$
N-(4-Methyl-2-sulfamoyl-Δ^2-1,3,4-thiadiazolin-5-ylidene)acetamide.
Neptazane. Carbonic anhydrase inihibitor used as a diuretic. mp = 213-214°; λ_m =

254 nm (log ε 3.66 95% EtOH), 247 nm (log ε3.61 0.1N NaOH). *Lederle Labs.*

Diuretics

See Page 119, records 673-796.

Ion Exchangers

1865 Carbacrylic Resins
1824
Cross-linked polyacrylic polycarboxylic ion exchange resins.

1866 Cholestyramine Resin
11041-12-6   2257
Cholestyramine resin.
colestyramine; Cholybar; Duolite AP-143 Resin; Questran; Questran Light; Dowex 1-X2-Cl; MK-135; Cuemid; Quantalan. Ion exchange resin, binds bile acids and is used as a hypolipidemic agent. Ion exchange resin; insoluble in H_2O, organic solvents. *Parke-Davis; Rohm & Haas; Bristol Labs.*

1867 Colestipol
26658-42-4   2538
N-(2-Aminoethyl)-N'-[(2-aminoethyl)-amino]ethyl]-1,2-ethanediamine polymer with (chloromethyl)oxirane.
Hypolipidemic agent. *Pharmacia & Upjohn, Inc.*

1868 Colestipol Hydrochloride
37296-80-3   2538
N-(2-Aminoethyl)-N'-[(2-aminoethyl)-amino]ethyl]-1,2-ethanediamine polymer with (chloromethyl)oxirane hydrochloride salt.
U-26597A; Cholestabyl; Lestid; Colestid. Hypolipidemic agent. A basic anion-exchange resin, highly cross-linked and insoluble; antihyperlipoproteinemic. LD_{50} (rat orl) > 1000 mg/kg, (rat ip) > 4000 mg/kg. *Pharmacia & Upjohn, Inc.*

1869 Polidexide
9064-92-0   7716
Sephadex 2-(diethylamino)ethyl ether.

Dextran 2-(diethylamino)ethyl 2-[[2-(diethylamino)ethyl]diethylammonio] ethyl ether sulfate epichlorohydrin cross-linked; PDX chloride; DEAE Sephadex; Secholex. Hypolipidemic agent. An anion exchange resin containing quaternary ammonium groups which reduces serum cholesterol by binding bile acids in the intestine, facilitating their excretion. *Pharmacia.*

1870 Resodec
9012-13-9   8321
A polycarboxylic cation exchange resin. Intended to remove sodium from the contents of the intestinal tract. An inert, nonabsorbable powder.

1871 Sodium Polystyrene Sulfonate
9003-59-2   8815
Sulfonated divinylbenzene copolymer with styrene sodium salt.
Amberlite IRP-69 Resin; Kayexalate. Can remove potassium ions selectively. *Rohm and Haas Co.; Sterling Winthrop, Inc.*

Plasma Volume Expanders

1872 Dextran
9004-54-0   2989   232-677-5
Polysaccharide composed primarily of D-glucose units linked α-D-(1→6); produced by *Leuconostoc mesenteroides, L. dextranicum* (Lactobacteriaceae).
Dextraven; Gentran; Hemodex; Intradex; Macrose; Onkotin; Plavolex; Polyglucin; Promit. Plasma volume extender.

1873 Dextran 40
9004-54-0   2989   232-677-5
Polysaccharide produced by the action of *Leuconostoc mesenteroides* on sucrose.
LMD; LMWD; LVD, Eudextran; Gentran 40; Rheomacrodex; Rheotran. Plasma volume extender and blood flow adjuvant. Average molecular weight 40,000. *Baxter Healthcare Corp.; Kendall McGaw Inc.*

1874 Dextran 70
2989

Polysaccharide produced by the action of *Leuconostoc mesenteroides* on sucrose.
Hyskon; Macrodex; Aquasite; component of: Biontears, Estivin II, Tears Naturale, Tears Naturale II, Tears Naturale Free. Plasma volume extender. Average molecular weight 70,000. *Alcon Labs.; Ciba Vision Ophthalmics; Kendall McGaw Inc.*

1875 Dextran 75
2989

Polysaccharide produced by the action of *Leuconostoc mesenteroides* on sucrose. Gentran 75. Plasma volume extender. Average molecular weight 75,000. *Baxter Healthcare Corp.*

1876 Hetastarch
9004-62-0   4707

Starch 2-hydroxyethyl ether.
Hydroxyethyl starch; HES; 6-H.E.S.; Hespan; Hespander; Hestar; Hestat; Hestsol; Plasmasteril; Volex. Used as a cryoprotective agent for erythrocytes and as a plasma volume extender.

1877 Plasma Protein Fraction

Plasma protein fraction.
plasma protein fraction, human (formerly); Plasmanate; Plasma-Plex; Plasmatein; Protenate. Plasma volume supporter. *Abbott Labs.; Alpha 1 Biomedicals, Inc.; Cutter Labs.; Hyland Div., Baxter Healthcare Corp.; Rhône-Poulenc Rorer Pharmaceuticals Inc.*

1878 Polygeline
9015-56-9

Polymer of urea and polypeptides derived from denatured gelatin.
Haemaccel. Gelatin-based plasma volume expander.

1879 Serum Albumin
9048-46-8   8613   232-936-9

A plasma protein.
Human serum albumin; HAS; Albuminate; Albuminar; Albumisol; Albumispan; Buminate; Pro-Bumin; Proserum. Plasma volume extender. Also used in the treatment of hypoproteinemia.

Replenishers

1880 Betasine
3734-24-5   1228

$C_9H_9I_2NO_3$
β-Amino-4-hydroxy-3,5-diiodo-benzenepropanoic acid.
betasinum; betazine. Iodine replenisher. mp = 178-179° (dec); sparingly soluble in H_2O, insoluble in organic solvents.

1881 Calcium Carbonate
471-34-1   1697   207-439-9

$CaCO_3$
Carbonic acid calcium salt (1:1).
Cal-Sup; Children's Mylanta Upset Stomach Relief; Chooz; Mylanta Soothing Lozenges; Calcit; Calcichew; Calcidia; Citrical; component of: Bufferin Arthritis Strength, Bufferin Extra Strength, Bufferin Regular, Calcitrel, Camalox, Di-Gel Tablets, Mylanta Gelcaps, Mylanta Tablets, Titralac, Tylenol Headache Plus. Calcium replenisher and antacid. mp = 825°, 1339° (102.5 atm); d_{252} = 2.711; insoluble in H_2O. *3M Pharmaceuticals; Johnson & Johnson-Merck Consumer Pharmaceuticals ; Rhône-Poulenc Rorer Pharmaceuticals Inc.; Schering-Plough HealthCare Products; Sterling Winthrop, Inc.; Bristol-Myers Products; McNeil Consumer Products Co.*

1882 Calcium Chloride
10043-52-4   1699   233-140-8

$CaCl_2$
Hydrochloric acid calcium salt (2:1).
CalPlus; Intergravin-orales. Calcium replenisher. mp = 772°; bp > 1600°; d_4^{15}= 2.152; freely soluble in H_2O (exothermic), EtOH; LD_{50} (mus iv) = 42.2 mg/kg. *Astra Chemicals Ltd.; Mallinckrodt, Inc.*

1883 Calcium Glubionate
12569-38-9

$C_{18}H_{32}CaO_{19} \cdot H_2O$
(D-Gluconato)(lactobionato)calcium monohydrate.
Neo-Calglucon. Calcium replenisher. Sandoz Pharmaceuticals Corp.

1884 Calcium Gluceptate
29039-00-7   4463   249-383-8

$C_{14}H_{26}CaO_{16}$
Calcium glucoheptonate (1:2).
Calcium replenisher. Pfanstiehl Labs.

1885 Calcium Gluconate
299-28-5   1712   206-075-8

$C_{12}H_{22}CaO_{14}$
D-Gluconic acid calcium salt (2:1).
Calciofon; Calglucon; Ebucin; Glucal; Glucobiogen. Calcium replenisher. $[\alpha]_D^{20} = 6°$; soluble in H_2O (3.3 g/100 ml at 20°, 20 g/100 ml at 100°), insoluble in organic solvents. Astra Chemicals Ltd.; Mission Pharmacal Co.; Parke-Davis; Sandoz Pharmaceuticals Corp.

1886 Calcium Glycerophosphate
27214-00-2   1713   248-328-5

$C_3H_7CaO_6P$
1,2,3-Propanetriol mono(dihydrogen phosphate) calcium salt (1:1).
Neurosin; component of Calphosan. Calcium replenisher. Dec > 170°; soluble in H_2O (2 g/100 ml), almost insoluble in EtOH, boiling H_2O. Glenwood, Inc.

1887 Calcium Hypophosphite
7789-79-9   1718   232-190-8
$CaH_4O_4P_2$
Calcium replenisher. Soluble in H_2O, slightly soluble in glycerol, insoluble in EtOH.

1888 Calcium Iodostearate
1301-16-2   1722

$C_{36}H_{68}CaI_2O_4$
2-Iodooctadecanoic acid calcium salt (2:1). stearodine. Iodine source. Insoluble in H_2O, EtOH; soluble in C_6H_6, $CHCl_3$, Et_2O.

1889 Calcium Lactate
814-80-2   1723   212-406-7

$C_6H_{10}CaO_6$
2-Hydroxypropanoic acid calcium salt (2:1). Prequist Powder; component of: Calcet.

Calcium replenisher. Soluble in H$_2$O, insoluble in EtOH. *Mission Pharmacal Co.; Parke-Davis.*

1890 Calcium Levulinate
591-64-0   1724   209-725-9

C$_{10}$H$_{14}$CaO$_6$.2H$_2$O
4-Oxopentanoic acid calcium salt (2:1). Calcium replenisher. mp = 125°; very soluble in H$_2$O.

1891 Calcium Phosphate, Dibasic
7757-93-9   1739   231-826-1
CaHPO$_4$
Calcium phosphate (1:1).
CalStar; D.C.P. Calcium replenisher. d = 2.31; insoluble in H$_2$O, EtOH; soluble in dilute HCl, HNO$_3$; slightly soluble in dilute AcOH. *FMC Corp, Pharmaceutical Div.; Parke-Davis.*

1892 Calcium Phosphate, Tribasic
7758-87-4   1741   231-840-8
Ca$_5$(OH)(PO$_4$)$_2$
Calcium hydroxide phosphate.
Hydroxyapatite; Hydroxylapatite. Calcium replenisher. d = 3.14; mp = 1670°, insoluble in H$_2$O, EtOH, AcOH; soluble in dilute HCl, HNO$_3$.

1893 Dextrose
77029-61-9   4467

C$_6$H$_{12}$O$_6$.H$_2$O
D-Glucose monohydrate.
Cartose; D-glucopyranose. Fluid and nutrient replenisher. [α-form, anhydrous]: mp = 146°; [α]$_D$ = 112.2° → 52.7° (c = 10, H$_2$O); soluble in H$_2$O (90.9 g/100 ml at 25°, 125 g/100 ml at 30°, 243.9 g/100 ml at 50°, 357.1 g/100 ml at 70°, 555.5 g/100 ml at 90°), MeOH (0.83 g/100 ml at 20°); sparingly soluble in EtOH, Et$_2$O, Me$_2$CO; soluble in AcOH, C$_5$H$_5$N; LD$_{50}$ (rbt iv) = 35000 mg/kg. *Astra Chemicals Ltd.; Bristol-Myers Squibb Co.; Kendall McGaw Inc.; Pfanstiehl Labs.; Sterling Winthrop, Inc.*

1894 Durapatite
1306-06-5   3519   215-145-7
Ca$_5$HO$_{13}$P$_3$
Calcium phosphate hydroxide.
Hydroxyapatite; Alveograf; Periograf; Win-40350; Ossopan. Calcium replenisher. Dec >100°; insoluble in H$_2$O. *Sterling Winthrop, Inc.*

1895 Levocarnitine
541-15-1   1898   208-768-0

C$_7$H$_{15}$NO$_3$
(L-3-Carboxy-2-hydroxypropyl)trimethylammonium hydroxide inner salt.
Carnitor; Cardiogen; Carnitiene; Carnicor; Carnitor; Carnum; Carrier; Miocor; Miotonal; Vitacarn. Carnitine replenisher. Dec 197-198°; [α]$_D^{30}$ = -23.9° (c = 0.86 H$_2$O); soluble in H$_2$O, hot EtOH; insoluble in Me$_2$CO, Et$_2$O, C$_6$H$_6$. *Sigma-Tau Pharmaceuticals, Inc.*

1896 Magnesium Chloride
7786-30-3   5698   232-094-6
Cl$_2$Mg
Hydrochloric acid magnesium salt (2:1).
Magnogene. Electrolyte replenisher. mp = 712°; d = 2.41, 2.325; soluble in H$_2$O (exothermic).

1897 Magnesium Chloride Hexahydrate
7791-18-6   5698
Cl$_2$Mg.6H$_2$O
Hydrochloric acid magnesium salt (2:1) hexahydrate.
Electrolyte replenisher. Dec 118°; d = 1.56; soluble in H$_2$O 166.6 g/100 ml at 20°, 333.2 g/100 ml at 100°), EtOH (50 g/100 ml); LD$_{50}$ (rat orl) = 8100 mg/kg.

1898 Magnesium Gluconate
3632-91-5   4464   222-848-2

$C_{12}H_{22}MgO_{14}$
Gluconic acid magnesium salt (2:1).
Magnesium replenisher. *Forest Pharmaceuticals Inc.*

1899 Magnesium Gluconate Dihydrate
59625-89-7   4464
$C_{12}H_{22}MgO_{14}\cdot 2H_2O$
Gluconic acid magnesium salt (2:1) dihydrate.
Almora; Ulta-Mg. Magnesium replenisher. *Forest Pharmaceuticals Inc.*

1900 Magnesium Sulfate
7487-88-9   5731   231-298-2
$MgSO_4$
Sulfuric acid magnesium salt (1:1). Magnesium replenisher. Also anticonvulsant and laxative. *Astra USA, Inc.; Kendall McGaw Inc.*

1901 Magnesium Sulfate Heptahydrate
10034-99-8   5731
$MgSO_4\cdot 7H_2O$
Sulfuric acid magnesium salt (1:1) heptahydrate.
bitter salts; Epsom salts. Magnesium replenisher. Also anticonvulsant and laxative. d = 1.67; soluble in H_2O (71 g/100 ml at 20°, 91 g/100 ml at 40°), slightly soluble in EtOH. *Astra USA, Inc.; Kendall McGaw Inc.*

1902 Manganese Chloride
13446-34-9   5768
$MnCl_2\cdot 4H_2O$
Manganese chloride tetrahydrate.
Supplement (trace mineral). [anhydrous]: LD_{50} (mus sc) = 180-250 mg/kg, (dog iv) = 201.6 mg/kg.

1903 Manganese Sulfate
10034-96-5   5783
$MnSO_4\cdot H_2O$
Manganese sulfate (1:1) monohydrate.
Supplement (trace mineral).

1904 Methenamine Tetraiodine
12001-65-9   6043
$C_6H_{12}I_4N_4$
Hexamethylenetetramine tetraiodide.
Siomine; Iodoformine; Mirion. Iodine replenisher. Dec 138°; insoluble in H_2O; slightly soluble in EtOH, Et_2O, $CHCl_3$, CS_2; soluble in Me_2CO.

1905 Periodyl
53586-99-5   7313
$C_{18}H_{32}I_2O_3$
12-Hydroxy-9,10-diiodo-9-octadecenoic acid.
diiodoricinstearolic acid; ricinstearolic acid diiodide; Diiodyl; Joristen. Iodine replenisher. mp = 62°; insoluble in H_2O, acids, soluble in alkalies, EtOH, Et_2O, $CHCl_3$; slightly soluble in C_6H_6. *Riedel de Haen.*

1906 Potassium Acetate
127-08-2   7764   204-822-2
$C_2H_3KO_2$
Acetic acid potassium salt (1:1).
Electrolyte replenisher. d^{25} = 1.57; mp = 292°; soluble in H_2O (200 g/100 ml at 20°, 500 g/100 ml at 100°), EtOH (34.5 g/100 ml); LD_{50} (rat orl) = 3250 mg/kg.

1907 Potassium Bicarbonate
298-14-6   7770   206-059-0
$KHCO_3$
Carbonic acid monopotassium salt.
Kafylox; K-Lyte; component of: K-Lyte, K-Lyte/Cl, K-Lyte DS. Electrolyte replenisher. Soluble in H_2O (35.7 g/100 ml at 20°, 50 g/100 ml at 50°), insoluble in EtOH. *Bristol Labs.*

1908 Potassium Chloride
7447-40-7   7783   231-211-8
KCl
Hydrochloric acid potassium salt (1:1).
Emplets Potassium Chloride; Kaochlor; Kaon-Cl; Kaon-Cl 10; Kato; Kay-Ciel; K-

Water, Electrolyte Balancing Agents

Dur; K-Lease; K-Lor; Klorvess; Klotrix; K-Norm; K-Tab; Micro-K; Slow-K; Ten-K; Rekawan; Repone-K; Lento-Kalium; Nu-K; Peter-Kal; PfiKlor; Span-K; component of: Colyte, Infalyte, K-Lyte/Cl, Kolyum, K-Predne-Dom. Electrolyte replenisher. d = 1.98; mp = 773°; soluble in H_2O (35.7 g/100 ml at 20°, 55.5 g/100 ml at 100°), glycerol (7.1 g/100 ml), EtOH (0.4 g/100 ml). *Abbott Labs.; Apothecon; Robins, A.H. Co.; Bayer Corp.; Bristol Labs.; Ciba-Geigy Corp.; Fisons plc, Pharmaceuticals Div.; Forest Pharmaceuticals Inc.; ICN Pharmaceuticals, Inc.; Key Pharmaceuticals; Kendall McGaw Inc.; Parke-Davis; Sandoz Pharmaceuticals Corp.; Savage Labs.; Schwarz Pharma Kremers Urban Co.*

1909 Potassium Gluconate
299-27-4　　　7796　　　206-074-2

$C_6H_{11}KO_7$
D-Gluconic acid monopotassium salt.
Kaon; Gluconsan K; Kalimozan; Katrin; Potasoral; Potassuril; K-IAO; Tumil-K; component of: Kolyum, Twin-K. Electrolyte replenisher. Dec 180°; freely soluble in H_2O; insoluble in EtOH, Et_2O, C_6H_6, $CHCl_3$. *Fisons Corp.; Knoll Pharmaceutical Co.; Savage Labs.*

1910 Potassium Iodide
7681-11-0　　　7809　　　231-659-4
IK
Hydriodic acid potassium salt.
Thyro-Block; Jodid; Thyrojod; component of: Mudrane Tablets, Mudrane-2 Tablets, Quadrinal. Electrolyte replenisher. d = 3.12; mp = 680°; soluble in H_2O (142.8 g/100 ml at 20°, 200 g/100 ml at 100°), EtOH (4.5 g/100 ml at 20°, 12.5 g/100 ml at 76°), absolute EtOH (1.96 g/100 ml), MeOH (12.5 g/100 ml), Me_2CO (1.3 g/100 ml), glycerol (50 g/100 ml), ethylene glycol (40 g/100 ml); LD_{50} (rat iv) = 285 mg/kg. *ECR Pharmaceuticals; Knoll Pharm-ceutical Co.*

1911 Potassium/Magnesium Aspartate
14842-81-0
$(C_4H_6KNO_4 \cdot 1/2H_2O)$ with $(C_8H_{12}MgN_2O_8 \cdot 4H_2O)$
A mixture of potassium aspartate and magnesium aspartate.
Wy-2837; Wy-2838. Nutrient. *Wyeth Labs.*

1912 Prolonium Iodide
123-47-7　　　7965　　　204-630-9

$C_9H_{24}I_2N_2O$
(2-Hydroxytrimethylene)-bis(trimethylammonium iodide).
Entodon; Endojodin. Iodine replenisher. Dec 275°; freely soluble in H_2O; soluble in EtOH; insoluble in Et_2O, Me_2CO. *Sterling Winthrop, Inc.*

1913 Protein Hydrolysates
　　　　　　　8071
Sterile solution of amino acids and short peptides from hydrolysis of proteins.
Amigen; Aminokrovin; Aminosol; Bioplex; Dekamin; Parenamine; Parnetamin; Protigényl; Travamin. Fluid and nutrient replenisher.

1914 Rubidium Iodide
7790-29-6　　　8443　　　232-198-1
IRb
Hydriodic acid rubidium salt.
Iodine source. d = 3.55; mp = 642°, bp = 1300°; soluble in H_2O (151.5 g/100 ml), EtOH.

1915 Sodium Chloride
7647-14-5　　　8742　　　231-598-3
ClNa
Hydrochloric acid sodium salt.
Ringer's Injection; Adsorbanac; Ayr; Salt; Common Salt; component of: Arm-A-Vial, Colyte. Electrolyte replenisher. d = 2.17; mp = 804°; soluble in H_2O (35.7 g/100 ml at

Water, Electrolyte Balancing Agents

20°, 38.5 g/100 ml at 100°), glycerol (10 g/100 ml), slightly soluble in EtOH; LD_{50} (rat orl) = 3750 ± 430 mg/kg. *Alcon Labs.; Elkins-Sinn; Schwarz Pharma Kremers Urban Co.; Wyeth-Ayerst Labs.; Ascher, B.F. & Co.*

1916   Sodium Gluconate
527-07-1   8766   208-407-7

$C_6H_{11}NaO_7$
D-Gluconic acid monosodium salt.
gluconic acid sodium salt. Electrolyte replenisher. Soluble in H_2O (59 g/100 ml at 25°), sparingly soluble in EtOH, insoluble in Et_2O. *Pfanstiehl Labs.*

1917   Sodium Glycerophosphate
55073-41-1
$C_3H_7Na_2O_6P$
1,2,3-Propanetriol mono(dihydrogen phosphate) disodium salt.
Tonic.

1918   Sodium Iodide
7681-82-5   8777   231-679-3
INa
Hydriodic acid sodium salt.
Iodine replenisher. d = 3.67; mp = 561°; soluble in H_2O (200 g/100 ml), EtOH (50 g/100 ml), glycerol (100 g/100 ml); MLD (rat iv) = 1300 mg/kg.

1919   Sodium Lactate
72-17-3   8781   200-772-0
$C_3H_5NaO_3$
2-Hydroxypropanoic acid monosodium salt. Lacolin. Electrolyte replenisher. Miscible with H_2O, EtOH. *Kendall McGaw Inc.; Pfanstiehl Labs.*

1920   Strontium Iodide
10476-86-5   9005   233-972-1
I_2Sr
Hydriodic acid strontium salt (2:1).
Iodine replenisher. mp = 402°; d = 4.42; soluble in H_2O (500 g/100 ml), EtOH; LD_{50} (rat ip) = 800 mg/kg.

1921   Zinc Sulfate
7733-02-0   10293   231-793-3
$ZnSO_4$
Sulfuric acid zinc salt (1:1).
Verazinc; white vitriol; zinc vitriol; Kreatol; Optraex; Solvezink; Solvazinc; Zincaps; Zincate; Zincomed; Z-Span; component of: VasoClear A, Zincfrin. Zinc supplement. Also used as an electrolyte replenisher. Soluble in H_2O, insoluble in EtOH. *Alcon Labs.; Ciba Vision Ophthalmics; Forest Pharmaceuticals Inc.*

1922   Zinc Sulfate Heptahydrate
7446-20-0   10293
$ZnSO_4 \cdot 7H_2O$
Sulfuric acid zinc salt (1:1) heptahydrate.
Op-Thal-Zin; Redeema. Zinc supplement. Also used as an electrolyte replenisher. d = 1.97; mp = 100°; soluble in H_2O (166.6 g/100 ml), glycerol (40 g/100 ml); insoluble in EtOH. *Alcon Labs.; Ciba Vision Ophthalmics; Forest Pharmaceuticals Inc.*

Uricosurics

1923   Benzbromarone
3562-84-3   1093   222-630-7

$C_{17}H_{12}Br_2O_3$
3,5-Dibromo-4-hydroxyphenyl-2-ethyl-3-benzofuranyl ketone.
2-ethyl-3-benzofuranyl 4-hydroxy-3,5-dibromophenyl ketone; MJ-10061; L-2214; Azubromaron; Besuric; Desuric; Max-Uric; Minuric; Narcaricin; Normurat; Uricovac; Urinorm. Uricosuric. mp = 151°. *Labaz S.A.*

Water, Electrolyte Balancing Agents

1924 Ethebenecid
1213-06-5   3775   214-925-4

$C_{11}H_{15}NO_4S$
p-Diethylsulfamoylbenzoic acid.
Antidipsin; Longacid; Urelim. Uricosuric. Inhibits excretion of penicillin. mp = 192-194°.

1925 Halofenate
26718-25-2

$C_{19}H_{17}ClF_3NO_4$
(p-Chlorophenyl)[(α,α,α-trifluoro-m-tolyl)oxy]acetic acid ester with N-(2-hydroxyethyl)acetamide.
Uricosuric and antihyperlipoproteinemic.

1926 Irtemazole
115574-30-6

$C_{18}H_{16}N_4$
(±)-5-(α-Imidazol-1-ylbenzyl)-2-methylbenzimidazole.
R-60844. Uricosuric. *Janssen Pharmaceutical Inc.*

1927 Orotic Acid
65-86-1   7004   200-619-8

$C_5H_4N_2O_4$
1,2,3,6-Tetrahydro-2,6-dioxo-4-pyrimidinecarboxylic acid.
animal galactose factor; Oropur; Orotyl. Uricosuric. mp = 345-346°. *Rhône-Poulenc Rorer Pharmaceuticals Inc.; Kyowa Hakko Kogyo Co., Ltd.*

1928 Orotic Acid Choline Salt
24381-49-5   7004   246-213-4
$C_{10}H_{18}N_3O_5$
1,2,3,6-Tetrahydro-2,6-dioxo-4-pyrimidinecarboxylic acid choline salt.
choline orotate; Cholergol. Uricosuric. *Rhône-Poulenc Rorer Pharmaceuticals Inc.; Kyowa Hakko Kogyo Co., Ltd.*

1929 Orotic Acid Ethyl Ester
1747-53-1   7004
$C_7H_8N_2O_4$
Ethyl 1,2,3,6-tetrahydro-2,6-dioxo-4-pyrimidinecarboxylate.
Uricosuric. mp = 188-189°. *Rhône-Poulenc Rorer Pharmaceuticals Inc.; Kyowa Hakko Kogyo Co., Ltd.*

1930 Orotic Acid Methyl Ester
6153-44-2   7004   228-171-9
$C_6H_6N_2O_4$
Methyl 1,2,3,6-tetrahydro-2,6-dioxo-4-pyrimidinecarboxylate.
Uricosuric. mp = 249°. *Rhône-Poulenc Rorer Pharmaceuticals Inc.; Kyowa Hakko Kogyo Co., Ltd.*

1931 Orotic Acid Monohydrate
50887-69-9   7004
$C_5H_4N_2O_4 \cdot H_2O$
1,2,3,6-Tetrahydro-2,6-dioxo-4-pyrimidinecarboxylic acid.
Lactinium; Oroturic. Uricosuric. mp = 334°; λ_m 282 nm; soluble in H_2O (0.17 g/100 ml). *Rhône-Poulenc Rorer Pharmaceuticals Inc.; Kyowa Hakko Kogyo Co., Ltd.*

1932 Oxycinchophen
485-89-2   7091   207-624-4

$C_{16}H_{11}NO_3$
3-Hydroxy-2-phenyl-4-quinolinecarboxylic acid.
HPC; Fenidrone; Magnofenyl; Magnophenyl; Oxinofen; Reumalon. Uricosuric and antidiuretic. Dec 206-207°; sparingly soluble in H_2O, Et_2O; soluble in AcOH, alkalies, hot EtOH, C_6H_6. *Chemo Puro.*

1933 Probenecid
57-66-9   7934   200-344-3

$C_{13}H_{19}NO_4S$
p-(Dipropylsulfamoyl)benzoic acid.
Benemid; Probecid; Proben; component of: ColBenemid, Polycillin-PRB. Uricosuric. mp = 194-196°; λ_m 242.4 nm; soluble in $CHCl_3$, insoluble in H_2O; LD_{50} (rat orl) = 1600 mg/kg. *Apothecon; Merck & Co., Inc.; Wyeth-Ayerst Labs.*

1934 Seclazone
29050-11-1

$C_{10}H_8ClNO_3$
7-Chloro-3,3a-dihydro-2H,9H-isoxazolo[3,2-b][1,3]benzoxazin-9-one.
W-2354. Uricosuric. *Wallace Labs.*

1935 Sulfinpyrazone
57-96-5   9121   200-357-4

$C_{23}H_{20}N_2O_3S$
1,2-Diphenyl-4-[2-(phenylsulfinyl)ethyl]-3,5-pyrazolidinedione.
sulfoxyphenylpyrazolidine; Anturan; Anturane; Anturano; Enturen. Uricosuric, antithrombotic. mp = 136-137°; λ_m 255 nm (1N NaOH); slightly soluble in H_0, EtOH, Et_2O, mineral oils, fats; stable to light and air; [d-form]: mp = 130-133°; $[\alpha]_D^{22}$ - 67.1° (c = 2.04 EtOH); $[\alpha]_D^{25}$ = 109.3° (c = 0.5 $CHCl_3$); [l form]: mp = 130-133°; $[\alpha]_D^{23}$ = -64.2° (c = 2.14 EtOH), $[\alpha]_D^{26}$ = -104.5° (c = 0.5 $CHCl_3$). *Ciba-Geigy Corp.*

1936 Ticrynafen
40180-04-9   9570   254-826-3

$C_{13}H_8Cl_2O_4S$
[2,3-Dichloro-4-(2-thenoyl)phenoxy]-acetic acid.
[2,3-Dichloro-4-(2-thiophenecarbonyl)-phenoxy]acetic acid Selacryn; SK&F-62698; tienilic acid; thienylic acid; ANP-3624; CE-3624; Diflurex; Selacryn. A diuretic, urcosuric and antihypertensive agent. A heterocyclic derivative of phenoxyacetic acid. mp = 148-149°, 157°; LD_{50} (mus iv) = 225 mg/kg, (mus orl) = 1275 mg/kg. *SmithKline Beecham Pharmaceuticals.*

1937 Zoxazolamine
61-80-3 10328 200-519-4

$C_7H_5ClN_2O$
2-Amino-5-chlorobenzoxazole.
5-chloro-2-benzoxazolamine; McN-485; Deflexol; Flexilon; Flexin; Zoxamin; Zoxine. Skeletal muscle relaxant and uricosuric agent. Prepared by reaction of 2-amino-5-chlorophenol with ethanolic cyanogen bromide. mp = 184-185°; λ_m = 244, 285 nm; slightly soluble in H_2O; soluble in EtOH, propylkene glycol; LD_{50} (mus ip) = 376 mg/kg, (mus orl) = 678 mg/kg, (rat ip) = 102 mg/kg, (rat orl) = 730 mg/kg; [hydrochloride]: mp = 229° (dec); [hydrobromide]: mp = 240° (dec). *Dow Chemical U.S.A.; McNeil Pharmaceutical.*

PART II

INDEXES

CAS REGISTRY NUMBER INDEX

CAS RN	Name	Record No.
50-39-5	Protheobromine	770
50-55-5	Reserpine	530
50-57-7	Vasopressin, Lysine form	1728, 1812, 1819
50-60-2	Phentolamine	100, 501
50-62-4	Hexobendine Dihydrochloride	1398
50-78-2	Aspirin	1562
51-02-5	Pronethalol Hydrochloride	210, 515, 1008, 1200
51-06-9	Procainamide	1197
51-41-2	Norepinephrine	1846
51-49-0	D-Thyroxine	1520
51-61-6	Dopamine	1289, 1830
51-74-1	Histamine Phosphate	856
51-92-3	Tetramethylammonium	812
52-01-7	Spironolactone	776, 1782
52-53-9	Verapamil	671, 1029, 1239
52-62-0	Pentolinium Tartrate	493, 810
53-18-9	Bietaserpine	275
53-31-6	Medibazine	1406
53-73-6	Angiotensin Amide	1825

CAS RN	Name	Record No.
54-03-5	Hexobendine	1397
54-06-8	Adrenochrome	1689
54-31-9	Furosemide	376, 725
54-32-0	Moxisylyte	871
54-49-9	Metaraminol	1839
54-80-8	Pronetalol	209, 514, 1007, 1199
55-43-6	Dibenamine	82
55-52-7	Pheniprazine	498
55-63-0	Nitroglycerin	994, 1415
55-65-2	Guanethidine	387
55-73-2	Bethanidine	271
55-97-0	Hexamethonium Bromide	399, 802
56-12-2	γ-Aminobutryic Acid	243
56-54-2	Quinidine	1208
56-59-7	Felypressin	1811
56-81-5	Glycerol	727
57-13-6	Urea	794
57-41-0	Phenytoin	1182
57-66-9	Probenecid	1933
57-96-5	Sulfinpyrazone	1618, 1935
58-32-2	Dipyridamole	1380, 1576
58-54-8	Ethacrynic Acid	718
58-56-0	Pyridoxine Hydrochloride	1674
58-61-7	Adenosine	1041

CAS Registry Number Index

58-82-2	Bradykinin	828	69-25-0	Eledoisin	846
58-93-5	Hydrochlorothiazide	405, 729	69-27-2	Chlorisondamine Chloride	311, 798
58-94-6	Chlorothiazide	312, 707	69-43-2	Prenylamine Lactate	661, 1425
59-30-3	Folic Acid	1668			
59-39-2	Piperoxan	509	69-65-8	Mannitol	734
59-41-6	Bretylium	1074	69-81-8	Adrenochrome Monosemicarbazone	1690
59-51-8	Methionine, DL-form	1542	71-63-6	Digitoxin	1282
59-66-5	Acetazolamide	674, 1856	72-17-3	Sodium Lactate	1919
59-67-6	Niacin	1492	73-05-2	Phentolamine Hydrochloride	101, 502
59-88-1	Phenylhydrazine Hydrochloride	1686	73-09-6	Etozolin	721
59-96-1	Phenoxybenzamine	98	73-48-3	Bendroflumethazide	263, 692
59-97-2	Tolazoline Hydrochloride	113, 899	73-49-4	Quinethazone	524, 771
59-98-3	Tolazoline	112, 898	77-36-1	Chlorthalidone	313, 708
60-02-6	Guanethidine Sulfate	389	77-91-8	Choline Dihydrogen Citrate	1537
60-25-3	Hexamethonium Chloride	400, 803	78-11-5	Pentaerythritol Tetranitrate	1004, 1418
60-26-4	Hexamethonium	398, 801	78-41-1	Triparanol	1526
60-31-1	Acetylcholine Chloride	815	79-55-0	Pempidine	487, 806
60-32-2	ε-Aminocaproic Acid	1697	82-02-0	Khellin	1403
60-40-2	Mecamylamine	438, 804	82-54-2	Cotarnine	1703
61-16-5	Methoxamine Hydrochloride	1843	83-46-5	β-Sitosterol	1512
			83-67-0	Theobromine	781, 1352
61-75-6	Bretylium Tosylate	1075	84-36-6	Syrosingopine	546
61-80-3	Zoxazolamine	1937	84-55-9	Viquidil	1241
62-13-5	Adrenalone Hydrochloride	1688	84-86-6	1-Napthylamine-4-Sulfonic Acid	1716
62-31-7	Dopamine Hydrochloride	1290, 1831	85-90-5	Tricromyl	1432
			86-36-2	Mercumatilin	741
62-37-3	Chlormerodrin	706	86-54-4	Hydralazine	402
63-68-3	Methionine	1540	87-33-2	Isosorbide Dinitrate	969, 1400
63-92-3	Phenoxybenzamine Hydrochloride	99	87-89-8	Inositol	1538
64-55-1	Mebutamate	437	90-54-0	Etafenone	614, 1385
65-28-1	Phentolamine Monomethanesulfonate	102, 503	91-33-8	Benzthiazide	267, 693
			92-31-9	Tolonium Chloride	1724
			94-07-5	Synephrine	1851
65-82-7	DL-N-Acetylmethionine	1534	99-45-6	Adrenalone	1687
			100-55-0	Nicotinyl Alcohol	881
65-86-1	Orotic Acid	1927	100-63-0	Phenylhydrazine	1685
67-48-1	Choline Chloride	1535	110-46-3	Amyl Nitrite	818, 914
68-04-2	Sodium Citrate	775	113-79-1	Vasopressin, Arginine form	1727, 1818
68-90-6	Benziodarone	1366			
68-91-7	Trimethaphan Camsylate	577, 813	114-85-2	Bethanidine Sulfate	272
			119-41-5	Efloxate	1383
69-14-7	Hexestrol Bis(+lb-diethylaminoethylester) Dihydrochloride	1396	120-97-8	Dichlorphenamide	1859
			121-30-2	Chloraminophenamide	703
			123-47-7	Prolonium Iodide	1912
			127-08-2	Potassium Acetate	1906

CAS Registry Number Index

127-50-4	Mercamphamide	737
128-13-2	Ursodiol	1532
130-40-5	Riboflavin Monophosphate Monosodium Salt	1676
130-81-4	Quindonium Bromide	1207
131-01-1	Deserpidine	336
133-67-5	Trichlormethiazide	574, 790
135-07-9	Methyclothiazide	441, 746
135-09-1	Hydroflumethiazide	406, 730
135-87-5	Piperoxan Hydrochloride	510
137-53-1	Choloxin	1457
137-58-6	Lidocaine	1149
138-84-1	Potassium p-Aminobenzoate	1543
141-01-5	Ferrous Fumarate	1662
146-17-8	Riboflavin Monophosphate	1675
146-48-5	Yohimbine	117
147-27-3	Dimoxyline	845
148-56-1	Flumethiazide	1863
152-11-4	Verapamil Hydrochloride	672, 1030, 1240
153-18-4	Rutin	1770
154-23-4	Catechin	1790
298-14-6	Potassium Bicarbonate	1907
298-57-7	Cinnarizine	603, 843
299-27-4	Potassium Gluconate	1909
299-28-5	Calcium Gluconate	1885
299-29-6	Ferrous Gluconate	1663
299-61-6	Ganglefene	1392
304-20-1	Hydralazine Hydrochloride	403
306-07-0	Pargyline Hydrochloride	486
306-11-6	Toliprolol Hydrochloride	230, 568, 1023
306-53-6	Azamethonium Bromide	255, 797
318-23-0	Imolamine	965
318-98-9	Propranolol Hydrochloride	212, 517, 1010, 1204
322-79-2	Triflusal	1634
329-56-6	Norepinephrine Hydrochloride	1848
341-00-4	Etifelmin	1832
342-10-9	Kallidin	867
346-18-9	Polythiazide	511, 766
348-67-4	Methionine, D-form	1541
352-97-6	Glycocyamine	1304
362-74-3	Bucladesine	1264
364-98-7	Diazoxide	339
370-14-9	Pholedrine	1849
372-66-7	Heptaminol	1305
390-28-3	Methoxamine	1842
390-64-7	Prenylamine	660, 1424
395-28-8	Isoxsuprine	864
396-01-0	Triamterene	789
437-74-1	Xanthinol Niacinate	901
447-41-6	Nylidrin	884
452-35-7	Ethoxzolamide	720, 1862
461-06-3	Carnitine	1451
465-16-7	Oleandrin	754, 1328
465-22-5	Scillarenin	1347
465-39-4	Resibufogenin	1345
466-06-8	Proscillaridin	1341
466-07-9	Neriifolin	1326
466-09-1	Urarigenin	1804
471-34-1	Calcium Carbonate	1881
474-25-9	Chenodiol	1528
476-66-4	Ellagic Acid	1708
477-32-7	Visnadine	1436
480-17-1	Leucocyanidin	1765
483-04-5	Raubasine	526
484-23-1	Dihydralazine	340
485-89-2	Oxycinchophen	1814, 1932
492-18-2	Mersalyl	743
497-76-7	Arbutin	688
500-42-5	Chlorazanil	704
502-54-5	Monoctanoin	1531
503-49-1	Meglutol	1486
508-75-8	Convallatoxin	1275
508-77-0	Cymarin	1276
520-27-4	Diosmin	1758
524-42-5	1,2-Naphthoquinone	1714
525-66-6	Propranolol	211, 516, 1009, 1203
527-07-1	Sodium Gluconate	1916
534-87-2	Etilefrin dl-form Hydrochloride	1836
537-17-7	Amanozine	678
541-15-1	Levocarnitine	1482, 1895
541-20-8	Pentamethonium Bromide	492, 809
543-15-7	Heptaminol Hydrochloride	1306
546-48-5	Pempidine Tartrate	488, 807

CAS Registry Number Index

550-28-7	Amisometradine	684	959-24-0	Sotalol	
551-48-4	Guanochlor			Hydrochloride	216, 540
	Sulfate	393			1016, 1221
554-57-4	Methazolamide	745, 1864	964-52-3	Moxisylyte	
555-30-6	Methyldopa	444		Hydrochloride	872
555-57-7	Pargyline	485	976-71-6	Canrenone	702, 1775
579-56-6	Isoxsuprine		1028-33-7	Pentifylline	886
	Hydrochloride	865	1084-65-7	Meticrane	446, 748
581-88-4	Debrisoquin Sulfate	333	1111-39-3	Acetyldigitoxin	1250
584-08-7	Potassium Carbonate	768	1111-44-0	Bietaserpine Bitartrate	276
588-42-1	Trolnitrate		1131-64-2	Debrisoquin	332
	Phosphate	1028, 1435	1146-95-8	Etifelmin	
591-64-0	Calcium			Hydrochloride	1833
	Levulinate	1890	1185-57-5	Ammonium Ferric	
606-04-2	Pamabrom	760		Citrate	1641
614-39-1	Procainamide		1197-17-7	Tranexamic Acid,	
	Hydrochloride	1198		cis form	1726
620-30-4	dl-Metyrosine	455	1197-18-8	Tranexamic Acid	1725
621-72-7	Bendazol	1363	1212-48-2	Bendazol	
630-60-4	Ouabain	1329		Hydrochloride	1364
630-93-3	Phenytoin Sodium	1183	1213-06-5	Ethebenecid	1924
631-61-8	Ammonium		1301-16-2	Calcium Iodostearate	1888
	Acetate	685	1306-06-5	Durapatite	1894
636-54-4	Clopamide	328, 711	1327-41-9	Aluminum	
637-07-0	Clofibrate	1443, 1462		Hydroxychloride	1822
642-44-4	Aminometradine	683	1336-80-7	Ferrocholinate	1657
645-43-2	Guanethidine		1338-16-5	Iron Sorbitex	1670
	Monosulfate	388	1397-74-6	Acetyltannic Acid	1785
652-37-9	Acefylline	673, 1248	1398-11-4	Aspidosperma	78
652-67-5	Isosorbide	733, 1399	1404-04-2	Neomycin	1491
655-35-6	Chromonar		1405-76-1	Gitalin	1300
	Hydrochloride	1371	1424-27-7	Acetazolamide	
660-27-5	Diisopropylamine			Sodium	675, 1857
	Dichloroacetate	844	1435-55-8	Hydroquinidine	1138
671-88-5	Disulfamide	715	1463-28-1	Guanacline	380
671-95-4	Clofenamide	710	1476-98-8	Hydroquinidine	
672-87-7	Metyrosine	454		Hydrochloride	1139
695-34-1	2-Amino-4-picoline	1254	1477-19-6	Benzarone	1753
709-55-7	Etilefrin	1834	1506-12-3	Butidrine	
742-20-1	Cyclopenthiazide	330, 713		Hydrochloride	154, 1090
745-65-3	Alprostadil	816	1562-71-6	Guanacline	
752-61-4	Digitalin	1280		Monosulfate	381
800-22-6	Chloracyzine	1369	1580-83-2	Paraflutizide	484, 761
804-10-4	Chromonar	1370	1607-17-6	Pentrinitrol	1419
814-80-2	Calcium Lactate	1889	1634-04-4	Methyl tert-Butyl Ether	1530
826-39-1	Mecamylamine		1641-74-3	Nicametate Citrate	
	Hydrochloride	439, 805		Monohydrate	876
837-27-4	Acefylline Sodium salt	1249	1716-12-7	Sodium	
849-55-8	Nylidrin Hydrochloride	885		Phenylbutyrate	1684
868-14-4	Potassium Bitartrate	767	1740-22-3	Pyrinoline	1205
882-09-7	Clofibric Acid	1463	1747-53-1	Orotic Acid Ethyl Ester	1929
915-30-0	Diphenoxylate	1794	1764-85-8	Epithiazide	355, 716
959-10-4	Xenbucin	1527	1766-91-2	Penflutizide	762

CAS Registry Number Index

CAS Number	Name	Page(s)
1824-50-6	Benzylhydrochlorothiazide	268, 694
1824-58-4	Ethiazide	358, 719
1951-25-3	Amiodarone	909, 1050
1976-28-9	Aluminum Nicotinate	817
2019-25-2	Chlorazanil Hydrochloride	705
2043-38-1	Buthiazide	293, 699
2127-01-7	Clorexolone	712
2165-19-7	Guanoxan	396
2179-37-5	Bencyclane	593, 821
2181-04-6	Canrenoate Potassium	700, 1773
2192-21-4	Etafenone Hydrochloride	1386
2259-96-3	Cyclothiazide	331
2260-08-4	Acetiromate	1437
2260-13-1	Methyl 4-Pyridyl Ketone Thiosemicarbazone Hydrochloride	443
2338-05-8	Ferric Citrate	1650
2398-81-4	Oxiniacic Acid	1496
2403-84-1	2-Amino-4-picoline Hydrochloride	1256
2508-79-4	Methyldopa Ethyl Ester Hydrochloride	445
2589-47-1	Prajmaline Bitartrate	1193
2609-46-3	Amiloride	681
2612-33-1	Clonitrate	1373
2624-44-4	Ethamsylate	1709
2691-45-4	Hexestrol Bis(+lb-diethylaminoethyl ester)	1395
2921-92-8	Propatyl Nitrate	1426
2933-94-0	Toliprolol	229, 567, 1022
3092-17-9	Midodrine Hydrochloride	1845
3099-52-3	Nicametate	875
3115-21-7	Methyl 4-Pyridyl Ketone Thiosemicarbazone	442
3184-59-6	Alipamide	676
3200-06-4	Nafronyl Oxalate	874
3261-53-8	Gitaloxin	1301
3397-23-7	Ornipressin	1813
3416-26-0	Lidoflazine	634, 973, 1404
3447-95-8	Benofurodil Hemisuccinate	1263
3447-95-8	Benfurodil Hemisuccinate	1365
3562-84-3	Benzbromarone	1923
3565-03-5	Pimetine	1498
3605-01-4	Piribedil	889
3611-72-1	Clobenfurol	1372
3614-47-9	Hydracarbazine	401, 728
3632-91-5	Magnesium Gluconate	1898
3688-85-5	Diapamide	714
3703-79-5	Bamethan	819
3734-24-5	Betasine	1880
3737-09-5	Disopyramide	1118
3754-19-6	Ambuside	242, 680
3771-19-5	Nafenopin	1490
3778-76-5	Todralazine Hydrochloride	566
3784-89-2	Phenactropinium Bromide	497, 811
3810-80-8	Diphenoxylate Hydrochloride	1795
3810-83-1	Pentacynium Bis-(methyl sulfate)	491, 808
3930-20-9	Sotalol	215, 539, 1015, 1220
4004-94-8	Zolertine	902
4015-32-1	Quazodine	1344
4138-96-9	Canrenoic Acid	701, 1774
4201-22-3	Tolonidine	569
4201-78-9	Choline Dehydrocholate	1536
4205-90-7	Clonidine	326
4205-91-8	Clonidine Hydrochloride	327
4267-05-4	Teclothiazide	548, 779
4360-12-7	Ajmaline	235, 1042
4549-94-4	Dexsotalol Hydrochloride	1111
4562-36-1	Gitoxin	1303
4876-45-3	Camphotamide	1269
4880-92-6	Apovincamine	1258
4940-39-0	Chromocarb	1756
4991-68-8	Pimetine Hydrochloride	1499
5001-32-1	Guanochlor	392
5011-34-7	Trimetazidine	1025, 1433
5051-22-9	Dexpropranolol	1108
5051-62-7	Guanabenz	378
5053-06-5	Fenspiride	87
5053-08-7	Fenspiride Hydrochloride	88
5089-89-4	7-Morpholino-methyltheophylline	751
5306-80-9	Teclothiazide Potassium	549, 780

CAS Registry Number Index

5370-01-4	Mexiletine Hydrochloride	1163	6673-35-4	Practolol 207, 1191
5579-84-0	Betahistine Hydrochloride	824	6673-97-8	Spiroxasone 777
			6724-53-4	Perhexiline Maleate 657, 764, 1421
5585-64-8	Amotriphene	1358	6805-41-0	Escin 1760
5588-16-9	Althiazide	241, 677	6830-17-7	Oxamarin Dihydrochloride 1718
5611-64-3	Methalthiazide	744		
5634-34-4	Ambuphylline	679	6964-20-1	Tiadenol 1521
5638-76-6	Betahistine	823	7054-25-3	Quinidine Gluconate 1209
5667-46-9	Dioxyline Phosphate	1284	7077-34-1	Trolnitrate 1027
5704-60-9	Nifenalol Hydrochloride	195, 989, 1175	7082-21-5	Terodiline Hydrochloride 669, 1018, 1429
5714-04-5	Guanoxan Sulfate	397	7085-55-4	Troxerutin 1772
5716-20-1	Bamethan Sulfate	820	7195-27-9	Mefruside 735
5741-22-0	Moprolol	188, 462	7237-81-2	Hepronicate 855
5868-05-3	Niceritrol	1494	7241-94-3	Zolertine Hydrochloride 903
5905-52-2	Ferrous Lactate	1664		
5967-52-2	Metaraminol Hydrochloride	1841	7262-00-2	Quinazosin Hydrochloride 523
5985-28-4	Synephrine Hydrochloride	1852	7295-85-4	Catechin dl-form 1791
			7297-25-8	Erythrityl Tetranitrate 883, 957, 1384
6033-69-8	Deserpidine Hydrochloride	337		
6038-784	Ethomoxane Hydrochloride	360	7327-87-9	Dihydralazine Sulfate 341
			7413-36-7	Nifenalol 194, 988, 1174
6055-73-8	Adrenochrome Oxime Sesquihydrate	1691	7446-20-0	Zinc Sulfate Heptahydrate 1922
6108-05-0	Lidocaine Hydrochloride	1150	7447-40-7	Potassium Chloride 1908
6114-26-7	Pholedrine Sulfate	1850	7487-88-9	Magnesium Sulfate 1155, 1900
6151-25-3	Quercetin Dihydrate	1768		
6153-44-2	Orotic Acid Methyl Ester	1930	7527-94-8	Alkofanone 1786
			7541-30-2	Mesuprine 869
6164-87-0	Nicotinyl Tartrate	882	7632-00-0	Sodium Nitrite 893
6184-06-1	Sorbinicate	1513	7646-79-9	Cobaltous Chloride 1644
6190-36-9	Cotarnine Phthalate	1706	7647-14-5	Sodium Chloride 1915
6414-49-9	Synephrine tartaric Acid Monoester	1853	7660-71-1	Mesuprine Hydrochloride 870
6452-71-7	Oxprenolol	197, 482, 995, 1177, 1416	7681-11-0	Potassium Iodide 1910
			7681-82-5	Sodium Iodide 1918
			7685-23-6	Gitoformate 1302
6452-73-9	Oxprenolol Hydrochloride	198, 483, 996, 1178, 1417	7733-02-0	Zinc Sulfate 1921
			7757-79-1	Potassium nitrate 769
			7757-93-9	Calcium Phosphate, Dibasic 1891
6493-05-6	Pentoxifylline	887	7758-87-4	Calcium Phosphate, Tribasic 1892
6500-81-8	Ethacrynate Sodium	717		
6556-11-2	Inositol Niacinate	861	7761-75-3	Furterene 726
6591-63-5	Quinidine Sulfate	1210	7782-63-0	Ferrous Sulfate Heptahydrate 1667
6592-85-4	Hydrastinine	1307		
6621-47-2	Perhexiline	656, 763, 1420	7786-30-3	Magnesium Chloride 1896

332

CAS Registry Number Index

7789-79-9	Calcium Hypophosphite	1887	9048-46-8	Serum Albumin	1879
			9064-92-0	Polidexide	1869
7790-29-6	Rubidium Iodide	1914	9087-70-1	Aprotinin	64
7791-18-6	Magnesium Chloride Hexahydrate	1897	10001-43-1	Pimefylline	1422
			10018-19-6	Cotarnine Chloride	1704
8001-10-3	Ferrous Carbonate Saccharated	1660	10030-90-7	Ferrous Succinate	1665
			10034-96-5	Manganese Sulfate	1903
8001-11-4	Ferric Albuminate	1648	10034-99-8	Magnesium Sulfate Heptahydrate	1901
8002-43-5	Lecithin	1539			
8006-27-7	Ferric and Ammonium Acetate Solution	1649	10043-52-4	Calcium Chloride	1882
			10058-07-8	Pimefylline Nicotinate	1423
8012-34-8	Mercurophylline	742	10058-44-3	Ferric Pyrophosphate	1653
8018-15-3	Mercumallylic Acid-Theophylline Sodium	740	10128-36-6	Etilefrin dl-form	1835
			10355-14-3	Boxidine	1450
8030-35-1	Ferrous Carbonate Mass	1659	10417-94-4	Icosapent	1480
			10476-86-5	Strontium Iodide	1920
8047-67-4	Ferric Oxide, Saccharated	1652	11000-17-2	Vasopressin Injection	1820
			11003-70-6	Scillaren	1346
8065-51-8	Theocalcin	782	11005-63-3	Strophanthin	1348
8067-24-1	Ergoloid Mesylates	86	11041-12-6	Cholestyramine Resin	1456, 1509 1866
8069-64-5	Meralluride	736			
9001-01-8	Kallikrein	868			
9001-27-8	Factor VIII	1710	11042-64-1	Gamma Oryzanol	1475
9001-28-9	Factor IX	1711	11072-93-8	β-Escin	1762
9001-32-5	Fibrinogen	1713	11096-26-7	Erythropoietin	1678
9001-90-5	Plasmin	1734	12001-65-9	Methenamine Tetraiodine	1904
9002-01-1	Streptokinase	1739			
9002-04-4	Thrombin	1722	12261-97-1	2-Amino-4-picoline Camphorsulfonate	1255
9002-10-2	Tyrosinase	580			
9003-59-2	Sodium Polystyrene Sulfonate	1871	12286-76-9	Ferric Fructose	1651
			12569-38-9	Calcium Glubionate	1883
9004-54-0	Dextran	1872, 1873			
9004-62-0	Hetastarch	1876	13042-18-7	Fendiline	619, 1388
9004-66-4	Dextran Iron Complex	1645	13051-01-9	Carbazochrome Salicylate	1700
9005-32-7	Alginic Acid	1694			
9005-35-0	Alginic Acid Calcium Salt	1695	13071-11-9	Dexpropranolol Hydrochloride	1109
9005-36-1	Alginic Acid Potassium Salt	1696	13157-90-9	Quercetin Pentabenzyl Ether	1769
9005-38-3	Algin	1693	13171-25-0	Trimetazidine Dihydrochloride	1026, 1434
9007-28-7	Chondroitin Sulfate	1459			
9007-73-2	Ferritin	1656	13422-16-7	Triflocin	791
9009-29-4	Polyferose	1673	13422-52-1	Aquacobalamin	1642
9012-13-9	Resodec	1870	13445-63-1	Itramin Tosylate	1402
9013-56-3	Factor XIII	1712	13446-34-9	Manganese Chloride	1902
9015-56-9	Polygeline	1878	13460-98-5	Theodrenaline	1855
9015-73-0	Colextran	1467	13463-43-9	Ferrous Sulfate, Dried	1666
9034-50-8	Vasopressin	1817			
9035-58-9	Thromboplastin	1723	13523-86-9	Pindolol	205, 508 888, 1005 1187
9039-53-6	Urokinase	1742			
9039-61-6	Batroxobin	1699			
9041-08-1	Dalteparin Sodium	1570, 1579	13636-18-5	Fendiline Hydrochloride	620, 1389

CAS Registry Number Index

13655-52-2	Alprenolol	120, 239 907, 1046	16589-24-5	Synephrine Tartrate	1854
13707-88-5	Alprenolol Hydrochloride	121, 240 908, 1047	16648-69-4	Oxyfedrine DL-form Hydrochloride	1331
			16662-46-7	Gallopamil Hydrochloride	625, 962
13755-38-9	Sodium Nitroprusside Dihydrate	538	16662-47-8	Gallopamil	624, 961
			16679-58-6	Desmopressin	1809
			16777-42-7	Oxyfedrine Hydrochloride	998, 1332
13958-40-2	Oxiramide	1176	16790-49-1	Butazolamide	698, 1858
14149-43-0	Trimethidinium Methosulfate	578, 814	16816-67-4	Pantethine	1497
14176-10-4	Cetiedil	838	16852-81-6	Benzoclidine	266
14286-84-1	Bencyclane Fumarate	594, 822	16980-89-5	Bucladesine Sodium Salt	1266
14293-44-8	Xipamide	583, 795	17169-60-7	Ferroglycine Sulfate	1658
14402-89-2	Sodium Nitroprusside	537, 894	17440-83-4	Amiloride Hydrochloride	682
14417-88-0	Melinamide	1487	17560-51-9	Metolazone	449, 750
14556-46-8	Bupranolol	151, 290 935, 1087	17575-20-1	Lanatoside A	1315
			17575-21-2	Lanatoside B	1316
14613-30-0	Magnesium Clofibrate	1485	17575-22-3	Lanatoside C	1317
14636-12-5	Terlipressin	1816	17575-31-2	Lanatoside D	1318
14679-73-3	Todralazine	565	17598-65-1	Deslanoside	1279
14842-81-0	Potassium/Magnesium Aspartate	1911	18493-30-6	Metochalcone	749
			18829-70-4	Catechin l-form	1792
14882-18-9	Bismuth Subsalicylate	1789	18837-96-2	Bucladesine Barium Salt	1265
15148-80-8	Bupranolol Hydrochloride	152, 291 936, 1088	18840-47-6	Gepefrine	1837
			18965-97-4	Berlafenone	1068
			19216-56-9	Prazosin	103, 512 891
15256-58-3	Beloxamide	1445			
15301-80-1	Oxamarin	1717	19237-84-4	Prazosin Hydrochloride	104, 513 892
15350-99-9	Amoxydramine Camsilate	249			
15351-13-0	Nicofuranose	880	19774-82-4	Amiodarone Hydrochloride	910, 1051
15421-84-8	Trapidil	1431			
15518-82-8	Metescufylline	1766	19889-45-3	Guabenxan	377
15687-22-6	Folescutol	1763	20123-80-2	Dobesilate Calcium	1759
15687-37-3	Naftazone	1767			
15687-41-9	Oxyfedrine	997, 1330	20153-98-4	Dilazep Dihydrochloride	1377
15708-41-5	Ferric Sodium Edetate	1654			
			20223-84-1	Mercaptomerin	738
15790-02-0	Tropodifene	116	20231-81-6	Uzarin	1805
15793-38-1	Quinazosin	522	20287-37-0	Fenquizone	367, 723
15793-40-5	Terodiline	668, 1017 1428	20830-75-5	Digoxin	1283
15823-89-9	Imolamine Hydrochloride	966	21259-76-7	Mercaptomerin Sodium	739
15825-70-4	Mannitol Hexanitrate	1405	21434-91-3	Capobenic Acid	1096
16051-77-7	Isosorbide Mononitrate	970, 1401	21498-08-8	Lofexidine Hydrochloride	432
16286-69-4	Cetiedil Citrate	839	21645-51-2	Aluminum Hydroxide	1821
16509-23-2	Ethomoxane	359			

CAS Registry Number Index

CAS Number	Name	Page(s)
21829-25-4	Nifedipine	476, 647, 987, 1413
22059-60-5	Disopyramide Phosphate	1119
22103-14-6	Bufeniode	283, 832
22131-35-7	Butalamine	835
22195-34-2	Guanadrel Sulfate	383, 800
22204-91-7	Lifibrate	1483
22609-73-0	Niludipine	648
22661-76-3	Amoproxan	1052
22661-96-7	Amoproxan Hydrochloride	1053
22664-55-7	Metipranolol	182, 447
22693-65-8	Olmidine	481
22775-12-8	Dimetofrine Hydrochloride	1829
22950-29-4	Dimetofrine	1828
23093-74-5	Bunitrolol Hydrochloride	150, 289, 934, 1086
23210-56-2	Ifenprodil	857
23256-40-8	Guanoxabenz Hydrochloride	395
23256-50-0	Guanabenz Monoacetate	379
23288-49-5	Probucol	1506
23383-11-1	Ferrous Citrate	1661
23602-78-0	Benfluorex	1446
23642-66-2	Benfluorex Hydrochloride	1447
23694-81-7	Mepindolol	181, 440, 976
23887-41-4	Cinepazet	945
23887-46-9	Cinepazide	841
23910-07-8	Mebiquine	1801
24047-25-4	Guanoxabenz	394
24381-49-5	Orotic Acid Choline Salt	1928
24584-09-6	Desrazoxane	947
24815-24-5	Rescinnamine	529
24818-79-9	Aluminum Clofibrate	1440
24967-93-9	Chondroitin 4-Sulfate	1458
25717-80-0	Molsidomine	980, 1411
25812-30-0	Gemfibrozil	1477
26095-59-0	Otilonium Bromide	653
26209-07-4	Ciclosidomine Hydrochloride	318
26328-04-1	Cinepazide Maleate	842
26658-42-4	Colestipol	1465, 1867
26717-47-5	Clofibride	1464
26718-25-2	Halofenate	1479, 1925
26807-65-8	Indapamide	413, 732
26844-12-2	Indoramin	89, 416
26921-17-5	Timolol Maleate	228, 564, 1020, 1231
27058-84-0	Moprolol Hydrochloride	189, 463
27214-00-2	Calcium Glycerophosphate	1886
27276-25-1	Capobenate Sodium	1095
27325-36-6	Procinolol	208
27471-60-9	Fenoxedil Hydrochloride	851
27581-02-8	Idropranolol	173
27589-33-9	Azosemide	690
27737-38-8	Mixidine	1410
27848-84-6	Nicergoline	97, 879
27912-14-7	Levobunolol Hydrochloride	180
28125-87-3	Flutonidine	372
28395-03-1	Bumetanide	697
28782-42-5	Difenoxin	1793
29039-00-7	Calcium Gluceptate	1884
29050-11-1	Seclazone	1934
29110-47-2	Guanfacine	390
29110-48-3	Guanfacine Hydrochloride	391
29122-68-7	Atenolol	127, 254, 918, 1062
29334-07-4	Sulmarin	1721
29560-58-8	Moricizine Hydrochloride	1168
29899-95-4	Clobenoside	1757
30073-40-6	Bucumolol Hydrochloride	144, 928, 1081
30116-80-4	Floredil Hydrochloride	1391
30236-32-9	Dexsotalol	1110
30299-08-2	Clinofibrate	1461
30418-38-3	Tretoquinol	1632
30484-77-6	Flunarizine Hydrochloride	622, 853
30578-37-1	Amezinium Methyl Sulfate	1824
30652-11-0	Deferiprone	1707
30709-69-4	Tizoprolic Acid	1523
30716-01-9	Emilium Tosylate	1126
30910-27-1	Treloxinate	1525
31036-80-3	Lofexidine	431
31329-57-4	Nafronyl	873
31428-61-2	Tiamenidine	558
31637-97-5	Etofibrate	1471
31828-71-4	Mexiletine	1162

CAS Registry Number Index

CAS Number	Name	Page(s)
31853-38-0	1,2-Naphthoquinone-2-semicarbazone	1715
31883-05-3	Moricizine	1167
31980-29-7	Nicofibrate	1495
32059-15-7	Guanazodine	384
32295-18-4	Tosifen	1024
32421-46-8	Bunaftine	1084
32780-64-6	Labetalol Hydrochloride	92, 177, 424
32795-44-1	Acecainide	1038
32828-81-2	Picotamide	1606
33178-86-8	Alinidine	1043
33237-74-0	Aprindine Hydrochloride	1056
33286-22-5	Diltiazem Hydrochloride	608, 950, 1113, 1379
33396-37-1	Proscillaridin 4-Methyl Ether	1342
33402-03-8	Metaraminol Bitartrate	1840
33580-30-2	Tertatolol Hydrochloride	223, 557
33876-97-0	Linsidomine	975
34118-92-8	Acecainide Hydrochloride	1039
34150-62-4	Ferriclate Calcium Sodium	1655
34183-22-7	Propafenone Hydrochloride	1202
34273-10-4	Saralasin	56, 533
34368-04-2	Dobutamine	1285
34381-68-5	Acebutolol Hydrochloride	119, 234, 906, 1037
34535-83-6	Fenalcomine Hydrochloride	1298
34552-83-5	Loperamide Hydrochloride	1800
34616-39-2	Fenalcomine	1297
34661-75-1	Urapidil	581
34784-64-0	Tertatolol	222, 556
34839-70-8	Metiamide	747
34915-68-9	Bunitrolol	149, 288, 933, 1085
34919-98-7	Cetamolol	163, 309
35080-11-6	Prajmaline	1192
35108-88-4	Bufetolol Hydrochloride	146, 930, 1083
35115-60-7	Teprotide	41, 553
35135-01-4	Benafentrine	1262
35449-36-6	Gemcadiol	1476
35543-24-9	Buflomedil Hydrochloride	834
35795-16-5	Trimazosin	114, 575
35898-87-4	Dilazep	1376
35991-93-6	Nadoxolol Hydrochloride	192, 1172
36002-19-4	Folescutol Hydrochloride	1764
36067-73-9	Azepexole	257
36150-73-9	Erythrophleine	1295
36222-39-6	l-Gallopamil Hydrochloride	633, 964
36504-64-0	Nictindole	1602
36592-77-5	Metipranolol Hydrochloride	183, 448
36647-02-6	Cotarnine Hydrochloride	1705
36798-79-5	Budralazine	282, 831
36894-69-6	Labetalol	91, 176, 423
36983-69-4	Actodigin	1252
37087-94-8	Tibric Acid	1522
37296-80-3	Colestipol Hydrochloride	1466, 1868
37350-58-6	Metoprolol	184, 450, 977, 1158
37517-30-9	Acebutolol	118, 233, 905, 1036
37612-13-8	Encainide	1127
37640-71-4	Aprindine	1055
38103-61-6	Tolamolol	1021, 1237, 1430
38176-09-9	d-Gallopamil Hydrochloride	606, 963
38241-39-3	Tazolol Hydrochloride	1351
38304-91-5	Minoxidil	458
38363-32-5	Penbutolol Sulfate	203, 490, 1003, 1180
38363-40-5	Penbutolol	202, 489, 1002, 1179
38821-52-2	Indoramin Hydrochloride	90, 417
39178-37-5	Inicarone	1585
39186-49-7	Pirolazamide	1190
39492-01-8	Gabexate	67
39543-79-8	Befunolol Hydrochloride	129
39552-01-7	Befunolol	128
39562-70-4	Nitrendipine	480, 652
39563-28-5	Cloranolol	165, 1104
39698-78-7	Saralasin Acetate	57, 534

CAS Registry Number Index

CAS Number	Name	Page(s)
39715-02-1	Endralazine	352, 847
39832-48-9	Tazolol	1350
40180-04-9	Ticrynafen	783, 1936
40198-53-6	Tioxaprofen	1627
40580-59-4	Guanadrel	382, 799
40680-87-3	Piprofurol	658
40819-93-0	Lorajmine Hydrochloride	1152
40828-44-2	Clazolimine	709
40828-45-3	Azolimine	689
41020-68-2	Mexrenoic Acid	1780
41020-79-5	Dicirenone	1776
41708-72-9	Tocainide	1233
41859-67-0	Bezafibrate	1448
42200-33-9	Nadolol	190, 469, 983, 1170
42399-41-7	Diltiazem	607, 949, 1112, 1378
42597-57-9	Ronifibrate	1510
42794-76-3	Midodrine	1844
42864-78-8	Bevantolol Hydrochloride	135, 274, 926, 1071
42879-47-0	Pranolium Chloride	1194
43169-54-6	Mexrenoate Potassium	1779
46464-11-3	Meobentine	1156
47082-97-3	Pargolol	201
47141-42-4	Levobunolol	179
47562-08-3	Lorajmine	1151
49562-28-9	Fenofibrate	1472
49745-95-1	Dobutamine Hydrochloride	1286
49780-10-1	Azaclorzine Hydrochloride	1360
49847-97-4	Prorenoate Potassium	1781
49864-70-2	Azaclorzine	1359
50465-39-9	Tocofibrate	1524
50588-47-1	Amafolone	1048
50679-07-7	Cinepazet Maleate	946
50887-69-9	Orotic Acid Monohydrate	1931
50892-23-4	Pirinixic acid	1501
51037-30-0	Acipimox	1439
51222-36-7	Ciclafrine Hydrochloride	1827
51222-37-8	Iproxamine Hydrochloride	863
51274-83-0	Tiamenidine Hydrochloride	559
51460-26-5	Carbazochrome Sodium Sulfonate	1701
51481-62-0	Bucainide	1077
51481-63-1	Bucainide Maleate	1078
51781-06-7	Carteolol	158, 303, 940, 1099
51781-21-6	Carteolol Hydrochloride	159, 304, 941, 1100
52014-67-2	Antithrombin III	1559
52031-11-5	(±)-Pheniprazine	499
52211-63-9	Viquidil Hydrochloride	1242
52214-84-3	Ciprofibrate	1460
52246-40-9	Fenquizone Monopotassium	368, 728
52403-19-7	Iproxamine	862
52468-60-7	Flunarizine	621, 852
52712-76-2	Bunazosin Hydrochloride	287
53076-26-9	Moxaprindine	1169
53179-11-6	Loperamide	1799
53267-01-9	Cifenline	1101
53403-97-7	Pyridofylline	1427
53449-58-4	Ciclonicate	840
53567-47-8	Tirofiban Hydrochloride	1629
53586-99-5	Periodyl	1905
53684-49-4	Bufetolol	145, 929, 1082
53684-61-0	Calcium Ferrous Citrate	1643
53731-36-5	Floredil	1390
53746-46-6	Trimazosin Hydrochloride Monohydrate	115, 576
53885-35-1	Ticlopidine Hydrochloride	1625
53984-74-0	Tocainide R-(-) form Hydrochloride	1235
53984-76-2	Tocainide S-(+) form Hydrochloride	1236
54063-40-0	Fenoxedil	850
54063-51-3	Nadoxolol	191, 1171
54063-53-5	Propafenone	1201
54063-56-8	Suloctidil	895
54110-25-7	Pirozadil	1503
54143-55-4	Flecainide	1135
54143-56-5	Flecainide Acetate	1136
54187-04-1	Rilmenidene	531
54247-25-5	Cloranolol Hydrochloride	166, 1105
54340-62-4	Bufuralol	147, 284, 931

CAS Registry Number Index

CAS Number	Name	Page
54504-70-0	Theofibrate	1519
54527-84-3	Nicardipine Hydrochloride	475, 646, 878, 985
54779-57-6	(±)-Pheniprazine Hydrochloride	500
55073-41-1	Sodium Glycerophosphate	1917
55142-85-3	Ticlopidine	1624
55285-45-5	Pirifibrate	1500
55286-56-1	Doxaminol	1293
55294-15-0	Muzolimine	468, 752
55694-98-9	Ciclafrine	1826
55769-64-7	Butobendine Dihydrochloride	1092
55769-65-8	Butobendine	1091
55837-18-8	Butidrine	153, 1089
55837-25-7	Buflomedil	833
55837-27-9	Piretanide	765
55926-23-3	Guanclofine	386
55937-99-0	Beclobrate	1444
55985-32-5	Nicardipine	474, 645, 877, 984
55986-43-1	Cetaben	1454
56079-80-2	Ropitoin Hydrochloride	1217
56079-81-3	Ropitoin	1216
56211-40-6	Torsemide	788
56227-39-5	Polidexide	1504
56392-17-7	Metoprolol Tartrate	187, 453, 979, 1161
56393-22-7	Pildralazine Dihydrochloride	506
56488-58-5	Tizolemide	787
56488-59-6	Terbufibrol	1518
56784-39-5	Ozolinone	759
56917-29-4	Fluretofen	1580
56959-18-3	Glusoferron	1669
56974-46-0	Butalamine Hydrochloride	836
56974-61-9	Gabexate Monomethanesulfonate	68
56980-93-9	Celiprolol	161, 306, 943
57076-71-8	Denbufylline	1277
57149-07-2	Naftopidil	94, 470
57149-08-3	Naftopidil Dihydrochloride	95, 471
57296-63-6	Indacrinone	731
57460-41-0	Talinolol	220, 547, 1225
57470-78-7	Celiprolol Hydrochloride	162, 307, 944
57475-17-9	Brovincamine	829
57524-15-9	Tolonidine Nitrate	570
57526-81-5	Prenalterol	1338
57653-27-7	Droprenilamine	1381
57775-26-5	Sultosilic Acid	1514
57775-27-6	Sultosilic Acid Piperazine Salt	1515
57775-29-8	Carazolol	157, 300, 939, 1097
57808-63-6	Cicloxilic Acid	1529
57821-29-1	Sulodexide	1619
58182-63-1	Itanoxone	1481
58409-59-9	Bucumolol	143, 927, 1080
58473-73-7	Drobuline	1121
58503-79-0	Meobentine Sulfate	1157
58503-83-6	Penirolol	204
58579-51-4	Anagrelide Hydrochloride	1556, 1558
58934-46-6	Lorcainide Hydrochloride	1154
59040-30-1	Nafazatrom	1599
59170-23-9	Bevantolol	134, 273, 925, 1070
59182-63-7	Droprenilamine Hydrochloride	1382
59184-78-0	Buquineran	1267
59625-89-7	Magnesium Gluconate Dihydrate	1899
59652-29-8	Bufuralol Hydrochloride	148, 285, 932
59708-57-5	Xibenolol Hydrochloride	232, 1244
59721-28-7	Camostat	65
59721-29-8	Camostat Monomethanesulfonate	66
59729-31-6	Lorcainide	1153
60173-73-1	Arfalasin	251
60607-68-3	Indenolol	174, 414, 967, 1144
60662-18-2	Eniclobrate	1469
60719-84-8	Amrinone	1257
60763-48-6	Gepefrine Tartrate	1838
61260-05-7	Prenalterol Hydrochloride	1339
61477-94-9	Pirmenol Hydrochloride	1189
61477-97-2	Dazolicine	1106

CAS Registry Number Index

61563-18-6	Soquinolol	214	66203-00-7	Carocainide		1098
61661-06-1	Levdobutamine	1319	66264-77-5	Sulfinalol	218,	544
61887-16-9	Dulofibrate	1468	66304-03-8	Epicainide		1129
62134-34-3	Butoprozine		66357-35-5	Ranitidine		772
	Hydrochloride	938, 1094	66357-59-3	Ranitidine		
62228-20-0	Butoprozine	937, 1093		Hydrochloride		774
62357-86-2	Desmopressin		66529-17-7	Midaglizole		93
	Acetate	1810	66564-16-7	Ciclosidomine		317
62571-86-2	Captopril	5, 299	66608-04-6	Rolgamidine		1802
62658-63-3	Bopindolol	138, 279	66685-79-8	Befunolol R-(+)-form		
62658-64-4	Bopindolol			Hydrochloride		130
	Maleate	139, 280	66717-59-7	Befunolol S-(-)-form		
62658-88-2	Mesudipine	641		Hydrochloride		131
62774-96-3	Tilisolol		66722-44-9	Bisoprolol	136,	277
	Hydrochloride	226, 562	66734-12-1	Butopamine		1268
		1229	66794-74-9	Encainide		
63074-08-8	Terazosin			Hydrochloride		1128
	(anhydrous)	109, 554	66795-86-6	α-Escin		1761
63204-23-9	Oxmetidine		66871-56-5	Lidamidine		1797
	Hydrochloride	756	66985-17-9	Ipratropium		
63251-39-8	Sulfinalol			Bromide		1148
	Hydrochloride	219, 545	67227-55-8	Primidolol	1006,	1196
63394-05-8	Plafibride	1608	67227-56-9	Fenoldopam		365
63494-82-6	Polidexide Sulfate	1505	67227-57-0	Fenoldopam		
63610-08-2	Indobufen	1584		Monomethane-		
63659-18-7	Betaxolol	132, 269		sulfonate		366
		923	67696-82-6	Acrihellin		1251
63659-19-8	Betaxolol		68206-94-0	Cloricromen	1374,	1568
	Hydrochloride	133, 270	68252-19-7	Pirmenol		1188
		924	68284-69-5	Disobutamide		1117
63675-72-9	Nisoldipine	479, 651	68377-91-3	Arotinolol		
		993, 1414		Hydrochloride	77,	126
63996-84-9	Tibalosin	111, 560			253,	917
64000-73-3	Pildralazine	505				1058
64059-66-1	Cetaben Sodium	1455	68377-92-4	Arotinolol	76,	125
64241-34-5	Cadralazine	296			252,	916
64552-17-6	Butofilolol	155, 294				1057
64706-54-3	Bepridil	597, 921	68379-03-3	Clofilium		
		1066, 1367		Phosphate		1103
64860-67-9	Valperinol	670	68475-42-3	Anagrelide	1555,	1557
65008-93-7	Bometolol	599, 1073	68550-75-4	Cilostamide		1274
65009-35-0	Lidamidine		68741-18-4	Buterizine		837
	Hydrochloride	1798	69014-14-8	Tiotidine		786
65089-17-0	Pirinixil	1502	69047-39-8	Binifibrate		1449
65141-46-0	Nicorandil	986, 1412	69479-26-1	Pirepolol		206
65184-10-3	Teoprolol	221	69815-49-2	Norepinephrine		
65322-72-7	Endralazine			d-Bitartrate		1847
	Monomethane-		70018-51-8	Quazinone		1343
	sulfonate	353, 848	70024-40-7	Terazosin		
65429-87-0	Spirendolol	217		Hydrochloride		
65655-59-6	Pacrinolol	199		Dihydrate	110,	555
66085-59-4	Nimodipine	650	70724-25-3	Carbazeran		1270
66195-31-1	Ibopamine	1308	70833-07-7	Prifuroline		1195

CAS Registry Number Index

70895-39-5	Tipropidil Hydrochloride	897	74863-84-6	Argatroban	1560
70895-45-3	Tipropidil	896	75011-65-3	Ibopamine Hydrochloride	1309
71205-22-6	Almasilate	1787	75330-75-5	Lovastatin	1484, 1489
71395-14-7	Tocainide Hydrochloride	1234	75438-57-2	Moxonidine	466
			75438-58-3	Moxonidine Hydrochloride	467
71653-63-9	Riodipine	662	75530-68-6	Nilvadipine	477, 649, 991
71771-90-9	Denopamine	1278			
72420-38-3	Acifran	1438			
72467-44-8	Piclonidine	504	75564-40-8	Biclodil Hydrochloride	827
72481-99-3	Brocrinat	696			
72509-76-3	Felodipine dl form	364, 618, 959	75659-07-3	Dilevalol	167, 3442
			75659-08-4	Dilevalol Hydrochloride	168, 343
72509-76-3	Felodipine	849, 1387	75695-93-1	Isradipine	420, 626, 971
72822-12-9	Dapiprazole	79			
72822-13-0	Dapiprazole Hydrochloride	80	75841-82-6	Mopidralazine	461
72830-39-8	Oxmetidine	755	75847-73-3	Enalapril	10, 349
72956-09-3	Carvediol	160, 305, 942	75889-62-2	Fostedil	854
73210-73-8	Xamoterol Hemifumarate	1357	75949-61-0	Pafenolol	200
			76095-16-4	Enalapril Maleate	11, 350
73310-10-8	Ethyl Icosapentate	1470	76252-06-7	Nicainoprol	1173
73384-60-8	Sulmazole	1349	76568-02-0	Flosequinan	369, 1299
73573-42-9	Rescimetol	528	76596-57-1	Broxaterol	142
73573-88-3	Mevastatin	1488	76824-35-6	Famotidine	722
73647-73-1	Viprostol	900	77029-61-9	Dextrose	1893
73681-12-6	Indecainide Hydrochloride	1143	77400-65-8	Asocainol	1061
			77469-98-8	Pimobendan Hydrochloride	1336
73803-48-2	Tripamide	579, 792			
73873-87-7	Iloprost	859	77590-95-5	Cetamolol Hydrochloride	164, 310
73963-72-1	Cilostazol	1565			
74050-98-9	Ketanserin	421	77671-31-9	Enoximone	1294
74150-27-9	Pimobendan	1335	77862-92-1	Falipamil	1134
74191-85-8	Doxazosin	83, 345	77883-43-3	Doxazosin Monomethane- sulfonate	84, 346
74220-07-8	Spirorenone	1783			
74226-22-5	Dazoxiben Hydrochloride	1574	78218-09-4	Dazoxiben	1573
74258-86-9	Alacepril	1, 236	78371-66-1	Bucromarone	1079
74517-78-5	Indecainide	1142	78372-27-7	Stirocainide	1222
74627-35-3	Cianergoline	314	78415-72-2	Milrinone	1324
74639-40-0	Docarpamine	1288	78421-12-2	Droxicainide	1123
74697-28-2	Cloricromen Hydrochloride	1375, 1569	78459-19-5	Adimolol	73
			78712-43-3	Ozagrel Hydrochloride	1000, 1605, 1747
74738-24-2	Recainam	1211			
74752-07-1	Recainam Hydrochloride	1212	78919-13-8	Iloprost	1583
			79071-15-1	Tazasubrate	1516
74752-08-2	Recainam Tosylate	1213	79094-20-5	Daltroban	1571, 1744
74764-40-2	Bepridil Hydrochloride	598, 922, 1067	79467-23-5	Mioflazine	1408
			79467-24-6	Mioflazine Hydrochloride	1409
74764-40-2	Bepridil Hydrochloride Monohydrate	1368	79700-61-1	Dopropidil	953
			79784-22-8	Barucainide	1065

CAS Registry Number Index

CAS Number	Name	Page
79855-88-2	Trequinsin	573, 1631
79902-63-9	Simvastatin	1511
79944-58-4	Idazoxan	407
80223-99-0	Tamsulosin dl-form Hydrochloride	106
80343-63-1	Sufotidine	778
80449-31-6	Urinastatin	71
80530-63-8	Picotamide Hydrate	1607
80743-08-4	Dioxadilol	344, 952, 1115
80755-51-7	Bunazosin	286
80763-86-6	Glunicate	1478
81093-37-0	Pravastatin	1507
81110-73-8	Acetorphan	1784
81131-70-6	Pravastatin Sodium	1508
81161-17-3	Esmolol Hydrochloride	171, 1133
81403-68-1	Alfuzosin Hydrochloride	238
81403-80-7	Alfuzosin	237
81447-79-2	Dexlofexidine	338
81447-80-5	Diprafenone	1116
81486-22-8	Nipradilol	196, 478, 992
81525-10-2	Nafamostat	69
81584-06-7	Xibenolol	231, 1243
81627-83-0	Macrophage Colony-Stimulating Factor	1682
81656-30-6	Tifluadom	785
81669-57-0	Anistreplase	1729
81789-85-7	Indenolol Hydrochloride	175, 415, 968, 1145
81792-35-0	Teopranitol	1622
81801-12-9	Xamoterol	1356
81840-15-5	Vesnarinone	1355
81938-43-4	Zofenopril Calcium	48, 584
82190-91-8	Flufylline	370
82522-70-1	Modecainide	1164
82571-53-7	Ozagrel	999, 1604, 1746
82586-52-5	Moexipril Hydrochloride	24, 460
82586-55-8	Quinapril Hydrochloride	31, 520
82657-92-9	Pro-Urokinase	1735
82747-56-6	Cicletanine Hydrochloride	316
82768-85-2	Quinaprilat	32, 521
82834-16-0	Perindopril	28, 495
82857-38-3	Bopindolol Malonate	140, 281
82924-03-6	Pentopril	27, 494
82956-11-4	Nafamostat Dimethanesulfonate	70
83059-56-7	Zabicipril	46
83200-08-2	Eproxindine	1130
83200-10-6	Anipamil	915, 1054
83275-56-3	Tiracizine	1232
83395-21-5	Ridazolol	213
83435-66-9	Delapril	8, 334
83435-67-0	Delapril Hydrochloride	9, 335
83471-41-4	Pincainide	1186
83602-05-5	Spiraprilat	37, 543
83647-97-6	Spirapril	35, 541
83712-60-1	Defibrotide	1575
83846-83-7	Ketanserin Tartrate	422
83869-56-1	Granulocyte-Macrophage Colony Stimulating Factor	1680
83915-83-7	Lisinopril	22, 430
83991-25-7	Ambasilide	1049
84057-96-5	Flusoxolol	371, 960, 1137
84203-09-8	Trifenagrel	1633
84226-12-0	Eticlopride	361
84243-58-3	Imazodan	1310
84455-52-7	Oxmetidine Mesylate	757
84490-12-0	Piroximone	1337
84680-54-6	Enalaprilat	12, 351
84964-12-5	Brovincamine Hydrogen Fumarate	830
85053-46-9	Suricainide	1223
85053-47-0	Suricainide Maleate	1224
85125-49-1	Biclodil	826
85136-71-6	Tilisolol	225, 561, 1228
85175-67-3	Zatebradine	1033, 1246
85247-77-4	Ronipamil	663
85320-68-9	Amosulalol	74, 122, 247
85371-64-8	Pinacidil	507
85441-61-8	Quinapril	30, 519
85505-64-2	Vapiprost	1750
85856-54-8	Moveltipril	25, 464
85921-53-5	Moveltipril Calcium	26, 465
86024-64-8	Quinacainol	1206
86189-69-7	Felodipine	363, 617, 958
86197-47-9	Dopexamine	1291
86315-52-8	Isomazole	1313
86484-91-5	Dopexamine Hydrochloride	1292

CAS Registry Number Index

CAS Number	Name	Page(s)
86541-74-4	Benazepril Hydrochloride	3, 261
86541-75-5	Benazepril	2, 260
86541-78-8	Benazeprilate	4, 262
86780-90-7	Aranidipine	250, 589
86880-51-5	Epanolol	169, 354, 956
87051-46-5	Butanserin	292
87129-71-3	Arnolol	124
87248-13-3	Vapiprost Hydrochloride	1751
87333-19-5	Ramipril	33, 525
87359-33-9	Isomazole Hydrochloride	1314
87440-45-7	Taprostene Sodium Salt	1621
87679-37-6	Trandolapril	42, 571
87679-71-8	Trandolaprilate	43, 572
87952-98-5	Mespirenone	1778
88069-49-2	Pilsicainide Hydrochloride	1185
88069-67-4	Pilsicainide	1184
88133-11-3	Bemitradine	691
88150-42-9	Amlodipine	244, 586, 911
88150-47-4	Amlodipine Maleate	246, 588, 913
88296-61-1	Medorinone	1322
88296-62-2	Transcainide	1238
88426-32-8	Ursulcholic Acid	1533
88606-96-6	Butofilolol Maleate	156, 295
88852-12-4	Limaprost	974
88889-14-9	Fosinopril Sodium	15, 374
89197-32-0	Efaroxan	85
89198-09-4	Imazodan Hydrochloride	1311
89226-50-6	Manidipine	637
89226-75-5	Manidipine Dihydrochloride	436, 639
89232-84-8	Pelrinone Hydrochloride	1334
89371-37-9	Imidapril	18, 410
89371-44-8	Imidaprilat	20, 412
89396-94-1	Imidapril Hydrochloride	19, 411
89622-90-2	Brinazarone	600, 1076
89667-40-3	Isbogrel	1588, 1745
89781-55-5	Rolafagrel	1612
89838-96-0	Octimibate	1732
89943-82-8	Cicletanine	315
90055-97-3	Tienoxolol	224, 784
90103-92-7	Zabiciprilat	47
90274-23-0	Zaltidine Hydrochloride	796
90402-40-7	Abanoquil	72, 904, 1035
90581-63-8	Falintolol	172
90729-41-2	Oxodipine	654
90733-40-7	Edifolone	1124
90733-42-9	Edifolone Acetate	1125
90961-53-8	Tedisamil	1226
90992-25-9	Besulpamide	695
91524-16-2	Timolol	227, 563, 1019, 1230
91599-74-5	Benidipine Hydrochloride	265, 596
91940-87-3	Zatebradine Hydrochloride	1034, 1247
92077-78-6	Cilazapril	7, 319
92210-43-0	Bemarinone	1259, 1361
92302-55-1	Devapamil	948, 1107
93633-92-2	Amosulalol Hydrochloride	75, 123, 248
93957-54-1	Fluvastatin	1473
93957-55-2	Fluvastatin Sodium	1474
94386-65-9	Pelrinone	1333
94535-50-9	Levkromakalim	428
94841-17-5	Spirapril Hydrochloride	36, 542
95635-55-5	Ranolazine	1011
95635-56-6	Ranolazine Hydrochloride	1012
95729-65-0	Azetirelin	1752
95896-08-5	Anaritide	686
96125-53-0	Clentiazem	323, 604
96128-92-6	Clentiazem Maleate	324, 605
96478-43-2	Irindalone	419
96513-83-6	Pentisomide	1181
96515-73-0	Palonidipine	655
96588-03-3	Medibazine Dihydrochloride	1407
96914-39-5	Actisomide	1040
98048-97-6	Fosinopril	14, 373
98323-83-2	Carmoxirole	301
98418-47-4	Metoprolol Succinate	186, 452, 978, 1160
99149-95-8	Saruplase	1737
99200-09-6	Nebivalol	193, 473
99283-10-0	Molgramostim	1551
99522-79-9	Pranidipine	659
99821-44-0	Nasaruplase	1731
100286-97-3	Milrinone Lactate	1325

CAS Registry Number Index

100345-64-0	Siagoside	1771
100427-26-7	Lercanidipine	426, 629
100510-33-6	Adibendan	1253
100643-96-7	Indolidan	1312
100678-32-8	Cifenline Succinate	1102
101001-34-7	Pamicogrel	1733
101238-51-1	Levemopamil	631
101477-54-7	Lomerizine Hydrochloride	636
101477-55-8	Lomerizine	635
101526-62-9	Sematilide Hydrochloride	1219
101526-83-4	Sematilide	1218
101626-69-1	Bemarinone Hydrochloride	1260, 1362
102106-21-8	Cilnidipine	320, 601
103598-03-4	Esmolol	170, 1132
103775-10-6	Moexipril	23, 459
103810-45-3	Bidisomide	1072
103890-78-4	Lacidipine	425, 627
104051-20-9	Brefonalol	141
104344-23-2	Bisoprolol Hemifumarate	137, 278
104564-71-8	Dobutamine Lactobionate	1287
104595-79-1	Anaritide Acetate	687
104713-75-9	Barnidipine	258, 591, 919
104902-08-1	Cilutazoline	322
105806-65-3	Efegatran	1577
105857-23-6	Tissue Plasminogen Activator	1740
105920-77-2	Camonagrel	1743
105979-17-7	Benidipine	264, 595
106133-20-4	Tamsulosin	105
106463-17-6	Tamsulosin R-form Hydrochloride	107
106463-19-8	Tamsulosin S-form Hydrochloride	108
106730-54-5	Loprinone	1321
107133-36-8	Perindopril tert-Butylamine	29, 496
107724-20-9	Eplerenone	1777
108687-08-7	Teludipine	666
108700-03-4	Teludipine Hydrochloride	667
108945-35-3	Taprostene	1620
109214-55-3	Libenzapril	21, 429
109683-61-6	Utibapril	44
109683-79-6	Utibaprilat	45
109826-26-8	Zaldaride	1806
109826-27-9	Zaldaride Maleate	1807
110140-89-1	Ridogrel	1611, 1748
110221-44-8	Temocapril Hydrochloride	39, 551
110221-53-9	Temocaprilate	40, 552
111011-53-1	Efonidipine Hydrochloride	348, 611
111011-63-3	Efonidipine	347, 610
111223-26-8	Ceronapril	6, 308
111470-99-6	Amlodipine Besylate	245, 587, 912
111753-73-2	Satigrel	1616
111786-07-3	Prinoxodan	1340
111902-57-9	Temocapril	38, 550
112018-01-6	Bemoradan	1261
112665-43-7	Seratodrast	1749
113165-32-5	Niguldipine	990
113185-69-6	Adrenochrome Thiosemicarbazone	1692
113427-24-0	Epoetin-α	1646
113665-84-2	Clopidogrel	1566
114432-13-2	Fantofarone	362, 616
114798-26-4	Losartan	54, 433
115092-85-8	Carmoxirole Hydrochloride	302
115256-11-6	Dofetilide	1120
115436-73-2	Ipazilide	1146
115436-74-3	Ipazilide Fumarate	1147
115574-30-6	Irtemazole	1926
116289-53-3	Tulopafant	1741
116476-13-2	Semotiadil	535, 664, 1013
116476-14-3	Semotiadil Fumarate	536, 665, 1014
116476-16-5	Levosemotiadil	632
116644-53-2	Mibefradil	456, 642
116649-85-5	Ramatroban	1609
116666-63-8	Mibefradil Dihydrochloride	457, 643
116907-13-2	Risotilide Hydrochloride	1215
117279-73-9	Israpafant	1589
118812-69-4	Ularitide	793
119322-27-9	Meribendan	1323
119413-55-7	Elgodipine	612, 954
119637-66-0	Metoprolol Fumarate	185, 451, 1159
119687-33-1	Iganidipine	409
120081-14-3	Goralatide	16
120092-68-4	Manidipine	435, 638
120279-96-1	Dorzolamide	1860
120688-08-6	Risotilide	1214

CAS Registry Number Index

CAS Number	Name	Page
120819-70-7	Naroparcil	1601
120824-08-0	Linotroban	1595
121181-53-1	Filgrastim	1546
121277-96-1	Terikalant	1227
121489-04-1	Elgodipine Hydrochloride	613, 955
121547-04-4	Mirimostim	1683
122312-54-3	Epoetin-β	1647
122647-31-8	Ibutilide	1140
122647-32-9	Ibutilide Fumarate	1141
122946-43-4	Telmesteine	1517
122957-06-6	Modipafant	1597
123524-52-7	Azelnidipine	256, 590
123774-72-1	Sargramostim	1554
123955-10-2	Almokalant	1044
124083-20-1	Etomoxir	1296
124316-02-5	Alprafenone	1045
124750-99-8	Losartan Potassium Salt	55, 434
125279-79-0	Ersentilide	1131
125363-87-3	Carsatrin	1272
125729-29-5	Lemildipine	628, 972
125926-17-2	Sarpogrelate	1615
126222-34-2	Remikiren	527
126721-07-1	Efegatran Sulfate	1578
126825-36-3	Bertosamil	1069
127420-24-0	Idrapril	17, 408
127757-91-9	Regramostim	1553
128270-60-0	Bivalirudin	1564
128345-62-0	Ranitidine Bismuth Citrate	773
129388-07-4	Levdobutamine Lactobionate	1320
129981-36-8	Sampatrilat	34, 532
130308-48-4	Icatibant	62
130493-03-7	Bimoclomol	1754
130610-93-4	Niravoline	753
130693-82-2	Dorzolamide Hydrochloride	1861
130782-54-6	Beciparcil	1563
131081-40-8	Silteplase	1738
132019-54-6	Monatepil	981, 1165
132046-06-1	Monatepil Maleate	982, 1166
132199-13-4	Carsatrin Succinate	1273
132203-70-4	(±)-Cilnidipine	321, 602
132295-16-0	(±)-Naftopidil	96, 472
132722-74-8	Pirsidomine	890
132866-11-6	Lercanidipine Hydrochloride	427, 630
133040-01-4	Eprosartan	51, 356
133242-30-5	Landiolol	178
133267-19-3	Artilide	1059
133267-20-6	Artilide Fumarate	1060
133652-38-7	Reteplase	1736
134377-69-8	Safironil	1544
134523-00-5	Atorvastatin	1441
134523-03-8	Atorvastatin Calcium	1442
135038-57-2	Fasidotril	13
135046-48-9	Clopidogrel Hydrogen Sulfate	1567
135968-09-1	Lenograstim	1549
136033-49-3	Nexopamil	644
137214-72-3	Iliparcil	1582
137463-76-4	Milodistim	1550
137862-53-4	Valsartan	59, 582
138068-37-8	Lepirudin	1594
138402-11-6	Irbesartan	53, 418
138614-30-9	Icatibant Acetate	63
138661-03-7	Furnidipine	375, 623
139308-65-9	Tolafentrine	1354
139481-59-7	Candesartan	49, 297
140661-97-8	Bradycor	61
140850-73-3	Igmesine	1796
141396-28-3	Argatroban Hydrate	1561
141626-36-0	Dronedarone	1122
142373-60-2	Tirofiban Hydrochloride	1639
143011-72-7	Granulocyte Colony-Stimulating Factor	1679
143201-11-0	Cerivastatin Sodium	1453
143249-88-1	Dexefaroxan	81
143343-83-3	Toborinone	1353
144143-96-4	Eprosartan Methanesulfonate	52
144143-96-4	Eprosartan Mesylate	357
144412-49-7	Lamifiban	1590, 1636
144412-50-0	Lamifiban Trifluoracetate	1591, 1637
144494-65-5	Tirofiban	1628, 1638
144604-00-2	Diltiazem Malate	609, 951, 1114
144701-48-4	Telmisartan	58
145040-37-5	Candesartan Clixetil	50
145040-37-5	Candesartan Cilexetil	298
145599-86-6	Cerivastatin	1452
145781-32-4	Zolasartan	60, 585
148396-36-5	Fradafiban	1635
148637-05-2	Cilmostim	1677
148641-02-5	Muplestim	1552
149503-79-7	Lefradafiban	1593
149820-74-6	Xemilofiban	1031

CAS Registry Number Index

149888-94-8	Azimilide	
	Dihydrochloride	1064
149908-53-2	Azimilide	1063
149979-74-8	Terbogrel	1623
150443-71-3	Nicanartine	1493
150915-40-5	Tirofiban	
	Hydrochloride	
	Monohydrate	1630, 1640
155415-08-0	Inogatran	1586
155974-00-8	Ivabradine	1245
156586-91-3	Xemilofiban	
	Hydrochloride	1032
156715-37-6	Ifetroban Sodium	1581
157630-07-4	Integrelin	1587
158876-82-5	Rupatadine	1614
159138-80-4	Cariporide	1271
159668-20-9	Napsagatran	1600
159776-70-2	Melagatran	1596
161753-30-6	Daniplestim	1545
165800-05-5	Orbofiban Acetate	1603
166432-28-6	Clevidipine	325
171870-23-8	Lanoteplase	1730
172927-65-0	Sibrafiban	1617
176022-59-6	Roxifiban Acetate	1613
182683-00-7	Sevelamer	
	Hydrochloride	1823

EINECS NUMBER INDEX

EINECS No.	Name	Record No.	EINECS No.	Name	Record No.
200-034-8	Protheobromine	770	200-203-6	Hydroflu-	
200-046-3	Quinidine Sulfate	1210		methiazide	406, 730
200-047-9	Reserpine	530	200-204-1	Moxisylyte	871
200-050-5	Vasopressin,		200-234-5	Dibenamine	82
	Lysine form	1728, 1812	200-236-6	Pheniprazine	498
		1819	200-240-8	Nitroglycerine	994
200-053-1	Phentolamine	100, 501	200-240-8	Nitroglycerin	1415
200-054-7	Hexobendine		200-241-3	Guanethidine	387
	Dihydrochloride	1398	200-249-7	Hexamethonium	
200-064-1	Aspirin	1562		Bromide	399, 802
200-078-8	Procainamide	1197	200-258-6	γ-Aminobutryic Acid	243
200-096-6	Norepinephrine	1846	200-279-0	Quinidine	1208
200-102-7	D-Thyroxine	1520	200-282-7	Felypressin	1811
200-110-0	Dopamine	1289, 1830	200-315-5	Urea	794
200-118-4	Histamine		200-328-6	Phenytoin	1182
	Phosphate	856	200-344-3	Probenecid	1933
200-133-6	Spironolactone	776, 1782	200-357-4	Sulfinpyrazone	1618, 1935
200-145-1	Verapamil	671, 1029	200-374-7	Dipyridamole	1380, 1576
		1239	200-384-1	Ethacrynic Acid	718
200-146-7	Pentolinium		200-386-2	Pyridoxine	
	Tartrate	493, 810		Hydrochloride	1674
200-165-0	Bietaserpine	275	200-389-9	Adenosine	1041
200-168-7	Medibazine	1406	200-398-8	Bradykinin	828
200-182-3	Angiotensin		200-403-3	Hydrochloro-	
	Amide	1825		thiazide	405, 729
200-189-1	Hexobendine	1397	200-404-9	Chlorothiazide	312, 707
200-192-8	Adrenochrome	1689	200-419-0	Folic Acid	1668

EINECS Number Index

EINECS	Name	Page
200-432-1	Methionine, DL-form	1542
200-440-5	Acetazolamide	674, 1856
200-441-0	Niacin	1492
200-446-8	Phenoxybenzamine	98
200-447-3	Tolazoline Hydrochloride	899
200-448-9	Tolazoline	898
200-452-0	Guanethidine Sulfate	389
200-465-1	Hexamethonium Chloride	400, 803
200-468-8	Acetylcholine Chloride	815
200-469-3	ε-Aminocaproic Acid	1697
200-476-1	Mecamylamine	438, 804
200-499-7	Methoxamine Hydrochloride	1843
200-516-8	Bretylium Tosylate	1075
200-519-4	Zoxazolamine	1937
200-525-7	Adrenalone Hydrochloride	1688
200-527-8	Dopamine Hydrochloride	1290, 1831
200-530-4	Chlormerodrin	706
200-562-9	Methionine	1540
200-569-7	Phenoxybenzamine Hydrochloride	99
200-587-5	Mebutamate	437
200-604-6	Phentolamine Monomethane-sulfonate	102, 503
200-617-7	DL-N-Acetyl-methionine	1534
200-619-8	Orotic Acid	1927
200-655-4	Choline Chloride	1535
200-675-3	Sodium Citrate	775
200-695-2	Benziodarone	1366
200-696-8	Trimethaphan Camsylate	577, 813
200-705-5	Prenylamine Lactate	661, 1425
200-711-8	Mannitol	734
200-717-0	Adrenochrome Monosemicarbazone	1690
200-760-5	Digitoxin	1282
200-772-0	Sodium Lactate	1919
200-793-5	Phentolamine Hydrochloride	101, 502
200-794-0	Etozolin	721
200-800-1	Bendroflumethazide	263, 692
200-801-7	Quinethazone	524, 771
200-803-8	Lidocaine Hydrochloride	1150
201-022-5	Chlorthalidone	313, 708
201-068-6	Choline Dihydrogen Citrate	1537
201-084-3	Pentaerythritol Tetranitrate	1004, 1418
201-211-2	Pempidine	487, 806
201-392-8	Khellin	1403
201-429-8	Cotarnine	1703
201-480-6	β-Sitosterol	1512
201-494-2	Theobromine	781, 1352
201-527-0	Syrosingopine	546
201-540-1	Viquidil	1241
201-567-9	1-Napthylamine-4-Sulfonic Acid	1716
201-641-0	Tricromyl	1432
201-680-3	Hydralazine	402
201-740-9	Isosorbide Dinitrate	969, 1400
201-781-2	Inositol	1538
202-002-9	Etafenone	614, 1385
202-061-0	Benzthiazide	267, 693
202-146-2	Tolonium Chloride	1724
202-300-9	Synephrine	1851
202-756-9	Adrenalone	1687
202-864-6	Nicotinyl Alcohol	881
202-873-5	Phenylhydrazine	1685
203-770-8	Amyl Nitrite	818, 914
204-035-4	Vasopressin, Arginine form	1727, 1818
204-056-9	Bethanidine Sulfate	272
204-187-1	Quercetin Dihydrate	1768
204-321-9	Efloxate	1383
204-440-6	Dichlorphenamide	1859
204-463-1	Chloramino-phenamide	703
204-630-9	Prolonium Iodide	1912
204-822-2	Furosemide	376, 1906
204-879-3	Ursodiol	1532
204-988-6	Riboflavin Monophosphate Monosodium Salt	1676
205-004-8	Deserpidine	336
205-118-8	Trichlormethiazide	574, 790
205-172-2	Methyclothiazide	441, 746
205-222-3	Piperoxan Hydrochloride	510
205-301-2	Choloxin	1457
205-302-8	Lidocaine	1149
205-338-4	Potassium p-Aminobenzoate	1543
205-447-7	Ferrous Fumarate	1662

EINECS Number Index

EINECS	Name	Page
205-664-7	Riboflavin Monophosphate	1675
205-672-0	Yohimbine	117
205-717-4	Flumethiazide	1863
205-800-5	Verapamil Hydrochloride	672, 1030, 1240
205-814-1	Rutin	1770
205-825-1	Catechin	1790
206-059-0	Potassium Bicarbonate	1907
206-064-8	Cinnarizine	603, 843
206-074-2	Potassium Gluconate	1909
206-075-8	Calcium Gluconate	1885
206-076-3	Ferrous Gluconate	1663
206-151-0	Hydralazine Hydrochloride	403
206-175-1	Pargyline Hydrochloride	486
206-177-2	Toliprolol Hydrochloride	230, 568, 1023
206-186-1	Azamethonium Bromide	255, 797
206-267-1	Imolamine	965
206-268-7	Propranolol Hydrochloride	212, 517, 1010, 1204
206-297-5	Triflusal	1634
206-345-5	Norepinephrine Hydrochloride	1848
206-438-0	Kallidin	867
206-468-4	Polythiazide	511, 766
206-483-6	Methionine, D-form	1541
206-529-5	Glycocyamine	1304
206-668-1	Diazoxide	339
206-725-0	Pholedrine	1849
206-758-0	Heptaminol	1305
206-867-3	Methoxamine	1842
206-869-4	Prenylamine	660, 1424
206-898-2	Isoxsuprine	864
206-904-3	Triamterene	789
207-115-7	Xanthinol Niacinate	901
207-182-2	Nylidrin	884
207-199-5	Ethoxzolamide	720, 1862
207-361-5	Oleandrin	754, 1328
207-370-4	Proscillaridin	1341
207-372-5	Neriifolin	1326
207-373-0	Urarigenin	1804
207-439-9	Calcium Carbonate	1881
207-481-8	Chenodiol	1528
207-508-3	Ellagic Acid	1708
207-515-1	Visnadine	1436
207-589-5	Raubasine	526
207-605-0	Dihydralazine	340
207-624-4	Oxycinchophen	1814, 1932, 7906
207-748-9	Mersalyl	743
207-850-3	Arbutin	688
207-904-6	Chlorazanil	704
208-086-3	Convallatoxin	1275
208-087-9	Cymarin	1276
208-289-7	Diosmin	1758
208-360-2	1,2-Naphthoquinone	1714
208-378-0	Propranolol	211, 516, 1009, 1203
208-407-7	Sodium Gluconate	1916
208-768-0	Levocarnitine	1895
208-771-7	Pentamethonium Bromide	492, 809
208-837-5	Heptaminol Hydrochloride	1306
208-902-8	Pempidine Tartrate	488, 807
208-980-3	Amisometradine	684
208-996-0	Guanochlor Sulfate	393
209-066-7	Methazolamide	745, 1864
209-089-2	Methyldopa	444
209-101-6	Pargyline	485
209-443-6	Isoxsuprine Hydrochloride	865
209-472-4	Debrisoquin Sulfate	333
209-529-3	Potassium Carbonate	768
209-617-1	Trolnitrate Phosphate	1028, 1435
209-725-9	Calcium Levulinate	1890
210-103-4	Pamabrom	760
210-381-7	Procainamide Hydrochloride	1198
210-635-7	dl-Metyrosine	455
210-703-6	Bendazol	1363
211-139-3	Ouabain	1329
211-148-2	Phenytoin Sodium	1183
211-162-9	Ammonium Acetate	685
211-261-7	Clopamide	328, 711
211-277-4	Atromid-S	1443
211-277-4	Clofibrate	1462
211-384-6	Aminometradine	683
211-442-0	Guanethidine Monosulfate	388

EINECS Number Index

EINECS	Name	Page(s)
211-490-2	Acefylline	673, 1248
211-492-3	Isosorbide	733, 1399
211-511-5	Chromonar Hydrochloride	1371
211-538-2	Diisopropylamine Dichloroacetate	844
211-585-9	Disulfamide	715
211-588-5	Clofenamide	710
211-599-5	Metyrosine	454
211-780-9	2-Amino-4-picoline	1254
211-910-4	Etilefrin	1834
212-012-5	Cyclopenthiazide	330, 713
212-017-2	Alprostadil	816
212-036-6	Digitalin	1280
212-356-6	Chromonar	1370
212-406-7	Calcium Lactate	1889
212-555-8	Mecamylamine Hydrochloride	439, 805
212-652-5	Acefylline Sodium salt	1249
212-701-0	Nylidrin Hydrochloride	885
212-769-1	Potassium Bitartrate	767
212-925-9	Clofibric Acid	1463
213-020-1	Diphenoxylate	1794
213-496-0	Sotalol Hydrochloride	216, 540, 1016, 1221
213-519-4	Moxisylyte Hydrochloride	872
213-554-5	Canrenone	702, 1775
213-842-0	Pentifylline	886
214-112-4	Meticrane	446, 748
214-178-4	Acetyldigitoxin	1250
214-180-5	Bietaserpine Bitartrate	276
214-470-1	Debrisoquin	332
214-818-2	Tranexamic Acid	1725
214-921-2	Bendazol Hydrochloride	1364
214-925-4	Ethebenecid	1924
215-145-7	Durapatite	1894
215-477-2	Aluminum Hydroxychloride	1822
215-741-7	Acetyltannic Acid	1785
215-766-3	Neomycin	1491
215-784-1	Gitalin	1300
215-862-5	Hydroquinidine	1138
216-024-1	Hydroquinidine Hydrochloride	1139
216-026-2	Benzarone	1753
216-344-1	Guanacline Monosulfate	381
216-426-7	Paraflutizide	484, 761
216-529-7	Pentrinitrol	1419
216-653-1	Methyl tert-Butyl Ether	1530
217-181-9	Epithiazide	355, 716
217-186-6	Penflutizide	762
217-358-0	Ethiazide	358, 719
217-772-1	Amiodarone	909, 1050
217-832-7	Aluminum Nicotinate	817
217-962-4	Chlorazanil Hydrochloride	705
218-048-8	Buthiazide	293, 699
218-342-6	Clorexolone	712
218-547-0	Bencyclane	593, 821
218-554-9	Canrenoate Potassium	700, 1773
218-859-7	Cyclothiazide	331
219-720-3	Methyldopa Ethyl Ester Hydrochloride	445
219-975-0	Prajmaline Bitartrate	1193
220-024-7	Amiloride	681
220-090-7	Ethamsylate	1709
220-261-6	Hexestrol Bis(β-diethylaminoethyl ester)	1395
220-866-5	Propatyl Nitrate	1426
220-905-6	Toliprolol	229, 567, 1022
221-452-7	Nicametate	875
221-703-0	Nafronyl Oxalate	874
222-253-8	Ornipressin	1813
222-312-8	Lidoflazine	634, 973, 1404
222-367-8	Benofurodil Hemisuccinate	1263
222-367-8	Benfurodil Hemisuccinate	1365
222-630-7	Benzbromarone	1923
222-764-6	Piribedil	889
222-780-3	Clobenfurol	1372
222-788-7	Hydracarbazine	401, 728
222-848-2	Magnesium Gluconate	1898
223-043-9	Bamethan	819
223-110-2	Disopyramide	1118
223-158-4	Ambuside	242, 680
223-287-6	Diphenoxylate Hydrochloride	1795
223-963-0	Canrenoic Acid	701, 1774
224-106-3	Choline Dehydrocholate	1536
224-119-4	Clonidine	326

EINECS Number Index

224-121-5	Clonidine Hydrochloride	327	229-880-6	Escin 1760
224-253-3	Teclothiazide	548, 779	230-333-9	Quinidine Gluconate 1209
224-439-4	Ajmaline	235, 1042	230-376-3	Trolnitrate 1027
224-934-5	Gitoxin	1303	230-389-4	Troxerutin 1772
225-484-2	Camphotamide	1269	230-562-4	Mefruside 735
225-583-0	Chromocarb	1756	230-731-2	Catechin dl-form 1791
225-667-7	Guanochlor	392	230-734-9	Erythrityl Tetranitrate 957, 1384
225-690-2	Trimetazidine	1025, 1433	230-808-0	Dihydralazine Sulfate 341
225-749-2	Dexpropranolol	1108		
225-750-8	Guanabenz	378	231-023-6	Nifenalol 194, 988
225-808-2	7-Morpholinomethyl-theophylline	751		1174
			231-211-8	Potassium Chloride 1908
226-157-7	Teclothiazide Potassium	549, 780	231-298-2	Magnesium Sulfate 1155, 1900
226-362-1	Mexiletine Hydrochloride	1163	231-555-9	Sodium Nitrite 893
			231-598-3	Sodium Chloride 1915
226-966-5	Betahistine Hydrochloride	824	231-659-4	Potassium Iodide 1910
			231-679-3	Sodium Iodide 1918
226-994-8	Althiazide	241	231-753-5	Ferrous Sulfate, Dried 1666
226-994-8	Althazide	677	231-753-5	Ferrous Sulfate Heptahydrate 1667
227-077-5	Ambuphylline	679		
227-086-4	Betahistine	823	231-793-3	Zinc Sulfate 1921
227-194-1	Nifenalol Hydrochloride	195, 989 1175	231-818-8	Potassium nitrate 769
			231-826-1	Calcium Phosphate, Dibasic 1891
227-214-9	Bamethan Sulfate	820	231-840-8	Calcium Phosphate, Tribasic 1892
227-254-7	Moprolol	188, 462		
227-608-0	Ferrous Lactate	1664	232-094-6	Magnesium Chloride 1896
227-804-6	Synephrine Hydrochloride	1852	232-190-8	Calcium Hypophosphite 1887
228-083-0	Pholedrine Sulfate	1850	232-198-1	Rubidium Iodide 1914
228-171-9	Orotic Acid Methyl Ester	1930	232-307-2	Lecithin 1539
			232-574-5	Kallikrein 868
228-199-1	Nicotinyl Tartrate	882	232-593-9	Factor VIII 1710
228-230-9	Sorbinicate	1513	232-594-4	Factor IX 1711
228-234-0	Cotarnine Phthalate	1706	232-598-6	Fibrinogen 1713
229-257-9	Oxprenolol	197, 482 995, 1177 1416	232-640-3	Plasmin 1734
			232-647-1	Streptokinase 1739
			232-648-7	Thrombin 1722
229-260-5	Oxprenolol Hydrochloride	198, 483 996, 1178 1417	232-653-4	Tyrosinase 580
			232-677-5	Dextran 1872, 1873
			232-680-1	Alginic Acid 1694
			232-696-9	Chondroitin Sulfate 1459
229-374-5	Pentoxifylline	887	232-903-2	Thromboplastin 1723
229-485-9	Inositol Niacinate	861	232-917-9	Urokinase 1742
229-533-9	Hydrastinine	1307	232-918-4	Batroxobin 1699
229-569-5	Perhexiline	656, 763 1420	232-936-2	Serum Albumin 1879
			232-994-9	Aprotinin 64
229-712-1	Practolol	207, 1191	233-012-1	Cotarnine Chloride 1704
229-775-5	Perhexiline Maleate	657, 764 1421	233-082-3	Ferrous Succinate 1665
			233-140-8	Calcium Chloride 1882
			233-185-3	Pimefylline Nicotinate 1423

EINECS Number Index

EINECS	Name	Page
233-359-9	Etilefrin dl-form	1835
233-972-1	Strontium Iodide	1920
234-236-2	Vasopressin Injection	1820
234-239-9	Strophanthin	1348
234-317-2	Erythropoietin	1678
235-915-6	Fendiline	619, 1388
235-927-1	Carbazochrome Salicylate	1700
235-961-7	Dexpropranolol Hydrochloride	1109
236-117-0	Trimetazidine Dihydrochloride	1026, 1434
236-534-8	Aquacobalamin	1642
236-867-9	Pindolol	205, 508, 888, 1005, 1187
237-121-5	Fendiline Hydrochloride	1389
237-140-9	Alprenolol	120, 239, 907, 1046
237-244-4	Alprenolol Hydrochloride	121, 240, 908, 1047
237-994-2	Trimethidinium Methosulfate	578, 814
238-028-2	Cetiedil	838
238-204-9	Bencyclane Fumarate	594, 822
238-216-4	Xipamide	583, 795
238-373-9	Sodium Nitroprusside	537, 894
238-680-8	Terlipressin	1816
238-953-1	Bismuth Subsalicylate	1789
239-208-3	Bupranolol Hydrochloride	152, 291, 936, 1088
239-382-0	Amoxydramine Camsilate	249
239-385-7	Nicofuranose	880
239-434-2	Trapidil	1431
239-550-3	Metescufylline	1766
239-783-0	Folescutol	1763
239-785-1	Naftazone	1767
239-920-4	Imolamine Hydrochloride	966
239-924-6	Mannitol Hexanitrate	1405
240-197-2	Isosorbide Mononitrate	970, 1401
240-381-2	Cetiedil Citrate	839
240-647-8	Synephrine Tartrate	1854
240-696-5	Oxyfedrine DL-form Hydrochloride	1331
240-704-7	Gallopamil Hydrochloride	625, 962
240-726-7	Desmopressin	1809
240-828-1	Oxyfedrine Hydrochloride	998
240-828-1	Oxyfedrine L-form Hydrochloride	1332
241-059-4	Bucladesine Sodium Salt	1266
241-539-3	Metolazone	449, 750
241-544-0	Lanatoside A	1315
241-545-6	Lanatoside B	1316
241-546-1	Lanatoside C	1317
241-568-1	Deslanoside	1279
242-377-6	Metochalcone	749
242-611-7	Catechin, l-form	1792
242-885-8	Prazosin	103, 512, 891
242-903-4	Prazosin Hydrochloride	104, 513, 892
243-293-2	Amiodarone Hydrochloride	910, 1051
243-531-5	Dobesilate Calcium	1759
243-548-8	Dilazep Dihydrochloride	1377
243-616-7	Uzarin	1805
243-689-5	Fenquizone	367, 723
244-068-1	Digoxin	1283
244-298-2	Mercaptomerin Sodium	739
244-387-6	Capobenic Acid	1096
244-492-7	Aluminum Hydroxide	1821
244-598-3	Nifedipine	476, 647, 987, 1413
244-756-1	Disopyramide Phosphate	1119
244-781-8	Bufeniode	283, 832
244-794-9	Butalamine	835
244-873-8	Ipratropium Bromide	1148
245-120-6	Niludipine	648
245-151-5	Metipranolol	182, 447
245-212-6	Dimetofrine Hydrochloride	1829
245-348-6	Dimetofrine	1828
245-427-5	Bunitrolol Hydrochloride	150, 289, 934, 1086
245-491-4	Ifenprodil	857

EINECS Number Index

EINECS	Name	Page
245-532-6	Guanoxabenz Hydrochloride	395
245-534-7	Guanabenz Monoacetate	379
245-560-9	Probucol	1506
245-625-1	Ferrous Citrate	1661
245-831-1	Mepindolol	181, 440, 976
245-927-3	Cinepazet	945
245-928-9	Cinepazide	841
246-213-4	Orotic Acid Choline Salt	1928
246-471-8	Rescinnamine	529
246-477-0	Aluminum Clofibrate	1440
247-207-4	Molsidomine	980, 1411
247-280-2	Gemfibrozil	1477
247-457-4	Otilonium Bromide	653
247-613-1	Cinepazide Maleate	842
248-012-7	Indapamide	413, 732
248-041-5	Indoramin	89, 416
248-111-5	Timolol Maleate	228, 564, 1020, 1231
248-195-3	Moprolol Hydrochloride	189, 463
248-328-5	Calcium Glycerophosphate	1886
248-381-4	Capobenate Sodium	1095
248-478-1	Fenoxedil Hydrochloride	851
248-549-7	Azosemide	690
248-694-6	Nicergoline	879
248-725-3	Levobunolol Hydrochloride	180
249-004-6	Bumetanide	697
249-383-8	Calcium Gluceptate	1884
249-442-8	Guanfacine	390
249-443-3	Guanfacine Hydrochloride	391
249-451-7	Atenolol	127, 254, 918, 1062
249-567-8	Sulmarin	1721
249-940-5	Clobenoside	1757
250-216-6	Flunarizine Hydrochloride	622, 853
250-248-0	Amezinium Methyl Sulfate	1824
250-572-2	Nafronyl	873
250-825-7	Mexiletine	1162
250-854-5	Moricizine	1167
250-983-7	Tosifen	1024
251-027-1	Bunaftine	1084
251-211-1	Labetalol Hydrochloride	177, 424
251-245-7	Picotamide	1606
251-418-7	Aprindine Hydrochloride	1056
251-443-3	Diltiazem Hydrochloride	608, 950, 1113
251-493-6	Proscillaridin 4-Methyl Ether	1342
251-502-3	Metaraminol Bitartrate	1840
251-578-8	Tertatolol Hydrochloride	223, 557
251-831-2	Acecainide Hydrochloride	1039
251-867-9	Propafenone Hydrochloride	1202
251-980-3	Acebutolol Hydrochloride	119, 234, 906, 1037
252-075-6	Fenalcomine Hydrochloride	1298
252-082-4	Loperamide Hydrochloride	1800
252-130-4	Urapidil	581
252-369-4	Bufetolol Hydrochloride	146, 930, 1083
252-611-9	Buflomedil Hydrochloride	834
252-732-7	Trimazosin	114, 575
252-825-2	Nadoxolol Hydrochloride	192, 1172
252-831-5	Folescutol Hydrochloride	1764
253-070-1	Nictindole	1602
253-258-3	Labetalol	176, 423
253-483-7	Metoprolol	184, 450, 977, 1158
253-539-0	Acebutolol	118, 233, 905, 1036
253-783-8	Tolamolol	1021, 1237, 1430
253-874-2	Minoxidil	458
253-906-5	Penbutolol Sulfate	203, 490, 1003, 1180
254-136-2	Indoramin Hydrochloride	90, 417
254-513-1	Nitrendipine	480, 652
254-826-3	Ticrynafen	783, 1936
254-834-7	Tioxaprofen	1627
255-035-6	Piprofurol	658

EINECS Number Index

EINECS	Name	Pages	EINECS	Name	Pages
255-505-0	Tocainide	1233	260-752-2	Celiprolol Hydrochloride	162, 307, 944
255-567-9	Bezafibrate	1448			
255-706-3	Nadolol	190, 469, 983, 1170	260-785-2	Tolonidine Nitrate	570
255-796-4	Diltiazem	607, 949, 1112, 1378	260-791-5	Prenalterol	1338
			260-945-1	Carazolol	157, 300, 939, 1097
255-945-3	Midodrine	1844			
256-322-9	Lorajmine	1151	261-504-6	Lorcainide Hydrochloride	1154
256-464-1	Dobutamine Hydrochloride	1286	261-571-1	Nafazatrom	1599
256-709-2	Cinepazet Maleate	946	262-323-5	Indenolol	174, 414, 967, 1144
257-100-4	Tiamenidine Hydrochloride	559	262-390-0	Amrinone	1257
			262-417-6	Gepefrine Tartrate	1838
257-217-0	Carbazochrome Sodium Sulfonate	1701	262-676-5	Prenalterol Hydrochloride	1339
257-415-7	Carteolol Hydrochloride	159, 304, 941, 1100	263-427-3	Butoprozine Hydrochloride	938, 1094
			263-607-1	Captopril	5, 299
257-739-9	Viquidil Hydrochloride	1242	264-046-5	Sulfinalol Hydrochloride	219, 545
257-937-5	Flunarizine	621, 852	264-121-2	Plafibride	1608
258-347-0	Moxaprindine	1169	264-364-4	Indobufen	1584
258-416-5	Loperamide	1799	264-384-3	Betaxolol Hydrochloride	133, 270, 924
258-453-7	Cifenline	1101			
258-521-6	Pyridofylline	1427			
258-561-4	Ciclonicate	840	264-407-7	Nisoldipine	479, 651, 993, 1414
258-837-4	Ticlopidine Hydrochloride	1625	265-307-6	Lidamidine Hydrochloride	1798
258-955-6	Propafenone	1201			
258-957-7	Suloctidil	895	265-514-1	Nicorandil	986, 1412
258-997-5	Flecainide Acetate	1136	265-600-9	Teoprolol	221
259-021-0	Rilmenidene	531	266-127-0	Nimodipine	650
259-044-6	Cloranolol Hydrochloride	166, 1105	266-229-5	Ibopamine	1308
			266-233-7	Carocainide	1098
259-112-5	Bufuralol	147, 284, 931	266-482-1	~+la-Escin	1761
259-198-4	Nicardipine Hydrochloride	475, 646, 878, 985	266-612-7	Fenoldopam Monomethane-sulfonate	366
			266-909-1	Acrihellin	1251
259-498-5	Ticlopidine	1624	275-361-2	Tocainide Hydrochloride	1234
259-573-2	Muzolimine	468, 752			
259-849-2	Butidrine	153, 1089	276-672-6	Piclonidine	504
259-851-3	Buflomedil	833	277-319-9	Xamoterol Hemifumarate	1357
259-852-9	Piretanide	765			
259-932-3	Nicardipine	474, 645, 877, 984	277-406-1	Sulmazole	1349
			277-680-2	Ketanserin	421
260-148-9	Metoprolol Tartrate	187, 453, 979, 1161	277-770-1	Spirorenone	1783
			278-056-2	Ibopamine Hydrochloride	1309
260-383-7	Ozolinone	759	278-375-7	Enalapril Maleate	11, 350
260-497-7	Celiprolol	161, 306, 943	278-403-8	Nicainoprol	1173

EINECS Number Index

278-459-3	Enalaprilat	12, 351	280-213-5	Anipamil		915, 1054
278-494-4	Broxaterol	142	281-062-8	Ketanserin		
278-729-0	Cetamolol			Tartrate		422
	Hydrochloride	164, 310	289-431-5	Butofilolol		
278-903-6	Milrinone	1324		Maleate		156, 295

NAME AND SYNONYM INDEX

Name	Record No.	Name	Record No.
02-115	547, 1225	AA-2414	1749
115BS	1349	Abanoquil	72, 904, 1035
177 J.D.	1700	Abapresin	387
2329 Labaz	1366	Abbokinase	1742
2936	1341	Abbolactone	776
3GS	1619	Abbott-45975	110, 555
3-01003	397	Abbott-73001	1749
342	459	Abitrate	1462
4-C-32	1625	Absorbable cellulose	1719
42-348	1483	ABT-001	1749
43-663	394	AC 5230	1562
40045	1025, 1433	AC-17	1701
4091-CB	1365	AC-1802	1055
43853	1757	AC-223	1487
46236	1286	AC-4464	788
53-32C	1625	Accupril	31, 520
516-MD	603, 843	Accuprin	31, 520
6-H.E.S.	1876	Accupro	520
688-A	98	Accuretic, component of	30, 31, 520
722-D	1503	Acebutolol	118, 233
8-AL	1494		905, 1036
A-19120	485, 486	Acebutolol Hydrochloride	119, 234
A-27053	1371		906, 1037
A-32686	1341	Acecainide	1038
A-4020 Linz	1845	Acecainide Hydrochloride	1039
A-53986	854	Acecor	15, 374
A-585	1515	Acediur	5, 299
A-73001	1749	Acefylline	673, 1248

Name and Synonym Index

Acefylline Sodium salt	1249
ACE Inhibitors	**1-48**
Acenterline	1562
Aceon	29, 496
Aceplus	5, 299
Acepress	299
Acepril	5, 299
Acequide	30, 520
Acequin	31, 520
Acerbon	22, 430
acesal	1562
Acesistem, component of	11, 350
(-)-(S)-2-Acetamido-N-(3,4-dihydroxyphenethyl)-4-(methylthio)butyramide bis(ethyl carbonate) (ester)	1288
acetamox	674, 1856
Acetannin	1785
Acetanol	119, 234 906, 1037
acetate	687
acetate salicylic acid	1562
Acetazolamide	674, 1856
Acetazolamide Sodium	675, 1857
acetazoleamide	674, 1856
Acetic acid ammonium salt	685
Acetic acid potassium salt (1:1)	1906
Aceticyl	1562
acetilsalicilico	1562
acetilum acidulatum	1562
Acetiromate	1437
acetisal	1562
Acetone bis(3,5-di-t-butyl-4-hydroxyphenyl) mercaptole	1506
Acetonyl	1562
7-acetonyl-1,3-dibutylxanthine	1277
(±)-8-(Acetonyloxy)-5-[3-[(3,4-dimethoxyphenethyl)amino]-2-hydroxypropoxy]-3,4-dihydrocarbostyril	599, 1073
acetophen	1562
Acetorphan	1784
Acetosal	1562
Acetosalic Acid	1562
Acetosalin	1562
[2-(4-Acetoxy-2-isopropyl-5-methylphenoxy)ethyl] dimethylamine	871
[2-(4-Acetoxy-2-isopropyl-5-methylphenoxy)ethyl] dimethylamine monohydrochloride	872
(±)-Acetyl methyl 1,4-dihydrodimethyl-4-(o-nitrophenyl)-3,5-pyridinedicarboxylate	250, 589
3-[3-Acetyl-4-[3-(tert-butylamino)-2-hydroxypropoxy]phenyl]-1,1-diethylurea	161, 306, 943
3-[3-Acetyl-4-[3-(tert-butylamino)-2-hydroxypropoxy]phenyl]-1,1-diethylurea monohydrochloride	162, 307, 944
Acetylcholine Chloride	815
(3β,5β)-3-[(O-3-O-Acetyl-2,6-dideoxy-β-D-ribohexopyranosyl-(1→4)-2,6-dideoxy-β-D-ribohexopyranosyl-(1→4)-2,6-dideoxy-β-D-ribohexopyranosyl)oxy]-14-hydroxycard-20(22)-enolide	1250
Acetyldigitoxin	1250
(±)-3'-Acetyl-4'-[2-hydroxy-3-(1-methylethylamino)propoxy]-butyranilide	118, 233 905, 1036
(±)-3'-Acetyl-4'-[2-hydroxy-3-(1-methylethylamino)propoxy]-butyranilide hydrochloride	119, 234 906, 1037
Acetylin	1562
DL-N-Acetylmethionine	1534
N-Acetylmethionine	1534
N-(II³-N-Acetylneuraminosylgangliotetraosyl)ceramid intramolecular ester	1771
2-(acetyloxy)benzoic acid	1562
16β-(Acetyloxy)-3β-[(2,6-dideoxy-3-O-methyl-α-L-arabinohexopyranosyl)oxy]-14-hydroxy-5β-card-20(22)-enolide	754
(3β,5β,16β)-16-(Acetyloxy)-3-[(2,6-dideoxy-3-O-methyl-α-L-arabinohexopyranosyl)oxy]-14-hydroxycard-20(22)-enolide	1328
2-(Acetyloxy)-N,N,N-trimethylethanaminium chloride	815
N-acetylprocainamide	1038
acetylsal	1562
Acetyl-SAL	1562
Acetylsalicylic acid	1562
1-[N²-[N-(N-acetyl-L-seryl)-L-α-aspartyl]-L-lysyl]-L-proline	16
Acetyltannic Acid	1785
(±)-N-[2-[(Acetylthio)methyl]-1-oxo-3-phenylpropyl]glycine phenylmethyl ester	1784

Name and Synonym Index

Acezide, component of	299	Adrenalone Hydrochloride	1688
Achletin	790	***alpha*-Adrenergic Blockers**	***72-117***
acidum acetylsalicylicum	1562	***beta*-Adrenergic Blockers**	***118-232***
Acifran	1438	Adrenochrome	1689
Acimethin	1540	Adrenochrome Monosemicarbazone	1690
Acimetten	1562	Adrenochrome Oxime Sesquihydrate	1691
Acipimox	1439	Adrenochrome Thiosemicarbazone	1692
acocantherin	1329	Adrenor	1846
Acosterina	1526	Adrenosem	1700
Acrihellin	1251	Adrenoxyl	1690
Actase	1734	Adrestat-F	1700
acthiazidum	358, 719	Adrevil	836
Actigall	1532	Adrevil forte	836
Actisomide	1040	Adsorbanac	1915
Activase	1740	Adurix	328, 711
Actodigin	1252	Aescin	1760
Actosin	1266	Aescusan	1760
Actosolv	1742	AF-2139	80
Acuitel	31, 520	Afibrin	1697, 1700
Acuretic	405, 729	AG-3	1371
Acylanid	1250	Aggrastat	1629, 1630, 1640
Acylpyrin	1562	Aglumin	1709
AD_6	1568	Agon	363, 364, 617
Adalat	476, 647		618, 849, 958
	987, 1413		959, 1387
Adalat CC	476, 647, 987	Agrelin	1556, 1558
Adalate	1413	Agrylin	1556, 1558
Adapress	1413	AH-19065	774
Adecut	9, 335	AH-25352X	778
Ademin	789	AH-5158A	92, 177, 424
Ademine	789	AHF	1710
Ademol	1863	AHG	1710
Adenaron	1701	AHR-10718	1224
adenine riboside	1041	AHR-4698	970
Adenocard	1041	AI-27303	164, 310
Adenocor	1041	Aisemide	376, 725
Adenogen	1700	AJ-2615	982, 1166
Adenoscan	1041	Ajmalan-17,20-diol	1042
Adenosine	1041	Ajmalan-17,20-diol	235
Adesitrin	994, 1415	ajmalicine	526
Adiazem	1113	Ajmaline	235,1042
Adibendan	1253	Ajmaline 17-(chloroacetate)	1151
Adigal	1315	Ajmaline 17-(chloroacetate)	
Adimolol	73	monohydrochloride	1152
Adiro	1562	Akotin	1492
Adiuretin SD	1809	Akrinor	1855
Adizem	1379	Aktamin	1847
Admon	650	Alacepril	1,236
Adobiol	146, 930, 1083	Alapril	22, 430
Adona	1701	Albuminar	1879
ADR-033	579, 792	Albuminate	1879
ADR-529	947	Albumisol	1879
Adrenalone	1687	Albumispan	1879

Name and Synonym Index

Albumized iron	1648
Aldace	776, 1782
Aldactazide	405, 729
	776, 1782
Aldactazine	241, 677
Aldactone	776, 1782
Alderlin	210, 515
	1008, 1200
Aldipin	1413
Aldoclor	312, 707
Aldomet	444
Aldometil	444
Aldomine	444
Aldopur	776, 1782
Aldoril	405, 729
Aldosterone Antagonists	**1773-1783**
Alfadat	1413
Alfadil	84, 346
Alfone	1786
Alfoten	238
Alfuzosin	237
Alfuzosin Hydrochloride	238
Algin	1693
Alginic Acid	1694
Alginic Acid Calcium Salt	1695
Alginic Acid Potassium Salt	1696
Algoclor	606, 625, 633
	962, 963, 964
Alindapril	8, 334
Alinidine	1043
Alipamide	676
Alka-seltzer	1562
Alkofanone	1786
Allocor	1317
Alloid	1693
Allose	1693
Allylamine polymer with 1-chloro-2,3-epoxypropane hydrochloride	1823
1-Allyl-6-amino-3-ethyluracil	683
N¹-Allyl-4-chloro-6-[(3-hydroxy-2-butenylidene)amino]-m-benzenedisulfonamide	680
2-(N-Allyl-2,6-dichloroanilino)-2-imidazoline	1043
1-(o-Allyloxyphenoxy)-3-isopropylamino-2-propanol	197, 482, 995
	1177, 1416
1-(o-Allyloxyphenoxy)-3-isopropylamino-2-propanol hydrochloride	198, 483, 996
	1178, 1417
1-(o-Allylphenoxy)-3-(isopropylamino)-2-propanol	120, 239
	907, 1046
1-(o-Allylphenoxy)-3-(isopropylamino)-2-propanol hydrochloride	121, 240
	908, 1047
2-(Allyl-1-piperazinyl)-4-amino-6,7-dimethyoxyquinazoline	522
2-(Allyl-1-piperazinyl)-4-amino-6,7-dimethoxyquinazoline dihydrochloride	523
(±)-3-(4-Allyl-1-piperazinyl)-2,2-dimethylpropyl methyl 1,4-dihydrodimethyl-4-(m-nitrophenyl)-3,5-pyridinedicarboxylate	409
3-[(Allylthio)methyl-6-chloro-3,4-dihydro1,2,4-benzothiadiazine-7-sulfonamide 1,1-dioxide	241, 677
3-[(Allylthio)methyl]-6-chloro-3,4-dihydromethyl-2H-1,2,4-benzothiadiazine-7-sulfonamide 1,1-dioxide	744
Alman	1693
Almarl	77, 126, 253
	917, 1058
Almarytm	1136
Almasilate	1787
Almatol	776, 1782
Almokalant	1044
Almora	1899
Alopexil	458
Alopresin	5, 299
Alostil	458
Alphamine	1845
Alprafenone	1045
Alprenolol	120, 239
	907, 1046
Alprenolol Hydrochloride	121, 240
	908, 1047
Alpress LP	104, 513, 892
Alprostadil	816
AL-S-1249	1123
Altace	33, 525
Alteplase	1740
Altex	776, 1782
Althazide	677
Althiazide	241
Altiazem	1113, 1379
altiopril	25, 464
Altizide	241, 677
Alto	1693

Name and Synonym Index

Altodor	1709	6-Amidino-2-naphthyl-4-	
Alufibrate	1440	guanidinobenzoate	69
Aluminum chlorohydrate	1822	6-Amidino-2-naphthyl-4-	
Aluminum Clofibrate	1440	guanidinobenzoate	
Aluminum Hydroxide	1821	dimethanesulfonate	70
Aluminum Hydroxychloride	1822	(2S)-3-[2-[(5R)-3-(p-Amidinophenyl)-2-isoxazolin-5-yl]-acetamido]-2-(carboxyamino)-propionic acid 2-butylmethyl ester monoacetate	1613
Aluminum Nicotinate	817		
Aluminum Salicylates, Basic	1788		
Alunitine Nicolex	817	N-[[(3S)-1-(p-Amidinophenyl)-2-oxo-3-pyrrolidinyl]carbamoyl]-β-alanine ethyl ester monoacetate quadrantihydrate	1603
Alunozal	1788		
Alveograf	1894		
Alvonal MR	1276		
Amafolone	1048	N-[N^4-[[(3S-1-Amidino-3-piperidyl]-methyl]-n^2-(2-naphthylsulfonyl)-L-asparaginyl]-N-cyclopropylglycine monohydrate	1600
Amanozine	678		
Amatine	1845		
Ambasilide	1049		
Amberlite IRP-69 Resin	1871	Amidonal	1056
Ambuphylline	679	Amigen	1913
Ambuside	242, 680	Amikal	682
Cis-AMCHA	1726	Amiloride	681
AMD	444	Amiloride Hydrochloride	682
Amezinium Methyl Sulfate	1824	Amilorin	682
Amfamox	722	p-Aminobenzoic acid potassium salt	1543
Amicar	1697, 1700		
Amicardien	1403	3-(p-Aminobenzoyl)-7-benzyl-3,7-diazabicyclo[3.3.1]nonane	1049
[[1-[N-(p-Amidinobenzoyl)-L-tyrosyl]-4-piperidyl]oxy]-acetic acid	1590, 1636	5-Amino[3,4'-bipyridin]-6(1H)-one	1257
		4-Aminobutanoic acid	243
[[1-[N-(p-Amidinobenzoyl)-L-tyrosyl]-4-piperidyl]oxy] acetic acid trifluoroacetate	1637	σ-Aminobutryic Acid	243
		ε-Aminocaproic Acid	1697
		2-Amino-4-p-chloroanilino-s-triazine	704
[[1-[N-(p-Amidinobenzoyl)-L-tyrosyl]-4-piperidyl]oxy]-acetic acid trifluoroacetate salt	1591	2-Amino-4-p-chloroanilino-s-triazine hydrochloride	705
N-[(R)-[[(2S)-2-[(p-Amidino-benzyl)carbamoyl]-1-azetidinyl]carbonyl]cyclohexyl-methyl]glycine	1596	4-Amino-6-chloro-1,3-benzenedisulfonamide	703
		2-Amino-5-chlorobenzoxazole	1937
		Aminochromes	1698
(3S,5S)-5-[[(4'-Amidino-4-biphenyl-yl)oxy]methyl]-2-oxo-3-pyrrolidoneacetic acid	1635	Aminodal [as sodium salt]	673
		Aminodal	1249
		3-Amino-1-(3,4-dichloro-α-methyl)-benzyl-2-pyrazolin-3-one	468, 752
N-Amidino-3,5-diamino-6-chloropyrazinecarboxamide	681	p-Amino-N-[2-(diethylamino)-ethyl]benzamide	1197
N-Amidino-3,5-diamino-6-chloropyrazinecarboxamide monohydrochloride dihydrate	682	p-Amino-N-[2-(diethylamino)-ethyl]benzamide monohydrochloride	1198
N-Amidino-2-(2,6-dichloro-phenyl)acetamide	390	4-Amino-2-(3,4-dihydrodi-methoxy-2(1H)-isoquinolyl)-6,7-dimethoxy quinoline	72, 904
N-Amidino-2-(2,6-dichloro-phenyl)acetamide hydrochloride	391		1035

Name and Synonym Index

(±)-N-[3-[(4-Amino-6,7-dimethoxy-2-quinazolinyl)-methylamino]propyl]tetrahydro-2-furamide 237
(±)-N-[3-[(4-Amino-6,7-dimethoxy-2-inazolinyl)methylamino]propyl]tetrahydro-2-furamide monohydrochloride 238
1-(4-Amino-6,7-dimethoxy-2-quinazolinyl)-4-(1,4-benzodioxan-2-ylcarbonyl)piperazine 83, 345
1-(4-Amino-6,7-dimethoxy-2-quinazolinyl)-4-(1,4-benzodioxan-2-ylcarbonyl)piperazine monomethanesulfonate 84, 346
1-(4-Amino-6,7-dimethoxy-2-quinazolinyl)-4-butylhexahydro-1H-1,4-diazepine 286
1-(4-Amino-6,7-dimethoxy-2-quinazolinyl)-4-butylhexahydro-1H-1,4-diazepine hydrochloride 287
1-(4-Amino-6,7-dimethoxy-2-quinazolinyl)-4-(2-furanylcarbonyl)piperazine 891
1-(4-Amino-6,7-dimethoxy-2-quinazolinyl)-4-(2-furanylcarbonyl)piperazine monohydrochloride 892
1-(4-Amino-6,7-dimethoxy-2-quinazolinyl)-4-(2-furoyl)piperazine 103, 512
1-(4-Amino-6,7-dimethoxy-2-quinazolinyl)-4-(2-furoyl)piperazine hydrochloride 104, 513
1-(4-Amino-6,7-dimethoxy-2-quinazolinyl)-4-(tetrahydro-2-furoyl)piperazine 109, 554
1-(4-Amino-6,7-dimethoxy-2-quinazolinyl)-4-(tetrahydro-2-furoyl)piperazine hydrochloride dihydrate 110, 555
3-Amino-7-dimethylamino-2-methylphenazathionium 1724
2-Aminoethanol nitrate (ester) p-toluenesulfonate 1402
5-Amino-8-(2-ethoxyethyl)-7-phenyl-s-triazolo[1,5-c]-pyrimidine 691
N-(2-Aminoethyl)-N'-[(2-aminoethyl)amino]ethyl]-1,2-ethanediamine polymer with (chloromethyl)oxirane 1465, 1867
N-(2-Aminoethyl)-N'-[(2-aminoethyl)amino]ethyl]-1,2-ethanediamine polymer with (chloromethyl)oxirane hydrochloride salt 1466, 1868
(±)-α-(1-Aminoethyl)-2,5-dimethoxybenzyl alcohol 1842
(±)-α-(1-Aminoethyl)-2,5-dimethoxybenzyl alcohol hydrochloride 1843
10-(2-Aminoethyl)estr-5-ene-3,17-dione cyclic bis(ethylene acetal) 1124
10-(2-Aminoethyl)estr-5-ene-3,17-dione cyclic bis(ethylene acetal) acetate 1125
(-)-α-(1-Aminoethyl)-m-hydroxybenzyl alcohol 1839
(-)-α-(1-Aminoethyl)-m-hydroxybenzyl alcohol hydrochloride 1841
(-)-α-(1-Aminoethyl)-m-hydroxybenzyl alcohol tartrate (1:1) (salt) 1840
4-(2-Aminoethyl)pyrocatechol 1289, 1830
4-(2-Aminoethyl)pyrocatechol hydrochloride 1290, 1831
2-Amino-6-ethyl-5,6,7,8-tetrahydro-4H-oxazolo-[4,5-d]azepine 257
6-Aminohexanoic acid 1697
3α-Amino-2β-hydroxy-5α-androstan-17-one 1048
β-Amino-4-hydroxy-3,5-diiodobenzenepropanoic acid 1880
(±)-2-Amino-N-(β-hydroxy-2,5-dimethoxyphenethyl)acetamide 1844
(±)-2-Amino-N-(β-hydroxy-2,5-dimethoxyphenethyl)acetamide hydrochloride 1845
1-[(2S)-6-Amino-2-hydroxy-hexanoyl]-L-proline hydrogen (4-phenylbutyl)phosphonate (ester) 6, 308
N-[p-[[(2-Amino-4-hydroxy-6-pteridinyl)methyl]amino]benzoyl]-L-glutamic acid 1668
N-(Aminoiminomethyl)glycine 1304
aminoisometradine 684
Aminokrovin 1913
N-[[1-[(S)-3-[(S)-6-Amino-2-methanesulfonamidohexanamido]-2-carboxypropyl]cyclopentyl]-carbonyl]-L-tyrosine 34, 532
(±)-3-Amino-1-[p-(2-methoxyethyl)phenoxy]-3-methyl-2-butanol 124
4-Amino-6-methoxy-1-phenyl-pyridazinium methyl sulfate 1824

Name and Synonym Index

6-Amino-3-1-(2-methylallyl)-2,4(1H,3H)-pyrimidinedione	684
trans-4-(Aminomethyl)cyclohexanecarboxylic acid	1725
cis-4-(Aminomethyl)cyclohexanecarboxylic acid	1726
(-)-α-(Aminomethyl)-3,4-dihydroxybenzyl alcohol	1846
(-)-α-(Aminomethyl)-3,4-dihydroxybenzyl alcohol hydrochloride	1848
(-)-α-(Aminomethyl)-3,4-dihydroxybenzyl alcohol tartrate (1:1) salt monohydrate	1847
6-Amino-2-methyl-2-heptanol	1305
6-Amino-2-methyl-2-heptanol hydrochloride	1306
2-Amino-2-methyl-1-propanol compound with theophylline	679
Aminometradine	683
4-Amino-1-naphthalenesulfonic acid	1716
3-[(4-Aminophenyl)sulfonyl]-1,3-diphenyl-1-propanone	1786
2-Amino-4-picoline	1254
2-Amino-4-picoline Camphorsulfonate	1255
2-Amino-4-picoline Hydrochloride	1256
2-Amino-2',6'-propionoxylidide	1233
(R)-(-)-2-Amino-2',6'-propionoxylidide	1235
(S)-(+)-2-Amino-2',6'-propionoxylidide	1236
2-Amino-2',6'-propionoxylidide hydrochloride	1234
(+)-(S)-m-(2-Aminopropyl)phenol	1837
(+)-(S)-m-(2-Aminopropyl)phenol tartrate	1838
Aminosol	1913
N'-(Aminosulfonyl)-3-(((2-((diaminomethylene)amino)-4-thiazolyl)methyl)thio)propanimidamide	722
N-[5-(Aminosulfonyl)-1,3,4-thiadiazol-2-yl]butanamide	698, 1858
aminoxytryphine	1358
Amiodar	910, 1051
Amiodarone	909, 1050
Amiodarone Hydrochloride	910, 1051
amipramidin	681
amipramizide	681
Amipress	92, 177, 424
Amisalin	1198
Amisometradine	684
Amlodipine	244, 586, 911
Amlodipine Besylate	245, 587, 912
Amlodipine Maleate	246, 588, 913
Ammicardine	1403
Ammipuran	1403
Ammivin	1403
Ammivisnagen	1403
Ammonium Acetate	685
Ammonium Ferric Citrate	1641
ammonium iron (III) citrate	1641
ammonium iron(III) citrate, brown	1641
Amoproxan	1052
Amoproxan Hydrochloride	1053
Amosulalol	74, 122, 247
Amosulalol Hydrochloride	75, 123, 248
Amotril	1443, 1462
Amotriphene	1358
Amoxydramine Camsilate	249
Amphojel	1821
Amplivix	1366
Amprace	11, 350
Amrinone	1257
Amsulosin	106
Amurex	1542
Amyl Nitrite	818, 914
Amyl Nitrite, Vaporole	818, 914
Anabet	190, 469, 983, 1170
Anacin	1562
Anagregal	1625
Anagrelide	1555, 1557
Anagrelide Hydrochloride	1556, 1558
component of: Anahaemin	1671
Analeptin	1851
Anaprel	529
Anarel	383, 800
Anaritide	686
Anaritide Acetate	687
Anatran	790
Ancoron	910, 1051
Andiamine	1398
Angex	634, 973, 1404
Angibid	994, 1415
Angilol	212, 517, 1010, 1204
Anginal	1380, 1576
Anginine	994, 1415
Anginyl	1113, 1379
Angiociclan	594, 822
Angiodarona	910, 1051
Angiolingual	994, 1415
Angiomin	901
Angiophtal	1756
Angiotensin Amide	1825
Angiotensin II Antagonists	**49-60**
Angised	994

Name and Synonym Index

Angitet	1004, 1418	Anturano	1618, 1935
Angitrit	1028, 1435	aphrodine	117
Angium	148, 285, 932	Apiracohl	566
Angizem	1113, 1379	Aplactan	603, 843
Angolon	966	Aplexal	603, 843
Angopril	598, 922, 1067, 1368	Apocard	1136
Angorin	994, 1415	Apocretin	1836
Angormin	661, 1425	Apolan	1443, 1462
anhydrogitalin	1303	Aponorin	790
Anhydron	331	Apoterin S	529
Anifed	1413	Apotomin	603, 843
animal galactose factor	1927	Apovincamine	1258
Anipamil	915, 1054	Applobal	121, 240, 908, 1047
N-p-Anisoyl-3-(cis-2,6-dimethyl-		Apredor	566
piperidino)sydnone imine	890	component of: Apresazide	403
Anistadin	790	Apresazide	405, 729
Anistreplase	1729	Apresoline	402
Ankebin	1472	Apresoline hydrochloride	403
ANP-3624	783, 1936	Aprical	1413
ANP-95-126	793	Apride	566
Anparton	1443, 1462	Aprindine	1055
Anplag	1615	Aprindine Hydrochloride	1056
Ansolysen bitartrate	493, 810	Aprinox	263, 692
Ansolysen tartrate	493, 810	Aprobal	121, 240, 908, 1047
Antacal	245, 587, 912	Aprotinin	64
Antagosan	64	APSAC	1729
Antianginal, Antiarrhythmic,		Apsolol	212, 517, 1010, 1204
and Cardiotonic Agents	**904-1436**	Aptine	121, 240, 908, 1047
Antianginals	**904-1034**	Aptol Duriles	121, 240, 908, 1047
Antiangor	1371	AQ-110	1632
Antiarrhythmics	**1035-1244**	Aquacare	794
Antidiarrheals	**1784-1807**	Aquacobalamin	1642
Antidipsin	1924	Aquadrate	794
Antidiuretic hormone	1727, 1817	Aquamox	524, 771
Antidiuretics	**1808-1820**	Aquanil	228, 564, 1020, 1231
Antidrasi	1859	Aquaphor	583, 795
Antifibrotics	**1543-1544**	Aquareduct	776, 1782
antihemophilic globulin	1710	Aquasite	1874
Antihypercholesterolemic		Aquatag	267, 693
Agents	**1437-1542**	Aquatensen	441, 746
Antihyperlipoproteinemics	**1437-1527**	Aquedux	710
Antihyperphosphatemics	**1821-1823**	Aquex	328, 711
Antihypertensive Agents	**72-903**	Aquirel	331
Antihypertensives	**233-585**	Aquo-Trinitrosan	994, 1415
Antihypotensives	**1824-1855**	AR-12008	1431
Antikrein	64	Aramine	1840, 1841
Antineutropenics	**1545-1554**	Aranidipine	250, 589
Antisacer	1183	Arpamyl	1030, 1240
Antithrombin III	1559	Arbutin	688
Antithrombocythemics	**1555-1556**	arbutoside	688
Antithrombotics	**1557-1634**	Arelix	765
Anturan	1935	Arfalasin	251
Anturane	1618, 1935	Arfonad	577, 813

364

Name and Synonym Index

Argatroban	1560	Artexal	223, 557
Argatroban Hydrate	1561	Arthrisin, A.S.A	1562
arginine vasopressin	1818	Arthritis Pain Formula Maximum	
8-L-Arginine-vasopressin	1727, 1818	Strength, component of	1821
8-L-Argininevasopressin tannate	1808	Artilide	1059
(R)-Arginyl-(S)-arginyl-(S)-prolyl-		Artilide Fumarate	1060
(2S,4R)-(4-hydroxyprolyl)glycyl-		Arvigol	1757
(S)-[3-(2-thienyl)alanyl]-(S)-seryl-		Arythmol	1202
(R)-[(1,2,3,4-tetrahydro-3-iso-		ASA-226	704
quinolyl)carbonyl]-(2S,3aS,7aS)-		asagran	1562
[(hexahydro-2-indolinyl)carbonyl]-		Asatard	1562
(S)-arginine acetate (salt)	63	Ascensil, component of	1254
(R)-Arginyl-(S)-arginyl-(S)-prolyl-(2S,4R)-		Ascoden-30	1562
(4-hydroxyprolyl)glycyl-(S)-[3-(2-		Ascriptin	1562
thienyl)alanyl]-(S)-seryl-(R)-[(1,2,3,4-		Askensil, component of	1254
tetrahydro-acetate (salt)	62	ASL-279	1290, 1831
argipidine	1560	ASL-601	1039
argipressin	1818	ASL-603	1075
Argipressin Tannate	1808	ASL-8052	171, 1133
argol	767	Asmedol	615, 1386
H-Arg-Ser-Ser-Cys-Phe-Gly-Glt-		Asn-Arg-Val-Tyr-Val-His-Pro-Phe	1825
Arg-Met-Asp-Arg-Ile-Gly-Ala-		Asocainol	1061
Gln-Ser-Gly-Leu-Gly-Cys-Asn-		aspalon	1562
Ser-Phe-Arg-Tyr-OH	686	N-[1-[N-[N-[N-[N-(N^2-L-Aspara-	
H-Arg-Ser-Ser-Cys-Phe-Gly-Glt-		ginyl-L-arginyl)-L-valyl]-L-tyrosyl]-	
Arg-Met-Asp-Arg-Ile-Gly-Ala-		L-valyl]-L-histidyl]-L-prolyl]-3-	
Gln-Ser-Gly-Leu-Gly-Cys-Asn-		phenyl-L-alanine	1825
Ser-Phe-Arg-Tyr-OH.xCH$_3$COOH	687	Aspenon	1056
Arkin	1355	aspergum	1562
AR-L	1349	Aspidosperma	78
ARL	77, 126, 253	aspirdrops	1562
	917, 1058	Aspirin	1562
Arlidin	885	Aspro	1562
Arlitine	872	Asta C 4898	1377
Arlix	765	Asteric	1562
component of: Arm-A-Vial	1915	Astra 1572	1670
Arnolol	124	Astridine	969, 1400
Arotinolol	76, 125, 252	Astringen	1822
	916, 1057	AT-101	733, 1399
Arotinolol Hydrochloride	77, 126, 253	Atapren	566
	917, 1058	ATBAC	1096
Arrétyl	1801	Ateculon	1443, 1462
Arresten	446, 748	AteHexal	127, 254, 918, 1062
Arret	1800	Atem	1148
Arsacol	1532	atenezol	674, 1856
Artate	603, 843	Atenol	127, 254, 918, 1062
Arteoptic	159, 304	Atenolol	127, 254, 918, 1062
	941, 1100	Atensil	506
Arteriohom	1463	Aterenol	1848
Arteriosan	1462	Ateriosan	1443
Artes	1487	Atherolip	1440
Artevil	1443, 1462	Atherolipin	1440
Artex	223, 557	Atherophylline	1427

Name and Synonym Index

Atheropront	1443, 1462	Bamethan	819
Atlansil	910, 1051	Bamethan Sulfate	820
Atorvastatin	1441	Banthionine	1542
Atorvastatin Calcium	1442	Baq-168	432
Atrilon 5	1426	Baratol	90, 417
atriopeptid-21 (rat)	686	Barizin	475, 646, 878, 985
Atromid S	1462	Barnidipine	258, 591
Atromidin	1443, 1462	Barnidipine	919
Atrovent	1148	Barnidipine	
autoprothrombin II	1711	Hydrochloride	259, 592, 920
Avantrin	1431	barosmin	1758
Avishot	94, 96, 470	Barucainide	1065
Avlocardyl	211, 516	Basham's mixture	1649
	1009, 1203	basic bismuth salicylate	1789
AWD-19-166	1232	basic Dextran	1467
Axiten	437	Basodexan	794
AY-20,694	1109	Batroxobin	1699
AY-21011	207, 1191	Baxacor	615, 1386
AY-22241	1252	Bay a 1040	476, 647, 987, 1413
AY-25329	1360	Bay a 7168	648
AY-25712	1438	Bay e 5009	480, 652
AY-28768	1334	BAY e 9736	650
AY-6204	1008, 1200	BAY g 2821	468, 752
AY-64043	212, 517	Bay g 6575	1599
	1010, 1204	Bay k 5552	479, 651, 993, 1414
Ayr	1915	BAY- u3405	1609
Azaclorzine	1359	Bay w 6228	1453
Azaclorzine Hydrochloride	1360	BAY-1500	735
Azamethone	255, 797	Baycaron	735
Azamethonium Bromide	255, 797	Baycol	1453
Azameton	255, 797	Bayer A 128	64
Azantac	774	Baymycard	479, 651, 993, 1414
Azelnidipine	256, 590	Bayotensin	480, 652
Azepexole	257	Baypress	480, 652
Azetirelin	1752	BDF-5895	466
Azimilide	1063	Be-1293	583, 795
Azimilide Dihydrochloride	1064	Bécilan	1674
Azolimine	689	Beciparcil	1563
Azosemide	690	Beclipur	1444
Azubromaron	1923	Beclobrate	1444
Azupentat	887	Bedranol	212, 517, 1010, 1204
		Beesix	1674
		Befizal	1448
B-1312	152, 291, 936, 1088	Befunolol	128
B-1464	381	Befunolol Hydrochloride	129
B161.012	1554	Befunolol R-(+)-form Hydrochloride	130
B-436	660, 1424	Befunolol S-(-)-form Hydrochloride	131
B-66256	581	Behyd	268, 694
B-844-39	990	Bei-1293	583, 795
Ba-39089	198, 483, 996	Beloc	187, 453, 979, 1161
	1178, 1417	Beloxamide	1445
Bajaten	413, 732	Bemarinone	1259, 1361
Baluvet	1788	Bemarinone Hydrochloride	1260, 1362

Name and Synonym Index

Bemitradine	691
Bemoradan	1261
Bemperil	895
Benadon	1674
Benafentrine	1262
benaspir	1562
Benazepril	2, 260
Benazepril Hydrochloride	3, 261
Benazeprilate	4, 262
Bencyclane	593, 821
Bencyclane Fumarate	594, 822
Bendazol	1363
Bendazol Hydrochloride	1364
bendazole	1363
Bendectin, component of	1674
Bendogen	272
bendrofluazide	692
Bendroflumethazide	263, 692
Benecardin	1403
Benemid	1933
Benfluorex	1446
Benfluorex Hydrochloride	1447
Benfuran	129
Benfurodil Hemisuccinate	1365
Benidipine	264, 595
Benidipine Hydrochloride	265, 596
Benodaine	509
Benofurodil Hemisuccinate	1263
bensylyt	98
Bentonyl	1028, 1435
Bentos	129
Bentox	129
Benzaidin	272
Benzarone	1753
benzazoline	898
benzazoline hydrochloride	899
Benzbromarone	1923
benzcyclan	593, 821
Benzerial	395
(1S,2S)-[2-[[3-(2-Benzimidazolyl)-propyl]methylamino]ethyl-6-fluoro-1,2,3,4-tetrahydro-1-isopropyl-2-naphthyl methoxyacetate	456, 642
(1S,2S)-[2-[[3-(2-Benzimidazolyl)-propyl]methylamino]ethyl]-6-fluoro-1,2,3,4-tetrahydro-1-isopropyl-2-naphthyl methoxy-acetate dihydrochloride	457, 643
Benziodarone	1366
benzoaric acid	1708
Benzoclidine	266
benzodioxane	509
(±)-2-(1,4-Benzodioxan-2-yl)-2-imidazoline	407
(±)-1-(1,4-Benzodioxan-2-yl-methoxy)-3-(tert-butyl-amino)-2-propanol	344, 952, 1115
(1,4-Benzodioxan-6-yl-methyl)guanidine	377
(1,4-Benzodioxan-2-yl-methyl)guanidine	396
(1,4-Benzodioxan-2-yl-methyl)guanidine sulfate (2:1)	397
1-(1,3-Benzodioxol-5-ylmethyl)-4-(diphenylmethyl)-piperazine	1406
1-(1,3-Benzodioxol-5-ylmethyl)-4-(diphenylmethyl)-piperazine dihydrochloride	1407
2-[4-(1,3-Benzodioxol-5-yl-methyl)-1-piperazinyl]-pyrimidine	889
(R)-2-[2-[3-[[2-(1,3-Benzodioxol-5-yloxy)ethyl]methylamino]propoxy]-5-methoxyphenyl]-4-methyl-2H-1,4-benzothiazin-3(4H)-one	664, 1013
(R)-2-[2-[3-[[2-(1,3-Benzodioxol-5-yloxy)ethyl]methylamino]propoxy]-5-methoxyphenyl]-4-methyl-2H-1,4-benzothiazin-3(4H)-one fumarate	665, 1014
4-(2-Benzofuranyl)-2-(dimethyl-amino)-1-pyrroline	1195
benzofurodil	1263, 1365
Benzoxine, Betaling	272
(+)-3'-Benzoyl-3-(3-pyridyl)-1H,3H-pyrrolo[1,2-c]thiazole-7-carboxanilide	1741
6-Benzoyl-5,6,7,8-tetrahydro-pyrido[4,3-c]pyridazin-3(2H)-one hydrazone	352, 847
6-Benzoyl-5,6,7,8-tetrahydro-pyrido[4,3-c]pyridazin-3(2H)-one hydrazone mono-methanesulfonate	353, 848
Benzthiazide	267, 693
benzydroflumethiazide	692
2-(N-Benzylanilino)ethyl (±)-1,4-dihydrodimethyl-4-(m-nitro phenyl)-5-phosphononico-tinate cyclic 2,2-dimethyltri-methylene ester	347, 610
2-(N-Benzylanilino)ethyl (±)-1,4-dihydrodimethyl-4-(m-nitro-phenyl)-5-phosphononico-tinate cyclic 2,2-dimethyl-	

Name and Synonym Index

trimethylene ester
hydrochloride   348, 611
1-[2-(N-Benzylanilino)-1-(iso-butoxymethyl)ethyl]-
pyrrolidine   597, 921
    1066, 1367
1-[2-(N-Benzylanilino)-1-(iso-butoxymethyl)ethyl]-pyrrolidine monohydrochloride monohydrate   1368
1-[2-(N-Benzylanilino)-1-(iso-butoxymethyl)ethyl]pyrrolidine monohydrochloride monohydrate   598, 922, 1067
2-Benzylbenzimidazole   1363
2-Benzylbenzimidazole hydrochloride   1364
3-[(1-Benzylcycloheptyl)oxy]-N,N-dimethylpropylamine   593, 821
3-[(1-Benzylcycloheptyl)oxy]-N,N-dimethylpropylamine fumarate   594, 822
3-Benzyl-3,4-dihydrochloro-2H-1,2,4-thiadiazine-7-sulfonamide 1,1-dioxide   268, 694
4-Benzyl-1,3-dihydro[4-isopropyl-amino)butoxy]-6-methylfuro[3,4-c]-pyridine   1065
3-Benzyl-3,4-dihydro(trifluoro-methyl)-2H-1,2,4-benzothia-diazine-7-sulfonamide 1,1-dioxide   263, 692
4-Benzyl-1-[2-(dimethylamino)-ethyl]piperidine   1498
4-Benzyl-1-[2-(dimethylamino)-ethyl]piperidine dihydrochloride   1499
1-Benzyl-2,3-dimethylguanidine   271
1-Benzyl-2,3-dimethylguanidine sulfate   272
Benzylhydrochlorothiazide   268, 694
benzylhydroflumethiazide   692
4-Benzyl-α-(p-hydroxyphenyl)-β-methyl-1-piperidineethanol   857
4-Benzyl-α-(p-hydroxyphenyl)-β-methyl-1-piperidineethanol tartrate (2:1)   858
(E)-2-Benzylidenecyclohepto-nane(E)-O-[2-(diisopropylamino)-ethyl]oxime   1222
2-Benzyl-2-imidazoline   112, 898
2-Benzyl-2-imidazoline hydrochloride   113, 899
2-(Benzylmethylamino) ethyl methyl 1,4-dihydrodimethyl-4-(m-nitrophenyl)-3,5-pyridinedi-carboxylate   645
2-(Benzylmethylamino) ethyl methyl 1,4-dihydrodimethyl-4-(m-nitrophenyl)-3,5-pyridine-dicarboxylate   474, 984
2-(Benzylmethylamino) ethyl methyl 1,4-dihydrodimethyl-4-(m-nitrophenyl)-3,5-pyridine-dicarboxylate mono-hydrochloride   475, 646, 985
(±)-3-(Benzylmethylamino)-2,2-dimethylpropyl methyl 4-(2-fluoro-5-nitrophenyl)-1,4-dihydrodimethyl-3,5-pyridinedicarboxylate   655
2-(Benzylmethylamino)ethyl methyl 1,4-dihydrodimethyl-4-(m-nitrophenyl)-3,5-pyridine-dicarboxylate   877
2-(Benzylmethylamino)ethyl methyl 1,4-dihydrodimethyl-4-(m-nitrophenyl)-3,5-pyridine-dicarboxylate monohydrochloride   878
N-(Benzyloxy)-N-(3-phenylpropyl)-acetamide   1445
(±)-(R*)-3-[(R*)-1-Benzyl-3-piper-idyl]methyl 1,4-dihydrodimethyl-4-(m-nitrophenyl)-3,5-pyridine-dicarboxylate hydrochloride (α form)   265, 596
(±)-(R*)-3-[(R*)-1-Benzyl-3-piper-idyl]methyl 1,4-dihydrodimethyl-4-(m-nitrophenyl)-3,5-pyridine-dicarboxylate   264
(±)-(R*)-3-[(R*)-1-Benzyl-3-piper-idyl]methyl 1,4-dihydrodimethyl-4-(m-nitrophenyl)-3,5-pyridine-dicarboxylate   595
(+)-(3'S,4S)-1-Benzyl-3-pyrrolidinyl methyl 1,4-dihydro-2,6-dimethyl-4-(m-nitrophenyl)-3,5-pyridine-dicarboxylate   258, 591
    919
(+)-(3'S,4S)-1-Benzyl-3-pyrrolidinyl methyl 1,4-dihydro-2,6-dimethyl-4-(m-nitrophenyl)-3,5-pyridine-dicarboxylate hydrochloride   259, 592
    920
3-[(Benzylthio)methyl]-6-chloro-2H-1,2,4-benzothiadiazine-7-sulfonamide 1,1-dioxide   267, 693
Benzy-Rodiuran   263, 692

Name and Synonym Index

Bepadin	598, 922	Betim	228, 564, 1020, 1231
	1067, 1368	Betoptic	133, 270, 924
Beprane	212, 517	Betoptima	133, 270, 924
	1010, 1204	Betriol	150, 289, 934, 1086
Bepridil Hydrochloride	598, 922, 1067	Beuthanasia-D,	
Bepridil	597, 598, 921	component of	1183
	922, 1066, 1067	Bevantolol	134, 273, 925, 1070
	1367	Bevantolol	
Bepridil Hydrochloride		Hydrochloride	135, 274, 926, 1071
Monohydrate	1368	Bezafibrate	1448
Berkatens	1030,1240	Bezalip	1448
Berkolol	212, 517	Bezatol	1448
	1010, 1204	BFE-60	129
Berkomine	1237	BG8967	1564
Berkozide	263, 692	bialpirinia	1562
Berlafenone	1068	BIBR 277 SE	58
Beronald	376, 725	Biclodil	826
Bertosamil	1069	Biclodil Hydrochloride	827
Besulpamide	695	Bicor	669, 1018, 1429
Besuric	1923	BiDil, component of	403
Betabloc	154, 1090	Dilatrate-SR, component of	969
Beta-cardone	1221	Bidisomide	1072
Beta-Cardone	216, 540, 1016	Bietaserpine	275
Betacor	164, 310	Bietaserpine Bitartrate	276
Betadran	152, 291, 936, 1088	bigitalin	1303
Betadrenol	152, 291, 936, 1088	Bikunin trypsin inhibitor	71
Betagan	180	Bimoclomol	1754
Betagon	181, 440, 976	Binazin	566
Betahistine	823	Binifibrate	1449
Betahistine Hydrochloride	824	Biniwas	1449
Betahistine Maleate	825	Binodrenal	1847
beta-hypophamine	1817	Biocolina	1535
Betaloc	187, 453, 979, 1161	Bioflavonoids	1755
Betamann	183, 448	Bionicard	475, 646, 878
Betamet	182, 447	Bionicard	985
Beta-Neg	212, 517, 1010, 1204	Biontears	1874
Betanidol	272	Bioplex, component of	1913
Betanol	182, 447	bios I	1538
Betapace	216, 540, 1016, 1221	Bioscleran	1443, 1462
Betapindol	205, 508, 888	Biosinon	1709
	1005, 1187	Biotirmone	1457
Betapressin	203, 490, 1003, 1180	(+)-(4Z)-7-[(1R,2R,3S,5S)-5-	
Betaserc	824	(4-Biphenylmethoxy)-3-	
Betasine	1880	hydroxy-2-piperidinocyclo-	
betasinum	1880	pentyl]-4-heptenoic acid	1750
Beta-Tablinen	212, 517, 1010, 1204	(+)-(4Z)-7-[(1R,2R,3S,5S)-5-	
Beta-Timelets	212, 517	(4-Biphenylmethoxy)-3-	
Betaxolol	132, 269, 923	hydroxy-2-piperidinocyclo-	
Betaxolol Hydrochloride	133, 270, 924	pentyl]-4-heptenoic acid	
betazine	1880	hydrochloride	1751
Beth root	1803	(±)-1-(2-Biphenylyloxy)-3-(tert-	
Bethanidine	271	butylamino)-2-propanol	1068
Bethanidine Sulfate	272	Birutan	1770

Name and Synonym Index

Bis[2-(p-chlorophenoxy)-2-methylpropionato]magnesium	1485
2-[[4,5-Bis-(p-chlorophenyl)-2-oxazolyl]thio]propionic acid	1627
Biscolan	1536
3',7'-Bis(cyclopropylmethyl)spiro[cyclopentane-1,9'-[3,7]diazabicyclo[3.3.1]nonane]	1226
6,7-Bis[2-(diethylamino)ethoxy]-4-methylcoumarin	1717
6,7-Bis[2-(diethylamino)ethoxy]-4-methylcoumarin dihydrochloride	1718
4-[4,4-bis(p-Fluorophenyl)butyl]-1-piperazineaceto-2',6'-xylidide	634, 973
4-[4,4-Bis(p-fluorophenyl)butyl]-3-carbamoyl-2,6-dichloro-1-piperazineacetamide	1408
4-[4,4-Bis(p-fluorophenyl)butyl]-3-carbamoyl-2,6-dichloro-1-piperazineacetamide dihydrochloride monohydrate	1409
(±)-4-[Bis(p-fluorophenyl)methyl]-α-[(9H-purin-6-ylthio)methyl]-1-piperazineethanol	1272
(±)-4-[Bis(p-fluorophenyl)methyl]-α-[(9H-purin-6-ylthio)methyl]-1-piperazineethanol succinate (1:1) (salt)	1273
(E)-1-[Bis-(p-fluorophenyl)methyl]-4-cinnamylpiperazine	621, 852
(E)-1-[Bis-(p-fluorophenyl)methyl]-4-cinnamylpiperazine dihydrochloride	622, 853
4-[4,4-Bis(4-fluorophenyl)butyl]-N-(2,6-dimethylphenyl)-1-piperazineacetamide	1404
1-[Bis(4-Fluorophenyl)methyl]-4-[(2,3,4-trimethoxyphenyl)methyl]methyl]piperazine	635
1-[Bis(4-Fluorophenyl)methyl]-4-[(2,3,4-trimethoxyphenyl)methyl]methyl]piperazine dihydrochloride	636
2,2-Bis(hydroxymethyl)-1,3-propanediol tetranitrate	1004
N,N'-Bis(3-methoxypropyl)-2,4-pyridinecarboxamide	1544
Bismetin	661, 1425
Bismogenol Tosse Inj.	1789
Bismuth Subsalicylate	1789
2,2-Bis[(nitrooxy)methyl]-1,3-propanediol dinitrate (ester)	1418
Bisoprolol	136, 277
Bisoprolol Hemifumarate	137, 278
D-Bis(N-pantothenyl)-2-aminoethyl)disulfide	1497
Bis(2-propoxyethyl) 1,4-dihydro-dimethyl-4-(3-nitrophenyl)-,3,5-pyridinedicarboxylate	648
Bistrium bromide	399, 802
Bistrium chloride	400, 803
Bitensil	11, 350
Bitrop	1148
bitter salts	1155, 1901
Bivalirudin	1564
BL-191	887
BL-4162A	1556, 1558
blasting gelatin	1415
blasting oil	1415
Blaud's Mass	1659
Bled	840
Blocadren	228, 564
	1020, 1231
Blocklin L	205, 508, 888
	1005, 1187
Blood Coagulation Factor IIa	1722
Blood Coagulation Factor III	1723
Blood Formation and Coagulation Agents	**1543-1772**
Blox	1800
Blutene	1724
BM01.004	182, 447
BM02.015	788
BM-06.019	1647
BM-06022	1736
BM-13.505	1571, 1744
BM-14.190	942
BM-14190	160, 305, 942
BM-15075	1448
BM-22.145	970
BM-51052	157, 300, 939, 1097
BMS-180291-02	1581
BMS-186295	53, 418
BMS-200980	1730
BMY-05763-1-D	1111
BMY-22389	1732
BMY-26538-01	1556, 1558
BMY-40327	1164
(±)-BN-1270	315
BN-1270	316
Bometolol	599, 1073
Bonacid	1413
Bonasanit	1674
Bonicor	770
Bonnecor	1232

Name and Synonym Index

Bopindolol	138, 279
Bopindolol Maleate	139, 280
Bopindolol Malonate	140, 281
Botropase	1699
Boxidine	1450
BQ-22-708	353, 848
BR-931	1502
Bradilan	880
Bradycardiac Agents	***1245-1247***
Bradycor	61
Bradykinin	828
Bradykinin Antagonists	***61-63***
Bradyl	192, 1172
Bratenol	1500
Brefonalol	141
Brek	1800
Brendil	842
Breokinase	1742
Bretylan	1075
Bretylate	1075
Bretylium	1074
Bretylium Tosylate	1075
Bretylol	1075
Brevibloc	171, 1133
Briem	2, 260
Brinaldix	328, 711
Brinazarone	600, 1076
Bristab	406, 730
Bristuric	263, 692
Bristurin	406, 730
Bristuron	263, 692
Britiazim	1113, 1379
Britlofex	432
BRL-26921	1729
BRL-34915	428
BRL-38227	428
Brocrinat	696
(o-Bromobenzyl)ethyldimethyl-ammonium	1074
(o-Bromobenzyl)ethyldimethyl-ammonium p-toluenesulfonate	1075
($\pm$)-3-Bromo-α-[(tert-butylamino)methyl]-5-isoxazolemethanol	142
($3\alpha,14\beta,16\alpha$)-11-Bromo-14,15-dihydrohydroxyeburamenine-14-carboxylic acid methyl ester	829
($3\alpha,14\beta,16\alpha$)-11-Bromo-14,15-dihydrohydroxyeburamenine-14-carboxylic acid methyl ester hydrogen fumarate	830
[[7-Bromo-3-(o-fluorophenyl)-1,2-benzisoxazol-6-yl]oxy]acetic acid	696
1-[[3-Bromo-2-(o-1H-tetrazol-5-ylphenyl)-5-benzofuranyl]methyl]-2-butyl-4-chloroimidazole-5-carboxylic acid	60, 585
8-Bromotheophylline compound with 2-amino-2-methyl-1-propanol	760
11-brovincamine	829
Brovincamine	829
Brovincamine Hydrogen Fumarate	830
Broxaterol	142
BRS-640	828
Bruzem	1113, 1379
BS 100-141	391
BT-621	566
BTS 49 465	369, 1299
Bucainide	1077
Bucainide Maleate	1078
buchu resin	1758
Bucladesine	1264
Bucladesine Barium Salt	1265
Bucladesine Sodium Salt	1266
Bucromarone	1079
Bucumarol	144, 928, 1081
Bucumolol	143, 927, 1080
Bucumolol Hydrochloride	144, 928, 1081
Budralazine	282, 831
Bufedil	834
Bufedon	885
Bufeniode	283, 832
Bufetolol	145, 929, 1082
Bufetolol Hydrochloride	146, 930, 1083
Bufferin	1562
Bufferin Arthritis Strength, component of	1881
Bufferin Extra Strength, component of	1881
Bufferin Regular, component of	1881
Buflan	834
Buflocit	834
Buflomedil	833
Buflomedil Hydrochloride	834
Buflonat	834
Bufor	1494
Bufuralol	147, 284, 931
Bufuralol Hydrochloride	148, 285, 932
Bufylline	679
Bulbold	727
Bumetanide	697
Bumex	697
Buminate	1879
Bunaftine	1084
bunaphtide	1084
bunaphtine	1084
Bunazosin	286
Bunazosin Hydrochloride	287

Name and Synonym Index

Bunitrolol	149, 288, 933, 1085
Bunitrolol Hydrochloride	150, 289, 934, 1086
l-bunolol	179
Bupatol	820
Buphedrin	885
Buphenyl	1684
bupranol	151, 290, 935, 1087
Bupranolol	151, 290, 935, 1087
Bupranolol Hydrochloride	152, 291, 936, 1088
Buquineran	1267
Burinex	697
Butalamine	835
Butalamine Hydrochloride	836
Butamide	698, 1858
(R*,S*)-1,2,3,4-Butane tetrol tetranitrate	957
Butanedioic acid mono[1-[5-(2,5-dihydrooxo-3-furanyl)-3-methyl-2-benzofuranyl]ethyl] ester	1263
1,2,3,4-Butanetetrayl tetranitrate	883
(R*,S*)-1,2,3,4-Butane-tetroltetranitrate	1384
Butanserin	292
Butaphyllamine	679
Butatensin	437
Butazolamide	698, 1858
Butedrin	820
Buterazine	282, 831, 837
Buthiazide	293, 699
Buthoid	679
Butidrine	153, 1089
Butidrine Hydrochloride	154, 1090
Butobendine	1091
Butobendine Dihydrochloride	1092
Butofilolol	155, 294
Butofilolol Maleate	156, 295
Butopamine	1268
Butoprozine	937, 1093
Butoprozine Hydrochloride	938, 1094
(±)-6-[[2-[[3-(p-Butoxyphenoxy)-2-hydroxypropyl]amino]ethyl]-amino]-1,3-dimethyluracil	206
2-(p-Butoxyphenoxy)-N-(2,5-diethoxyphenyl)-N-[2-(di-ethylamino)ethyl]acetamide	850
2-(p-Butoxyphenoxy)-N-(2,5-diethoxyphenyl)-N-[2-(di-ethylamino)ethyl]acetamide monohydrochloride	851
butydrine hydrochloride	154, 1090
1-(tert-Butylamino)-3-[(6-chloro-m-tolyl)-oxy]-2-propanol	151, 290, 935, 1087
1-(tert-Butylamino)-3-[(6-chloro-m-tolyl)-oxy]-2-propanol hydrochloride	152, 291, 936, 1088
(S)-1-(tert-Butylamino)-3-(o-cyclopentylphenoxy)-2-propanol	202, 489, 1002, 1179
(S)-1-(tert-Butylamino)-3-(o-cyclopentylphenoxy)-2-propanol sulfate (salt) (2:1)	203, 490, 1003, 1180
1-(tert-Butylamino)-3-(2,5-dichlorophenoxy)-2-propanol	165, 1104
1-(tert-Butylamino)-3-(2,5-dichlorophenoxy)-2-propanol hydrochloride	166, 1105
(±)-4-[3-(tert-Butylamino)-2-hydroxypropoxy]-2-methyl-isocarbostyril	225, 561, 1228
(±)-4-[3-(tert-Butylamino)-2-hydroxypropoxy]-2-methyl-isocarbostyril hydrochloride	226, 562, 1229
5-[3-(tert-Butylamino)-2-hydroxypropoxy]-3,4-hydroisoquinoline carboxaldehyde	214
(-)-5-[3-(tert-Butylamino)-2-hydroxypropoxy]-3,4-dihydronaphthalenone	179
(-)-5-[3-(tert-Butylamino)-2-hydroxypropoxy]-3,4-dihydronaphthalenone hydrochloride	180
8-[(3-tert-Butylamino)-2-hydroxypropoxy]-5-methylcoumarin	143, 927, 1080
8-[(3-tert-Butylamino)-2-hydroxypropoxy]-5-methylcoumarin hydrochloride	144, 928, 1081
o-[3-(tert-Butylamino)-2-hydroxypropoxy]-benzonitrile	149, 288, 933, 1085
o-[3-(tert-Butylamino)-2-hydroxypropoxy]-benzonitrile hydrochloride	150, 289, 934, 1086

Name and Synonym Index

(±)-2-[o-[3-(tert-Butylamino)-2-hydroxypropoxy]phenoxy]-N-methylacetamide   163, 309

(±)-2-[o-[3-(tert-Butylamino)-2-hydroxypropoxy]phenoxy]-N-methylacetamide hydrochloride   164, 310

(±)-1-[p-[3-(tert-Butylamino)-2-hydroxypropoxy]phenyl]-3-cyclohexylurea   220, 547, 1225

(±)-4'-[3-(tert-Butylamino)-2-hydroxypropoxy]spiro-[cyclohexane-1,2'-indan]-1'-one   217

(±)-2'-[3-(tert-Butylamino)-2-hydroxypropoxyl-5'-fluoro-butyrophenone   155, 294

(±)-2'-[3-(tert-Butylamino)-2-hydroxypropoxyl-5'-fluoro-butyrophenone maleate   156, 295

α-[(tert-Butylamino)methyl]-7-ethyl-2-benzofuranmethanol   147, 284, 931

α-[(tert-Butylamino)methyl]-7-ethyl-2-benzofuranmethanol hydrochloride   148, 285, 932

α-[(Butylamino)methyl]-p-hydroxybenzyl alcohol   819

α-[(Butylamino)methyl]-p-hydroxybenzyl alcohol sulfate (2:1) (salt)   820

(±)-2-(Butylaminomethyl)-8-ethoxy-1,4-benzodioxan   359

(±)-2-(Butylaminomethyl)-8-ethoxy-1,4-benzodioxan hydrochloride   360

(±)-1-(tert-Butylamino)-3-[(2-methylindol-4-yl)oxy]-2-propanol benzoate (ester)   138, 279

(±)-1-(tert-Butylamino)-3-[(2-methylindol-4-yl)oxy]-2-propanol benzoate (ester) - maleate   139, 280

(±)-1-(tert-Butylamino)-3-[(2-methylindol-4-yl)oxy]-2-propanol benzoate (ester) malonate   140, 281

(S)-1-(tert-Butylamino)-3-[(4-morpholino-1,2,5-thiadiazol-3-yl)oxy]-2-propanol hemihydrate   227, 563, 1019, 1230

(S)-1-(tert-Butylamino)-3-[(4-morpholino-1,2,5-thiadiazol-3-yl)oxy]-2-propanol maleate (1:1)   228, 564, 1020, 1231

3-(Butylamino)-4-phenoxy-5-sulfamoylbenzoic acid   697

p-[3-(tert-Butylamino)propoxy]-phenyl 2-isopropyl-3-indolizinyl ketone   600, 1076

1-(tert-Butylamino)-3-[o-(2-propynyloxy)phenoxy]-2-propanol   201

1-(tert-Butylamino)-3-[(5,6,7,8-tetrahydro-cis-6,7-dihydroxy-1-naphthyl)oxy]-2-propanol   190, 469, 983, 1170

1-(tert-Butylamino)-3-[o-[(tetrahydrofurfuryl)oxy]-phenoxy]-2-propanol   145, 929, 1082

1-(tert-Butylamino)-3-[o-[(tetrahydrofurfuryl)oxy]-phenoxy]-2-propanol hydrochloride   146, 930, 1083

(±)-1-(tert-Butylamino)-3-(thiochroman-8-yloxy)-2-propanol   222, 556

(±)-1-(tert-Butylamino)-3-(thiochroman-8-yloxy)-2-propanol hydrochloride   223, 557

(±)-1-(tert-Butylamino)-3-(2,3-xylyloxy)-2-propanol   231, 1243

(±)-1-(tert-Butylamino)-3-(2,3-xylyloxy)-2-propanol hydrochloride   232, 1244

2-Butyl-3-benzofuranyl 4-[2-(diethylamino)ethoxy]-3,5-diiodophenyl ketone   909, 1050

2-Butyl-3-benzofuranyl 4-[2-(diethylamino)ethoxy]-3,5-diiodophenyl ketone hydrochloride   910, 1051

(S)-2-tert-Butyl-4-[(S)-N-[(S)-1-carboxy-3-phenylpropyl]alanyl]-Δ^2-1,3,4-thiadiazoline-5-carboxylic acid   45

(S)-2-tert-Butyl-4-[(S)-N-[(S)-1-carboxy-3-phenylpropyl]alanyl]-Δ^2-1,3,4-thiadiazoline-5-carboxylic acid 4-ethyl ester   44

(E)-2-Butyl-1-(p-carboxybenzyl)-α-2-thenylimidazole-5-acrylic acid   51, 356

(E)-2-Butyl-1-(p-carboxybenzyl)-α-2-thenylimidazole-5-acrylic acid monomethanesulfonate   52, 357

Name and Synonym Index

2-Butyl-4-chloro-1-[p-(o-1H-tetrazol-5-ylphenyl)benzyl]-imidazole-5-methanol	54, 433
2-Butyl-4-chloro-1-[p-(o-1H-tetrazol-5-ylphenyl)benzyl]-imidazole-5-methanol monopotassium salt	55, 434
(5E)-6-[m-(3-tert-Butyl-2-cyanoguanidino)phenyl]-6-(3-pyridyl)-5-hexenoic acid	1623
N-[2-Butyl-3-[p-[3-[(dibutylamino)propoxy]benzoyl]-5-benzofuranyl]methanesulfonamide	1122
N-Butyl-N-[2-(diethylamino)ethyl]-1-naphthamide	1084
1-Butyl-3-[1-(6,7-dimethoxy-4-quinazolinyl)-4-piperidyl]urea	1267
2-Butyl-5-[[4-(diphenylmethyl)-1-piperazinyl]methyl]-1-ethylbenzimidazole	837
2-sec-Butyl-2-methyl-1,3-propanediol dicarbamate	437
N-tert-Butyl-1-methyl-3,3-diphenylpropylamine	668, 1017, 1428
N-tert-Butyl-1-methyl-3,3-diphenylpropylamine hydrochloride	669, 1018, 1429
Butyl-Nor-Sympatol	819
p-[3-(p-tert-Butylphenoxy)-2-hydroxypropoxy]benzoic acid	1518
(±)-2-tert-Butyl-α-[2-(4-piperidyl)ethyl]-4-quinolinemethanol	1206
(αS)-α-[(αS)-α-[(tert-Butylsulfonyl)methyl]cinnamamido]-N-[(1S,2R,3S)-1-(cyclohexylnethyl)-3-cyclopropyl-2,3-dihydroxypropyl]imidazole-4-propionamide	527
N-(Butylsulfonyl)-4-[4-(4-piperidyl)butoxy]-L-phenylalanine	1628, 1638
N-(Butylsulfonyl)-4-[4-(4-piperidyl)butoxy]-L-phenylalanine hydrochloride	1629, 1639
N-(Butylsulfonyl)-4-[4-(4-piperidyl)butoxy]-L-phenylalanine hydrochloride monohydrate	1630, 1640
2-Butyl-3-[p-(o-1H-tetrazol-5-ylphenyl)benzyl]-1,3-diazaspiro[4.4]non-1-en-4-one	53, 418
BV-26-723	830
BW-325U	1633
BW-467-C-60	272
Bylotensin	480, 652
c 13437 su	1490
C.I. 52040	1724
C.I. Basic Blue 17	1724
C-3	1095, 1096
C-5	492, 809
C-5968	402
C-65562	791
C-7337	100, 501
Caclate	1475
Cadral	296
Cadralazine	296
Cadraten	296
Cadrilan	296
Cafide	156, 295
Calan	672, 1030, 1240
Calcet, component of	1889
Calcicard	1113, 1379
Calcichew	1881
Calcidia	1881
Calciofon	1885
Calcit	1881
Calcitre, component of	1821, 1881
Calcium Carbonate	1881
Calcium-Channel Blockers	**586-672**
Calcium Chloride	1882
Calcium Diuretin	782
Calcium Ferrous Citrate	1643
Calcium Glubionate	1883
Calcium Gluceptate	1884
Calcium glucoheptonate (1:2)	1884
Calcium Gluconate	1885
Calcium Glycerophosphate	1886
Calcium hydroxide phosphate	1892
Calcium Hypophosphite	1887
Calcium Iodostearate	1888
Calcium Lactate	1889
Calcium Levulinate	1890
Calcium phosphate (1:1)	1891
Calcium Phosphate, Dibasic	1891
Calcium phosphate hydroxide	1894
Calcium Phosphate, Tribasic	1892
Calcium polymannuronate	1695
Calcium (βR,δR)-2-(p-fluorophenyl)-β,δ-dihydroxy-5-isopropyl-3-phenyl-4-(phenylcarbamoyl)pyrrole-1-heptanoate	1442
Caldine	425, 627
Calglucon	1885
Callicrein	868
callidin I	828
Calnegyt	385
Calphosan, component of	1886

Name and Synonym Index

CalPlus	1882
Calslot	436, 639
CalStar	1891
Cal-Sup	1881
Caltidren	159, 304, 941, 1100
Calvisken	205, 508, 888, 1005, 1187
Camalox, component of	1821, 1881
Camonagrel	1743
Camont	1413
Camostat	65
camostat mesylate	66
Camostat Monomethanesulfonate	66
Campel	1756
Camphotamide	1269
Campolon, component of	1671
Candesartan	49, 297
Candesartan Cilexetil	298
Candesartan Clixetil	50
canescine	336
Canrenoate Potassium	700, 1773
Canrenoic Acid	701, 1774
Canrenone	702, 1775
Capben	1095
Capla	437
Caplaril	405, 729
Caplaril, component of	437
Capobenate Sodium	1095
Capobenic Acid	1096
Capoten	5, 299
Capozide, component of	5, 299
Capozide	405, 729
Capramol	1697, 1700
Caprin	1562
caprin	1562
Caprocid	1697, 1700
caprylic acid α-monoglyceride	1531
Captea, component of	5, 299
Captolane	5, 299
Captopril	5, 299
Captoril	5, 299
Carace	22, 430
Caradrin	1341
Carazolol	157, 300, 939, 1097
Carbacrylic Resins	1865
Carbamide	794
Carbazeran	1270
carbazochrome	1690
Carbazochrome Salicylate	1700
Carbazochrome Sodium Sulfonate	1701
1-(Carbazol-4-yloxy)-3-(isopropylamino)-2-propanol	157, 300
(±)-1-(Carbazol-4-yloxy)-3-[[2-(o-methoxyphenoxy)ethyl]amino]-2-propanol	160, 305, 942
1-(Carbazol-4-yloxy)-3-isopropylamino)-2-propanol	939, 1097
Carbazon	1701
p-carbethoxyphenyl ε-guanidineocaproate	67
carbocromen	1370
carboethoxyphthalazinohydrazine	565
Carbonic acid calcium salt (1:1)	1881
Carbonic acid monopotassium salt	768, 1907
carbonic anhydrase inhibitor	674, 1856
Carbonic Anhydrase Inhibitors	**1856-1864**
(3S,5S)-5-[[[4'-(Carboxyamidino)-4-biphenylyl]oxy]methyl]-2-oxo-3-pyrrolidineacetic acid dimethyl ester	1593
(2S,3aS,7aS)-1-[(S)-N-[(S)-1-Carboxybutyl]alanyl]hexahydro-2-indolinecarboxylic acid	28, 495
(2S,3aS,7aS)-1-[(S)-N-[(S)-1-Carboxybutyl]alanyl]hexahydro-2-indolinecarboxylic acid tert-butylamine salt	29, 496
L-(3-Carboxy-2-hydroxypropyl)-trimethylammonium hydroxide inner salt	1451, 1482, 1895
(S)-3-(N-[(S)-1-Carboxyl-3-phenyl propyl]-L-alanyl)-1-methyl-2-oxoimidazoline-4-carboxylic acid	20, 412
N-[(3S)-1-(Carboxymethyl)-2,3,4,5-tetrahydro-2-oxo-1H-1-benzazepin-3-yl]-L-lysine	21, 429
carboxymethyltheophylline	673, 1248
N-Carboxy-3-morpholino-synonimine ethyl ester	980
[3-(3-Carboxy-2-oxo-2H-1-benzopyran-8-yl)-2-methoxypropyl]hydroxy-mercurate(1-) hydrogen	741
[3-(3-Carboxy-2-oxo-2H-1-benzopyran-8-yl)-2-methoxypropyl]hydroxy-mercurate(1-) sodium compound with theophylline	740
o-carboxyphenyl acetate	1562
(3S)-2-[(2s)-N-[(1S)-1-Carboxy-3-phenylpropyl]alanyl]-1,2,3,4-tetrahydro-6,7-dimethoxy-3-	

Name and Synonym Index

isoquinolinecarboxylic acid 2 ethyl ester 459
(S)-2-[(S)-N-[(S)-1-Carboxy-3-phenylpropyl]alanyl]-1,2,3,4-tetrahydro-3-isoquinolinecarboxylic acid 32, 521
(S)-2-[(S)-N-[(S)-1-Carboxy-3-phenylpropyl]alanyl]-1,2,3,4-tetrahydro-3-isoquinolinecarboxylic acid 1-ethyl ester 30, 519
(S)-2-[(S)-N-[(S)-1-Carboxy-3-phenylpropyl]alanyl]-1,2,3,4-tetrahydro-3-isoquinolinecarboxylic acid 1-ethyl ester monohydrochloride 31, 520
(8S)-7-[(S)-N-[(S)-1-Carboxy-3-phenylpropyl]alanyl]-1,4-dithia-7-azaspiro[4.4]nonane-8-carboxylic acid 37, 543
(8S)-7-[(S)-N-[(S)-1-Carboxy-3-phenylpropyl]alanyl]-1,4-dithia-7-azaspiro[4.4]nonane-8-carboxylic acid 1-ethyl ester hemihydrate 35, 541
(8S)-7-[(S)-N-[(S)-1-Carboxy-3-phenylpropyl]alanyl]-1,4-dithia-7-azaspiro[4.4]nonane-8-carboxylic acid 1-ethyl ester monohydrochloride 36, 542
(S)-2-[(S)-N-[(S)-1-Carboxy-2-phenylpropyl]alanyl]-2-azabicyclo[2.2.2]octane-3-carboxylic acid 47
(3S)-2-[(2S)-N-[(1S)-1-Carboxy-2-phenylpropyl]alanyl]-2-azabicyclo[2.2.2]octane-3-carboxylic acid 1-ethyl ester 46
(2S,3aR,7aS)-1-[(S)-N-[(S)-1-Carboxy-3-phenylpropyl]alanyl]-hexahydro-2-indolinecarboxylic acid 43, 572
(2S,3aR,7aS)-1-[(S)-N-[(S)-1-Carboxy-3-phenylpropyl]alanyl]-hexahydro-2-indolinecarboxylic acid 1-ethyl ester 42, 571
(2S,3aS,6aS)-1-[(S)-N-[(S)-1-Carboxy-3-phenylpropyl]alanyl]octahydrocyclopenta[b]pyrrole-2-carboxylic acid 33, 525
(3S)-3-[[(1S)-1-Carboxy-3-phenylpropyl]amino]-2,3,4,5-tetrahydro-2-oxo-1H-1-benzazepine-1-acetic acid 4, 262
(3S)-3-[[(1S)-1-Carboxy-3-phenylpropyl]amino]-2,3,4,5-tetrahydro-2-oxo-1H-1-benzazepine-1-acetic acid 3-ethyl ester 2, 260
(3S)-3-[[(1S)-1-Carboxy-3-phenylpropyl]amino]-2,3,4,5-tetrahydro-2-oxo-1H-1-benzazepine-1-acetic acid 3-ethyl ester hydrochloride 3, 261
(1S,9S)-9-[[(S)-1-Carboxy-3-phenylpropyl]amino]-octahydro-10-oxo-6H-pyridazino[1,2-a][1,2]diazepine-1-carboxylic acid 9-ethyl ester monohydrate 7, 319
(+)-(2S,6R)-6-[[(1S)-1-carboxy-3-phenylpropyl]amino]tetrahydro-5-oxo-2-(2-thienyl)-1,4-thiazepine-4(5H)-acetic acid 40, 552
(+)-(2S,6R)-6-[[(1S)-1-Carboxy-3-phenylpropyl]amino]tetrahydro-5-oxo-2-(2-thienyl)-1,4-thiazepine-4(5H)-acetic acid 6-ethyl ester 38, 550
(+)-(2S,6R)-6-[[(1S)-1-Carboxy-3-phenylpropyl]amino]tetrahydro-5-oxo-2-(2-thienyl)-1,4-thiazepine-4(5H)-acetic acid 6-ethyl ester monohydrochloride 39, 551
(3S)-2-[(2S)-N-[(1S)-1-Carboxy-3-phenylpropyl]-L-alanyl]-1,2,3,4-tetrahydro-6,7-dimethoxy-3-isoquinolinecarboxylic acid 2-ethyl ester 23
(3S)-2-[(2S)-N-[(1S)-1-Carboxy-3-phenylpropyl]-L-alanyl]-1,2,3,4-tetrahydro-6,7-dimethoxy-3-isoquinolinecarboxylic acid 2-ethyl ester hydrochloride 24, 460
1-[N-[(S)-1-Carboxy-3-phenylpropyl]-L-alanyl]-L-proline 1'-ethyl ester 10, 349
1-[N-[(S)-1-Carboxy-3-phenylpropyl]-L-alanyl]-L-proline 1'-ethyl ester maleate (1:1) 11, 350
1-[N-[(S)-1-Carboxy-3-phenylpropyl]-L-alanyl]-L-proline dihydrate 12, 351
1-[N^2[(S)-1-Carboxy-3-phenylpropyl]-L-lysyl]-L-proline dihydrate 22, 430
3-carboxypyridine N-oxide 1496
[3-(3-Carboxy-2,2,3-trimethylcyclopentanecarboxamido)-2-

Name and Synonym Index

methoxypropyl](hydrogen mercaptoacetato)mercury	738	Cardiwell	883
[3-(3-Carboxy-2,2,3-trimethyl-cyclopentanecarboxamido)-2-methoxypropyl](hydrogen mercaptoacetato)mercury disodium salt	739	Cardizem	608, 950, 1113, 1379
		Cardosan	1402
		Cardovar	115, 576
		Cardoxil	1380, 1576
		Cardran	84, 346
		Cardrase	720, 1862
4-[o-[(E)-2-Carboxyvinyl]phenyl]-1,4-dihydrodimethyl-3,5-pyridine-dicarboxylic acid 4-tert-butyl-diethyl ester	425, 627	Carduben	1436
		Cardular	84, 346
		Cardura	84, 346
		Carecin	603, 843
4-[o-[(E)-2-Carboxyvinyl]phenyl]-2-[(dimethylamino)methyl]-1,4-dihydromethyl-3,5-pyridine-carboxylic acid 4-tert-butyl diethyl ester	666	Carfonal	1391
		Carguto	1278
		Caridolol	212, 517, 1010, 1204
		Cariporide	1271
		Carmazon	1341
		Carmoxirole	301
4-[o-[(E)-2-Carboxyvinyl]phenyl]-2-[(dimethylamino)methyl]-1,4-dihydromethyl-3,5-pyridine-carboxylic acid 4-tert-butyl diethyl ester monohydrochloride	667	Carmoxirole Hydrochloride	302
		Carnicor	1451, 1482, 1895
		Carnitene	1451, 1482
Carbuten	437	Carnitiene	1895
Cardace	33, 525	Carnitine	1451
Cardamist	994, 1415	Carnitor	1895
Cardenalin	84, 346	Carnum	1451, 1482, 1895
Cardene	475, 646, 878, 985, 1004, 1418	Carocainide	1098
		Carrier	1451, 1482, 1895
Cardiacap	1030,1240	Carsatrin	1272
Cardiagutt	1030,1240	Carsatrin Succinate	1273
Cardibeltin	1030,1240	Carteol	159, 304, 941, 1100
Cardidigin	1282	Carteolol	158, 303, 940, 1099
Cardigin	1282	Carteolol Hydrochloride	159, 304, 941, 1100
Cardilate	883, 957, 1384		
Cardiloid	883, 1384	Cartonic	1257
Cardine	1436	Cartose	1893
Cardinol	212, 517, 1010, 1204	Cartric	529
		Cartrol	159, 304, 941, 1100
Cardio 10	969, 1400	Carvacron	790
Cardiogen	1451, 1482, 1895	Carvanil	969, 1400
Cardio-Khellin	1403	Carvasin	969, 1400
Cardion	1341	Carvediol	160, 305, 942
Cardioquin	1208	Carwin	1357
Cardiorythmine	235, 1042	CAS-276	980, 1411
Cardiosteril	1290, 1831	CAS-935	890
Cardiotonics	**1248-1357**	Cassella 4489	1371
Cardiovet	11, 350	Cataclot	1001, 1604, 1746
Cardioxane	947	Catapres	327
Cardis	969, 1400	Catapres TTS	326
Cardisan	1402	Catapyrin	683
Carditin-Same	661, 1425	Catechin	1790
Carditoxin	1282	Catechin dl-form	1791
Cardivell	883	Catechin l-form	1792
Cardivix	1366	catechinic acid	1790, 1791, 1792

Name and Synonym Index

catechol	1790, 1791, 1792	Cetiedil Citrate	839
catechuic acid	1790, 1791, 1792	Cetosanol	1317
Catergen	1790, 1791, 1792	CG-4203	1621
Catral	500	CGP 2175C	451
Catron	500	CGP 48933	59
Catroniazid	500	CGP-2175	977
Caudaline	1625	CGP-2175C	185, 1159
Caverject	816	CGP-2175E	187, 1161
Cavodil	500	CGP-48933	582
CB-1314	749	CGP-7760B	1339
CB-302	1651	CGS-13945	27, 494
CB-337	1486	CGS-14824A	2, 260
CCK-179	86	CGS-14824A HCl	3, 261
CD-3400	528	CGS-14831	4, 262
CDC	1528	CGS-16617	21, 429
CDD-95-126	793	CGS-9343B	1807
CE-3624	783, 1936	ch 13-437	1490
Cedilanid	1317	Chelafer	1657
Cedilanid D	1279	Chel-Iron	1657
Cedocard	969, 1400	Chendol	1528
Cedur	1448	Chenix	1528
Ceglunat	1317	Chenocedon	1528
Celadigal	1317	Chenocol	1528
Celectol	162, 307, 944	Chenodex	1528
Celiprolol	161, 306, 943	Chenodiol	1528
Celiprolol Hydrochloride	162, 307, 944	Chenofalk	1528
cellulosic acid	1719	Chenosäure	1528
Celsis	839	Chenossil	1528
Centyl	263, 692	Children's Mylanta Upset Stomach Relief	1881
CEPH	566		
Cephalins	1702	chinicine	1241
Ceranapril	6, 308	Chloor-Hexaviet	400, 803
cerberin	1327	chloracizine	1369
Cerebolan	603, 843	chloracysin	1369
Cerebro	895	Chloracyzine	1369
Cerepar	603, 843	Chloraminophenamide	703
Cerevon	1665	Chlorazanil	704
Cergodum	97, 879	Chlorazanil Hydrochloride	705
Cerivastatin	1452	chlorazinil	704
Cerivastatin Sodium	1453	Chlorhydrol	1822
CERM 1978	598, 1067	Chlorisondamine Chloride	311, 798
CERM-10137	570	chlorisondamine dimethochloride	311, 798
CERM-1978	922, 1368		
CERM-730	1053	Chlormerodrin	706
Cerocral	858	17-chloroacetylajmaline	1151
Ceronapril	6, 308	4-Chloro-m-benzene-disulfonamide	710
Cesplon	5, 299		
Cetaben	1454	[p-[2-(p-Chlorobenzene-sulfonamido)ethyl]phenyl]-acetic acid	1571, 1744
Cetaben Sodium	1455		
Cetamolol	163, 309		
Cetamolol Hydrochloride	164, 310	6-Chloro-2H-1,2,4-benzo-thiadiazine-7-sulfonamide 1,1-dioxide	312, 707
Cetapril	1, 236		
Cetiedil	838		

Name and Synonym Index

2-[4-[2-(4-Chlorobenzoyl)amino]-ethyl]phenoxy]-2-methylpropanoic acid	1448
5-(o-Chlorobenzyl)-4,5,6,7-tetrahydrothieno-[3,2-c]pyridine	1624
5-(o-Chlorobenzyl)-4,5,6,7-tetrahydrothieno-[3,2-c]pyridine hydrochloride	1625
8-chlorocarbochromen	1374
6-Chloro-3-(chloromethyl)-3,4-dihydromethyl-2H-1,2,4-benzothiadiazine-7-sulfonamide 1,1-dioxide	441, 746
(±)-4-Chloro-5-[[2-[[3-(o-chlorophenoxy)-2-hydroxypropyl]amino]ethyl]amino]-3(2H)-pyridazinone	213
chlorocizin	1369
6-Chloro-2-cyclohexyl-3-oxo-5-isoindolinesulfonamide	712
6-Chloro-3-(cyclopentylmethyl)-3,4-dihydro1,2,4-benzothiadiazine-7-sulfonamide 1,1-dioxide	330, 713
6-Chloro-3-(dichloromethyl)-3,4-dihydro1,2,4-thiadiazine-7-sulfonamide 1,1-dioxide	574, 790
2-Chloro-10-(3-diethylaminopropionyl)phenothiazine	1369
8-Chloro-6,11-dihydro-11-[1-[(5-methyl-3-pyridinyl)methyl]-4-piperidinylidene]-5H-benzo[5,6]cyclohepta[1,2b]pyridine	1614
6-Chloro-3,4-dihydro1,2,4-benzothiadiazine-7-sulfonamide 1,1-dioxide	405, 729
6-Chloro-3,4-dihydro(p-fluorobenzyl)-2H-1,2,4-benzothiadiazine-7-sulfonamide 1,1-dioxide	484, 761
6-Chloro-3,4-dihydroisobutyl-2H-1,2,4-benzothiadiazine-7-sulfonamide 1,1-dioxide	293, 699
7-Chloro-3,3a-dihydroisoxazolo-[3,2-b][1,3]benzoxazin-9-one	1934
6-Chloro-3,4-dihydromethyl-3-[[(2,2,2-trifluoromethyl)thio]methyl]-2H-1,2,4-benzothiadiazine-7-sulfonamide 1,1-dioxide	511, 766
(R)-6-Chloro-1,5-dihydromethyl-imidazo[2,1-b]quinazolin-2(3H)-one	1343
6-Chloro-3,4-dihydro(5-norbornen-2-yl)-2H-1,2,4-benzothiadiazine-7-sulfonamide 1,1-dioxide	331
6-Chloro-3,4-dihydro(trichloromethyl)-2H-1,2,4-benzothiadiazine-7-sulfonamide 1,1-dioxide	548, 779
6-Chloro-3,4-dihydro(trichloromethyl)-2H-1,2,4-benzothiadiazine-7-sulfonamide 1,1-dioxide potassium salt	549, 780
6-Chloro-3,4-dihydrotrifluoroethyl)thio]methyl]-2H-1,2,4-benzothiadiazine-7-sulfonamide 1,1-dioxide	355, 716
(+)-(2S,3S)-8-Chloro-5-[2-(dimethylamino)ethyl]-2,3-dihydro-3-hydroxy-2-(p-methoxyphenyl)-1,5-benzothiazepin-4(5H)-one acetate (ester)	323, 604
(+)-(2S,3S)-8-Chloro-5-[2-(dimethylamino)ethyl]-2,3-dihydro-3-hydroxy-2-(p-methoxyphenyl)-1,5-benzothiazepin-4(5H)-one acetate (ester) maleate (1:1)	324, 605
4-Chloro-N-(2,6-dimethylpiperidino)-3-sulfamoylbenzamide	328, 711
2-Chloro-5-[(cis-3,5-dimethylpiperidino)sulfonyl]benzoic acid	1522
4-Chloro-N-(endo-hexahydro-4,7-methanoisoindolin-2-yl)-3-sulfamoylbenzamide	579, 792
7-Chloro-2-ethyl-1,2,3,4-tetrahydro-4-oxo-6-quinzaolinesulfonamide	524, 771
6-Chloro-3-ethyl-3,4-dihydro-1,2,4-benzothiadiazine-7-sulfonamide 1,1-dioxide	358, 719
N-(2-Chloroethyl)-N-(1-methyl-2-phenoxyethyl)benzylamine	98
N-(2-Chloroethyl)-N-(1-methyl-2-phenoxyethyl)benzylamine hydrochloride	99
(-)-(S)-5-Chloro-3-ethyl-N-[(1-ethyl-2-pyrrolidinyl)methyl]-6-methoxysalicylamide	361
4-Chloro-N-furfuryl-5-sulfamoyl-anthranlic acid	376, 725
2-Chloro-10-[3-(hexahydropyrrolo[1,2-a]pyrazin-2(1H)-yl)propionyl]phenothiazine	1359
2-Chloro-10-[3-(hexahydropyrrolo[1,2-a]pyrazin-2(1H)-yl)propionyl]phenothiazine dihydrochloride	1360

Name and Synonym Index

N¹-allyl-4-Chloro-6-[(3-hydroxy-2-butenylidene)amino]-m-benzenedisulfonamide 242
2-Chloro-5-[4-hydroxy-3-methyl-2-(methylimino)-4-thiazolidinyl]-benzenesulfonamide 787
2-Chloro-5-(1-hydroxy-3-oxo-1H-isoindolinyl)benzenesulfonamide 313, 708
4-Chloro-5-(2-imidazolin-2-ylamino)-6-methoxy-2-methylpyrimidine 466
4-Chloro-5-(2-imidazolin-2-ylamino)-6-methoxy-2-methylpyrimidine hydrochloride 467
4'-Chloro-N-(1-isopropyl-4-piperidinyl)-2-phenyl-acetanilide 1153
4'-Chloro-N-(1-isopropyl-4-piperidinyl)-2-phenyl-acetanilide monohydrochloride 1154
[3-(Chloromercuri)-2-methoxypropyl)]urea 706
4-Chloro-N-(2-methyl-1-indolinyl)-3-sulfamoylbenzamide 413, 732
7-Chloro-3-methyl-2H-1,2,4-benzothiadiazine 1,1-dioxide 339
4-Chloro-N-methyl-3-(metylsulfamoyl)benzamide 714
2-[(2-Chloro-4-methyl-3-thienyl)-amino]-2-imidazoline hydrochloride 559
4-Chloro-N¹-methyl-N¹-(tetrahydro-2-methylfurfuryl)-m-benzenedisulfonamide 735
2-[(2-Chloro-4-methyl-3-thienyl)-amino]-2-imidazoline 558
2-(p-Chlorophenoxy) 2-methyl-propionic acid ester with 1,3-dinicotinoyloxy-2-propanol 1449
2-(p-Chlorophenoxy) 2-methyl-propionic acid ester with 7-(2-hydroxyethyl)theophylline 1519
2-(4-Chlorophenoxy)-2-methyl-propanoic acid 1463
2-(4-Chlorophenoxy)-2-methyl-propanoic acid ethyl ester 1443
Di-[2-(4-chlorophenoxy)-2-methyl-propionato] hydroxyaluminum 1440
2-(p-Chlorophenoxy)-2-methyl-propionic acid ester with 4-hydroxy-N,N-dimethyl-butyramide 1464

1-[2-(p-Chlorophenoxy)-2-methyl-propionyl]-3-(morpholino-methyl)urea 1608
p-Chlorophenyl 2-(p-chloro-phenoxy)-2-methylpropionate 1468
α-(4-Chlorophenyl)-2-benzofuranmethanol 1372
[4-(p-Chlorophenyl)butyl]diethyl-heptylammonium phosphate 1103
2-p-Chlorophenyl-1-[p-(2-diethyl-aminoethoxy)phenyl]-1-p-tolylethanol 1526
(+)-(R)-4-(o-Chlorophenyl)-1,4-dihydromethyl-2-[p-(2-methyl-1H-imidazo[4,5-c]pyridin-1-yl)phenyl]-5-(2-pyridylcarbamoyl)nicotinate 1597
(±)-3-(p-Chlorophenyl)-1,3-dihydro-methylfuro[3,4-c]pyridin-7-ol 315
(±)-3-(p-Chlorophenyl)-1,3-dihydro-methylfuro[3,4-c]pyridin-7-ol hydrochloride 316
α-(o-Chlorophenyl)-α-[2-(diiso-propylamino)ethyl]-1-piperidinebutyramide 1117
1-[[5-(p-Chlorophenyl)furfur-ylidene]amino]-3-[4-(4-methyl-1-piperazinyl)butyl]hydantoin 1063
1-[[5-(p-Chlorophenyl)furfur-ylidene]amino]-3-[4-(4-methyl-1-piperazinyl)butyl]hydantoin dihydrochloride 1064
4-(p-Chlorophenyl)-4-hydroxy-N,N-dimethyl-α,α-diphenyl-1-piperidinebutyramide 1799
4-(p-Chlorophenyl)-4-hydroxy-N,N-dimethyl-α,α-diphenyl-1-piperidinebutyramide monohydrochloride 1800
1-(p-Chlorophenyl)-2-imino-3-methyl-4-imidazolidinone 709
(±)-4-(o-Chlorophenyl)-2-(p-isobutyl-phenethyl)-6,9-dimethyl-66H-thieno[3,2-f]-s-triazolo[4,3-a]-[1,4]diazepine 1589
(±)-α-(o-Chlorophenyl)-α-[2-(N-isopropylacetamido)ethyl]-1-piperidinebutyramide 1072
2-[p-(o-Chlorophenyl)phenacyl]-acrylic acid 1481
(p-Chlorophenyl)[(α,α,α-trifluoro-m-tolyl)oxy]acetic acid ester with N-(2-hydroxyethyl)-acetamide 1479, 1925

Name and Synonym Index

chlorophibrinic acid	1463
3-Chloro-1,2-propanediol dinitrate	1373
4-Chloro-5-sulfamoyl-2',6'-salicyloxilidide	583, 795
1-(4-Chloro-3-sulfamoylbenzamido)-2,4,6-trimethylpyridinium hydroxide inner salt	695
4-Chloro-3-sulfamoylbenzoic acid 2,2-dimethylhydrazide	676
6-Chloro-2,3,4,5-tetrahydro-1-(p-hydroxyphenyl)-1H-3-benzazepine-7,8-diol	365
6-Chloro-2,3,4,5-tetrahydro-1-(p-hydroxyphenyl)-1H-3-benzazepine-7,8-diol monomethanesulfonate (salt)	366
7-Chloro-1,2,3,4-tetrahydro-2-methyl-4-oxo-3-o-tolyl-6-quinazolinesulfonamide	449, 750
(±)-7-Chloro-1,2,3,4-tetrahydro-4-oxo-2-phenyl-6-quinazolinesulfonamide	367, 723
(±)-7-Chloro-1,2,3,4-tetrahydro-4-oxo-2-phenyl-6-quinazolinesulfonamide monopotassium salt	368, 724
8-Chloro-3,4,5,6-tetrahydro-6-[(1-isopropyl-2-imidazolin-2-yl)methyl]-2H-1,6-benzothaizocine	1106
2-Chloro-5-(1H-tetrazol-5-yl)-N⁴-2-thenylsulfanilamide	690
Chlorothiazide	312, 707
5-Chlorotoluene-2,4-disulfonamide	715
2-(2-Chloro-p-toluidino)-2-imidazoline	569
2-(2-Chloro-p-toluidino)-2-imidazoline nitrate (salt)	570
[[4-Chloro-6-(2,3-xylidino)-2-pyrimidinyl]thio] acetic acid	1501
2-[[4-Chloro-6-(2,3-xylidino)-2-pyrimidinyl]thio]-N-(2-hydroxyethyl)acetamide	1502
chlorphenamide	710
chlorsudimeprimyl	711
chlorsulthiadil	729
Chlorthalidone	313, 708
chlosudimeprimyl	328
Chlotride	312, 707
Cholanorm	1528
Cholergol	1928
Cholestabyl	1466, 1868
Cholestyramine	1456, 1509
Cholestyramine Resin	1456, 1866
Cholestyramine resin	1866
Choline Chloride	1535
Choline Dehydrocholate	1536
Choline Dihydrogen Citrate	1537
choline orotate	1928
Cholelitholytic Agents	**1528-1533**
Cholit-Ursan	1532
Choloxin	1457
Cholybar	1456, 1509, 1866
Chondroitin 4-Sulfate	1458
Chondroitin Sulfate	1459
Chondroitin sulfuric acid	1459
Chondroitin4-(sodium sulfate)	1458
Chonsurid	1459
Chooz	1881
Chothyn	1537
Christmas factor	1711
component of: Chromagen	1662
(-)-(S)-1-[2-(4-Chromanyl)ethyl]-4-(3,4-dimethoxyphenyl)piperidine	1227
Chromocarb	1756
Chromonar	1370
Chromonar Hydrochloride	1371
Chronadalate	1413
Chronexan	583, 795
Chrystemin	1237
CI 925	24
CI-107	1808
CI-456	714
CI-546	676
CI-719	1477
CI-720	1476
CI-906	31, 520
CI-925	460
CI-928	32, 521
CI-981	1441
Cianergoline	314
ciba 13437 su	1490
Ciba 9295	255, 797
Ciba-5968	402
Cibacène	2, 260
Cibacène	260
Cibacen	2, 260
Cibenol	1102
Cibenzoline	1101
Ciclafrine	1826
Ciclafrine Hydrochloride	1827
Cicletanine	315
Cicletanine Hydrochloride	316
Ciclonicate	840
Ciclosidomine	317

Name and Synonym Index

Ciclosidomine Hydrochloride	318	Citracholine	1537
Cicloxilic Acid	1529	Citrical	1881
cidamex	674, 1856	Citrosodine	775
Cifenline	1101	CK-1752	1218
Cifenline Succinate	1102	CK-1752A	1219
Cilazapril	7, 319	CL-10304	1697, 1700
Cilmostim	1677	CL-115347	900
Cilnidipine	320, 601	CL-1388R	383, 800
(±)-Cilnidipine	321, 602	CL-203821	1455
ciloprost	859, 1583	CL-287,389	477, 991
Cilostamide	1274	CL-287389	649
Cilostazol	1565	CL-36010	524, 771
Cilutazoline	322	CL-65205	1450
Cinaperazine	603, 843	CL-65336	1725
Cinazyn	603, 843	Cl-661	1176
cinchol	1512	Cl-775	135, 274, 926, 1071
Cinepazet	945	Cl-845	1189
Cinepazet Maleate	946	CL-88893	709
Cinepazide	841	CL-90748	689
Cinepazide Maleate	842	Claradin	1562
Cinnacet	603, 843	Claripex	1443, 1462
Cinnageron	603, 843	Clazolimine	709
Cinnaloid	529	Clentiazem	323, 604
(E)-Cinnamyl 2-methoxyethyl 1,4-dihydrodimethyl-4-(m-nitrophenyl)-3,5-pyridine-dicarboxylate	320, 601	Clentiazem Maleate	324, 605
		Cleridium	1380, 1576
		Clevidipine	325
		Clexane	1579
(E)-Cinnamyl methyl (±)-1,4-di-hydrodimethyl-4-(m-nitro-phenyl)-3,5-pyridinedicarboxylate	659	Clift	1342
		Clinium	634, 973, 1404
		Clinofibrate	1461
(+)-α-[(E)-Cinnamyl]-N-(cyclo-propylmethyl)-α-ethyl-N-methylbenzylamine	1796	Clivoten	420, 626, 971
		Clobenfurol	1372
		Clobenoside	1757
1-Cinnamyl-4-(diphenyl-methyl)piperazine	603, 843	Clobren-SF	1443, 1462
		Clofenamide	710
Cinnarizine	603, 843	clofenpyride	1495
cinnipirine	843	Clofibrate	1443, 1462
Cin-quin	1208	Clofibric Acid	1462, 1463
Cin-Quin	1210	Clofibride	1464
Cipralan	1102	Clofilium Phosphate	1103
Ciprofibrate	1460	Clofinit	1443, 1462
Ciprol	1460	Clomag	1485
Circanol	86	Clonidine	326
Circleton	895	Clonidine Hydrochloride	327
Circolene	526	Clonitrate	1373
Circo-Maren	97, 879	Clopamide	328, 711
Circuletin	868	Clopidogrel	1566
Circupon	1836	Clopidogrel Hydrogen Sulfate	1567
Cirrocolina	1537	Cloprane	1510
Citilat	1413	Cloranolol	165, 1104
Citizem	1113, 1379	Cloranolol Hydrochloride	166, 1105
Citnatin	775	Clorexolone	712
Citoxid	874	Cloricromen	1374, 1568

Name and Synonym Index

Cloricromen Hydrochloride	1375, 1569	Compound 81929	1285
cloridarol	1372	compound 93819	1580
Clotrox	1526	Compound LY-131126	1268
CM-6805	155, 294	Conchinine	1208
CM-7857	1181	Concor	137, 278
CN-36,337	714	Conducton	157, 300, 939, 1097
CN-38474	676	Coniel	265, 596
Cobalt dichloride	1644	conquinine	1208
Cobaltous Chloride	1644	conquinine, β-quinine	1208
Cobinamide hydroxide monohydrate dihydrogen phosphate (ester) inner salt 3'-ester with 5,6-dimethyl-1-α-D-ribofuranoylbenzimidazole	1642	Contrheuma retard	1562
		Convallaton	1275
		Convallatoxin	1275
		copperas green	1667
		Coracten	1413
Coccinine	1208	Corafurone	1403
co-dercrine mesylate	86	Coragil	1396
ColBenemid, component of	1933	Coralgina	1396
Colectril	682	Coramedan	1282
Colestid	1466, 1868	Corangil	994
Colestipol	1465, 1867	Corangin	970, 1401
Colestipol Hydrochloride	1466, 1868	Corathiem	603, 843
colestyramine	1456, 1509, 1866	Cordan	620, 1389
Colextran	1467	Cordanum	547, 1225
Colfarit	1562	Cordarex	910, 1051
Colliron I.V.	1652	Cordarone	909, 910, 1050, 1051
Collodion	1719	Cordarone X	910, 1051
1-214-Colony-stimulating factor 1 (human clone p3ACSF-69 protein moiety reduced) homodimer	1683	Cordicant	1413
		Cordilan	1413
		Cordilox	1030, 1240
		Cordiomon Injection	1394
Colony stimulating factor 2 (human clone pCSF-1 protein moiety reduced), glycoform GMC 89-107	1553	Cordioxil	1283
		Cordipatch	994, 1415
		Corditrine	994, 1415
		Cordium	1368
Colony stimulating factor 2 (human clone pHG$_{25}$ protein moiety), 23-L-leucine	1554	Cordoxene	1298
		Corduim	598, 922, 1067
		cordycepic acid	734
		Coredamin	661, 1425
Colony stimulating factor 2 (human clone pHG25 protein moiety reduced)	1550, 1551	Coreg	160, 305, 942
		Co-Renitec, component of	11, 350
		Coretal	198, 483, 996, 1178, 1417
Colony-stimulating factor 1	1682		
Colony-stimulating factor 2	1548	Corflazine	634, 973, 1404
Colyte, component of	1908, 1915	Corgard	190, 469, 983, 1170
Combipres	313, 708	Corglykon	1275
Combipres, component of	327	Corhormon	1394
Combivent, component of	1148	Coric	22, 430
Comelian	1377	Coricidin	1562
Common Salt	1915	Coricidin D	1562
compd 83846	1056	Coridil	1380, 1576
compd 99170	1055	Corindolan [as sulfate salt]	181
compd 122587	1121	Corindolan	440, 976
compd 933F	510	Coristin	86
Complamin	901		

Name and Synonym Index

Corliprol	162, 307, 944	Cristapurat	1282
Corlopam	366	Cromadrenal	1690
Cormax	1113, 1379	(-)-cromakalim	428
Cormelian	1377	Cromaton, component of	1671
Corodilan	615, 1386	Cromocap	1375, 1569
Coronarine	1380, 1576	Cromonalgina	1432
Coronary Vasodilators	**1358-1436**	Cromosil	1690
Coronin	1403	Cryptenamine Tannates	329
Coro-Nitro	994, 1415	Crystar	1562
Corontin	661, 1425	Crystodigin	1282
Corotrend	1413	Crystoserpine	530
Corotrope	1324	CS-359	144, 928, 1081
Corovliss	969, 1400	CS-514	1508
Corrigen	754, 1328	CS-622	39, 551
Cortensor	1306	CSFα	1548
Corvasal	980, 1411	CSF-β	1547
Corvasymton	1854	CSFβ	1679
Corvaton	980, 1411	CSF-1	1682
Corwin	1357	CSF-2	1548
corynine	117	Cuemid	1866
Corzide	263, 692	Cuivasil	1149
Cosaldon, component of	886	Cumertilin sodium	740
Cosopt, component of	228, 564, 1020	cupreol	1512
	1231, 1861	Cupressin	9, 335
Costilate	1683	Curantyl	1380, 1576
Cotarnine	1703	Curethyl, component of	1671
Cotarnine Chloride	1704	Cuxanorm	127, 254
Cotarnine Hydrochloride	1705		918, 1062
Cotarnine Phthalate	1706	CV-11974	49, 297
cotarninium chloride	1704	CV-3317	9, 335
Covalan	1764	CV-4093	436, 639
Coverine	316	CV-4151	1588, 1745
Coversum	29, 496	CY-116	1697, 1700
Coversyl	29, 496	CY-16	1598
Cozaar	55, 434	(+)-cyanidanol-3	1792
CP-0127	61	cyanidenolon 1522	1768
CP-11332-1	523	cyanidol	1790, 1791
CP-12299-1	104, 513, 892		1792
CP-16533-1	671, 1029, 1239	4-Cyano-5,5-bis(p-methoxy-	
CP-18524	1522	phenyl)-4-pentenoic acid	1616
CP-19106-1	115, 576	2-Cyano-1-[2-[[[2-[(diamino-	
CP-556S	895	methylene)amino]-4-thi-	
CP-57361-01	796	azolyl]methyl]thio]ethyl]-3-	
CP-804-S	111, 560	methylguanidine	786
CPIB	1443, 1462	4-[2-[(5-Cyano-5,5-diphenyl-	
Cpiron	1662	pentyl)methylamino]ethyl]-4-	
Craviten	1092	methylmorpholinium	
CRD-401	1113, 1379	bis(methylsulfate)	491, 808
cream of tartar	767	1-(3-Cyano-3,3-diphenylpropyl)-	
cremor tartari	767	4-phenylisonipecotic acid	1793
Crepasin	661, 1425	(α-RS)-α-Cyano-6-methylergoline-	
Crinuril	718	8β-propionamide	314
Cristal	727	(±)-N-[2-[[3-(o-Cyanophenoxy)-2-	

Name and Synonym Index

hydroxypropyl]amino]ethyl]-2-(p-hydroxyphenyl) acetamide   169, 354, 956
(±)-2-Cyano-1-(4-pyridyl)-3-(1,2,2-trimethylpropyl)-guanidine monohydrate   507
cyclazenin   380
cycletanide   315
cyclohexanehexol   1538
cyclohexitol   1538
N-(Cyclohexylcarbonyl)-3-morpholinosydnone imine   317
N-(Cyclohexylcarbonyl)-3-morpholinosydnone imine hydrochloride   318
N-Cyclohexyl-4-[(1,2-dihydroxy-2-oxo-6-quinolyl)oxy]-N-methylbutyramide   1274
N-[(1R)-2-Cyclohexyl-1-[[(2S)-2-[(3-guanidinopropyl)carbamoyl]-piperidino]carbonyl]ethyl]glycine   1586
(4S)-4-Cyclohexyl-1-[[(R)-[(S)-1-hydroxy-2-methylpropoxy]-(4-phenylbutyl)phosphinyl]acetyl-L-proline propionate (ester)   14, 373
(4S)-4-Cyclohexyl-1-[[(R)-[(S)-1-hydroxy-2-methylpropoxy]-(4-phenylbutyl)phosphinyl]acetyl-L-proline propionate (ester) sodium salt   15, 374
α-[(2Z,3aR,4R,5R,6aS)-4-[(1E,3S)-3-Cyclohexyl-3-hydroxypropenyl]-hexahydro-5-hydroxy-2H-cyclopenta[b]furan-2-ylidene]-m-toluic acid   1620
α-[(2Z,3aR,4R,5R,6aS)-4-[(1E,3S)-3-Cyclohexyl-3-hydroxypropenyl]-hexahydro-5-hydroxy-2H-cyclopenta[b]furan-2-ylidene]-m-toluic acid sodium salt   1621
2,2'-(4,4'-Cyclohexylidinediphenoxy)-2,2'-dimethyldibutyric acid   1461
N-(2-Cyclohexyl-1-methylethyl)-γ-phenylbenzenepropanamine   1381
N-(2-Cyclohexyl-1-methylethyl)-γ-phenylbenzenepropanamine monohydrochloride   1382
6-[4-(1-Cyclohexyl-1H-tetrazol-5-yl)-butoxy]-3,4-dihydroxycarbostyril   1565
9,19-Cyclo-9β-lanost-24-en-3β-ol 4-hydroxy-3-methoxy cinnamate   1475
cyclomethiazide   330, 713
cyclonamine   1709
cyclonicate   840

Cyclopenthiazide   330, 713
Cyclopropyl methyl ketone (±)-(EZ)-O-[3-(tert-butylamino)-2-hydroxypropyl]oxime   172
(±)-1-[p-[2-(Cyclopropylmethoxy)-ethyl]phenoxy]-3-(isopropylamino)-2-propanol   132, 269, 923
(±)-1-[p-[2-(Cyclopropylmethoxy)-ethyl]phenoxy]-3-(isopropylamino)22-propanol hydrochloride   133, 270, 924
2-[[(6-Cyclopropyl-m-tolyl)-oxy]methyl]-2-imidazoline   322
1-(o-Cyclopropylphenoxy)-3-(isopropylamino)-2-propanol   208
Cyclothiazide   331
Cyklokapron   1725
Cymarin   1276
Cynt   466
L-Cysteinyl-L-tyrosyl-L-phenylalanyl-L-glutaminyl-L-asapraginyl-L-cysteinyl-L-prolyl-L-lysylglycinamide cyclic (1→6)-disulfide   1812
Cystemme   775
Cytellin   1512
Cytoferin, component of   1666
Cytofol   1668
cytozyme   1723

D.C.P.   1891
D-1593   714
D-1721   676
D-32   232, 1244
D-365   671, 1029, 1239
D-563   1332
D-600   624, 961
Dacarel   475, 646, 878, 985
Dacoren   86
DADA   844
Dalcaine   1149
Dalteparin Sodium   1570
Daltroban   1571, 1744
Dalzic   207, 1191
dambose   1538
Damide   413, 732
Danaparoid Sodium   1572
Daniplestim   1545
Danten   1183
Dantrium   594, 822
Dapiprazole   79
Dapiprazole Hydrochloride   80

Name and Synonym Index

Dapocel	844	Delursan	1532
Daquin	704, 705	Demadex	788
Daranide	1859	Demi-Regroton	313, 708
Darenthin	1075	Demi-Regroton, component of	530
Darob	216, 540, 1016, 1221	Demser	454, 455
		Denan	1511
Darvon compound	1562	Denapol	603, 843
Daskil	1492	Denbufylline	1277
Dasovas	1575	Denopamine	1278
DAV Ritter	1809	(3β,5β,16β)-3-[(6-Deoxy-4-O-β-D-glucopyranosyl-3-O-methyl-β-D-galactopyranosyl)oxy]-14,16-dihydroxycard-20(22)-enolide	1280
Davoxin	1283		
Daxauten	661, 1425		
dazolicin	1106		
Dazolicine	1106	3-[[6-O-(6-Deoxy-α-L-mannopyranosyl)-β-D-glucopyranosyl]oxy]-2-(3,4-dihydroxyphenyl)-5,7-dihydroxy-4H-1-benzopyran-4-one	1770
Dazoxiben	1573		
Dazoxiben Hydrochloride	1574		
DBcAMP	1264		
DC-2797	1266	7-[[6-O-(6-Deoxy-α-L-mannopyranosyl)-β-D-glucopyranosyl]oxy]-5-hydroxy-2-(3-hydroxy-4-methoxyphenyl)-4H-1-benzopyran-4-one	1758
DC-826	296		
DCCK	86		
DDAVP	1809, 1810		
deacetylanatoside C	1279		
DEAE Sephadex	1869	3-[(6-Deoxy-α-L-mannopyranosyl)oxy]-1,5,11,14,19-pentahydroxycard-20(22)-enolide	1329
DEAE-dextran	1467		
Deapril-ST	86		
Debetrol	1520	[(6-Deoxy-α-L-mannopyranosyl)oxy]-14-hydroxybufa-4,20,22-trienolide	1341
Debrisoquin	332		
Debrisoquin Sulfate	333		
Decabid	1143	[(6-Deoxy-α-L-mannopyranosyl)oxy]-14-hydroxybufa-4,20,22-trienolide 4-methyl ether	1342
2,2'-(Decamethylenedithio)diethanol	1521		
Decaspir	88		
decaspiride	87	(3β,5β)-3-[(6-Deoxy-α-L-mannopyranosyl)oxy]-5,14-dihydroxy-19-oxocard-20(22)-enolide	1275
Declinax	333		
Decrelip	1477		
Decreten	205, 508, 888, 1005, 1187	(3β,5β)-3-[(6-Deoxy-3-O-methyl-α-L-glucopyranosly)oxy]-14-hydroxycard-20(22)-enolide	1326
Decril	86		
Dedyl	844		
Defencin	866	(3β,5β)-3-[(6-Deoxy-3-O-methyl-α-L-glucopyranosly)oxy]-14-hydroxycard-20(22)-enolide 2'-acetate	1327
Deferiprone	1707		
Defibrase	1699		
defibrinotide	1575	2-Deoxy-2-nicotinamido-β-D-glucopyranose 1,3,4,6-tetranicotinate	1478
Defibrotide	1575		
defiltran	674, 1856	Depleil	549, 780
Deflexol	1937	Deponit	994, 1415
Deiten	480, 652	Depot-Glumorin	868
Dekamin	1913	Depressan	341
Delapril	8, 334	Depreton	443
Delapril Hydrochloride	9, 335	Deprinol	1237
Delgesic	1562	Deralin	212, 517, 1010, 1204
Delipid	1521	Desace	1279
Delix	33, 525	Desaci	1279
Deltazen	1113, 1379	Desclidium	1242
Deltibant	61	Desdemin	376, 725

Name and Synonym Index

Deserpidine	336	Di-Actane	874
Deserpidine Hydrochloride	337	Di-Ademil	406, 730
Desiver, component of	1671	Diafusor	994, 1415
Deslanoside	1279	Dialicor	615, 1386
11-desmethoxyreserpine	336	Dialume	1821
Desmopressin	1809	2,4-Diamino-6-piperidino-pyrimidine 3-oxide	458
Desmopressin Acetate	1810		
Desmospray	1809	trans-N-(Diaminomethylene)-2,5-dimethyl-3-pyrroline-1-acetamide	1802
Desol	1532		
DESP	87	N-(Diaminomethylene)-4-isopropyl-3-(methylsulfonyl)benzamide	1271
Desrazoxane	947		
Destolit	1532	diamox	674, 1856
Desuric	1923	Diamox Parenteral	675, 1857
Detantol	287	1,4:3,6-Dianhydro-2-deoxy-2-[[3-(1,2,3,6-tetrahydro-1,3-dimethyl-2,6-dioxopurin-7-yl)propyl]amino]-L-iditol 5-nitrate	1622
Detaxtran	1467		
Detensiel	137, 278		
Dethyrona	1457		
Detyroxin	1457		
Deursil	1532	1,4:3,6-Dianhydro-D-glucitol	733, 1399
Devapamil	948, 1107	1,4:3,6-Dianhydro-D-glucitol 5-nitrate	1401
Deverol	1782		
Deverol	776	1,4:3,6-Dianhydro-D-glucitol dinitrate	969, 1400
dexcyanidanol	1790, 1791, 1792		
Dexefaroxan	81	1,4:3,6-Dianhydro-D-glucitol-5-mononitrate	970
Dexide	1467		
Dexium	1759	1,4:3,6-dianhydrosorbitol	733
Dexlofexidine	338	Diapamide	714
Dexpropranolol	1108	Diapid	1812
Dexpropranolol Hydrochloride	1109	Diarsed, component of	1795
dexrazoxane	947	Diart	690
Dexsotalol	1110	Diastal	283, 832
Dexsotalol Hydrochloride	1111	Diatensec	776, 1782
Dextran	1872	Diazoxide	339
Dextran 2-(diethylamino)ethyl 2-[[2-(diethylamino)ethyl]diethyl-amino]ethyl ester sulfate epichlorohydrin crosslinked	1505, 1869	Dibasol	1364
		Dibasole	1364
		Dibenamine	82
		Dibenyline	99
Dextran 2-(diethylamino)-ethyl ether	1467	Dibenzyl(2-chloroethyl)-ammonium chloride	82
Dextran 40	1873	(+)-1,3-Dibenzyldecahydro-2-oxoimidazo[4,5-c]thieno-[1,2-a]-thiolium 2-oxo-10-bornanesulfonate (1:1)	577, 813
Dextran 70	1874		
Dextran 75	1875		
Dextran Iron Complex	1645		
Dextraven	1872	Dibenzylin	99
Dextroid	1457	Dibenzyline	99
Dextrose	1893	Dibenzyran	99
dextrothyroxine	1520	Diblocin	84, 346
Dextrothyroxine sodium	1457	3,5-Dibromo-4-hydroxy-phenyl-2-ethyl-3-benzo-furanyl ketone	1923
d-Gallopamil Hydrochloride	606		
D-glucopyranose	1893		
DH-581	1506	(+)-4'-[(R)-4-(Dibutylamino)-1-hydroxybutyl]methane-sulfonanilide	1059
diacarb	674, 1856		
Diacetyltannic acid	1785		

Name and Synonym Index

(+)-4'-[(R)-4-(Dibutylamino)-1-hydroxybutyl]methanesulfonanilide fumarate   1060
p-[3-(Dibutylamino)propoxy]phenyl 2-ethyl-3-indolizinyl ketone   937
p-[3-(Dibutylamino)propoxy]phenyl 2-ethyl-3-indolizinyl ketone   1093
p-[3-(Dibutylamino)propoxy]phenyl 2-ethyl-3-indolizinyl ketone monohydrochloride   938, 1094
2-[4-[3-(Dibutylamino)propoxyl]-3,5-dimethylbenzoyl]chromone   1079
(5-(3,5-Di-tert-butyl)-4-hydroxyphenyl-1-(3-pyridyl)-2-oxapentane   1493
N,N-Dibutyl-N'-(3-phenyl-1,2,4-oxadiazol-5-yl)-1,2-ethanediamine   835
N,N-Dibutyl-N'-(3-phenyl-1,2,4-oxadiazol-5-yl)-1,2-ethanediamine hydrochloride   836
dicamoylmethane   437
Dichloroacetic acid compound with N-(1-methylethyl)-2-propanamine (1:1)   844
[2-(2,6-Dichloroanilino)ethyl]-guanidine   386
4,5-Dichloro-m-benzene-disulfonamide   1859
1-[(2,6-Dichlorobenzylidene)-amino]-3-hydroxyguanidine   394
1-[(2,6-Dichlorobenzylidene)-amino]-3-hydroxyguanidine hydrochloride   395
[(2,6-Dichlorobenzylidene)-amino]guanidine   378
[(2,6-Dichlorobenzylidene)-amino]guanidine monoacetate   379
2-[4-(2,2-Dichlorocyclopropyl)-phenoxy]-2-methylpropionic acid   1460
6,7-Dichloro-1,5-dihydro-imidazo[2,1-b]quinazolin-2(3H)-one   1555, 1557
6,7-Dichloro-1,5-dihydro-imidazo[2,1-b]quinazolin-2(3H)-one hydrochloride   1556, 1558
(±)-[(6,7-Dichloro-2-methyl-1-oxo-2-phenyl-5-indanyl)oxy]acetic acid   731
[2,3-Dichloro-4-(2-methylenebutyryl)phenoxy]acetic acid   718
3-dichloromethylhydrochlorothiazide   574
(+)-(S)-2[1-(2,6-Dichlorophenoxy)-ethyl]-2-imidazoline   338
2-[1-(2,6-Dichlorophenoxy)ethyl]-2-imidazoline   431
2-[1-(2,6-Dichlorophenoxy)ethyl]-2-imidazoline hydrochloride   432
[[2-(2,6-Dichlorophenoxy)ethyl]-amino]guanidine   392
[[2-(2,6-Dichlorophenoxy)ethyl]-amino]guanidine sulfate (2:1)   393
4-(2,3-Dichlorophenyl)-1,4-dihydrodimethyl-3,5-pyridine-carboxylic acid ethyl methyl ester   849, 1387
N-(2,6-Dichlorophenyl)-4,5-dihydro(tetrahydro-2H-pyran-2-yl)-1H-Imidazol-2-amine   504
[(2,6-Dichlorophenyl)amidino]urea   826
[(2,6-Dichlorophenyl)amidino]urea monohydrochloride   827
2-[(2-,6-Dichlorophenyl)imino]-Imidazolidine   326
2-[(2-,6-Dichlorophenyl)imino]-imidazolidine hydrochloride   327
[2,3-Dichloro-4-(2-thenoyl)-phenoxy]acetic acid   1936
[2,3-Dichloro-4-(2-thienylcarbonyl)-phenoxy]acetic acid   783
Dichlorphenamide   1859
Dichlotride   405, 729
Dicirenone   1776
Dicorantil   1118
dicrotalic acid   1486
2-(2,2-Dicyclohexylethyl)-piperidine   656, 763, 1420
2-(2,2-Dicyclohexylethyl)-piperidine maleate (1:1)   657, 764, 1421
2-[(Dicyclopropylmethyl)-amino]-2-oxazoline   531
Dicynene   1709
16,17-Didehydro-19α-methyl-oxayohimban-16-carboxylic acid methyl ester   526
3β-[(2,6-Dideoxy-3-O-methyl-β-D-ribopyranosyl)oxy]-5β,14-dihydroxy-19-oxocard-20(22)-enolide   1276
(3β,5β,16β)-3-[(O-2,6-Dideoxy-β-D-ribohexopyranosyl-(1→4)-O-2,6-dideoxy-β-D-ribohexo-pyranosyl-(1→4)-2,6-dideoxy-β-D-ribohexo-pyranosyl)oxy]-14,16-dihydroxycard-20(22)-enolide   1303
3-[(O-2,6-Dideoxy-β-D-ribohexo-pyranosyl-(1→4)-O-2,6-dideoxy-

Name and Synonym Index

β-D-ribohexopyranosyl-(1→4)-2,6-dideoxy-β-D-ribohexopyranosyl)oxy]-14-hydroxy-card-20(22)-enolide	1282, 1283	menthanesulfonamido-benzenesulfonamide monohydrochloride	1219
didoc	674, 1856	[[3-[2-(Diethylamino)ethyl]-4-methyl-2-oxo-2H-1-benzopyran-7-yl]oxy]acetic acid ethyl ester	1370
DIEDI	844		
4-[2-(3,5-Diethoxyphenoxy)ethyl]-morpholine	1390	[[3-[2-(Diethylamino)ethyl]-4-methyl-2-oxo-2H-1-benzopyran-7-yl]oxy]acetic acid ethyl ester hydrochloride	1371
4-[2-(3,5-Diethoxyphenoxy)ethyl]-morpholine monohydrochloride	1391	1-[2-(diethylamino)ethyl]reserpine	275
2-(Diethylamino)-2',6'-acetoxylidide	1149	(±)-N-[3-(Diethylamino)-2-hydroxy-propyl]-3-methoxy-1-phenyl-indole-2-carboxamide	1130
2-(Diethylamino)-2',6'-acetoxylidide hydrochloride monohydrate	1150	7-(Diethylamino)-5-methyl-2-triazolo[1,5-a]pyrimidine	1431
3-Diethylamino-1,2-diemethyl-prophyl p-isobutoxybenzoate	1392	N-[3-(Diethylamino)propyl]-4,5-diphenylpyrazole-1-acetamide	1146
3-Diethylamino-1,2-dimethyl-prophyl p-isobutoxybenzoate monohydrochloride	1393	N-[3-(Diethylamino)propyl]-4,5-diphenylpyrazole-1-acetamide fumarate	1147
2'-[2-(Diethylamino)ethoxy]-3-phenyl]propylphenone	614, 1385	diethylaminoreserpine	275
2'-[2-(Diethylamino)ethoxy]-3-phenyl]propylphenone monohydrochloride	615, 1386	Diethyl (p-2-benzothiazolylbenzyl)-phosphonate	854
diethylaminoethyl dextran	1467	3-Diethylcarbamoyl-1-methyl-pyridinium camphorsulfonate	1269
2-(Diethylamino)ethyl ester tetrahydro-α-(1-naphthalenylmethyl)-2-furanpropanic acid	873	Diethyl 1',4'-dihydrodimethyl-2-(methylthio)[3,4'-bipyridine]-3',5'-dicarboxylate	641
2-(Diethylamino)ethyl ester tetrahydro-α-(1-naphthalenylmethyl)-2-furanpropionate oxalate (1:1)	874	diethylenediamine sultosylate	1515
2-(Diethylamino)ethyl nicotinate	875	2,2'-[(1,2-Diethyl-1,2-ethanediyl)-bis(4,1-phenyleneoxy)]bis-[N,N-diethylethanamine]	1395
2-(Diethylamino)ethyl nicotinate citrate monohydrate	876	2,2'-[(1,2-Diethyl-1,2-ethanediyl)-bis(4,1-phenyleneoxy)]bis-[N,N-diethylethanamine] dihydrochloride	1396
4'-[[2-(Diethylamino)ethyl]-carbamoyl]acetanilide	1038		
4'-[[2-(Diethylamino)ethyl]-carbamoyl]acetanilide monohydrochloride	1039	Diethyl(2-hydroxyethyl)methyl-ammonium bromide p-[o-(oxtyloxy)benzamido]benzoate	653
4-[2-(Diethylamino)ethyl]-5-imino-3-phenyl-Δ²-1,2,4-oxadiazoline	965	N,N-Diethyl-N''-(1-methyoxy-2-indanyl)-n''-phenyl-1,3-propane-diamine	1169
4-[2-(Diethylamino)ethyl]-5-imino-3-phenyl-Δ²-1,2,4-oxadiazoline hydrochloride	966	p-Diethylsulfamoylbenzoic acid	1924
3-[2-(Diethylamino)ethyl]-1-iso-propyl-1-[2-(phenylsulfonyl)-ethyl]urea	1223	Difaterol	1448
		difenoxilic acid	1793
		Difenoxin	1793
3-[2-(Diethylamino)ethyl]-1-iso-propyl-1-[2-(phenylsulfonyl)-ethyl]urea maleate (1:1)	1224	difenoxylic acid	1793
		Difhydan	1182
N-[2-(Diethylamino)ethyl]-p-menthanesulfonamido-benzenesulfonamide	1218	Difluorex	783
		Diflurex	1936
		Digacin	1283
N-[2-(Diethylamino)ethyl]-p-		Di-Gel Tablets, component of	1881

Name and Synonym Index

Digicor	1282	
Digiglusin	1281	
digilanide A	1315	
digilanide B	1316	
digilanide C	1317	
digilanide D	1318	
Digilong	1282	
Digimed	1282	
Digimerck	1282	
Diginorgin	1280	
Digipural	1282	
Digisidin	1282	
Digitalin	1280	
Digitaline Nativelle	1282	
digitalinum true	1280	
digitalinum verum	1280	
Digitalis	1281	
Digitfortis	1281	
digitophyllin	1282	
Digitora	1281	
Digitoxin	1282	
Dignionitrat	969	
Dignonitrat	1400	
Dignover	1030, 1240	
Digoxin	1283	
Dihycon	1182	
Di-Hydan	1182	
Dihydralazine	340	
dihydralazine mesylate	341	
Dihydralazine Sulfate	341	
dihydralazine sulfate hemipentahydrate	341	
1,4-Dihydrazinophthalazine	340	
1,4-Dihydrazinophthalazine hydrogen sulfate	341	
Dihydrex	267, 693	
(±)-N-(6,11-Dihydrodibenzo-[b,e]thiepin-11-yl)-4-(p-fluorophenyl)-1-piperazine-butyramide	981, 1165	
(±)-N-(6,11-Dihydrodibenzo-[b,e]thiepin-11-yl)-4-(p-fluorophenyl)-1-piperazine-butyramide maleate (1:1)	982, 1166	
10,11-dihydrodimethyl-5H-dibenz[b,f]azepine-5-propanamine hydrochloride	1237	
3,7-dihydrodimethyl-7-(4-morpholinylmethyl)-1H-purine-2,6-dione	751	
1,4-dihydrodimethyl-4-(2-nitrophenyl)-3,5-pyridinedicarboxylic acid methyl 2-methylpropyl ester	479, 651, 993	
3,7-dihydrodimethyl-1-(5-oxohexyl)-1H-purine-2,6-dione		887
3,7-dihydrodimethyl-1H-purine-2,6-dione		781, 1352
5,7-dihydrodimethyl-2-(4-pyridyl)pyrrolo[2,3-f]benzimidazol-6(3H)-one		1253
Dihydroergotoxine monomethanesulfonate (salt)		86
dihydroflumethiazide		406, 730
α-dihydrofucosterol		1512
3,7-dihydro[3-[[2-hydroxy-3-[(2-methyl-1H-indol-4-yl)oxy]propyl]amino]butyl]-1,3-dimethyl-1H-purine-2,6-dione		221
6,11-dihydro(2-hydroxy-3-phenoxypropyl)-N-methyl-dibenz[b,e]oxepin-11-ethylamine		1293
15α,16α-dihydrohydroxy-7α-mercapto-3-oxo-3'H-cyclopropa[15,16]-17α-pregna-1,4,15-triene-21-carboxylic acid γ-lactone acetate		1778
2,3-dihydrohydroxy-1-methyl-1H-indole-5,6-dione		1689
2,3-dihydrohydroxy-1-methyl-1H-indole-5,6-dione 5-thiosemicarbazone		1692
2,3-dihydrohydroxy-1-methyl-1H-indole-5,6-dione-5-oxime sesquihydrate		1691
2,3-dihydrohydroxy-1-methyl-1H-indole-5,6-dione-5-semicarbazone		1690
5,6-dihydroimidazol-1-yl)-naphthoic acid		1612
4,5-dihydro(p-imidazol-1-ylphenyl)-3(2H)-pyridazinone		1310
4,5-dihydro(p-imidazol-1-ylphenyl)-3(2H)-pyridazinone monohydrochloride		1311
1,2-Dihydro-5-imidazo[1,2-a]pyridin-6-yl-6-methyl-2-oxo-3-pyridinecarbonitrile		1321
N-(2,3-dihydroinden-2-yl)-N',N'-diethyl-N-phenyl-1,3-propanediamine		1055
N-(2,3-dihydroinden-2-yl)-N',N'-diethyl-N-phenyl-1,3-propanediamine hydrochloride		1056

Name and Synonym Index

3,4-dihydroisoquinoline-carboxamidine	332
3,4-dihydroisoquinoline-carboxamidine sulfate (2:1)	333
4',5'-dihydromercaptospiro-[androst-4-ene-17,2'-(3'H)-furan]-3-one acetate	777
(9S)-10,11-dihydromethoxy-cinchonan-9-ol	1138
(9S)-10,11-dihydromethoxy-cinchonan-9-ol hydrochloride	1139
7,8-dihydromethoxy-6-methyl-1,3-dioxolo[4,5-g]isoquinolinium chloride	1704
(±)-4,5-dihydro[2-(p-methoxyphenyl)-5-benzimidazolyl]-5-methyl-3(2H)-pyridazinone	1335
(±)-4,5-dihydro[2-(p-methoxyphenyl)-5-benzimidazolyl]-5-methyl-3(2H)-pyridazinone hydrochloride	1336
1,6-dihydromethyl-6-oxo-[3,4'-bipyridine]-5-carbonitrile	1324
1,6-dihydromethyl-6-oxo-[3,4'-bipyridine]-5-carbonitrile lactate	1325
(±)-4,5-dihydromethyl-4-oxo-5-phenyl-2-furoic acid	1438
1,4-dihydromethyl-4-oxo-6[(3-pyridylmethyl)amino]-5-pyrimidinecarbonitrile	1333
1,4-dihydro-2-methyl-4-oxo-6[(3-pyridylmethyl)amino]-5-pyrimidinecarbonitrile monohydrochloride	1334
4,5-dihydromethyl-6-(2-pyrazol-3-yl-5-benzimidazolyl)-3(2H)-pyridazinone	1323
[2-(3,6-dihydromethyl-1(2H)-pyridyl)ethyl]guanidine	380
[2-(3,6-dihydromethyl-1(2H)-pyridyl)ethyl]guanidine sulfate	381
3,4-dihydromethyl-6-(1,4,5,6-tetrahydro-6-oxo-3-pyridazinyl)-2(1H)-quinazolinone	1340
1-[(5,6-dihydronaphthyl)oxy]-3-(isopropylamino)-2-propanol	173
3,4-dihydropentyl-6-trifluoromethyl)-2H-1,2,4-benzothiadiazine-7-sulfonamide 1,1-dioxide	762
3-[4-(3,6-dihydrophenyl-1(2H)-pyridyl)butyl]indole-5-carboxylic acid	301
3-[4-(3,6-dihydrophenyl-1(2H)-pyridyl)butyl]indole-5-carboxylic acid hydrochloride	302
3,4-dihydro(trifluoromethyl)-2H-1,2,4-benzothiadiazine-7-sulfonamide 1,1-dioxide	406, 730
2,5-Dihydroxybenzenesulfonic acid 5-p-toluenesulfonate	1514
2,5-Dihydroxybenzenesulfonic acid 5-p-toluenesulfonate piperazine salt	1515
2,5-Dihydroxybenzenesulfonic acid calcium salt	1759
2,5-Dihydroxybenzenesulfonic acid compound with diethylamine	1709
(3β)-3,14-Dihydroxybufa-4,20,22-trienolide	1347
[R-(R*,R*)]-2,3-Dihydroxybutane-dioic acid monopotassium salt	767
(3β,5α)-3,14-Dihydroxycard-20(22)-enolide	1804
3α,7α-Dihydroxy-5β-cholan-24-oic acid	1528, 1532
3α,7β-Dihydroxy-5β-cholan-24-oic acid bis(hydrogen sulfate)	1533
(+)-(3R,5R)-3,5-Dihydroxy-7-[(1S,2S,6R,8S,8aR)-6-hydroxy-2-methyl-8-[(S)-2-methylbutyryloxy]-1,2,6,7,8,8a-hexahydro-1-naphthyl]heptanoic acid	1507
Dihydroxy(6-methyl-8-quinolinolato)bismuth	1801
3',4'-Dihydroxy-2-(methylamino)-acetophenone	1687
3',4'-Dihydroxy-2-(methylamino)-acetophenone hydrochloride	1688
6,7-Dihydroxy-4-methylcoumarin bis(hydrogen sulfate)	1721
6,7-Dihydroxy-4-(morpholinomethyl)coumarin	1763
6,7-Dihydroxy-4-(morpholinomethyl)coumarin hydrochloride	1764
7-[2-[2-(3,4-Dihydroxyphenyl)-2-hydroxyethylamino]ethyl]-theophylline	1855
(2R-trans)-2-(3,4-Dihydroxyphenyl)-3,4-dihydro-1-benzopyran-3,5,7-triol	1790
2-(3,4-Dihydroxyphenyl)-3,5,7-trihydroxy-4H-1-benzopyran-4-one	1768
2-(3,4-Dihydroxyphenyl)-3,5,7-trihydroxy-4H-1-benzopyran-4-one pentabenzyl ether	1769

Name and Synonym Index

Dihyzin	341	Dilurgen	736
diiodobuphenine	283, 832	Dilvax	858
diiodoricinstearolic acid	1905	Dilydrin	885
Diiodyl	1905	Dilzem	1113, 1379
Diisopropylamine Dichloroacetate	844	Dilzene	1113, 1379
(±)-cis-4-[2-(Diisopropylamino)-ethyl]-4,4a,5,6,7,8-hexahydro-1-methyl-4-phenyl-3H-pyrido-[1,2-c]pyrimidin-3-one	1040	dimethophrine	1828
		(±)-6-[3-(3,4-Dimethoxybenzyl-amino)-2-hydroxypropoxy]-2(1H)-quinolinone	1353
(±)-α-[2-(Diisopropylamino)ethyl]-α-isobutyl-2-pyridineacetamide	1181	3-[3-[[[(7S)-3,4-Dimethoxybicyclo-[4.2.0]octa-1,3,5-trien-7-yl]-methyl]methylamino]propyl]-1,3,4,5-tetrahydro-7,8-dimethoxy-2H-3-benzazepin-2-one	1245, 1033
α-[2-(Diisopropylamino)ethyl]-α-phenyl-2-pyridineacetamide	1118		
α-[2-(Diisopropylamino)ethyl]-α-phenyl-2-pyridineacetamide phosphate	1119		
Dilabar	5, 299	3-[3-(3,4-Dimethoxyphenethyl)-methylamino]propyl]-1,3,4,5-tetrahydro-7,8-dimethoxy-2H-3-benzazepin-2-one	1246
Dilacor XR	608, 950, 1113		
Diladel	1113, 1379		
Dilafurane	1366	3-[3-[(3,4-Dimethoxyphenethyl)-methylamino]propyl]-1,3,4,5-tetrahydro-7,8-dimethoxy-2H-3-benzazepin-2-one hydrochloride	1034, 1247
Dilanacin	1283		
Dilangil	1405		
Dilangio	594, 822		
Dilantin	1182		
Dilasenil	97, 879	2-[3-(3,4-Dimethoxyphenethyl)-methylamino]propyl]-5,6-methoxy-phthalimidine	1134
Dilatal	885		
Dilatol	885		
Dilatrate	969, 1400	4,9-Dimethoxy-7-methyl-5H-furo-[3,2-g][1]benzopyran-5-one	1403
Dilatrate-SR, component of	1400		
Dilatrend	160, 305	(-)-p-[3-[(3,4-Dimethoxyphen-ethyl)amino]-2-hydroxypropoxy]-β-methylcinnamonitrile	199
Dilatrend	942		
Dilatropon	885		
Dila-Vasal	1366	(-)-(R)-α-[[(3,4-Dimethoxy-phenethyl)amino]methyl]-p-hydroxybenzyl alcohol	1278
Dilavase	865		
Dilazep	1376		
Dilazep Dihydrochloride	1377	(±)-1-[(3,4-Dimethoxyphen-ethyl)amino]-3-(m-toloxy)-2-propanol	134, 273 925, 1070
Dilcit	861		
Dilcoran 80	1004		
Dilcoran-80	1418		
Dilevalol	91, 167, 342	(±)-1-[(3,4-Dimethoxyphen-ethyl)amino]-3-(m-toloxy)-2-propanol hydrochloride	135, 274 926, 1071
Dilevalol Hydrochloride	168, 343		
Dilevalon	167, 342		
Dilexpal	861		
Dilpral	1113, 1379	2-[93,4-Dimethoxyphenethyl)-imino]-1-methylpyrrolidine	1410
Dilrene	1113, 1379		
Diltiazem	607, 949 1112, 1378	1-[[p-[3-[(3,4-Dimethoxyphen-ethyl)methylamino]propoxy]-phenyl]sulfonyl]-2-isopropyl-indolizine	362, 616
Diltiazem Hydrochloride	608, 950 1113		
Diltiazem Hydrochloride, d-cis form	1379	5-[(3,4-Dimethoxyphen-ethyl)methylamino]-2-(3,4-dimethoxyphenyl)-2-iso-propylvaleronitrile	671, 1029, 1239
Diltiazem Malate	609, 951, 1114		
diluran	674, 1856		

Name and Synonym Index

5-[(3,4-Dimethoxyphen-
ethyl)methylamino]-2-(3,4-
dimethoxyphenyl)-2-iso-
propylvaleronitrile
hydrochloride   672, 1030
    1240
5-[(3,4-Dimethoxyphen-
ethyl)methylamino]-2-iso-
propyl-2-(3,4,5-trimethoxy-
phenyl)valeronitrile   624, 961
d-5-[(3,4-Dimethoxyphenethyl)-
methylamino]-2-isopropyl-2-
(3,4,5-trimethoxyphenyl)-
valeronitrile hydrochloride   606
5-[(3,4-Dimethoxyphenethyl)-
methylamino]-2-isopropyl-2-
(3,4,5-trimethoxyphenyl)-
valeronitrile hydrochloride   625
5-[(3,4-Dimethoxyphenethyl)-
methylamino]-2-isopropyl-2-
(3,4,5-trimethoxyphenyl)-
valeronitrile hydrochloride   633, 962
d-5-[(3,4-Dimethoxyphenethyl)-
methylamino]-2-isopropyl-2-
(3,4,5-trimethoxyphenyl)
valeronitrile hydrochloride   963
l-5-[(3,4-Dimethoxyphenethyl)-
methylamino]-2-isopropyl-2-
(3,4,5-trimethoxyphenyl)
valeronitrile hydrochloride   964
2-(3,4-Dimethoxyphenyl)-2-
isopropyl-5-[(m-methoxy-
phenethyl)methylamino]
valeronitrile   948, 1107
1-(2,4-Dimethoxyphenyl)-3-(4-
methoxyphenyl)-2-propen-1-one   749
1-(6,7-Dimethoxy-1-phthalazinyl)-4-
piperidyl ethylcarbamate   1270
1-[4,7-Dimethoxy-6-[2-(1-
pyrrolidinyl)ethoxy]-5-benzo-
furanyl]-3-methylurea   1098
(3β,16β,17α,18β,20α)-11,17-
Dimethoxy-18-[[1-oxo-3-(3,4,5-
trimethoxyphenyl)-2-propenyl]-
oxy-3,20-yohimban-16-
carboxylic acid methyl ester   529
(+)-5-[2-(Dimethylamino)ethyl]-
cis-2,3-dihydrohydroxy-2-(p-
methoxyphenyl)-1,5-benzothi-
azepin-4(5H)-one acetate (ester)
(S)-malate (1:1) mono-
hydrochloride   609, 951
    1114
(+)-5-[2-(Dimethylamino)ethyl]-
cis-2,3-dihydrohydroxy-2-(p-
methoxyphenyl)-1,5-benzothi-
azepin-4(5H)-one acetate (ester)   607, 949
    1112, 1378
(+)-5-[2-(Dimethylamino)ethyl]-
cis-2,3-dihydrohydroxy-2-(p-
methoxyphenyl)-1,5-benzothi-
azepin-4(5H)-one acetate (ester)
monohydrochloride   608, 950
    1113, 1379
7-[2-(Dimethylamino)ethyl]-
theophylline [(7-hydroxy-4-
methyl-2-oxo-2H-1-benzo-
pyran-6-yl)oxy]acetate   1766
N-[2-[[5-[(Dimethylamino)methyl]-
furfuryl]thio]ethyl]-N'-methyl-
2-nitro-1,1-ethylenediamine   772
N-[2-[[5-[(Dimethylamino)methyl]-
furfuryl]thio]ethyl]-N'-methyl-
2-nitro-1,1-ethylenediamine
compound with
bismuth (3+) citrate (1:1)   773
N-[2-[[5-[(Dimethylamino)methyl]-
furfuryl]thio]ethyl]-N'-methyl-
2-nitro-1,1-ethylenediamine
hydrochloride   774
5-[2-(Dimethylamino)ethoxy]-
carvacryl isopropyl carbonate   862
5-[2-(Dimethylamino)ethoxy]-
carvacryl isopropyl carbonate
hydrochloride   863
2-[o-[2-(Dimethylamino)ethoxy]-
phenyl]-4,5-diphenylimidazole   1633
(±)-trans-4-(Dimethylamino)-1-
(2-hydroxycyclohexyl)-2',6'-
isonipectoxylidide   1238
(±)-2-(Dimethylamino)-1-[[o-(m-
methoxyphenethyl)phenoxy]ethyl
hydrogen succinate   1615
2,2-Dimethylbutryic acid 8-ester
with (4R,6R)-6-[2-[(1S,2S,6R,8S,8aR)-
1,2,6,7,8,8a-hexahydro-8-hydroxy-
2,6-dimethyl-1-naphthyl]ethyl]tetra-
hydro-4-hydroxy-2H-pryan-2-one   1511
N,N-Dimethylcarbamoylmethyl-p-(p-
guanidinobenzoyloxy)phenylacetate   65
N,N-Dimethylcarbamoylmethyl-p-(p-
guanidinobenzoyloxy)phenylacetate
monomethanesulfonate   66
Dimethyl 4-[o-(difluoromethoxy)-
phenyl]-1,4-dihydrodimethyl-
3,5-pyridinedicarboxylate   662

Name and Synonym Index

Dimethyl 1,4-dihydrodimethyl-4-(o-nitrophenyl)-3,5-pyridinedicarboxylate	476, 647 987, 1413
(-)-[(S)-2,2-Dimethyl-1,3-dioxolan-4-yl]methyl p-[(S)-2-hydroxy-3-[[2-(4-morpholinecarboxamido)-ethyl]amino]propoxy]hydrocinnamate	178
5-[3-[(1,1-Dimethylethyl)amino]-2-hydroxypropyl]-3,4-dihydroquinolinone	158, 303 940, 1099
5-[3-[(1,1-Dimethylethyl)amino]-2-hydroxypropyl]-3,4-dihydroquinolinone hydrochloride	159, 304 941, 1100
5,6-Dimethyl-4-methyl-2(1H)-quinazolinone	1259, 1361
5,6-Dimethyl-4-methyl-2(1H)-quinazolinone monohydrochloride	1260, 1362
(±)-cis-2,6-Dimethyl-α-phenyl-α-2-pyridyl-1-piperidinebutanol	1188
(±)-cis-2,6-Dimethyl-α-phenyl-α-2-pyridyl-1-piperidinebutanol monohydrochloride	1189
(±)-6-[2-[(1,1-Dimethyl-3-phenylpropyl)amino]-1-hydroxyethyl]-3,4-dihydrocarbostyril	141
N-[4-(2,6-Dimethylpiperidino)-butyl]-2-phenoxy-2-phenyl-acetamide	1176
dimethylpropranolol [pranolium]	1194
4-[6-(2,5-Dimethylpyrrol-1-yl)-amino]-3-pyrazinyl]morpholine	461
7,8-Dimethyl-10-(D-ribo-2,3,4,5-tetrahydroxypentyl)isoalloxazine 5'-(dihydrogen phosphate)	1675
7,8-Dimethyl-10-(D-ribo-2,3,4,5-tetrahydroxypentyl)isoalloxazine 5'-(dihydrogen phosphate) monosodium salt	1676
3,3-Dimethyl-5-(1,4,5,6-tetrahydro-6-oxo-3-pyridazinyl)-2-indolinone	1312
3,7-dimethylxanthine	781, 1352
2,2-Dimethyl-5-(2,5-xylyloxy) valeric acid	1477
Dimetofrine	1828
Dimetofrine Hydrochloride	1829
dimetrophine	1828
Dimitone	160, 305, 942
Dimitron	603, 843
Dimoxyline	845
Dinaplex	622, 853
Diniket	969, 1400
dinitrochlorohydrin	1373
Diosmil	1758
Diosmin	1758
Diosmol	734
Diosven	1758
Diovenor	1758
Dioxadilol	344, 952, 1115
(1,4-Dioxaspiro[4.5]dec-2-ylmethyl)guanidine	382, 799
(1,4-Dioxaspiro[4.5]dec-2-ylmethyl)guanidine sulfate	383, 800
dioxyline	845
Dioxyline Phosphate	1284
DIPA-DCA	844
Diphantoine	1183
Diphenin	1183
Diphenoxylate	1794
Diphenoxylate Hydrochloride	1795
Diphenylan sodium	1183
(±)-2-(2,2-diphenylcyclopropyl)-2-imidazoline	1101
(±)-2-(2,2-Diphenylcyclopropyl)-4,5-dihydroimidazole	1101
(±)-2-(2,2-Diphenylcyclopropyl)-4,5-dihydroimidazole succinate	1102
5,5-Diphenylhydantoin	1182
5,5-Diphenylhydantoin sodium salt	1183
2-(Diphenylmethoxy)-N,N-dimethylethylamine-N-oxide 2-oxo-10-bornanesulfonate	249
2-[4-(Diphenylmethyl)-1-piperazinyl]ethyl methyl (±)-1,4-dihydro-dimethyl-4-(m-nitrophenyl)-3,5-pyridinecarboxylate	435, 638
2-[4-(Diphenylmethyl)-1-piperazinyl]ethyl methyl (±)-1,4-dihydro-dimethyl-4-(m-nitrophenyl)-3,5-pyridinecarboxylate dihydrochloride	436
2-[4-(Diphenylmethyl)-1-piperazinyl]ethyl methyl (±)-1,4-dihydrodimethyl-4-(m-nitrophenyl)-3,5-pyridinecarboxylate dihydrochloride monohydrate	640
2-[4-(Diphenylmethyl)-1-piperazinyl]ethyl methyl (±)-1,4-dihydrodimethyl-4-(m-nitrophenyl)-3,5-pyridinedicarboxylate	637

Name and Synonym Index

2-[4-(Diphenylmethyl)-1-piperazinyl]ethyl-methyl-(±)-1,4-dihydrodimethyl-4-(m-nitrophenyl)-3,5-pyridinedicarboxylate hydrochloride	639	Discotrine	994, 1415
		Disgren	1634
		Di-Sipidin	1815
		Disobutamide	1117
3-[1-(Diphenylmethyl)-3-azetidinyl] 5-isopropyl (±)-2-amino-1,4-dihydromethyl-4-(m-nitrophenyl)-3,5-pyridinedicarboxylate	256, 590	Disodium pentacyanonitrosyl ferrate(2-)	537
		Disodium pentacyanonitrosyl ferrate(2-) dihydrate	538, 894
		Diso-Duriles	1119
2-(Diphenylmethylene)butylamine	1832	Disopyramide	1118
2-(Diphenylmethylene)butylamine hydrochloride	1833	Disopyramide Phosphate	1119
		Disorat	182, 447
1,2-Diphenyl-4-[2-phenylsulfinyl)-ethyl]-3,5-pyrazolidinedione	1618	Disorlon	969, 1400
		Disotat	844
1,2-Diphenyl-4-[2-(phenylsulfinyl)-ethyl]-3,5-pyrazolidinedione	1935	Dissenten	1800
		Disulfamide	715
(+)-(S)-3-(4,4-Diphenylpiperidino)-propyl methyl 1,4-dihydrodimethyl-4-(n-nitrophenyl)-3,5-pyridinecarboxylate	990	disulphamide	715
		Ditaven	1282
		Diticyl	1526
		Diucardin	406, 730
N-(3,3-Diphenylpropyl)-α-methylbenzylamine	619, 1388	Diucardyn sodium	739
		Diucen	267, 693
N-(3,3-Diphenylpropyl)-α-methylbenzylamine hydrochloride	620, 1389	Diulo	449, 750
		Diumax	765
		Diumide-K	406, 730
N-(3,3-Diphenylpropyl)-α-methylphenethylamine	660, 1424	Diupres	312, 707
		Diupres, component of	530
N-(3,3-Diphenylpropyl)-α-methylphenethylamine lactate	661, 1425	Diural	376, 725
		Diurapid	690
(±)-2-[(3,3-Diphenylpropyl)-methylamino]-1,1-dimethylethyl methyl 1,4-dihydrodimethyl-4-(m-nitrophenyl)-3,5-pyridinedicarboxylate	426, 629	Diurazine	704
		Diurese	790
		Diuretics	**673-796**
		Diuretic salt	376, 725
		diureticum-Holzinger	674, 1856
(±)-2-[(3,3-Diphenylpropyl)-methylamino]-1,1-dimethylethyl methyl 1,4-dihydrodimethyl-4-(m-nitrophenyl)-3,5-pyridinedicarboxylate hydrochloride	427, 630	Diurexan	583, 795
		Diuril	312, 707
		Diuril Boluses	312, 707
		Diuril Lyovac	312, 707
		diuriwas	674, 1856
		Diurone	706
2,2',2'',2'''-[(4,8-Dipiperidinyl-pyrimido[5,4-d]pyrimidine-2,6-diyl)dinitrilo]tetraethanol	1380, 1576	diutazol	674, 1856
		Diutensen-R, component of	530
		Divadilan	865
Diprafenone	1116	Dixina	1283
p-(Dipropylsulfamoyl) benzoic acid	1933	DJ-1461	282, 831
		DK-7419	1561
Dipyridamole	1380, 1576	DL-152	275, 276
Dipyridan	1380, 1576	dl-nebivolol	193, 473
Dira	776, 1782	DMP-754	1613
Dirythmin SA	1119	Doberol	230, 568, 1023
Disal	376, 725	Dobesilate Calcium	1759
Disamide	715	Doburil	331
Discoid	376, 725	Dobutamine	1285

Name and Synonym Index

Dobutamine Hydrochloride	1286	Duolip	1519
Dobutamine Lactobionate	1287	Duolite AP-143 Resin	1456, 1509, 1866
Dobutrex	1286	DuP 753	55
Docarpamine	1288	DuP-753	434
Dociton	212, 517, 1010, 1204	DUP-753	434
Doclizid T	705	Duracebrol	97, 879
Dofetilide	1120	Durafurid	376, 725
Dokim	1283	Duramax	1562
Dolean ph 8	1562	Duramipress	104, 513, 892
Donaseven	1701	Duranifin	1413
donmox	674, 1856	Duranitrat	969, 1400
Dopacard	1291	Duranol	212, 517, 1010, 1204
Dopamet	444	Durapatite	1894
Dopamine	1289, 1830	Durapental	887
Dopamine Hydrochloride	1290, 1831	Durapindol	205, 508, 888
Dopastat	1290, 1831		1005, 1187
Dopegyt	444	Duraquin	1209
Dopexamine	1291	Duraspiron	776, 1782
Dopexamine Hydrochloride	1292	Duretic	441, 746
Dopom	387	Duronitrin	1028, 1435
Dopropidil	953	Dusodril	874
Doralese	90, 417	Duviculine	865
Dormate	437	DV-1	1801
Dorzolamide	1860	Dyazide	405, 729, 789
Dorzolamide Hydrochloride	1861	Dylate	1373
Dowex 1-X2-Cl	1866	DynaCirc	420, 626, 971
Doxaminol	1293	Dynacrine	420, 626, 971
Doxazosin	83, 345	Dynamos	1283
doxazosin mesylate	84, 346	Dynatra	1290, 1831
Doxazosin Monomethane-sulfonate	84, 346	Dynorm	7, 319
Doxium	1759	Dynothel	1457
DQ-2466	160, 305, 942	Dyprin	1542
Drenaren	1526	Dyrenium	789
Drenusil	511, 766	Dytide, component of	267
Drobuline	1121		
Dronedarone	1122	E-141	1709
Droprenilamine	1381	E-5510	1616
Droprenilamine Hydrochloride	1382	E-614	579, 792
droprenylamine	1381	E-643	287
Drosteakard	1030, 1240	EACA	1697, 1700
Droxicainide	1123	Ebrantil	581
Dryptal	376, 725	Ebucin	1885
DS-4823	535, 664, 1013	ecadotril	1784
DT-327	328, 711	ecarazine	565
Du Pont 753	434	Ecazide, component of	5, 299
DU-1219	1, 236	ECM	1562
Dubimax	873	Ecodipi	1413
Dulasi	895	Ecolid	311, 798
Dulcion	86	Ecolid chloride	311, 798
Dulcotil	895	Ecotrin	1562
Dulofibrate	1468	Ecrinal	1136
Duncaine	1149	Edecril	718

Name and Synonym Index

Edecrin	718	Emilium Tosylate	1126
Edecrin sodium	717	Eminase	1729
Edemex	267, 693	(S)-emopamil	631
edemox	674, 1856	Empirin	1562
Edifolone	1124	Emplets Potassium Chloride	1908
Edifolone Acetate	1125	Emvoncor	137, 278
EDPA	1832	EN-313	1167
Edrul®	468, 752	Enacard	11, 350
Efaroxan	85	Enalapril	10, 349
Efegatran	1577	Enalapril Maleate	11, 350
Efegatran Sulfate	1578	Enalaprilat	12, 351
Efektolol	212, 517, 1010, 1204	enalaprilic acid	12, 351
Effontil	1836	Enaloc	11, 350
Effortil	1836	Enapren	11, 350
Effortilvet	1836	Encainide	1127
Efloxate	1383	Encainide Hydrochloride	1128
Efonidipine	347, 610	Encaprin	1562
Efonidipine Hydrochloride	348, 611	Endak	159, 304
Efortil	1836	Endak	941, 1100
Efuranol	1237	Endecril	718
Eglen	603, 843	Endojodin	1912
EGYT-201	594, 822	Endoprost	860, 1583
EGYT-739	385	Endralazine	352, 847
(all Z)-5,8,11,14,17-Eico-		endralazine mesylate	353, 848
sapentaenoic acid	1480	Endralazine Monomethane-	
Ekko	1182	sulfonate	353, 848
EL-466	1500	Enduron	441, 746
Elan	970, 1401	Enduronyl, component of	336
Elanpres	444	Enduronyl	441, 746
Elantan	970, 1401	Endydol	1562
Elaqua XX	794	Eniclobrate	1469
Elase, component of	1734	Enkade	1128
Elase-Chloromycetin,		Enkaid	1128
component of	1734	Enoxaparin Sodium	1579
Elasterin	1472	Enoximone	1294
Elbol	212, 517, 1010, 1204	entericin	1562
ELD-950	846	enterophen	1562
eldrin	1770	Enterosarine	1562
Elecor	660, 1424	Entodon	1912
Eledoisin	846	Entrophen	1562
Elgodipine	612, 954	Enturen	1618, 1935
Elgodipine Hydrochloride	613, 955	Envacar	397
Elisor	1508	Eoden	1306
Elkapin	721	Ep	1678
Ellagic Acid	1708	Epadora	1656
Elodrine	406, 730	Epanolol	169, 354, 956
Emcor	137, 278	Epanutin	1183
EMD-26644	1627	Epicainide	1129
EMD-33512	136, 277	Epithiazide	355, 716
EMD-34853	1516	Eplerenone	1777
EMD-45609	302	Epo	1678
Emesazine, component of	843	Epoade	1646, 1678
Emex	1701	EPOCH	1647

Name and Synonym Index

Epoetin-α	1646	Erythropoietin	1678
Epoetin-β	1647	ES-771	1422
Epogen	1646, 1678	ES-902	1423
Epogin	1647, 1678	Esametina	399, 802
14,15β-Epoxy-3β-hydroxy-5β-bufa-20,22-dienolide	1345	Esantene	861
		Esbatal	272
9,11α-Epoxy-17-hydroxy-3-oxo-17α-pregn-4-ene-7α,21-dicarboxylic acid σ-lactone methyl ester	1777	Escin	1760
		α-Escin	1761
		β-Escin	1762
		Escor	477, 649, 991
Eprex	1646, 1678	ESF	1678
Eprosartan	51, 356	Esidrex	405, 729
Eprosartan Mesylate	52, 357	Esimil, component of	388
Eprosartan Methanesulfonate	52, 357	Esimil	405, 729
Eproxindine	1130	Eskaserp	530
Epsikapron	1697, 1700	Eskel	1403
Epsom salts	1155, 1901	Esmarin	790
epsomite	1155, 1901	Esmolol	170, 1132
eptastatin	1507	Esmolol Hydrochloride	171, 1133
eptastatin sodium	1508	Esomid chloride	400, 803
Equibar	444	Espo	1646, 1678
Eraldin	207, 1191	Esradin	420, 626, 971
Erco-Fer	1662	component of: Estivin II	1874
Ergobel	97, 879	Estulic	391
Ergodesit	86	ET-495	889
Ergohydrin	86	Etafenone	614, 1385
Ergoloid Mesylates	86	Etafenone Hydrochloride	615, 1386
Ergoplus	86	etamsylate	1709
Ergotop	97, 879	Ethacrynate Sodium	717
erinitrit	893	Ethacrynic Acid	718
eritrityl tetranitrate	1384	Ethamide	720, 1862
Errolon	376, 725	Ethamsylate	1709
Ersentilide	1131	Ethaphene	1851
Erypo	1646, 1678	Ethebenecid	1924
Erythritetranitrat	883	Ethiazide	358, 719
Erythritol Tetranitrate	883, 957, 1384	ethmosine	1167
(±)-erythro-2,3-dihydro-[1-[(4-phenylbutyl)amino]-ethyl]benzo[b]thiophene-5-methanol	111, 560	Ethmozine	1167, 1168
		ethofibrate	1471
		Ethomoxane	359
		Ethomoxane Hydrochloride	360
erythro-p-(Isopropylthio)α-[1-octylamino)ethyl]-benzyl alcohol	895	6-Ethoxy-2-benzothiazole-sulfonamide	720, 1862
		(±)-α-[(6-Ethoxy-2-benzo-thiazolyl)thio]hydra-tropic acid	1516
erythrol tetranitrate	883, 957, 1384		
Erythrophleine	1295	N-Ethoxycarbonyl-3-morpholinylsydnoneimine	1411
erythropoiesis stimulating factor	1678		
		(S)-3-(N-[(S)-1-Ethoxycarbonyl-3-phenylpropyl]-L-alanyl)-1-methyl-2-oxoimidazoline-4-carboxylic acid	18, 410
1-165 Erythropoietin (human clone λHEPOFL13 protein moiety), glycoform α	1646		
1-165 Erythropoietin (human clone λHEPOFL13 protein moiety), glycoform β	1647	(S)-3-(N-[(S)-1-Ethoxycarbonyl-3-phenylpropyl]-L-alanyl)-1-	

Name and Synonym Index

methyl-2-oxoimidazoline-4-carboxylic acid monohydrochloride   19, 411
(-)-(R)-5-[2-[[2-(o-Ethoxyphenoxy)-ethyl]amino]propyl]-2-methoxy-benzenesulfonamide   105
(±)-(R)-5-[2-[[2-(o-Ethoxyphenoxy)-ethyl]amino]propyl]-2-methoxy-benzenesulfonamide hydrochloride   106
(-)-(R)-5-[2-[[2-(o-Ethoxyphenoxy)-ethyl]amino]propyl]-2-methoxy-benzenesulfonamide hydrochloride   107
(-)-(S)-5-[2-[[2-(o-Ethoxyphenoxy)-ethyl]amino]propyl]-2-methoxy-benzenesulfonamide hydrochloride   108
1-(4-Ethoxy-3-methoxybenzyl)-6,7-dimethoxy-3-methylisoquinoline   845
18-[[4-[(Ethoxycarbonyl)oxy]-3,5-dimethoxybenzoyl]oxy]-11,17-dimethoxyyohimban-16-carboxylic acid methyl ester   546
2-Ethoxy-1-[p-(o-1H-tetrazol-5-yl-phenyl)benzyl]-7-benzimid-azolecarboxylate cyclohexyl-carbonate (ester)   298
2-Ethoxy-1-[p-(o-1H-tetrazol-5-yl-phenyl)benzyl]-7-benzimidazole-carboxylic acid   49, 297
ethoxyzolamide   720, 1862
Ethyl Adrianol   1836
Ethyl (3S)-3-[3-[(p-amidino-phenyl)carbamoyl]propion-amido]-4-pentynoate   1031
Ethyl (3S)-3-[3-[(p-amidinophen-yl)carbamoyl]propionamido]-4-pentynoate hydrochloride   1032
Ethyl 5,6-bis-O-(p-chlorobenzyl)-3-O-propyl-d-glucofuranoside   1757
Ethyl 2-[4,5-bis(p-methoxyphenyl)-2-thiazolyl]pyrrole-1-acetate   1733
(±)-Ethyl 2-[3-(tert-butylamino)-2-hydroxypropoxy]-5-(2-thienocarboxamido)benzoate   224, 784
Ethyl (αR,σR,2S)-2-carboxy-α,σ-dimethyl-δ-oxo-1-indoline valerate   27, 494
Ethyl (S)-2-[[(S)-1-[(carboxymethyl)-2-indanylcarbamoyl]ethyl]amino]-4-phenylbutyrate   8, 334
Ethyl (S)-2-[[(S)-1-[(carboxymethyl)-2-indanylcarbamoyl]ethyl]amino]-4-phenylbutyrate monohydrochloride   9, 335
Ethyl 2-(4-chlorophenoxy)-2-methylpropionate   1462
Ethyl (±)-2-[[α-(p-chlorophenyl)-p-tolyl]oxy]-2-methylbutyrate   1444
ethyl cinepazate   945
Ethyl [[8-chloro-3-[2-(diethyl-amino)ethyl]-4-methyl-2-oxo-2H-1-benzopyran-7-yl]oxy]acetate   1374, 1568
Ethyl [[8-chloro-3-[2-(diethyl-amino)ethyl]-4-methyl-2-oxo-2H-1-benzopyran-7-yl]oxy]acetate hydrochloride   1375, 1569
Ethyl 5-(N,N-dimethylglycyl)-10,11-dihydrodibenz[b,f]-azepine-3-carbamate   1232
(-)-3-Ethyl hydrogen (R)-3,4-thiazolidinedicarboxylate   1517
Ethyl (Z)-[[1-N-[(p-hydroxy-amidino)benzoyl]-L-alanyl]-4-piperidyl]oxy]acetate   1617
Ethyl all-cis-5,8,11,14,17-icosa-pentaenoic acid   1470
Ethyl Icosapentate   1470
Ethyl (m-methoxybenzyl)dimethyl-ammonium p-toluenesulfonate   1126
Ethyl methyl 4-(2,3-dichloro-phenyl)-1,4-dihydrodimethyl-3,5-pyridinedicarboxylate   363, 617 958
(±) Ethyl methyl 4-(2,3-dichloro-phenyl)-1,4-dihydrodimethyl-3,5-pyridinedicarboxylate   364, 618 959
Ethyl methyl 1,4-dihydrodimethyl-4-[2,3-(methylenedioxy)phenyl]-3,5-pyridinedicarboxylate   654
(±)-Ethyl methyl-1,4-dihydro-dimethyl-4-(m-nitrophenyl)-3,5-pyridinedicarboxylate   480, 652
Ethyl 10-(3-morpholino-propionyl)phenothiazine-2-carbamate   1167
Ethyl 10-(3-morpholinopropion-yl)phenothiazine-2-carbamate hydrochloride   1168
Ethyl 3-(1-phthalazinyl)carbazate   565
Ethyl 3-(1-phthalazinyl)carbazate hydrochloride   566
Ethyl 1,2,3,6-tetrahydro-2,6-dioxo-4-pyrimidinecarboxylate   1929

Name and Synonym Index

(4S,6S)-4-(Ethylamino)-5,6-dihydro-methyl-4H-thieno[2,3-b]thiopyran-2-sulfonamide 7,7-dioxide 1860
(4S,6S)-4-(Ethylamino)-5,6-dihydro-methyl-4H-thieno[2,3-b]thiopyran-2-sulfonamide 7,7-dioxide hydrochloride 1861
α-[(Ethylamino)methyl]-m-hydroxybenzyl alcohol 1834
(±)-α-[(Ethylamino)methyl]-m-hydroxybenzyl alcohol 1835
(±)-α-[(Ethylamino)methyl]-m-hydroxybenzyl alcohol hydrochloride 1836
2-Ethylbenzofuranyl 4-hydroxy-3,5-diiodophenyl ketone 1366
2-Ethyl-3-benzofuranyl p-hydroxyphenylketone 1753
(±)-α-Ethyl-4-biphenylacetic acid 1527
Ethyl-(+)-(R)-2-[6-(p-chlorophenoxy)hexyl]glycidate 1296
Ethyl-α-p-chlorophenoxy-isobutyrate 1462
Ethyl-1-(3-cyano-3,3-diphenyl-propyl)-4-phenylisonipecotate 1794
Ethyl-1-(3-cyano-3,3-diphenyl-propyl)-4-phenylisonipecotate monohydrochloride 1795
(+)-(R)-2-(2-Ethyl-2,3-dihydro-benzofuranyl)-2-imidazoline 81
(±)-2-(2-Ethyl-2,3-dihydro-benzofuranyl)-2-imidazoline 85
4-Ethyl-6,7-dimethoxyquinazoline 1344
(+)-(S,S)-Ethylenebis[(methylimino)-(2-ethylethylene)]bis(3,4,5-tri-methoxybenzoate) 1091
(+)-(S,S)-Ethylenebis[(methylimino)-(2-ethylethylene)]bis(3,4,5-tri-methoxybenzoate) dihydrochloride 1092
Ethyl-6-[ethyl(2-hydroxypropyl)-amino]-3-pyridazinecarbazate 296
(±)-4'-[4-(Ethylheptylamino)-1-hydroxybutyl]methane-sulfonanilide 1140
(±)-4'-[4-(Ethylheptylamino)-1-hydroxybutyl]methanesulfon-anilide fumarate (2:1) (salt) 1141
2-Ethyl-2-(hydroxymethyl)-1,3-propanediol trinitrate 1426
4-Ethyl-5-isonicotinoyl-4-imid-azolin-2-one 1337
3-Ethyl-5-methyl (±)-2-[(2-aminoethoxy)methyl]-4-(o-chlorophenyl)-1,4-dihydromethyl-3,5-pyridinedicarboxylate 244, 586, 911
3-Ethyl-5-methyl (±)-2-[(2-aminoethoxy)methyl]-4-(o-chlorophenyl)-1,4-dihydro-methyl-3,5-pyridine-dicarboxylate maleate 246, 588, 913
3-Ethyl-5-methyl (±)-2-[(2-aminoethoxy)methyl]-4-(o-chlorophenyl)-1,4-dihydro-methyl-3,5-pyridine-dicarboxylate mono-benzenesulfonate 245, 587, 912
α-Ethyl-p-[2-[(α-methylphen-ethyl)amino]ethoxy]benzyl alcohol 1297
α-Ethyl-p-[2-[(α-methylphen-ethyl)amino]ethoxy]benzyl alcohol hydrochloride 1298
Ethyl-[(4-oxo-2-phenyl-4H-1-benzopyran-7-yl)oxy]acetate 1383
ethylphenylephrine 1834
(±)-p-[3-[Ethyl[3-(propylsulfinyl)-propyl]amino]-2-hydroxy-propoxy]benzonitrile 1044
N-[(1-Ethyl-2-pyrrolidinyl)-methyl]benzilamide 1129
4-Ethyl-7-[(5-thio-β-D-xylo-pyranosyl)oxy]coumarin 1582
Ethyl-4-(3,4,5-trimethoxy-cinnamoyl)-1-piperazineacetate 945
Ethyl-4-(3,4,5-trimethoxy-cinnamoyl)-1-piperazineacetate maleate 946
4'-Ethynyl-2-fluorobiphenyl 1580
Eticlopride 361
Etifelmin 1832
Etifelmin Hydrochloride 1833
etiladrianol 1834
Etilefrin 1834
Etilefrin dl-form 1835
Etilefrin dl-form Hydrochloride 1836
Etioven 1767
Eti-Puren 1836
Etofibrate 1471
etofylline clofibrate 1519
Etomoxir 1296
Etozolin 721
Etrynit 1426
ETTN 1426
ettriol trinitrate 1426
EU-1806 874
EU-4200 889

Name and Synonym Index

Eucardic	160, 305, 942	FBA-1464	380
Eucardion	947	FCE-22178	1612
Eucast	875	Fecarb	1659
Eucilat	1263, 1365	Feinalmin	1237
Euclidan	876	Feloday	363, 364, 617
Euctan	570		618, 849, 958
Eudatin	485		959, 1387
Eudemine injection	339	Felodipine (dl form)	618, 959
Eudigox	1283	Felodipine	363, 617, 849
Eudilat	1263, 1365		958, 1387
Eulip	1521	Felodipine dl form	364
Eulipos	1457	Felypressin	1811
Eunephran	293, 699	Fenalcomine	1297
Eupressyl	581	Fenalcomine Hydrochloride	1298
Euprovasin	211, 516, 1009, 1203	Fenate	1645
EureCor	969, 1400	Fendilar	620, 1389
Eurelix	765	Fendiline	619, 1388
Eurex	104, 513, 892	Fendiline Hydrochloride	620, 1389
Eurtadal	137, 278	Fenidrone	1932, 7906
Eusmanid	272	Fenobrate	1472
Euteberol	776, 1782	Fenofibrate	1472
Eutensin	376, 725	Fenoldopam	365
Eutensol	387	fenoldopam mesylate	366
Eutonyl	486	Fenoldopam	
Eutron	441, 746	Monomethanesulfonate	366
Eutron, component of	486	Fenotard	1472
Euvasal	895	Fenoxedil	850
EX-4810	242, 680	Fenoxedil Hydrochloride	851
Exacor	1102	fenoximone	1294
Examen, component of	1671	Fenquizone	367, 723
Excedrin	1562	Fenquizone	
Exna	267	Monopotassium	368, 724
ExNa	267, 693	Fenspiride	87
Exna	693	Fenspiride Hydrochloride	88
Exosalt	267, 693	Feojectin	1652
Extentabs	1210	Feosol	1667
extren	1562	Feospan	1667
		Fepstat	1662
		Ferancee, component of	1662
FAC	1641	Ferastral	1669
Factor 1	1713	Fergon	1663
Factor IX	1711	Fer-in-Sol	1667
Factor VIII	1710	Ferlucon	1663
Factor XIII	1712	Fero-Gradumet	1667
Factorate	1710	Feromax	1666
faecla	767	Feroritard	1666
faecula	767	Ferric Albuminate	1648
Fairy Gloves	1281	Ferric ammonium citrate	1641
Falintolol	172	Ferric and Ammonium	
Falipamil	1134	Acetate Solution	1649
Famotidine	722	Ferric Citrate	1650
Fantofarone	362, 616	Ferric Fructose	1651
Fasidotril	13	Ferric Oxide, Saccharated	1652

Name and Synonym Index

Ferric Pyrophosphate	1653	Finlipol	1521
Ferric Sodium Edetate	1654	Finuret	406, 730
Ferriclate Calcium Sodium	1655	Firon	1662
Ferritin	1656	FK-235	477, 649
Ferrivenin	1652	FK-235	991
Ferro sanol	1658	Flavan	1765
Ferrocal	1643	3,3',4,4',5,7-Flavanhexol	1765
Ferrocholinate	1657	3,3',4',5,7-flavanpentol	1790, 1791
Ferro-Drops	1664		1792
Ferrofolin	1656	flavin mononucleotide	1675
Ferrofume	1662	Flebosmil	1758
Ferroglycine Sulfate	1658	Flebosten	1758
Ferro-Gradumet	1666	Flecainide	1135
Ferrol	1656	Flecainide Acetate	1136
Ferrolip	1657	Flexilon	1937
Ferromyn	1665	Flexin	1937
Ferronat	1662	Flindix	969, 1400
Ferrone	1662	Flivas	94, 96, 470
Ferronicum	1663	Flodil	363, 364, 617
Ferronord	1658		618, 849, 958
Ferrosprint	1656		959, 1387
Ferrostar	1656	Floganol	1757
Ferrostrane	1654	Flogencyl	1762
Ferrostrene	1654	Flonatril	712
Ferrotemp	1662	Floredil	1390
Ferrous calcium citrate	1643	Floredil Hydrochloride	1391
Ferrous Carbonate Mass	1659	Flosequinan	369, 1299
Ferrous Carbonate Saccharated	1660	flosequinon	369, 1299
Ferrous Citrate	1661	Fludarene	1756
Ferrous Fumarate	1662	Fludemil	1863
Ferrous Gluconate	1663	Fludex	413, 732
Ferrous Lactate	1664	Fludilat	594, 822
Ferrous Succinate	1665	Flufylline	370
Ferrous Sulfate Heptahydrate	1667	Flugeral	622, 853
Ferrous Sulfate, Dried	1666	Fluibil	1528
Ferrum	1662	Fluiden	88
Ferum Hausmann	1652	Fluidil	331
Fesotyme	1667	fluindostatin	1474
Fespan	1666	Fluitran	790
Fl-6714	97, 879	Flumersil	263, 692
Fibocil	1056	Flumethiazide	1863
Fiboran	1056	Flunagen	622, 853
fibrinase	1712	Flunarizine	621, 852
Fibrinogen	1713	Flunarizine Hydrochloride	622, 853
fibrinogenase	1722	Flunarl	622, 853
Fibrinogen Receptor		3-[4-[4-(p-Fluorobenzoyl)-	
Antagonists	**1635-1640**	piperidino]butyl]-2,4(1H,3H)-	
Fibrinokinase	1740	quinazolinedione	292, 421
Fibrinolysin	1734	3-[2-[4-(p-Fluorobenzoyl)-	
fibrin-stabilizing factor	1712	piperidino]ethyl]-2,4-(1H,3H)-	
Fibrogamin	1712	quinazolinedione tartrate	422
Ficalon	1671	7-[2-[4-(p-Fluorobenzoyl)-	
Filgrastim, component of	1546	piperidino]ethyl]theophylline	370

Name and Synonym Index

2-[(p-Fluorobenzyl)methylamino]-ethyl isopropyl (±)-1,4-dihydrodimethyl-4-[2,3-(methylenedioxy)phenyl]-3,5-pyridine-dicarboxylate	612, 954	Foldine	1668
		Folescutol	1763
		Folescutol Hydrochloride	1764
		Folettes	1668
		Foliamin	1668
2-[(p-Fluorobenzyl)methylamino]ethyl isopropyl (±)-1,4-dihydrodimethyl-4-[2,3-(methylenedioxy)phenyl]-3,5-pyridine-dicarboxylate hydrochloride	613, 955	Folic Acid	1668
		Folicet	1668
		Folinerin	754, 1328
		Folipac	1668
		Folsan	1668
7-Fluoro-1-methyl-3-(methylsulfinyl)-4(1H)-quinolone	369, 1299	Folvite	1668
		Fontego	697
(S)-1-[p-[2-[(p-Fluorophenethyl)oxy]ethoxy]phenoxy]-3-(isopropylamino)-2-propanol	371, 960, 1137	Fontilix	446, 748
		fonurit	674, 1856
		Fonzylane	834
		Fordiuran	697
(±)-N-[[5-(o-Fluorophenyl)-2,3-dihydromethyl-1H-1,4-benzodiazepin-2-yl]methyl]-3-thiophenecarboxamide	785	Fortasec	1800
		fosenopril	14, 373
		Fosinopril Sodium	15, 374
		Fostedil	854
(βR,δR)-2-(p-Fluorophenyl)-β,δ-dihydroxy-5-isopropyl-3-phenyl-4-(phenylcarbamoyl)pyrrole-1-heptanoic acid	1441	Fosten	64
		Fourneau 933	510
		Fovane	267, 693
		Foxglove	1281
(+)-(3R,5S,6E)-7-[4-(p-Fluorophenyl)-2,6-diisopropyl-5-(methoxymethyl)-3-pyridyl]-3,5-dihydroxy-6-heptenoic acid	1452	FOY	68
		FOY-305	66
		FPL-60278	1291
		FPL-60278AR	1292
(+)-(1R,3S)-1-[2-[4-[3-(p-Fluorophenyl)-1-indanyl]-1-piperazinyl]ethyl]-2-imidazolidinone	419	FPL-63547	44
		FR-34235	477
		Fraction P	1575
		Fradafiban	1635
(±)-(3R*,5S*,6E)-7-(3-p-Fluorophenyl)-1-isopropylindol-2-yl]-3,5-dihydroxy-6-heptenoic acid	1473	Fradiomycin	1491
		Frandol	969, 1400
		franidipine	637
(3R)-3-(4-Fluorophenylsulfonamido)-1,2,3,4-tetrahydro-9-carbazo lepropanoic acid	1609	franipidine	435
		(±)-FRC-8653	321, 602
		Freeuril	267, 693
		Frekven	212, 517, 1010, 1204
2-(5-Fluoro-o-toluidino)-2-imidazoline	372	Fresamal	1662
Fluretofen	1580	D-Fructofuranose 1,3,4,6-tetranicotinate	880
Flusoxolol	371, 960, 1137	D-Fructose iron(3+)-containing complex potassium salt (2:1)	1651
Flutonidine	372		
Flutra	790		
Fluvastatin	1473		
Fluvastatin Sodium	1474	Frumil	376, 682
Fluversin	895		725
Fluvisco	895		
Fluxarten	622, 853	Frusetic	376, 725
Fluxema	594, 822	Frusid	376, 725
FMN	1675	FSF	1712
Foipan	66	Fulsix	376, 725
Folacin	1668	Fuluvamide	376, 725
Folcodal	603, 843	Fumafer	1662

Name and Synonym Index

Fumar F	1662
Fumiron	1662
furazosin	103, 512, 891
Furesis	376, 725
Furnidipine	375, 623
Furo-Puren	376, 725
Furosedon	376, 725
Furosemide	376, 725
Furterene	726
FUT-175	70
Futhan	70
G-020	1369
G-137	1606
G-28315	1618
G-33182	313, 708
GABA	243
Gabexate	67
gabexate mesylate	68
Gabexate Monomethanesulfonate	68
Galfer	1662
Gallopamil	624, 961
Gallopamil Hydrochloride	625, 962
l-Gallopamil Hydrochloride	633, 964
d-Gallopamil Hydrochloride	963
Gamma Oryzanol	1475
Gammajust 50	1475
gammalon	243
Gamma-OZ	1475
Gammariza	1475
Gammatsul	1475
Ganglefene	1392
Ganglefene Hydrochloride	1393
Gangleron	1393
Ganglionic Blocking Agents	**797-814**
Gangliostat	399, 802
Ganlion	255, 797
Garmian	820
Garranil	5, 299
G-CSF	1547, 1679
Geangin	1030, 1240
Gelprin	1562
Gelusil, component of	1821
Gemcadiol	1476
Gemfibrozil	1477
Genlip	1477
Gentran	1872
Gentran 40	1873
Gentran 75	1875
Gepefrine	1837
Gepefrine Tartrate	1838
Gevatran	873
Gevilon	1477
Giganten	603, 843
Gilucor	994, 1415
Gilurytmal	235, 1042
Gina	1426
Ginapect	1426
Gitalin	1300
Gitaloxin	1301
Gitoformate	1302
Gitoxin	1303
Gitoxin 16-formate	1301
Gitoxin-3',3,3',4',16-pentaformate	1302
Glamidolo	80
Glanil	603, 843
Glauconex	129
Glaucotensil	720, 1862
Glauco-Visken	205, 508, 888, 1005, 1187
Glauline	182, 447
glaupax	674, 1856
Glausyn	182, 447
Glentonin	969, 1400
Glioten	11, 350
globoid	1562
globularicitrin	1770
glonoin	1415
Glucal	1885
D-Glucitol hexanicotinate	1513
Glucobiogen	1885
(D-Gluconato)(lactobionato)-calcium monohydrate	1883
D-Gluconic acid calcium salt (2:1)	1885
Gluconic acid magnesium salt (2:1)	1898
Gluconic acid magnesium salt (2:1) dihydrate	1899
D-Gluconic acid monopotassium salt	1909
D-Gluconic acid monosodium salt	1916
D-Gluconic acid polymer with D-glucitol iron(3+) salt	1669
Gluconic acid quinidine salt	1209
gluconic acid sodium salt	1916
Gluconsan K	1909
(3β,5α)-3-[(6-O-β-D-Glucopyranosyl-β-D-glucopyranosyl)oxy]-14-hydroxycard-20(22)-enolide	1805

404

Name and Synonym Index

3β-(β-D-Glucopyranosyl-oxy)-14,23-dihydroxy-24-nor-5β,14β-chol-20(22)-en-21-oic acid σ-lactone	1252	Granulocyte-Macrophage Colony Stimulating Factor	1548, 1680
		Gratus strophanthin	1329
		green vitriol	1667
Glucorono-2-amino-2-deoxy-glucoglucan sulfate	1619	GS 015 [as hydrochloride]	1232
		G-strophanthin	1329
D-Glucose monohydrate	1893	GT-1012	1193
Glumorin	868	GT16-026A	1823
Glunicate	1478	GTN	994, 1415
glupax	674, 1856	Guabenxan	377
Glusoferron	1669	Guanabenz	378
Glyceol Opthalgan	727	Guanabenz Monoacetate	379
glycerin	727	Guanacline	380
glycerine	727	Guanacline Monosulfate	381
Glycerol	727	Guanadrel	382, 799
Glycerol 1-octanoate	1531	Guanadrel Sulfate	383, 800
glycerol nitric acid triester	1415	guanamprazine	681
		Guanazodine	384
glyceryl trinitrate	994, 1415	Guanazodine Sulfate Monohydrate	385
Glycocyamine	1304		
		Guanclofine	386
N-[N-(N-Glycylglycyl)glycyl]-8-l-lysine-vasopressin	1816	Guanethidine	387
		Guanethidine Monosulfate	388
N-[N²-(N-glycyl-L-alanyl)-L-arginyl]plasminogen activator, glycoform	1738	Guanethidine Sulfate	389
		Guanfacine	390
		Guanfacine Hydrochloride	391
N-[N²-(N-Glycyl-L-alanyl)-L-arginyl]-117-L-glutamine-245-L-methionine-(1-5)-(87-527)-plasminogen activator (human tissue type protein moiety)	1730	guanidineacetic acid	1304
		2-guanidinomethyl-1,4-benzodioxan	396
		guanidoacetic acid	1304
		Guanochlor	392
Glyferro	1658	Guanochlor Sulfate	393
Glypressin	1816	Guanoxabenz	394
GMC-89-107	1553	Guanoxabenz Hydrochloride	395
GM-CSF	1548, 1553	Guanoxan	396
GM-DF	1547, 1679	Guanoxan Sulfate	397
GN1600	1560	Gubernal	121, 240, 908, 1047
Go-2782	863	Guethine	389
Go-3026A	1827	Gulliostin	1380, 1576
Go-787	721	Guntrin	1475
Goedecke 382	759	Gutron	1845
Gopten	42, 571	GX-1048	425, 627
Goralatide	16	GYKI-40199	166, 1105
Gotensin	180	Gynokhellan	1403
GR-117289	60, 585		
GR-122311X	773		
GR-32191	1750	H 154/82	363, 364, 617, 618
GR-32191B	1751	H 23/96	184, 450
GR-43659X	425, 627	H 56/28	120, 239, 907
GR-53992B(GX-1296b)	667	H 93/26 succinate	186, 452
Gradient	622, 853	H.H. 25/25, component of	403
Granulestin	1539	H.H. 25/25	405, 729
Granulocyte Colony Stimulating Factor	1547, 1679	H.H. 50/50, component of	403

Name and Synonym Index

H.H. 50/50	405, 729	Herzolan	1394
H133/22	1339	HES	1876
H-154/82	849, 958, 959, 1387	Hespan	1876
H-23/96	1158	Hespander	1876
H-3292	1118	Hestar	1876
H-56/28	1046	Hestat	1876
H-93/26	977	Hestrium chloride	400, 803
H-93/26 succinate	1160	Hestsol	1876
Haemaccel	1878	Hetastarch	1876
Haemofort	1667	hexabendin	1397
Haemostop Injection	1715	Hexa-Betalin	1674
Haflutan	710	Hexabione hydrochloride	1674
Halidor	594, 822	p-(Hexadecylamino)-	
Halofenate	1479, 1925	benzoic acid	1454
Hamaméliode P	1765	Hexadilat	476, 647
Hämovannid	861		987, 1413
Harmonyl	336	Hexahydro-α,α-diphenyl-	
Harnal	107	pyrolo[1,2-a]pyrazine-	
Harzol	1512	2(1H)-butyramide	1190
HAS	1879	2-(Hexahydro-1H-azepin-1-yl)-	
Hasethrol	1004, 1418	ethyl α-cyclohexyl-3-	
HBW-023	1594	thiopheneacetate	838
HCP	7906	2-(Hexahydro-1H-azepin-1-yl)-	
HCTCGP 2175E	453	ethyl α-cyclohexyl-3-	
Heart Muscle Extract	1394	thiopheneacetate citrate (1:1)	839
Heferol	1662	2,3,4,5,6,7-Hexahydro-1H-	
Heitrin	110, 555	azepine-1-aceto-2',6'-xylidide	1186
Hekbilin	1528	[2-(Hexahydro-1(2H)-azocinyl)-	
Helicon	1562	ethyl]guanidine	387
Hematinics	**1641-1676**	[2-(Hexahydro-1(2H)-azocinyl)-	
Hematopoietics	**1677-1684**	ethyl]guanidine sulfate (1:1)	388
Hemerven	1758	[2-(Hexahydro-1(2H)-azocinyl)-	
Hemoantin	895	ethyl]guanidine sulfate (2:1)	389
Hemocaprol	1697, 1700	cis-4'-(1,2,3,4,4a,10b-Hexahydro-	
Hemodex	1872	8,9-dimethoxy-2-methylbenzo-	
Hemofil	1710	[c][1,6]naphthyridin-6-yl)-	
Hemolytics	**1685-1686**	acetanilide	1262
Hemo-Pak	1719	(-)-4'-(cis-1,2,3,4,4a,10b-Hexahydro-	
Hemostatics	**1687-1728**	8,9-dimethoxy-2-methylbenzo-	
Hemotrope	836	[c][1,6]naphthyridin-6-yl)-	
hempoietine	1678	p-toluenesulfonanilide	1354
Hepacholine	1535	5-[Hexahydro-5-hydroxy-4-	
Hepalon, component of	1671	(3-hydroxy-4-methyl-1-octen-	
Hepatopron, component of	1671	6-ynyl)-2(1H)-pentalenylidene]-	
Hepin	1697, 1700	pentanoic acid	859
Hepol, component of	1671	5-[Hexahydro-5-hydroxy-4-	
Hepronicate	855	(3-hydroxy-4-methyl-1-octen-	
Heptaminol	1305	6-ynyl)-2(1H)-pentalenylidene]-	
Heptaminol Hydrochloride	1306	pentanoic acid tromethamine	860
Hept-a-myl	1306	(E)-(3aS,4R,5R,6aS)-Hexahydro-5-	
heptaphenone	615, 1386	hydroxy-4-[(E)-(3S,4RS)-3-hydroxy-	
Heptylon	1306	4-methyl-1-octen-6-ynyl]-$\Delta^{2(1H)},\delta$-	
Herbesser	1113, 1379	pentalenevaleric acid	1583

Name and Synonym Index

(2R*,4R*,4aS*,5R*,7S*,7aR*,8R*)-Hexahydro-4-methoxy-8-methyl-7a(piperidinomethyl)-2,5-methanocyclopenta-m-dioxin-7-ol	670	HF-241	832
		Hilactan	603, 843
		Hiohex chloride	400, 803
		Hipertan	1845
(1S,7S,8S,8aR)-1,2,3,7,8,8a-Hexahydro-7-methyl-8-[2-[(2R,4R)-tetrahydro-4-hydroxy-6-oxo-2H-pyran-2-yl]ethyl]-1-naphthyl (S)-2-methylbutyrate	1488	Hipertil	5, 299
		Hipoartel	11, 350
		Hipocolestina	1526
		Hipoftalin	402
		r-hirudin	1594
Hexahydroxycyclohexane	1538	Hirulog	1564
hexamethone	398, 801	Histamine Phosphate	856
Hexamethonium	398, 801	Histapon	856
Hexamethonium Bromide	399, 802	Hi-Z	1475
Hexamethonium Chloride	400, 803	HK-137	620, 1389
Hexamethylenetetramine tetraiodide	1904	Hkelfren	1403
		HL-725 [as hydrochloride]	573, 1631
N,N,N,N',N',N'-Hexamethyl-1,6-hexanediaminium	398, 801	HMG	1486
		HMGA	1486
N,N,N,N',N',N'-Hexamethyl-1,6-hexanediaminium bromide	399, 802	HN-11500	1595
		Hoban, component of	1671
N,N,N,N',N',N'-Hexamethyl-1,6-hexanediaminium chloride	400, 803	HOE-118	765
		HOE-140	63
		Hoe-224A	199
N,N,N,N',N',N'-Hexamethyl-1,5-pentanediaminium bromide	492, 809	HOE-39-893d	203, 490 1003, 1180
Hexameton bromide	399, 802		
Hexameton chloride	400, 803	HOE-409	251
Hexanicit	861	HOE-42-440	559
hexanicotinoyl inositol	861	HOE-440	558
Hexanitrate of D-mannitol	1405	HOE-498	33, 525
Hexanium bromide	399, 802	HOE-740	787
Hexathide [as iodide]	398, 801	HOE-893d	1003, 1180
hexathonide	398, 801	HOE-893d	203, 490 1003, 1180
Hexavibex	1674		
Hexermin	1674	Hormantoxone, component of	1671
Hexestrol Bis(β-diethylaminoethyl ester)	1395	Hormocardiol	1394
		Hostaginan	661, 1425
		HP-3522	696
Hexestrol Bis(β-diethylaminoethyl ester) Dihydrochloride	1396	HP-522	696
Hexobendine	1397	HPC	1814, 1932
Hexobendine Dihydrochloride	1398	Humafac	1710
Hexone chloride	400, 803	Human fibrinolysin	1734
Hexopal	861	Human interleukin 3	1552
1-Hexyl-3,7-dihydrodimethyl-1H-purine-2,6-dione	886	Human serum albumin	1879
		Hyanit	794
2-Hexyl-2-(hydroxymethyl)-1,3-propanediol trinicotinate	855	Hyclorate	1443, 1462
		Hydac	363, 364, 617 618, 849, 958 959, 1387
1-Hexyl-4-(N-isobutylbenzimidoyl)piperazine	1077		
1-Hexyl-4-(N-isobutylbenzimidoyl)piperazine maleate	1078	Hydantin	1182
		Hydantol	1182
(2S)-5-(Hexylmethylamino)-2-isopropyl-2-(3,4,5-trimethoxyphenyl)valeronitrile	644	Hydergine	86
		Hydol	406, 730
		Hydracarbazine	401, 728

Name and Synonym Index

Hydralazine	402
Hydralazine Hydrochloride	403
Hydralazine Polystirex	404
Hydrastinine	1307
Hydrazinobenzene	1685
Hydrazinobenzene hydrochloride	1686
1-Hydrazinophthalazine	402
1-Hydrazinophthalazine hydrochloride	403
6-Hydrazino-6-pyridazine-carboxamide	401, 728
(±)-1-[(6-Hydrazino-3-pyridazinyl)methylamino]-2-propanol	505
(±)-1-[(6-Hydrazino-3-pyridazinyl)methylamino]-2-propanol dihydrochloride	506
Hydrenox	406, 730
HyDrine	267, 693
Hydriodic acid potassium salt	1910
Hydriodic acid rubidium salt	1914
Hydriodic acid sodium salt	1918
Hydriodic acid strontium salt (2:1)	1920
Hydrion	242, 680
Hydrochloric acid calcium salt (2:1)	1882
Hydrochloric acid magnesium salt (2:1)	1896
Hydrochloric acid magnesium salt (2:1) hexahydrate	1897
Hydrochloric acid potassium salt (1:1)	1908
Hydrochloric acid sodium salt	1915
Hydrochlorothiazide	405
hydrochlorothiazide	574
Hydrochlorothiazide	729
hydroconchinine	1138
HydroDIURIL	405, 729
Hydroflumethiazide	406, 730
Hydromedin	718
Hydromox	524, 771
Hydronol	733
Hydropres	405, 729
component of: Hydropres	530
Hydroquinidine	1138
Hydroquinidine Hydrochloride	1139
hydroquinone calcium sulfate	1759
hydroquinone glucose	688
Hydro-rapid	376, 725
Hydrosarpan	526
Hydroxyapatite	1892, 1894
2-Hydroxybenzoic acid bismuth (3+) salt	1789
p-Hydroxybenzoic acid ethyl ester 6-guanidinohexanoate	67, 68
(1S,2R)-2-[[(Hydroxycarbamoyl)methyl]methylcarbamoyl]cyclohexanecarboxylic acid	17, 408
3-hydroxychinchophen	7906
3-hydroxycinchophen	1814
3β-hydroxycompactin	1507
3β-hydroxycompactin sodium salt	1508
4-Hydroxy-3,5-diiodo-α-[1[(1-methyl-3-phenylpropyl)amino]ethyl] benzyl alcohol	283, 832
12-Hydroxy-9,10-diiodo-9-octadecenoic acid	1905
D-O-(4-Hydroxy-3,5-diiodophenyl)-3,5-diiodotyrosine	1520
4-Hydroxy-3,5-dimethoxy-α-[(methylamino)methyl]-benzyl alcohol	1828
4-Hydroxy-3,5-dimethoxy-α-[(methylamino)methyl]-benzyl alcohol hydrochloride	1829
3-Hydroxy-1,2-dimethyl-4(1H)-pyridone	1707
(3S,4R)-3-Hydroxy-2,2-dimethyl-4-(2-oxo-1-pyrrolidinyl)-6-chromancarbonitrile	428
(±)-1-Hydroxyethyl 2-ethoxy-1-[p-(o-1H-tetrazol-5-yl-phenyl)benzyl]-7-benzimidazolecarboxylate cyclohexylcarbonate (ester)	50
2-Hydroxyethyl nicotinate 2-(p-chlorophenoxy)-2-methylpropionate (ester)	1471
Hydroxyethyl starch	1876
2-(1-Hydroxyethyl)-β-(hydroxymethyl)-3-methyl-5-benzofuran-acrylic acid γ-lactone hydrogen succinate	1365
N-(2-Hydroxyethyl)nicotinamide nitrate (ester)	986, 1412
(±)-1-(2-Hydroxyethyl)-2',6'-pipecoloxylidide	1123
(2-Hydroxyethyl)trimethylammonium citrate	1537
(1R,2R,3R)-3-Hydroxy-2-[(E)-(3S)-3-hydroxy-1-octenyl]-5-oxocyclopentaneheptanoic acid	816
2'-Hydroxy-5'-[1-hydroxy-2-[p-methoxyphenethyl)amino]-propyl]methanesulfonanilide	869

Name and Synonym Index

2'-Hydroxy-5'-[1-hydroxy-2-[p-methoxyphenethyl)amino]propyl]methanesulfonanilide monohydrochloride   870
(E)-7-[(1R,2R,3R)-3-Hydroxy-2-[(E)(3S,5S)-3-hydroxy-5-methyl-1-nonenyl]-5-oxocyclopentyl]-2-heptenoic acid   974
7-[2-Hydroxy-3-[(2-hydroxyethyl)methylamino]propyl]theophylline nicotinate   901
(±)-N-[2-[[2-Hydroxy-3-(p-hydroxyphenoxy)propyl]amino]ethyl]-4-morpholinecarboxamide   1356
(±)-N-[2-[[2-Hydroxy-3-(p-hydroxyphenoxy)propyl]amino]ethyl]-4-morpholinecarboxamide fumarate (2:1) (salt)   1357
(R)-p-Hydroxy-α-[[[(R)-3-(p-hydroxyphenyl)-1-methylpropyl]amino]methyl]benzyl alcohol   1268
4'-[(2S)-2-Hydroxy-3-[[2-(p-imidazol-1-ylphenoxy)ethyl]amino]propoxy]methanesulfonanilide   1131
4-(4-Hydroxy-3-iodophenoxy)-3,5-diiodobenzoic acid acetate   1437
(8r)-3α-Hydroxy-8-isopropyl-1αH,5αH-tropanium bromide monohydrate   1148
4'-[1-Hydroxy-2-(isopropylamino)ethyl]-methanesulfonanilide   1015, 1220
(+)-(S)-4'-[1-hydroxy-2-(isopropylamino)ethyl]methanesulfonanilide   1110
4'-[1-Hydroxy-2-(isopropylamino)ethyl]methanesulfonanilide   215, 539
4'-[1-Hydroxy-2-(isopropylamino)ethyl]methanesulfonanilide hydrochloride   216, 540 1221, 1016
(+)-(S)-4'-[1-Hydroxy-2-(isopropylamino)ethyl]methanesulfonanilide monohydrochloride   1111
7-[2-Hydroxy-3-(isopropylamino)propoxy]-2-benzofuranyl methyl ketone   128
7-[2-Hydroxy-3-(isopropylamino)propoxy]-2-benzofuranyl methyl ketone hydrochloride   129
(R)-(+)-7-[2-Hydroxy-3-(isopropylamino)propoxy]-2-benzofuranyl methyl ketone hydrochloride   130
(S)-(-)-7-[2-Hydroxy-3-(isopropylamino)propoxy]-2-benzofuranyl methyl ketone hydrochloride   131
8-[2-Hydroxy-3-(isopropylamino)propoxy]-3-chromanol   196, 478 992
4'-[2-Hydroxy-3-(isopropylamino)-propoxy]acetanilide   207, 1191
(±)-1-[p-[2-Hydroxy-3-(isopropylamino)propoxy]phenethyl]-3-isopropylurea   200
2-[p-[2-Hydroxy-3-(isopropylamino)propoxy]phenyl]-acetamide   127, 254 918, 1062
Hydroxylapatite   1892
17-Hydroxy-7α-mercapto-3-oxo-17α-pregn-4-ene-21-carboxylic acid σ-lactone acetate   776, 1782
3-[[3-(Hydroxymercuri)-2-methoxypropyl]carbamoyl]-1,2,2-trimethylcyclopentanecarboxylic acid   737
N-[[3-(Hydroxymercuri)-2-methoxypropyl]carbamoyl]succinamic acid compound with theophylline   736
(±)-5-[1-Hydroxy-2-[[2-(o-methoxyphenoxy)ethyl]amino]ethyl]-o-toluenesulfonamide   74, 122 247
(±)-5-[1-Hydroxy-2-[[2-(o-methoxyphenoxy)ethyl]amino]ethyl]-o-toluenesulfonamide hydrochloride   75, 123 248
(±)-4-[2-Hydroxy-3-(o-methoxyphenoxy)propyl]-1-piperazineaceto-2',6'-xylidide   1011
(±)-4-[2-Hydroxy-3-(o-methoxyphenoxy)propyl]-1-piperazineaceto-2',6'-xylidide dihydrochloride   1012
4-Hydroxy-α-[[[3-(p-methoxyphenyl)-1-methylpropyl]amino]methyl]-3-(methylsulfinyl)benzyl alcohol   218, 544
4-Hydroxy-α-[[[3-(p-methoxyphenyl)-1-methylpropyl]amino]methyl]-3-(methylsulfinyl)benzyl alcohol hydrochloride   219, 545

Name and Synonym Index

(3β,16β,17α,18β(E),20α)-18-[[3-(4-Hydroxy-3-methoxyphenyl)-1-oxo-2-propenyl]oxy]-11,17-dimethoxyyohimban-1-carboxylic acid methyl ester   528

(±)-Hydroxymethyl methyl 4-(2,3-dichlorophenyl))-1,4-dihydrodimethyl-3,5-pyridinedicarboxylate butyrate (ester)   325

4-Hydroxy-α-[1-[(1-methyl-2-phenoxyethyl)amino]ethyl]benzyl alcohol   864

4-Hydroxy-α-[1-[(1-methyl-2-phenoxyethyl)amino]ethyl]benzyl alcohol hydrochloride   865

5-Hydroxy-6-methyl-3,4-pyridinedimethanol hydrochloride   1674

p-Hydroxy-α-[1-[(methyl-3-phenylpropyl)amino]ethyl]benzyl alcohol   884

p-Hydroxy-α-[1-[(methyl-3-phenylpropyl)amino]ethyl]benzyl alcohol hydrochloride   885

5-[1-Hydroxy-2-[(1-methyl-3-phenylpropyl)amino]ethyl]salicylamide   91, 176, 423

5-[1-Hydroxy-2-[(1-methyl-3-phenylpropyl)amino]ethyl]salicylamide hydrochloride   177, 424

5-[1-Hydroxy-2-[(1-methyl-3-phenylpropyl)amino]ethyl]salicylamide monohydrochloride   92

(-)-5-[(1R)-1-Hydroxy-2-[[(1R)-1-methyl-3-phenylpropyl]amino]ethyl]salicylamide   167, 342

(-)-5-[(1R)-1-Hydroxy-2-[[(1R)-1-methyl-3-phenylpropyl]amino]ethyl]salicylamide monohydrochloride   168, 343

3-Hydroxy-1-methyl-5,6-indolinedione semicarbazone with sodium salicylate   1700

3-Hydroxy-3-methylglutaric acid   1486

3-Hydroxy-α-methyl-L-tyrosine   444

3-Hydroxy-α-methyl-L-tyrosine ethyl ester hydrochloride   445

3-[[(αS,βR)-β-Hydroxy-α-methylphenethyl]amino]-3'-methoxypropiophenone   997, 1330

(DL)-3-[[-β-Hydroxy-α-methylphenethyl]amino]-3'-methoxypropiophenone hydrochloride   1331

(L)-3-[[β-Hydroxy-α-methylphenethyl]amino]-3'-methoxypropiophenone hydrochloride   1332

3-[[(αS,βR)-β-Hydroxy-α-methylphenethyl]amino]-3'-methoxypropiophenone hydrochloride   998

4-[2-[[2-Hydroxy-3-(2-methylphenoxy)propyl]amino]ethoxy]benzamide   1021, 1430

2-Hydroxy-2-methylpropyl 4-(4-amino-6,7,8-trimethoxy-2-quinazolinyl)-1-piperazine carboxylate   114, 575

2-Hydroxy-2-methylpropyl 4-(4-amino-6,7,8-trimethoxy-2-quinazolinyl)-1-piperazine carboxylate monohydrochloride monohydrate   115, 576

[6-(Hydroxymethyl)-2-pyridyl]methyl 2-(p-chlorophenoxy)-2-methylpropionate   1500

3-Hydroxy-4-(1-naphthyloxy)-butyramidoxime   191, 1171

3-Hydroxy-4-(1-naphthyloxy)-butyramidoxime hydrochloride   192, 1172

(±)-1-[3-[[2-Hydroxy-3-(1-naphthyloxy)propyl]amino]-3-methylbutyl]-2-benzimidazolinone   73

[2-Hydroxy-3-(1-naphthyloxy)propyl]isopropyldimethylammonium chloride   1194

17-Hydroxy-3-oxo-17α-pregna-4,6-diene-21-carboxylic acid   701, 1774

17-Hydroxy-3-oxo-17α-pregna-4,6-diene-21-carboxylic acid σ lactone   702, 1775

17-Hydroxy-3-oxo-17α-pregna-4-ene-7,21-dicarboxylic acid σ-lactone isopropyl ester   1776

(±)-2'-[2-Hydroxy-3-(tert-pentylamino)propoxy]-3-phenylpropiophenone   1116

(±)-3[3-[2-Hydroxy-3-(tert-pentylamino)propoxy]-4-methoxyphenyl]-4'-methylpropiophenone   1045

o-[2-Hydroxy-3-(tert-pentylamino)propoxy]benzonitrile   204

(-)-(S)-1-(p-Hydroxyphenoxy)-3-(isopropylamino)-2-propanol   1338

(-)-(S)-1-(p-Hydroxyphenoxy)-3-(isopropylamino)-2-propanol hydrochloride   1339

3-Hydroxy-2-phenyl-4-quinoline-carboxylic acid   1814, 1932, 7906

Name and Synonym Index

3-[(Hydroxyphenylacetyl)oxy]-8-methyl-8-(2-oxo-2-phenylethyl)-8-azoniabicyclo[3.2.1]octane chloride	497, 811
3-hydroxy-2-phenylcinchoninic acid	7906
cis-2-Hydroxy-2-phenylcyclopentaneacetate	1529
α-[2-(4-Hydroxyphenyl)ethyl]-4,7-dimethoxy-6-[2-(1-piperidinyl)ethoxy]-5-benzofuranmethanol	658
4-Hydroxyphenyl-β-D-glucopyranoside	688
(RS)-1-(4-Hydroxyphenyl)-2-(methylamino)ethanol	1851
(RS)-1-(4-Hydroxyphenyl)-2-(methylamino)ethanol hydrochloride	1852
(RS)-1-(4-Hydroxyphenyl)-2-(methylamino)ethanol tartrate (1:1) ester	1853
(RS)-1-(4-Hydroxyphenyl)-2-(methylamino)ethanol tartrate (2:1) salt	1854
(±)-4-[2-[[3-(p-Hydroxyphenyl)-1-methylpropyl]amino]ethyl]-pyrocatechol	1285
4-[2-[[(S)-3-(p-Hydroxyphenyl)-1-methylpropyl]amino]ethyl]-pyrocatechol	1319
(±)-4-[2-[[3-(p-Hydroxyphenyl)-1-methylpropyl]amino]ethyl]-pyrocatechol hydrochloride	1286
4-[2-[[(S)-3-(p-Hydroxyphenyl)-1-methylpropyl]amino]ethyl]-pyrocatechol lactiobionate (1:1) (salt)	1320
(±)-4-[2-[[3-(p-Hydroxyphenyl)-1-methylpropyl]amino]ethyl]-pyrocatechol lactobionate (salt)	1287
(N-[2-Hydroxy-3-(1-piperidinyl)-propoxy]-3-pyridine-carboximidoylchloride)	1754
2-hydroxy-1,2,3-propanetricarboxylic acid, ammonium iron (3+) salt	1641
2-Hydroxypropanoic acid calcium salt (2:1)	1889
2-Hydroxypropanoic acid monosodium salt	1919
3-Hydroxypropyl nicotinate 2-(p-chlorophenoxy)-2-methyl-propionate (ester)	1510

2'-[2-Hydroxy-3-(propylamino)propoxy]-3-phenylpropiophenone	1201
2'-[2-Hydroxy-3-(propylamino)propoxy]-3-phenylpropiophenone hydrochloride	1202
1-(2-Hydroxypropyl)-3,7-dihydro-dimethyl-1H-purine-2,6-dione	770
1-[2-[[2-Hydroxy-3-(o-toloxy)-propyl]amino]ethyl]thymine	1006, 1196
3-Hydroxy-4-trimethyl-ammoniobutanoate	1451, 1482
(2-Hydroxytrimethylene)-bis(trimethylammonium iodide)	1912
2-Hydroxy-N,N,N-trimethyl-ethanaminium (OC-6-44)-triaqua-[2-hydroxy-1,2,3-propanetricarboxylato(4-)]ferrate(1-)	1657
2-Hydroxy-N,N,N-trimethyl-ethanaminium chloride	1535
(±)-1-(4-Hydroxy-2,3,5-trimethyl-phenoxy)-3-(isopropylamino)-2-propanol 4-acetate	182, 447
(±)-1-(4-Hydroxy-2,3,5-trimethyl-phenoxy)-3-(isopropylamino)-2-propanol 4-acetate hydrochloride	183, 448
3-hydroxytyramine	1830
17α-Hydroxyyohimban-16α-carboxylic acid	117
Hydrozide	405, 729
Hygroton	313, 708
Hylorel	383, 800
Hypadil	196, 478, 992
Hyperdrol	1822
Hyperium [as phosphate]	531
Hypersin	272
Hyperstat	339
Hypertane	358, 719
Hypertensin	1825
Hypertonalum	339
Hypoca	259, 592, 920
β-hypophamine	1727
β-Hypophamine	1817
Hypophthalin	402
Hypovase	104, 513, 892
Hyprenan	1339
Hyryl	1676
Hyskon	1874
Hytracin	110, 555
Hytrin	110, 555
Hytrinex	110, 555
Hyzaar	405, 729
Hyzaar, component of	55, 434

Name and Synonym Index

I-612	1510	Imazodan Hydrochloride	1311
Iangene	895	Imdur	970, 1401
IBD	969, 1400	Imferon	1645
ibidomide	91, 176, 423	Imidapril	18, 410
Ibinolo	127, 254, 918, 1062	Imidapril Hydrochloride	19, 411
Ibopamine	1308	Imidaprilat	20, 412
Ibopamine Hydrochloride	1309	imidaprilate	20, 412
Ibustrin	1584	1H-Imidazole-4-ethanamine phosphate (1:2)	856
Ibutilide	1140	1-(2-Δ^2-imidazolinyl)-2,2-diphenylcyclopropane	1101
Ibutilide Fumarate	1141		
Icatibant	62		
Icatibant Acetate	63	($\pm$)-2-[α-(2-Imidazolin-2-ylmethyl)-benzyl]pyridine	93
ICI-125211	786		
ICI-141292	169, 354, 956	m-[N-(2-Imidazolin-2-ylmethyl)-p-toluidino]phenol	100, 501
ICI-38174	210, 515, 1008, 1200		
ICI-45520	212, 517, 1010, 1204	m-[N-(2-Imidazolin-2-ylmethyl)-p-toluidino]phenol hydrochloride	101, 502
ICI-45763	229, 567, 1023		
ICI-47319	1109	m-[N-(2-Imidazolin-2-ylmethyl)-p-toluidino]phenol monomethanesulfonate	102, 503
ICI-50172	207, 1191		
ICI-59118	947		
ICI-66082	127, 254, 918, 1062	($\pm$)-5-(α-Imidazol-1-ylbenzyl)-2-methylbenzimidazole	1926
ICI-72222	164, 310		
Icoral B	1840	($\pm$)-5-(2-Imidazol-1-ylethoxy)-1-indancarboxylic acid	1743
Icosapent	1480		
ICRF-159	947	p-(2-Imidazol-1-ylethoxy)-benzoic acid	1573
ICRF-187	947		
Idazoxan	407	p-(2-Imidazol-1-ylethoxy)-benzoic acid hydrochloride	1574
Idonor	1608		
Idorese	703	(E)-p-(Imidazol-1-ylmethyl)-cinnamic acid	1604, 1746
idragin	1562		
Idrapril	17, 408	(E)-3-[4-(1H-Imidazol-1-ylmethyl)-cinnamic acid	999
Idro P$_2$	1721		
Idrolone	368, 724	(E)-3-[4-(1H-Imidazol-1-ylmethyl)-cinnamic acid hydrochloride	1000
Idro-P$_3$	1718		
Idropranolol	173	(E)-p-(Imidazol-1-yl-methyl)-cinnamic acid hydrochloride	1605, 1747
Ifenprodil	857		
Ifenprodil Tartrate	858	Imidol	1237
Ifetroban Sodium	1581	Imilanyle	1237
IFP	727	α,α'-(Iminodimethylene)bis-[6-fluoro-2-chromanmethanol]	193, 473
Iganidipine	409		
Igmesine	1796	2-Imino-3-methyl-1-phenyl-4-imidazolidinone	689
Ikorel	986, 1412		
IL-17803A	119, 234, 906, 1037	imipramine hydrochloride	1237
IL-3	1681	Imiprin	1237
Ildamen	998, 1332	Imodium	1800
Iliparcil	1582	Imodium A-D	1800
ilixathin	1770	Imolamine	965
Illcut	566	Imolamine Hydrochloride	966
Ilomedin	860, 1583	Imosec	1800
Iloprost	859, 1583	Imossel	1800
Iloprost Tromethamine	860	Impugan	376, 725
Imavate	1237	Imtack	969, 1400
Imazodan	1310	Incafolic	1668

Name and Synonym Index

3-[(Hydroxyphenylacetyl)oxy]-8-methyl-8-(2-oxo-2-phenyl-ethyl)-8-azoniabicyclo[3.2.1]-octane chloride	497, 811
3-hydroxy-2-phenyl-cinchoninic acid	7906
cis-2-Hydroxy-2-phenylcyclo-pentaneacetate	1529
α-[2-(4-Hydroxyphenyl)ethyl]-4,7-dimethoxy-6-[2-(1-piperidinyl)-ethoxy]-5-benzofuran-methanol	658
4-Hydroxyphenyl-β-D-glucopyranoside	688
(RS)-1-(4-Hydroxyphenyl)-2-(methylamino)ethanol	1851
(RS)-1-(4-Hydroxyphenyl)-2-(methylamino)ethanol hydrochloride	1852
(RS)-1-(4-Hydroxyphenyl)-2-(methylamino)ethanol tartrate (1:1) ester	1853
(RS)-1-(4-Hydroxyphenyl)-2-(methylamino)ethanol tartrate (2:1) salt	1854
(±)-4-[2-[[3-(p-Hydroxyphenyl)-1-methylpropyl]amino]ethyl]-pyrocatechol	1285
4-[2-[[(S)-3-(p-Hydroxyphenyl)-1-methylpropyl]amino]ethyl]-pyrocatechol	1319
(±)-4-[2-[[3-(p-Hydroxyphenyl)-1-methylpropyl]amino]ethyl]-pyrocatechol hydrochloride	1286
4-[2-[[(S)-3-(p-Hydroxyphenyl)-1-methylpropyl]amino]ethyl]-pyrocatechol lactiobionate (1:1) (salt)	1320
(±)-4-[2-[[3-(p-Hydroxyphenyl)-1-methylpropyl]amino]ethyl]-pyrocatechol lactobionate (salt)	1287
(N-[2-Hydroxy-3-(1-piperidinyl)-propoxy]-3-pyridine-carbox-imidoylchloride)	1754
2-hydroxy-1,2,3-propanetricarbox-ylic acid, ammonium iron (3+) salt	1641
2-Hydroxypropanoic acid calcium salt (2:1)	1889
2-Hydroxypropanoic acid monosodium salt	1919
3-Hydroxypropyl nicotinate 2-(p-chlorophenoxy)-2-methyl-propionate (ester)	1510
2'-[2-Hydroxy-3-(propylamino)-propoxy]-3-phenylpropiophenone	1201
2'-[2-Hydroxy-3-(propylamino)-propoxy]-3-phenylpropiophenone hydrochloride	1202
1-(2-Hydroxypropyl)-3,7-dihydro-dimethyl-1H-purine-2,6-dione	770
1-[2-[[2-Hydroxy-3-(o-toloxy)-propyl]amino]ethyl]thymine	1006, 1196
3-Hydroxy-4-trimethyl-ammoniobutanoate	1451, 1482
(2-Hydroxytrimethylene)-bis(trimethylammonium iodide)	1912
2-Hydroxy-N,N,N-trimethyl-ethanaminium (OC-6-44)-triaqua-[2-hydroxy-1,2,3-propanetricar-boxylato(4-)]ferrate(1-)	1657
2-Hydroxy-N,N,N-trimethyl-ethanaminium chloride	1535
(±)-1-(4-Hydroxy-2,3,5-trimethyl-phenoxy)-3-(isopropylamino)-2-propanol 4-acetate	182, 447
(±)-1-(4-Hydroxy-2,3,5-trimethyl-phenoxy)-3-(isopropylamino)-2-propanol 4-acetate hydrochloride	183, 448
3-hydroxytyramine	1830
17α-Hydroxyyohimban-16α-carboxylic acid	117
Hydrozide	405, 729
Hygroton	313, 708
Hylorel	383, 800
Hypadil	196, 478, 992
Hyperdrol	1822
Hyperium [as phosphate]	531
Hypersin	272
Hyperstat	339
Hypertane	358, 719
Hypertensin	1825
Hypertonalum	339
Hypoca	259, 592, 920
β-hypophamine	1727
β-Hypophamine	1817
Hypophthalin	402
Hypovase	104, 513, 892
Hyprenan	1339
Hyryl	1676
Hyskon	1874
Hytracin	110, 555
Hytrin	110, 555
Hytrinex	110, 555
Hyzaar	405, 729
Hyzaar, component of	55, 434

Name and Synonym Index

I-612	1510
Iangene	895
IBD	969, 1400
ibidomide	91, 176, 423
Ibinolo	127, 254, 918, 1062
Ibopamine	1308
Ibopamine Hydrochloride	1309
Ibustrin	1584
Ibutilide	1140
Ibutilide Fumarate	1141
Icatibant	62
Icatibant Acetate	63
ICI-125211	786
ICI-141292	169, 354, 956
ICI-38174	210, 515, 1008, 1200
ICI-45520	212, 517, 1010, 1204
ICI-45763	229, 567, 1023
ICI-47319	1109
ICI-50172	207, 1191
ICI-59118	947
ICI-66082	127, 254, 918, 1062
ICI-72222	164, 310
Icoral B	1840
Icosapent	1480
ICRF-159	947
ICRF-187	947
Idazoxan	407
Idonor	1608
Idorese	703
idragin	1562
Idrapril	17, 408
Idro P_2	1721
Idrolone	368, 724
Idro-P_3	1718
Idropranolol	173
Ifenprodil	857
Ifenprodil Tartrate	858
Ifetroban Sodium	1581
IFP	727
Iganidipine	409
Igmesine	1796
Ikorel	986, 1412
IL-17803A	119, 234, 906, 1037
IL-3	1681
Ildamen	998, 1332
Iliparcil	1582
ilixathin	1770
Illcut	566
Ilomedin	860, 1583
Iloprost	859, 1583
Iloprost Trometamine	860
Imavate	1237
Imazodan	1310
Imazodan Hydrochloride	1311
Imdur	970, 1401
Imferon	1645
Imidapril	18, 410
Imidapril Hydrochloride	19, 411
Imidaprilat	20, 412
imidaprilate	20, 412
1H-Imidazole-4-ethanamine phosphate (1:2)	856
1-(2-Δ^2-imidazolinyl)-2,2-diphenylcyclopropane	1101
($\pm$)-2-[α-(2-Imidazolin-2-ylmethyl)-benzyl]pyridine	93
m-[N-(2-Imidazolin-2-ylmethyl)-p-toluidino]phenol	100, 501
m-[N-(2-Imidazolin-2-ylmethyl)-p-toluidino]phenol hydrochloride	101, 502
m-[N-(2-Imidazolin-2-ylmethyl)-p-toluidino]phenol monomethanesulfonate	102, 503
($\pm$)-5-(α-Imidazol-1-ylbenzyl)-2-methylbenzimidazole	1926
($\pm$)-5-(2-Imidazol-1-ylethoxy)-1-indancarboxylic acid	1743
p-(2-Imidazol-1-ylethoxy)-benzoic acid	1573
p-(2-Imidazol-1-ylethoxy)-benzoic acid hydrochloride	1574
(E)-p-(Imidazol-1-ylmethyl)-cinnamic acid	1604, 1746
(E)-3-[4-(1H-Imidazol-1-ylmethyl)-cinnamic acid	999
(E)-3-[4-(1H-Imidazol-1-ylmethyl)-cinnamic acid hydrochloride	1000
(E)-p-(Imidazol-1-yl-methyl)-cinnamic acid hydrochloride	1605, 1747
Imidol	1237
Imilanyle	1237
α,α'-(Iminodimethylene)bis-[6-fluoro-2-chromanmethanol]	193, 473
2-Imino-3-methyl-1-phenyl-4-imidazolidinone	689
imipramine hydrochloride	1237
Imiprin	1237
Imodium	1800
Imodium A-D	1800
Imolamine	965
Imolamine Hydrochloride	966
Imosec	1800
Imossel	1800
Impugan	376, 725
Imtack	969, 1400
Incafolic	1668

Name and Synonym Index

Incoran	661, 1425	Inocor	1257
incorporation factor	727	Inogatran	1586
Indacrinone	731	Inolin	1632
Indaflex	413, 732	Inopamil	1309
Indalapril	8, 334	inosite	1538
Indamol	413, 732	I-inositol	1538
Indapamide	413, 732	Inositol	1538
Indecainide	1142	inositol hexanicotinate	861
Indecainide Hydrochloride	1143	Inositol Niacinate	861
indefinite composition	1650	inositol nicotinate	861
1-[Inden-4 (or -7)-yloxy]-3-(isopropylamino)-2-propanol	174, 414 1144	Inotrex	1286
		Inotropin	1290, 1831
		Inovan	1290, 1831
1-[Inden-4 (or -7)-yloxy]-3-(isopropylamino)-2-propanol hydrochloride	175, 415 1145	INPEA	194, 1174
		Inpea	195, 989, 1175
		Insuven	1758
		Integrelin	1587
1-[1H-Inden-4 (or -7)-yloxy]-3-[(1-methylethyl)amino]-2-propanol hydrochloride	968	Intensain	1371
		Intergravin-orales	1882
		Interkordin	1371
		Interleukin-3	1681
1-[1H-Inden-4(or -7)-yloxy]-3-[(1-methylethyl)amino]-2-propanol	967	Intermigran	212, 517, 1010, 1204
		Intradex	1872
Indenolol	174, 414 967, 1144	Intraheptol, component of	1671
Indenolol Hydrochloride	175, 415 968, 1145	Introcar	476, 647, 987, 1413
		Intromene	790
Inderal	212, 517 1010, 1204	Inversine	439, 805
		Iodoformine	1904
Inderide	405, 729	2-Iodooctadecanoic acid calcium salt (2:1)	1888
Indian Balm	1803		
Indobloc	212, 517 1010, 1204	*Ion Exchangers*	*1865-1871*
		Ipamix	413, 732
Indobufen	1584	Ipazilide	1146
Indolidan	1312	Ipazilide Fumarate	1147
N-[1-(2-Indol-3-ylethyl)-4-piperidyl]benzamide	89, 416	Ipertensina	1825
		Ipolab	92, 177, 424
N-[1-(2-Indol-3-ylethyl)-4-piperidyl]benzamide hydrochloride	90, 417	Iporal	389
		Ipotensivo	437
1-(Indol-4-yloxy)-3-(isopropyl-amino)-2-propanol	205, 508 1005, 1187	Ipratropium Bromide	1148
		iproveratril	671, 1029, 1239
		Iproxamine	862
1-(1H-Indol-4-yloxy)-3-[(1-methylethyl)amino]-2-propanol	888	Iproxamine Hydrochloride	863
		Ipsilon	1697, 1700
Indoramin	89, 416	IQB-875	613, 955
Indoramin Hydrochloride	90, 417	IQB-M-81	1186
Infalyte, component of	1908	Iramil	1237
Inhibace	7, 319	Irbesartan	53, 418
Inicarone	1585	Ircon	1662
Iniprol	64	Irindalone	419
Initiss	7, 319	Iromon	1663
Innovace	11, 350	iron (III) ammonium citrate	1641
Innozide, component of	11, 350	iron ammonium citrate	1641

Name and Synonym Index

Iron complex with polymer of β-D-fructosanosyl -α-D-glucopyranoside	1673
Iron(2+) fumarate	1662
Iron(2+) gluconate (1:2)	1663
Iron(2+) lactate	1664
Iron(3+) pyrophosphate	1653
Iron Sorbitex	1670
Iron(2+) succinate	1665
iron sugar	1652
Iron(2+) sulfate (1:1) heptahydrate	1667
Iron(2+) sulfate (1:1) hydrate	1666
iron vitriol	1667
Ironate	1667
Ironorm	1645
Irox	1663
Irrigor	966
Irrodan	834
Irrorin	661, 1425
Irtemazole	1926
IS 5-MN	970
IS-401	844
Isbogrel	1588, 1745
Isdin	969, 1400
ISDN	1400
ISF-2123	506
ISF-2469	296
Ismelin	389
Ismelin sulfate	388
Ismo	1401
ISMO	970
Ismotic	733, 1399
isoamyl nitrite	818, 914
Isoarteril	526
Isobarin	389
Iso-Bid	969, 1400
Isobide	733
1-[1-(Isobutoxymethyl)-2-[[1-(1-propynyl)cyclohexyl]oxy]ethyl]pyrrolidine	953
(±)-Isobutyl methyl 1,4-dihydrodimethyl-4-(o-nitrophenyl)-3,5pyridine-dicarboxylate	1414
3'-Isobutyl-7'-isopropylspiro-[cyclohexane-1,9'-[3,7]diazabicyclo[3.3.1]nonane]	1069
isocaramidine	332
Isocard	969, 1400
Isoket	969, 1400
Isolait	865
Iso-Mack	969, 1400
Isomazole	1313
Isomazole Hydrochloride	1314
Isomonat	970, 1401
Isopentyl nitrite	818, 914
isophenethanol	194, 988, 1174
(±)-1-[[α(2-Isopropoxyethoxy)-p-tolyl]oxy]-3-(isopropylamino)-2-propanol	136, 277
(±)-1-[[α(2-Isopropoxyethoxy)-p-tolyl]oxy]-3-(isopropylamino)-2-propanol hemifumarate	137, 278
(±)-1-(Isopropylamino)-4,4-diphenyl-2-butanol	1121
1-(Isopropylamino)-3-[p-(2-methoxyethyl)phenoxy]-2-propanol (2:1) dextrotartrate salt	187, 453 979, 1161
1-(Isopropylamino)-3-[p-(2-methoxyethyl)phenoxy]-2-propanol	184, 450 977, 1158
1-(Isopropylamino)-3-[p-(2-methoxyethyl)phenoxy]-2-propanol fumarate (2:1) (salt)	185, 451 1159
1-(Isopropylamino)-3-[p-(2-meth-oxyethyl)phenoxy]-2-propanol succinate (2:1) (salt)	186, 452 978, 1160
1-(Isopropylamino)-3-(o-methoxyphenoxy)-2-propanol	188, 462
1-(Isopropylamino)-3-(o-methoxyphenoxy)-2-propanol hydrochloride	189, 463
α-[(Isopropylamino)methyl]-p-nitrobenzyl alcohol	194, 1174
α-[(Isopropylamino)methyl]-p-nitrobenzyl alcohol hydrochloride	195, 1175
1-[Isopropylamino]-3-[(2-methyl-indol-4-yl)oxy]-2-propanol	181, 440, 976
2-Isopropylamino-1-(naphth-2-yl)ethanol	209, 514
2-Isopropylamino-1-(naphth-2-yl)ethanol hydrochloride	210, 515
1-(Isopropylamino)-3-(1-naphthyloxy)-2-propanol	211, 516 1009, 1203

Name and Synonym Index

(+)-1-(Isopropylamino)-3-
(1-naphthyloxy)-2-propanol 1108
1-(Isopropylamino)-3-
(1-naphthyloxy)-2-propanol
hydrochloride 212, 517
1010, 1204
1-[3-(Isopropylamino)propyl]-
3-(2,6-xylyl) urea mono-
p-toluenesulfonate 1213
1-[3-(Isopropylamino)propyl]-
3-(2,6-xylyl)urea 1211
1-[3-(Isopropylamino)propyl]-
3-(2,6-xylyl)urea hydrochloride 1212
9-[3-(Isopropylamino)propyl]-
fluorene-9-carboxamide 1142
9-[3-(Isopropylamino)propyl]-
fluorene-9-carboxamide
monohydrochloride 1143
2-(±)-1-(Isopropylamino)-
3-(2-thiazolyloxy)-2-propanol 1350
2-(±)-1-(Isopropylamino)-
3-(2-thiazolyloxy)-2-propanol
monohydrochloride 1351
1-(Isopropylamino)-3-
(m-tolyloxy)-2-propanol 229, 567, 1022
1-(Isopropylamino)-3-
(m-tolyloxy)-2-propanol
hydrochloride 230, 568, 1023
2-Isopropyl-3-benzofuranyl
4-pyridyl ketone 1585
Isopropyl 2-[p-(p-chloro-
benzoyl)phenoxy]-
2-methylpropionate 1472
4'-[Isopropyl[2-(isopropylamino)-
ethyl]sulfamoyl]methane-
sulfanilamide 1214
4'-[Isopropyl[2-(isopropylamino)-
ethyl]sulfamoyl]methane-
sulfanilamide hydrochloride 1215
Isopropyl 2-methoxyethyl 1,4-di-
hydrodimethyl-4-(m-nitro-
phenyl)-3,5-pyridinedicarboxylate 650
3-Isopropyl 5-methyl (±)-4-(2,3-di-
chlorophenyl)-1,4-dihydro-
(hydroxymethyl)-6-methyl-3,5-
pyridinedicarboxylate
carbamate (ester) 628, 972
Isopropyl methyl (±)-4-(4-benzo-
furazanyl)-1,4-dihydrodimethyl-
3,5-pyridinedicarboxylate 420, 626
Isopropyl methyl (±)-4-(4-benz-
oxofurazanyl)-1,4-dihydrodi-
methyl-3,5-pyridinedicarboxylate 971

5-Isopropyl 3-methyl 2-cyano-
1,4-dihydromethyl-4-(m-nitro-
phenyl)-3,5-pyridine-
dicarboxylate 477, 649
991
(-)-S-2-Isopropyl-5-(methylpheny-
lamino)-2-phenylvaleronitrile 631
2-Isopropyl-1-(naphth-2-yl)-
ethanol 1007, 1199
2-Isopropyl-1-(naphth-2-yl)-
ethanol hydrochloride 1008, 1200
1-[p-(Isopropylthio)phenoxy]-3-
(octylamino)-2-propanol 896
1-[p-(Isopropylthio)phenoxy]-
3-(octylamino)-2-propanol
hydrochloride 897
1-Isopropyl-3-[(4-m-toluidino-
3-pyridyl)sulfonyl]urea 788
isoptin 672, 1030, 1240
Iso-Puren 969, 1400
Isorbid 969, 1400
Isordil 969, 1400
Isordil Tembids 969
Isorythm 1118
Isosorbide 733, 1399
Isosorbide Dinitrate 969, 1400
Isosorbide Mononitrate 970, 1401
isosorbide-5-mononitrate 970, 1401
Isostenase 969, 1400
Isoten 137, 278
Isotense 546
Isotrate 969, 1400
Isoxsuprine 864
Isoxsuprine Hydrochloride 865
Isoxsuprine Resinate 866
Isradipine 420, 626, 971
Israpafant 1589
isrodipine 420, 626, 971
Issium 622, 853
Istin 245, 587, 912
ITA-104 1608
Itanoxone 1481
itramine tosilate 1402
Itramin Tosylate 1402
Itrin 110, 555
Itrop 1148
Ivabradine 1245
Iviron 1652
Ixertol 603, 843

Janimine 1237
Jatropur 789

Name and Synonym Index

JB-516	500	Kelicor	1403
JDL-464	788	Kelicorin	1403
Jefron	1673	Kellin	1403
Jodid	1910	Keloid	1403
Joristen	1905	Kemi S	212, 517, 1010, 1204
JP-992	1447	Kephalins	1702
Justar	316	Kephrine	1687
Justor	7, 319	Keratinamin	794
		Kerlone	133, 270, 924
		Kertasin	1836
K-2930	1584	component of: Kestomatin	1821
K-33	549, 780	Ket	422
K-351	196, 478, 992	Ketanserin	421
K-9321	1439	Ketanserin Tartrate	422
Kabikinase	1739	Khellin	1403
Kafylox	1907	khloratsizin	1369
Kalgut	1278	K-IAO	1909
Kalimozan	1909	Kieserite	1155
Kalirechin	868	Kiker 52G	64
Kallidin	867	Kinidin	1208
kallidin-10	867	Kir Richter	64
kallidin-9	828	KL-255	152, 291, 936, 1088
Kallidin I	828	Klavikordal	994, 1415
kallidin II	867	K-Lease	1908
Kallidinogenase	868	Klinium	634, 973, 1404
Kallikrein	868	K-Lor	1908
Kalodil	844	Klorvess	1908
Kanrenol	700, 1773	Klot	1724
Kaochlor	1908	Klotrix	1908
Kaon	1909	K-Lyte	1907
Kaon-Cl	1908	K-Lyte DS, component of	1907
Kaon-Cl 10	1908	K-Lyte/Cl, component of	1907, 1908
Karbinon	1715	Knoll H$_{75}$	1849
Katapyrin	683	K-Norm	1908
Katen	1163	Ko-1173Cl	1163
Katlex	376, 725	Ko-1366	149, 288, 933, 1085
Kato	1908	Ko-592	230, 568, 1023
Katonil	706	Koate-HP	1710
Katoseran	603, 843	Kolyum,	
Katrin	1909	component of	1908, 1909
Kay-Ciel	1908	Kordafen	476, 647, 987, 1413
Kayexalate	1871	Korec	31, 520
KB-2796	636	Korectic	520
KB-944	854	Koretic	30
KC-5103	785	Korglykon	1275
KC-8857	1226	KPABA	1543
K-Dur	1908	K-Predne-Dom,	
Kebilis	1528	component of	1908
Kelamin	1403	Kreatol	1921
Kelecin	1539	Kredex	160, 305, 942
Kelfer	1655	K-strophanthin	1348
Kelferon	1658	K-strophanthin-α	1276
Kelgin	1693	K-strophanthoside	1348

Name and Synonym Index

KT-611	94, 96, 470	Lanoteplase	1730
K-Tab	1908	Lanoxicaps	1283
Kubacron	790	Lanoxin	1283
Kudrox, component of	1821	Laracor	198, 483
KW-3049	265, 596		996, 1178, 1417
Kybernin	1559	Laractone	776, 1782
Kyurinett	1026, 1434	Laserdil	969, 1400
		Lasilix	376, 725
		Lasix	376, 725
L1	1707	LB-46	205, 508, 888, 1005, 1187
L-2197	1753	LB-502	376, 725
L-2214	1923	LD-2988	1764
L-2329	1366	LD-3612	484, 761
L-3428	909, 910, 1050, 1051	Lecibral	475, 646, 878, 985
L-700462	1629, 1640	Lecithin	1539
L-8	1812	Lecithol	1539
L-8027	1602	Lederdopa	444
L-9394	938, 1094	Lefradafiban	1593
LA-1211	966	Lehydan	1182
LA-1221	836	Leiormone	1727, 1817
Labelol	92, 177, 424	lemakalim	428
Labetalol	91, 176, 423	Lemazide	267, 693
Labetalol Hydrochloride	92, 177, 424	Lemildipine	628, 972
Labitan	1377	Lenitral	994, 1415
Labracol	177, 424	Lenograstim	1549
Labrocol	92	Lenoxicaps	1283
Labyrin	603, 843	Lenoxin	1283
Lacalmin	776, 1782	Lento-Kalium	1908
Lacdene	776, 1782	Lentonitrina	994, 1415
Lacidipine	425, 627	Lentrat	1004, 1418
Lacipil	425, 627	Leodrine	406, 730
Lacirex	425, 627	Leostesin	1149
Lacolin	1919	Lepirudin	1594
Lactamin	661, 1425	Lepitoin	1182
Lactinium	1931	Lercanidipine	426, 629
Laki-Lorand factor	1712	Lercanidipine Hydrochloride	427, 630
Lambral	113, 899	Leron	381
Lamifiban	1590, 1636	Lescodil	475, 646, 878, 985
Lamifiban Trifluoracetate Salt	1591, 1637	Lescol	1474
Lamifiban Trifluoroacetate	1591, 1637	Lesidrin	749
Lamoparan	1592	Lestid	1466, 1868
Lamuran	526	1-L-Leucine-2-L-threonine-	
Lanacordin	1283	63-desulfohirudin	1594
Lanatoside A	1315	leucocianidol	1765
Lanatoside B	1316	Leucocyanidin	1765
Lanatoside C	1317	Leukine	1554
Lanatoside D	1318	Leukoprol	1683
Lanatoxin	1282	Levadil	167, 342
Landiolol	178	levarterenol	1846
Langoran	969, 1400	Levarterenol bitartrate	1847
Lanicor	1283	Levatol	203, 490
Lanimerck (ampuls)	1279		1003, 1180
Lanimerck (suppositories)	1317	Levdobutamine	1319

Name and Synonym Index

Levdobutamine Lactobionate	1320	Lipsin	1472
Levemopamil	631	Lipur	1477
Levius	1562	Lisinopril	22, 430
Levkromakalim	428	Lispine	1118
Levobunolol	179	Litosmil	1758
Levobunolol Hydrochloride	180	Litursol	1532
levocarnitine	1451, 1482	Liver Extract	1671
Levocarnitine	1482, 1895	Lixil	697
Levophed	1846, 1847	LL-1530	192, 1172
Levosemotiadil	632	LL-1558	1521
LF-178	1472	LL-1656	834
LG-11457	614, 1385	LLF	1712
Libenzapril	21, 429	LM-192	1241
Lidamidine	1797	LMD	1873
Lidamidine Hydrochloride	1798	L-α-MT	454
Lidarral	1798	LMWD	1873
Lidesthesin	1150	Lobamine	1542
Lidocaine	1149	Locron	1822
Lidocaine Hydrochloride	1150	Loctidon	895
Lidoflazine	634, 973, 1404	Locton	895
Lidothesin	1149	Lodalès	1511
Lifibrate	1483	Lofetensin	432
Lignavet	1150	Lofexidine	431
lignocaine	1149	Lofexidine Hydrochloride	432
Lilly 35483	331	Lofton	834
Lilly 99170	1055	Loftyl	834
Limaprost	974	Logna	324, 605
limaprost α-cyclodextrin clathrate	974	Lomerizine	635
		Lomerizine Hydrochloride	636
Linodil	861	Lomir	420, 626, 971
Linotroban	1595	Lomotil, component of	1795
Linsidomine	975	LON-798	391
Liosol	1527	Londomin	546
Lipalt	1467	Longacid	1924
Lipanor	1460	Longasa	1562
Lipanthyl	1472	Longdigox	1283
Lipantil	1472	Loniten	458
Lipidil	1472	Lonolox	458
Lipivas	1479	Looser	152, 291, 936, 1088
Liple	816	Lopantrol	1154
Lipoclar	1472	Lopemid	1800
Lipoclin	1461	Lopemin	1800
Lipodel	1497	Loperamide	1799
Lipofene	1472	Loperamide Hydrochloride	1800
Lipoglutaren	1486	Loperyl	1800
Lipo-Merz	1471	Lopid	1477
Liponorm	1511	Lopirin	5, 299
Liposana	1527	Lopizid	1477
Liposit	1472	Lopres	403
Lipostat	1508	Lopresor	187, 453, 979, 1161
Lipotril	1535	Lopressor	453, 979
Lipotropics	**1534-1542**	Lopressor HCT, component of	187, 405, 729, 1161
Liprinal	1443, 1462		

Name and Synonym Index

Lopressor OROS	185, 451, 1159
Lopril	5, 299
Loprinone	1321
Lorajmine	1151
Lorajmine Hydrochloride	1152
Lorcainide	1153
Lorcainide Hydrochloride	1154
Lorelco	1506
Lorivox	1154
Losartan	54, 433
Losartan Monopotassium Salt	434
Losartan Potassium Salt	55
Lotensin	2, 3, 260, 261
Lotensin-HCT, component of	3, 261, 405, 729
Lotrel, component of	3, 245, 261 587, 912
Lotrel capsules, component of	3, 261
Lotrial	11, 350
Lovalip	1484, 1489
Lovastatin	1484, 1489
Lovenox Injection	1579
Lowgan	75, 123, 248
Lowpres	26, 465
Lowpston	376, 725
Loxacor	432
Loxen	475, 646, 878, 985
Lozol	413, 732
LR-99853	504
LS-121	874
LT-31-200	140, 281
LU-1631	1824
LU-49938	644
Lumitens	583, 795
Lunetoron	697
Luret	690
Lurselle	1506
LVD, Eudextran	1873
LY-135837	1143
LY-150378	1103
LY-175326	1314
LY-195115	1312
LY-206243	1319
LY-206243 lactobionate	1320
LY-207506	1287
LY-253351	106
LY-294468	1577
LY-294468 sulfate	1578
Lyeton	1532
Lynamine	1403
Lyovac Diuril [as sodium salt]	312, 707
Lyovac Sodium Edecrin	717
Lypressin	1812
Lysergin	86
8-L-Lysine-vasopressin	1728, 1819
Lysomiol	1394
Lyspafen	1793
N^2-L-Lysylbradykinin	867
Lytensium	492, 809
M	1540
M&B-17803A	119, 234, 906, 1037
M&B-2050A	493, 810
M&B-4486	488, 807
M&B-8430	712
M.G. 13054	367, 723
M.G. 143	1721
M.G. 652	1718
M-71	1092
MA-1277	903
Maalox, component of	1821
Maalox Antidiarrheal	1800
Maalox HRF, component of	1821
Maalox Plus, component of	1821
Macasirool	376, 725
Macrodex	1874
Macrophage Colony-Stimulating Factor	1677, 1682
Macrose	1872
Macstim	1677
Maggioni 1559	1527
Magnesium aluminosilicate	1787
Magnesium Chloride	1896
Magnesium Chloride Hexahydrate	1897
Magnesium Clofibrate	1485
Magnesium Gluconate	1898
Magnesium Gluconate Dihydrate	1899
Magnesium Sulfate	1155, 1900
Magnesium Sulfate Heptahydrate	1901
Magnofenyl	1814, 1932, 7906
Magnogene	1896
Magnophenyl	1814, 1932, 7906
dl-mandelamidine	481
Manexin	1405
Manganese Chloride	1902
Manganese chloride tetrahydrate	1902
Manganese sulfate (1:1) monohydrate	1903
Manganese Sulfate	1903
Manicol	734
Manidipine	435, 637
Manidipine 6300	435, 638
Manidipine Dihydrochloride	436, 639

Name and Synonym Index

Manidipine Dihydrochloride Monohydrate	640	Mederel	1053
manna sugar	734	Mediatensyl	581
Mannidex	734	Mediator	1447
mannite	734	Mediatric, component of	1666
D-Mannitol	734	Mediaven	1715, 1767
Mannitol	734	Mediaxal	1447
Mannitol Hexanitrate	1405	Medibazine	1406
mannitol nitrate	1405	Medibazine Dihydrochloride	1407
Mannitrin	1405	Medomet	444
Manoplax	369, 1299	Medopa	444
Marogen	1647, 1678	Medopren	444
Masdil	1113, 1379	Medorinone	1322
masnidipine	426, 629	medroglutaric acid	1486
Maspiron	1475	Mefruside	735
Maxitate	1405	Mega	437
Max-Uric	1923	Megacert	68
Maxzide	405, 729	Meglutol	1486
Maycor	969, 1400	Megrin	855
MBLA	1487	Melagatran	1596
MC-838	26, 465	meletin	1768
MCAA	1151	Melfax	774
MCI-9038	1561	melin	1770
MCI-9042	1615	Melinamide	1487
McN-1210	1205	Melipramine	1237
McN-1589	1410	Memoq	97, 879
McN-485	1937	Menacor	1372
McN-A-2833	28, 495	Meobentine	1156
McN-A-2833-109	29, 496	Meobentine Sulfate	1157
McN-JR-15403-11	1793	Mepicor	181
McN-JR-7094	634, 973	Mepicor	440, 976
McN-JR-7904	1404	Mepindolol	181, 440, 976
M-CSF	1682	Mepirodipine	258, 591, 919
MD-141	1709	meproscillarin	1342
MD-67350	842	mequiverine	1241
MD-6753	946	MER-2p	1526
MD-805	1561	Meralluride	736
MDL-14042	432	Mercamphamide	737
MDL-17043	1294	Mercamphamide-theophylline	742
MDL-19205	1337	(4S)-N-[(s)-3-Mercapto-2-methyl-propionyl]-4-(phenylthio)-L-proline benzoate (ester) calcium salt	48, 584
MDL-899	461		
ME-3202	1181		
Measurin	1562		
meat sugar	1538	1-[(2S)-3-Mercapto-2-methyl-propionyl]-L-proline	5, 299
Mebiquine	1801		
Mebroin, component of	1182	(-)-1-[(2S)-3-Mercapto-2-methyl-propionyl]-L-proline ester with N-(cyclohexylcarbonyl)thio-D-alanine	25, 464
Mebutamate	437		
Mebutina	437		
mecamine	438, 804		
Mecamylamine	438, 804	(-)-1-[(2S)-3-Mercapto-2-methyl-propionyl]-L-proline ester with N-(cyclohexylcarbonyl)thio-D-alanine calcium salt (2:1)	26, 465
Mecamylamine Hydrochloride	439, 805		
Medemanol	1405		

Name and Synonym Index

N-[1-[(S)-3-Mercapto-2-methyl-propionyl]-L-prolyl]-3-phenyl-L-alanine acetate (ester)	1, 236	Metatensin	574, 790
		Metenix	449, 750
		Meterfer	1662
Mercaptomerin	738	Metescufylline	1766
Mercaptomerin Sodium	739	metflorylthiazidine	406, 730
N-[(S)-α-(Mercaptomethyl)-3,4-(methylenedioxy)hydrocinnamoyl]-L-alanine benzyl ester acetate (ester)	13	Methafrone	1403
		Methalthiazide	744
		β-[(p-Methanesulfonamido-phenethyl)methylamino]methanesulfono-p-phenetidide	1120
1-(3-Mercaptopropionic acid)-8-D-arginine-vasopressin	1809	Methazolamide	745, 1864
		Methenamine Tetraiodide	1904
1-(3-Mercaptopropionic acid)-8-D-arginine-vasopressin monoacetate (salt) trihydrate	1810	methesacufylline	1766
		methforylthiazidine	406, 730
Mercardan	736	Methionamine	1534
Mercloran	706	L-Methionine	1540
Mercoral	706	Methionine	1540
Mercuhydrin	736	D-Methionine	1541
mercumallylic acid	741	DL-Methionine	1542
Mercumallylic Acid-Theophylline Sodium	740	Methionine, D-form	1541
		Methionine, DL-form	1542
Mercumatilin	741	N-L-Methionyl-colony-stimulating factor (human clone 1034)	1546
mercumatilin sodium	740		
mercuramide	743	Methium chloride	400, 803
Mercuretin	736	Methoplain	444
Mercurophylline	742	Methoxamine	1842
Mercusal	743	Methoxamine Hydrochloride	1843
Meregon	1084	1-(p-Methoxybenzyl)-2,3-dimethylguanidine	1156
Meribendan	1323		
Merilid	706	1-(p-Methoxybenzyl)-2,3-dimethylguanidine sulfate	1157
Mersalin	743		
Mersalyl	743	4-Methoxy-N,N'-bis(3-pyridinyl-methyl)-1,3-benzenedicarboxamide	1606
meso-Erythritol tetranitrate	883		
mesoinosite	1538		
meso-inositol	1538	4-Methoxy-N,N'-bis(3-pyridinyl-methyl)-1,3-benzenedicarboxamide monohydrate	1607
meso-inositol hexanicotinate	861		
Mesonex	861		
Mesotal	861	(9S)-6'-Methoxycinchonan-9-ol	1208
Mespirenone	1778	6'-Methoxy-(9S)-cinchonan-9-ol sulfate (2:1) (salt)	1210
Mesudipine	641		
Mesuprine	869	10-Methoxy-1,6-dimethyl-ergoline-8β-methanol 5-bromonicotinate (ester)	97, 879
Mesuprine Hydrochloride	870		
Met	1540		
Metahydrin	574, 790	2-[3-[(m-Methoxyphenethyl)-methylamino]propyl]-2-(m-methoxyphenyl)tetradecanenitrile	915, 1054
Metamed	1435		
Metamine	1028		
metaradrine	1839		
Metaraminol	1839	(+)-(R)-2-[5-Methoxy-2-[3-[methyl-[2-[3,4-(methylenedioxy)phenoxy]ethyl]-amino]propoxy]phenyl]-4-methyl-2H-1,4-benzothiazin-3(4H)-one	535
Metaraminol Bitartrate	1840		
Metaraminol Hydrochloride	1841		
Metasclene	1526		
Metasqualene	1526		
Metatensin, component of	530		

Name and Synonym Index

(-)-(S)-2-[5-Methoxy-2-[3-[methyl-[2-[3,4-(methylenedioxy)phenoxy]ethyl]amino]propoxy]phenyl]-4-methyl-2H-1,4-benzothiazin-3(4H)-one	632
(+)-(R)-2-[5-Methoxy-2-[3-[methyl-[2-[3,4-(methylenedioxy)phenoxy]ethyl]amino]propoxy]phenyl]-4-methyl-2H-1,4-benzothiazin-3(4H)-one fumarate	536
(±)-4-Methoxy-N-[2-[2-(1-methyl-2-piperidinyl)ethyl]phenyl]-benzamide	1127
(±)-4-Methoxy-N-[2-[2-(1-methyl-2-piperidinyl)ethyl]phenyl]-benzamide hydrochloride	1128
2-Methoxy-2-methylpropane	1530
2-[2-Methoxy-4-(methylsulfinyl)phenyl]-1H-imidazo[4,5-c]-pyridine	1313
2-[2-Methoxy-4-(methylsulfinyl)phenyl]-1H-imidazo[4,5-c]-pyridine monohydrochloride	1314
2-[2-Methoxy-4-(methylsulfinyl)phenyl]-3H-imidazo[4,5-b]-pyridine	1349
4-(o-Methoxyphenyl)-α-[(1-naphthyloxy)methyl]-1-piperazine-ethanol	94, 470
(±)-4-(o-Methoxyphenyl)-α-[(1-naphthyloxy)methyl]-1-piperazine-ethanol	96, 472
4-(o-Methoxyphenyl)-α-[(1-naphthyloxy)methyl]-1-piperazine-ethanol dihydrochloride	95, 471
6-[[3-[4-(o-Methoxyphenyl)-1-piperazinyl]propyl]amino]-1,3-dimethyluracil	581
5-(p-Methoxyphenyl)-5-phenyl-3-[3-(4-phenylpiperidino)-propyl]hydantoin	1216
5-(p-Methoxyphenyl)-5-phenyl-3-[3-(4-henylpiperidino)-propyl]hydantoin hydrochloride	1217
1-(6-Methoxy-4-quinolyl)-3-(3-vinyl-4-piperidyl)-1-propanone	1241
1-(6-Methoxy-4-quinolyl)-3-(3-vinyl-4-piperidyl)-1-propanone hydrochloride	1242
methoxyverapamil	624, 961
r-metHuG-CSF	1546
Methyclothiazide	441, 746
Methyl tert-Butyl Ether	1530
(±)-Methyl (Z)-7-[(1R,2R,3R)-2-[(E)-(4RS)-4-butyl-4-hydroxy-1,5-hexadienyl]-3-hydroxy-5-oxocyclopentyl]-5-heptenoate	900
Methyl (+)-(S)-α-(o-chlorophenyl)-6,7-dihydrothieno[3,2-c]-pyridine-5(4H)-acetate	1566
Methyl (+)-(S)-α-(o-chlorophenyl)-6,7-dihydrothieno[3,2-c]-pyridine-5(4H)-acetate sulfate (1:1)	1567
Methyl 1-[2-(diethylamino)ethyl]-18β-hydroxy-11,17α-dimethoxy-3β,20α-yohimban-16β-carboxylate	275
Methyl 1-[2-(diethylamino)ethyl]-18β-hydroxy-11,17α-dimethoxy-3β,20α-yohimban-16β-carboxylate bitartrate (salt)	276
Methyl (3α,16α)-eburnamenine-14-carboxylate	1258
Methyl 18β-hydroxy-11,17α-dimethoxy-3β,20α-yohimban-16β-carboxylate 3,4,5-trimethoxybenzoate (ester)	336, 530
Methyl 18β-hydroxy-17α-methoxy-3β,20α-yohimban-16β-carboxylate 3,4,5-trimethoxybenzoate (ester) hydrochloride (1:1)	337
(±)-Methyl p-[2-hydroxy-3-(isopropylamino)propoxy]hydrocinnamate	170, 1132
(±)-Methyl p-[2-hydroxy-3-(isopropylamino)propoxy]hydrocinnamate hydrochloride	171, 1133
Methyl 4-Pyridyl Ketone Thiosemicarbazone	442
Methyl 4-Pyridyl Ketone Thiosemicarbazone Hydrochloride	443
Methyl 1,2,3,6-tetrahydro-2,6-dioxo-4-pyrimidinecarboxylate	1930
(±)-Methyl tetrahydrofurfuryl-1,4-dihydrodimethyl-4-(o-nitrophenyl)-3,5-pyridine-dicarboxylate	375, 623
1-(Methylamidino)-3-(2,6-xylyl)urea	1797
1-(Methylamidino)-3-(2,6-xylyl)urea monohydrochloride	1798
4-[2-(Methylamino)ethyl]-o-phenylene diisobutyrate	1308

Name and Synonym Index

4-[2-(Methylamino)ethyl]-o-phenylene diisobutyrate hydrochloride 1309
2-[2-(Methylamino)ethyl]pyridine 823
2-[2-(Methylamino)ethyl]pyridine dihydrochloride 824
2-[2-(Methylamino)ethyl]pyridine maleate (1:1) 825
4-[2-(Methylamino)propyl]phenol 1849
4-[2-(Methylamino)propyl]phenol sulfate 1850
N-(α-Methylbenzyl)linoleamide 1487
[1S-[1α(R*),3α,7β,8β(2S*,4S*),8aβ]]-2-Methylbutanoic acid 1,2,3,7,8,8a-hexahydro-3,7-dimethyl-8-[2-(tetrahydro-4-hydroxy-6-oxo-2H-pyran-2-yl)ethyl]-1-naphthalenyl ester 1484, 1489
3-Methyl-4(H)-chromen-4-one 1432
methylchromone 1432
6α-methylcompactin 1484
Methyl-2,10-dichloro-12H-dibenzo[d,g][1,3]dioxocin-6-carboxylate 1525
α-methyldopa 444
Methyldopa 444
Methyldopa Ethyl Ester Hydrochloride 445
methyldopate hydrochloride 445
3,4-(Methylenedioxy)-mandelamidine 481
(±)-α-[[(1-Methylethyl)amino]methyl]-4-nitrobenzene-methanol 988
(±)-α-[[(1-Methylethyl)amino]methyl]-4-nitrobenzene-methanol hydrochloride 989
[2-(1-Methylethyl)-1H-indol-3-yl]-3-pyridinylmethanone 1602
N-[1-[N-[N-[N-[N-[N²(N-Methyl-glycyl-L-arginyl]-L-valyl]-L-tyrosyl]-L-valyl]-L-histidyl]-L-prolyl]-L-alanine 56, 533
N-[1-[N-[N-[N-[N-[N²(N-Methyl-glycyl-L-arginyl]-L-valyl]-L-tyrosyl]-L-valyl]-L-histidyl]-L-prolyl]-L-alanine acetate (salt) hydrate 57, 534
7-Methyl-17-hydroxy-3-oxo-17α-pregn-4-ene-7α,21-dicarboxylic acid 1780
[4-(2-Methylimidazol-5-yl)-2-thiazolyl]guanidine dihydrochloride 796
2-[[2-[[(5-Methylimidazol-4-yl)methyl]thio]ethyl]amino]-5-piperonyl-4-(1H)-pyrimidinone 755
2-[[2-[[(5-Methylimidazol-4-yl)methyl]thio]ethyl]amino]-5-piperonyl-4-(1H)-pyrimidinone dihydrochloride 756
2-[[2-[[(5-methylimidazol-4-yl)methyl]thio]ethyl]amino]-5-piperonyl-4-(1H)-pyrimidinone dimethanesulfonate 757
[(Methylimino)diethylene]bis(ethyl-dimethylammonium bromide) 255, 797
4'-[[4-Methyl-6-(1-methyl-2-benzimidazolyl)-2-propyl-1-benzimidazolyl]methyl]-2-biphenylcarboxylic acid 58
1-Methyl-3-[2-[[(5-methylimidazol-4-yl)methyl]thio]ethyl]-2-thiourea 747
1-[m-[3-[[1-Methyl-3-[(methylsulfonyl)methyl]-1H-1,2,4-triazol-5-yl]amino]propoxy]benzyl]-piperidine 778
4-Methyl-5-[p-(methylthio)benzoyl]-4-imidazolin-2-one 1294
3-Methyl-1-[2-(2-naphthyloxy)-ethyl]-2-pyrazolin-5-one 1599
5-Methyl-1,6-naphthyridin-2(1H)-one 1322
N-Methyl-2-(m-nitrophenyl)-N-[(1S,2S)-2-(1-pyrrolidinyl)-1-indanyl]acetamide 753
[3-Methyl-4-oxo-5-(1-piperidinyl)-2-thiazolidinylidene]acetic acid ethyl ester 721
(Z)-3-Methyl-4-oxo-5-piperidino-Δ²·α-thiazolidineacetic acid 759
4-Methyl-3-penten-2-one (1-phthalazinyl)hydrazone 282, 831
(S)-1-(α-Methylphenethyl)-3-(p-tolylsulfonyl)urea 1024
(±)-2-[3-(Methylphenethylamino)propyl]-2-phenyltetradecanenitrile 663
N-Methyl-D-phenylalanyl-N-[(1S)-1-formyl-4-guanidino-butyl]-L-prolinamide 1577
N-Methyl-D-phenylalanyl-N-[(1S)-1-formyl-4-guanidino-butyl]-L-prolinamide sulfate (1:1) 1578
(1-Methyl-2-phenylethyl)hydrazine 498
(±)-(1-Methyl-2-phenylethyl)hydrazine 499
(±)-(1-Methyl-2-phenylethyl)hydrazine hydrochloride 500

Name and Synonym Index

1-Methyl-4-piperidyl glyoxylate 2-[bis(p-chlorophenyl)acetal]	1483
(±)-2'-[2-(1-Methyl-2-piperidyl)ethyl]vanillanilide	1164
7-Methyl-21-potassium-17-hydroxy-3-oxo-17α-pregn-4-ene-7α,21-dicarboxylate dihydrate	1779
N-Methyl-N,2-propynylbenzylamine	485
N-Methyl-N,2-propynylbenzylamine hydrochloride	486
5-Methylpyrazinecarboxylic acid 4-oxide	1439
4-Methyl-2-pyridamine	1254
4-Methyl-2-pyridamine camphorsulfonate	1255
4-Methyl-2-pyridamine monohydrochloride	1256
(±)-1-[1-[(4-Methyl-4H,6H-pyrrolo[1,2-α][4,1]benzoxazepin-4-ylmethyl]-4-piperidyl]-2-benzimidazolinone	1806
(±)-1-[1-[(4-Methyl-4H,6H-pyrrolo[1,2-α][4,1]benzoxazepin-4-ylmethyl]-4-piperidyl]-2-benzimidazolinone maleate	1807
N-(4-Methyl-2-sulfamoyl-Δ²-1,3,4-thiadiazolin-5-ylidene)-acetamide	745, 1864
2-Methyl-2-[4-(1,2,3,4-tetrahydro-1-naphthyl)phenoxy]-propionic acid	1490
(2R,4R)-4-Methyl-1-[N²-[(1,2,3,4-tetrahydro-3-methyl-8-quinolyl)-sulfonyl]-L-arginyl]pipecolic acid	1560
(2R,4R)-4-Methyl-1-[N²-[(1,2,3,4-tetrahydro-3-methyl-8-quinolyl)-sulfonyl]-L-arginyl]pipecolic acid monohydrate	1561
7-Methylthiochroman-7-sulfonamide 1,1-dioxide	446, 748
2-[[α-Methyl-m-(trifluoromethyl)-phenethyl]amino]ethanol benzoate (ester)	1446
2-[[α-Methyl-m-(trifluoromethyl)-phenethyl]amino]ethanol benzoate (ester) monohydrochloride (salt)	1447
(-)-α-Methyl-L-tyrosine	454
(±)-α-Methyl-L-tyrosine	455
1-Methyl-2-(2,6-xylyloxy)ethylamine	1162
1-Methyl-2-(2,6-xylyloxy)ethylamine hydrochloride	1163
methypranol	182, 447
Metiamide	747
Meticrane	446, 748
Metione	1542
Metipranolol	182, 447
Metipranolol Hydrochloride	183, 448
Metligine	1845
Metochalcone	749
Metolazone	449, 750
Meton	400, 803
Metoprolol	184, 450, 977, 1158
Metoprolol Fumarate	185, 451, 1159
Metoprolol Succinate	186, 452, 978, 1160
Metoprolol Tartrate	187, 453, 979, 1161
Metranil	1004, 1418
Metyrosine	454
dl-Metyrosine	455
Mevacor	1484
Mevalon	1486
Mevalotin	1508
Mevasine	439, 805
Mevastatin	1488
Mevinacor	1484, 1489
mevinolin	1484, 1489
Mevlor	1484, 1489
Mexiletine	1162
Mexiletine Hydrochloride	1163
Mexitil	1163
Mexrenoate Potassium	1779
Mexrenoic Acid	1780
MG-1559	1527
MG-8926	1382
MGI-2	1547, 1679
MHIP	229, 567, 1022
Mibefradil	456, 642
Mibefradil Dihydrochloride	457, 643
Micro-K	1908
Mictine	683
Mictrol	669, 1018, 1429
Micturin	669, 1018, 1429
Micturol	669, 1018
Midaglizole	93
Midamide	682, 1845
Midamor	682
Midodrine	1844
Midodrine Hydrochloride	1845
Midol	760
Midronal	603, 843
Migranal	353, 848
Mikelan	159, 304, 941, 1100
Millafol	1668
Millisrol	994, 1415

Name and Synonym Index

Milodistim	1550	MK-781	454
Milrinone	1324	MK-793	609, 951, 1114
Milrinone Lactate	1325	MK-803	1484, 1489
Miltrate, component of	1004, 1418	MK-950	228, 564, 1020, 1231
Mimedran	1515	MK-954	434
Mincard	683	ML-1024	1519
Mindererus's spirit	685	MNE	97
Minetoin	1183	MO-911	485, 486
mingin	71	Modacor	998, 1332
Minipress	104, 513, 892	Modalim	1460
Minirin	1809	Modamide	682
Minitran	994, 1415	Modecainide	1164
Minolip	1446	Modenol	293, 699
Minoxidil	458	Moderil	529
Minoximen	458	Modipafant	1597
Minprog	816	Moduretic	405, 682, 729
Minuric	1923	Moexipril	23, 459
Miocard	910, 1051	Moexipril Hydrochloride	24, 460
Miochol	815	Molgramostim	1551
Miocor	1451, 1482, 1895	Mol-Iron	1667
Miodaron	910, 1051	Moloid	1405
Mioflazine	1408	Molsidolat	980, 1411
Mioflazine Hydrochloride	1409	Molsidomine	980, 1411
		Momo Mack	970
Miotonal	1451, 1482, 1895	monacolin K	1484, 1489
Miraclid	71	Monatepil	981, 1165
Miretilan	353, 848	Monatepil Maleate	982, 1166
Mirfat	376, 725	Mondus	622, 853
Mirimostim	1683	Monicor	970, 1401
Mirion	1904	Monit	970, 1401
Mission Prenatal, component of	1668	Monitan	118, 233, 905, 1036
		Mono Mack	1401
Mitronal	843	monoacetylneriifolin	1327
Mixidine	1410	Monocalcium tetrasodium bis[pentaaqua[D-gluconato(4-)]-tetra-μ-hydroxydioxotriferrate-(3-)]	1655
MJ-10061	1923		
MJ-12880-1	897		
MJ-1987	870	α-monocaprylin	1531
MJ-1988	1344	MonoCedocard	1401
MJ-1999	216, 540, 1016, 1221	Mono-Cedocard	970
MJ-9067	1128	Monoclair	970, 1401
MJF-10938	583, 795	Monoclate-P	1710
MJF-12637	895	Monocor	137, 278
MK-135	1866	Monoctanoin	1531
MK-196	731	Monoket	970, 1401
MK-208	722	Monopina	245, 587, 912
MK-351	444	Monopril	15, 374
MK-383	1629, 1630, 1640	Monosorb	970, 1401
MK-421	11, 350	Mopidralazine	461
MK-422	12, 351	Moprolol	188, 462
MK-507	1861	Moprolol Hydrochloride	189, 463
MK-521	22, 430	moracizine	1167
MK-595	718	Morial	980, 1411
MK-733	1511	Moricizine	1167

Name and Synonym Index

Moricizine Hydrochloride	1168	Myorexon	969, 1400
7-Morpholinomethyl-theophylline	751	Myotrope	1334
		myrticolorin	1770
3-Morpholinosydnone imine	975		
3-morpholinosydnonimine	975		
morsydomine	1411	N-696	226, 562, 1229
Motazomin	980, 1411	Na III	1832
Motens	425, 627	NaClex	406, 730
mouse antialopecia factor	1538	Nadolol	190, 469, 983, 1170
Moveltipril	25, 464	Nadoxolol	191, 1171
Moveltipril Calcium	26, 465	Nadoxolol Hydrochloride	192, 1172
Moxaprindine	1169	Nadroparin Calcium	1598
Moxisylyte	871	nafamastat mesylate	70
Moxisylyte Hydrochloride	872	Nafamostat	69
Moxonidine	466	Nafamostat Dimethanesulfonate	70
Moxonidine Hydrochloride	467		
Moxyl	872	nafamstat	69
MPC-1304	250, 589	Nafazatrom	1599
MQPA	1560	Nafenopin	1490
MRZ-3/124	1493	Nafronyl	873
MTBE	1530	nafronyl acid oxalate	874
Mudrane Tablets, component of	1910	Nafronyl Oxalate	874
		Naftazone	1715, 1767
Mudrane-2 Tablets, component of	1910	naftidrofuryl	873
		Naftopidil	94, 470
multi-CSF	1681	(±)-Naftopidil	96, 472
Multipotent colony-stimulating factor	1681	Naftopidil Dihydrochloride	95, 471
		Naigaril	263, 692
Munobal	363, 364, 617, 618, 849, 958, 959, 1387	NAPA	1039
		1,2-Naphthalenedione	1714
		1,2-Naphthalenedione-2-semicarbazone	1715
Muplestim	1552		
Mutabase	339	β-naphthoquinone	1714
Muzolimine	468, 752	1,2-Naphthoquinone	1714
Mycardol	1004	1,2-Naphthoquinone-2-semicarbazone	1715, 1767
Mycardol, Nitropenton	1418		
		Napsagatran	1600
Mycifradin	1491	1-Napthylamine-4-Sulfonic Acid	1716
Mykrox	449, 750	Naqua	574, 790
Mylanta Gelcaps, component of	1881	Naquasone	574, 790
		Naquival, component of	530
Mylanta Soothing Lozenges	1881	Naquival	574, 790
		narbivolol	193, 473
Mylanta Tablets, component of	1881	Narcaricin	1923
		Narilet	1148
Myocardone	1394	Naroparcil	1601
Myocord	127, 254, 918, 1062	Nasaruplase	1731
		NAT 333	88
Myodigin	1282	Natabec	1667
Myoglycerin	994, 1415	Natirene 25	715
myo-Inositol hexa-3-pyridinecarboxylate	861	Natrilix	413, 732
		natrionex	674, 1856
Myordil	1358	Naturetin	263, 692

Name and Synonym Index

Naturine	263, 692	Nicainoprol	1173
Naturon	441, 746	Nicametate	875
Natyl	1380, 1576	Nicametate Citrate Monohydrate	876
Navidrex	330, 713	Nicamin	1492
Navidrix	330, 713	Nicanartine	1493
Navilox	865	Nicangin	1492
NDR-5998A	88	Nicant	475, 646, 878, 985
NE-10064	1064	Nicapress	475, 646, 878, 985
Nebilet	193, 473	Nicardal	475, 646, 878, 985
Nebivalol	193, 473	Nicardipine	474, 645, 877, 984
Nefrolan	712	Nicardipine	
Nefurofan	776, 1782	Hydrochloride	475, 646, 878, 985
Neo-Atromid	1443, 1462	Nicarpin	475, 646, 878, 985
Neo-Calglucon	1883	Nicergolent	97, 879
Neo-Corovas	1004, 1418	Nicergoline	97, 879
Neodigitalis	1281	Niceritrol	1494
NeoDioxanin	1283	Nicobid	1492
Neo-Ferrum	1652	Nicodel	475, 646, 878, 985
Neo-Gilurytmal	1193	Nicofibrate	1495
Neo-Heptatex, component of	1671	Nicofuranose	880
Neohydrin	706	Nicolar	1492
Neolate	1491	Niconacid	1492
Neomas	1491	Nicorandil	986, 1412
Neomin	1491	Nicorol	376, 725
Neomycin	1491	NicoSpan	1492
Neo-Naclex	263, 692	nicotergoline	97, 879
Neopres	318	Nicotinic acid	1492
neoprotoveratrine	518	Nicotinic acid 1-oxide	1496
Neo-Urofort	704	nicotinic acid aluminum salt	817
nephramid	674, 1856	nicotinic alcohol	881
Nephril	511, 766	Nicotinyl Alcohol	881
Nepresol	341	Nicotinyl Tartrate	882
Nepresol Inject	341	Nictindole	1602
Nepréssol	341	Nidrel	480, 652
Neptall	119, 234, 906, 1037	Nifedicor	476, 647, 987, 1413
Neptazane	745, 1864	Nifedin	476, 647, 987, 1413
Nerdipina	475, 646, 878, 985	Nifedipine	476, 647, 987, 1413
Neriifolin	1326	Nifelan	476, 647, 987, 1413
Neriifolin 2'-Acetate	1327	Nifelat	476, 647, 987, 1413
neriolin	754, 1328	Nifenalol	194, 988, 1174
nethalide	209, 514, 1007, 1199	Nifenalol	
Nethaphyl	679	Hydrochloride	195, 989, 1175
Neupentedrin	1853	Nifensar XL	476, 647, 987, 1413
Neupogen	1546	NIF-T	1548
Neurofort	704	Niguldipine	990
Neuronika	1562	Nikion	263, 692
Neurosin	1886	Nilatil	1402
Nevergor	1152	Niltuvin	882
Nexopamil	644	Niludipine	648
Niac	1492	Nilvadipine	477, 649, 991
Niacin	1492	nimergoline	97
Niacor	1492	nimergoline, MNE	879
Nicacid	1492	Nimicor	475, 646, 878, 985

Name and Synonym Index

Nimodipine	650	nitropentaerythritol	1004, 1418
Nimotop	650	Nitropenton	1004
Nionate	1663	Nitropress	538, 894
Niong	1415	Nitro-PRN	994
Niperyt	1004	Nitrorectal	994
niperyt	1418	Nitroretard	994
Nipradilol	196, 478, 992	Nitrosigma	994
Nipradolol	196, 478, 992	Nitrosorbon	1400
Nipride	538, 894	Nitrosorbonl Nosim	969
Nipruss	537, 894	Nitrostat	994
Niravoline	753	Nitrous acid sodium salt	893
Nisocor	479, 651, 993	Nitrozell-Retard	994
Nisoldipine	479, 651, 993, 1414	Nivadil	477, 649, 991
Nit	1415	nivadipine	991
Nitorol	969, 1400	nivaldipine	991
Nitradisc	994, 1415	Noctone	774
Nitran	994	Nolipax	1472
Nitranitol	1405	nonachlazine	1359
Nitrendipine	480, 652	No-Press	437
Nitretamin	1028, 1435	Noradrenaline	1846
Nitric acid potassium salt	769	Noranat	413, 732
Nitriderm-TTS	994	Noravid	1575
2,2',2''-Nitrilotrisethanol trinitrate (ester)	1027	norcassamidine	1295
		Nordiocto	1710
2,2',2''-Nitrilotrisethanol trinitrate (ester) phosphate (1:2) (salt)	1028, 1435	Norepinephrine	1846
		Norepinephrine d-Bitartrate	1847
		Norepinephrine Hydrochloride	1848
Nitro Mack	994	Norgesic	1562
Nitro-Bid	994	Norgine	1694
Nitrocine	994	Norkel	1403
Nitrocontin	994	Normatensyl	401, 728
Nitroderm-TTS	994	Normet	1443, 1462
Nitrodisc	994	Normodyne	92, 177, 424
Nitrodur	994	Normolipol	1443, 1462
Nitroduran	1028, 1435	Normonal	579, 792
Nitroerythrite	883, 1384	Normothen	84, 346
Nitroerythrol	883	Normoxidil	458
Nitrofortin	994	Normurat	1923
Nitroglycerin	1415	Norpace	1119
Nitroglycerine	994	Norvasc	245, 479, 587
nitroglycerol	1415		651, 912, 993, 1414
Nitrol	969	Nosim	1400
Nitrolan	994	Novaloc	19, 411
Nitrolande	994	Novastan	1560
Nitrolar	994	Novatec	22, 430
Nitrolent	994	Novocamid	1198
Nitrolingual	994	Novofluen	86
nitromannite	1405	Novohydrin	242, 680
nitromannitol	1405	Novurit	742
Nitromex	994	NPAB	1193
Nitronal	994	N-phenacylhomatropinium chloride	497, 811
Nitrong	994		
Nitropenta	1004, 1418	NSC-106563	272

Name and Synonym Index

NSC-106566	957	oktadin	387
NSC-107678	1825	Oktatensin	387
NSC-107679	330, 713	oktatenzin	387
NSC-108161	511, 766	OKY-046	999, 1604, 1746
NSC-108163	393	Olamin	603, 843
NSC-108164	355, 716	Olbemox	1439
NSC-110430	1371	Olbetam	1439
NSC-110431	441, 746	Oldren	449, 750
NSC-129943	947	Oleandrin	754, 1328
NSC-169780	947	Olicard	970, 1401
NSC-26154	1697, 1700	Oliprevin	1508
NSC-29863	389	Oliver	1475
NSC-40725	733, 1399	Olivin	11, 350
NSC-43798	486	Olmagran	406, 730
NSC-515776	1380, 1576	Olmidine	481
NSC-64198	339	olprinone	1321
NSC-68982	378	OM-805	1561
NSC-69200	313, 708	Omeral	189, 463
NSC-77625	789	One-Iron	1662
NSC-91523	212, 517, 1010, 1204	Onkotin	1872
Nu-2121	881	ONO-1206	974
Nu-2222	577, 813	Onokrein P	868
Nu-404	1786	Onquinin	64
nucite	1538	Onychomal	794
Nu-K	1908	OP-1206	974
Nutraplus	794	Opalmon	974
Nutrin	876	OPC-1085	159, 304, 941, 1100
Nylidrin	884	OPC-13013	1565
Nylidrin Hydrochloride	885	OPC-13340	659
Nysconitrine	994	OPC-18790	1353
		OPC-21	1565
		OPC-8212	1355
[(Octahydro-2-azocinyl)-methyl]guanidine	384	Ophtorenin	151, 290, 935, 1087
		Opilon	872
[(Octahydro-2-azocinyl)-methyl]guanidine sulfate monohydrate	385	Opino	885
		Oposim	212, 517, 1010, 1204
		Op-Thal-Zin	1922
2,3,3a,5,6,11,12,12a-Octahydro-8-hydroxy-1H-benzo[a]cyclopenta[f]quinolizinium bromide	1207	OptiPranolol	182, 447
		Optipranolol	183, 448
		Optipress	159, 304, 941, 1100
Octamet	895	Optraex	1921
octanoic acid 2,3-dihydroxypropyl ester	1531	Oratrol	1859
		Orbofiban Acetate	1603
Octapressin	1811	Ordiflazine	634, 973, 1404
Octatensine	387	Oretic	405, 729
Octimibate	1732	ORF-16600	1260, 1362
Octostim	1810	ORF-22867	1261
Odanon	1701	ORG-10172	1458, 1572
Odemase	376, 725	Org-10172	1592
Odontalg	1150	ORG-30701	953
odorigeni	1804	Oricur	706
Odrik	42, 571	Orix	476, 647, 987, 1413
Oedemex	376, 725	γ-orizanol	1475

Name and Synonym Index

Ornid	1075
Ornipressin	1813
8-Ornithine-vasopressin	1813
Oropur	1927
Orotic Acid	1927
Orotic Acid Choline Salt	1928
Orotic Acid Ethyl Ester	1929
Orotic Acid Methyl Ester	1930
Orotic Acid Monohydrate	1931
Oroturic	1931
Orotyl	1927
Orphol	86
Orpidan	705
Orpizin	704
Orsile	263, 692
Ortacrone	910, 1051
Ortin	1028, 1435
Oryvita	1475
Oryzaal	1475
Osiren	776, 1782
Osmitrol	734
Osmoglyn	727
Osmosal	734
Ossopan	1894
osyritrin	1770
Osyrol	776, 1782
Otilonium Bromide	653
Ouabain	1329
Oxamarin	1717
Oxamarin Dihydrochloride	1718
oxaminozoline	531
Oxcord	476, 647 987, 1413
Oxedrine	1851
Oxedrine Hydrochloride	1852
Oxidized Cellulose	1719
Oxiniacic Acid	1496
Oxinofen	1814, 1932 7906
Oxiramide	1176
Oxmetidine	755
Oxmetidine Hydrochloride	756
Oxmetidine Mesylate	757
m-1-Oxo-4-azaspiro[4.6]-undec-2-ylphenol	1826
m-1-Oxo-4-azaspiro[4.6]-undec-2-ylphenol hydrochloride	1827
(-)-N-[[(2S)-4-Oxo-2-azetidinyl]-carbonyl]-L-histidyl-L-prolinamide	1752
4-Oxo-4H-1-benzopyran-2-caroxylic acid	1756
Oxodipine	654
(±)-2-[p-(1-Oxo-2-isoindolinyl)-phenyl]butyric acid	1584
4-Oxopentanoic acid calcium salt (2:1)	1890
5-Oxo-L-prolyl-L-tryptophyl-L-prolyl-L-arginyl-L-prolyl-L-glutaminyl-L-isoleucyl-L-prolyl-L-proline	41, 553
5-Oxo-L-propyl-L-seryl-L-lysyl-L-aspartyl-L-alanyl-L-phenylalanyl-L-isoeucyl-glycyl-L-leucyl-L-methioninamide	846
1-[2-Oxo-2-(1-pyrrolidinyl)ethyl]-4-[1-oxo-3-(3,4,5-trimethoxyphenyl)-2-propenyl]piperazine	841
1-[2-Oxo-2-(1-pyrrolidinyl)ethyl]-4-[1-oxo-3-(3,4,5-trimethoxyphenyl)-2-propenyl]piperazine maleate (1:1)	842
oxo(salicylato)bismuth	1789
oxpentifylline	887
Oxprenolol	197, 482, 995 1177, 1416
Oxprenolol Hydrochloride	198, 483, 996 1178, 1417
Oxycel	1719
Oxycinchophen	1814, 1932, 7906
Oxyfedrine	997, 1330
Oxyfedrine DL-form Hydrochloride	1331
Oxyfedrine Hydrochloride	998
Oxyfedrine L-form Hydrochloride	1332
oxyflavil	1383
Oxypangam	844
oxyphedrine	997, 1330
γ-OZ	1475
OZ	1475
Ozagrel	999, 1604, 1746
Ozagrel Hydrochloride	1000, 1605, 1747
Ozagrel Sodium	1001
Ozolinone	759
P.P. Factor	1492
P-113	57, 534
P-1134	507
P-1779	241, 677
P-2105	355, 716
P-2525	511, 766
P-2530	744
P-350	840
P-78-3522	696

Name and Synonym Index

Pacrinolol	199	Pempidil	488, 807
Padreatin	868	Pempidine	487, 806
Padukrein	868	Pempidine Tartrate	488, 807
Padutin	868	Pempiten	488, 807
Pafenolol	200	Penbutolol	202, 489, 1002, 1179
Pagano-Cor	615, 1386	Penbutolol Sulfate	203, 490, 1003, 1180
Paginol	203, 490, 1003, 1180	Pendoimid	255, 797
paliuroside	1770	Penflutizide	762
Palohex	861	Penirolol	204
Palonidipine	655	Penitardon	885
Palux	816	Pentacard	970, 1401
Pamabrom	760	Pentacynium	
Pamicogrel	1733	Bis(methyl sulfate)	491, 808
Panafil	794	pentacyone mesylate	491, 808
Panaldine	1625	pentaerythritol	
Pancreatic basic		tetranicotinate	1494
trypsin inhibitor	64	Pentaerythritol Tetranitrate	1004, 1418
pancreatic trypsin inhibitor	64	Pentaerythritol trinitrate	1419
pangamic acid,		Pentafilin	1004
component of	844	Pentafin	1418
Panimit	152, 291, 936, 1088	Pentaméthazène	255, 797
Pantethine	1497	pentamethazine dibromide	255, 797
Pantetina	1497	Pentamethonium Bromide	492, 809
Panthecin	1497	1,2,2,6,6-Pentamethylpiperidine	487, 806
Pantomin	1497	1,2,2,6,6-Pentamethylpiperidine	
Pantosin	1497	tartrate	488, 807
Paptarom	1532	1,1'-(1,5-Pentanediyl)bis-	
Paraflutizide	484, 761	[1-methyl-pyrrolidinium] salt	
Parasympatol	1851	with [R-(R*, R*)]-2,3-dihydroxy-	
Paredrinol	1850	butanedioic acid	493, 810
Parenamine	1913	Pentanitrine	1004, 1418
Parenogen	1713	penta-O-benzylquercetin	1769
Pargolol	201	pentapyrrolidinium	
Pargyline	485	bitartrate	493, 810
Pargyline Hydrochloride	486	Pentedrin	1853
Parietrope	1769	Penthonium	492, 809
Paritane	198, 483, 996	Penthrit	1004, 1418
	1178, 1417	penticainide	1181
Parnetamin	1913	Pentifylline	886
Pastaron	794	Pentilium	493, 810
Paveril	845	Pentisomide	1181
Paveril phosphate	1284	Pentitrate	1004, 1418
PBA	1684	Pentolinium Tartrate	493, 810
PD-109452-2	31, 520	Pentopril	27, 494
PDP	458	Pentoxifylline	887
PDX chloride	1869	Pentral 80	1004, 1418
pearl ash	768	Pentrinitrol	1419
Pectobloc	205, 508, 888	Pentrite	1004, 1418
	1005, 1187	Pentritol	1004, 1418
Pedameth	1542	Pentritol Tempules	1004
Pelrinone	1333	Pentryate	1004, 1418
Pelrinone Hydrochloride	1334	pentyl nitrite	818, 914
Pemix	1503	Pepcid	722

Name and Synonym Index

Pepcid AC	722	Phenactropinium Bromide	497, 811
Pepcid PM	722	4-[2-[[6-(Phenethylamino)hexyl]-	
Pepcidine	722	amino]ethyl]pyrocatechol	1291
Peptonized Iron	1672	4-[2-[[6-(Phenethylamino)hexyl]-	
Percapyl	706	amino]ethyl]pyrocatechol	
Percutol	994, 1415	hydrochloride	1292
Perdilatal	885	8-Phenethyl-1-oxa-3,8-	
Perdipina	475, 646, 878, 985	diazaspiro[4.5]decan-2-one	87
Perdipine	475, 646, 878, 985	8-Phenethyl-1-oxa-3,8-	
Pérénan	86	diazaspiro[4.5]decan-2-one	
Perfan	1294	monohydrochloride	88
Perfane	1294	Phenhydan	1182
Pergitral	1004, 1418	Phenidrone	1814
perhexeline	656, 763, 1420	Pheniprazine	498
Perhexiline	656, 763, 1420	(±)-Pheniprazine	499
Perhexiline Maleate	657, 764, 1421	(±)-Pheniprazine Hydrochloride	500
Peridamol	1380, 1576	Phenoxybenzamine	98
Perifadil	219, 545	Phenoxybenzamine Hydrochloride	99
Perifunal	1608	4-Phenoxy-3-(1-pyrrolidinyl))-5-	
Perindopril	28, 495	sulfamoylbenzoic acid	765
perindopril erbumine	29, 496	Phentolamine	100, 501
Perindopril tert-Butylamine	29, 496	Phentolamine Hydrochloride	101, 502
perindoprilat	495	phentolamine mesyiate	102, 503
Periodyl	1905	Phentolamine Monomethane-	
Periograf	1894	sulfonate	102, 503
Peripheral Vasodilators	**815-903**	2-(L-Phenylalanine)-8-L-lysine-	
Periplum	650	vasopressin	1811
Peripress	892	D-Phenylalanyl-L-prolyl-L-arginyl-	
PeripressSinetens	104, 513	L-prolylglycylglycylglycylglycyl-	
Perisalol	986, 1412	L-asoaraginylglycyl-L-α-aspartyl-	
Peritrate	1004, 1418	L-phenylalanyl-L-α-glutamyl-	
Perityl	1004, 1418	L-α-glutamyl-L-tyrosyl-L-leucine	1564
Perketan	422	phenyl-sec-butyl norsuprifen	884
Perlinganit	994, 1415	N-phenylformoguanamine	678
Permiran	1242	Phenylhydrazine	1685
Pernaemon, component of	1671	Phenylhydrazine Hydrochloride	1686
Pernaemyl, component of	1671	phenylmethylimidazoline	112, 898
Pernexin, component of	1671	phenylmethylimidazoline	
Perniciosan, component of	1671	hydrochloride	899
Perolysen	488, 807	(E)-7-Phenyl-7-(3-pyridyl)-	
Persantine	1380, 1576	6-heptenoic acid	1588, 1745
Persistin	1562	5-[2-(Phenylsulfonylamino)-	
Persolv	1742	ethyl]thienyloxy-acetic acid	1595
Perycit	1494	1-Phenyl-4-[2-(1H-tetrazol-5-yl)-	
Peter-Kal	1908	ethyl]piperazine	902
PETN	1004, 1418	1-Phenyl-4-[2-(1H-tetrazol-5-yl)-	
Petrin	1419	ethyl]piperazine mono-	
Pexid	657, 764, 1421	hydrochloride	903
PF-1593	697	N-Phenyl-1,3,5-triazine-	
PfiKlor	1908	2,4-diamine	678
PGE_1	816	Phenytoin	1182
Phanurane	702, 1775	Phenytoin Sodium	1183
phaseomannite	1538	phenytoin soluble	1183

Name and Synonym Index

H-D-Phe-Pro-Arg-Pro-Gly-Gly-Gly-Gly-Asn-Gly-Asp-Phe-Glu-Glu-Ile-Pro-Glu-Glu-Tyr-Leu-OH	1564	Pirepolol	206
Pholedrine	1849	Piretanide	765
Pholedrine Sulfate	1850	Piribedil	889
Pholescutol	1763	Piricardio	1255
Phosphatidylcholine	1539	Pirifibrate	1500
phosphatidylethanolamine	1702	Pirinixic acid	1501
Phosphonorm	1822	Pirinixil	1502
Physiotens	466	Pirmavar	1189
phytomelin	1770	Pirmenol	1188
α-phytosterol	1512	Pirmenol Hydrochloride	1189
Piclonidine	504	Piroan	1380, 1576
Picotamide	1606	Pirolazamide	1190
Picotamide Hydrate	1607	Piroximone	1337
Pidilat	476, 647, 987, 1413	Pirozadil	1503
		Pirsidomine	890
pieranometazine	1355	Pitayin	1208
Pierminox	458	pitayine	1208
PIH	498	Pitressin	1728, 1817
Pil-Digis	1281	Pitressin Tannate	1808
Pildralazine	505	Pituamin	1815
Pildralazine Dihydrochloride	506	Pituitary extract (posterior)	1815
Pilsicainide	1184	Pituitary, Posterior	1815
Pilsicainide Hydrochloride	1185	Pituitrin	1815
Pimavecort	1491	PIXY321	1550
Pimefylline	1422	Pixykine	1550
Pimefylline Nicotinate	1423	PJ-185	1800
pimephylline	1422	PK-10139	1206
Pimetine	1498	PK-10169	1579
Pimetine Hydrochloride	1499	Plactamin	661, 1425
Pimobendan	1335	Plactidil	1607
Pimobendan Hydrochloride	1336	Plafibride	1608
Pinacidil	507	Plandil	849, 1387
Pinbetol	205, 508, 888, 1005, 1187	plasma protein	1879
		Plasma Protein Fraction	1877
Pincainide	1186	plasma thromboplastin component	1711
Pindac	507	Plasmanate	1877
Pindolol	205, 508, 888, 1005, 1187	Plasma-Plex	1877
		Plasmasteril	1876
		Plasmatein	1877
piperazine sultosylate	1515	**Plasma Volume Expanders**	**1872-1879**
piperidic acid	243	Plasmin	1734
2-Piperidinomethyl-1,4-benzodioxan	509	plasminokinase	1739
2-Piperidinomethyl-1,4-benzodioxan hydrochloride	510	Plastulen-N, component of	1667, 1668
		Platet	1562
N-(2-Piperidylmethyl)-2,5-bis-(2,2,2-trifluoroethoxy)benzamide	1135	Plavix	1567
		Plavolex	1872
N-(2-Piperidylmethyl)-2,5-bis-(2,2,2-trifluoroethoxy)benzamide monoacetate	1136	Ple-1053	690
		Plendil	363, 364, 617, 618, 958, 959
		Pleniron	1658
Piperoxan	509	Plesmet	1658
Piperoxan Hydrochloride	510	Pletaal	1565
Piprofurol	658	Plexan, component of	1671

433

Name and Synonym Index

pluripoietin	1547, 1679	Prajmaline Bitartrate	1193
Pluryle	263, 692	prajmalium	1192
Plusuril	263, 692	Pramace	33, 525
PLV-2	1811	Prandiol	1380, 1576
PN-200-110	420, 626, 971	Pranidipine	659
Pneumorel	88	Pranolium Chloride	1194
Polidexide	1504, 1869	Prano-Puren	212, 517
Polidexide Sulfate	1505		1010, 1204
Poliuron	263, 692	Präparat 5968	402
Polivasal	895	Präparat 9295	255, 797
Poly-[2-(diethylamino)ethyl] polyglycerylenedextran	1504	Pravachol	1508
		Pravaselect	1508
polyanhydroglucuronic acid	1719	Pravastatin	1507
polycarboxylic cation exchange resin	1870	Pravastatin Sodium	1508
		Praxilene	874
Polycillin-PRB, component of	1933	Prazosin	103, 512, 891
Polyferose	1673	Prazosin Hydrochloride	104, 513, 892
Polygeline	1878	Prean	437
Polyglucin	1872	Prelis	187, 453, 979, 1161
Polymannuronic acid	1694	Premsyn PMS	760
Polythiazide	511, 766	Prenalex	223, 557
POR-8	1813	Prenalterol	1338
Posicor	457, 643	Prenalterol Hydrochloride	1339
Posorutin	1772		
Postacton	1812	Prenormine	127, 254, 918, 1062
Potaba	1543	Prent	118, 233, 905, 1036
Potasoral	1909	Prenylamine	660, 1424
Potassium 6,7-dihydrohydroxy-3-oxo-3′H-cyclopropa[6,7]-17α-pregna-4,6-diene-21-carboxylate		Prenylamine Lactate	661, 1425
		Prequist Powder	1889
		Pres	11, 350
	1781	Presamine	1237
Potassium Acetate	1906	Prescal	420, 626, 971
Potassium p-Aminobenzoate	1543	Presdate	92, 177, 424
Potassium Bicarbonate	1907	Presfersul	1667
Potassium Bitartrate	767	Presidal	491, 808
Potassium Carbonate	768	Presinol	444
Potassium Chloride	1908	Presmode	296
Potassium Gluconate	1909	Pressalolo	92, 177, 424
potassium hydrogen tartrate	767	Pressamina	1829
Potassium 17-hydroxy-3-oxo-17α-pregna-4,6-diene-21-carboxylate		Pressionorm	1838
		Pressonex	1839
	1773	Pressonex Bitartrate	1841
Potassium 17-hydroxy-3-oxo-17α-pregna-4,6-diene-21-carboxylate		Pressorol	1840
		Pressural	413, 732
	700	Prevangor	1004, 1418
Potassium Iodide	1910	Prevex	363, 364, 617
Potassium nitrate	769		618, 849, 958
Potassium polymannuronate	1696		959, 1387
Potassium/Magnesium Aspartate	1911	Prexidil	458
Potassuril	1909	PR-G-138-CL	318
Practolol	207, 1191	Prifuroline	1195
Praenitron	1028, 1435	Primacor	1325
Prajmaline	1192	Primidolol	1006, 1196

Name and Synonym Index

Prinil	22, 430	Pronetalol Hydrochloride	209, 514
Prinivil	22, 430		1008, 1200
prinodolol	205, 508, 888	Pronethalol	209, 514
	1005, 1187		1007, 1199
Prinoxodan	1340	Pronethalol Hydrochloride	210, 515
Prinzide, component of	22,430		1008, 1200
Prinzide	405, 729	Pronon	1202
Priscol	113, 899	Propafenone	1201
Priscoline	113, 899	Propafenone Hydrochloride	1202
Priscoline hydrochloride	113	1,3,5-Propanetriol	727
pro u-PA	1735	1,2,3-Propanetriol mono-	
Pro-Amatine	1845	(dihydrogen phosphate)	
Proaqua	267, 693	calcium salt (1:1)	1886
Probecid	1933	1,2,3-Propanetriol mono	
Proben	1933	(dihydrogen phosphate)	
Probenecid	1933	disodium salt	1917
probenecid-colchicine	1442	1,2,3-Propanetriol trinitrate	994, 1415
Probucol	1506	Propat	566
Pro-Bumin	1879	Propatyl Nitrate	1426
Procainamide	1197	Prophylux	212, 517, 1010, 1204
Procainamide Hydrochloride	1198	propildazine	505
Procamide	1198	propisomide	1181
Procanbid	1198	Propranolol	211, 516, 1009, 1203
Procan-SR	1198	Propranolol	
Procapan	1198	Hydrochloride	212, 517, 1010, 1204
Procaptan	29, 496	Propranur	212, 517, 1010, 1204
Procardia	476, 647, 987, 1413	N-Propylajmaline	1192
Procardia XL	476, 647, 987	N-Propylajmalinium	
Processine	603, 843	tartrate	1193
Procetofen	1472	propyldazine	505
Procetofene	1472	(+)-(S)-4,4'-Propylene-	
Procetoken	1472	di-2,6-piperazinedione	947
Prociclide	1575	2-Propyl-5-thiazole-	
Procinolol	208	carboxylic acid	1523
Proclival	283, 832	Prorenal	974
Procorum	606, 625, 633	Prorenoate Potassium	1781
	962, 963, 964	Proscillan	1341
Procrit	1646	Proscillaridin	1341
Proendotel	1375, 1569	Proscillaridin 4-Methyl Ether	1342
Profemin	376, 725	proscillaridin A	1341
Proferrin	1652	Proserum	1879
Profilate	1710	prostaglandin E$_1$	816
Proflax	228, 564, 1020, 1231	Prostandin	816
Progeril	86	Prostasal	1512
Proglicem	339	Prostin VR Pediatric	816
Proglycem	339	Prostine VR	816
Prokrein	868	Prostivas	816
Prolonium Iodide	1912	Prostosin	1341
Promit	1872	Proszine	1341
Promotin	868	Protalba [protoveratine A]	518
Pronestyl	1198	Protanal	1693
Pronetalol	209, 514	Protangix	1380, 1576
	1007, 1199	Protasin	1341

Name and Synonym Index

Protease Inhibitors	**64-71**	3-Pyridiylmethyl 2-(p-chloro-	
Protein Hydrolysates	1913	phenoxy))-2-methylpropionate	1495
Protenate	1877	Pyridofylline	1427
Protheobromine	770	Pyridox	1674
prothoate+	1641	Pyridoxine Hydrochloride	1674
Protigényl	1913	Pyridoxol salt of 7-(2-hydroxy-	
Protolipan	1472	ethyl)thophylline hydrogen	
Protoveratrines	518	sulfate ester	1427
pro-UK	1735	3-Pyridinecarboxylic acid	
Pro-urokinase (enzyme-activating)		2,2-bis[[(3-pyridinylcarbonyl)-	
(human clone pA3/pD2/pF1		oxy]methyl]-1,3-propanediyl ester	1494
protein moiety), glycosylated	1731	3-Pyridylmethyl (±)-2-[[α-(p-chloro-	
Prourokinase (enzyme-activating)		phenyl)-p-tolyl]oxy]-2-methyl-	
(human clone pUK4/pUK18)	1737	butyrate	1469
pro-urokinase	1737	7-[2-[(3-Pyridylmethyl)amino]-	
Prourokinase (enzyme-activating)	1735	ethyl]theophyilline	1422
Provas	834	7-[2-[(3-Pyridylmethyl)amino]-	
Provell	518	ethyl]theophyilline nicotinate	1423
Pryleugan	1237	3-(Di-2-pyridylmethylene)-α,α-	
PS-207	549, 780	di-2-pyridyl-1,4-cyclopentadiene-	
pseudodigitoixn	1303	1-methanol	1205
PTC	1711	(E)-5-[[[α-3-Pyridyl-m-(trifluoro-	
pterofen	789	methyl)benzylidene]amino]-	
pterophene	789	oxy]valeric acid	1611, 1748
PUK	1735	Pyrinoline	1205
Pulsamin	1836		
Pulsan	175, 415, 968, 1145		
Pulsar	1467	Quadrinal, component of	1910
Pulsotyl	1850	Quantalan	1866
Purochin	1742	Quark	33, 525
Purodigin	1282	Quasar	1030, 1240
Purosin-TC	1341	Quazinone	1343
purple foxglove	1281	Quazodine	1344
Purpurea glycoside C	1279	quebrachine	117
Purpurid	1282	quebrachol	1512
Pylapron	212, 517	Quercetin Dihydrate	1768
	1010, 1204	Quercetin Pentabenzyl Ether	1769
Pylorid	773	Querto	160, 305, 942
Pynastin	205, 508, 888	Questran	1456, 1509, 1866
	1005, 1187	Questran Light	1456, 1509, 1866
3-Pyridinecarboxylic acid	1492	Quinacainol	1206
3-Pyridinecarboxylic acid		Quinaglute	1208, 1209
aluminum salt	817	Quinapril	30, 519
2,6-Pyridinediyldimethylene-		Quinapril Hydrochloride	31, 520
bis(3,4,5-trimethoxybenzoate)	1503	Quinaprilat	32, 521
3-Pyridinemethanol	881	Quinazil	31, 520
3-Pyridinemethanol D-tartrate	882	Quinazosin	522
2-[1-(4-Pyridinyl)ethylidene]-		Quinazosin Hydrochloride	523
hydrazinecarbothioamide	442	Quindonium Bromide	1207
2-[1-(4-Pyridinyl)ethylidene]-		Quinethazone	524, 771
hydrazinecarbothioamide		Quinicardine	1208, 1210
hydrochloride	443	Quinidex	1208, 1210
Pyridipca	1674	Quinidine	1208

Name and Synonym Index

β-quinidine	1208	Raunormine	336
Quinidine Gluconate	1209	Raunova	546
Quinidine Sulfate	1210	Rau-Sed	530
Quinora	1210	Rautrax N	263, 692
quinotoxine	1241	rauwolfine	235, 1042
quinotoxol	1241	Rauzide	263, 692
Quintrate	1004, 1418	(+)-razoxane	947
3-Quinuclidinol benzoate	266	RC-61-91	857
		Re-1-0185	1383
		Reasec, component of	1795
R-1132	1794	Rebriden	420, 626, 971
R-14950	622, 853	Rec-15-2375	427, 630
R-15403	1793	Recainam	1211
R-1575	603, 843	Recainam Hydrochloride	1212
R-15889	1154	Recainam Tosylate	1213
R-18553	1800	recanescine	336
R-38198	837	Recetan	154, 1090
R-41468	421	Recolip	1443, 1462
R-49945	422	recombinant hirudin	1594
R-51469	1409	recombinant human	
R-516	603, 843	tissue-type plasminogen activator	1740
R-53393	292	recombinant single-chain	
R-54718	1238	urokinase-type plasminogen	
R-60844	1926	activator	1737
R-65824	193, 473	Recordil	1383
R-68070	1611, 1748	Recormon	1647
R-75	427, 630	Recosen	1394
R-7904	634	Redeema	1922
R-7904	634, 973, 1404	Redergin	86
R-818	1136	Reductol	1438
RA-8	1380, 1576	Redupresin	720, 1862
racemethionine	1542	Regaine	458
Radecol	882	Regelan	1443, 1462
Ramace	33, 525	Regitine	100, 102, 501, 503
Ramatroban	1609	Regitine hydrochloride	101, 502
Ramipril	33, 525	Regletin	121, 240
Ranestol	135, 274, 926, 1071		908, 1047
Raniben	774	Regramostim	1553
Ranidil	774	Regroton	313, 708
Raniplex	774	Regroton, component of	530
Ranitidine	772	Regulipid	1463
Ranitidine Bismuth Citrate	773	Regulton	1824
Ranitidine bismutrex	773	Rekawan	1908
Ranitidine Hydrochloride	774	Relan Beta	263, 692
Ranolazine	1011	Relicor	615, 1386
Ranolazine		Remikiren	527
Hydrochloride	1012	Reminitrol	994, 1415
Ranvil	475, 646, 878, 985	Remivox	1154
Rapynogen	212, 517, 1010, 1204	Renacor, component of	11, 350
Rarical	1643	RenaGel	1823
rat antispectacled		Renese	511, 766
eye factor	1538	Renese R, component of	530
Raubasine	526	Renitec	11, 350

Name and Synonym Index

Reniten	11, 350	cyclic 3',5'-(hydrogen phosphate) 2'-butyrate	1264
Renivace	11, 350		
Renormax	36, 542	N-(9-β-D-Ribofuranosyl-9H-(purin-6-yl)butyramide	
Renpress	36, 542		
Rentylin	887	cyclic 3',5'-(hydrogen phosphate) 2'-butyrate barium (2:1) (salt)	1265
Reocorin	661, 1425		
Reomax	718		
Reoxyl	1398	N-(9-β-D-Ribofuranosyl-9H-(purin-6-yl)butyramide cyclic 3',5'-(hydrogen phosphate) 2'-butyrate sodium salt	1266
Reparil	1760		
Replenishers	***1880-1922***		
Repone-K	1908		
Repulson	64		
Rescimetol	528	ricainide	1142
Rescinnamine	529	ricinstearolic acid diiodide	1905
Resectisol	734	Ridazolol	213
Reserpine	530	Ridene	475, 646, 878, 985
reserpinine	529	Ridogrel	1611, 1748
Reserpoid	530	Rifloc Retard	969, 1400
Resibufogenin	1345	Rigedal	969, 1400
Résivit	1765	Rilmenidene	531
Resodec	1870	Rinatec	1148
Respigon	1345	rindervasopressin	1818
Respiride	88	Ringer's Injection	1915
Reteplase	1736	Riodipine	662
Reticulogen, component of	1671	Ripason, component of	1671
Retrangor	1366	Risordan	969, 1400
Reumalon	1814, 1932	Risotilide	1214
REV-6000A	9, 335	Risotilide Hydrochloride	1215
Reversil	80	Risumic	1824
Rev-Eyes	80	ritalmex	1163
Reviparin Sodium	1610	Ritmocardyl	910, 1051
Rexitene	379	Ritmodan	1118
RG-83606	608, 950 1113, 1379	Ritmos	235, 1042
		Ritmos Elle	1152
rG-CSF	1549	Ritmusin	1056
RGW-2938	1340	Rivasin	530
rhammol	1512	RM-83047	242
Rheocyclan	1621	RMI-17043	1294
Rheomacrodex	1873	RMI-83047	680
Rheotran	1873	Ro-10-6338	697
rhGm-CSF	1553	Ro-13-1042	1154
Rhodine	1562	Ro-13-6438/006	1343
rhodine	1562	Ro-2-0404	1786
rhu GM-CSF	1554	Ro-22-7796	1101
Rhythminal	232, 1244	Ro-22-7796/001	1102
Ribo	1676	Ro-31/2848/006	319
Riboflavin Monophosphate	1675	Ro-31/2848/006	7
Riboflavin Monophosphate Monosodium Salt	1676	Ro-3-4787	148, 285, 932
		Ro-40-5967/001	457, 643
9-β-D-Ribofuranosyl-9H-purin-6-amine	1041	Ro-42-5892	527
		Ro-44-9883/000	1590, 1636
N-(9-β-D-Ribofuranosyl-9H-(purin-6-yl)butyramide		Ro-46-6240/010	1600
		Ro-48-3657/001	1617

Name and Synonym Index

Ro-5-3307/1	333	Rydrin	885
Robaxisal	1562	ryodipine	662
Rocornal	1431	Rythmarone	910, 1051
Rocosenin	1394	Rythmatine	1157
Rodiuran	406, 730	Rythminal	232, 1244
Rogaine	458	Rythmodan	1118
Rogitine	102, 503	Rythmodul	1119
Roinin	661, 1425	Rythmol	1202
Rolafagrel	1612	Rytmonorm	1202
Rolgamidine	1802		
Rolicton	684		
Roniacol	881	S.N.G.	994
Roniacol Tartrate	882	S-10211	47
Ronicol	881	S-1210	275
Ronifibrate	1510	S-1520	413, 732
Ronipamil	663	S-16257	1245
Rontyl	406, 730	S-2395	223, 557
Ropitoin	1216	S-3341	531
Ropitoin Hydrochloride	1217	S-3341-3	531
Rosemide	376, 725	S-3500	293, 699
Rotesar	820	S-4105	1406
Rougoxin	1283	S-596	77, 126, 253
Roxifiban Acetate	1613		917, 1058
RP-12833	712	S-73-4118	765
RP-2831	1306	S-780	1446
RP-54563	1579	S-8527	1461
RP-59227	1741	S-9490-3	28, 29, 495, 496
RP-62719	1227	S-9650	46
RP-9921	64	S-9780	495
RS-10029	22, 459	S-992	1447
RS-10085-197	24, 460	SA-79	1201
RS-43285	1012	Sabromin	830
RS-5139	40, 552	saccharated iron	1652
RS-6245	1351	Sadamin	901
RS-69216	475, 646, 878, 985	Saferon	1672
RS-69216-XX-07-0	475, 646, 985	Safironil	1544
rscu-PA	1737	Sagisal	776, 1782
rt-PA	1740	Sagittol	212, 517
RU-44403	43, 572		1010, 1204
RU-44570	42, 571	Salacetin	1562
RU-51599	753	Salcetogen	1562
Rubidium Iodide	1914	Salco	710
Rucaina	1149	Saletin	1562
Rudilin	885	salicylic acid acetate	1562
Rupatadine	1614	Salimid	330, 713
Rusyde	376, 725	Salirom	790
Rutin	1770	Salt	1915
rutoside	1770	salt of tartar	768
Ruven	1772	saltpeter, niter	769
RWJ-16600	1260, 1362	Saltron	710
RWJ-24517	1273	Saltucin	293, 699
Rycarden	475, 646, 878, 985	Salures	263, 692
Rydene	475, 646, 878, 985	Saluron	406, 730

Name and Synonym Index

Salutensin	406, 730	Scillacrist	1341
Salutensin, component of	530	Scillaren	1346
Salyrgan	743	Scillarenin	1347
Sampatrilat	34, 532	Sclane	1526
Sandolase	1735, 1737	scu-PA	1735
Sandonorm	139, 280	SD-1601	189, 463
Sandopril	36, 542	SD-17102	446, 748
Sandoscill	1341	SD-2124-01	208
Sandril	530	SD-3211	536, 665, 1014
Sanegyt	385	SD-3212	632
Sanifer	1656	SDM No. 23, component of	1418
Sanotensin	387	SDM No. 27, No. 37,	
1-sar-8-ala-angiotensin II	56, 533	component of	1415
Saralasin	56, 533	SDM No. 35, component of	1418
Saralasin Acetate	57	SDM No. 40, component of	1400
Saralasin Hydrated Acetate	534	SDM No. 50, component of	1400
Sar-Arg-Val-Tyr-Val-His-Pro-Ala	56, 534	SDM-25	734, 969
Sarenin	57, 534	SDM-40	969
Sargramostim	1554	SDZ ILE 964	1552
Sarpogrelate	1615	SE-1520	413, 732
Saruplase	1737	SE-2395	223, 557
Satigrel	1616	SE-780	1446
SB-7505	1309	Secalip	1472
SC-13957	1119	Secalysat	1705
SC-14266	700, 1773	Seccidin	661, 1425
SC-23992	1781	Secholex	1504, 1869
SC-26304	1776	Seclazone	1934
SC-26438	1190	Secletan	316
SC-26714	1779	Secorvas	15, 374
SC-27761	1194	Sectral	118, 119, 233
SC-31828	1117		234, 905, 906
SC-33643	691		1036, 1037
SC-35135	1048, 1125	Securon	1030, 1240
SC-36602	1040	Securpres	175, 415, 968, 1145
SC-40230	1072	Sedagul	1150
SC-54684A	1032	Sedaraupin	530
SC-57099B	1603	Sedatromin	603, 843
SC-66110	1777	Sedolaton	661, 1425
SC-7031	1118	Segontin	661, 1425
SC-9376	702, 1775	Selacryn	783, 1936
SC-9420	776, 1782	Selapin	232, 1244
Scandine	1309	Selecal	226, 562, 1229
Sch-1000	1148	Selecor	162, 307, 944
Sch-11973	1024	Selectin	1508
Sch-15719W	92, 177, 424	Selectol	162, 307, 944
Sch-19927	167, 168, 342, 343	Seles Beta	127, 254, 918, 1062
Sch-28316Z	174, 414	Selipran	1508
Sch-28316Z	967, 1144	Selobloc	127, 254
Sch-33844	36, 542		918, 1062
Sch-33861	37, 543	Seloken	187, 453, 979, 1161
Sch-39300	1551	Selopral	187, 453, 979, 1161
Sch-6783	339	Selo-Zok	187, 453, 979, 1161
Schmiedeberg's digitalin	1280	Sematilide	1218

Name and Synonym Index

Sematilide		Simvastatin	1511
Hydrochloride	1219	SIN-1	975
Sembrina	444	SIN-10	1411
Semotiadil	535, 664, 1013	Sincomen	776, 1782
Semotiadil Fumarate	536, 665, 1014	Sinesalin	263, 692
Seniramin	546	Sinetens	892
Sensit	620, 1389	Singoserp	546
Sentiloc	135, 274, 926, 1071	Sinlestal	1506
Sepamit	476, 647, 987, 1413	sinorphan	1784
Sepan	603, 843	Sinorytmal	230, 568, 1023
sephadex 2-(diethyl-		Siomine	1904
amino)ethyl ether	1869	Siptazin	603, 843
Ser-Ap-Es	405, 729	Siringina	546
Ser-Ap-Es, component of	403, 530	Sisuril	406, 730
Seratodrast	1749	Sito-Lande	1512
Serc	824	sitosterin	1512
Serecor	1139	β-Sitosterol	1512
Serepress	422	Sivastin	1511
173-L-Serine-174-L-tyrosine-		Sivlor	1484, 1489
175-L-glutamine-173-527-		SK&F-102,362	991
plasminogen activator		SK&F-102362	477, 649
(mutant of human tissue-type)	1736	SK&F-108566	356
Sermion	97, 879	SK&F-108566	51
Serotinex	1443, 1462	SK&F-108566-J	357
Serpasil Serpasol	530	SK&F-108566J	52
Serpiloid	530	SK&F-62698	1936
Serpine	530	SK&F-82526	365
Sertum	214	SK&F-82526-J	366
Serum Albumin	1879	SK&F-8542	789
serum tryptase	1734	SK&F-91648	1571
Servanolol	212, 517	SK&F-92058	747
	1010, 1204	SK&F-92994-A$_2$	756
sesamodil	535, 664, 1013	SK&F-92994-J$_2$	757
Sevelamer Hydrochloride	1823	SK&F-96148	1744
SG-75	986, 1412	SK-331-A	901
Sgd-24774	1444	SK-7	886
SH-E-222	181, 440, 976	SKF-1700-A	885
Siagoside	1771	SKF-33134-A	909, 1050
Sibelium	622, 853	SKF-4965	698, 1858
Sibrafiban	1617	SKF-62698	783
Sideros	1656	Sklerepmexe	1462
Sigmafon	437	Sklerolip	1443, 1462
Sigmart	986, 1412	Skleromexe	1443
Silteplase	1738	Sklero-Tablinene	1443, 1462
Simeco	1821	SL-75.212	133, 270
Simeco Suspension,		SL-75212	924
component of	1821	SL-77499	237
Simeon	1341	SL-77499-10	238
Simeskellina	1403	SLD-212	133, 270, 924
Simovil	1511	Slonnon	1561
Simpadren	1854	Sloprolol	212, 517, 1010, 1204
Simpalon	1851	Slow-Fe	1667
Simpatoblock	399, 802	Slow-K	1908

Name and Synonym Index

Slow-Pren	198, 483, 996, 1178, 1417	Sodium polymannuronate	1693
Smodin	1798	Sodium Polystyrene Sulfonate	1871
SNG	1415	Sodium 1,2,3,6-tetrahydro-1,3-dimethyl-2,6-dioxopurine-7-acetate	1249
Soclidan	876		
sodium alginate	1693	Sodium 6-(3,4,5-trimethoxy-benzamido)hexanoate	1095
sodium capobenate	1095		
Sodium Chloride	1915	Sodiuretic	263, 692
Sodium Citrate	775	Solantyl	1183
Sodium [2,3-dichloro-4-(2-methyl-enebutyryl)phenoxy]acetate	717	Solarcaine	1149
		Soldactone	700, 1773
Sodium 5,6-dihydromethyl-5,6-dioxo3-indoline-5-semicarbazone sulfonate	1701	Solestril	1341
		Solgol	190, 469, 983, 1170
		Solpyron	1562
Sodium (+)-(3R,5R)-3,5-dihydroxy-7-[(1S,2S,6R,8S,8aR)-6-hydroxy-2-methyl-8-[(S)-2-methylbutyryl-oxy]-1,2,6,7,8,8a-hexahydro-1-naphthyl]heptanoate	1508	Solrin	1562
		Soluble Ferric Citrate	1641
		Soluran	710
		Solutrat	1532
		Solvazinc	1921
Sodium D-thyroxine	1457	Solvezink	1921
Sodium [(ethylenedinitrilo)-tetraacetato]ferrate(1-)	1654	Soni-Slo	969, 1400
		sophoretin	1768
Sodium (±)-(3R*,5S*,6E)-7-(3-p-fluoro-phenyl)-1-isopropylindol-2-yl]-3,5-dihydroxy-6-heptenoate	1474	sophorin	1770
		Soprol	137, 278
		Soquinolol	214
(+)-Sodium (3R,5S,6E)-7-[4-(p-fluoro-phenyl)-2,6-diisopropyl-5-(meth-oxymethyl)-3-pyridyl]-3,5-di-hydroxy-6-heptenoate	1453	Sorbangil	969, 1400
		Sorbichew	969, 1400
		Sorbid SA	969, 1400
		Sorbidilat	1400
Sodium Gluconate	1916	Sorbinicate	1513
Sodium Glycerophosphate	1917	Sorbitrate	969, 1400
Sodium (p-hexadecylamino)-benzoate	1455	Sorbsan	1695
		Sorquad	969, 1400
Sodium 3-[3-(hydroxymercuri)-2-methoxypropyl]camphoramate compound with theophylline	742	Sostril	774
		Sotacor	216, 540, 1016, 1221
		Sotalex	216, 540, 1016, 1221
Sodium o-[(3-hydroxymercuri-2-methoxypropyl)carbamoyl]-phenoxyacetate	743	Sotalol	215, 539, 1015, 1220
		Sotalol Hydrochloride	216, 540, 1016, 1221
Sodium (E)-3-[4-(1H-imidazol-1-ylmethyl)cinnamate	1001	SP-63	653
		Spaderizine	603, 843
Sodium Iodide	1918	Span-K	1908
Sodium Lactate	1919	Spasmomen	653
Sodium Nitrite	893	Spirapril	35, 541
sodium nitroferricyanide	894	Spirapril Hydrochloride	36, 542
Sodium Nitroprusside	537, 894	Spiraprilat	37, 543
Sodium Nitroprusside Dihydrate	538	spiraprilic acid	37, 543
Sodium o-[[(1S,2R,3S,4R)-3-[4-(pentylcarbamoyl)-2-oxazolyl]-7-oxabicyclo[2.2.1]hept-2-yl]-methyl]hydrocinnamate	1581	Spirendolol	217
		Spiretic	776, 1782
		Spiroctan	776, 1782
		Spiroderm	776
Sodium 4-phenylbutyrate	1684	Spirolone	776, 1782
Sodium Phenylbutyrate	1684	Spironolactone	776, 1782

Name and Synonym Index

Spirorenone	1783	Strophanthin	1348
Spiro-Tablinen	776, 1782	Structum	1459
Spiroxasone	777	Stryphnone	1687
Splendil	363, 364, 617, 618, 849, 958, 959, 1387	Stuartinic, component of	1662
		Stugeron	603, 843
SPM-925	24, 460	Stutgin	603, 843
Spondylonal, component of	1674	Stypnone	1687
Sponsin	86	Styptic Collodion	1720
Sprioderm	1782	Stypticin	1704
SQ-11725	190, 469, 983, 1170	Styptol	1706
SQ-14,225	299	Su-13437	1490
SQ-14225	5	Su-3088	311, 798
SQ-20881	41, 553	Su-3118	546
SQ-26991	48, 584	Su-5864	387, 389
SQ-28555	15, 374	Su-6187	293, 699
SQ-29852	6, 308	Su-8341	330, 713
SQ-31000	1508	Suacron	157, 300, 939, 1097
SR-25990	1566	Subicard	1004, 1418
SR-25990C	1567	1-Succinamic acid-5-L-valine-8-(L-2-phenyl-glycine)angiotensin II	251
SR-33557	362, 616		
SR-33589	1122		
SR-47436	53, 418	Sucrofer	1652
SR-720-22	449, 750	Sudil	895
SRG-95213	339	Sufotidine	778
St Peter 224	1845	Sufrexal	422
St-1085	1844	Sular	479, 651, 993
ST-1396	161, 306, 943	N-(5-Sulfamoyl-1,3,4-thia-diazol-2-yl)acetamide	674, 1856
ST-155	327		
ST-155-BS	326	N-(5-Sulfamoyl-1,3,4-thia-diazol-2-yl)acetamide monosodium salt	675, 1857
ST-375	569		
ST-567	1043		
ST-600	372	Sulferrous	1667
ST-7090	1398	Sulfinalol	218, 544
Stabisol	1789	Sulfinalol Hydrochloride	219, 545
Starch 2-hydroxyethyl ether	1876	Sulfinpyrazone	1618, 1935
Staril	15, 374	Sulfuric acid magnesium salt (1:1)	1900
Statimo	1700		
stearodine	1888	Sulfuric acid magnesium salt (1:1) heptahydrate	1901
Stellarid	1341		
Stercofuge	1696		
(3β)-Stigmast-5-en-3-ol	1512	Sulfuric acid zinc salt (1:1)	1921
Stillacor	1283		
Stimate	1810	Sulfuric acid zinc salt (1:1) heptahydrate	1922
Stirocainide	1222		
Stratene	839	Sulmarin	1721
Streptase	1739	Sulmazole	1349
Streptococcal fibrinolysin	1739	Suloctidil	895
		Sulocton	895
Streptokinase	1739	Sulodene	895
Stresson	150, 289, 934, 1086	Sulodexide	1619
Strontium Iodide	1920	Sultosilic Acid	1514
strophanthidin α-L-rhamnoside	1275	Sultosilic Acid Piperazine Salt	1515

Name and Synonym Index

Sumial	212, 517, 1010, 1204	Tachmalin	235, 1042
SUN-1165	1185	Tachostyptan	1723
SUN-9216	1730	Tacosal	1183
Sundralen	559	Taladren	718
Sunril	760	Talinolol	220, 547, 1225
Sunrythm	1185	Talucard	1341
Supac	1562	Talusin	1341
Supirdyl	485	Tambocor	1136
Suplexedil	851	Tamsulosin	105
Supra-Puren	776, 1782	Tamsulosin dl-form Hydrochloride	106
Suprasec	1800	Tamsulosin R-form Hydrochloride	107
Supratonin	1824	Tamsulosin S-form Hydrochloride	108
Supres	115, 576	Tanadopa	1288
Supressin	84, 346	Tanapril	19, 411
Suprilent	865	Tandix	413, 732
Suracton	776, 1782	Tannigen	1785
Surem	836	tannyl acetate	1785
Surexin	1205	Taprostene	1620
Surheme	836	Taprostene Sodium Salt	1621
Suricainide	1223	Tauliz	765
Suricainide Maleate	1224	Taural	774
Susadrin	1415	Tazasubrate	1516
Suscard	994, 1415	Tazin	1701
Sustac	994, 1415	Tazolol	1350
Sustonit	994	Tazolol Hydrochloride	1351
Sutonit	1415	TB-ACA	1096
Suzutolon	825	TC-81 [as hydrochloride]	655
Sybron	1654	TCV-116	298
Sykoton, component of	1671	TCY-116	50
Symcor	559	Tears Naturale, component of	1874
Symcor Base TTS	558	Tears Naturale Free, component of	1874
Symcorad, component of	559	Tears Naturale II, component of	1874
Sympathol	1854	Tebe	770
Synadrin	661, 1425	Tebloc	1800
Synephrin	1851	Teclothiazide	548, 779
Synephrine	1851	Teclothiazide Potassium	549, 780
Synephrine Hydrochloride	1852	Tedisamil	1226
Synephrine tartaric Acid Monoester	1853	Tegencia	88
Synephrine Tartrate	1854	Telmesteine	1517
Synthenate	1851	Telmisartan	58
Syntopressin	1812	Teludipine	666
synvinolin (formerly)	1511	Teludipine Hydrochloride	667
syringopine	546	Temocapril	38, 550
Syrosingopine	546	Temocapril Hydrochloride	39, 551
Syscor	479, 651, 993, 1414	temocaprilat	40, 552
		Temocaprilate	40, 552
		Temserin	228, 564, 1020, 1231
		Tenalet	159, 304, 941, 1100
TA-064	1278	Tenalin	159, 304, 941, 1100
TA-3090	324, 605	Tenathan	272
TA-6366	19, 411	Tenelid	379
TA-870	1288	Tenelon, component of	1671
Tachionin	790	Tenex	391

Name and Synonym Index

Ten-K	1908
Teno-basan	127, 254, 918, 1062
Tenoblock	127, 254, 918, 1062
Tenopt	228, 564, 1020, 1231
Tenoretic	313, 708
Tenormal	488, 807
Tenormin	127, 254, 918, 1062
Tensatrin	518
Tensibar	276
Tensicor	844
Tensinase D	1833
Tensinol	488, 807
Tensobon	5, 299
Tensoprel	5, 299
Tensopril	22, 430
Tensoral	488, 807
Tenstaten	316
Teonicon	1423
Teopranitol	1622
Teoprolol	221
Teoptic	159, 304, 941, 1100
Teprotide	41, 553
Terazosin (anhydrous)	109, 554
Terazosin Hydrochloride Dihydrate	110, 555
Terbogrel	1623
Terbufibrol	1518
Teriam	789
Terikalant	1227
Terlipressin	1816
Terodiline	668, 1017, 1428
Terodiline Hydrochloride	669, 1018, 1429
Terpate	1004, 1418
Terposen	774
Tertatolol	222, 556
Tertatolol Hydrochloride	223, 557
Tesnol	212, 517
	1010, 1204
4,5,6,7-Tetrachloro-2-(2-dimethylaminoethyl)-2-methylisoindolinium chloride methochloride	311, 798
(6R,7R,8R,9S,10R,13S,14R,-15S,16S,17S)-3',4',6,7,8,9,-11,12,13,14,15,16,20,21-Tetradecahydro-10,13-dimethylspiro[17H-dicyclopropa[6,7:15,16]cyclopenta[a]phenanthrene-17,2'(5'H)-furan]-3(10H),5'-dione	1783
[1S-(1α,4aα,4bβ,7E,8β,8aα,-9α,10aβ)]-Tetradecahydro-9-hydroxy-1,4a,8-trimethyl-7-[2-[2-(methylamino)ethoxy]-2-oxoethylidene]-1-phenanthrenecarboxylic acid methyl ester	1295
Tetrahydro-1H-1,4-diazepine-1,4-(5H)-dipropanol 3,4,5-trimethoxybenzoate (diester)	1376
Tetrahydro-1H-1,4-diazepine-1,4-(5H)-dipropanol 3,4,5-trimethoxybenzoate (diester) dihydrochloride	1377
(±)-6,7,8,9-Tetrahydro-2,12-dimethoxy-7-methyl-6-phenethyl-5H-dibenz[d,f]-azonin-1-ol	1061
1,2,3,6-Tetrahydro-1,3-dimethyl-2,6-dioxopurine-7-acetic acid	673, 1248
1,2,3,6-Tetrahydro-2,6-dioxo-4-pyrimidine-carboxylic acid	1927, 1931
1,2,3,6-Tetrahydro-2,6-dioxo-4-pyrimidine carboxylic acid choline salt	1928
(±)-1,2,3,4-Tetrahydro-8-[2-hydroxy-3-(isopropylamino)propoxy]-1-nicotinoyl-quinoline	1173
5,6,7,8-Tetrahydro-α-[[(1-isopropyl)amino]methyl]-2-naphthalenemethanol	153, 1089
5,6,7,8-Tetrahydro-α-[[(1-isopropyl)amino]methyl]-2-naphthalenemethanol hydrochloride	154, 1090
2,3,6,7-Tetrahydro-2-(mesitylimino)-9,10-dimethoxy-3-methyl-4H-pyrimido[6,1-a]-isoquinoline-4-one	573, 1631
5,6,7,8-Tetrahydro-4-methoxy-6-methyl-1,3-dioxolo[4,5-g]-isoquinolin-5-ol	1703
5,6,7,8-Tetrahydro-4-methoxy-6-methyl-1,3-dioxolo[4,5-g]-isoquinolin-5-ol hydrochloride	1705
5,6,7,8-Tetrahydro-4-methoxy-6-methyl-1,3-dioxolo[4,5-g]-isoquinolin-5-ol phthalate	1706
5,6,7,8-Tetrahydro-6-methyl-1,3-dioxolo[4,5-g]isoquinolin-5-ol	1307
7-(1,4,5,6-Tetrahydro-4-methyl-6-oxo-3-pyridazinyl)-2H-1,4-benzoxazin-3-(4H)-one	1261

Name and Synonym Index

1-(1,2,3,4-Tetrahydro-2-oxo-6-quinolyl)-4-veratroylpiperazine	1355
Tetrahydro-1H-pyrrolizine-7a(5H)-aceto-2',6'-xylidide	1184
Tetrahydro-1H-pyrrolizine-7a(5H)-aceto-2',6'-xylidide hydrochloride	1185
tetrahydroserpentine	526
5,6,7,8-Tetrahydro-3-[2-(4-o-tolyl-1-piperazinyl)ethyl]-s-triazolo-[4,3-a]pyridine	79
5,6,7,8-Tetrahydro-3-[2-(4-o-tolyl-1-piperazinyl)ethyl]-s-triazolo-[4,3-a]pyridine hydrochloride	80
(±)-1,2,3,4-Tetrahydro-1-(3,4,5-trimethoxybenzyl)-6,7-isoquinolinediol	1632
2,3,7,8-Tetrahydroxy[1]benzopyrano[5,4,3-cde][1]benzopyran-5,10-dione	1708
Tetramethylammonium	812
2,2,9,9-Tetramethyl-1,10-decanediol	1476
N,2,3,3-Tetramethyl-2-norbornamine	438, 804
N,2,3,3-Tetramethyl-2-norbornamine hydrochloride	439, 805
1,3,8,8-Tetramethyl-3-[3-(trimethylammonio)propyl]-3-azoniabicyclo[3.2.1]octane bis(methyl sulfate)	578, 814
2,5,7,8-Tetramethyl-2-(4,8,12-trimethyltridecyl)-6-chromanyl 2-(p-chlorophenoxy)-2-methylpropionate	1524
Tetranitrin	883, 1384
Tetranitrol	883, 1384
(+)-(3,5,3',5'-tetraoxo)-1,2-dipiperazinopropane	947
N-[p-(o-1H-Tetrazol-5-yl-phenyl)-benzyl]-N-valeryl-L-valine	59, 582
Tetucur	1666
Th-494	1222
Thalitone	313, 708
Theobromine	781, 1352
Theobromine compound with calcium salicylate	782
Theocalcin	782
Theodrenaline	1855
Theofibrate	1519
7-theophylline acetic acid	673, 1248
Thiamendidine	558
Thiaminogen	1475
Thiaver	355, 716
thienylic acid	783, 1936
Thiomerin sodium	739
p-[(5-Thio-β-D-xylopyranosyl)-thio]benzonitrile	1563, 1601
Thiuretic	405, 729
Thombolyse	1735
THR	1772
H-Thr-Ala-Pro-Arg-Ser-Leu-Arg-Arg-Ser-Ser-Cys(11)-Phe-Gly-Gly-Arg-Met-Asp-Arg-Ile-Gly-Ala-Gln-Ser-Gly-Leu-Gly-Cys(27)-Asn-Ser-Phe-Arg-Tyr-OH cyclic-(11→27)-disulfide	793
Thrombate III	1559
Thrombin	1722
thrombokinase	1723
Thrombolytics	**1729-1742**
Thromboplastin	1723
Thrombostat	1722
Thromboxane Inhibitors	**1743-1751**
thymoxamine	871
Thyro-Block	1910
Thyrojod	1910
D-Thyroxine	1520
D-thyroxine sodium	1457
TI-211-950	36, 542
Tiaden	1521
Tiadenol	1521
Tiamenidine	558
Tiamenidine Hydrochloride	559
Tiaterol	1521
Tiazac	608, 950, 1113
Tibalosin	111, 560
Tibric Acid	1522
Tibricol	476, 647, 987, 1413
Ticlid	1625
Ticlobran	1443, 1462
Ticlodone	1625
Ticlodox	1625
Ticlopidine	1624
Ticlopidine Hydrochloride	1625
Ticlosin	1625
Ticrynafen	783, 1936
tienilic acid	1936
Tienoxolol	224, 784
tienylic acid	783
Tifluadom	785
Tiklid	1625
Tildiem	1113, 1379
Tilisolol	1228
Tilisolol Hydrochloride	226, 562, 1229
Timacar	228, 564, 1020, 1231

Name and Synonym Index

Timolide	405, 729	Tonus-Forte	1836
Timolide, component of	228, 564, 1020, 1231	Toprol XL	186, 452, 978, 1160
		Toradiur	788
Timolol	227, 563, 1019, 1230	Torem	788
Timolol Maleate	228, 564, 1020, 1231	Torental	887
Timoptic	228, 564, 1020, 1231	toripamide	579, 792
Timoptol	228, 564, 1020, 1231	Torsemide	788
Tinzaparin Sodium	1626	Toscarna	528
Tiorfan	1784	Tosifen	1024
Tiotidine	786	Tostram	1402
Tioxaprofen	1627	Tovene	1758
Tipropidil	896	TPA	1740
Tipropidil Hydrochloride	897	TPIA	1490
Tiracizine	1232	TR-2985	1217
Tirofiban	1628, 1638	Tradenal	1341
Tirofiban Hydrochloride	1629, 1639	Tradigal	1282
Tirofiban Hydrochloride Monohydrate	1630, 1640	Trandate	92, 177, 424
		Trandolapril	42, 571
tissue factor	1723	trandolaprilat	43, 572
Tissue Plasminogen Activator	1740	Trandolaprilate	43, 572
Titralac, component of	1881	Tranexamic Acid	1725
Tizolemide	787	Tranexamic Acid, cis form	1726
Tizoprolic Acid	1523	Trangorex	910, 1051
TMA	812	Trans-AMCHA	1725
Tobanum	166, 1105	Transcainide	1238
Toborinone	1353	Transderm-Nitro	994, 1415
Tocainide	1233	Trapidil	1431
Tocainide Hydrochloride	1234	trapymin	1431
Tocainide R-(-) Hydrochloride	1235	Trasacor	198, 483, 996, 1178, 1417
Tocainide S-(+) Hydrochloride	1236	Trasicor	198, 483, 996, 1178, 1417
Tocodilydrin	885	Trasuylol	64
Tocodrin	885	Travamin	1913
Tocofibrate	1524	Trazinin	64
Todralazine	565	Treloxinate	1525
Todralazine Hydrochloride	566	Trental	887
Tolafentrine	1354	Trequinsin	573, 1631
Tolamolol	1021, 1237, 1430	Tretoquinol	1632
Tolazoline	112, 898	Triaminicin	1562
Tolazoline Hydrochloride	113, 899	2,4,7-Triamino-6-(2-furyl)-pteridine	726
Tolazul	1724		
Tolcasone	790	2,4,7-Triamino-6-phenylpteridine	789
Toleron	1662	Triamterene	789
Tolferain	1662	Trianel	1526
Tolfrinic, component of	1662	Triatec	33, 525
Tolifer	1662	Triazurol	704
Toliman	603, 843	TriButyrate	1684
Toliprolol	229, 567, 1022	Trichlormethiazide	574, 790
Toliprolol Hydrochloride	230, 568, 1023	trichloromethiazide	574, 790
Tolonidine	569	Tricreamalate, component of	1821
Tolonidine Nitrate	570	Tricromyl	1432
Tolonium Chloride	1724	Tridil	994, 1415
Tomieze	1735	Tridus	873
Tonephin	1727, 1817	Trifenagrel	1633

Name and Synonym Index

Triflocin	791
Triflumen	790
α,α,α-Trifluoro-2,4-cresotic acid acetate	1634
6-(Trifluoromethyl)-2H-1,2,4-benzothiadiazine-7-sulfonamide 1,1-dioxide	1863
1-[2-[[4'-(Trifluoromethyl)[1,1'-biphenyl]-4-yl]oxy]ethyl]-pyrrolidine	1450
4-(α,α,α-Trifluoro-m-toluidino)-nicotinic acid	791
Triflusal	1634
Trigger	774
Trigot	86
3,4,5-Trihydroxy-2,2-dimethyl-6-chromanacrylic acid δ-lactone 4-acetate 3-(2-methylbutyrate)	1436
3β,5,14-Trihydroxy-19-oxo-5β-bufa-20,22-dienolide 3-(3-methylcrotonate)	1251
Trikosterol	1526
Trillium	1803
Trimazosin	114, 575
Trimazosin Hydrochloride Monohydrate	115, 576
trimepranol	182, 447
Trimetazidine	1025, 1433
Trimetazidine Dihydrochloride	1026, 1434
Trimethaphan Camsylate	577, 813
Trimethidinium Methosulfate	578, 814
trimethoquinol	1632
6-(3,4,5-Trimethoxybenzamido)-hexanoic acid	1096
3,4,5-Trimethoxybenzoic acid 1-[(isopentyloxy)methyl]-2-morpholino ethyl ester	1052
3,4,5-Trimethoxybenzoic acid 1-[(isopentyloxy)methyl]-2-morpholino ethyl ester hydrochloride	1053
3,4,5-Trimethoxybenzoic acid diester dihydrochloride with 3,3'-[ethylenebis(methylimino)]di-1-propanol	1398
3,4,5-Trimethoxybenzoic acid diester with 3,3'-[ethylenebis(methylimino)]di-1-propanol	1397
1-(2,3,4-Trimethoxybenzyl)-piperazine	1025, 1433
1-(2,3,4-Trimethoxybenzyl)-piperazine dihydrochloride	1026, 1434
2',4',6'-Trimethoxy-4-(1-pyrrolidinyl)butyrophenone	833
2',4',6'-Trimethoxy-4-(1-pyrrolidinyl)butyrophenone monohydrochloride	834
trans-3,3,5-Trimethylcyclohexyl nicotinate	840
(±)-2,4,5-Trimethyl-3,6-dioxo-ζ-phenyl-1,4-cyclohexadiene-1-heptanoic acid	1749
γ-Trimethyl-β-hydroxy-butyrobetaine	1451, 1482
trimetoquinol	1632
Trinalgon	994, 1415
trinitrin	1415
trinitroglycerol	1415
Trinitrosan	994, 1415
trioxyethylrutin	1772
Tripamide	579, 792
Triparanol	1526
Triparin	1526
8-[(1,4,5-Triphenylimidazol-2-yl)oxy]octanoic acid	1732
3',4',7-Tris(hydroxyethyl)rutin	1772
2,3,3-Tris(p-methoxyphenyl)-N,N-dimethylallylamine	1358
Trisodium citrate	775
Tritace	33, 525
Triteren	789
Trivastal	889
Trocoxidil	458
Trofurit	376, 725
Trolnitrate	1027
Trolnitrate Phosphate	1028, 1435
Tromasedan	1364
trombostop	1723
Tropalin	1526
Trophenium	497, 811
Tropine 3-(p-hydroxyphenyl-2-phenyl-propionate (ester) acetate (ester)	116
Tropodifene	116
Troxerutin	1772
Trsiogel, component of	1821
Trusopt	1861
tryhydroxypropane	727
tsiklometiazid	330, 713
Tulopafant	1741
Tumil-K	1909
Turec	1444
Turoptin	182, 447
Twin-K, component of	1909

Name and Synonym Index

Tylenol Headache Plus, component of	1881	Urdes	1532
Tyrosinase	580	Urea	794
		Ureaphil	794
		Uregit	718
		Urelim	1924
U-10136	816	Ureophil	794
U-10858	458	Urepearl	794
U-26597A	1466, 1868	Urese	267, 693
U-28288D	383, 800	Urex	376, 725
U-70226-E	1141	Urgilan	1341
U-88943E	1060	**Uricosurics**	**1923-1937**
ucb B 192	1106	Uricovac	1923
UDCG-115	1335	Urimeth	1542
UK-11443	1006, 1196	urinary trypsin inhibitor	71
UK-31557	1270	Urinastatin	71
UK-33274	83, 345	Urinorm	1923
UK-33274-27	84, 346	Urion	238
UK-37248-01	1574	Urisal	775
UK-48,340-26	587	Urlea	263, 692
UK-48340-11	246, 588, 913	Uroalpha	872
UK-48340-26	245, 912	Urocaudal	789
UK-68798	1120	Urodie	110, 555
UK-80067	1597	urodilatin	793
Ukidan	1742	Urofort	678
Ularitide	793	Urokinase	1742
Ulcex	774	Uronase	1742
UL-FS-49	1034, 1247	Ursacol	1532
ulinastatin	71	ursin	688
Ulmenide	1528	Urso	1532
Ulta-Mg	1899	Ursobilin	1532
Ultidine	774	Ursochol	1532
Ultraparin	1579	Ursodamor	1532
UM-272	1194	ursodeoxycholic acid	1532
Unat	788	Ursodiol	1532
Unicard	167, 342	Ursofalk	1532
Unidigin	1282	Ursolvan	1532
Unifer	1656	Ursulcholic Acid	1533
Uniloc	127, 254 918, 1062	Urusonin	776, 1782
		Ustimon	1398
Unipres, component of	403	UTI	71
Unipres	405, 729	Utibapril	44
Unipres, component of	530	Utibaprilat	45
Unipril	33, 525	Uvasol	688
Unitensen tannate	329	Uzarin	1805
Univasc	24, 460		
Univer	1030, 1240		
UP-33-901	1101	Vadilex	858
UR-112	1485	Vadosilan	865
UR-12592	1614	Valcor	1382
UR-1501	1634	5-valine angiotensin II amide	1825
Urapidil	581	Valip	1526
Uraprene	581	Vallene	437
Urarigenin	1804	Vallet's Mass	1659

Name and Synonym Index

Valperinol	670
Valsartan	59, 582
Vanorm	1212
Vanoxin	1283
Vanquish	1562
Vantol	135, 274, 926, 1071
Vapiprost	1750
Vapiprost Hydrochloride	1751
Vardax	1349
Varebian	1339
Varinon	1758
Varunax	1255
Vascardin	969, 1400
Vascase	7, 319
Vascor	598, 922, 1067, 1368
Vascoril	946
Vasculat	820
Vasculit	820
Vascunicol	820
Vaseretic, component of	11, 350
Vaseretic	405, 729
Vasoactive Agents	**1-71**
Vasocard	110, 555
Vasocet	839
VasoClear A, component of	1921
Vasodiatol	1004, 1418
Vasodilan	865
Vaso-Dilatan	113, 899
Vasodin	475, 646, 878, 985
Vasodistal	842
Vasoglyn	994, 1415
Vasokellina	1403
Vasoklin	872
Vasolon	1030, 1240
Vasomed	1028, 1435
Vasomet	110, 555
Vasomotal	824
Vasonase	475, 646, 878, 985
Vasophysin	1727, 1817
Vasoplex	865
Vasopressin	1817
Vasopressin Injection	1820
vasopressin tannate	1808
Vasopressin, Arginine form	1727, 1818
Vasopressin, Lysine form	1728, 1819
Vasoprotectants	**1752-1772**
Vasorbate	969, 1400
Vasorelax	594, 822
Vasospan	97, 879
Vasotec	11, 350
Vasotec Injection	12, 351
Vasotec IV	12, 351
Vasotran	865
Vasotrate	969, 1400
Vasoxine	1843
Vasoxyl	1843
Vasperdil	880
Vassangor	1426
Vastarel F	1026, 1434
Vasten	1508
Vastribil	1772
Vasylox	1843
Vatensol	393
vazofirin	887
Vegolysen	399, 802
Vegolysen-T	398, 801
Vegolysin	399, 802
Veinamitol	1772
Veinartan	1766
Veliten, component of	1770
Vems	1632
Venactone	700, 1773
Venarterin	1766
Ven-Detrex	1758
veneniferin	1327
Veniten	1772
Venosmine	1758
Veralba	518
Verapamil	671, 1029, 1239
Verapamil Hydrochloride	672, 1030, 1240
veratetrine	518
Verazinc	1921
Verdiana	1526
Verelan	672, 1030, 1240
Verexamil	1030, 1240
Vergonil	406, 730
Veritol	1850
Verospiron	776, 1782
Veroxil	413, 732
Vescal	92, 177, 424
Vesdil	33, 525
Vesidril	749
Vesidryl	749
Vesistol	1257
Vesnarinone	1355
Vetamox	675, 1857
vetamox (sodium salt)	674, 1856
Vialibran	1407
Viarespan	88
Vibeline	1436
Vicard	110, 555
Vidora	90, 417
violaquercetrin	1770
Viprostol	900
Viquidil	1241

Name and Synonym Index

Viquidil Hydrochloride	1242	Win-49016	1322
Visacor	169, 354, 956	Win-90,000	315
visammin	1403	Win-9317	1426
Viscardan	1403	Wincoram	1257
Visken	205, 508, 888, 1005, 1187	Wingel, component of	1821
		Win-Kinase	1742
Visnadine	1436	Wintonin	1838
Visnagalin	1403	Wirnesin	1341
Visnagen	1403	WY-14643	1501
Visnamine	1436	Wy-21901	89, 416
Vitacarn	1451, 1482, 1895	Wy-21901 HCl	90, 417
Vitagan	180	WY-25021	1802
vitamin B_{12b}	1642	Wy-2837	1911
vitamin B_7	1451, 1482	Wy-2838	1911
vitamin B_2 phosphate	1675	Wy-42362	1211
Vitamin M	1668	WY-42362 HCl	1212
Vitellin	1539	Wy-42362 tosylate	1213
Vivatec	22, 430	Wy-48986	1215
Volex	1876	Wy-8678	378
Vonamycin Powder V	1491	Wy-8678 acetate	379
VUFB6453	182, 447	Wydora	90, 417
		Wyeth 47,663	686
		Wypres	90, 417
W-1191-2	678	Wypresin	90, 417
W-1372	1445	Wytensin	379
W-2197	1419		
W-2354	1934		
W-2900A	721	Xamoterol	1356
W3366A	1207	Xamoterol Hemifumarate	1357
W-36095	1233	Xamtol	1357
W-42782	863	Xanbon	1001, 1604, 1746
W-43026A	1827	Xanef	11, 350
W-45	1254	Xanthinol Niacinate	901
W-583	437	xanthinol nicotinate	901
W-6421A	179	Xanturil	751
W-7000A	180	Xatral	238
WAC-104	1449	Xavin	901
Wampocap	1492	Xaxa	1562
Wandonorm	140, 281	Xemilofiban	1031
Water and Electrolyte		Xemilofiban Hydrochloride	1032
Balancing Agents	***1773-1937***	Xenalon	776, 1782
We-704	214	Xenbucin	1527
white vitriol	1921	Xibenolol	231, 1243
WHJR-1142A	1798	Xibenolol Hydrochloride	232, 1244
WHO-4939	528	Xipamide	583, 795
WHR-1051B	827	XU-62320	1474
Win-11831	1152	Xuret	449, 750
Win-22005	1742	Xyduril	1443, 1462
Win-35833	1460	Xylocaine	1149
Win-40350	1894	Xylocard	1150
Win-40680	1257	Xylocitin	1149
Win-408087	219, 545	Xyloneural	1150
Win-47203	1324	Xylotox	1149

Name and Synonym Index

Xynertec, component of	11, 350	Zebeta	137, 278
		Zentropil	1182
		Zenusin	476, 647, 987, 1413
Y-6124	146, 930, 1083	Zestril	22, 430
YB-2	174, 414, 967, 1144	Ziac, component of	137, 278
YC-93	475, 646, 878, 985	Ziac	405, 729
YM-09538	75, 123, 248	Zinc Sulfate	1921
YM-09730-5	259, 592, 920	Zinc Sulfate Heptahydrate	1922
R-(-)-YM-12617-1	107	zinc vitriol	1921
YM-12617-2	108	Zincaps	1921
YM-617	106	Zincate	1921
Yobir	121, 240, 908, 1047	Zincfrin, component of	1921
Yohimbine	117	Zincomed	1921
Yoshimilon	1026, 1434	Zinecard	947
		ZK-36374	859, 1583
		Zocor	1511
Z 6000	1772	Zocord	1511
Zabicipril	46	Zofenopril Calcium	48, 584
Zabiciprilat	47	Zolasartan	60, 585
Zabromin	830	Zolertine	902
Zadipina	479, 651, 993, 1414	Zolertine Hydrochloride	903
Zaldaride	1806	Zoprace	48, 584
Zaldaride Maleate	1807	Zoxamin	1937
Zaltidine Hydrochloride	796	Zoxazolamine	1937
Zantac	774	Zoxine	1937
Zantic	774	Z-Span	1921
Zaroxolyn	449, 750	ZY-15028	1757
Zatebradine	1033, 1246	ZY-17617B	1807
Zatebradine		Zymofren	64
Hydrochloride	1034, 1247	zymoplastic substance	1723

PART III

MANUFACTURERS AND SUPPLIERS DIRECTORY

MANUFACTURERS AND SUPPLIERS

3M Company
3M Center
St Paul, MN 55144
USA
Tel: +1 (612) 733-1110

3M Health Care
3M Center
St Paul, MN 55144
USA
Tel: +1 (612) 733-1110

3M Health Care Ltd
1 Morley Street
Loughborough,
Leics LE11 1EP
England
Tel: +44 (01509) 611611

3M Pharmaceuticals
3M Center 2751
St Paul, MN 55144-1000
USA
Tel: +1 (612) 733-0266
Fax: +1 (612) 737-2759

Abbott Laboratories
100 Abbott Park Rd
Abbott Park, IL 60064
USA
Tel: +1 (847) 937-6100
Fax: +1 (847) 937-1511

Abbott Laboratories Ltd
Abbott House
Moorbridge Rd
Maidenhead,
Berks SL6 8JG
England
Tel: +44 (01628) 773355

ABIC
Address Unknown

Adria Labs
Direct Inquiries to
Pharmacia & Upjohn

Advanced Magnetics, Inc
Corporate Headquarters
61 Mooney St
Cambridge, MA 02138
USA
Tel: +1 (617) 497-2070
Fax: +1 (617) 547-2445

Agouron Pharmaceuticals, Inc
10350 North Torrey Pine Rd
La Jolla, CA 92037
USA
Tel: +1 (858) 622-3000

Ajinomoto Co, Inc
1-15-1, Kyobashi
Chuo-ku Tokyo 104
Japan
Tel: +81 (3) 5250-8111

Ajinomoto-Takara Corp
2-17-11, Kyobashi
Chuo-ku Tokyo 104
Japan
Tel: +81 (3) 3563-7589
Fax: +81 (3) 3535-3689

Aktieselskabet Pharmacia
Direct Inquiries to
Pharmacia & Upjohn

Akzo Chemie
Stationsplein 4
PO Box 247
NL-3800 Le Amersfort
The Netherlands

Akzo Nobel
Terhulpsesteenweg 166
Chee de la Hulpe 166
Brussels
Belgium
Tel: +32 (2) 663 5533

Manufacturers and Suppliers Directory

Albemarle Asano Corp
16th Floor
Fukoku Seimei Bldg
2-2, Uchisaiwaicho,
2-Chome
Chiyoda-ku, Tokyo 100
Japan
Tel: +81 (3) 5251-0791
Fax: +81 (3)3500-5623

Albemarle Asia Pacific Corp
111 Somerset Road #13-03
Singapore 238164
Singapore
Tel: +65 732-6286
Fax: +65 737-4155

Albemarle Corp
451 Florida St
Baton Rouge, LA
70801-1785
USA
Tel: +1 (225) 388-7402
Fax: +1 (225) 388-7848

Albemarle SA
Parc Scientifique Einstein
Rue du Bosquet 9
B-1348 Louvain La Neuve Sud
Belgium
Tel: +32 (10) 48-1711
Fax: +32 (10) 48-1717

Albright & Wilson Americas, Inc
4851 Lake Brook Dr
PO Box 4439
Glen Allen, VA 23060
USA
Tel: +1 (804) 968-6300
Fax: +1 (804) 968-6385

Albright & Wilson Ltd
PO Box 3
210-222 Hagley Rd
West Oldbury
W Midlands B68 ONN
England
Tel: +44 (0121) 429 4942
Fax: +44 (0121) 420 5151

Alcon Japan Ltd
Koraku Kokusai Bldg
1-5-3, Koraku, Bunkyo-ku
Tokyo 112
Japan
Tel: +81 (3) 3812-7881
Fax: +81 (3)3812-0188

Alcon Laboratories
PO Box 6600
6201 South Freeway
Fort Worth, TX 76115
USA
Tel: +1 (817) 293 0450

Alfa Wassermann SpA
Viale Sarca 223
20173 Milano
Italy
Tel: +39 (02) 64222-310

Allchem Industries
6010 NW First Place
Gainesville, FL 32607
USA
Tel: +1 (352) 378-9696
Fax: +1 (352) 338-0400

Allen & Hanbury
Direct Inquiries to Glaxo Wellcome

Allergan Herbert
2525 DuPont Dr
Irvine, CA 92713
USA
Tel: +1 (714) 246-4500
Fax: +1 (714) 246-6987

Allergan, Inc
2525 Dupont Dr
PO Box 19534
Irvine, CA 92623-9534
USA
Tel: +1 (714) 246-4500
Fax: +1 (714) 246-6987

Alliance Pharm Corp
3040 Science Pk Dr
San Diego, CA 92121
USA
Tel: +1 (858) 410-5200
Fax: +1 (858) 410-5201

Alpha 1 Biomedicals, Inc
Two Democracy Center
6903 Rockledge Dr
Bethesda, MD
20817-1129
USA
Tel: +1 (301) 564-4400
Fax: +1 (301) 564-4424

Altana, Inc
60 Baylis Rd
Melville, NY 11747
USA
Tel: +1 (516) 454-7677
Fax: +1 (516) 454-0732

American Cyanamid
5 Garret Mountain Plaza
West Patterson, NJ 07470
USA
Tel: +1 (973) 357-3100

American Home Products
Five Giralda Farms
Madison, NJ 07940
USA
Tel: +1 (973) 660-5000
Fax: +1 (973) 660-5771

American Hospital Supply
20 Wiggins Ave
Bedford, MA 01730
USA
Tel: +1 (781) 275-1100

Amersham Corp
2636 South Clearbrook Dr
Arlington Heights, IL
60005
USA
Tel: +1 (847) 593-6300
Fax: +1 (847) 593-8075

Amersham International plc
Amersham Place
Little Chalfont
Amersham
Bucks HP7 9NA
England
Tel: +44 (01494) 544000

Amgen, Inc
Amgen Center
Thousand Oaks, CA
91320-1799
USA
Tel: +1 (805) 447-1000
Fax: +1 (805) 447-1010

Manufacturers and Suppliers Directory

Amylin Pharmaceuticals, Inc
9373 Town Center Dr
San Diego, CA 92121
USA
Tel: +1 (858) 552-2200
Fax: +1 (858) 552-2212

Anaquest
Address Unknown

Angelini Francesco
Address Unknown

Angelini Group, Italy
Viale Amelia 70
00181 Rome
Italy
Tel: +39 (06) 78053-1
Fax: +39 (06) 78053-291

Angelini Pharmaceuticals, Inc
70 Grande Ave
River Edge, NJ 07661
USA
Tel: +1 (201) 489-4100

Anphar
Address Unknown

Anphar-Rolland
BP 203
91007 Evry Cedex
France
Tel: +33 (1) 64 97 20 30
Fax: +33 (1) 64 97 05 84

Antibiotice SA
1 Valea Lupului Street
Lasi 6600
Romania
Tel: +40 (32) 211010
Fax: +40 (32) 211020

Apothecon
Direct Inquiries to
Bristol-Myers Squibb Co

Apothekernes
Direct Inquiries to ASTRA
USA Inc

Arizona
1001 E Business 98
Panama City, FL 32401
USA
Tel: +1 (850) 785-6700
Fax: +1 (850) 785-2203

Armour Pharmaceuticals Co Ltd
St Leonards Road
Eastbourne
East Sussex BN21 3YG
England
Tel: +44 (01323) 410200

Asahi Chem Industry
Lyoner Str 44-48
D-60528 Frankfurt
Germany

Ascher, BF & Co
15501 W 109th St
PO Box 717
Shawnee Mission, KS 66201
USA
Tel: +1 (913) 888-1880

Asta Chemische Fabrik
Direct Inquiries to ASTA
Medica

Asta Medica AB
Kemistvagen 17
SE-18379 Taby
Sweden

Asta Medica AG
Weissmullerstr 45
D-60314 Frankfurt am Main
Germany
Tel: +49 69 400101
Fax: +49 69 40012740

ASTA Medica Inc
Continental Plaza, Tower 1
401 Hackensack Ave
Hackensack, NJ 07601
USA
Tel: +1 (201) 525-2680
Fax: +1 (201) 488-8595

ASTA Medica Ltd
168 Cowley Road
Cambridge CB4 0DL
England
Tel: +44 (01223) 423434
Fax: +44 (01223) 420943

Asta-Werke AG
Direct Inquiries to Asta
Medica

Astra Chemicals Ltd
Direct Inquiries to
AstraZeneca

Astra Draco AB
BO Box 34
Lund SE-221 00
Sweden
Tel: +46 (46) 336000

Astra Hässle AB
Karragatan 5
Molndal SE 431 83
Sweden
Tel: +46 (31) 7761000

Astra Pharmaceuticals Ltd
Home Park Estate
King's Langley,
Herts WD4 8DH
England
Tel: +44 (01923) 266191
Fax: +44 (01923) 260431

Astra USA, Inc
Direct Inquiries to Astra
Zeneca

AstraZeneca
1800 Concord Pike
PO Box 15437
Wilmington, DE 19850
USA
Tel: +1 (302) 886-3000
Fax: +1 (302) 886-2972

Athena Neurosciences, Inc
800 Gateway Blvd
S. San Francisco, CA 94080
USA
Tel: +1 (650) 877-0900
Fax: +1 (650) 877-8370

Atrix Laboratories
2579 Midpoint Dr
Fort Collins, CO
80525-4417
USA
Tel: +1 (970) 482-5868
Fax: +1 (970) 482-9735

Manufacturers and Suppliers Directory

Ayerst
Direct Inquiries to
Wyeth-Ayerst Laboratories

Ayrton Saunders plc
34 Hanover Street
Liverpool
Merseyside
England

Bacillofabrik Dr Bode & Co
Address Unknown

BASF Corp
3000 Continental Dr
Mt Olive, NJ 07828
USA
Tel: +1 (973) 426-2800
Fax: +1 (973) 426-2810

Basic Inc
Address Unknown

Battle Hayward & Bower Ltd
Crofton Drive
Allenby Rd Industrial Estate
Lincoln
Lincs LN3 4NP
England
Tel: +44 (01522) 529206

Bausch & Lomb Pharmaceuticals, Inc
One Bausch & Lomb Place
Rochester, NY 14604
USA
Tel: +1 (716) 338-6000

Bausch & Lomb Vision Care Division
1400 N Goodman St
Tampa, FL 33637
USA
Tel: +1 (813) 975-7700

Baxter Healthcare Corp Hyland Div
One Baxter Parkway
Deerfield, IL 60015
USA
Tel: +1 (847) 948-4731

Baxter Healthcare Systems
One Baxter Parkway
Deerfield, IL 60015
USA
Tel: +1 (847) 948-4731

Bayer AG
Werk Leverkusen
D-51368 Leverkusen
Germany
Tel: +49 214 301
Fax: +49 214 306 6328

Bayer Animal Health
12707 Shawnee Mission Pk PO Box 390
Shawnee Mission, KS 66201
USA
Tel: +1 (913) 631-4800

Bayer Corp
Pharmaceutical Div
400 Morgan Lane
West Haven, CT 06516
USA
Tel: +1 (203) 937-2000

BDH Laboratory Supplies
Broom Road
Parkstone
Poole
Dorset BH15 1TD
England
Tel: +44 (01202) 660444
Fax: +44 (01202) 666856

Becton Dickinson Microbiology Systems
1 Becton Dr
Franklin Lakes, NJ 07417
USA
Tel: +1 (201) 847-6800

Beecham Group plc
Four New Horizons Court
Harlequin Ave
Brentford
Middx TW8 9EP England
Tel: +44 (020) 8975 2000

Beecham Research Labs,
Direct Inquiries Beecham Group plc

Beiersdorf AG
Aliothstr 40
CH-4142 Münchenstein 2
Switzerland
Tel: +41 (61) 415-6111
Fax: +41 (61) 415-6332

Beiersdorf AG
Unnastr 48
D020245 Hamburg
Germany
Tel: +49 40 49090
Fax: +49 40 49093434

Beiersdorf Inc
Wilton Corporate Center
187 Danbury Rd
Wilton, CT 06897
USA
Tel: +1 (203) 563-5800
Fax: +1 (203) 563-5895

Beiersdorf NV
Boulevard Industriel 30
B-1070 Bruxelles
Belgium
Tel: +32 (2) 526-5211
Fax: +32 (2) 526-5219

Beiersdorf Ltd
Yeomans Drive, Blakelands
Milton Keynes
Bucks MK14 5LS
England
Tel: +44 (01908) 211333
Fax: +44 (01908) 211555

Benz Research and Dev Corp
6447 Parkland Dr
PO Box 1839
Sarasota, FL 34230-1839
USA
Tel: +1 (941) 758-8256

Berk Pharmaceuticals Ltd
Brampton Road
Eastbourne
East Sussex BN22 9AG
England
Tel: +44 (01323) 501111

Berlex Laboratories, Inc
300 Fairfield Rd
Wayne, NJ 07470-7358
USA
Tel: +1 (973) 694-4100

Manufacturers and Suppliers Directory

Bilhuber
Address Unknown

BioCryst Pharmaceuticals, Inc
2190 Parkway Lake Dr
Birmingham, AL 35244
USA
Tel: +1 (205) 444-4600

BioDevelopment Corp
8180 Greensboro Dr #1000
McLean, VA 22102
USA

Biofarma A/S
Naverland 22
DK-2600 Glostrup
Denmark
Tel: +45 4 327-0313

Biona A/S
DK-2860 Soeborg
Denmark
Tel: +45 3 969-2400
Fax: +45 3 969-2199

Bioproject
30, rue des Francs-Bourgeois
75003 Paris
France
Tel: +33 (4) 42 71 71 16
Fax: +33 (4) 42 71 39 56

Biorex
PO Box 348
8201Vesprem-Szabadsapuszta
Hungary
Tel: +36 88-421-629
Fax: +36 88-429-237

Biorex Laboratories Ltd
2 Crossfield Chambers
Gladbeck Way
Enfield, Middx EN2 7HT
England
Tel: +44 (020) 8366 9301

Boehringer Ingelheim Ltd
Ellesfield Avenue
Bracknell
Berks RG12 8YS
England
Tel: +44 (01344) 424600

Boehringer Ingelheim Pharmaceuticals Inc
900 Ridgebury Rd
Ridgefield Park, CT 06877-0103
USA
Tel: +1 (203) 798-9988

Boehringer Ingelheim GmbH
Binger Str 173
D-55216 Ingelheim am Rhein
Germany
Tel: +49 61 3277 5063
Fax: +49 61 3277 4225

Boehringer Mannheim GmbH
Simpson Parkway
Kirton Campus
Livingston
West Lothian EH54 7BH
England
Tel: +44 (01589) 412512

Boots Company, The
1 Thane Road West
Nottingham
Oxon NG2 3AA
England
Tel: +44 (01602) 506111

Bottu
20, avenue Raymond Aron
92165 Antony Cedex
France
Tel: +33 140 91 61 23

Bracco Diagnostics, Inc
107 College Road E
Princeton, NJ 08540
USA

Bristol-Myers Nutritional Group
725 E Main
Zeeland, MI 49464-0136
USA
Tel: +1 (616) 748-7100

Bristol-Myers Squibb Co
PO Box 4000
Princeton, NJ 08540
USA
Tel: +1 (609) 921-4000

Bristol-Myers Squibb Europe
Le Grande Arche Nord
Paris La Défense Cedex
92044 Paris
France
Tel: +33 (1) 4090 6000
Fax: +33 (1) 4090 6100

Bristol-Myers Squibb HIV Products
345 Park Ave
New York, NY 10154-0000
USA
Tel: +1 (212) 546-2856

Bristol-Myers Squibb Pharmaceutical Res and Dev
1 Squibb Drive
New Brunswick, NJ 08901
USA
Tel: +1 (201) 519-2000

Bristol Myers Squibb Pharmaceuticals Ltd
Bristol Myers Squibb House
141-149 Staines Rd
Hounslow
Middx TW3 3JA
England
Tel: +44 (020) 8572 7422

British Biotechnology Ltd
Watlington Rd
Oxford OX4 5LY
England
Tel: +44 (01865) 748747
Fax: +44 (01865) 781047

British Drug Houses
Direct Inquires to Merck

Brocades Ltd
Brocades House,
Pyrford Road
West Byfleet, Weybridge,
Surrey KT14 6RA
England
Tel: +44 (01932) 342291

Brocades-Stheeman & Pharmacia
Direct Inquiries to
Pharmacia & Upjohn

Manufacturers and Suppliers Directory

Broemmel Pharmaceuticals
3M Pharmaceuticals
3M Center, 275-3W01
St Paul, MN 55133-3275
USA

Buckeye Technologies
1001 Tillman St
PO Box 8407
Memphis, TN 38108
USA
Tel: +1 (901) 320-8100

Burroughs Wellcome
Direct Inquiries to GlaxoWellcome

Byk Gulden Lomberg GmbH
Byk-Gulden-Str 2
Postfach 100310
7750 Konstanz
Germany
Tel: +49 7531 84 0
Fax: +49 7531 84 2474

C H Boehringer Sohn
Direct Inquiries to Boehringer Ingelheim

CERM
Address Unknown

CM Industries
Erregierre Industria
Chimica SpA
Via Francesco Baracca, 57
24060 San Paolo D'Argon (BG)
Italy
Tel: +39 (03) 595022

Cadus Pharmaceutical Corp
777 Old Saw Mill River Rd
Tarrytown, NY
10591-6705 USA
Tel: +1 (914) 345-3344
Fax: +1 (914) 345-3565

Calanda Stiftung
Address Unknown

California Research Co
Address Unknown

Callery Chemical
1420 Mars-Evans City Rd
Evans City, PA 16033
USA
Tel: +1 (412) 967-4141
Fax: +1 (412) 967-4140

Cambridge NeuroScience, Inc
One Kendall Square
Bldg 700
Cambridge, MA 02139
USA
Tel: +1 (617) 225-0600
Fax: +1 (617) 225-2741

Camillo-Corvi
Address Unknown

Carbide & Carbon Chem
Address Unknown

Carlo Erba Reagenti
Strada Rivoltana KM 6/7
20090 Rodano (Mi)
Italy
Tel: +39 (02) 9523 1
Fax: +39 (02) 95235904

Carrington Laboratories, Inc
2001 Walnut Hill Lane
Irving, TX 75038
USA
Tel: +1 (800) 527-5216
Fax: +1 (972) 518-1020

Carter-Wallace
PO Box 1001
Cranbury, NJ 08512
USA
Tel: +1 (609) 655-6000

Cassella AG
Hanauer Landstrasse 526
D-60386 Frankfurt
Germany
Tel: +49 (69) 4109 01
Fax: +49 (69) 4109 2650

CBD Corp
Address Unknown

Cell Therapeutics, Inc
201 Elliott Ave West, Ste 400
Seattle, WA 98119-4230
USA
Tel: +1 (206) 282-7100
Fax: +1 (206) 284-6206

Centeon LLC
1020 First Ave
King of Prussia, PA 19406
USA
Tel: +1 (610) 878-4000
Fax: +1 (610) 878-4009

Centocor, Inc
200 Great Valley Parkway
Malvern, PA 19355
USA
Tel: +1 (610) 651-6000
Fax: +1 (610) 889-4701

Centre d'Études l'Ind Pharm
Address Unknown

Cetus Corp
4560 Horton St
Emeryville, CA
94608-2997
USA
Tel: +1 (510) 653-5948

Chantal Pharmaceutical Corp
12121 Wilshire Blvd 1120
Los Angeles, CA
90025-1123
USA
Tel: +1 (310) 207-1950
Fax: +1 (310) 826-4214

Chantereau
Address Unknown

Chem Werke Albert
Address Unknown

Chem-Pharm Fabrik
Bahnhofstr 33-35 + 40
73033 Goeppingen
Germany
Tel: +49 7161 676-0
Fax: +49 7161 676-298

Manufacturers and Suppliers Directory

Chemex Pharmaceuticals
660 White Plains Rd
Ste 400
Tarrytown, NY 10591
USA
Tel: +1 (914) 332-8633

Chemiewerk Homburg
Address Unknown

Chemo Puro
Address Unknown

Chemoterapico
Address Unknown

Chimie et Atomistique
Address Unknown

Chinoin
1325 Budapest, Pf 110
H-1045 Budapest
Hungary
Tel: +36 (1) 169-0900
Fax: +36 (1) 169-0293

Chiron Corp
4560 Horton St
Emerville, CA 94608-2916
USA
Tel: +1 (510) 655-8730
Fax: +1 (510) 655-9910

Christiaens SA
Address Unknown

Chugai Pharmaceutical Co, Ltd
Mulliner House, Flanders Rd
Turnham Green
London, W4 1NN
England
Tel: +44 (020) 8987-5600

CIBA plc
Direct Inquiries to Novartis

CIBA Vision AG
Grenzstr 10
CH-8180 Buelach
Switzerland
Tel: +41 (084) 880-8488
Fax: +41 (084) 880-8489

CIBA Vision Corp
11460 Johns Creek
Parkway
Duluth, GA 30097-1556
USA

CIBA Vision Ltd
Park West
Royal London Park
Flanders Rd, Hedge End
Southampton
Hants SO30 2LG
England
Tel: +44 (01489) 785580
Fax: +44 (01489) 786802

CIBA Vision Optics NL
4 Prinsenkade
NL-4811VB Breda
The Netherlands
Tel: +31 76-5245600
Fax: +31 76-5245620

Ciba-Geigy Corp
Direct Inquiries to Novartis

Cilag-Chemie Ltd
Saunderton
High Wycombe,
Bucks HP14 4HJ
England
Tel: +44 (01494) 563541

CIS-US, Inc
10 DeAngelo Dr
Bedford, MA 01730
USA
Tel: +1 (781) 275-7120
Fax: +1 (781) 275-2634

CK Witco (Europe) SA
7, rue du Pre-Bouvier
CH-1217 Meyrin
Switzerland
Tel: +41 (22) 989-2392

CK Witco Asia Pacific Pte Ltd
12 Science Park Dr
118225 Singapore
Singapore
Tel: +65 770-5146

CK Witco Canada Ltd
565 Coronation Dr
West Hill, ON M1W 2K3
Canada
Tel: +1 (416) 284-6077

CK Witco Chemical Corp
One American Lane
Greenwich, CT
USA
Tel: +1 (203) 552-2747
Fax: +1 (203) 552-2882

CK Witco Chemical Ltd
Direct Inquires to
CK Witco (Europe) SA

Clin-Byk France
593, route de Boissise
77350 Le Mee-Sur-Seine
France
Tel: +33 (1) 64 41 22 22
Fax: +33 (1) 64 41 22 00

Clin-Midy
9, rue du President Allende
94256 Gentilly Cedex
France
Tel: +33 (1) 40 73 40 73
Fax: +33 (1) 40 73 93 00

CNRS
16, rue Pierre et Marie
Curie
75005 Paris
France
Tel: +33 (1) 42 34 94 00
Fax: +33 (1) 43 26 87 23

Colgate-Palmolive
One Colgate Way
Canton, MA 02021
USA
Tel: +1 (908) 878-7500

Consiglio Nazionale delle Ricerche
Via Tiburtina, 770
I-00159 Rome
Italy
Tel: +39 (06) 49932538
Fax: +39 (06) 49932440

Continental Pharma Inc
Address Unknown

Cook Imaging Corp
927 S Curry Pike B
Bloomington, IN 47403
USA
Tel: +1 (812) 333-0887
Fax: +1 (812) 332-3079

Manufacturers and Suppliers Directory

Cook-Waite Labs, Inc
Direct Inquires to Eastman Kodak Co

Cooper Companies, Inc, The
10 Faraday
Irvine, CA 92618-1850
USA
Tel: +1 (949) 597-4700
Fax: +1 (949) 597-0662

Cooper Vision, Inc
200 Willow Brook Office Park
Fairport, NY 14450
USA

Corbiere
Address Unknown

Cortech, Inc
376 Main St
PO Box 74
Bedminster, NJ 07921
USA
Tel: +1 (908) 234-1881

Council of Scientific and Industrial Research, New Delhi
Address Unknown

Crinos
Piazza XX Settembre, 2
22079 Villa Guardia (CO)
Italy
Tel: +39 (031) 385111
Fax: +39 (031) 481784
wwcrinos-spacom

Crookes Healthcare Ltd
1 Thane Road West
Nottingham
NG2 3AA
England
Tel: +44 (01602) 506111

Cutter Laboratories
Direct Inquiries to Bayer Corp

Cypros Pharmaceutical Corp
2714 Loker Ave West
Carlsbad, CA 92008
USA
Tel: +1 (760) 929-9500
Fax: +1 (760) 929-8038

Cytogen Corp
600 College Rd
E Princeton, NJ 08540
USA
Tel: +1 (609) 987-8270
Fax: +1 (609) 951-9298

Daiichi Pharmaceutical Co Ltd
3-14-10, Nihonbashi
Chuo-ku, Tokyo 103
Japan
Tel: +81 (3) 3272-0611
Fax: +81 (3) 3272-8427

Daiichi Pharmaceutical Corp
11 Philips Parkway
Montvale, NJ 07645
USA
Tel: +1 (201) 573-7000

Daiichi Seiyaku
3-14-10, Nihonbashi
Chuo-ku, Tokyo 103
Japan
Tel: +81 (3) 3272-0611
Fax: +81 (3) 3272-8427

Dainippon Pharmaceutical
2-6-8, Dosho-machi
Chuo-ku, Osaka 541
Japan
Tel: +81 (6) 6203-5321
Fax: +81 (6) 6203-6581

Dautreville & Lebas
Address Unknown

Davis & Geck Medical Device Div
Direct Inquiries to Wyeth-Ayerst Laboratories

DDSA Pharmaceuticals Ltd
Address Unknown

DeAngeli
Address Unknown

Degussa Ltd
Direct Inquires to Degussa-Huls AG

Degussa-Huls AG
65 Challenger Rd
Ridgefield Park, NJ 07660
USA
Tel: +1 (201) 641-6100
Fax: +1 (201) 807-3183

Degussa-Huls AG
Headquarters
Weissfrauenstrasse 9
D-60311 Frankfurt am Main
Germany
Tel: +49 (69) 218-3618
Fax: +49 (69) 218-3849

Delagrange
1, avenue Pierre Brossolette
91380 Chilly Mazarin
France
Tel: +33 (1) 69 79 77 77
Fax: +33 (1) 69 79 75 75

Delandale Labs, Ltd
16, rue Henri Regnault
La Defense 6
92400 Courbevoie
France
Tel: +33 (1) 45 37 55 55
Fax: +33 (1) 49 00 02 93

Dermik Labs, Inc
Direct Inquires to Rhône-Poulenc Rorer

Deutsche Hydrierwerke
Address Unknown

Dey Laboratories
2751 Napa Valley Corp Dr
Napa, CA 92558
USA
Tel: +1 (707) 224-3200
Fax: +1 (707) 224-3235

Dickinson, E E, Co
2 Enterprise Dr
Shelton, CT 06484-4666
USA
Tel: +1 (860) 388 3952

Manufacturers and Suppliers Directory

Diosynth BV
Vlijtseweg 130
PO Box 407
NL-7300 AK Apeldoorn
The Netherlands
Tel: +31 (55) 5286144
Fax: +31 (55) 5218808

Diosynth France SA
92821 Puteaux Cedex
France
Tel: +33 (1) 55 23 51 75

Dista Products Ltd
PO Box 25768
Alexandria, VA 22313
USA
Tel: +1 (800) 545-5979

Doak Pharmacal Co, Inc
67 Sylvester St
Westbury, NY 11590-4910
USA
Tel: +1 (516) 333-7222

Dome/Hollister-Stier
Direct Inquiries to Bayer plc

Donau Pharm
Address Unknown

Dott Inverni & Della Beffa
Address Unknown

Dow Chemical USA
1803 Bldg
Midland, MI 48674
USA
Tel: +1 (517) 832-1000

Dumex Canada
104 Shorting Road
Toronto, ON M1S 3S4
Canada
Tel: +1 (416) 299-4003
Fax: +1 (416) 299-4912

Dumex USA
2250 Military Rd
Tonawanda, NY 14150
USA
Tel: +1 (800) 463-0106
Fax: +1 (716) 842-0707

DuPont Pharmaceutical Co
Experimental Sta 400/2413
PO Box 80400
Wilmington, DE 19880-0400
USA
Tel: +1 (302) 992-5000

DuPont Pharmaceuticals Ltd
Wedgwood Way
Stevenage
Herts SG1 4QN
England
Tel: +44 (01438) 842500

DuPont-Merck Pharmaceuticals
Direct Inquiries to DuPont Pharmaceuticals

DuPont-Merck, Radiopharmaceutical Div
Direct Inquiries to DuPont Pharmaceuticals

Dura Pharmaceuticals, Inc
7475 Lusk Blvd
San Diego, CA 92121
USA
Tel: +1 (619) 457-2553

Dynamit Nobel AG
Kaiserstr 1
Postfach 12 61
53839 Troisdorf
Germany
Tel: +49 (22) 41 89-0
Fax: +49 (22) 41 89-15 40

E Fougera & Co
60 Baylis Road
Melville, NY 11747
USA
Tel: +1 (516) 454-6996
Fax: +1 (516) 756-7017

E Geistlich Sohne
CH-6110 Wolhusen
Switzerland
Tel: + 41 710333

E I Du Pont de Nemours Inc
1007 Market Street
Wilmington, DE 19898
USA
Tel: +1 (302) 774-7573

E Merck
Frankfurter Str 250
D-64293 Darmstadt
Germany
Tel: +49 61 51 72 0
Fax: +49 61 51 72 2000

ERASME
Address Unknown

Eastman Chemical Co
Fine Chemicals
PO Box 431
Kingsport, TN 37662
USA
Tel: +1 (423) 229-8124
Fax: +1 (423) 229-8133

Eastman Kodak
2/15/KO- Mailstop: 00539
343 State St
Rochester, NY 14650
USA
Tel: +1 (716) 724-4513
Fax: +1 (716) 724-0964

Eaton Labs
Address Unknown

ECR Pharmaceuticals
3981 Deep Rock Rd
PO Box 71600
Richmond, VA
23233-0141
USA
Tel: +1 (804) 527-1950

EGYT
Address Unknown

Eisai Co Ltd
4-6-10, Koishikawa
Bunkyo-ku, Tokyo 112-88
Japan
Tel: +81 (3) 3817-3700
Fax: +81 (3) 3811-3305

Eisai Corp of North Am
300 Frank W Burr Blvd
Teaneck, NJ 07666
USA
Tel: +1 (201) 692-9160

Manufacturers and Suppliers Directory

Eisai Merrimack Valley Laboratories, Inc
100 Federal Street
Andover, MA 01810-0103
USA
Tel: +1 (978) 989-9911

Elan Pharmaceutical Research Corp
Lincoln House
Lincoln Place
Dublin 2
Ireland
Tel: +353 1 709-4000
Fax: +353 1 671-0920

Eli Lilly & Co
Lilly Corporate Center
Indianapolis, IN 46285
USA
Tel: +1 (317) 276-2000

Eli Lilly (Suisse) SA
PP Box 580
CH -1214 Venier/Geneva
Switzerland
Tel: +41 22-30-60-401

Eli Lilly Asia Pacific Pte Ltd
583 Orchard Road
#12-01/04
Forum
Singapore 238884
Tel: +65 732-2066

Eli Lilly Asia, Inc
Room 408, Man Po
International Center
660 Xin Hua Rd
Shanghai 200052
PR China
Tel: +86 21-6282-6008

Eli Lilly GmbH
Barichgasse 40-42
A-1030 Vienna
Austria
Tel: +43 (1) 711-780

Eli Lilly Group Ltd
Kingsclere Road
Basingstoke
Hants RG1 2XA
England
Tel: +44 (01256) 473241

Eli Lilly International Corporation
Lilly House
13 Hanover Square
London W1R OPA
England
Tel: +44 (020) 7409 4839

Eli Lilly Japan KK
Sannomiya Plaza Bldg
7-1-5, Isogami-dori
Chuo-ku, Kobe 651
Japan
Tel: +81 (8178) 242-9000

Elizabeth Arden
Direct Inquires to Eli Lilly

Elkins-Sinn
2 Esterbrook Lane
Cherry Hill, NJ
08002-4009
USA
Tel: +1 (610) 688-4400

EM Industries, Inc
Direct Inquiries to Merck
Hawthorne, NY 10532
USA
Tel: +1 (914) 592-4660
Fax: +1 (914) 592-9469

Endo Pharmaceuticals Inc
220 Lake Dr
Newark, DE 19702
USA
Tel: +1 (800) 462-3636
Fax: +1 (877) 329-3636

Enzon, Inc
40 Kingsbridge Rd
Piscataway, NJ 08854
USA
Tel: +1 (732) 980-4500
Fax: +1 (732) 980-5911

Enzypharm BV
Industrieweg 17
NL-3762 EG Soest
The Netherlands
Tel: +31 (35) 6030051
Fax: +31 (35) 6029962

Epoch Pharmaceuticals, Inc
1725 220th St SE, Ste 104
Bothell, WA 98021
USA
Tel: +1 (425) 485-8566

Eprova AG
Im Laternenacker 5
CH -8200 Schaffhausen
Switzerland
Tel: +41 (52) 630 7272
Fax: +41 (52) 630-7255

Esta Med Labs
Address Unknown

Esteve Group
Av Mare de Deu de
Montserrat, 221
8041 Barcelona
Spain
Tel: +34 93 446-6053
Fax: +34 93 433-0072

Esteve Group
Av Mare de Deu de
Montserrat, 12
8024 Barecelona
Spain
Tel: +34 93 284-6000
Fax: +34 93 284-6850

Ethicon, Inc
Route 22
Somerville, NJ 08876
USA
Tel: +1 (908) 218-0707

Ethyl Corp
330 South Fourth St
PO Box 2189
Richmond, VA 23218
USA
Tel: +1 (804) 788-5000
Fax: +1 (804) 788-5688

Evans Medical Ltd
Evans House
Regent Park, Kingston Rd
Leatherhead
Surrey KT22 7PQ
England
Tel: +44 (01372) 364000

Manufacturers and Suppliers Directory

F Hoffmann-LaRoche Ltd
CH-4070 Basel
Switzerland
Tel: +41 (61) 688 88 88
Fax: +41 (61) 688 27 75

Farbenfabriken Bayer AG
Address Unknown

Farmitalia Carlo Erba Ltd
Italia House
23 Grosvenor Rd
St Albans
Herts AL1 3AW
England
Tel: +44 (01727) 40041

Farmitalia, Societa Farmaceutici
Address Unknown

Farmos Group Ltd
PO Box 425
FIN-20101 Turku
Finland
Tel: +358 21 66 22 11

Ferlux-Chemie
24, Avenue d'Aubiere
63804 Cournon
d'Auvergne
France
Tel: +33 (4) 73 84 21 84
Fax: +33 (4) 73 84 21 80

Fermenta Animal Health Co
15th & Oak Street
PO Box 338
Elwood, KS 66024
USA

Ferrer
Address Unknown

Ferring Pharmaceuticals Inc
120 White Plains Rd
Tarrytown, NY 10591
USA
Tel: +1 (888) 337-7464

Ferrosan A/S
Corporate Headquarters
Sydmarken 5
DK-2860 Soeborg
Denmark
Tel: +45 3 969-2111
Fax: +45 3 969-6518

Ferrosan AB
Grynbodgatan 14
SE-21 33 Malmo
Sweden
Tel: +46 (40) 6607070
Fax: +46 (40) 6607089

Ferrosan AB
Kutojantie 11
(Vanvarsvagen)
FIN-02630 Espoo
Finland
Tel: +358 9 525 9050
Fax: +358 9 520 236

Ferrosan Ltd
69 Monmouth Street
London WC2H 9DG
England
Tel: +44 (020) 7240-2122
Fax: +44 (020) 7240-2188

Ferrosan Norge AS
Grini Naeringspark 1
1361 Osteras
Norway
Tel: +47 (6) 714-9505
Fax: +47 (6) 714-9530

Fidia Pharmaceuticals
Address Unknown

Fisons Pharmaceuticals Div
Rhône Poulenc Rorer
Mailstop 4C29, Box 5094
Collegeville, PA 19426-0998
USA
Tel: +1 (610) 454-8110

Fisons plc
Fison House
Princes St
Ipswich
Suffolk IP1 1QH
England
Tel: +44 (01473) 232525

Flint-Eaton
Address Unknown

FMC Corp, Pharm Div
1735 Market St
Philadelphia, PA 19103
USA
Tel: +1 (215) 299-6534
Fax: +1 (215) 299-6821

Forest Pharmaceuticals, Inc
13600 Shoreline Dr
St Louis, MO 63045
USA
Tel: +1 (800) 678-1605
Fax: +1 (314) 493-7450

Fujirebio Inc
2-7-1, Nishi-shinjuku
Shinjuku-ku
Tokyo 163-07
Japan
Tel: +81 (3) 3348-0691
Fax: +81 (3) 3342-6220

Fujisawa Pharmaceuticals Co, Ltd
3-4-7, Doso-machi
Chuo-ku, Osaka 541
Japan
Tel: +81 (6) 6202-1141
Fax: +81 (6) 6222-4988

Fujisawa Pharmaceuticals USA, Inc
3 Parkway North Center
Deerfield, IL 60015
USA
Tel: +1 (708) 317-0600

GAF
Direct Inquiries to Intl
Specialty Products, Inc

Galderma Canada, Inc
7300 Warden Ave, Ste 210
Markham, ON L3R 9Z6
Canada
Tel: +1 (905) 944-0717
Fax: +1 (905) 944-0790

Manufacturers and Suppliers Directory

Galderma Laboratories, Inc
3000 Alta Mesa Blvd
Ste 300
Fort Worth, TX 76133
USA
Tel: +1 (817) 263-2600
Fax: +1 (817) 263-2609

Gea A/S
Holger Danskes Vej 89
DK-2860 Frederiksberg
Denmark
Tel: +45 38 34 42 42
Fax: +45 38 34 11 23

Gedeon Richter Chem Works
Gyomroi ût 19-21
H-1103 Budapest
Hungary
Tel: +36 (1) 261 2199

Gelatin Products
Address Unknown

GenDerm
Medicis Pharmaceutical Corp
4343 E Camelback Rd
Phoenix, AZ 85018
USA .
Tel: +1 (602) 808-8800
Fax: +1 (602) 808-0822

Genentech, Inc
1 DNA Way
So San Francisco, CA 94080
USA
Tel: +1 (650) 225-1000
Fax: +1 (650) 225-6000

General Aniline
Address Unknown

Genetics Institute, Inc
35 Cambridge Park Dr
Cambridge, MA 02140-2325
USA
Tel: +1 (617) 876-1170

Genta Inc
99 Hayden Ave, Ste 200
Lexington, MA
USA
Tel: +1 (781) 860-5150

Genzyme Corp
One Kendal Square
Cambridge, MA 02139
USA
Tel: +1 (617) 252-7500
Fax: +1 (617) 252-7600

Genzyme Ltd
37 Hollands Road
Haverhill
Suffolk CB9 8PU
England
Tel: +44 (01440) 703522

Gerda
6, rue Childebert
69002 Lyon
France
Tel: +33 (4) 72 77 69 19
Fax: +33 (4) 72 77 69 13

Gerot Pharmazeutika
Arnethgasse 3
A-1160 Vienna
Austria
Tel: +43 (1) 485 3505
Fax: +43 (1) 485 8932

Gilead Sciences, Inc
333 Lakeside Dr
Foster City, CA 94404
USA
Tel: +1 (650) 574-3000
Fax: +1 (650) 578-9264

Gist-Brocades International
PO 241068
8270 Red Oak Blvd, Ste 401
Charlotte, NC 28217
USA
Tel: +1 (704) 527-9000
Fax: +1 (704) 527-8844

Giuliani SpA
Via Palagi
2-20129 Milano
Italy
Tel: +39 (02) 20541
Fax: +39 (02) 29401341

Givaudan-Roure SA
55, rue de la Voie des Bancs
95100 Argenteuil
France
Tel: +33 (139) 98 15 15
Fax: +33 (139) 82 00 15

Glaxo Labs
Direct Inquiries to Glaxo Wellcome

Glaxo Wellcome Inc
Five Moore Dr
PO Box 13398
Res Triangle Pk, NC 27709
USA
Tel: +1 (919) 248-2100
Fax: +1 (919) 248-7699

Glaxo Wellcome plc
Glaxo Wellcome House
Berkley Ave
Greenford
Middx UB6 0NN
England
Tel: +44 (0171) 4934060

Glenwood Inc
83 N Summit St
Tenafly, NJ 07670-0051
USA
Tel: +1 (201) 569-0050

Glidden Co
1900 Josey Lane
Carrolton, TX 75007
USA
Tel: +1 (214) 417-7400

Goodrich, BF, Co
Specialty Chemicals
9911 Brecksville Rd
Cleveland, OH 44141
USA
Tel: +1 (216) 447-6220
Fax: +1 (216) 447-6760

Goodrich, BF, Co, Europe
Specialty Chemicals
Rue de Verdun/straat 742
B-1130 Brussels
Belgium
Tel: +32 (2) 247-1911
Fax: +32 (2) 247-1990

Manufacturers and Suppliers Directory

Grace, WR & Co
Dewey & Almy Chemical Div
5225 Phillip Lee Dr
Altanta, GA 30336
USA
Tel: +1 (404) 691-8646

Greeff, RW & Co, LLC
777 West Putnam Ave
Greenwich, CT 06830
USA
Tel: +1 (203) 532-2900
Fax: +1 (203) 532-2980

Greenwich Pharmaceuticals, Inc
501 Office Center Drive
Ft Washington, PA 19034
USA

Grünenthal
Postfach 50 04 414
D-52088 Aachen
Germany
Fax: +49 0241 569-0

Grupo Farmaceutico Almirall SA
Maximo Aguirre 14
480940 Leioa
Spain
Tel: +34 94 4639000
Fax: +34 94 4646110

Gruppo Lepetit SpA
Via Murat 23
I-20159 Milano
Italy
Tel: +39 (2) 27 77 1

Guardian Laboratories
230 Marcus Blvd
PO Box 18050
Hauppauge, NY 11788
USA

Guilford Pharmaceuticals Inc
6611 Tributary St
Baltimore, MD 21224
USA
Tel: +1 (410) 631-6302
Fax: +1 (410) 631-6338

Hamari Chemicals Ltd
1-4-29, Shibajima
Higashiyodogawa-ku
Osaka 533
Japan
Tel: +81 (6) 6322-0191

Helopharm
Address Unknown

Herbert
Direct Inquiries to DuPont Pharmaceuticals

Hercules Inc
1313 North Market St
Wilmington, DE 19894
USA
Tel: +1 (302) 594-5000
Fax: +1 (302) 594-5400

Hermes (GB) Ltd
7-9 Colville Road
London W3 8BL
England
Tel: +44 (020) 7259 5191

Heumann Pharma GmbH
Heideloffstr 18-28
90478 Neurnberg
Germany
Tel: +49 911 430 20
Fax: +49 911 430 24 15

Hexachemie
Address Unknown

Hexcel
Two Stamford Plaza
281 Tresser Blvd
Stamford, CT 06901
USA
Tel: +1 (203) 969-0666
Fax: +1 (203) 358-3977

Heyden Chemical
Address Unknown

Hindustan Antibiotics Ltd
Pune, Maharashtra
India

Hisamitsu Pharmaceutical Co Ltd
408 Tashirio Daikan-machi
Tosu-shi, Saga 841
Japan
Tel: +81 (942) 83 2101
Fax: +81 (942) 83 6119

Hoechst AG
D-65926 Frankfurt am Main
Germany
Tel: +49 69 305-2318
Fax: +49 69 305-83376

Hoechst AG (USA)
3 Park Ave
New York, NY 10016
USA
Tel: +1 (212) 251-8088
Fax: +1 (212) 251-8011

Hoechst Marion Roussel Inc
10236 Marion Park Dr
Kansas City, MO 64137-1405
USA
Tel: +1 (816) 966-4000
Fax: +1 (816) 966-3270

Hoechst Roussel Pharmaceuticals Inc
2110 East Galbraith
Cincinnati, OH 45215
USA
Tel: +1 (513) 948-9111

Hoechst Ltd
Hoechst House
Salisbury Rd
Hounslow
Middx TW4 6JH
England
Tel: +44 (020) 8570 7712

Hoffmann-LaRoche Inc
340 Kingsland St
Nutley, NJ 07110
USA
Tel: +1 (973) 235-5000

Hoffmann-LaRoche Ltd
CH-4070 Basel
Switzerland
Tel: +41 61 688 1111
Fax: +41 61 691 9391

Manufacturers and Suppliers Directory

Hokoriku
Address Unknown

Holding Ceresia
Address Unknown

Hommel GmbH
Postfach 1662
59336 Ludinghausen
Germany
Tel: +49 2591 23050
Fax: +49 02591 4413

Hooker Chemical
Direct Inquires to
Occidental Chemical Corp

Hovione
Sete Casas
2674-506 Loures
Portugal
Tel: +351 21 982 9000
Fax: +351 21 982 9388

Hybridon, Inc
155 Fortune Blvd
Milford, MA 01757
USA
Tel: +1 (508) 482-7500
Fax: +1 (508) 482-7510

Hynson, Westcott & Dunning
Charles and Chase Sts
Baltimore, MD 21201
USA

IG Farben
Address Unknown

ISF
Address Unknown

Ibis Therapeutics
2292 Faraday Ave
Carlsbad, CA 92008
USA
Tel: +1 (760) 603-2700

ICI Americas Inc
Concord Plaza
3411 Silverside Rd
Wilmington, DE 19850
USA
Tel: +1 (302) 887-3000

ICI Chemicals and Polymers Ltd
1900 Josey Lane
Carrolton, TX 75007
USA
Tel: +1 (214) 417-7400

ICN Pharmaceuticals, Inc
ICN Plaza
3300 Hyland Ave
Costa Mesa, CA 92626
USA
Tel: +1 (714) 545-0100
Fax: +1 (714) 556-0131

IDEC Pharmaceuticals Corp
11011 Torreyana Rd
San Diego, CA 92121
USA
Tel: +1 (619) 550-8500
Fax: +1 (618) 550-8750

Illumina
15817 Bernardo Center Dr
Ste 102
San Diego, CA
92127-2322
USA
Tel: +1 (619) 672-0419
Fax: +1 (619) 672-2325

Ilon Labs
Address Unknown

Immunetech Pharmaceuticals
Direct Inquiries to Dura
Pharmaceuticals

Immunex Corp
51 University St
Seattle, WA 98101
USA
Tel: +1 (206) 587-0430
Fax: +1 (206) 587-0606

Immunomedics, Inc
300 American Rd
Morris Plains, NJ 07950
USA
Tel: +1 (973) 605-8200
Fax: +1 (973) 605-8282

Imutec Pharma Inc
Direct Inquiries to Lorus
Therapeutics Inc

INDOFINE Chemical Co
PO Box 473
Somerville, NJ 08876
USA
Tel: +1 (908) 359-6778
Fax: +1 (908) 359-1179

Inex Pharmaceuticals Corp
1779 West 75th Avenue
V6P 6P2 Vancouver, BC
Canada
Tel: +1 (604) 264-9959

Innothera
7-9, avenue
Francois-Vincent Raspail
BP 12
94111 Arcueil Cedex
France
Tel: +33 (1) 46 15 18 00
Fax: +33 (1) 46 63 43 60

Inst Chemioter
Address Unknown

Inst Gentili SpA
Address Unknown

Inst Invest Desarr
Address Unknown

Inst Phys & Chem Res
Address Unknown

Interco Fribourg
Address Unknown

Interferon Sciences, Inc
783 Jersey Ave
New Brunswick, NJ
08901-3660
USA
Tel: +1 (732) 249-3250
Fax: +1 (732) 249-6895

International Specialty Products, Inc (ISP)
1361 Alps Rd
Wayne, NJ 07470
USA
Tel: +1 (201) 628-4000
Fax +1 (201) 628-4117

Manufacturers and Suppliers Directory

Interneuron Pharmaceuticals, Inc
1 Ledgemont Center
99 Hayden Ave, Ste 340
Lexington, MA 02173
USA
Tel: +1 (617) 861-8444
Fax: +1 (617) 861-3830

Investigacion Tecnica y Aplicada
Address Unknown

Iolab
2, Central Parc-Avenue
Sully Prudhomme
92298 Chatenay Malabry
Cedex
France
Tel: +33 (1) 43 50 80 80
Fax: +33 (1) 43 50 96

Irwin, Neissler
Address Unknown

Isis Pharmaceuticals, Inc
2292 Faraday Ave
Carlsbad, CA 92008
USA
Tel: +1 (619) 931-9200
Fax: +1 (619) 931-9639

ISP Van Dyk Inc
Address Unknown

Ist Biochim
Address Unknown

Ist De Angeli
Address Unknown

Italfarmaco SpA
Via dei Lavoratori, 54
20092 Cinisello Balsamo (MI)
Italy
Tel: +39 (02) 64432301
Fax: +39 (02) 64432305

Janssen Pharmaceutical, Inc
1125 Trenton-Harbourton Rd
PO Box 200
Titusville, NJ 08560
USA
Tel: +1 (609) 730-2000

Janssen Pharmaceutical, Ltd
Grove
Wantage
Oxon OX12 0DQ
England
Tel: +44 (01235) 777333

Johnson & Johnson Medical Inc
One Johnson & Johnson Plaza
New Brunswick, NJ 08933
USA
Tel: +1 (732) 524-0400

Johnson & Johnson-Merck Consumer Pharmaceuticals
Camp Hill Rd
Fort Washington, PA 19034
USA

Jouveinal
1, rue des Moissons - BP 100
94265 Fresnes Cedex
France
Tel: +33 (1) 40 96 74 00
Fax: +33 (1) 46 68 16 44

Julian
Address Unknown

Juvantia Pharma Ltd
Tykistokatu 6A
FIN-20520 Turku
Finland
Tel: +358 2 333 7684
Fax: +358 2 333 7680

Kabi Pharmacia Diagnostics
800 Centennial Ave
Piscataway, NJ 08540
USA

KabiVitrum AB
Direct Inquiries to
Pharmacia & Upjohn

Kaken Pharmaceutical Co, Ltd
1 Hinode
Urayasu-shi, Chiba 279
Japan
Tel: +81 (473) 90-6140
Fax: +81 (473) 90-6161

Kakenyaku Kako
Address Unknown

Kali-Chemie
Hans-Bockler-Allee 20
D-30173 Hannover
Germany
Tel: +49 511 8571
Fax: +49 511 282126

Kalle BV
Wetering 20
NL-6002 SM Weert
The Netherlands
Tel: +31 (495) 45 84 58
Fax: +31 (495) 45 87 44

Kanebo Cosmetics Ltd
Bone Lane
Newbury
Berks RG14 5TD
England
Tel: +44 (01635) 46362

Kanebo Pharmaceuticals Ltd
1-3-12, Motoakasaka
Minato-ku, Tokyo 107
Japan
Tel: +81 (3) 5411-3530
Fax: +81 (3) 5411-3568

Kefalas A/S
Address Unknown

Kendall McGaw Inc
2525 McGaw Ave
Irvine, CA 92614
USA
Tel: +1 (949) 660-2000

Key Pharmaceuticals
Direct Inquiries to
Schering-Plough

Keystone Chemurgic
Address Unknown

Kissei
Address Unknown

Klinge Pharma GmbH
Berg-am-Laim Str 129
81673 Munich
Germany
Tel: +49 69 4544-01
Fax: +49 69 4544-1329

Manufacturers and Suppliers Directory

Knoll Ltd
Fleming House
71 King St
Maidenhead
Berks SL6 1DU
England
Tel: +44 (01628) 776360

Knoll Pharmaceutical Co
3000 Continental Dr, North
Mt Olive, NJ 07828-1234
USA
Tel: +1 (800) 524-2474

Kobayashi Pharmaceutical Co, Ltd
2-7-16, Shoji-higashi
Ikuno-ku, Osaka 544
Japan
Tel: +81 (6) 6754-9522

Kowa Chemical Industries Co, Ltd
6-1-1, Heiwajima
Ohta-ku, Tokyo 143
Japan
Tel: +81 (3) 3767-3561
Fax: +81 (3) 3767-3917

Kreussler, Chemische-Fabrik
Rheingaustr 87-93
D-65203 Wiesbaden
Germany
Tel: +49 611 92710
Fax: +49 611 9271-111

KV Pharmaceutical
2503 S Hanley Rd
Saint Louis, MO
63144-2555
USA
Tel: +1 (314) 645-6600

Kyorin Pharmaceutical Co, Ltd
2-5, Kanda Surugadai
Chiyoda-ku, Tokyo 101
Japan
Tel: +81 (3) 3293-3411
Fax: +81 (3) 3293-6588

Kyowa Hakko Kogyo Co, Ltd
Ohtemachi Bldg
1-6-1 Ohte-machi
Chiyoda-ku, Tokyo 100
Japan
Tel: +81 (3) 3282-0007
Fax: +81 (3) 3284-1968

L Merckle GmbH
Graf-Arco-Str 3
89079 Ulm (Donau)
Germany
Tel: +49 731 402-01
Fax: +49 731 402-7832

Lab Albert Rolland
France Evry - Tour Lorraine
BP 203
91007 Evry Cedex
France
Tel: +33 (1) 64 97 20 30
Fax: +33 (1) 64 97 05 84

Lab Bouchara
66, rue Marjolin
92300 Levallois Perret
France
Tel: +33 (1) 45 19 10 00
Fax: +33 (1) 45 46 82 95

Lab Cassenne Marion
Tour Roussel-Hoechst
1, terrasse Bellini
92910 Paris La Defense
Cedex
France
Tel: +33 (1) 40 81 55 00
Fax: +33 (1) 40 81 40 82

Lab Dausse
Address Unknown

Lab Franc Chimiother
Address Unknown

Lab Houdé
Tour Roussel-Hoechst
1, terrasse Bellini
92910 Paris La Defense
Cedex
France
Tel: +33 (1) 40 81 42 00
Fax: +33 (1) 40 81 51 43

Lab Jacques Logeais
71, avenue du General de Gaulle
92137 Issy Les Moulineaux
Cedex
France
Tel: +33 (1) 46 45 21 99

Lab Laborec
Address Unknown

Lab Lafon, France
20, rue Charles Martigny
BP22
94701 Maisons Alfort
France
Tel: +33 (1) 49 81 81 00
Fax: +33 (1) 48 98 13 72

Lab Mauricio Villela SA
Address Unknown

Lab Meram
Avenue de la Liberation
77020 Melun Cedex
France
Tel: +33 (1) 64 87 20 50
Fax: +33 (1) 64 87 20 78

Lab Prod Biol Braglia
Address Unknown

Lab ProTer
Address Unknown

Labaz (Labs)
1, rue de la Viegre
33003 Bordeaux Cedex
France
Tel: +33 (56) 90 91 93

Labaz SA
9, rue du President Allende
94258 Gentilly Cedex
France
Tel: +33 (1) 40 73 63 00
Fax: +33 (1) 40 73 48 57

Laboratoire UPSA
128, rue Danton BP 325
92506 Rueil Malmaison
Cedex
France
Tel: +33 (1) 47 16 87 72
Fax: +33 (1) 47 16 87 78

Manufacturers and Suppliers Directory

Laboratoires Biocodex
19, rue Barbes
92126 Montrouge Cedex
France
Tel: +33 (1) 46 56 67 89
Fax: +33 (1) 40 92 17 61

Laboratorio Bago, SA
Address Unknown

Labs Fher SA
Address Unknown

Labs Franca Inc
Address Unknown

Labs OM
Address Unknown

Labs Sapos
Address Unknown

Lakeside BioTechnology
Address Unknown

Langley Smith Ltd
Address Unknown

Lark, SpA
Address Unknown

Laroche-Navarron
Address Unknown

Lederle Labs
Direct Inquiries to
Wyeth-Ayerst

Lee Laboratories
1475 Athens Highway
Grayson, GA 30221
USA
Tel: +1 (770) 972-4450
Fax: +1 (770) 979-9570

Lemmon Co
Direct Inquiries to Teva
Pharmaceuticals

Lentia
Address Unknown

Leo AB
55 Industriparken
Ballerup
DK-2750 Copenhagen
Denmark
Tel: +45 44 923 800
Fax: +45 44 943 040

Lever Brothers
Direct Inquiries to Unilever

Licencia Budapest
Address Unknown

Lion Dentrifice
Address Unknown

Lipha Pharmaceuticals, Inc
1114 Ave of the Americas
41st Floor
New York, NY 10036
USA
Tel: +1 (212) 398-4602
Fax: +1 (212) 398-5021

Lipha Pharmaceuticals Ltd
Harrier House
High St, Yiewsley
West Drayton
Middx UB7 7QG
England
Tel: +44 (01895) 452200
Fax: +44 (01895) 420605

Lloyd, Hamol Ltd
Direct Inquiries to Reckitt
& Colman

Lombart Lenses Ltd, Inc
1215 Boissevain Ave
PO Box 1693
Norfolk, VA 23501
USA
Tel: +1 (757) 625-7866

Lorus Therapeutics, Inc
7100 Woodbine Ave
Ste 215
Markham ON L3R 5J2
Canada
Tel: +1 (905) 305-1100
Fax: +1 (905) 305-1584

Lovens Komiske Fabrik AS
Ramstadsletta 15
1322 Hovik
Norway
Tel: +47 (67) 12 30 03
Fax: +47 (67) 12 30 33

Lundbeck
37, ave Pierre 1er de
Serbie
75008 Paris
France
Tel: +33 (1) 53 67 42 00

Lundbeck GmbH & Co
Amsinckstrβe 59
20097 Hamnburg
Germany
Tel: +49 40 236 49 0
Fax: +49 40 236 49 255

Lusofarmico
Address Unknown

Madan
Address Unknown

Maggioni Farmaceutici SpA
Address Unknown

Mallinckrodt, Inc
7733 Forsyth Blvd
St Louis, MO 63105-1820
USA
Tel: +1 (314) 654-2000
Fax: +1 (314) 654-6510

Maltbie Chem
Address Unknown

Marion Merrell Dow Inc
Direct Inquires to Hoechst
Marion Roussel Inc

Mar-Pha Soc Etud Exploit Marques
Address Unknown

Martin Dennis
Address Unknown

Maro Seiyaku
Address Unknown

Manufacturers and Suppliers Directory

Matieres Colorantes
255, rue de Paris
93100 Montreuil
France
Tel: +33 (1) 42 87 29 45
Fax: +33 (1) 42 87 10 39

Mauvernay
Address Unknown

May & Baker Ltd
Address Unknown

McNeil Consumer Products Co
7050 Camp Hill Rd
Fort Washington, PA 19034
USA
Tel: +1 (215) 233 7000

McNeil Pharmaceutical
McKean and Welsh Rds
PO Box 13886
Spring House, PA 19477
USA

Mead Johnson Labs
Direct Inquiries to Bristol-Myers Squibb Co

Mead Johnson Nutritionals
Direct Inquiries to Bristol-Myers Squibb Co

Medco Research Inc
85 T Alexander Dr
PO Box 13886
Res Triangle Pk, NC 27709
USA
Tel: +1 (919) 549-8117
Fax: +1 (919) 549-7515

Medical Market Specialties, Inc
Address Unknown

Medicis Pharmaceutical Corp
4343 E Camelback Rd
Phoenix, AZ 85018
USA
Tel: +1 (602) 808-8800
Fax: +1 (602) 808-0822

Mediolanum Farmaceutici SpA
Via SG Cottolengo, 15
20143 Milan
Italy
Tel: +39 (02) 8912-2232
Fax: +39 (02) 8913-2375

Medi-Physics, Inc
2320 W Peoria Ave
Ste B-140-A
Phoenix, AZ 85029
USA
Tel: +1 (602) 371-8021

Medi-Physics, Inc
1341 Gene Autry Way
Anaheim, CA 92805
USA
Tel: +1 (714) 634-9633

Meiji Milk Products Co, Ltd
2-3-6, Kyobashi
Chuo-ku, Tokyo 104
Japan
Tel: +81 (3) 3281-6118
Fax: +81 (3) 3281-4717

Meiji Seika Kaisha, Ltd
2-4-16, Kyobashi
Chuo-ku, Tokyo 104
Japan
Tel: +81 (3) 3272-6511
Fax: +81 (3) 3271-5792

Menley & James Laboratories, Inc
100 Tournament Dr
Horsham, PA 19044
USA
Tel: +1 (215) 441-6500
Fax: +1 (215) 441-6576

Merck & Co Inc
One Merck Dr
PO Box 100
Whitehouse Sta, NJ 08889
USA
Tel: +1 (908) 423-1000
Fax: +1 (908) 594-4662

Merck KGaA
Frankfurter Str 250
D-64293 Darmstadt
Germany
Tel: +49 61 51-72-0
Fax: +49 61 51-72-2000

Merck Ltd
Merck House
Poole
Dorset BH15 1TD
England
Tel: +44 (01202) 669700

Merck Pharmaceuticals Ltd
Harrier House
High St
West Drayton
Middx UB7 7QG
England
Tel: +44 (01895) 452200
Fax: +44 (01895) 420605

Merck Sharpe & Dohme Research Labs
Hillsborough Rd
Three Bridges, NJ 08887
USA
Tel: +1 (908) 369-4900

Merrell Dow Pharmaceuticals Inc
PO Box 9627
Kansas City, MO 64134
USA

Merrell Pharmaceuticals
Address Unknown

Microbiochem Res Found
Address Unknown

Miles Inc
One Mellon Center
500 Grant St
Pittsburgh, PA 15219-2502
USA
Tel: +1 (412) 394-5500
Fax: +1 (412) 394-5579

Mission Pharmacal Co
1325 East Durango Blvd
San Antonio, TX 78210-1771
USA
Tel: +1 (210) 553-7118

Manufacturers and Suppliers Directory

Mitsubishi Chemical Corp
Mitsubishi Bldg
5-2 Marunouchi 2-chome
Chiyoda-ku, Tokyo 100
Japan
Tel: +81 (3) 3283-6254
Fax: +81 (3) 3283-6287

Mitsubishi Kasei
Address Unknown

Mitsui Pharmaceuticals, Inc
3-12-2, Nihonbashi
Chuo-ku, Tokyo 103
Japan
Tel: +81 (3) 3274-4711
Fax: +81 (3) 3281-4670

Mitsui Toatsu
Address Unknown

Mizzy
Address Unknown

Mobay
Direct Inquiries to Monsanto

Mondi
Address Unknown

Monsanto Co
800 North Lindbergh Blvd
St Louis, MO 63167
USA
Tel: +1 (314) 694-1000

Mundipharma AG
Mundipharma Str 6
65549 Limburg (Lahn)
Germany

Muro Pharmaceuticals, Inc
890 East St
Tewksbury, MA
01876-1496
USA
Tel: +1 (978) 851-5981
Fax: +1 (978) 851-7346

N Am Philips
Address Unknown

NV Nederlandsche Comb Chem Ind
Address Unknown

NV Amsterdamsche Chininefabriek
Address Unknown

NV Philips
Address Unknown

National Cancer Institute
Building, 31, Room 10A03
31 Center Drive
MSC 2580
Bethesda, MD 20892-2580
USA
Tel: +1 (301) 435-3848

National Drug Co
Address Unknown

National Foundation for Cancer Research
Address Unknown

National Research Dev Corp
Address Unknown

Natterman
Address Unknown

Naugatuck
Address Unknown

Newport
Address Unknown

Nicholas Labs Ltd
Address Unknown

Nihon Nohyaku Co, Ltd
Eitaro Bldg
1-2-5 Nihonbashi
Chuo-ku, Tokyo 103
Japan
Tel: +81 (3) 3278-0461
Fax: +81 (3) 3281-5462

Nippon Chemiphar
2-2-3, Iwamoto-cho
Chiyoda-ku, Tokyo 101
Japan
Tel: +81 (3) 3863-1211
Fax: +81 (3) 3864-5940

Nippon Kayaku Co, Ltd
Tokyo Fujimi Bldg
1-11-2 Fujimi
Chiyoda-ku, Tokyo 102
Japan
Tel: +81 (3) 3237-5111
Fax: +81 (3) 3237-5091

Nippon Shinyaku, Japan
Hachijo Sagaru, Nishiohji
Minami-ku, Kyoto 601
Japan
Tel: +81 (75) 321-9105
Fax: +81 (75) 321-0400

Nissan Kenzai Co, Ltd
C/O Nissan Chemical Industries, Toyama Factory
635, Sakakura,
Fuchu-machi
Nei-gun, Toyama 939-27
Japan
Tel: +81 (764) 65-6300
Fax: +81 (764) 65-6303

Nisshin Denka KK
2-2-1, Ohama
Sakata-shi, Yamagata 998
Japan
Tel: +81 (0234) 33-2121

Nisshin Kasei Co, Ltd
11-5, Senju Kawara-machi
Adachi-ku, Tokyo 120
Japan
Tel: +81 (3) 3888-1181
Fax: +81 (3) 3870-2121

Nopco
Address Unknown

Nordmark
Address Unknown

Norton, HN
Gemini House
Flex Meadows
Harlow
Essex CM19 5TJ
England
Tel: +44 (01279) 426666

Norwich
Direct Inquiries to Procter & Gamble

Manufacturers and Suppliers Directory

Norwich Eaton
Direct Inquiries to Procter & Gamble

Novartis Pharmaceuticals, Corp
59 Route 10
East Hanover, NJ
07936-1011
USA
Tel: +1 (908) 503-7500

Novo Nordisk Biotech, Inc
1445 Drew Ave
Davis, CA 95616
USA

Novo Nordisk Pharmaceuticals Inc
100 Overlook Center #2
Princeton, NJ 08540-7814
USA
Tel: +1 (609) 987-5800

Novocol Chem
Address Unknown

Novopharm Biotech, Inc
147 Hamelin Street
Winnipeg, MB R3T 3Z1
Canada
Tel: +1 (204) 478-1023
Fax: +1 (204) 452-7721

Occidental Chemical Corp
Occidental Tower
5005 LBJ Freeway
Dallas, TX 75244
USA
Tel: +1 (972) 404 3800

Oclassen Pharmaceuticals Inc
100 Pelican Way
San Rafael, CA 94901
USA
Tel: +1 (415) 258-4500
Fax: +1 (415) 258-4550

Octel Chemicals Ltd
PO Box 17, Oil Sites Road
Ellesmere Port
South Wirral L65 4HF
England
Tel: +44 (0151) 3553611

Oesterreiche Stickstoffwerke
Address Unknown

Ohio State University
Address Unknown

Olin Mathieson
Address Unknown

Olin Research Ctr
350 Knotter Dr
PO Box 586
Cheshire, CT 06410
USA
Tel: +1 (203) 271-4316
Fax: +1 (203) 271-4060

Omnium Chim
Address Unknown

O'Neal, Jones & Feldman Pharmaceuticals
Address Unknown

Ono Pharmaceutical
2-1-5, Dosho-machi
Chuo-ku, Osaka 541
Japan
Tel: +81 (6) 6222-5551
Fax: +81 (6) 6222-5706

Optacryl, Inc
2890 S Tejon St
Englewood, CO
80110-0120
USA
Tel: +1 (303) 789-0933

Optech, Inc
6341 Troy Circle
Englewood, CO
80111-0641
USA
Tel: +1 (303) 708-1390

Orgamol, SA
Address Unknown

Organon Inc
375 Mount Pleasant Ave
West Orange, NJ 07052
USA
Tel: +1 (201) 325-4500

Organon Laboratories Ltd
Science Park
Milton Rd
Cambridge CB4 4FL
England
Tel: +44 (01223) 423445

Orion Pharma
Orionintie 1
PO Box 65
FIN-02101 Espoo
Finland
Tel: +358 9 4291
Fax: +358 9 4293815

Orsymonde
Address Unknown

Ortho Biotech Inc
PO Box 670
700 US Highway 202 South
Raritan, NJ 08869-0670
USA
Tel: +1 (908) 704-5000

Ortho Diagnostic Systems Inc
US Route 202
Raritan, NJ 08869
USA
Tel: +1 (908) 218-8000

Ortho Pharmaceutical Corp
Route 202 South
Raritan, NJ 08869
USA
Tel: +1 (908) 704-1500
Fax: +1 (908) 526-4997

OSI Pharmaceuticals
106 Charles Lindbergh Blvd
Uniondale, NY
11553-3649
USA
Tel: +1 (516) 222-0023
Fax: +1 (516) 222-0114

OSSW
Address Unknown

Manufacturers and Suppliers Directory

Otsuka America Pharmaceutical
2440 Research Blvd Ste 500
Rockville, MD 20850
USA
Tel: +1 (301) 990-0030

Otsuka Pharmaceuticals Co Ltd
2-9, Kanda Tsukasa-cho
Chiyoda-ku
Tokyo 101-8535
Japan
Tel: +81 (3) 3292-0021

OXIS International, Inc
6040 North Cutter Circle
Ste 317
Portland, OR 97217
USA
Tel: +1 (503) 283-3911
Fax: +1 (503) 283-4058

Paines & Byme Ltd
Address Unknown

Paragon Vision Sciences
947 Elm Avenue
Mesa, AZ 85204
USA
Tel: +1 (480) 892 7602

Parke Davis & Co Ltd
Lambert Court
Chestnut Ave
Eastleigh Hamps SO5 3ZQ
England
Tel: +44 (01703) 620500

Parke-Davis
2800 Plymouth Rd
Ann Arbor, MI 48105
USA
Tel: +1 (734) 622-7000
Fax: +1 (734) 622-5229

Patchem, AG
Address Unknown

PCAS
Address Unknown

Penederm Inc
320 Lakeside Dr, Ste A
FosterCity, CA 94404
USA
Tel: +1 (415) 358-0100
Fax: +1 (415) 358-0101

Penick
Address Unknown

Penta Mfg
PO Box 1448
Fairfield, NJ 07007
USA
Tel: +1 (201) 740-2300
Fax: +1 (201) 740-1839

Pentapharm
Engelgasse 109
CH-4002 Basel
Switzerland
Tel: +41 (61) 706-9848
Fax: +41 (61) 319-9619

PerImmune, Inc
1330 Piccard Dr
Rockville, MD 20850-4396
USA
Tel: +1 (301) 258-5200

Permeable Technologies, Inc
712 Ginesi Dr
Morganville, NJ 07751
USA

Person & Covey, Inc
616 Allen Ave
Glendale, CA 91201-0201
USA
Tel: +1 (818) 240-1030

Perstorp AB
SE-28 4 80 Perstorp
Sweden
Tel: +46 (0) 435 3800
Fax: +46 (0) 435 3810

Pfalz & Bauer
172 E Aurora St
Waterbury, CT 06708
USA
Tel: +1 (203) 574-0075
Fax: +1 (203) 574-3181

Pfanstiehl Laboratories Inc
1219 Glen Rock Ave
Waukegan, IL 60085
USA
Tel: +1 (847) 623-0370
Fax: +1 (847) 623-9173

Pfizer Group Ltd
PO Box 2
Ramsgate Rd
Sandwich
Kent CT13 9NJ
England
Tel: +44 (01304) 616161

Pfizer Inc
Central Research
Eastern Point Rd
Groton, CT 06340
USA
Tel: +1 (860) 441-4100

Pfizer International
235 E 42nd St
New York, NY 10017-5755
USA

Pfizer Pharmaceuticals Roerig Div,
235 E 42nd St
New York, NY 10017-2399
USA

Pfleger (Dr R Pfleger)
96045 Bamberg
Germany
Tel: +49 951 60430
Fax: +49 951 604329

Pharm Res Products
Address Unknown

Pharmachemie
Swensweg 5
PO Box 552
2003 RN Haarlem
The Netherlands
Tel: +31 23 524 77 90
Fax: +31 23 514 77 74

Pharmacia
Direct Inquiries to Pharmacia & Upjohn

Manufacturers and Suppliers Directory

Pharmacia & Upjohn
95 Corporate Dr
Bridgewater, NJ
08807-1265
USA
Tel: +1 (908) 306-4400
Fax: +1 (908) 306-4433

Pharmacia & Upjohn AB
Lindhagensgatan 133
SE-112 87 Stockholm
Sweden
Tel: +46 (08) 695 8000
Fax: +46 (08) 618 8607

Pharmacia & Upjohn, Inc
301 Henrietta St
Kalamazoo, MI 49001
USA
Tel: +1 (616) 323-4000
Fax: +1 (616) 323-4077

Pharmacia Hepar Inc
150 Industrial Dr
Franklin, OH 45005
USA
Tel: +1 (513) 746-3603

Pharmos Corp
Two Innovation Dr
Alachua, FL 32615
USA
Tel: +1 (904) 462-1210
Fax: +1 (904) 762-5401

Philips-Duphar BV
Address Unknown

Phillips
Specialty Chemicals
874 Adams Bldg
Bartlesville, OK 74004
USA
Tel: +1 (918) 661-9092
Fax: +1 (918) 661-8379

Pierre Fabre
5, ave Napoleon III - BP 497
74164 St Julien en Genevois Cedex
France
Tel: +33 (4) 50 35 35 55
Fax: +33 (4) 50 35 35 90

Pierre Fabre
45, place Abel-Gance
92654 Boulogne Cedex
France
Tel: +33 (1) 49 10 80 00
Fax: +33 (5) 61 39 15 98

Pierrel SpA
Address Unknown

Pilkington Barnes Hind
810 Kifer Rd
Sunnyvale, CA 94086
USA
Tel: +1 (858) 614-7600

Pineapple Research Inst
Address Unknown

Pitman Moore Europe Ltd
Breakspear Road South
Harefield
Uxbridge
Middx UB9 6LS
England
Tel: +44 (01895) 626000

Pitman-Moore, Inc
1201 Douglas Ave
Kansas City, KS
66103-0140
USA
Tel: +1 (913) 321-1070

Polaroid
Address Unknown

Polfa
Address Unknown

Polichimica SpA
Address Unknown

Poythress
Address Unknown

Pratt Pharmaceuticals
Pfizer Inc
235 E 42nd St
New York, NY
10017-5755
USA

Procter & Gamble Pharmaceuticals, Inc
11810 East Miami River Rd
Ross, OH 45061
USA
Tel: +1 (513) 983-1100

ProCyte Corp
12040 115th Ave NE
Ste 210
Kirkland, WA 98034-6900
USA
Tel: +1 (206) 820-4548
Fax: +1 (206) 820-4111

Promonta
Direct Inquiries to
Lundbeck GmbH

Provesan SA
Address Unknown

Purdue Pharma LP
100 Connecticut Ave
Norwalk, CT 06856
USA
Tel: +1 (203) 853-0123
Fax: +1 (203) 838-1576

Quimicobiol
Address Unknown

Quinoderm Ltd
Address Unknown

RW Johnson Pharmaceutical Research Institute
Route 202 South
PO Box 300
Raritan, NJ 08869-0602
USA
Tel: +1 (908) 704-4000

Raschig GmbH
Ludwigshafen
Germany

Ravensberg
Address Unknown

Ravizza
Address Unknown

Recherche et Ind Therap
Address Unknown

Manufacturers and Suppliers Directory

Reckitt & Colman Europe
One Burlington Lane
London W4 2RW
England
Tel: +44 (0181) 994-6464
Fax: +44 (0181) 944-8940

Reckitt & Colman Inc
1655 Valley Rd
Wayne, NJ 07470
USA
Tel: +1 (020) 8633 3600
Fax: +1 (020) 8633 3633

Recordati Corp
110 Commerce Dr
Allendale, NJ 07401
USA
Tel: +1 (212) 236-3669
Fax: +1 (212) 236-9404

Recordati Industria Chimica E Pharmaceutica SpA
Via M Civitali, 1
1-20148 Milano
Italy
Tel: +39 (02) 487 87536
Fax: +39 (02) 487 05223

Reed & Carnrick
65 Horse Hill Rd
Cedar Knolls, NJ 07927
USA
Tel: +1 (973) 267-2670

Refarmed
Address Unknown

Res Inst Pharm Chem
Address Unknown

Research Corp
Address Unknown

Resfar SRL
Address Unknown

Rexall Sundown, Inc
6111 Broken Sound Parkway
Boca Raton, FL 33487
USA
Tel: +1 (561) 241-9400
Fax: +1 (561) 995-0197

Rhinepreussen AG
Address Unknown

Rhône-Poulenc
Direct Inquiries to
Rhône-Poulenc Rorer

Rhône-Poulenc Rorer
20, avenue Raymond Aron
92165 Antony Cedex
France
Tel: +33 (1) 55 71 71 71

Rhône-Poulenc Rorer Holdings Ltd
St Leonards House
52 St Leonard Rd
Eastbourne
East Sussex BN21 3YG
England
Tel: +44 (01323) 721422

Rhône-Poulenc Rorer Pharmaceuticals Inc
PO Box 1200
Collegeville, PA
19426-0107
USA

Richardson-Merrell
Direct Inquiries to Hoechst Marion Roussel

Richardson-Vicks Inc
Direct Inquiries to Hoechst Marion Roussel

Riedel de Haen (Chinosolfabrik)
Wunstorfer Str 40
30926 Seeize
Germany
Tel: +49 5137 999258
Fax: +49 5137 999674

Riker Labs
Direct Inquiries to 3M Pharmaceuticals

Robert et Carriere
Address Unknown

Roberts Pharmaceutical Corp
4 Industrial Way West
Eatontown, NJ 07724
USA
Tel: +1 (732) 676-1200
Fax: +1 (732) 676-1300

Roche Laboratories
340 Kingsland St
Nutley, NJ 07110-1199
USA
Tel: +1 (973) 235-5000

Roche Products Ltd
40 Broadwater Road
Welwyn Garden City
Herts AL7 3AY
England
Tel: +44 (01707) 328128

Roche Puerto Rico
Direct Inquires to ICN Pharmaceuticals

Rohm and Haas Co
100 Independence Mall W
Philadelphia, PA
19106-2399
USA
Tel: +1 (215) 785-8000

Rorer
Direct Inquiries to
Rhône-Poulenc Rorer

Ross Products
US Highway 29 North
PO Drawer 479
Altavista, VA 24517
USA
Tel: +1 (804) 369-3100

Roswell Park Memorial Inst
Buffalo, NY 14203
USA
Tel: +1 (716) 845-2300

Rotta Pharm
6, rue Casimir-Delavigne
75006 Paris
France
Tel: +33 (1) 44 07 12 44

Roussel Laboratories Ltd
Broadwater Park
North Orbital Rd, Denham
Uxbridge
Middx UB9 5HP
England
Tel: +44 (01895) 834343

Roussel-UCLAF
Direct Inquiries to Hoechst Marion Roussel

Manufacturers and Suppliers Directory

Rowa Ltd
Newtown
Bantry, Cork
Ireland
Tel: +353 (027) 50077

Rowa-Wagner
Frankenforster Str 77
51427 Bergisch Gladbach
Germany
Tel: +49 2204 61081
Fax: +49 2204 61084

RW Johnson Pharmaceutical Research Institute, The
920 Route 202
PO Box 300
Raritan, NJ 08869-0602
USA
Tel: +1 (908) 704-4000

Rybar Labs Ltd
Address Unknown

Rystan Co, Inc
PO Box 214
Little Falls, NJ 07420-0214
USA
Tel: +1 (973) 256-3737

SIFA
Address Unknown

Salix Pharmaceuticals, Inc
3600 W Bayshore Rd
Ste 205
Palo Alto, CA 94303
USA
Tel: +1 (650) 856-1550

San NopCo Ltd
1-5-9, Nihonbashi
Hon-cho
Chuo-ku, Tokyo 103
Japan
Tel: +81 (3) 3279-3030
Fax: +81 (3) 3246-0550

Sandoz Pharmaceuticals Corp
Direct Inquires to Novartis Pharmaceuticals

Sankyo Co, Ltd
3-5-1, Nihonbashi
Hon-cho
Chuo-ku, Tokyo 103
Japan
Tel: +81 (3) 5255-7111
Fax: +81 (3) 5255-7035

Sanofi Winthrop
301 Oxford Valley Rd
Morrisville, PA
19067-7706
USA
Tel: +1 (215) 321-7560

Sanofi Winthrop France
9, rue du President Allende
94258 Gentilly Cedex
France
Tel: +33 (1) 41 24 60 00
Fax: +33 (1) 41 24 63 00

Santen Pharmaceutical Co, Ltd
3-9-19, Shimoshinjo
Higashiyodogawa-ku
Osaka 533
Japan
Tel: +81 (6) 6321-7045
Fax: +81 (6) 6325-8209

Savage Laboratories
60 Baylis Rd
Melville, NY 11747
USA
Tel: +1 (516) 454-7677
Fax: +1 (516) 454-0732

Schein Pharmaceutical, Inc
620 N 51st Ave
Phoenix, AZ 85043-4705
USA
Tel: +1 (602) 278-1400
Fax: +1 (602) 447-3385

Schenley
Address Unknown

Schering AG
Muellerstr 170-178
D-13342 Berlin
Germany
Tel: +49 30 4681 111
Fax: +49 30 4681 5305

Schering Health Care Ltd
The Brow, Burgess Hill
West Sussex RH15 9BS
England
Tel: +44 (01444) 232323

Schering-Plough HealthCare Products
110 Allen Road
Liberty Corner, NJ 07938
USA
Tel: +1 (908) 604-1640

Schering Plough Ltd
Chiswick Avenue, Field Road Industrial Estate
Mildenhall
Bury St Edmunds
Suffolk IP28 7AX
England
Tel: +44 (01638) 716321

Schering-Plough Pharmaceuticals
2015 Galloping Hill Rd
Kenilworth, NJ
07033-0530 USA
Tel: +1 (908) 298-4000

Schevico
Address Unknown

Schiapparelli
Direct Inquiries to Alfa Wassermann

Schwartz's Essencefabriken
Address Unknown

Schwarz Arztnelmittelfabrik
Address Unknown

Schwarz Pharma Kremers Urban Co
6140 Est Executive Dr
Mequon, WI 53092
USA

Schwarz Pharma Ltd
Schwarz House
East St
Chesham
Bucks HP5 1DG England
Tel: +44 (01494) 772071

Manufacturers and Suppliers Directory

Sci Union et Cie, France
Address Unknown

SciClone Pharmaceuticals, Inc
901 Mariners Island Blvd
San Mateo, CA
94404-1593
USA
Tel: +1 (415) 358-3456
Fax: +1 (415) 358-3469

Scios Nova Inc
820 W Maude Ave
Sunnyvale, CA 94086
USA
Tel: +1 (408) 481-9177
Fax: +1 (408) 481-9188

Scotia Pharmaceuticals, Ltd
Address Unknown

SCS Pharmaceuticals
Address Unknown

Searle Ltd
PO Box 53
Lane End Rd
High Wycombe
Bucks HP12 4HL
England
Tel: +44 (01494) 521124
Fax: +44 (01494) 447872

Searle, GD & Co
5200 Old Orchard Rd
Skokie, IL 60077
USA
Tel: +1 (847) 982-7000
Fax: +1 (847) 470-1480

Seceph
Address Unknown

Selvi
Address Unknown

Serono Laboratories, Inc
100 Longwater Circle
Norwell, MA 02061-0163
USA
Tel: +1 (781) 982-9000

Serono Laboratories Ltd
99 Bridge Road East
Welwyn Garden City
Herts AL7 1BG
England
Tel: +44 (01707) 331972

Shell
One Shell Plaza
Houston, TX 77252-2463
USA
Tel: +1 (713) 241-6161
Fax: +1 (713) 241-4043

Shionogi & Co, Ltd
3-1-8, Dosho-machi
Chuo-ku, Osaka 541
Japan
Tel: +81 (6) 6202-2161
Fax: +81 (6) 6229-9596

Siegfried AG
Address Unknown

Sigma-Tau Pharmaceuticals, Inc
800 South Frederick Ave
Ste 300
Gaithersburg, MD 20877
USA
Tel: +1 (301) 948-1041
Fax: +1 (301) 948-3194

Sigma-Tau SpA
Industrie famaceutiche riunite
Viale Shakespeare, 47
00144 Rome
Italy
Tel: +39 (6) 592-6443

Simes SpA
Address Unknown

Smith, T&H
Address Unknown

SmithKline Beecham Animal Health
Direct Inquiries to Pfizer, Inc

SmithKline Beecham Pharmaceuticals
One Franklin Place
Philadelphia, PA 19102
USA
Tel: +1 (215) 751-3415
Fax: +1 (215) 751-7655

Snow Brand Milk Products Co, Ltd
44 Montgomery St
San Francisco, CA 94104
USA
Tel: +1 (415) 677-0914

Soc Belge Azote Prod Chim Marly
Address Unknown

Soc Belge des Labs Labaz
Address Unknown

Soc Chim des Usines du Rhône
Address Unknown

Soc Chim Org Biol
Address Unknown

Soc Etudes Sci Ind L'Île de France
Address Unknown

Soc Farmaceutici Italia
Address Unknown

Soc Franc Recherches Biochim
Address Unknown

Soc Ind Fabric Antiboit
Address Unknown

Soc Italo-Brit L Manetti
Address Unknown

Soc Italo-Brit L Manetti-H Roberts
Address Unknown

Societa Prodiotti Antibiotici, Italy
Address Unknown

Societe Belge de l'azote
Address Unknown

Manufacturers and Suppliers Directory

Societe Berri-Balzac
Address Unknown

Sogeras
Address Unknown

Sola/Barnes-Hind
Direct Inquiries to Allergan Inc

Solvay America, Inc
3333 Richmond Ave
Houston, TX 77098-3009
USA
Tel: +1 (713) 525-6000
Fax: +1 (713) 525-7887

Solvay Animal Health, Inc
1201 Northland Dr
Mendota Heights, MN 55120
USA
Tel: +1 (651) 681-3880
Fax: +1 (651) 681-9425

Solvay Deutschland GmbH
Hans-Bockler-Allee 20
D-30173 Hannover
Germany
Tel: +49 511-85-70
Fax: +49 511-28-21-26

Solvay Duphar Laboratories Ltd
Duphar House, Gaters Hill
West End, Southampton,
Hamps SO3 3JD
England

Solvay Pharmaceuticals SA
33, rue du Prince Albert
B-1050 Brussels
Belgium
Tel: +32 (2) 509 6111
Fax: +32 (2) 509 6304

Solvay Pharmaceuticals, Inc
901 Sawyer Rd
Marietta, GA 30062
USA
Tel: +1 (770) 578-9000

Solvay Holding Co Ltd
Grovelands Business Centre
Boundary Way
GB Hemel Hempstead
Herts HP2 7TE
England
Tel: +44 (01442) 236555
Fax: +44 (01442) 238770

Somerset Pharmaceuticals Inc
5215 W Laurel St
Tampa, FL 33607-0172
USA
Tel: +1 (813) 288-0040

Sonus Pharmaceuticals, Inc
22026 20th Ave SE
Bothell, WA 98021-4405
USA
Tel: +1 (206) 487-9500

SPA
Address Unknown

Sphinx Pharmaceutical Corp
20 T W Alexander Dr
Res Triangle PK, NC 27709
USA
Tel: +1 (919) 314-4000
Fax: +1 (919) 314-4350

SPOFA
Husinecka IIa
130 00 Praha 3
Czech Republic
Tel: +42 (2) 6278502
Fax: +42 (2) 6278320

Spojene
Direct Inquires to SPOFA

Squibb, ER & Sons
Direct Inquiries to
Bristol-Myers Squibb Co

Standard Oil Co, Indiana
Division of AMOCO Oil
Hc 331 Box S
Bremen, IN 46506
USA
Tel: +1 (219) 546-4342

Stauffer Chemical Co
Address Unknown

Stem Corporation
Woodrolfe Road
Tollesbury
Essex CM9 8SJ
England
Tel: +44 (01621) 868685
Fax: +44 (01621) 868445

Sterling Health USA
Direct Inquiries to Sanofi Winthrop

Sterling Research Labs
Direct Inquiries to Sanofi Winthrop

Sterling Winthrop, Inc
Direct Inquiries to Sanofi Winthrop

Stiefel France
ZI du Petit Nantere
15, rue des Grands Pres
92007 Nanterre Cedex
France
Tel: +33 (1) 46 49 80 50
Fax: +33 (1) 47 82 99 72

Stiefel Laboratories, Inc
255 Alhambra Circle
Coral Gables, FL 33134
USA
Tel: +1 (305) 443-3800
Fax: +1 (305) 443-3467

Stokely-Van Camp
Oakland, CA 94601
USA
Tel: +1 (510) 261-3672

Stuart
Direct Inquiries to
AstraZeneca

Sumitomo Pharmaceuticals Co, Ltd
2-2-8, Dosho-machi
Chuo-ku, Osaka 541
Japan
Tel: +81 (6) 6229-5775
Fax: +81 (6) 6233-2399

Manufacturers and Suppliers Directory

Sun Pharmaceuticals Corp
1345 Pine Ave
Orlando, FL 32824-7942
USA
Tel: +1 (407) 859-3162

SunPharm Corp
4651 Salisbury Rd Ste 205
Jacksonville, FL 32256
USA
Tel: +1 (904) 296-3320

Suntory Ltd
2-1-40, Dojimahama
Kita-ku, Osaka 530
Japan
Tel: +81 (6) 6346-1131
Fax: +81 (6) 6345-1169

Synaptic Pharmaceutical Corp
215 College Rd
Paramus, NJ 07652
USA
Tel: +1 (201) 261-1331
Fax: +1 (201) 261-0623

Synergen, Inc
1885 33rd St
Boulder, CO 80301-2505
USA
Tel: +1 (303) 938-6200
Fax: +1 (303) 441-5535

Syntex International, Ltd
Direct Inquiries to Hoffman LaRoche

Syntex Labs Inc
Boulder, CO
USA

Syntex Pharmaceuticalsl, Ltd
Syntex House
St Ives Rd
Maidenhead
Berks SL6 1RD
England
Tel: +44 (01628) 33191

Synthelabo Pharmacie
Lindberghstr 1
82178 Puchheim
Germany
Tel: +49 89 89017-0
Fax: +49 89 89017-299

Taiho
1-27, Kanda Nishiki-cho
Chiyoda-ku, Tokyo 101
Japan
Tel: +81 (3) 3294-4527
Fax: +81 (3) 3233-4318

Taisho
3-24-1, Takata
Toshima-ku, Tokyo 171
Japan
Tel: +81 (3) 3985-1111
Fax: +81 (3) 3982-9701

Takeda Chemical Industries, Ltd
4-1-1, Dosho-machi
Chuo-ku, Osaka 541
Japan
Tel: +81 (6) 6204-2111
Fax: +81 (6) 6204-2880

Tanabe Research Laboratories, USA, Inc
4540 Towne Centre Ct
San Diego, CA 92121
USA
Tel: +1 (619) 558-9211

Tanabe Seiyaku
Address Unknown

TAP Pharmaceuticals, Inc
Bannockburn Lake Office Plaza
2355 Waukegan Rd
Deerfield, IL 60015
USA
Tel: +1 (847) 236-2270

TCI America
9211 North Harborgate St
Portland, OR 97203
USA
Tel: +1 (800) 423-8616
Fax: +1 (503) 283-1987

TechAmerica
Address Unknown

Teijin Ltd
Teijin Bldg
1-6-7, Minami-honmachi
Chuo-ku, Osaka 541
Japan
Tel: +81 (6) 6268-2132
Fax: +81 (6) 6266-1481

Teikoku Hormone Mfg Co, Ltd
2-5-1, Akasaka
Minato-ku, Tokyo 107
Japan
Tel: +81 (3) 3583-8361
Fax: +81 (3) 3583-3328

Telios Pharmaceuticals, Inc
4757 Nexus Centre Dr
San Diego, CA 92121
USA
Tel: +1 (619) 622-2600

Teva Pharmaceuticals (USA)
650 Cathill Rd
PO Box 904
Sellersville, PA 18960
USA
Tel: +1 (215) 256-8400
Fax: +1 (215) 721-9669

Theraplix
Rhône-Poulenc Rorer
46-52, rue Albert
75640 Paris Cedex 13
France
Tel: +33 (1) 40 77 30 00
Fax: +33 (1) 40 77 322 20

Thomae GmbH, Dr Karl
Birkendorfer Str 65
88937 Biberach
Germany
Tel: +49 07351/54-0
Fax: +49 07351/54-4600

Tillots Pharma
Hauptstr 27
CH-4417 Ziefen
Switzerland

Torii Pharmaceutical Co, Ltd
3-4-1, Nihonbashi
Hon-cho
Chuo-ku, Tokyo 103
Japan
Tel: +81 (3) 3231-6811
Fax: +81 (3) 5203-7333

Manufacturers and Suppliers Directory

Toyama Chemical Co, Ltd
3-2-5, Nishi-shinj u
Shinj u-ku, Tokyo 160
Japan
Tel: +81 (3) 5381-3889
Fax: +81 (3) 3348-6460

Toyo Jozo
Direct Inquiries to Asahi Chemical

Toyo Koatsu Co, Ltd
Hiroshima
Japan

Toyo Pharmachemicals Co, Ltd
Tokyo Bldg
2-7-3, Marunouchi
Chiyoda-ku, Tokyo 100
Japan
Tel: +81 (3) 3211-8621
Fax: +81 (3) 3211-8625

Trega Biosciences, Inc
3550 General Atomics Ct
San Diego, CA 92121
USA
Tel: +1 (619) 455-3814
Fax: +1 (619) 455-2544

Triple Crown America, Inc
13 N 7th St
Perkasie, PA 18944
USA
Tel: +1 (215) 453-2500
Fax: +1 (215) 453-2508

Troponwerke Dinklage
Address Unknown

US Bioscience Corp
One Tower Bridge
100 Front St
W Conshohocken, PA 19428
USA
Tel: +1 (610) 832-0570
Fax: +1 (610) 832-4500

US Ethicals, Inc
Address Unknown

US Vitamin
Address Unknown

UCB Pharma
Allee de la Recherche 60
Brussels
Belgium
Tel: +32 (2) 559 9999
Fax: +32 (2) 559 9900

UCB Pharma
21, rue de Neuilly
92003 Nanterre Cedex
France
Tel: +33 (1) 47 29 44 35
Fax: +33 (1) 47 25 47 20

UCB Pharma oy Finland
Maistraatinporti 2
FIN-0020 Helsinka
Finland

UCB Research, Inc
840 Memorial Dr
Cambridge, MA 02139
USA
Tel: +1 (617) 547-8481

Ucyclyd Pharma, Inc
Direct Inquiries to Medicis Pharmaceutical Corp

Ueno Fine Chemicals Industry, Ltd
2-4-8, Koraibashi
Chuo-ku, Osaka 541
Japan
Tel: +81 (6) 6203-0761
Fax: +81 (6) 6222-2413

Ueno Kagaku Kogyo KK
3-3-2, Shodai Tajika
Hirakata-shi, Osaka 573
Japan
Tel: +81 (7) 20 56-2281

Ugine Kuhlmann
Direct Inquires to Rhône Poulenc

Unicler
Address Unknown

Unilab Corp
401 Hackensack Ave
Hackensack, NJ 07601-6411
USA
Tel: +1 (201) 525-1000

Unilever International
Greyfriars
Lewins Mead
Bristol Avon BS1 2JJ
England
Tel: +44 (01272) 276276

Unimed Pharmaceuticals, Inc
2150 East Lake Cook Rd
Ste 210
Buffalo Grove, IL 60089-1862
USA
Tel: +1 (847) 541-2525
Fax: +1 (847) 541-2569

Union Carbide Corp
Address Unknown
Danbury, CT
USA
Tel: +1 (203) 794-7024

United Catalysts Inc
PO Box 32370
Louisville, KY 40232
USA
Tel: +1 (502) 634-7200
Fax: +1 (502) 637-3132

Upjohn Ltd
Direct Inquiries to Pharmacia & Upjohn

Uriach
Address Unknown

Usines de Melle
Direct Inquiries to Rhône Poulenc

Valeas
via Vallisneri, 10
20133 Milano
Italy

Vanderbilt, RT Co Inc
30 Winfield
Enfield, CT 06082
USA
Tel: +1 (203) 853-1400

VEB Arzneimittelwerk
Address Unknown

VEB Farbenfabrik Wolfen
Address Unknown

Manufacturers and Suppliers Directory

Vismara
Address Unknown

Vistakon, Inc
4500 Salisbury Rd
Ste 300
Jackson, FL 32216
USA
Tel: +1 (904) 443-1000

Wakamoto Pharmaceutical Co, Ltd
1-5-3, Nihonbahi
Muro-machi
Chuo-ku, Tokyo 103
Japan
Tel: +81 (3) 3279-0371
Fax: +81 (3) 3279-0393

Walker Labs
Address Unknown

Wallace & Tiernan, Inc
P O Box 178
Newark, NJ 07101-9976
USA
Tel: +1 (973) 759-8000
Fax: +1 (973) 751-6589

Wallace & Tiernan Ltd
Priory Works
Tonbridge
Kent TN11 0QL
England
Tel: +44 (01732) 771777
Fax: +44 (01732) 77190

Wallace Laboratories
10200 E Girard Ave
Denver, CO 80231-0550
USA
Tel: +1 (303) 745-4676

Walter Reed Army Institute of Research
16th Street NW
Washington, DC 20307
USA

Walton Pharmaceuticals
PO Box 76
East Horsley
Surrey   KT24 5YW
England
Tel: +44 (01483) 280001

Wander Pharma
Deutschherrnstr 15
90429 Nuernberg
Germany
Tel: +49 911 2730
Fax: +49 911 273653

Ward Blenkinsop
Address Unknown

Warner Lambert
201 Tabor Rd
Morris Plains, NJ 07950
USA
Tel: +1 (973) 385-2000

Wellcome Foundation Ltd, The
PO Box 129
Unicorn House
160 Euston Rd
London,   NW1 2BP
England
Tel: +44 (020) 7387 4477

Wellcome plc
Unicorn House
160 Euston Rd
London,   NW1 2BP
England
Tel: +44 (020) 7387 4477

Wesley-Jessen
333 East Howard Ave
Des Plaines, IL 60018
USA
Tel: +1 (847) 294-3000
Fax: +1 (847) 294-3434

Westwood-Squibb Pharmaceuticals, Inc
100 Forest Ave
Buffalo, NY 14213
USA
Tel: +1 (716) 887-3400

Whitefin Holding
Address Unknown

Whitehall
111, rue des Chateau des Rentiers
75013 Paris
France
Tel: +33 (1) 44 06 43 21
Fax: +33 (1) 44 06 43 69

Whitehall Laboratories Ltd
Huntercombe Lane South
Taplow
Maidenhead,
Berks SL6 0PH
England
Tel: +44 (01628) 669011

Whitehall-Robins
PO Box 8299
Philadelphia, PA 19101
USA
Tel: +1 (973) 660-6805

Wiernik AG
Address Unknown

Windsor Healthcare Ltd
Ellesfield Avenue
Bracknell
Berks RG12 8YS
England
Tel: +44 (01344) 484448

Winthrop
Direct Inquiries to Sanofi Winthrop

Winthrop-Stearns
Direct Inquiries to Sanofi Winthrop

Wisconsin Alumni Research Foundation
Address Unknown

Worthington Biochemical
Address Unknown

Wyeth Laboratories
Direct Inquires to
Wyeth-Ayerst Laboratories

Wyeth-Ayerst Laboratories
PO Box 8299
Philadelphia, PA 19101
USA
Tel: +1 (610) 971-4980

Xenon Vision
Address Unknown

Xoma Corp
2910 Seventh St
Berkeley, CA 94710
USA
Tel: +1 (310) 829-7681

Manufacturers and Suppliers Directory

Xttrium Labs, Inc
415 West Pershing Rd
Chicago, IL 60609
USA
Tel: +1 (773) 268-5800
Fax: +1 (773) 924-6002

Yamanouchi Europe BV
PO Box 108
NL-2350 A C Leiderdrop
The Netherlands
Tel: +31 7154 55745
Fax: +31 7154 800

Yamanouchi Pharma
10, pl de la Coupole - BP 105
94223 Charenton Le Pont Cedex
France
Tel: +33 (1) 46 76 64 00
Fax: +33 (1) 46 76 64 99

Yamanouchi USA Inc
4747 Willow Rd
Pleasanton, CA 94588
USA
Tel: +1 (925) 924-2000

Yoshitomi
2-6-9, Hirano-machi
Chuo-ku, Osaka 541
Japan
Tel: +81 (6) 6201-2646
Fax: +81 (6) 6232-0910

Zambeletti
Address Unknown

Zambon France
46/48, avenue du General Leclerc
92100
Boulogne-Billancourt
France
Tel:+33 (1) 46 99 15 60

Zambon Group
Via Lillo del Duca, 10
Bresso
20091 Milano
Italy
Tel: +39 (02) 665241
Fax: +39 (02) 66501492

Zeeland Chemicals
215 N Centennial St
Zeeland, MI 49464
USA
Tel: +1 (616) 772-2193
Fax: +1 (616) 772-6554

Zeneca Pharmaceuticals
Alderley Park
Macclesfield
Cheshire SK10 4TF
England
Tel: +44 (01625) 582828

Zeneca Pharmaceuticals
Kings Court
Water Lane
Wilmslow
Cheshire SK9 5AZ
England
Tel: +44 (01625) 712712